"十二五"普通高等教育本科国家级规划教材
国家级一流本科课程配套教材

EDA 技术实用教程
——Verilog HDL 版

（第六版）

黄继业　潘　松　编著

科学出版社
北　京

内 容 简 介

本书根据课堂教学和实验操作的要求，以提高实际工程设计能力为目的，深入浅出地对 EDA 技术、Verilog HDL 硬件描述语言、FPGA 开发应用及相关知识做了系统和完整的介绍，使读者通过本书的学习并完成推荐的实验，能初步了解和掌握 EDA 的基本内容及实用技术。

本书包括 EDA 的基本知识、常用 EDA 工具的使用方法和目标器件的结构原理、以向导形式和实例为主的方法介绍的多种不同的设计输入方法、对 Verilog 的设计优化以及基于 EDA 技术的典型设计项目。各章都安排了习题或针对性较强的实验与设计。书中列举的大部分 Verilog 设计实例和实验示例实现的 EDA 工具平台是 Quartus II 13.1/16.1，硬件平台是 Cyclone 4E/LP 系列 FPGA，并在 EDA 实验系统上通过了硬件测试。

本书可作为高等院校电子工程、通信、工业自动化、计算机应用技术、电子对抗、仪器仪表、数字信号或图像处理等学科的本科生或研究生的电子设计、EDA 技术课程和 Verilog HDL 硬件描述语言的教材及实验指导书，同时也可作为相关专业技术人员的自学参考书。

图书在版编目(CIP)数据

EDA 技术实用教程：Verilog HDL 版/黄继业，潘松编著. —6 版. —北京：科学出版社，2023.7

（“十二五”普通高等教育本科国家级规划教材）

ISBN 978-7-03-058559-2

Ⅰ. ①E… Ⅱ. ①黄… ②潘… Ⅲ. ①电子电路-电路设计-计算机辅助设计-高等学校-教材 Ⅳ. ①TN702.2

中国版本图书馆 CIP 数据核字（2018）第 191918 号

责任编辑：赵卫江/责任校对：马英菊

责任印制：吕春珉/封面设计：张 帅

科学出版社 出版

北京东黄城根北街 16 号

邮政编码：100717

http://www.sciencep.com

三河市良远印务有限公司印刷

科学出版社发行 各地新华书店经销

*

2002 年 10 月第 一 版 2018 年 8 月第 六 版

2005 年 2 月第 二 版 2023 年 7 月第六版增订版

2006 年 9 月第 三 版 2023 年 7 月第十一次印刷

2010 年 6 月第 四 版 开本：787×1092 1/16

2013 年 8 月第 五 版 印张：23 3/4

字数：545 000

定价：56.00 元

（如有印装质量问题，我社负责调换〈良远〉）

销售部电话 010-62136230 编辑部电话 010-62138978-2010

版权所有，侵权必究

前　言

教育、科技、人才是全面建设社会主义现代化国家的基础性、战略性支撑。随着EDA（electronic design automation，电子设计自动化）技术的发展和应用领域的扩大，EDA技术在电子信息、集成电路、通信、自动控制及计算机应用等领域的重要性日益突出。同时，随着技术市场与人才市场对EDA技术需求的不断提高，产品的市场效率和技术要求也必然会反映到教学和科研领域中来。以最近几届全国大学生电子设计竞赛为例，涉及EDA技术的赛题从未缺席过。全国大学生电子设计竞赛的Intel嵌入式系统专题邀请赛，在近年竞赛内容中都涉及了FPGA的应用。对诸如斯坦福大学、麻省理工学院等美国一些著名院校的电子与计算机实验室建设情况的调研也表明，其EDA技术的教学与实践的内容也十分密集，在其本科和研究生教学中有两个明显的特点：其一，各专业中EDA教学实验课程的普及率和渗透率极高；其二，几乎所有实验项目都部分或全部地融入了EDA技术，其中包括数字电路、计算机组成与设计、计算机接口技术、数字通信技术、嵌入式系统、DSP等实验内容，并且更多地注重创新性实验。这显然是科技发展和市场需求双重影响下自然产生的结果。

坚持科技是第一生产力、人才是第一资源、创新是第一动力，深入实施科教兴国战略、人才强国战略、创新驱动发展战略。基于EDA技术在工程领域中应用的巨大实用价值，以及EDA教学中对未来科技人才的实践能力和创新意识培养的极端重要性，我们对本书各章节做了相应的安排，其特点有以下三个。

1．注重实践、实用和创新能力的培养

除在各章中安排了许多习题外，绝大部分章节还安排了针对性较强的实验与设计项目，使学生对每一章的课堂教学内容和教学效果能及时通过实验得以消化和强化，并尽可能地从学习一开始就有机会将理论知识与实践、自主设计紧密联系起来。

全书包含数十个实验及其相关的设计项目，这些项目涉及的技术领域宽，知识涉猎密集、针对性强，而且自主创新意识的启示性好。与本书的示例一样，所有的实验项目都通过了EDA工具的仿真测试并通过FPGA平台的硬件验证。每一个实验项目除给出详细的实验目的、实验原理和实验报告要求外，都含2～5个子项目或子任务。它们通常分为：第一（层次）实验任务是与该章某个阐述内容相关的验证性实验，通常提供详细的并被验证的设计源程序和实验方法，学生只需将提供的设计程序输入计算机，并按要求进行编译仿真，在实验系统上实现，使学生有一个初步的感性认识，这也提高了实验的效率；第二（层次）实验任务是要求在上一实验基础上做一些改进和发挥；第三个层次的实验通常是提出自主设计的要求和任务；第四、第五个实验层次则在仅给出一些提示的情况下提出自主创新性设计的要求。因此，教师可以根据学时数、教学实验的要求以及不同的学生对象，布置不同层次、含不同任务的实验项目。

2．高效的教学模式成就速成

一般认为 EDA 技术的学习难点和费时的根源在于硬件描述语言。对此，全书做了有针对性的安排：根据专业特点，摒弃传统的计算机语言的教学模式，打破目前 HDL 教材通行的编排形式，而以电子线路设计为基点，从实例的介绍中引出语句语法内容。同时，为了尽快进入 EDA 技术的实践阶段，熟悉 EDA 开发工具及其相关软硬件的使用方法，及时安排了大量有针对性的实验项目，以便读者能尽早进入数字系统工程设计经验的积累和能力提高阶段，并能通过这些面向实际的实践和实验活动，快速深化对硬件描述语言的理解和掌握对应的设计技巧。

本书通过一些简单而典型的 Verilog HDL 设计示例和电路模型，从具体电路和实用背景下引出相关的 Verilog HDL 语言现象和语句规则，并加以深入浅出的说明，使得读者仅通过前期一些内容的学习便能迅速了解并掌握 Verilog HDL 描述与逻辑电路间的基本关系，从而极大地降低了 HDL 的学习难度，大幅提高了学习效率，快速实现了学以致用的目的。我们过去多年的教学实践已证明这是一种高效学习硬件描述语言和 EDA 技术的好方法。

3．注重教学选材的灵活性和完整性相结合

本书的结构特点决定了授课课时数可十分灵活，即可长可短，视具体的专业特点、课程定位及学习者的前期教育力度等因素而定，在 20～50 学时之间选择。由于本书的特色和定位，加之 EDA 技术课程的特质，具体教学可以是粗放型的，其中多数内容，包括实践项目可直接放手于学生，更多地让他们自己去查阅资料、提出问题、解决问题，乃至创新与创造；而授课教师，甚至实验教师只需做一个启蒙者、引导者、鼓励者和学生成果的检验者和评判者。授课的过程多数只需点到为止，大可不必拘泥细节，面面俱到。但有一个原则，即实验学时数应多多益善。事实上，现在任何一门课程的学时数总是有限的，为了有效倍增学生的实践和自主设计的时间，可以借鉴清华大学的一项教改措施，即其电子系本科生从一入学就人手获得一块 FPGA 实验开发板，可从本科一年级一直用到研究生毕业。这是因为 EDA 技术本身就是一个可把全部实验和设计带回家的课程。我校对于这门课也基本采用了这一措施：每个上 EDA 课的学生都可借出一套 EDA 实验板，使他们能利用自己的计算机在课余时间完成自主设计项目，强化学习效果。实践表明，这种安排使得实验课时得到有效延长，教学成效非常明显。

本书的定位目标是，基于全书给出的完整的知识结构，注重实践第一的观念，强化创新意识的培养，通过课堂合理的教学安排，结合学生明晰的求知觉悟和踏实的实践精神，为了即将离开学校面向招聘者、面向研究生导师、面向社会、面向未来的学生能多一份自信、多一点信心和多一线希望。因此我们建议应该积极鼓励学生利用课余时间尽可能学完本书的全部内容，掌握本书介绍的所有 EDA 工具软件和相关开发手段，并尽可能多地完成本书配置的实验和设计任务。

还有一个问题有必要在此探讨，就是在前面曾提到的“本书的定位之说”。事实上，自主创新能力的提高绝非一朝一夕之事。多年的教学实践告诉我们，针对这一命题的教改必须从两方面入手，一是教学内容，二是设课时间。两者互为联系，不可偏废。

前者主要指建立一个内在相关性好、设课时间灵活，且易于将创新能力培养寓于知识传播之中的课程体系。

后者主要指在课程安排的时段上，将这一体系的课程尽可能地提前。这一举措是成功的关键，因为我们不可能想象到了本科三四年级才去关注能力培养会有奇迹发生，更不可能指望一两门课程就能解决问题。尤其是以卓越工程师为培养目标的工科高等教育，自主创新能力的培养本身就是一项教学双方必须投入密集实践和探索的创新活动。

我校的 EDA 技术国家级线下一流课程正是依循这一教改目标建立的课程体系，而"数字电子技术基础"是这一体系的组成部分和先导课程。它的提前设课是整个课程体系提前的必要条件。通过数年的试点性教学实践和经验总结，现已成功在部分本科学生中将此课程的设课时间从原来的第 4 或第 5 学期提前到了第 1 或第 2 学期。而这一体系的其他相关课程，如"EDA 技术""单片机原理与应用""SoC 设计与应用""微机原理与接口""嵌入式系统原理与设计"等也相应提前，从而使学生到二年级时就具备了培养工程实践和自主开发能力的条件。

其实，类似的教改活动和教改成绩，我校远非唯一。国内早有不少院校将数字电路放在第 1 或第 2 学期，其实践训练的内容包括超过数万至数十万逻辑门规模的数字系统自主设计训练，不少受益的学生在各类电子设计竞赛中也都获得了好成绩。前面提到的清华大学的教改活动也说明，他们至少有部分学生于本科一年级就有数字系统设计方面的训练；后来的调研也证明了这一点，如该校计算机专业本科二年级学生就能自主设计出各种极具创新特色的数字系统，如语音处理及数字立体声播放、硬件超级玛丽游戏显示与控制系统等；又如东南大学在一次省级数字电路课程（尚未学 EDA）电子设计竞赛中，有一组同学完成了指纹识别数字锁的设计而获一等奖；再如美国密歇根大学本科一年级学生就能设计数字电子琴这样的复杂系统，其中包括用 FPGA 控制 VGA 显示五线谱，PS2 键盘作为琴键及数字立体声音乐播放等。

新版教程的变化主要表现在新版 EDA 软件和较新的 FPGA 的使用上：

（1）考虑到 Quartus II 13.1 和 Quartus Prime Standard 16.1 版本的用法和功能基本相同，而 Quartus II 13.1 版本支持的早期器件系列较多，包括 Cyclone 3。所以第六版绝大部分内容中用 Quartus II 13.1 取代了旧版的 Quartus II 9.1，读者要注意有不少不同的用法。

（2）Quartus II 10.0 后不再支持内置的门级仿真器，即 Intel/Altera 已将 Quartus II 10.0 及此后版本的软件中曾经一贯内置的门级波形仿真器移除了，因此 Quartus 的使用者不得不使用接口于 Quartus II 的第三方仿真器 ModelSim-Altera，使得仿真技术能很好地融合于更一般的 EDA 技术，也更适用于工程实际的需要。然而这一举措对于多数初学者和相关的教学造成很大的不便。因为必须承认，Quartus II 9.x 及之前版本软件中一直内置的波形仿真器有着易学、高效和便捷的巨大优势，对于 EDA 教学和初学者的学习是十分重要的。为此，直到 Quartus II 13.1 及其以后的 16.1 版本，才借助 ModelSim ASE 构建了一个类似于波形仿真器的仿真工具。当然在用法上有少许不同之处，书中也做了介绍。

（3）由于新版软件的波形仿真器是建立在第三方仿真软件 ModelSim ASE 上的，所以在安装软件时需要特别注意安装 ModelSim ASE，书中对具体使用做了必要提示。

（4）考虑到较新的 Cyclone 4 型 FPGA 已经得到广泛使用，并兼顾目前多数学校仍然使用基于 Cyclone 3 系列 FPGA 的实验设备的现实，在新版教材中包含了这两种 FPGA 的使用示例，但以 Cyclone 4E 型为主，也介绍了 Cyclone 10LP 型 FPGA，其结构与 Cyclone 4E 型 FPGA 相同，只是需要较新的 Quartus 版本才支持。适用于 Cyclone 4E 型 FPGA 的实验示例，也同样适用于 Cyclone 10LP 型 FPGA 的实验设备。

（5）在 FPGA 和 CPLD 的结构介绍方面进行了一定更新，介绍了较新发展的 FPGA（Cyclone 4E/Cyclone 10LP）和 CPLD（内嵌 Flash 的 FPGA 器件）的结构特点。

（6）由于现在 Verilog HDL 功能仿真与门级仿真越来越重要，本书将原来安排在最后一章的 Verilog HDL Test Bench 仿真的内容提前到了第 9 章，同时又进行了补充。

（7）具体的示例和实验中的 FPGA 硬件平台已升级为 Cyclone 4E/10LP 系列器件，但也同样适用于 Cyclone 3 和 Cyclone 5 系列 FPGA。

本书以 Verilog HDL 作为基本硬件描述语言来介绍 EDA 技术。作为教科书，与科学出版社出版的《EDA 技术实用教程——VHDL 版》构成了姊妹篇。

为了适应 EDA 技术在高新技术行业就业中的需求和高校教学的要求，突出 EDA 技术的实用性，以及面向工程实际的特点和自主创新能力的培养，作者力图将 EDA 技术最新的发展成果、现代电子设计最前沿的理论和技术、国际业界普遍接受和认可的 EDA 软硬件开发平台的实用方法，通过本书合理地综合和萃取，奉献给广大读者。

为了尽可能降低成本和售价，本书未配置光盘。与本书相关的教学资料，包括配套课件、实验示例源程序资料、相关设计项目的参考资料和附录中提到的 mif 文件编辑生成软件等都可免费索取；此外，对于一些与本书相关的工具软件，如 Quartus Prime、ModelSim 和其他相关 EDA 软件（包括教学课件与实验课件、实验系统的 FPGA 引脚查询及对照表等）的安装使用问题都可索取或咨询：sunliangzhu@126.com，或与作者探讨 EDA 技术的教学和实践：hjynet@163.com；也可登录科学出版社网站（www.abook.cn）查询。与本书配套的 MOOC 课程是在中国大学 MOOC 平台上的“EDA 技术与 Verilog”课程。

现代电子设计技术是发展的，相应的教学内容和教学方法也应不断地改进，还有许多问题值得深入探讨，我们真诚地欢迎读者对书中的错误与有失偏颇之处给予批评指正。

编　者

2023 年 7 月修订

于杭州电子科技大学

目　　录

第1章 EDA技术概述

本章比较全面地介绍了EDA技术及其发展和应用情况，包括FPGA开发和ASIC设计的流程，以及相关的EDA工具软件。最后简述了Quartus的基本情况。其中给出的一些基本概念，如综合、仿真、IP等在后续章节中将经常遇到，请给予关注。

1.1 EDA技术及其发展

在计算机技术的推动下，20世纪末，电子技术获得了飞速的发展，现代电子产品几乎渗透于社会的各个领域，有力地推动了社会生产力的发展和社会信息化程度的提高，同时又促使现代电子产品性能的进一步提高，产品更新换代的节奏也越来越快。

电子技术发展的根基是微电子技术的进步，它表现在大规模集成电路的加工技术，即半导体工艺技术的发展上。表征半导体工艺水平的线宽已经达到10nm以下，并还在不断地缩小，同时工艺从平面向立体发展；在硅片单位面积上集成了更多的晶体管；集成电路设计在不断地向超大规模、极低功耗和超高速的方向发展；同时，这些专用集成电路ASIC（application specific integrated circuit）的设计成本还在不断降低，而在功能和结构上，现代的集成电路已能实现单片电子系统SOC（system on a chip）。

EDA（electronic design automation）技术作为现代电子设计技术的核心，它依赖功能强大的计算机，在EDA工具软件平台上，对以硬件描述语言HDL（hardware description language）为系统逻辑描述手段完成的设计文件，自动地完成逻辑化简、逻辑分割、逻辑综合、结构综合（布局布线），以及逻辑优化和仿真测试等项功能，直至实现既定性能的电子线路系统功能。EDA技术使得设计者的工作几乎仅限于利用软件的方式，即利用硬件描述语言HDL和EDA软件来完成对系统硬件功能的实现。

在现代高新电子产品的设计和生产中，微电子技术和现代电子设计技术是相互促进、相互推动又相互制约的两个技术环节。前者代表了物理层在广度和深度上硬件电路实现的发展，后者则反映了现代先进的电子理论、电子技术、仿真技术、设计工艺和设计技术与最新的计算机软件技术有机的融合和升华。因此，严格地说，EDA技术应该是这两者的结合，是这两个技术领域共同孕育的奇葩。

EDA技术在硬件实现方面融合了大规模集成电路制造技术、IC版图设计技术、ASIC测试和封装技术、FPGA（field programmable gate array）和CPLD（complex programmable logic device）编程下载技术、自动测试技术等；在计算机辅助工程方面融合了计算机辅助设计（CAD）、计算机辅助制造（CAM）、计算机辅助测试（CAT）、计算机辅助工程（CAE）技术以及多种计算机语言的设计概念；而在现代电子学方面则容纳了更多的内容，如电子线路设计理论、数字信号处理技术、嵌入式系统和计算机设计技术、数字系统建模和优化技术及微波技术等。因此 EDA 技术为现代电子理论和设计的表达与实现提供了可能性。在现代技术的所有领域中，许多得以飞速发展的科学技术，多属计算机辅助设计，而非自动化设计。显然，最早进入真正的设计自动化的技术领域非电子技术莫属，这就是为什么电子技术始终处于所有科学技术发展最前列的原因之一。

不难理解，EDA 技术已不是某一学科的分支，或某种新的技能技术，它应该是一门综合性学科。它融合多学科于一体，又渗透于各学科之中。它打破了软件和硬件间的壁垒，使计算机的软件技术与硬件实现、软件性能和硬件指标、设计效率和产品性能合二为一，它代表了电子设计技术和应用技术的发展方向。

正因为 EDA 技术丰富的内容以及与电子技术各学科领域的相关性，其发展的历程同大规模集成电路技术、计算机辅助工程、可编程逻辑器件，以及电子设计技术的发展几乎是同步的。过去数十年电子技术的发展历程，可以将 EDA 技术的发展分为三个阶段。

20 世纪 70 年代，在集成电路制作方面双极工艺、MOS 工艺已得到广泛的应用。可编程逻辑技术及其器件已经问世,计算机作为一种运算工具已在科研领域得到广泛应用。而在后期，CAD 的概念已见雏形。这一阶段人们开始利用计算机取代手工劳动，辅助进行集成电路版图编辑、PCB（印制电路板）布局布线等工作。

20 世纪 80 年代，集成电路设计进入了 CMOS（互补场效应管）时代。复杂可编程逻辑器件已进入商业应用，相应的辅助设计软件也已投入使用。而在 80 年代末，出现了 FPGA，于是 CAE 和 CAD 技术的应用更为广泛，它们在 PCB 设计方面的原理图输入、自动布局布线及 PCB 分析，以及逻辑设计、逻辑仿真、逻辑函数化简等方面担任了重要的角色，特别是各种硬件描述语言的出现及其在应用和标准化方面的重大进步，为电子设计自动化必须解决的电路建模、标准文档及仿真测试奠定了坚实的基础。

进入 20 世纪 90 年代，随着硬件描述语言的标准化得到进一步的确立，计算机辅助工程、辅助分析和辅助设计在电子技术领域获得更加广泛的应用，与此同时电子技术在通信、计算机及家电产品生产中的市场需求和技术需求，极大地推动了全新的电子设计自动化技术的应用和发展。特别是集成电路设计工艺步入了超深亚微米阶段，近千万门的大规模可编程逻辑器件的陆续面世，以及基于计算机技术的面向用户的低成本大规模 ASIC 设计技术的应用，促进了 EDA 技术的形成和发展。更为重要的是，各 EDA 公司致力于推出兼容各种硬件实现方案和支持标准硬件描述语言的 EDA 工具软件的研究和应用，都有效地将 EDA 技术推向了成熟。

EDA 技术在进入 21 世纪后，得到了更大的发展，突出表现在以下几个方面：

（1）使电子设计成果以自主知识产权（IP）的方式得以明确表达和确认成为可能。

（2）在仿真验证、系统设计和硬件实现方面都支持标准硬件描述语言的功能强大的 EDA 软件不断推出。

（3）电子技术全方位进入 EDA 时代。除了日益成熟的数字技术外，传统的电路系统设计建模理念发生了重大的变化：模拟电路系统硬件描述语言的表达和设计的标准化，系统可编程模拟器件的出现，软硬件技术，软硬件功能及其结构的进一步融合等。

（4）EDA 使得电子技术领域各学科的界限更加模糊，更加互为包容，如模拟与数字、软件与硬件、系统与器件、ASIC 与 FPGA 等。

（5）更大规模的 FPGA 器件的不断推出。

（6）基于 EDA 工具的用于 ASIC 设计的标准单元已涵盖大规模电子系统及复杂 IP 核模块（IP 即 intellectual property，是知识产权的简称）。

（7）IP 核在电子行业的产业领域、技术领域和设计应用领域得到了广泛的应用。

（8）SOC 高效低成本设计技术的成熟。

（9）系统级、行为验证级硬件描述语言，如 System C、SystemVerilog 等的出现，使复杂电子系统的设计，特别是验证趋于更加高效和简单。

（10）C 综合技术开始应用于复杂 EDA 软件工具。使用 C 或类 C 语言对数字逻辑系统进行设计已经成为可能。HLS（high-level synthesis）工具可以实现简单 C 程序到 HDL 的转化，而 OpenCL 工具可以构建以 CPU 为核心的 C 算法 FPGA 加速的应用。

1.2 EDA 技术实现目标

一般地，利用 EDA 技术进行电子系统设计的最后目标，是完成专用集成电路 ASIC 或印制电路板（PCB）的设计和实现（图 1-1）。其中，PCB 设计指的是电子系统的印制电路板设计，从电路原理图到 PCB 上元件的布局、布线、阻抗匹配、信号完整性分析及板级仿真，到最后的电路板机械加工文件生成，这些都需要相应的 EDA 工具软件辅助设计者来完成，这仅是 EDA 技术应用的一个重要方面。ASIC 作为最终的物理平台，集中容纳了用户通过 EDA 技术将电子应用系统的既定功能和技术指标具体实现的硬件实体。

一般而言，专用集成电路就是具有专门用途和特定功能的独立集成电路器件，根据这个定义，作为 EDA 技术最终实现目标的 ASIC，可以通过三种途径来完成（图 1-1）。

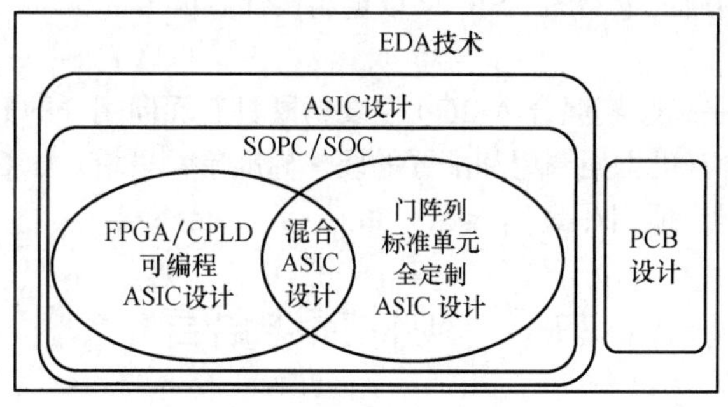

图 1-1　EDA 技术实现目标

1．可编程逻辑器件

FPGA 和 CPLD 是实现这一途径的主流器件，它们的特点是直接面向用户，具有极大的灵活性和通用性，使用方便，硬件测试和实现快捷，开发效率高，成本低，上市时间短，技术维护简单，工作可靠性好等。FPGA 和 CPLD 的应用是 EDA 技术有机融合软硬件电子设计技术、SOC 和 ASIC 设计，以及对自动设计与自动实现最典型的诠释。由于 FPGA 和 CPLD 的开发工具、开发流程和使用方法与 ASIC 有类似之处，因此这类器件通常也被称为可编程专用 IC，或可编程 ASIC。

2．半定制或全定制 ASIC

基于 EDA 设计技术的半定制或全定制 ASIC，根据它们的实现工艺，可统称为掩模（mask）ASIC，或直接称 ASIC。可编程 ASIC 与掩模 ASIC 相比，不同之处在于前者具有面向用户的灵活多样的可编程性。

掩模 ASIC 大致分为门阵列 ASIC、标准单元 ASIC 和全定制 ASIC。

（1）门阵列 ASIC。门阵列芯片包括预定制的相连的 PMOS 和 NMOS 晶体管。设计中，用户可以借助 EDA 工具将原理图或硬件描述语言模型映射为相应门阵列晶体管配置，创建一个指定金属互连路径文件，从而完成门阵列 ASIC 开发。由于有掩模的创建过程，门阵列有时也称掩模可编程门阵列（MPGA）。但是 MPGA 本身与 FPGA 完全不同，它不是用户可编程的，也不属于可编程逻辑范畴，而是实际的 ASIC。MPGA 出现在 FPGA 之前，FPGA 技术源自 MPGA。

（2）标准单元 ASIC。目前大部分 ASIC 是使用库（library）中的不同大小的标准单元设计的，这类芯片一般称作基于单元的集成电路（cell-based integrated circuits，CBIC）。在设计者一级，库包括不同复杂性的逻辑元件：SSI 逻辑块、MSI 逻辑块、数据通道模块、存储器、IP 乃至系统级模块。库包含每个逻辑单元在硅片级的完整布局，使用者只需利用 EDA 软件工具与逻辑块描述打交道即可，完全不必关心深层次电路布局的细节。标准单元布局中，所有扩散、接触点、过孔、多晶通道及金属通道都已完全确定。当该单元用于设计时，通过 EDA 软件产生的网表文件将单元布局块“粘贴”到芯片布局之上的单元行上。标准单元 ASIC 设计与 FPGA 设计的开发流程相近。

（3）全定制 ASIC。全定制芯片中，在针对特定工艺建立的设计规则下，设计者对于电路的设计有完全的控制权，如线的间隔和晶体管大小的确定。该领域的一个例外是混合信号设计，使用通信电路的 ASIC 可以定制设计其模拟部分。

3．混合 ASIC

混合 ASIC（不是指数模混合 ASIC）主要指既具有面向用户的 FPGA 可编程功能和逻辑资源，同时也含有可方便调用和配置的硬件标准单元模块，如 CPU、RAM、ROM、硬件加法器、乘法器、锁相环等。

1.3 硬件描述语言

硬件描述语言 HDL 是 EDA 技术的重要组成部分，目前常用的 HDL 主要有 VHDL、Verilog HDL、SystemVerilog 和 System C。其中 Verilog 和 VHDL 是电子设计主流硬件描述语言，得到几乎所有的主流 EDA 工具的支持，而 SystemVerilog 和 System C 这两种 HDL 语言还处于完善过程中，主要加强了系统验证方面的功能。

Verilog HDL（以下常简称为 Verilog）最初由 Gateway Design Automation 公司（简称 GDA）的 Phil Moorby 在 1983 年创建。起初，Verilog 仅作为 GDA 公司的 Verilog-XL

仿真器的内部语言，用于数字逻辑的建模、仿真和验证。Verilog-XL 推出后获得了成功和认可，从而促使 Verilog HDL 的发展。1989 年 GDA 公司被 Cadence 公司收购，Verilog 语言成为了 Cadence 公司的私有财产。1990 年 Cadence 公司成立了 OVI（Open Verilog International）组织，公开了 Verilog 语言，并由 OVI 负责促进 Verilog 语言的发展。在 OVI 的努力下，1995 年，IEEE（The Institute of Electrical and Electronics Engineers）制定了 Verilog HDL 的第一个国际标准 IEEE Std 1364-1995，即 Verilog 1.0。

2001 年，IEEE 发布了 Verilog HDL 的第二个标准版本（Verilog 2.0）IEEE Std 1364-2001，简称为 Verilog-2001 标准。由于 Cadence 公司在集成电路设计领域的影响力和 Verilog 的易用性，Verilog 成为基层电路建模与设计中最流行的硬件描述语言。

Verilog 的部分语法是参照 C 语言的语法设立的（但与 C 语言有本质区别），因此，具有很多 C 语言的优点，从形式表述上来看，代码简明扼要，使用灵活，且语法规定不是很严谨，很容易上手。Verilog 具有很强的电路描述和建模能力，能从多个层次对数字系统进行建模和描述，从而大大简化了硬件设计任务，提高了设计效率和可靠性。在语言易读性、层次化和结构化设计方面表现了强大的生命力和应用潜力。因此，Verilog 支持各种模式的设计方法：自顶向下与自底向上或混合方法，在面对当今许多电子产品生命周期缩短，需要多次重新设计以融入最新技术、改变工艺等方面，Verilog 具有良好的适应性。用 Verilog 进行电子系统设计的一个很大的优点是，当设计逻辑功能时，设计者可以专心致力于其功能的实现，而不需要对不影响功能的与工艺有关的因素花费过多的时间和精力；当需要仿真验证时，可以很方便地从电路物理级、晶体管级、寄存器传输级乃至行为级等多个层次来做验证。

另一重要的硬件描述语言是 VHDL，它的英文全名是 VHSIC hardware description language，VHSIC 是 very high speed integrated circuit（超高速集成电路）的缩写。VHDL 于 1983 年由美国国防部（DOD）发起创建，由 IEEE 进一步发展并在 1987 年作为 IEEE 标准 1076（IEEE Std 1076）发布。从此，VHDL 成为硬件描述语言的业界标准之一。自 IEEE 公布了 VHDL 的标准版本之后，各 EDA 公司相继推出了自己的 VHDL 设计环境，或宣布自己的设计工具支持 VHDL。

1993 年，IEEE 对 VHDL 进行了修订，从更高的抽象层次和系统描述能力上扩展了 VHDL 的内容，公布了新版本 VHDL，即 IEEE 1076-1993，2008 年 IEEE 再次发布了新修订的 IEEE 1076-2008 标准。现在，VHDL 与 Verilog 一样作为 IEEE 的工业标准硬件描述语言，得到众多 EDA 公司的支持，在电子工程领域已成为事实上的通用硬件描述语言。

SystemVerilog 是一种新的硬件描述语言，它是基于 Verilog-2001 之上的，由 Accellera 开发的（Accellera 的前身就是 OVI）。SystemVerilog 在 Verilog-2001 的基础上做了扩展，将 Verilog 语言推向了系统级空间和验证级空间，极大地改进了高密度、基于 IP 的、总线敏感的芯片设计效率。SystemVerilog 主要定位于集成电路的实现和验证流程，并为系统级设计流程提供了强大的链接能力。SystemVerilog 改进了 Verilog 代码的生产率、可读性以及可重用性。SystemVerilog 提供了更简约的硬件描述，还为测试平台开发、随机约束的测试平台开发、覆盖驱动的验证，以及基于断言的验证提供了广泛的支持。2005 年，IEEE 批准了 SystemVerilog 的语法标准，即 IEEE P1800 标准。

System C 是 C++语言的硬件描述扩展，主要用于 ESL（电子系统级）建模与验证。由 OSCI（open system C initiative）组织进行发展。System C 并非是好的 RTL 语言（即可综合的，硬件可实现描述性质的语言），而是一种系统级建模语言。将 System C 和 SystemVerilog 组合起来，能够提供一套从 ESL 至 RTL 验证的完整解决方案。System C 源代码可以使用任何标准 C++编译环境进行编译，生成可执行文件；运行可执行文件，可生成 VCD 格式的波形文件。对 System C 的综合还不完善，但已经有工具支持。

1.4 HDL 综合

综合（synthesis），就其字面含义应该是：把抽象的实体结合成单个或统一的实体。因此，综合就是把某些东西结合到一起，把设计抽象层次中的一种表述转化成另一种表述的过程。在电子设计领域中，综合的概念可以表示为：将用行为和功能层次表达的电子系统转换为低层次的便于具体实现的模块组合装配的过程。事实上自上而下的设计过程中的每一步都可称为一个综合环节。现代电子设计过程通常从高层次的行为描述开始，以底层的结构甚至更低层次描述结束，每个综合步骤都是上一层次的转换：

（1）从自然语言转换到 Verilog 语言算法表述，即自然语言综合。

（2）从算法表述转换到寄存器传输级（register transport level，RTL）表述，即从行为域到结构域的综合，即行为综合。

（3）从 RTL 级表述转换到逻辑门（包括触发器）的表述，即逻辑综合。

（4）从逻辑门表示转换到版图级表述（ASIC 设计），或转换到 FPGA 的配置网表文件，可称为版图综合或结构综合。有了版图信息就可以把芯片生产出来了。有了对应的配置文件，就可以使对应的 FPGA 变成具有专门功能的电路器件了。

显然，综合器就是能够自动将一种设计表述形式向另一种设计表述形式转换的计算机程序，或协助进行手工转换的程序。它可以将高层次的表述转化为低层次的表述，可以从行为域转化为结构域，可以将高一级抽象的电路描述（如算法级）转化为低一级的电路描述（如门级），并可以用某种特定的“技术实现”，如 CMOS。

对设计者而言有两种情况，一是在高抽象层次进行系统设计并利用综合工具将设计转化为低层次的表述，二是直接在低抽象层次上设计系统；这类似于一个程序员用高级语言编程并用编译器将程序编译成机器代码和直接用机器代码进行编程的情况。在前一种情况下，设计者可以将精力主要集中于系统级问题上，而不必关心低级结构设计的细节问题。因此将减少设计和编程所花费的时间和精力，并且减少错误的发生。

从表面上看，Verilog 综合器和软件程序编译器都不过是一种“翻译器”，它们都能将高层次的设计表达转化为低层次的表达，但它们却具有许多本质的区别（图 1-2）。

编译器将软件程序翻译成基于某种特定 CPU 的机器代码，这种代码仅限于这种 CPU 而不能移植，机器代码不代表硬件结构，更不能改变 CPU 的结构，只能被动地为其特定的硬件电路所利用。如果脱离了已有的硬件环境（CPU），机器代码将失去意义。此外，编译器作为一种软件的运行，除了某种单一目标器件，即 CPU 的硬件结构外，不需要任何与硬件相关的器件库和工艺库参与编译。因而，编译器的工作单纯得多，编译过程基本属于一种一一对应式的、机械转换式的“翻译”行为。

综合器则不同，同样是类似的软件代码（如 Verilog 代码程序），综合器转化的目标是底层的电路结构网表文件，这种满足原设计程序功能描述的电路结构不依赖于任何特定硬件环境，因此可以独立地存在，并能轻易地被移植到任何通用硬件环境中，如 ASIC、FPGA 等。换言之，电路网表代表了特定的且可独立存在和拥有实际功能的硬件结构，因此具备了随时改变硬件结构的依据。综合的结果具有相对独立性。另一方面，综合器在将硬件描述语言表达的电路功能转化成具体的电路结构网表过程中，具有一定的能动性（例如状态机的优化），它并非是机械式的、一一对应式的“翻译”，而是根据设计库、工艺库以及预先设置的各类约束条件，选择最优的方案完成电路结构的设计。这就是说，对于相同的 Verilog 表述，综合器可以用不同的电路结构实现相同的功能。

如图 1-3 所示，与编译器相比，综合器具有更复杂的工作环境。综合器在接受 Verilog 程序并准备对其综合前，必须获得与最终实现设计电路硬件特征相关的工艺库的信息，以及获得优化综合的诸多约束条件。一般约束条件可以分为三种，即设计规则、时间约束、面积约束。通常时间约束的优先级高于面积约束。设计优化要求，当综合器把 Verilog 源码翻译成通用原理图（网表）时，将识别状态机、加法器、乘法器、多路选择器和寄存器等。这些运算功能根据 Verilog 源码中的符号，如加、减、乘、除，都可用多种方法实现。如加法可实现方案有多种，有的面积小，速度慢；有的速度快，面积大。Verilog 行为描述强调的是电路的行为和功能，而不是电路如何实现。选择电路的实现方案正是综合器的任务。综合器选择一种能充分满足各项约束条件且成本最低的实现方案。

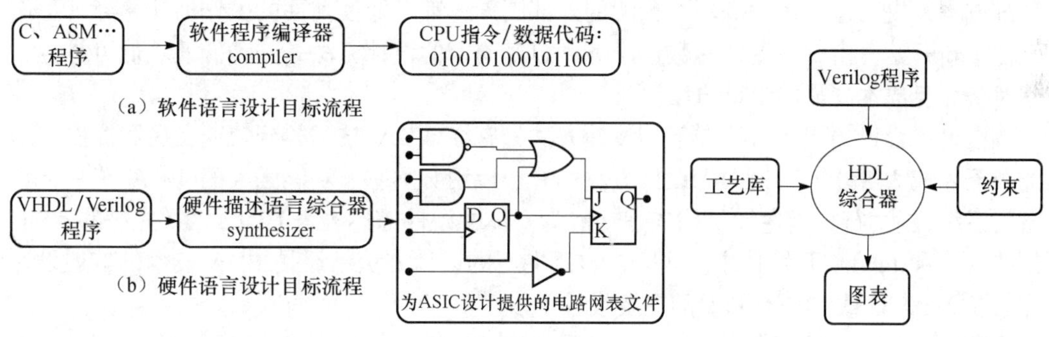

图 1-2　编译器和综合器的功能比较

图 1-3　HDL 综合器运行流程

现在的许多综合器还允许设计者指定在做映射优化时综合器应付出多大“努力”。“努力”一般可分为低、中、高三档。

需要注意的是，Verilog（也包括 VHDL、SystemVerilog）方面的 IEEE 标准，主要指的是文档的表述、行为建模及其仿真，至于在实际电子线路设计（包含综合过程）方面 Verilog 并没有得到全面的标准化支持。这就是说，HDL 综合器并不能支持标准 Verilog 的全集（全部语句程序），而只能支持其子集，即部分语句，并且不同的 HDL 综合器所支持的 Verilog 子集也不完全相同。这样一来，对于相同的 Verilog 源代码，不同的 HDL 综合器可能综合出在结构和功能上并不完全相同的电路系统。对此，设计者应给予充分的注意。对于不同的综合结果，不应对综合器的特性贸然做出评价，而应在设计过程中，尽可能全面了解所使用的综合工具的特性。

1.5 自顶向下的设计技术

传统的电子设计技术，而且多数是属于手工设计技术（如目前多数数字电路教科书中介绍的数字电路设计技术），通常是自底向上的，即首先确定构成系统的最底层的电路模块或元件的结构和功能，然后根据主系统的功能要求，将它们组合成更大的功能块，使它们的结构和功能满足高层系统的要求。并以此流程，逐步向上递推，直至完成整个目标系统的设计。例如，对于一般电子系统的设计，使用自底向上的设计方法，必须首先决定使用的器件类别和规格，如 74 系列的器件、某种 RAM 和 ROM、某类 CPU 或单片机以及某些专用功能芯片等；然后是构成多个功能模块，如数据采集控制模块、信号处理模块、数据交换和接口模块等，直至最后利用它们完成整个系统的设计。

对于 ASIC 设计，则是根据系统的功能要求，首先从绘制硅片版图开始，逐级向上完成版图级、门级、RTL 级、行为级、功能级，直至系统级的设计。在这个过程中，任何一级发生问题，通常都不得不返工重来。

自底向上的设计方法的特点是必须首先关注并致力于解决系统最底层硬件的可获得性，以及它们的功能特性方面的诸多细节问题；在整个逐级设计和测试过程中，始终必须顾及具体目标器件的技术细节。在这个设计过程中的任一阶段，最底层目标器件的更换，或某些技术参数不满足总体要求，或缺货，或由于市场竞争的变化，临时提出降低系统成本，提高运行速度等不可预测的外部因素，都可能使前面的工作前功尽弃，工作又得重新开始。由此可见，多数情况下，自底向上的设计方法是一种低效、低可靠性、费时费力且成本高昂的设计方案。

在电子设计领域，自顶向下的设计方法只有在 EDA 技术得到快速发展和成熟应用的今天才成为可能。自顶向下设计方法的有效应用必须基于功能强大的 EDA 工具，具备集系统描述、行为描述和结构描述功能为一体的硬件描述语言 HDL，以及先进的 ASIC 制造工艺和 FPGA 开发技术。当今，自顶向下的设计方法已经是 EDA 技术的首选设计方法，是 ASIC 或 FPGA 开发的主要设计手段。

在 EDA 技术应用中，自顶向下的设计方法，就是在整个设计流程中各设计环节逐步求精的过程。一个项目的设计过程包括从自然语言说明到 HDL 的系统行为描述，从系统的分解、RTL 模型的建立、门级模型产生到最终的可以物理布线实现的底层电路，就是从高抽象级别到低抽象级别的整个设计周期。后端设计还必须包括涉及硬件的物理结构实现方法和测试（仍然利用计算机完成）。

应用 HDL 进行自上而下的设计，就是使用 HDL 模型在所有综合级别上对硬件设计进行说明、建模和仿真测试。主系统及子系统最初的功能要求体现为可以被 HDL 仿真程序验证的可执行程序。由于综合工具可以将高级别的模型转化生成为门级模型，所以整个设计过程基本是由计算机自动完成的。人为介入的方式主要是根据仿真的结果和优化的指标，控制逻辑综合的方式和指向。因此在设计周期中，根据仿真的结果进行优化和升级，以及对模型进行及时的修改，以改进系统或子系统的功能，更正设计错误，提高目标系统的工作速度，减小面积耗用，降低功耗和成本等；或者启用新器件或新的 IP 核。在这些过程中，由于设计的下一步是基于当前的设计，即使发现问题或作新的修改而需从头开始设计，也不妨碍整体的设计效率。此外，HDL 设计的可移植性、EDA 平台的通用性以及与具体硬件结构的无关性，使得前期的设计可以容易地应用于新的设计项目，而且项目设计的周期可以显著缩短。因此，EDA 设计方法十分强调将前一个 HDL 模型重用的方法。此外，随着设计层次的降低，在低级别上使用高级别的测试包来测试模型也很重要，并行之有效。

自顶而下的设计方法使系统被分解为各个模块的集合之后，可以对设计的每个独立模块指派不同的工作小组。这些小组可以工作在不同地点，甚至可以分属不同的单位，最后将不同的模块集成为最终的系统模型，并对其进行综合测试和评价。

图 1-4 给出了自顶向下设计流程的框图说明，它包括如下设计阶段。

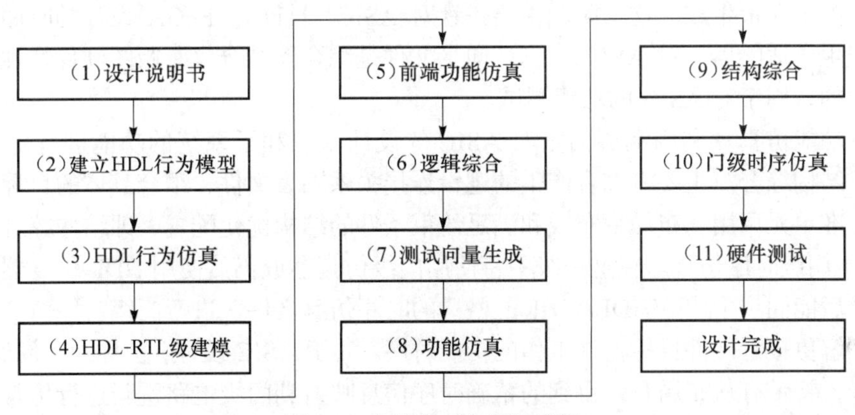

图 1-4　自顶向下的设计流程

（1）提出设计说明书。即用自然语言表达系统项目的功能特点和技术参数等。

（2）建立 HDL 行为模型。这一步是将设计说明书转化为 HDL 行为模型。在这一项目的表达中，可以使用满足 IEEE 标准的 VHDL/Verilog 的所有语句而不必考虑可综合性。这一建模行为的目标是通过 HDL 仿真器对整个系统进行系统行为仿真和性能评估。在行为模型的建立过程中，如果最终的系统中包括目标 ASIC 或 FPGA 以外的电路器件，如 RAM、ROM、接口器件或某种 CPU，也同样能建立一个完整统一的系统行为模型而进行整体仿真。这是因为可以根据这些外部器件的功能特性设计出 HDL 的仿真模型，然后将它们并入主系统的 HDL 模型中。事实上，现在有许多公司可提供各类流行器件的 HDL 模型，如 8051 单片机模型、PIC16C5X 模型、80386 模型等，利用这些模型可以将整个电路系统组装起来。有的 VHDL/Verilog 模型既可用来仿真，也可作为实际电路的一部分。例如，现有的 PCI 总线模型大多是既可仿真又可综合的。

（3）HDL 行为仿真。这一阶段可以利用 VHDL/Verilog 仿真器（如 ModelSim）对顶层系统的行为模型进行仿真测试，检查模拟结果，继而进行修改和完善。这一过程与最终实现的硬件没有任何关系，也不考虑硬件实现中的技术细节，测试结果主要是对系统纯功能行为的考察，其中许多 VHDL/Verilog 的语句表达主要为了方便了解系统各种条件下的功能特性，而不可能用真实的硬件来实现。

（4）HDL-RTL 级建模。如上所述，HDL 只有部分语句集合可用于硬件功能行为的建模，因此在这一阶段，必须将 HDL 的行为模型表达为 HDL 行为代码（或称 HDL-RTL 级模型）。HDL 行为代码是用 HDL 可综合子集中的语句完成的，即可以最终实现目标器件的描述。因为利用 HDL 的可综合的语句同样可以对电路方便地进行行为描述，而目前许多主流的 HDL 综合器能将其综合成 RTL 级，乃至门级模型。从第（3）步到第（4）步，人工介入的内容比较多，设计者需要给予更多的关注。

（5）前端功能仿真。在这一阶段对 HDL-RTL 级模型进行仿真，称为功能仿真。尽管 HDL-RTL 级模型是可综合的，但对它的功能仿真仍然与硬件无关，仿真结果表达的是可综合模型的逻辑功能。

（6）逻辑综合。使用逻辑综合工具将 HDL 行为级描述转化为结构化的门级电路。在 ASIC 设计中，门级电路可以由 ASIC 库中的基本单元组成。

（7）测试向量生成。这一阶段主要是针对 ASIC 设计的。FPGA 设计的时序测试文件主要产生于适配器。对 ASIC 的测试向量文件是综合器结合含有版图硬件特性的工艺库后产生的，用于对 ASIC 的功能测试。

（8）功能仿真。利用测试向量对 ASIC 的设计系统和子系统的功能进行仿真。

（9）结构综合。主要将综合产生的逻辑连接关系网表文件，结合具体的目标硬件环境进行标准单元调用、布局、布线和满足约束条件的结构优化配置，即结构综合。

（10）门级时序仿真。在这一级中将使用门级仿真器或仍然使用 HDL 仿真器（因为结构综合后能同步生成 VHDL/Verilog 格式的时序仿真文件）进行门级时序仿真，在计算机上了解更接近硬件目标器件工作的功能时序。对于 ASIC 设计，被称为布局后仿真。在这一步，将带有从布局布线得到的精确时序信息映射到门级电路重新进行仿真，以检查电路时序，并对电路功能进行最后检查。这些仿真的成功完成称为 ASIC sign off。接下去的工作就可以将设计提供给硅铸造生产工序了。

（11）硬件测试。这是对最后完成的硬件系统进行检查和测试。

1.6 EDA 技术的优势

传统的数字电子系统或 IC 设计中，手工设计占了较大的比例。手工设计一般先按电子系统的具体功能要求进行功能划分，然后对每个子模块画出真值表，用卡诺图进行手工逻辑简化，写出布尔表达式，画出相应的逻辑线路图，再据此选择元器件，设计电路板，最后进行实测与调试。手工设计方法的缺点是明显的：

- 复杂电路的设计和调试都十分困难。
- 由于无法进行硬件系统仿真，如果某一过程存在错误，查找和修改十分困难。
- 设计过程中产生大量文档，不易管理。
- 对于 IC 设计而言，设计实现过程与具体生产工艺直接相关，因此可移植性差。
- 只有在设计出样机或生产出芯片后才能进行实测。

相比之下，EDA 技术有很大不同：

（1）用 HDL 对数字系统进行抽象的行为与功能描述以及具体的内部线路结构描述，从而可以在电子设计的各个阶段、各个层次进行计算机模拟验证，保证设计过程的正确性，可以大大降低设计成本，缩短设计周期。

（2）EDA 工具之所以能够完成各种自动设计过程，关键是有各类库的支持，如逻辑仿真时的模拟库、逻辑综合时的综合库、版图综合时的版图库、测试综合时的测试库等。这些库都是 EDA 公司与半导体生产厂商紧密合作、共同开发的。

（3）某些 HDL 也是文档型的语言（如 VHDL），极大地简化了设计文档的管理。

（4）EDA 技术中最为瞩目的功能，即最具现代电子设计技术特征的功能是日益强大的逻辑设计仿真测试技术。EDA 仿真测试技术只需通过计算机，就能对所设计的电子系统从各种不同层次的系统性能特点完成一系列准确的测试与仿真操作，在完成实际系统的安装后，还能对系统上的目标器件进行所谓边界扫描测试。这一切都极大地提高了大规模系统电子设计的自动化程度。

（5）无论传统的应用电子系统设计得如何完美，使用了多么先进的功能器件，都掩盖不了一个无情的事实，即该系统对于设计者来说，没有任何自主知识产权可言，因为系统中的关键性的器件往往并非出自设计者之手，这将导致该系统在许多情况下的应用直接受到限制。基于 EDA 技术的设计则不同，由于用 HDL 表达的成功的专用功能设计在实现目标方面有很大的可选性，它既可以用不同来源的通用 FPGA/CPLD 实现，也可以直接以 ASIC 来实现，设计者拥有完全的自主权，再无受制于人之虞。

（6）传统的电子设计方法至今没有任何标准规范加以约束，因此，设计效率低，系统性能差，开发成本高，市场竞争力小。而 EDA 技术的设计语言是标准化的，不会由于设计对象的不同而改变；它的开发工具是规范化的，EDA 软件平台支持任何标准化的设计语言；它的设计成果是通用性的，IP 核具有规范的接口协议。良好的可移植与可测试性，为系统开发提供了可靠的保证。

（7）从电子设计方法学来看，EDA 技术最大的优势就是在计算机平台上能将所有设计环节纳入统一的自顶向下的设计方案中。

（8）EDA 不但在整个设计流程上充分利用计算机的自动设计能力，在各个设计层次上利用计算机完成不同内容的仿真模拟，而且在系统板设计结束后仍可利用计算机对硬件系统进行完整全面的测试。而传统的设计方法，如单片机仿真器只能在最后完成的系统上进行局部的且仅限于软件的仿真调试，而在整个设计的中间过程是无能为力的。至于硬件系统测试，由于现在的许多系统主板不但层数多，而且许多器件是 BGA（ball-grid array）封装，所有引脚都在芯片的底面，焊接后普通的仪器仪表无法接触到所需要的信号点，因此无法测试。

1.7 EDA 设计流程

完整地了解利用 EDA 技术进行设计开发的流程对于正确选择和使用 EDA 软件、优化设计项目、提高设计效率十分有益。一个完整的 EDA 设计流程既是自顶向下设计方法的具体实施途径，也是 EDA 工具软件本身的组成结构。在实践中进一步了解支持这一设计流程的诸多设计工具，有利于有效地排除设计中出现的问题，提高设计质量和总结设计经验。本节主要介绍 FPGA 开发的流程。

图 1-5 是基于 EDA 软件的 FPGA/CPLD 开发流程框图，以下将分别介绍各设计模块的功能特点。对于目前流行的 EDA 工具软件，图 1-5 的设计流程具有一般性。

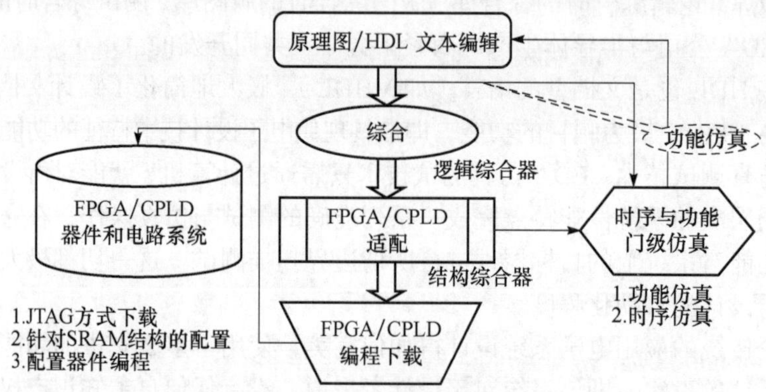

图 1-5　应用于 FPGA/CPLD 的 EDA 开发流程

1.7.1　设计输入（原理图/HDL 文本编辑）

将电路系统以一定的表达方式输入计算机，是在 EDA 软件平台上对 FPGA/CPLD 开发的最初步骤。通常，使用 EDA 工具的设计输入可分为两种类型。

1．图形输入

图形输入通常包括原理图输入、状态图输入和波形图输入三种常用设计方法。

状态图输入设计方法就是根据电路的控制条件和不同的转换方式，用绘图的方法，在 EDA 工具的状态图编辑器上绘出状态图，然后由编译器和综合器将此状态变化流程图形编译综合成电路网表。

波形图输入设计方法则是将待设计的电路看成是一个黑盒子，只需告诉 EDA 工具黑盒子电路的输入和输出时序波形图，EDA 工具即能据此完成黑盒子电路的设计。

原理图输入设计方法是一种类似于传统电子设计方法的原理图编辑输入方式，即在 EDA 软件的图形编辑界面上绘制能完成特定功能的电路原理图。原理图由逻辑器件和连接线构成，图中的逻辑器件可以是 EDA 软件库中预制的功能模块，如与门、非门、或门、触发器以及各种含 74 系列器件功能的宏功能块，甚至还有一些类似于 IP 的功能块。当原理图编辑绘制完成后，原理图编辑器将对输入的图形文件进行排错，之后再将其编译成适用于逻辑综合的网表文件。

2．HDL 文本输入

这种方式与传统的计算机软件语言编辑输入基本一致。就是将使用了某种硬件描述语言的电路设计文本，如 Verilog 或 VHDL 的源程序，进行编辑输入。

可以说，应用 HDL 的文本输入方法克服了原理图输入法存在的缺陷，为 EDA 技术的应用和发展打开了一个广阔的天地。当然，在一定的条件下，情况会有所改变。目前有些 EDA 输入工具可以把图形的直观与 HDL 的优势结合起来。如状态图输入的编辑方式，即用图形化状态机输入工具，用图形的方式表示状态图。当填好时钟信号名、状态转换条件、状态机类型等要素后，就可以自动生成 Verilog/VHDL 程序。又如，在原理图输入方式中，连接用 HDL 描述的各个电路模块，直观地表示系统的总体框架，再用自动 HDL 生成工具生成相应的 Verilog 或 VHDL 程序。

但总体来看，纯 HDL 输入设计仍然是最基本、最有效和最通用的输入方法。

1.7.2 综合

前面已经对综合的概念做了介绍。一般来说，综合是仅对 HDL 而言的。利用 HDL 综合器对设计进行综合是十分重要的一步，因为综合过程将把软件设计的 HDL 描述与硬件结构挂钩，是将软件转化为硬件电路的关键步骤，是文字描述与硬件实现的一座桥梁。综合就是将电路的高级语言（如行为描述）转换成低级的，可与 FPGA/CPLD 的基本结构相映射的网表文件或程序。当输入的 HDL 文件在 EDA 工具中检测无误后，首先面临的是逻辑综合，因此要求 HDL 源文件中的语句都是可综合的。

在综合后，综合器一般都可以生成一种或多种文件格式网表文件，如 EDIF、VHDL、Verilog、VQM 等标准格式，在这种网表文件中用各自的格式描述电路的结构。如在 Verilog 网表文件采用 Verilog 的语法，用结构描述的风格重新诠释综合后的电路结构。

整个综合过程就是将设计者在 EDA 平台上编辑输入的 HDL 文本、原理图或状态图形描述，依据给定的硬件结构组件和约束控制条件进行编译、优化、转换和综合，最终获得门级电路甚至更底层的电路描述网表文件。由此可见，综合器工作前，必须给定最后实现的硬件结构参数，它的功能就是将软件描述与给定的硬件结构用某种网表文件的方式对应起来，成为相应的映射关系。综合的优化也不是单方向的。为达到速度、面积、性能的要求，往往需要对综合加以约束，称为综合约束。

1.7.3 适配

适配器也称结构综合器，它的功能是将由综合器产生的网表文件配置于指定的目标器件中，使之产生最终的下载文件，如 BIT、BIN、SOF、POF 格式的文件。适配所选定的目标器件必须属于原综合器指定的目标器件系列。通常，EDA 软件中的综合器可由专业的第三方 EDA 公司提供，而适配器则需由 FPGA/CPLD 供应商提供。因为适配器的适配对象直接与器件的结构细节相对应。

适配器将综合后的网表文件针对某一具体的目标器件进行逻辑映射操作，其中包括底层器件配置、逻辑分割、逻辑优化、逻辑布局布线操作。适配完成后可以利用适配所产生的仿真文件作精确的时序仿真测试，同时产生可用于编程的文件。

1.7.4 时序仿真与功能仿真、静态时序分析

在编程下载前必须利用 EDA 工具对适配生成的结果进行模拟测试，就是所谓的仿真。仿真就是让计算机根据一定的算法和一定的仿真库对 EDA 设计进行模拟测试，

以验证设计，排除错误。仿真是在 EDA 设计过程中的重要步骤。图 1-5 所示的时序与功能门级仿真通常由 PLD 公司的 EDA 开发工具直接提供（当然也可以选用第三方的专业仿真工具），它可以完成两种不同级别的仿真测试：

（1）时序仿真，就是接近真实器件运行特性的仿真，仿真文件中已包含了器件硬件特性参数，因而，仿真精度高。但时序仿真的仿真文件必须来自针对具体器件的综合器与适配器。综合后所得的 EDIF、VQM 等网表文件通常作为 FPGA 适配器的输入文件，产生的仿真网表文件中包含了精确的硬件延迟信息。

（2）功能仿真，是直接对 HDL、原理图描述或其他描述形式的逻辑功能进行测试模拟，以了解其实现的功能是否满足原设计的要求。仿真过程可不涉及任何具体器件的硬件特性。甚至不经历综合与适配阶段，在设计项目编辑编译后即可进入门级仿真器进行模拟测试。直接进行功能仿真的好处是设计耗时短，对硬件库、综合器等没有任何要求。对于规模比较大的设计项目，综合与适配在计算机上的耗时是十分可观的，如果每一次修改后的模拟都必须进行时序仿真，显然会极大地降低开发效率。因此，通常的做法是，首先进行功能仿真，待确认设计文件所表达的功能接近或满足设计者原有意图时，即逻辑功能满足要求后，再进行综合、适配和时序仿真，以便把握设计项目在硬件条件下的运行情况。

如果仅限于 Quartus II（9.1 版本或以前版本）本身的内置仿真器，即使功能仿真，其设计文件也必须是可综合的，且需经历综合器的综合。只有使用 ModelSim 等专业仿真器才能实现对 HDL 设计代码不经综合的直接功能仿真。

时序仿真和功能仿真都是基于有系统激励输入的仿真验证，属于动态时序分析范畴。若纯粹分析电路各个部分的延迟，那么就需要进行静态时序分析（static timing analysis，STA）。STA 在现代 EDA 设计中越来越占据重要地位，是对设计进行时序估计、设计优化的重要手段。

静态时序分析可以用参数直观地评价设计的电路的性能，而功能仿真（属于动态时序分析）可以验证电路的功能。现代的 EDA 工具往往通过使用门级功能仿真和静态时序分析来联合验证评估电路的功能与性能，而代替复杂耗时的时序仿真。

动态时序分析测试电路的功能很难做到 100%的覆盖率，而静态时序分析对性能的评估是完全的。随着电路复杂度的提高，即使使用验证方法学也无法做到 100%的测试覆盖率，在现代 EDA 设计中，静态时序分析越来越重要。

1.7.5 编程下载

把适配后生成的下载或配置文件，通过编程器或编程电缆向 FPGA 或 CPLD 下载，以便进行硬件调试和验证（hardware debugging）。通常，将对 CPLD 的下载称为编程（program），对 FPGA 中的 SRAM 进行直接下载的方式称为配置（configure），但对于反熔丝结构和 Flash 结构的 FPGA 的下载和对 FPGA 的专用配置 ROM 的下载仍称为编程。

1.7.6 硬件测试

最后是将含有载入了设计文件的 FPGA 或 CPLD 的硬件系统进行统一测试，以便最终验证设计项目在目标系统上的实际工作情况，以排除错误，改进设计。

1.8 ASIC及其设计流程

ASIC是相对于通用集成电路而言的，ASIC主要指用于某一专门用途的集成电路器件。ASIC分类大致可如图1-6所示，分为数字ASIC、模拟ASIC和数模混合ASIC。

1.8.1 ASIC设计简介

对于数字ASIC，其设计方法有多种。按版图结构及制造方法分，有半定制（semi-custom）和全定制（full-custom）两种实现方法（图1-7）。

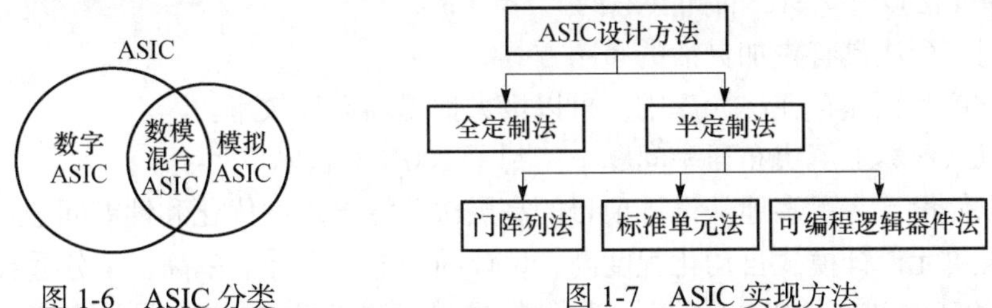

图1-6 ASIC分类　　图1-7 ASIC实现方法

全定制方法是一种基于晶体管级的、手工设计版图的制造方法。设计者需要使用全定制版图设计工具来完成，设计者必须考虑晶体管版图的尺寸、位置、互连线等技术细节，并据此确定整个电路的布局布线，以使设计的芯片的性能、面积、功耗、成本达到最优。显然，全定制设计中，人工参与的工作量大，设计周期长，而且容易出错。

然而利用全定制方法设计的电路，面积利用率最高，性能较好，功耗较低，有利于降低设计成本，提高芯片的集成度和工作速度，以及降低功耗。在通用中小规模集成电路设计、模拟集成电路，包括射频级集成器件的设计，以及有特殊性能要求和功耗要求的电路或处理器中的特殊功能模块电路的设计中被广泛采用。

半定制法是一种约束性设计方式，约束的目的是简化设计，缩短设计周期，降低设计成本，提高设计正确率。半定制法按逻辑实现的方式不同，可再分为门阵列法、标准单元法和可编程逻辑器件法，与此相关的内容在以上已经做了简要介绍。

（1）门阵列（gate array）法是较早使用的一种ASIC设计方法，又称为母片（master slice）法。它预先设计和制造好各种规模的母片，其内部成行成列，并等间距地排列着基本单元的阵列。除金属连线及引线孔以外的各层版图图形均固定不变，只剩下一层或两层金属铝连线及孔的掩模需要根据用户电路的不同而定制。每个基本单元是由三对或五对晶体管组成，基本单元的高度、宽度都是相等的，并按行排列。设计人员只需要设计到电路一级，将电路的网表文件交给IC厂家即可。IC厂家根据网表文件描述的电路连接关系，完成母片上电路单元的布局及单元间的连线。然后对这部分金属线及引线孔的图形进行制版、流片。这种设计方式涉及的工艺少，模式规范，设计自动化程度高，设计周期短，造价低，且适合于小批量的ASIC设计。所有这些都有赖于事先制备母片及库单元，并经过验证。门阵列法的缺点是芯片面积利用率低，灵活性差，对设计限制得过多。

（2）标准单元（standard cell）法必须预建完善的版图单元库，库中包括以物理版图级表达的各种电路元件和电路模块“标准单元”，可供用户调用以设计不同功能的芯片。这些单元的逻辑功能、电气性能及几何设计规则等都经过分析和验证。与门阵列库单元不同的是，标准单元的物理版图将从最底层至最高层的各层版图设计图形都包括在内。在设计布图时，从单元库中调出标准单元按行排列，行与行之间留有布线通道，同行或相邻行的单元相连可通过单元行的上、下通道完成。隔行单元之间的垂直方向互连则必须借用事先预留在标准单元内部的走线道（feed-through）或在两单元间设置的走线道单元（feed-through cell）或空单元（empty cell）来完成连接。

标准单元法设计 ASIC 的优点是：

- 比门阵列法具有更加灵活的布图方式。
- 标准单元预先存在单元库中，可以极大地提高设计效率。
- 可以从根本上解决布通率问题，达到了 100%布通率。
- 可以使设计者更多地从设计项目的高层次关注电路的优化和性能问题。
- 标准单元设计模式自动化程度高，设计周期短，设计效率高，十分适合利用功能强大的 EDA 工具进行 ASIC 的设计。因此标准单元法是目前 ASIC 设计中应用非常广泛的设计方法之一。

标准单元法还有一个重要的优势，即它与可编程逻辑器件法的应用有相似点，它们都是建立在标准单元库的基础之上的，因此从 FPGA/CPLD 设计向使用标准单元法设计的 ASIC 设计迁移是十分方便的。利用这种设计模式可以很好地解决直接进行 ASIC 设计中代价高昂的功能验证问题和快速的样品评估问题。

标准单元法存在的问题是，当工艺更新之后，标准单元库要随之更新，这是一项十分繁重的工作。为了解决人工设计单元库费时费力的问题，目前几乎所有在市场上销售的 IC CAD 系统，如 Synopsys、Cadence、Mentor 等都含有标准单元自动设计工具。此外，设计重用（design reuse）技术也可用于解决单元库的更新问题。

门阵列法或标准单元法设计 ASIC 共存的缺点是无法避免冗杂繁复的 IC 制造后向流程，而且与 IC 设计工艺紧密相关，最终的设计也需要集成电路制造厂家来完成，一旦设计有误，将导致巨大的损失。此外，还有设计周期长、基础投入大、更新换代难等方面的缺陷。

（3）可编程逻辑器件法是用可编程逻辑器件设计用户定制的数字电路系统。可编程逻辑器件芯片实质上是门阵列及标准单元设计技术的延伸和发展。可编程逻辑器件是一种半定制的逻辑芯片，但与门阵列法、标准单元法不同，芯片内的硬件资源和连线资源是由厂家预先制定好的，可以方便地通过编程下载获得重新配置。这样，用户就可以借助 EDA 软件和编程器在实验室或车间中自行进行设计、编程或电路更新。而且如果发现错误，则可以随时更改，完全不必关心器件实现的具体工艺。

用可编程逻辑器件法设计 ASIC（或称可编程 ASIC），设计效率大为提高，上市的时间大为缩短。当然，这种用可编程逻辑器件直接实现的所谓 ASIC 的性能、速度和单位成本相对于全定制或标准单元法设计的 ASIC 都不具备竞争性。此外，也不可能用可编程 ASIC 去取代通用产品，如 CPU、单片机、存储器等的应用。

目前，为了降低单位成本，可以在用可编程逻辑器件实现设计后，用特殊的方法转成 ASIC 电路,如 Altera 的部分 FPGA 器件在设计成功后可以通过 HardCopy 技术转成对应的门阵列 ASIC 产品。

1.8.2　ASIC 设计一般流程简述

一般的 ASIC 从设计到制造，需要经过若干步骤，如图 1-8 所示。

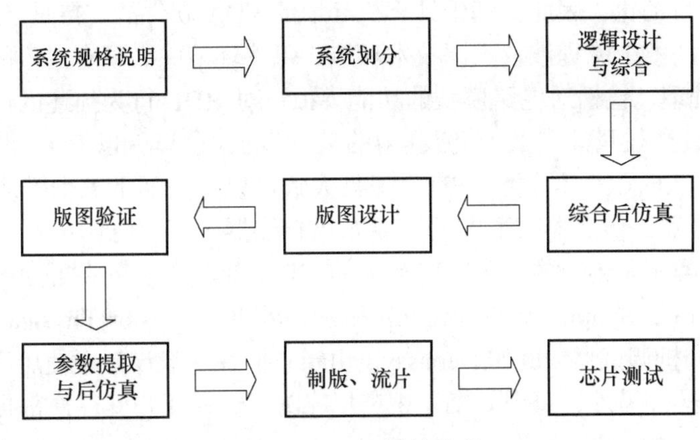

图 1-8　ASIC 设计流程

（1）系统规格说明（system specification）。分析并确定整个系统的功能、要求达到的性能、物理尺寸，确定采用何种制造工艺、设计周期和设计费用。建立系统的行为模型，进行可行性验证。

（2）系统划分（system division）。将系统分割成各个功能子模块，给出子模块之间信号连接关系。验证各个功能块的行为模型，确定系统的关键时序。

（3）逻辑设计与综合（logic design and synthesis）。将划分的各个子模块用文本（网表或硬件描述语言）、原理图等进行具体逻辑描述。对于硬件描述语言描述的设计模块需要用综合器进行综合，以获得具体的电路网表文件，对于原理图等描述方式描述的设计模块经简单编译后得到逻辑网表文件。

（4）综合后仿真（simulate after synthesis）。从上一步得到网表文件，在这一步进行仿真验证。

（5）版图设计（layout design）。版图设计是将逻辑设计中每一个逻辑元件、电阻、电容等以及它们之间的连线转换成集成电路制造所需要的版图信息。可用手工或自动技术进行版图规划（floorplanning）、布局（placement）、布线（routing）。这一步由于涉及逻辑到物理实现的映射，又称物理设计（physical design）。

（6）版图验证（layout verification）。版图设计完成以后进行版图验证，主要包括版图原理图比对（LVS）、设计规则检查（DRC）、电气规则检查（ERC）。在手工版图设计中，这是非常重要的一步。

（7）参数提取与后仿真。验证完毕，进行版图的电路网表提取（NE）、参数提取（PE），把提取的参数反注（back annotate）至网表文件，进行最后一步仿真验证工作。

（8）制版、流片。送 IC 生产线进行制版、光罩和流片，进行试验性生产。

（9）芯片测试。测试芯片是否符合设计要求，并评估成品率。

1.9 常用 EDA 工具

EDA 工具在 EDA 技术应用中占据极其重要的位置。EDA 的核心是利用计算机实现电子设计的全程自动化，因此，基于计算机环境的 EDA 软件的支持是必不可少的。

由于 EDA 的整个流程涉及不同技术环节，每一环节中必须有对应的软件包或专用 EDA 工具独立处理，包括对电路模型的功能模拟、对 HDL 行为描述的逻辑综合等。因此单个 EDA 工具往往只涉及 EDA 流程中的某一步骤。这里就以 EDA 设计流程中涉及的主要软件包为 EDA 工具分类。EDA 工具大致可以分为如下五个模块：设计输入编辑器，HDL 综合器，仿真器，适配器（或布局布线器），下载器。

当然这种分类不是绝对的，还有些辅助的 EDA 工具没有列在上面的分类中，如物理综合器，就有诸如 Synplicity 的 Amplify 和 Mentor 的 Precision Physical Synthesis 等；还有 HDL 代码分析调试器，例如 Debussy。由于它们在一般设计中使用不是很多，在这里就不再详细讲述。另外，每个 FPGA 生产厂家为了方便用户，往往都提供集成开发环境，如 Intel/Altera 的 Quartus 等。

1.9.1 设计输入编辑器

在 1.8 节中已经对设计输入编辑器做了部分介绍，它们可以接受不同的设计输入表达方式，如各类图形，波形和 HDL 的文本输入方式。在各可编程逻辑器件厂商提供的 EDA 开发工具中一般都含有对应的输入编辑器，如 Xilinx 的 ISE、Altera 的 Quartus II 等。

通常，专业的 EDA 工具供应商也提供相应的设计输入工具，这些工具一般与该公司的其他电路设计软件整合，这点尤其体现在原理图输入环境上。如 Innovada 的 eProduct Designer 中的原理图输入管理工具 DxDesigner（原为 ViewDraw），既可作为 PCB 设计的原理图输入，又可作为 IC 设计、模拟仿真和 FPGA 设计的原理图输入环境。比较常见的还有 Cadence 的 OrCAD 产品中的 Capture 工具等。这一类的工具一般都设计成通用型的原理图输入工具。由于针对 FPGA/CPLD 设计的原理图需要特殊原理图库的支持，因此其输出并不与 EDA 流程的下一步设计工具直接相连，而要通过网表文件来传递。

由于 HDL（包括 Verilog HDL、VHDL 等）的输入方式是文本格式，所以它的输入实现要比原理图输入简单得多，用普通的文本编辑器即可完成。如果要求 HDL 输入时有语法敏感色彩提示，可用带语法提示功能的通用文本编辑器，如 UltraEdit、Vim、XEmacs 等。当然 EDA 工具中提供的 HDL 编辑器会更好用些，如 Aldec 的 Active HDL 中的 HDL 编辑器、Altium 的 Altium Designer 中的 HDL 编辑器。

另外，由于可编程逻辑器件规模的增大，设计的可选性大为增加，需要有完善的设计输入文档管理，Mentor 的 HDL Designer Series 就是此类工具的一个典型代表。

有的 EDA 设计输入工具把图形设计与 HDL 文本设计相结合，如在提供 HDL 文本编辑器的同时提供状态机编辑器，用户可用图形（状态图）来描述状态机，最后生成 HDL 文本输出。如 Mentor 公司的 FPGA Advantage（含 HDL Designer Series）、Active HDL 中的 Active State 等。尤其是 HDL Designer Series 中的各种输入编辑器，可以接受诸如原理图、状态图、表格图等输入形式，并将它们转成 Verilog/VHDL 文本表达方式，很好地解决了通用性（HDL 输入的优点）与易用性（图形法的优点）之间的矛盾。

设计输入编辑器在多样性、易用性和通用性方面的功能不断增强，标志着 EDA 技术中自动化设计程度的不断提高。

1.9.2 HDL 综合器

硬件描述语言诞生的初衷是用于电路逻辑的建模和仿真的，但直到 Synopsys 公司推出了 HDL 综合器后，才改变了人们的看法，于是可以将 HDL 直接用于电路的设计。

由于 HDL 综合器是目标器件硬件结构细节、数字电路设计技术、化简优化算法以及计算机软件的复杂结合体，而且 HDL 可综合子集的标准化过程缓慢，所以相比于形式多样的设计输入工具，成熟的 HDL 综合器并不多。比较常用的、性能良好的 FPGA 设计的 HDL 综合器有如下三种：

- Synopsys 公司的 Synplify Pro 综合器（原为 Synplicity 公司的产品，后 Synplicity 公司被 Synopsys 公司收购）。
- Synopsys 公司的 DC-FPGA 综合器。
- Mentor（Siemens 下属事业部）的 Leonardo Spectrum 综合器和 Precision RTL Synthesis 综合器。

较早推出综合器的是 Synopsys 公司，它为 FPGA 开发推出的综合器是 DC-FPGA，附有强大的延时分析器，可以对关键路径进行单独分析。Synopsys 公司的 Synplify Pro 带有一个 RTL 原理图生成浏览器，可以把综合出的网表用原理图的方式画出来，便于验证设计。还带有延时分析器以及一个 FSM Compiler（有限状态机编译器），FSM Compiler 可以从提交的 Verilog/VHDL 设计文本中提取存在的有限状态机设计模块，并用状态图的方式显示出来，用表格来说明状态的转移条件及输出。Synplify Pro 的原理图浏览器可以定位原理图中元件在 Verilog/VHDL 源文件中的对应语句，便于调试。可以支持 VHDL、Verilog-1995、Verilog-2001、SystemVerilog 多种 HDL 的综合。

本书介绍的最新版的 Quartus II 包含所有上述功能。

Mentor 的 Leonardo Spectrum 也是很优秀的 HDL 综合器，同时可用于 FPGA 和 ASIC 设计两类工程目标。Leonardo Spectrum 作为 Mentor 的 FPGA Advantage 中的组成部分，与 FPGA Advantage 的设计输入管理工具和仿真工具有很好的结合。当然也有应用于 ASIC 设计的 HDL 综合器，如 Synopsys 的 Design Compiler、Cadence 的 Synergy 等。

HDL 综合器在把可综合的 Verilog/VHDL 语言转化成硬件电路网表时，一般要经过两个步骤：第一步是 HDL 综合器对 Verilog/VHDL 进行分析处理，并将其转成相应的电路结构或模块，这时是不考虑实际器件实现的，即完全与硬件无关。这个过程是一个通用电路原理图形成的过程。第二步是对实际实现的目标器件的结构进行优化，并使之满足指定目标器件硬件特征的各种约束条件，优化关键路径等。

HDL 综合器的输出文件一般是网表文件，如 EDIF 格式（electronic design interchange format），文件后缀是.edf，是一种用于设计数据交换和交流的工业标准文件格式的文件，或是直接用 Verilog/VHDL 语言表达的标准格式的网表文件，或是对应 FPGA 器件厂商的网表文件，如 Xilinx 的 XNF 网表文件、Altera 的 VQM 网表文件。

由于综合器只完成 EDA 设计流程中的一个独立设计步骤，所以它往往被其他 EDA 环境调用，以完成全部流程。它的调用方式一般有两种：一种是前台模式，在被调用时显示的是最常见的窗口界面；另一种称为后台模式或控制台模式，被调用时不出现图形界面，仅在后台运行。综合器的使用也有两种模式：图形模式和命令行模式（shell 模式）。

1.9.3 仿真器与时序分析器

仿真器有基于元件（逻辑门）的仿真器和基于 HDL 语言的仿真器之分，基于元件的仿真器缺乏 HDL 仿真器的灵活性和通用性。在此主要介绍 HDL 仿真器。

在 EDA 设计技术中仿真的地位十分重要。行为模型的表达、电子系统的建模、逻辑电路的验证乃至门级系统的测试，每一步都离不开仿真器的模拟检测。在 EDA 发展的初期，快速地进行电路逻辑仿真是当时的核心问题，即使在现在，各设计环节的仿真仍然是整个 EDA 工程流程中最耗时间的一个步骤。因此，仿真器的仿真速度、仿真的准确性、易用性成为衡量仿真器的重要指标。

按仿真器对设计语言不同的处理方式分类，可分为编译型仿真器和解释型仿真器。编译型仿真器的仿真速度较快，但需要预处理，因此不便即时修改；解释型仿真器的仿真速度一般，可随时修改仿真环境和条件。

按仿真的电路描述级别的不同，HDL 仿真器可以单独或综合完成以下各级仿真：系统级仿真，行为级仿真，RTL 级仿真，门级时序仿真。

按仿真时是否考虑硬件延时分类，可分为功能仿真和时序仿真。根据输入仿真文件的不同，可以由不同的仿真器完成，也可由同一个仿真器完成。

按处理的硬件描述语言类型，HDL 仿真器主要有 VHDL 仿真器、Verilog HDL 仿真器、Mixed HDL 仿真器（混合 HDL 仿真器，可同时处理多种标准 HDL），以及针对其他 HDL 语言仿真的仿真器。一般各个 EDA 厂商都提供基于 Verilog/VHDL 的仿真器。

常用的 HDL 仿真器有 Mentor 的 ModelSim、Aldec 的 Active HDL、Synopsys 的 VCS、Cadence 的 NC-Sim 等。本书将重点介绍 Mentor 的 ModelSim。这是一个十分出色的 Verilog/VHDL 混合仿真器，属于编译型仿真器，仿真执行速度较快。

时序分析器（timing analyzer）可以实现对设计进行静态时序分析，给出设计的时序参数，以便对设计进行针对性的时序约束，达到时序优化的目标。与仿真不同，时序分析不需要提供输入激励。时序分析器可以对设计好的电路进行性能评估，帮助设计者发现设计中的性能瓶颈。

常见的静态时序分析器有 Intel Quartus Prime 中的 TimeQuest Timing Analyzer、

Synopsys 的 PrimeTime、Cadence 的 Pearl。

1.9.4 适配器

适配器（布局布线器）的任务是完成目标系统在器件上的布局布线。适配即结构综合通常都由可编程逻辑器件的厂商提供的专门针对器件开发的软件来完成，这些软件可以单独存在或嵌入在厂商的针对自己产品的集成 EDA 开发环境中。例如 LatticeSemi 公司在其 ispLEVEL 开发系统中嵌有自己的适配器，但同时提供性能良好、使用方便的专用适配器 ispEXPERT Compiler；而 Intel 公司的 EDA 集成开发环境 Quartus Prime 中都含有嵌入的适配器；Xilinx 的 ISE 中也同样含有自己的适配器。适配器最后输出的是各厂商自己定义的下载文件，以下载到器件中实现设计。适配器输出如下多种用途的文件：

- 适配技术报告文件。
- 面向第三方 EDA 工具的输出文件，如 EDIF、Verilog 或 VHDL 格式的文件。
- FPGA/CPLD 编程下载文件，如用于 CPLD 编程的 JEDEC、POF、ISP 等格式的文件；用于 FPGA 配置的 SOF、JAM、BIT、POF 等格式的文件。

1.9.5 下载器

下载器（编程器）的功能是把设计下载到对应的实际器件，实现硬件设计。软件部分一般都由可编程逻辑器件的厂商提供的专门针对器件下载或编程软件来完成。

1.10 Quartus 概述

本书涉及 Quartus 的两个版本，分别是 Quartus II 13.1 和 Quartus Prime Standard 16.1 版本。其中 13.1 版本支持的早期器件系列较多，而 16.1 版本只支持 Cyclone 4 系列以后的器件系列，两者都没有内置的门级波形仿真器，需要借助 ModelSim ASE 或 ModelSim AE 来进行仿真。为了方便初学者使用，这两个版本均提供了用于大学计划的波形仿真器接口来调用 ModelSim 进行类似于门级波形仿真器的仿真。

由于本书给出的实验和设计多是基于 Quartus II 的，其应用方法和设计流程对于其他流行的 EDA 工具而言具有一定的典型性和一般性。Quartus II 是 Altera 提供的 FPGA/CPLD 开发集成环境，Altera 公司是世界上最大的可编程逻辑器件供应商之一。Quartus II 在 21 世纪初推出，是 Altera 前一代 FPGA/CPLD 集成开发环境 MAX+Plus II 的更新换代产品，其界面友好，使用便捷。在 Quartus II 上可以完成 1.5 节所述的整个流程，它提供了一种与结构无关的设计环境，使设计者能方便地进行设计输入、快速处理和器件编程。

Altera 的 Quartus II 提供了完整的多平台设计环境，能满足各种特定设计的需要，也是单芯片可编程系统（SOPC）设计的综合性环境和 SOPC 开发的基本设计工具，并为 Altera DSP 开发包进行系统模型设计提供了集成综合环境。

Quartus II 设计工具完全支持 Verilog、VHDL 的设计流程，其内部嵌有 Verilog、VHDL

逻辑综合器。Quartus II 也可以利用第三方的综合工具，如 Leonardo Spectrum、Synplify Pro、DC-FPGA，并能直接调用这些工具。同样，Quartus II 具备仿真功能，同时也支持第三方的仿真工具，如 ModelSim。此外，Quartus II 与 MATLAB 和 DSP Builder 结合，可以进行基于 FPGA 的 DSP 系统开发，是 DSP 硬件系统实现的关键 EDA 工具。

Quartus II 包括模块化的编译器。编译器包括的功能模块有分析/综合器（analysis & synthesis）、适配器（fitter）、装配器（assembler）、时序分析器（timing analyzer）、设计辅助模块（design assistant）、EDA 网表文件生成器（EDA netlist writer）、编辑数据接口（compiler database interface）等。可以通过选择 Start Compilation 来运行所有的编译器模块，也可以通过选择 Start 单独运行各个模块。还可以通过选择 Compiler Tool（Tools 菜单），在 Compiler Tool 窗口中运行相应的功能模块。在 Compiler Tool 窗口中，可以打开相应的功能模块所包含的设置文件或报告文件，或打开其他相关窗口。

此外，Quartus II 还包含许多十分有用的 LPM（library of parameterized modules）模块，它们是复杂或高级系统构建的重要组成部分，也可在 Quartus II 中与普通设计文件一起使用。Altera 提供的 LPM 函数均基于 Altera 器件的结构做了优化设计。

图 1-9 上排所示的是 Quartus II 编译设计主控内容，它显示了 Quartus II 自动设计的各主要处理环节和设计流程，包括设计输入编辑、设计分析与综合、适配、编程文件汇编（装配）、时序参数提取以及编程下载几个步骤。图 1-9 下排的流程框图，是与上面的设计流程相对照的标准的 EDA 开发流程。

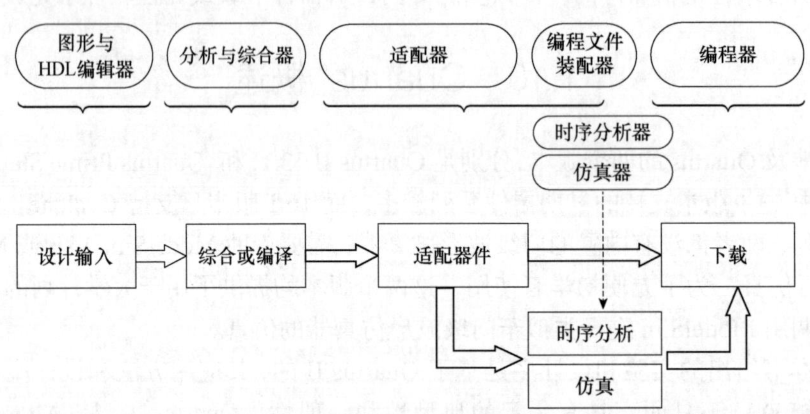

图 1-9　Quartus 设计流程

Quartus 编译器支持的硬件描述语言有 Verilog HDL、VHDL、SystemVerilog。

Quartus 允许来自第三方的 EDIF、VQM 文件输入，并提供了很多 EDA 软件的接口。Quartus 支持层次化设计，可以在一个新的编辑输入环境中对使用不同输入设计方式完成的模块（元件）进行调用，从而解决了原理图与 HDL 混合输入设计的问题。

1.11　IP 核

IP 就是知识产权核或知识产权模块的意思，在 EDA 技术开发中具有十分重要的地位。著名的美国 Dataquest 咨询公司将半导体产业的 IP 定义为用于 ASIC 或 FPGA 中的预先设计好的电路功能模块。IP 分软 IP、固 IP 和硬 IP。

软 IP 是用 VHDL/Verilog HDL 等硬件描述语言描述的功能块，但是并不涉及用什么具体电路元件实现这些功能。软 IP 通常是以硬件描述语言 HDL 源文件的形式出现，应用开发过程与普通的 HDL 设计也十分相似，只是所需的开发软硬件环境比较昂贵。软 IP 的设计周期短，设计投入少。由于不涉及物理实现，为后续设计留有很大的发挥空间，增大了 IP 的灵活性和适应性。软 IP 的弱点是在一定程度上使后续工序无法适应整体设计，从而需要一定程度的软 IP 修正，在性能上也不可能获得全面的优化。

固 IP 是完成了综合的功能块。它有较大的设计深度，以网表文件的形式提交客户使用。如果客户与固 IP 使用同一个 IC 生产线的单元库，IP 应用的成功率会高得多。

硬 IP 提供设计的最终阶段产品：掩模。随着设计深度的提高，后续工序所需要做的事情就越少，当然，灵活性也就越小。不同的客户可以根据自己的需要订购不同的 IP 产品。由于通信系统越来越复杂，PLD 的设计也更加庞大，这增加了市场对 IP 核的需求。各大 FPGA 厂家继续开发新的商品 IP，并且开始提供“硬件”IP，即将一些功能在出厂时就固化在芯片中。

实际上，IP 的概念早已在 IC 设计中使用，应该说标准单元库（standard cell library）中的功能单元就是 IP 的一种形式。IC 生产厂（Foundry）为扩大业务，提供精心设计并经过工艺验证的标准单元，以吸引 IC 设计公司（往往是 Fabless，无生产线 IC 公司）成为其客户，同时向客户免费提供相关的数据资料。于是 IC 设计师十分乐于使用成熟、优化的单元完成自己的设计，这样既可以提高效率，又可以减少设计风险。设计师一旦以这些数据完成设计，自然也就必须要到这家 Foundry 去做工艺流片，这就使 Foundry 达到了扩大营业的目的。标准单元使用者除与 Foundry 签订“标准单元数据不扩散协议”之外，无须另交单元库的使用费，因此 Foundry 并没有直接获取 IP 的收益，只是通过扩大营业间接收到单元库的 IP 效益，这就是 IP 的初级形式。

今天的 IP 已远远超出了这个水平，IP 已经成为 IC 设计的一项独立技术，成为实现 SOC 设计的技术支撑以及 ASIC 设计方法学中的分支学科。

从集成规模上说，现在的 IP 库已经包含有诸如 8051 和 ARM、PowerPC 等微处理器、数字信号处理器、MPEG-4、JPEG、H.264 等数字信息压缩/解压器在内的大规模 IP 模块。这些模块都曾经是具有完整功能的 IC 产品，并曾广泛用来与其他功能器件一起，在 PCB 上构成系统主板。如今微电子技术已经具有在硅片上实现系统集成的功能，因此这些昔日的 IC 便以模块“核”（core）的形式嵌入 ASIC 中。

从设计来源上说，单纯靠 Foundry 设计 IP 模块已远不能满足系统设计师的要求。今天的 IP 库需要广开设计源头，汇集优秀模块。不论出自谁家，只要是优化的设计，与同类模块相比达到芯片面积更小、运行速度更快、功率消耗更低、工艺容差更大，就自然会有人愿意花钱使用这个模块的“版权”，因此也就可以纳入 IP 库，成为 IP 的一员。

目前虽对 IP 尚无统一的定义，但 IP 的实际内涵已有了明确的界定：

首先，它必须是为了易于重用而按嵌入式应用专门设计的。即使是已经被广泛使用的产品，在决定作为 IP 之前，一般来说也需要再做设计，使其更易于在系统中嵌入。

例如 FPGA 中的嵌入式 RAM，由于嵌入后已经不存在引线压点（PAD）的限制，使得在分立电路中不得不采取的措施，诸如数据线输入输出复用、地址数据线分时复用、数据串并转换以及行列等分译码等，在嵌入式 RAM 中都被去除，于是节省了芯片面积，也大大提高了读写速度。

其次，是必须实现 IP 模块的优化设计。优化的目标通常可用“四最”来表达，即芯片的面积最小、运算速度最快、功率消耗最低、工艺容差最大。所谓工艺容差大是指所做的设计可以经受更大的工艺波动，是提高加工成品率的重要保障。这样的优化目标是普通的自动化设计过程难以达到的，但是对于 IP 却又必须达到。因为 IP 必须能经得起成千上万次的使用。显然，IP 的每一点优化都将产生千百倍甚至更大的倍增效益。因此基于晶体管级的 IP 设计便成为完成 IP 设计的重要的途径。

再次，就是要符合 IP 标准。这与其他 IC 产品一样，IP 进入流通领域后，也需要有标准。于是在 1996 年以后，RAIPD（Reusable Application-specific Intellectual-property Developers）、VSIA（Virtual Socket Interface Alliance）等组织相继成立，协调并制定 IP 重用所需的参数、文档、检验方式等形式化的标准，以及 IP 标准接口、片内总线等技术性的协议标准。虽然这些工作已经开展了多年，也制定了一些标准，但至今仍有大量问题有待解决。例如不同嵌入式处理器协议的统一、不同 IP 片内结构的统一等问题。

1.12 EDA 技术发展趋势管窥

随着市场需求的增长，集成工艺水平及计算机自动设计技术的不断提高，促进单片系统，或称系统集成芯片成为 IC 设计的发展方向。这一发展趋势表现在如下几方面：

（1）超大规模集成电路的集成度和工艺水平不断提高，深亚微米（deep-submicron）及 3D MOS 工艺，如 10nm 乃至 7nm 已经走向成熟，在一个芯片上完成系统级的集成已成为可能。

（2）由于工艺线宽的不断减小，在半导体材料上的许多寄生效应已经不能简单地被忽略。这就对 EDA 工具提出了更高的要求，同时也使得 IC 生产线的投资更为巨大。这一变化使得可编程逻辑器件开始进入传统的 ASIC 市场。

（3）市场对电子产品提出了更高的要求，如必须降低电子系统的成本、减小系统的体积等，从而对系统的集成度不断提出更高的要求。同时，设计的速度也成了一个产品能否成功的关键因素，这促使 EDA 工具和 IP 核应用更为广泛。

（4）高性能的 EDA 工具得到长足的发展，其自动化和智能化程度不断提高，为嵌入式系统设计提供了功能强大的开发环境。

（5）计算机硬件平台性能大幅度提高，为复杂的 SOC 设计提供了物理基础。

但以往的 HDL 语言只提供行为级或功能级的描述，无法完成对更复杂的系统级的抽象描述。人们正尝试开发一些新的系统级设计语言来完成这一工作，现在已开发出更趋于电路系统行为级的硬件描述语言，如 SystemVerilog、System C 及系统级混合仿真工具，可以在同一个开发平台上完成高级语言（如 C/C++等）与标准 HDL 语言（Verilog HDL、VHDL）或其他更低层次描述模块的混合仿真。多家公司商用的 C/C++综合器已经趋向成熟，可以直接把 C/C++程序转换为 HDL。虽然用户用高级语言编写的模块只能部分自动转化成 HDL 描述，但作为一种针对特定应用领域的开发工具，软件供应商已经为常用的功能模块提供了丰富的宏单元库支持，可以方便地构建应用系统，并通过仿真加以优化，最后自动产生 HDL 代码，进入下一阶段的 ASIC 实现。

此外，随着系统开发对 EDA 技术的目标器件各种性能要求的提高，ASIC 和 FPGA 将更大程度地相互融合。这是因为虽然标准逻辑 ASIC 芯片尺寸小、功能强大、功耗低，但设计复杂，并且有批量生产要求；可编程逻辑器件开发费用低廉，能在现场进行编程，但却体积大、功能有限，而且功耗较大。因此，FPGA 和 ASIC 正在走到一起，互相融合，取长补短。由于一些 ASIC 制造商提供具有可编程逻辑的标准单元，可编程器件制造商重新对标准逻辑单元发生兴趣，而有些公司采取两头并进的方法，从而使市场开始发生变化，在 FPGA 和 ASIC 之间正在诞生一种"杂交"产品，以满足成本和上市速度的要求。例如将可编程逻辑器件嵌入标准单元。

尽管将标准单元核与可编程器件集成在一起并不意味着使 ASIC 更加便宜，或使 FPGA 降低功耗。但是可使设计人员将两者的优点结合在一起，通过去掉 FPGA 的一些功能，可减少成本和开发时间并增加灵活性。当然现今也在进行将 ASIC 嵌入可编程逻辑单元的工作。目前，许多 PLD 公司开始为 ASIC 提供 FPGA 内核。PLD 厂商与 ASIC 制造商结盟，为 SOC 设计提供嵌入式 FPGA 模块，使未来的 ASIC 供应商有机会更快地进入市场，利用嵌入式内核获得更长的市场生命期。Altera 并入 Intel 就是一个明证。

例如，在实际应用中使用 SOC FPGA，即将 FPGA 内核与嵌入式 RISC 微控制器组合在一起形成新的 SOC，广泛用于电信、网络、仪器仪表和汽车中的低功耗应用系统中。当然，也有 PLD 厂商不把 CPU 的硬核直接嵌入在 FPGA 中，而使用了软 IP 核，并称之为 SOPC（system on programmable chip，可编程片上系统），也可以完成复杂电子系统的设计，只是代价将相应提高。

在新一代的 ASIC 器件中留有 FPGA 的空间。如果希望改变设计，或者由于开始的工作中没有条件完成足够的验证测试，稍后也可以根据要求对它编程，这使 ASIC 设计人员有了一定的再修改的自由度。采用这种小的可编程逻辑内核修改设计问题，很好地降低了设计风险。增加可编程逻辑的另一个原因是，考虑到设计产品的许多性能指标变化太快，特别是通信协议，为已经完成设计并投入应用的 IC 留有多次可自由更改的功能是十分有价值的事，这在通信领域中的芯片设计方面尤为重要。

可重构计算以及异构计算的概念已逐渐明晰，它试图在通用的计算机体系架构中引入新的计算模式，通过 CPU 加入可以动态重构的可编程逻辑，为每一个不同应用加载不同的可编程逻辑配置，以优化计算速度，这种模糊软硬件界限的技术，或许将获得长足发展。

现在传统 ASIC 和 FPGA 之间的界限正变得模糊。系统级芯片不仅集成 RAM 和微处理器（ARM、x86），也集成 FPGA。整个 EDA 和 IC 设计工业都朝这个方向发展，这并非是 FPGA 与 ASIC 制造商竞争的产物，对于用户来说，意味着有了更多的选择。

"深度学习"（即以卷积神经网络为代表）的应用使得 GPU+CPU 架构的异构计算获得蓬勃发展，也推动了 FPGA+CPU 架构的发展，相比于前者，FPGA+CPU 在功耗上更低，系统灵活性更强，也比较容易向 ASIC 转化。

随着 EDA 工具能力的提升，FPGA 规模的增加，并行计算能力在 FPGA 应用中表现突出，比如高速图像处理、人工智能、数据中心、云计算、高速接口、存储中心的架构方案中越来越多地使用 FPGA。

习　题

1-1　EDA 技术与 ASIC 设计和 FPGA 开发有什么关系？FPGA 在 ASIC 设计中有什么用途？

1-2　与软件描述语言相比，Verilog HDL 有什么特点？

1-3　什么是综合？有哪些类型？综合在电子设计自动化中的地位是什么？

1-4　在 EDA 技术中，自顶向下的设计方法的重要意义是什么？

1-5　IP 在 EDA 技术的应用和发展中的意义是什么？

1-6　叙述 EDA 的 FPGA 设计流程，以及涉及的 EDA 工具及其在整个流程中的作用。

1-7　静态时序分析是什么？在 EDA 设计流程中起什么作用？

1-8　列举 FPGA 的应用领域。

第 2 章 FPGA 与 CPLD 的结构原理

可编程逻辑器件 PLD（programmable logic devices）是 20 世纪 70 年代发展起来的一种新的集成器件。PLD 是大规模集成电路技术发展的产物，是一种半定制的集成电路，结合 EDA 技术可以十分便捷地构建数字系统。本章主要介绍几类常用的大规模可编程逻辑器件的结构和工作原理，最后简要介绍相关的编程下载和测试技术。

2.1 PLD 概述

无论是简单还是复杂的数字电路系统都是由基本门构建成的，如与门、或门、非门、传输门等。由基本门可构成两类数字电路：一类是组合电路，在逻辑上输出总是当前输入状态的函数；另一类是时序电路，其输出是当前系统状态与当前输入状态的函数，它含有存储元件。人们发现，不是所有的基本门都是必需的。如用与非门单一基本门就可构成其他的基本门。任何的组合逻辑函数都可以化为“与-或”表达式，即任何的组合电路，可以用与门-或门二级电路实现。同样，任何时序电路都可由组合电路加上存储元件（即锁存器、触发器、RAM）构成。由此，人们提出了一种可编程电路结构，即乘积项逻辑可编程结构，其原理结构图如图 2-1 所示。

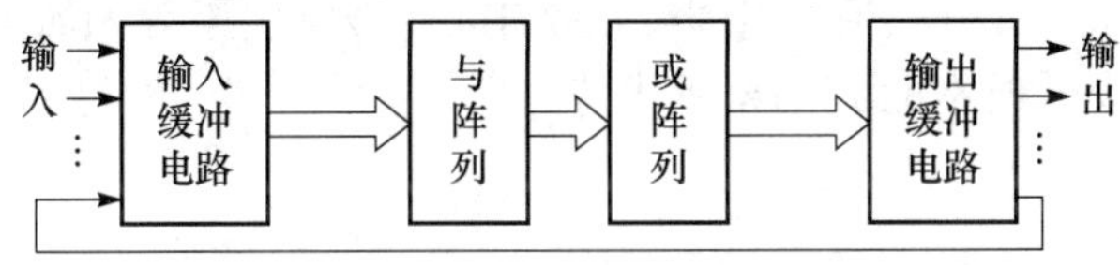

图 2-1 基本 PLD 器件的原理结构图

当然，“与-或”结构组成的 PLD 器件的功能比较简单。此后，人们又从 ROM 工作原理、地址信号与输出数据间的关系，以及 ASIC 的门阵列结构中获得启发，构造出另外一种可编程的逻辑结构，这就是 SRAM 查找表的可编程逻辑构建方法。此类可编程逻辑的逻辑函数发生是采用了 RAM“数据”查找的方式，并使用多个查找表构成了一个查找表阵列，称为可编程门阵列（programmable gate array）。

2.1.1 PLD 的发展历程

很早以前人们就曾设想设计一种逻辑可再编程（可重构）的器件，不过由于受到当时集成电路工艺技术的限制，一直未能如愿。直到 20 世纪后期，集成电路技术才有了飞速的发展，可编程逻辑器件才得以实现。历史上，可编程逻辑器件经历了从 PROM（programmable read only memory）、PLA（programmable logic array）、PAL（programmable array logic）、可重复编程的 GAL（generic array logic），到采用大规模集成电路技术的 EPLD，直至 CPLD 和 FPGA 的发展过程，在结构、工艺、集成度、功能、速度和灵活性方面都有巨大的改进和提高。可编程逻辑器件的演变过程大致如下：

（1）20 世纪 70 年代，熔丝编程的 PROM 和 PLA 器件是最早的可编程逻辑器件。

（2）20 世纪 70 年代末，对 PLA 进行了改进，AMD 公司推出 PAL 器件。

（3）20 世纪 80 年代初，Lattice 公司发明电可擦写的，比 PAL 使用更灵活的 GAL 器件。

（4）20 世纪 80 年代中期，Xilinx 公司提出现场可编程概念，同时生产出了世界上第一片 FPGA 器件。同一时期，Altera 公司推出 EPLD 器件，较 GAL 器件有更高的集成度，可以用紫外线或电擦除。

（5）20 世纪 80 年代末，Lattice 公司又提出在系统可编程（in-system programmability）技术，并且推出了一系列具备在系统可编程能力的 CPLD 器件，将可编程逻辑器件的性能和应用技术推向了一个全新的高度。

（6）20 世纪 90 年代后，可编程逻辑集成电路技术进入飞速发展时期。器件的可用逻辑门数超过了百万门，并出现了内嵌复杂功能模块（如加法器、乘法器、RAM、CPU 核、DSP 核、PLL 等）的 SOPC。特别是进入 21 世纪以来，FPGA 在逻辑规模、适用领域、工作速度、成本与功能等方面的进步变得更加瞩目。

（7）进入 21 世纪以来，FPGA 在逻辑规模、适用领域、工作速度、成本与功能等方面的进步变得更加瞩目。FPGA 内部集成的模块越来越多，功能越来越强大，如 ARM 硬核、DDR 控制器、高速收发器、浮点单元等。

（8）21 世纪 10 年代后期，以 FPGA 技术为基石的全可编程技术被提出，C 综合的发展推动 FPGA+CPU 架构的异构计算成为可能。FPGA 在实时图像处理、机器学习、无线通信、工业物联网、云计算、存储中心、数据中心、搜索引擎等领域大量应用，而 CPLD 逐渐被小规模非易失低成本的 FPGA 所代替。

2.1.2 PLD 分类

可编程逻辑器件的种类很多，几乎每个大的可编程逻辑器件供应商都能提供具有自身结构特点的 PLD 器件。由于历史的原因，可编程逻辑器件的命名各异，在详细介绍可编程逻辑器件之前，有必要介绍几种 PLD 的分类方法。

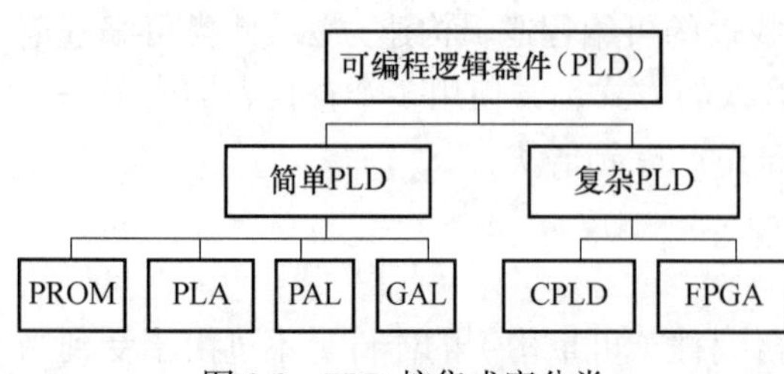

图 2-2 PLD 按集成度分类

如图 2-2 所示，较常见的分类是按集成度来区分不同的 PLD 器件，一般可以分为以下两大类器件：一类是芯片集成度较低的，早期出现的 PROM、PLA、PAL、GAL 等都属于这类。可用的逻辑门数大约在 500 门以下，称为简单 PLD；另一类是芯片集成度较高的，如现在大量使用的 CPLD、FPGA 器件，称为复杂 PLD。PLD 规模的划分并无同一标准，但随着 PLD 规模的不断扩大，500 门已远非划界的标准了。

上面曾提到常用的 PLD 器件都是从"与-或"阵列和门阵列两类基本结构发展起来的，PLD 器件从结构上可分为两大类：一类属乘积项结构器件，其基本结构为"与-或"阵列，大部分简单 PLD 和 CPLD 属于这个范畴；另一类是基于查找表结构的器件，由简单的查找表组成可编程门，再构成阵列形式，多数 FPGA 属于此类器件。

第三种分类方法是从编程工艺上划分：

（1）熔丝（fuse）型器件。早期的 PROM 器件就是采用熔丝结构的，编程过程是根据设计的熔丝图文件来烧断对应的熔丝，达到编程的目的。

（2）反熔丝（antifuse）型器件。是对熔丝技术的改进，在编程处通过击穿漏层使得两点之间获得导通。与熔丝烧断获得开路正好相反。如 Actel 公司早期的 FPGA 器件就采用了此种编程方式。无论是熔丝还是反熔丝结构，都只能编程一次，因而又被合称为 OTP（one time programming）器件，即一次性可编程器件。

（3）EPROM 型。称为紫外线擦除电可编程逻辑器件，是用较高的编程电压进行编程（烧写），当需要再次编程时，用紫外线进行擦除。EPROM 可多次编程。

（4）EEPROM 型。即电可擦写编程器件，现有的部分 CPLD 及 GAL 器件仍采用此类结构。它是对 EPROM 的工艺改进，不需要紫外线擦除，而是直接用电擦除。

（5）SRAM 型。即 SRAM 查找表结构的器件，目前大部分 FPGA 器件采用此种编程工艺，如 Xilinx 和 Altera（现为 Intel）公司的 FPGA。这种编程方式在编程速度、编程要求上要优于前四种器件，不过 SRAM 型器件的编程信息存放在 RAM 中，在断电后就丢失了，再次上电需要再次编程（配置），因而需要专用器件来完成这类配置操作。

（6）Flash 型。现在许多 CPLD 器件采用了 Flash 工艺。采用此工艺的器件的编程次数可达数万次以上，且掉电后不需重新配置。

2.2 简单 PLD 结构原理

简单 PLD 是早期出现的可编程逻辑器件，它们的逻辑规模都比较小，只能实现通用数字逻辑电路（如 74 系列）的一些功能，在结构上由简单的"与-或"门阵列和输入输出单元组成。常见的简单 PLD 有 PROM、PLA、PAL、GAL 等。

2.2.1 逻辑元件符号表示

在介绍简单 PLD 器件原理之前，有必要熟悉常用的逻辑元件符号及描述 PLD 内部结构电路的符号。通常，"国标"是指我国的国家标准，但目前流行于国内数字电路教材中的所谓"国标"逻辑符号其实是全盘照搬 ANSI/IEEE-1984 版的 IEC 国际标准符号（rectangular outline symbols），且至今没有升级。然而由于此类符号表达形式过于复杂，即用矩形图中的符号来标志逻辑功能，故极不适合表述 PLD 中复杂的逻辑结构。

因此数年以后，IEEE 又推出了 ANSI/IEEE-1991 标准，于是国际上绝大多数技术资料和相关教材很快就废弃了原标准（1984 标准）的应用，普遍采用了 1991 版本的国际标准逻辑符号（distinctive shape symbols）。该版本符号的特点是，用图形的不同形状来标志逻辑模块的功能。本书全部采用 IEEE-1991 标准符号（而非"国标"），图 2-3 比较了两个版本，即 ANSI/IEEE-1991 版与 ANSI/IEEE-1984 版的 IEC 标准逻辑门符号对照图。

	非门	与门	或门	异或门
IEEE-1991版 标准逻辑符号	A, $\overline{A}$	A, B, F	A, B, F	A, B, F
IEEE-1984版 标准逻辑符号	1; A, $\overline{A}$	&; A, B, F	≥1; A, B, F	=1; A, B, F
逻辑表达式	$\overline{A}$=NOT A	F=A·B	F=A+B	F=A⊕B

图 2-3　两种不同版本的国际标准逻辑门符号对照图

在目前最流行的 EDA 软件中，原理图中的逻辑符号也都是 ANSI/IEEE-1991 标准的逻辑符号。由于 PLD 的特殊结构，用 1991 标准的符号的好处是能十分容易地衍生出一套用于描述 PLD 复杂逻辑结构的简化符号。如图 2-4 所示，接入 PLD 内部的与或阵列输入缓冲器电路，一般采用互补结构，它等效于图 2-5 的逻辑结构，即当信号输入 PLD 后，分别以其同相和反相信号接入。图 2-6 是 PLD 中与阵列的简化图形，表示可以选择 A、B、C 和 D 四个信号中的任一组或全部输入与门。在这里用以形象地表示与阵列，这是在原理上的等效。当采用某种硬件实现方法时，如 NMOS 电路时，在图中的与门可能根本不存在。但 NMOS 构成的连接阵列中却含有了与的逻辑。同样，或阵列也用类似的方式表示，道理也是一样的。图 2-7 是 PLD 中或阵列的简化图形表示。图 2-8 是在阵列中连接关系的表示。十字交叉线表示两条线未连接；交叉线的交点上打黑点，表示固定连接，即在 PLD 出厂时已连接；交叉线的交点上打叉，表示该点可编程（可改变），在 PLD 出厂后通过编程，其连接可根据需要随时改变。

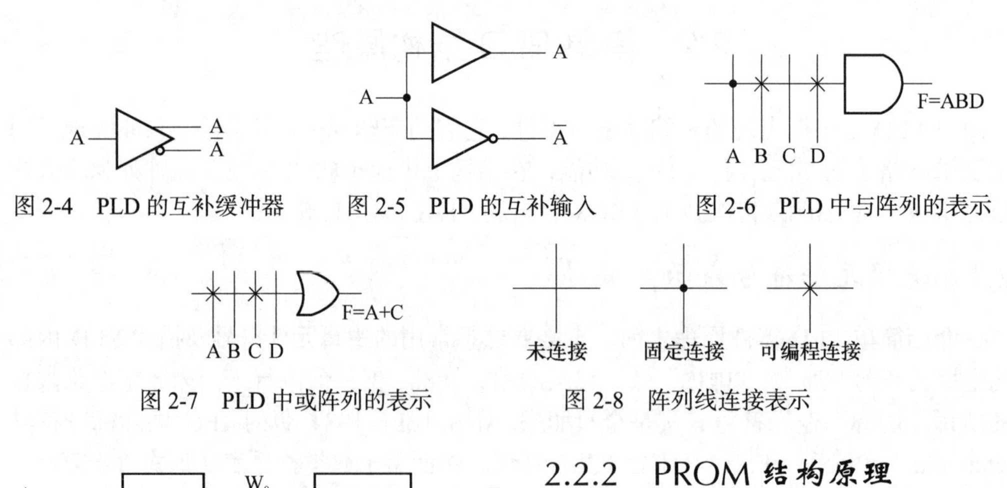

图 2-4　PLD 的互补缓冲器　　图 2-5　PLD 的互补输入　　图 2-6　PLD 中与阵列的表示

图 2-7　PLD 中或阵列的表示　　图 2-8　阵列线连接表示

图 2-9　PROM 基本结构

2.2.2　PROM 结构原理

可编程只读存储器 PROM 除了用作存储器外，还可作为 PLD 使用。一个 PROM 器件主要由地址译码部分、PROM 单元阵列和输出缓冲部分构成。图 2-9 是对 PROM

通常的认识，也可以从可编程逻辑器件的角度来分析 PROM 的基本结构。

PROM 中的地址译码器用于完成 PROM 存储阵列的行的选择，其逻辑函数是

$$\begin{cases} W_0=\overline{A}_{n-1}\cdots\overline{A}_1\overline{A}_0 \\ W_1=\overline{A}_{n-1}\cdots\overline{A}_1A_0 \\ \vdots \\ W_{p-1}=A_{n-1}\cdots A_1A_0 \end{cases} \tag{2-1}$$

其中 $p=2^n$。容易发现，式（2-1）都可以看成是逻辑与运算，那么就可以把 PROM 的地址译码器看成是一个与阵列。如图 2-10 所示，对于存储单元阵列的输出，可用下列逻辑函数表示（其中 $M_{p-1,m-1}$ 是存储单元阵列第 m−1 列 p−1 行单元的值）：

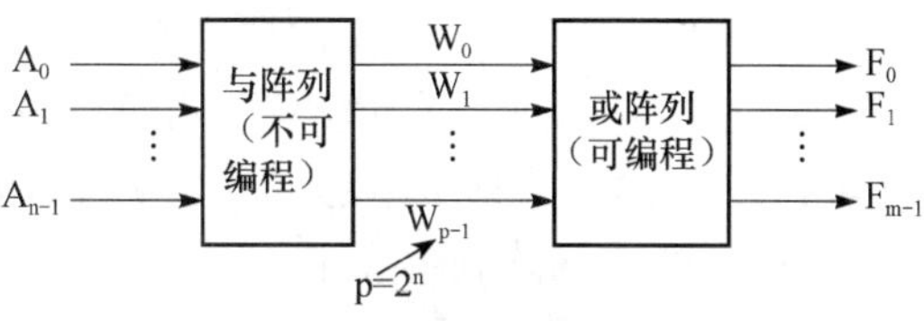

图 2-10　PROM 逻辑阵列结构

$$\begin{cases} F_0=M_{p-1,0}W_{p-1}+\cdots+M_{1,0}W_1+M_{0,0}W_0 \\ F_1=M_{p-1,1}W_{p-1}+\cdots+M_{1,1}W_1+M_{0,1}W_0 \\ \vdots \\ F_{m-1}=M_{p-1,m-1}W_{p-1}+\cdots+M_{1,m-1}W_1+M_{0,m-1}W_0 \end{cases} \tag{2-2}$$

显然可以认为式（2-2）是一个或阵列，与上面的与阵列不同的是，在这里 $M_{x,y}$ 是可以编程的，即或阵列可编程，与阵列不可编程。结合上述两个分析结果，可以把 PROM 的结构表示为图 2-10。为了更清晰直观地表示 PROM 中固定的与阵列和可编程的或阵列，PROM 可以表示为 PLD 阵列图。以 4×2 PROM 为例，如图 2-11 所示。

PROM 的地址线 A_{n-1}～A_0 是与阵列（地址译码器）的 n 个输入变量，经不可编程的与阵列产生 A_{n-1}～A_0 的 2^n 个最小项（乘积项）W_{2^n-1}～W_0，再经可编程或阵列按编程的结果产生 m 个输出函数 F_{m-1}～F_0，这里的 m 就是 PROM 的输出数据位宽。

对应已知的半加器的逻辑表达式：$S=A_0\oplus A_1$ 和 $C=A_0\cdot A_1$，可用 4×2 PROM 编程实现。图 2-12 的连接结构表达的正是半加器逻辑：$F_0=A_0\overline{A}_1+\overline{A}_0A_1$ 和 $F_1=A_1A_0$。这就是图 2-12 结构的布尔表达式，即所谓的“乘积项”方式。式中的 A_1 和 A_0 分别是加数和被加数；F_0 为和，F_1 为进位。反之，根据半加器的逻辑关系，就可以得到图 2-12 的阵列点连接关系，从而可以形成阵列点文件，即早期的 PLD 编程文件：熔丝图文件（fuse map）。对于 PROM，则为存储单元的编程数据文件。

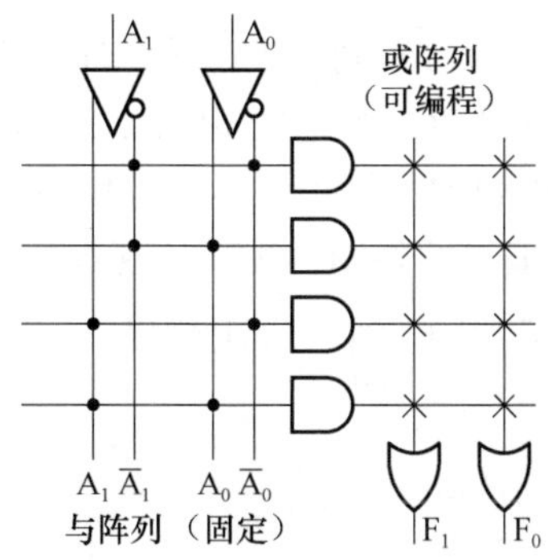

图 2-11　PROM 表达的 PLD 阵列图

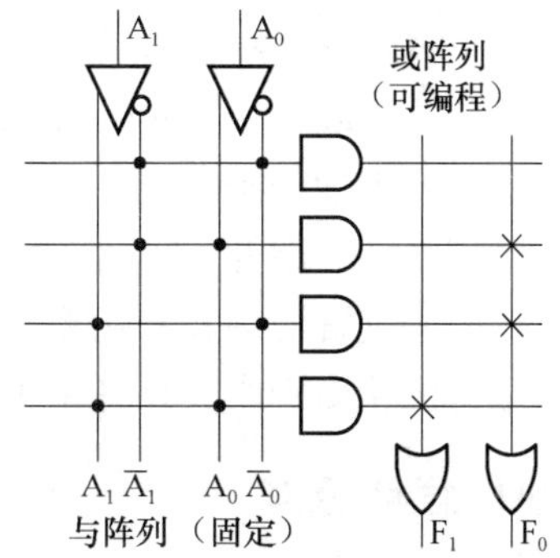

图 2-12　用 PROM 完成半加器逻辑阵列

实际上，在可编程逻辑的应用上，PROM 只能用于组合逻辑的构建。由于输入变量的增加会引起存储容量的增加，由前面的分析可知，这种增加是按 2 的幂次增加的，所以多输入变量的组合电路函数不适合用单个 PROM 来编程表达。

2.2.3 PLA 结构原理

PROM 实现组合逻辑函数在输入变量增多时，PROM 的存储单元利用效率大大降低。PROM 的与阵列是全译码器，产生了全部最小项，而在实际应用时，绝大多数组合逻辑函数并不需要所有的最小项。可编程逻辑阵列 PLA 对 PROM 进行了改进。由图 2-11 可知 PROM 的或阵列可编程，而与阵列不可编程；PLA 则是与阵列和或阵列都可编程，图 2-13 是 PLA 的阵列图表示。

任何组合函数都可以采用 PLA 来实现，但在实现时，由于与阵列不采用全译码的方式，标准的与或表达式已不适用。因此需要把逻辑函数化成最简的与或表达式，然后用可编程的与阵列构成与项，用可编程的或阵列构成与项的或运算。在有多个输出时，要尽量利用公共的与项，以提高阵列的利用率。

图 2-14 是 6×3 PLA 与 8×3 PROM 的比较，两者在大部分实际应用中，可以实现相同的逻辑功能，不过 6×3 PLA 只需要 6(=2×3)条乘积项线，而不是 8×3 PROM 的 8($=2^3$)条，节省了 2 条。当 PLA 的规模增大时，这个优势更加明显。PLA 不需要包含输入变量每个可能的最小项，仅仅需包含的是在逻辑功能中实际要求的那些最小项。PROM 随着输入变量的增加，规模迅速增加的问题在 PLA 中大大缓解。

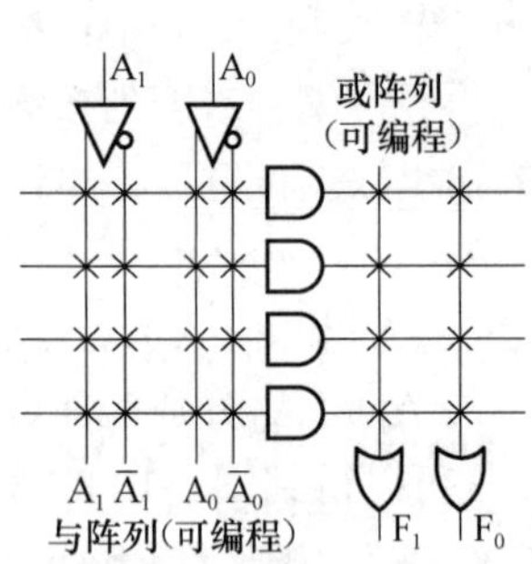

图 2-13 PLA 逻辑阵列示意图

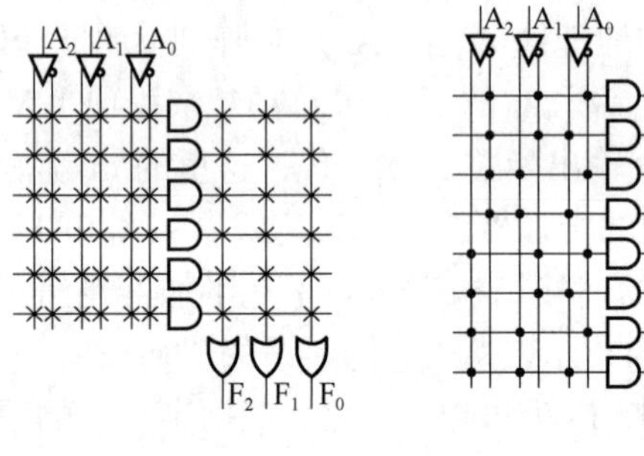

图 2-14 PLA 与 PROM 的比较

虽然 PLA 的利用率较高，可是需要有逻辑函数的与或最简表达式，对于多输出函数需要提取和利用公共的与项，这涉及的软件算法较复杂，尤其是多输入变量和多输出的逻辑函数，处理上更加困难。此外，PAL 的两个阵列均可编程，不可避免地使编程后器件的运行速度下降了。因此，PLA 的使用受到了很大的限制，现在，现成的 PLA 芯片已被淘汰。但由于其资源面积利用率较高，在全定制 ASIC 设计中获得了广泛的使用，但这时逻辑函数的化简则由设计者手工完成。

2.2.4 PAL 结构原理

PLA 的利用率高，但与或阵列都是可编程结构，导致软件算法过于复杂，运行速度下降。人们在PLA后又设计了另外一种可编程器件，即可编程阵列逻辑PAL。PAL的结构与PLA相似，也包含与阵列、或阵列，但是或阵列是固定的，只有与阵列可编程。PAL的结构如图2-15所示，由于PAL的或阵列是固定的，可用图2-16来表示。

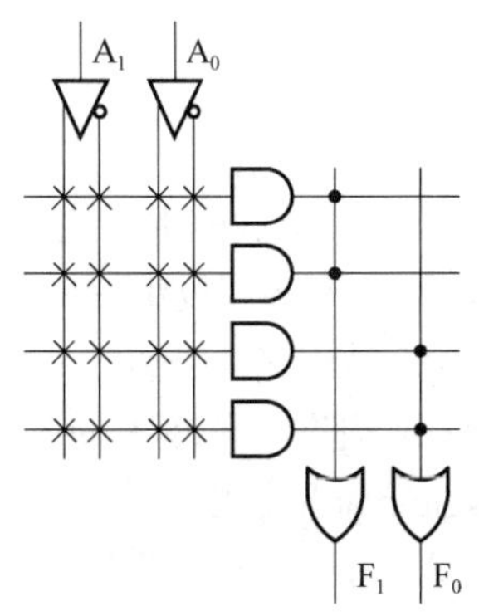

图2-15　PAL结构

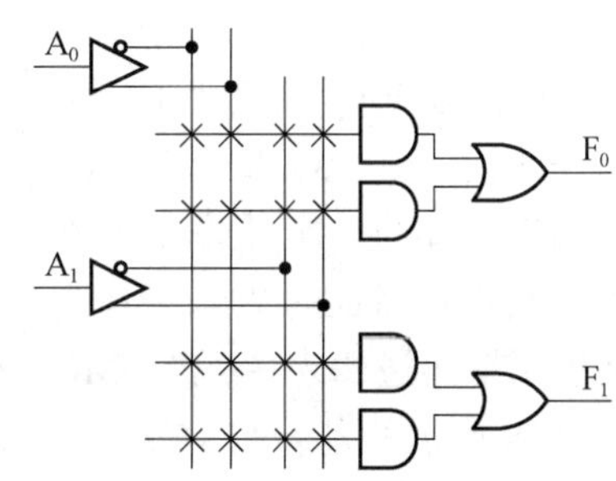

图2-16　PAL的常用表示

与阵列可编程、或阵列固定的结构避免了PLA存在的一些问题，运行速度也有所提高。从PAL的结构可知，各个逻辑函数输出化简，不必考虑公共的乘积项。送到或门的乘积项数目是固定的，大大简化了设计算法，同时也使单个输出的乘积项为有限。如图2-16中表示的PAL只允许有2个乘积项。对于多个乘积项，PAL通过输出反馈和互连的方式解决，即允许输出端的信号再馈入下一个与阵列。图2-17是常用器件PAL16V8的部分结构图，从中可以看到PAL的输出反馈。

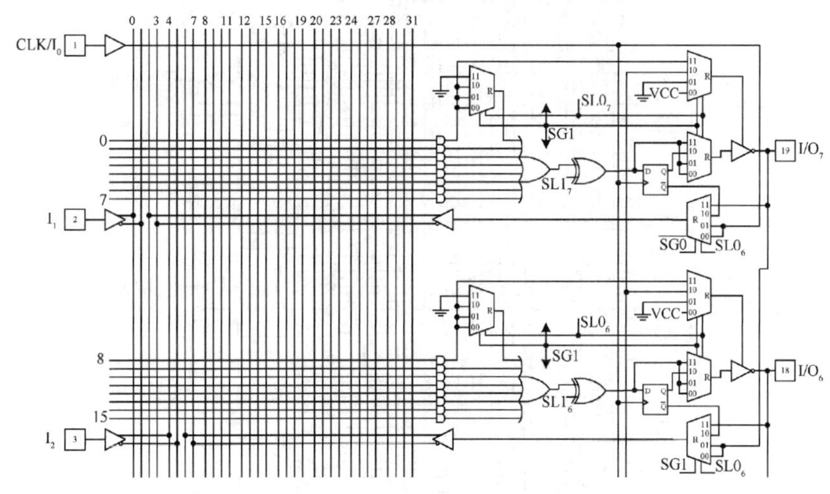

图2-17　PAL16V8的部分结构图

上述提到的可编程结构只能解决组合逻辑的可编程问题，而对时序电路却无能为力。由于时序电路是由组合电路及存储单元（锁存器、触发器、RAM）构成，对其中的组合电路部分的可编程问题已经解决，所以只要再加上锁存器、触发器即可。PAL加上了输出寄存器单元后，就实现了时序电路的可编程，如图2-17所示。

但是，为适应不同应用需要，PAL 的 I/O 结构很多，往往一种结构方式就要有一种 PAL 器件，PAL 的应用设计者在设计不同功能的电路时，要采用不同 I/O 结构的 PAL 器件。PAL 种类变得很多，这也带来了开发、使用、生产上的不便。此外，PAL 一般采用熔丝工艺生产，一次可编程，修改很不方便。

2.2.5 GAL 结构原理

1985 年，Lattice 在 PAL 的基础上，设计出了 GAL 器件，即通用阵列逻辑器件。GAL 首次在 PLD 上采用了 EEPROM 工艺，使得 GAL 具有电可擦除重复编程的特点，彻底解决了熔丝型可编程器件的一次可编程问题。GAL 在“与-或”阵列结构上沿用了 PAL 的与阵列可编程、或阵列固定的结构，但对 PAL 的 I/O 结构进行了较大的改进，在 GAL 的输出部分增加了输出逻辑宏单元 OLMC（output logic macro cell）。

GAL（图 2-18 所示的是 GAL16V8 型号的器件）的 OLMC 单元设有多种组态，可配置成专用组合输出、专用输入、组合输出双向口、寄存器输出、寄存器输出双向口等，为逻辑电路设计提供了极大的灵活性。由于具有结构重构和输出端的功能均可移到另一输出引脚上的功能，在一定程度上简化了电路板的布局布线，使系统的可靠性进一步提高。

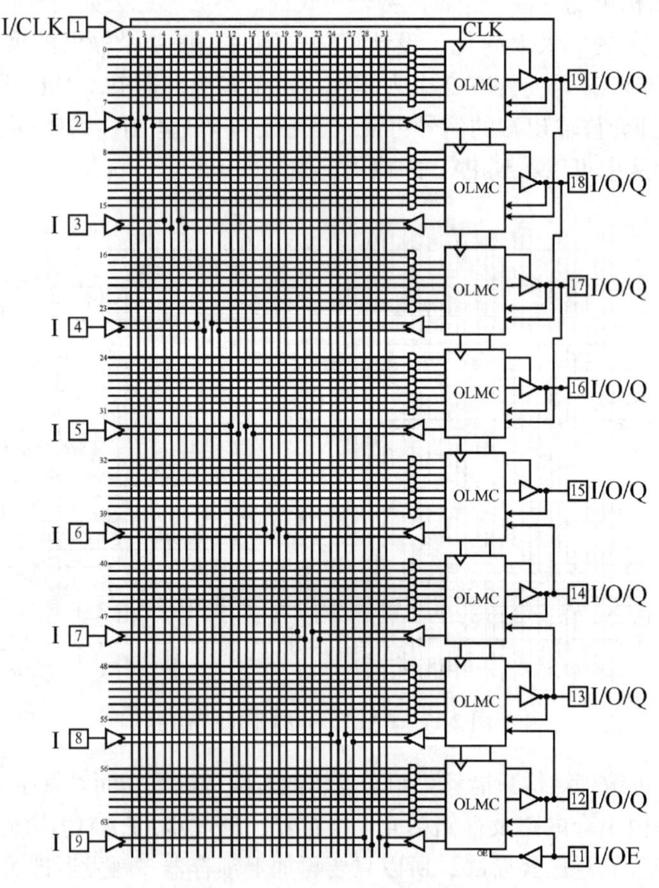

图 2-18　GAL16V8 的结构图

由于 GAL 是在 PAL 的基础上设计的，与多种 PAL 器件保持了兼容性。GAL 能直接替换多种 PAL 器件，方便应用厂商升级现有产品。因此现在 GAL 器件仍被广泛应用。

图 2-18 中，GAL 的输出逻辑宏单元 OLMC 中含有四个多路选择器，通过不同的选择方式可以产生多种输出结构，分别属于三种模式，一旦确定了某种模式，所有的 OLMC 都将工作在同一种模式下。三种输出模式如下。

（1）寄存器模式。在寄存器模式下，OLMC 有如下两种输出结构。

① 寄存器输出结构（图 2-19）：异或门输出经 D 触发器至三态门，触发器的时钟端 CLK 连公共 CLK 引脚、三态门的使能端 OE 连公共 OE 引脚，信号反馈来自触发器。

② 寄存器模式组合输出双向口结构（图 2-20）：输出三态门受控，输出反馈至本单元，组合输出无触发器。

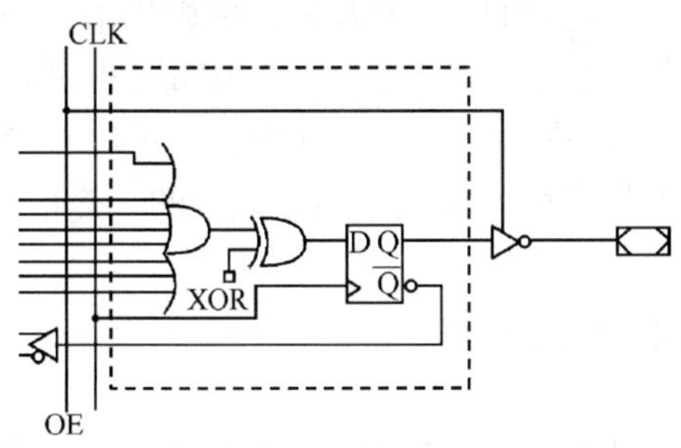

图 2-19　寄存器输出结构

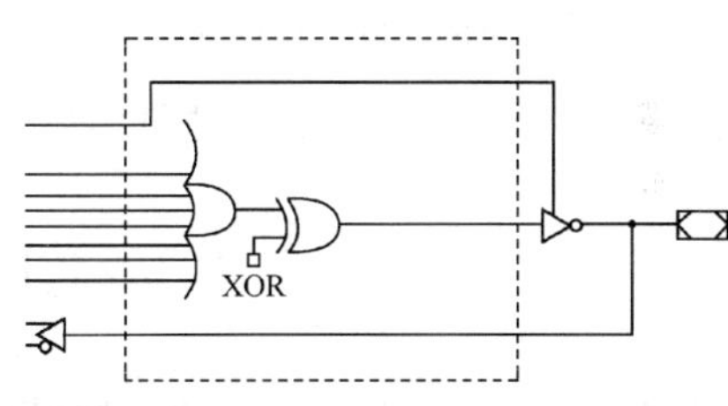

图 2-20　寄存器模式组合输出双向口结构

（2）复合模式。在复合模式下，OLMC 则有如下两种结构。

① 组合输出双向口结构（图 2-21）：大致与寄存器模式下组合输出双向口结构相同，区别是引脚 CLK、OE 在寄存器模式下为专用公共引脚，不可他用。

② 组合输出结构（图 2-22）：无反馈，其他同组合输出双向口结构。

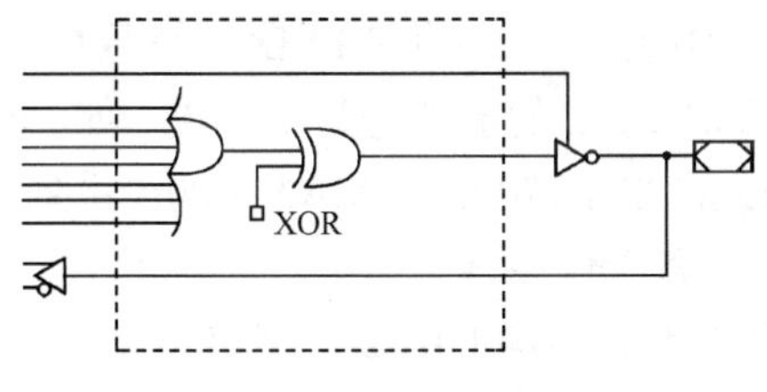

图 2-21　组合输出双向口结构

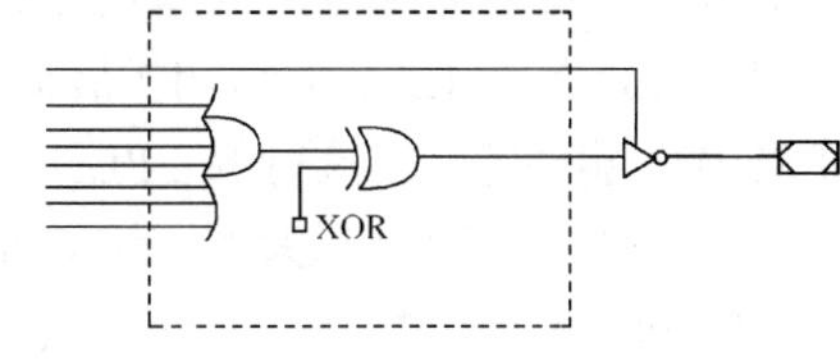

图 2-22　组合输出结构

（3）简单模式。在简单模式下，OLMC 可定义如下三种输出结构。

① 反馈输入结构（图 2-23）：输出三态门被禁止，该单元的“与-或”阵列无输出功能，但可作为相邻单元的信号反馈输入端，该单元反馈输入端的信号来自另一个相邻单元。

② 输出反馈结构（图 2-24）：输出三态门被恒定打开，该单元的“与-或”阵列不具有输出功能，但可作为相邻单元的信号反馈输入端。该单元的反馈输入端的信号来自另一个相邻单元。

③ 简单模式输出结构（图 2-25）：异或门输出不经过触发器，直接通过使能的三态门输出。该单元的输出通过相邻单元反馈，此单元的信号反馈无效。

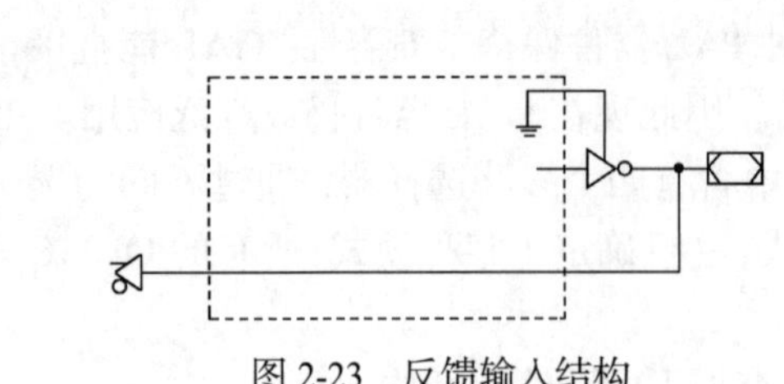

图 2-23 反馈输入结构

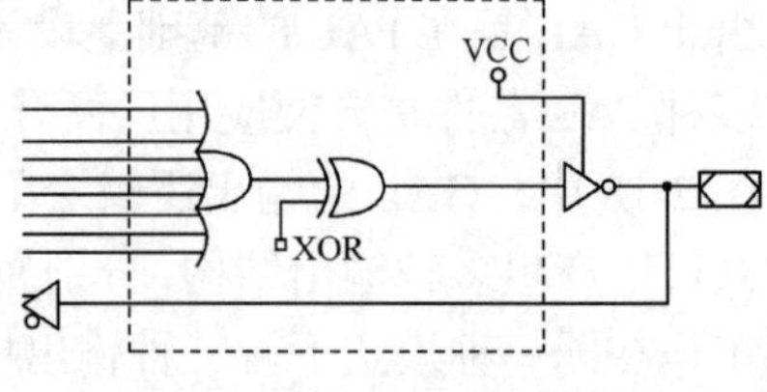

图 2-24 输出反馈结构

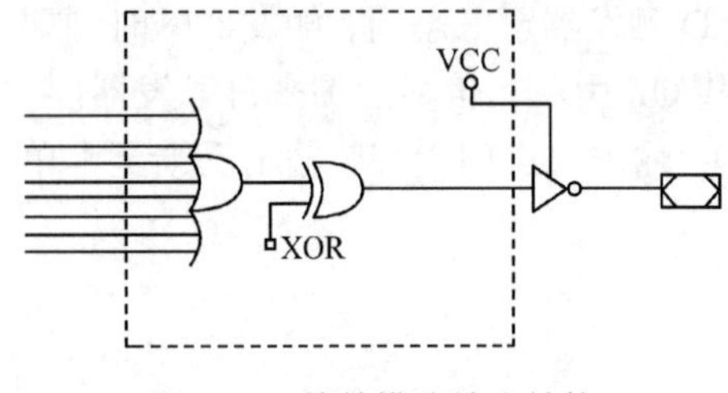

图 2-25 简单模式输出结构

OLMC 的所有这些输出结构和工作模式的选择和确定（即对其中的多路选择器的控制）均由计算机根据 GAL 的逻辑设计文件的逻辑关系自动形成控制文件。即在编译工具（如 ABEL3.0）的帮助下，计算机用 ABEL 或其他硬件语言描述的文件综合成可下载于 GAL 的 JEDEC 标准格式文件（即熔丝图文件），该文件中包含了对 OLMC 输出结构和工作模式，以及对图 2-18 左侧可编程与阵列各连线“熔丝点”的选择信息。

2.3 CPLD 的结构原理

现在的 PLD 以大规模、超大规模集成电路工艺制造的 CPLD、FPGA 为主。前面曾提到，多种简单 PLD 器件在实用中已被淘汰，大致原因是：

（1）阵列规模较小，资源不够用于设计数字系统。当设计较大的数字逻辑时，需要多片器件，从而其性能、成本及设计周期都受影响。

（2）片内寄存器资源不足，且寄存器的结构限制较多（如有的器件要求时钟共用），难以构成丰富的时序电路。I/O 不够灵活，如三态控制等，降低了资源的利用率。

（3）编程不便，需用专用的编程工具，对于使用熔丝型的简单 PLD 更是不便。

早期 CPLD 是从 GAL 的结构扩展而来，但针对 GAL 的缺点进行了改进，如 Lattice 的 ispLSI1032 器件等。在流行的 CPLD 中，Altera 的 MAX7000 和 MAX3000A 系列器件具有一定典型性，下面以此为例介绍 CPLD 的结构和工作原理。

MAX3000A 包含 32～512 个宏单元，其单个宏单元结构如图 2-26 所示。每 16 个宏单元组成一个逻辑阵列块（logic array block，LAB）。每个宏单元含有一个可编程的与阵列和固定的或阵列，以及一个可配置寄存器。每个宏单元含共享扩展乘积项和高速并联扩展乘积项，它们可向每个宏单元提供多达 32 个乘积项，以构成复杂的逻辑函数。

MAX3000A 结构中包含五个主要部分，即逻辑阵列块、宏单元、扩展乘积项（共享和并联）、可编程连线阵列、I/O 控制块。以下将分别进行介绍。

1．逻辑阵列块 LAB

一个 LAB 由 16 个宏单元的阵列组成。MAX3000A 结构主要是由多个 LAB 组成的阵列以及它们之间的连线构成。多个 LAB 通过可编程连线阵（programmable interconnect array，PIA）和全局总线连接在一起（图 2-27），全局总线从所有的专用输入、I/O 引脚和宏单元馈入信号。对于每个 LAB 有下列输入信号：

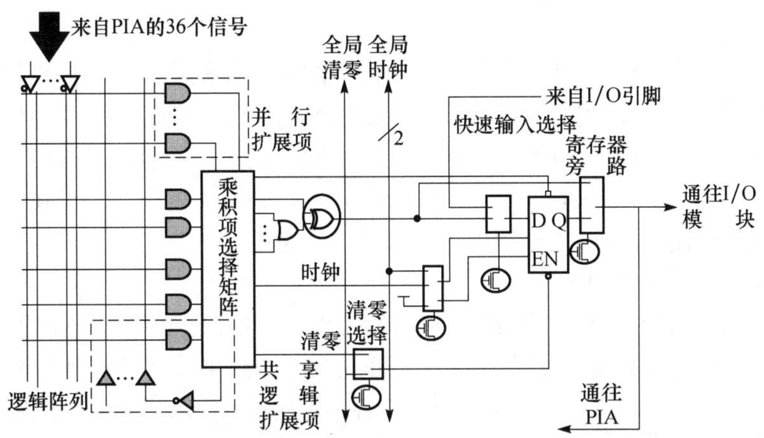

图 2-26　MAX3000A 系列的单个宏单元结构

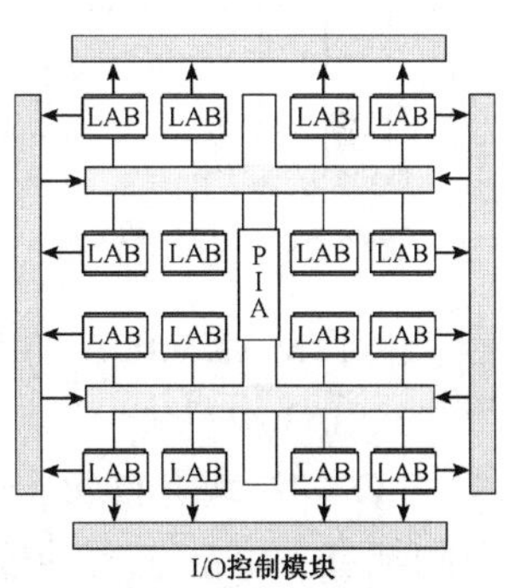

图 2-27　MAX3000A 的结构

- 来自作为通用逻辑输入的 PIA 的 36 个信号。
- 全局控制信号，用于寄存器辅助功能。
- 从 I/O 引脚到寄存器的直接输入通道。

2．宏单元

MAX3000A 系列中的宏单元由三个功能块组成：逻辑阵列、乘积项选择矩阵和可编程寄存器。它们可以被单独地配置为时序逻辑和组合逻辑工作方式。其中逻辑阵列实现组合逻辑，可以给每个宏单元提供五个乘积项。乘积项选择矩阵分配这些乘积项作为到或门和异或门的主要逻辑输入，以实现组合逻辑函数；或者把这些乘积项作为宏单元中寄存器的辅助输入：清零（clear）、置位（preset）、时钟（clock）和时钟使能控制（clock enable）。

每个宏单元中有一个共享扩展乘积项经非门后回馈到逻辑阵列中，以便实现更复杂的逻辑函数；宏单元中还存在并行扩展乘积项，从邻近宏单元借位而来。

宏单元中的可配置寄存器可以单独地被配置为带有可编程时钟控制的 D、T、JK 或 SR 触发器工作方式，也可以将寄存器旁路掉，以实现组合逻辑工作方式。

每个可编程寄存器可以按如下三种时钟输入模式工作：

（1）全局时钟信号。该模式能实现最快的时钟到输出（clock to output）性能，这时全局时钟输入直接连向每一个寄存器的 CLK 端。

（2）全局时钟信号由高电平有效的时钟信号使能。这种模式提供每个触发器的时钟使能信号，由于仍使用全局时钟，输出速度较快。

（3）用乘积项实现一个阵列时钟。在这种模式下，触发器由来自隐埋（embedded）的宏单元或 I/O 引脚的信号进行钟控，其速度稍慢。

每个寄存器也支持异步清零和异步置位功能。乘积项选择矩阵分配，并控制这些操作。虽然乘积项驱动寄存器的置位和复位信号是高电平有效，但在逻辑阵列中将信号取反可得到低电平有效的效果。此外，每一个寄存器的复位端可以由低电平有效的全局复位专用引脚 GCLRn 信号来驱动。

3．扩展乘积项

虽然大部分逻辑函数能够用在每个宏单元中的五个乘积项实现，但更复杂的逻辑函数需要附加乘积项。可以利用其他宏单元以提供所需的逻辑资源，对于 MAX3000A 系列，还可以利用其结构中具有的共享和并联扩展乘积项，即扩展项。这两种扩展项作为附加的乘积项直接送到 LAB 的任意一个宏单元中。利用扩展项可保证在实现逻辑综合时，用尽可能少的逻辑资源，得到尽可能快的工作速度。

4．可编程连线阵列 PIA

不同的LAB通过在可编程连线阵列PIA上布线，以相互连接构成所需的逻辑。这个全局总线是一种可编程的通道，可以把器件中任何信号连接到其目的地。所有MAX3000A器件的专用输入、I/O引脚和宏单元输出都连接到 PIA，而 PIA 可把这些信号送到整个器件内的各个地方。只有每个LAB需要的信号才布置从PIA到该LAB的连线。由图2-28可看出PIA信号布线到LAB的方式。

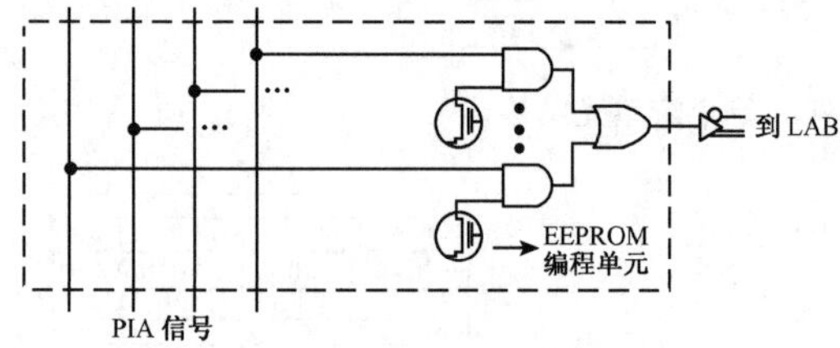

图 2-28　PIA 信号布线到 LAB 的方式

图2-28中通过EEPROM单元控制与门的一个输入端，以选择驱动 LAB 的 PIA 信号。由于 MAX3000A 的 PIA 有固定的延时，因此使得器件延时性能容易预测。

5．I/O 控制块

I/O 控制块允许每个 I/O 引脚单独被配置为输入、输出和双向工作方式。所有 I/O 引脚都有一个三态缓冲器，它的控制端信号来自一个多路选择器，可以选择用全局输出使能信号其中之一进行控制，或者直接连到地（GND）或电源（VCC）上。图 2-29 表示的是 EPM3032A 器件的 I/O 控制块，它共有六个全局输出使能信号。这六个使能信号可来自：两个输出使能信号（OE1、OE2）、I/O引脚的子集或 I/O 宏单元的子集，并且也可以是这些信号取反后的信号。

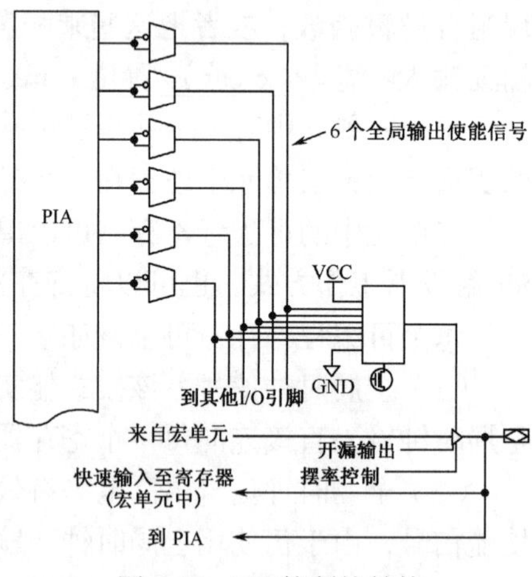

图 2-29　I/O 控制块结构

当三态缓冲器的控制端接地（GND）时，其输出为高阻态，这时I/O引脚可作为专用输入引脚使用。当三态缓冲器控制端接电源 VCC 上时，输出被一直使能，为普通输出引脚。MAX3000A 结构提供双I/O反馈，其宏单元和I/O引脚的反馈是独立的。当I/O引脚被配置成输入引脚时，与其相连的宏单元可以作为隐埋逻辑使用。

为降低CPLD的功耗，减少其工作时的发热量，MAX3000A系列提供可编程的速度或功率优化，使得在应用设计中，让影响速度的关键部分工作在高速或全功率状态，而其余部分则工作在低速或低功率状态。允许用户配置一个或多个宏单元工作在 50% 或更低的功率下，而仅需增加一个微小的延时。对于 I/O 工作电压，MAX3000A 器件为 3.3V 工作电压，但 I/O 口可通过一个限流电阻与 5V TTL 系统直接相连。

2.4 FPGA 的结构原理

除 CPLD 外，FPGA 是大规模可编程逻辑器件的另一大类 PLD 器件。以下介绍最常用的 FPGA 的基本结构及其工作原理。

2.4.1 查找表逻辑结构

前面提到的可编程逻辑器件，诸如 GAL、CPLD 之类都是基于乘积项的可编程结构，即可编程的与阵列和固定的或阵列组成。而在本节中将要介绍的 FPGA，使用了另一种可编程逻辑的形成方法，即可编程的查找表（look up table，LUT）结构，LUT 是可编程的最小逻辑构成单元。大部分 FPGA 采用基于 SRAM（静态随机存储器）的查找表逻辑形成结构，就是用 SRAM 来构成逻辑函数发生器。一个 N 输入 LUT 可以实现 N 个输入变量的任何逻辑功能，如 N 输入“与”、N 输入“异或”等。图 2-30 是 4 输入 LUT，其内部结构如图 2-31 所示。

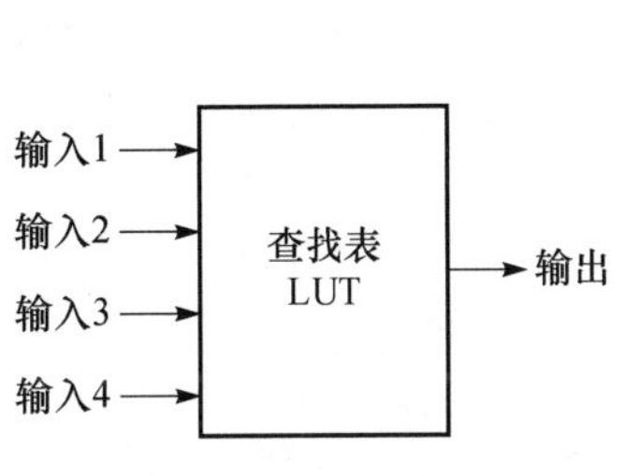

图 2-30　FPGA 查找表单元

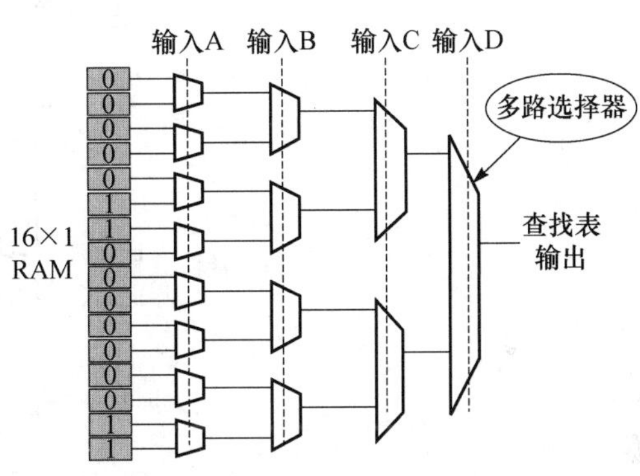

图 2-31　FPGA 查找表单元内部结构

一个 N 输入的查找表，需要 SRAM 存储 N 个输入构成的真值表，需要用 2^N 位的 SRAM 单元。显然 N 不可能很大，否则 LUT 的利用率很低，输入多于 N 个的逻辑函数，必须用数个查找表分开实现。Xilinx 和 Altera 的 FPGA 器件都采用 SRAM 查找表构成。

2.4.2 Cyclone 4E/10LP 系列器件的结构

Cyclone 3、Cyclone 4E、Cyclone 10 LP 这三个系列的 FPGA 器件的内部机构几乎完全相同，只是生产工艺有所区别，下文中将针对 Cyclone 4E 器件展开详细描述，事实上大部分描述同样适用于 Cyclone 3、Cyclone 10 LP 系列器件。

Cyclone 4E 系列器件是 Intel（原 Altera）公司的一款低功耗、高性价比的 FPGA，它的结构和工作原理在 FPGA 器件中具有典型性，下面以此类器件为例，介绍 FPGA 的结构与工作原理。Cyclone 4E 器件主要由逻辑阵列块（logic array block，LAB）、嵌入式存储器块、嵌入式硬件乘法器、I/O 单元和嵌入式 PLL 等模块构成，在各个模块之间存在着丰富的互连线和时钟网络。

Cyclone 4E 系列 FPGA 器件的可编程资源主要来自逻辑阵列块 LAB，而每个 LAB 都由多个逻辑宏单元 LE(logic element，或 LC：logic cell)构成。LE 是 Cyclone 4E FPGA 器件的最基本的可编程单元，图 2-32 显示了 Cyclone 4E FPGA 的 LE 内部结构。观察图 2-32 可以发现，LE 主要由一个 4 输入的 LUT、进位链逻辑、寄存器链逻辑和一个可编程的寄存器构成。4 输入的 LUT 可以完成所有的 4 输入 1 输出的组合逻辑功能。每一个 LE 的输出都可以连接到行、列、直连通路、进位链、寄存器链等布线资源。

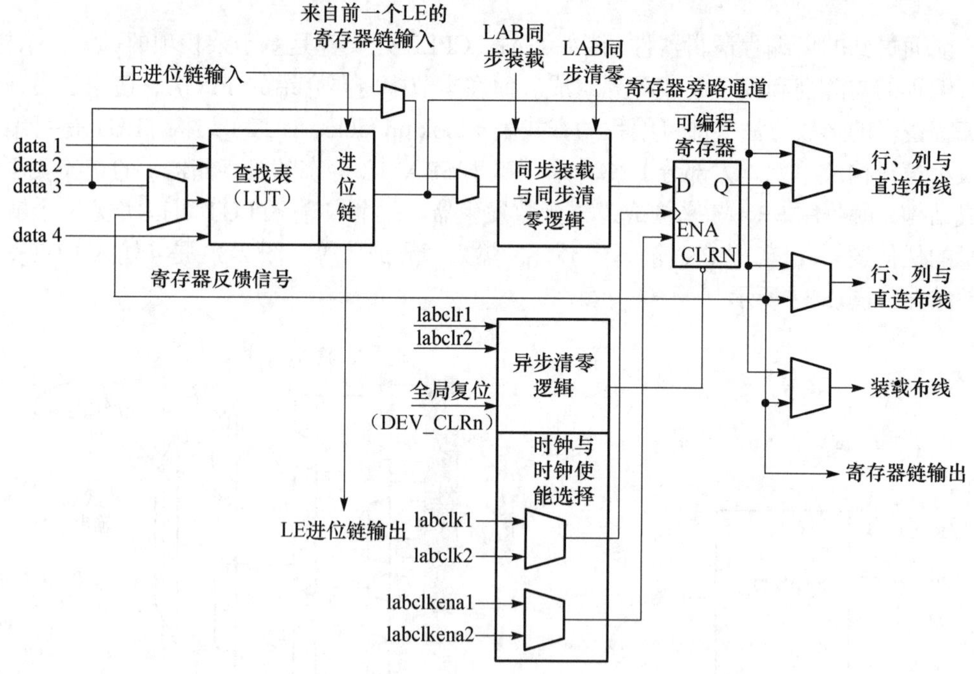

图 2-32　Cyclone 4E 的 LE 结构图

每个 LE 中的可编程寄存器可以被配置成 D 触发器、T 触发器、JK 触发器和 RS 寄存器模式。每个可编程寄存器具有数据、时钟、时钟使能、清零输入信号。全局时钟网络、通用 I/O 口以及内部逻辑可以灵活配置寄存器的时钟和清零信号。任何一个通用 I/O 和内部逻辑都可以驱动时钟使能信号。在一些只需要组合电路的应用中，对于组合逻辑的实现，可将该可配置寄存器旁路，LUT 的输出可作为 LE 的输出。

LE 有三个输出驱动内部互连，一个驱动局部互连，另两个驱动行或列的互连资源，LUT 和寄存器的输出可以单独控制。可以实现在一个 LE 中，LUT 驱动一个输出，而寄存器驱动另一个输出（这种技术称为寄存器打包）。因而在一个 LE 中的寄存器和 LUT 能够用来完成不相关的功能，因此能够提高 LE 的资源利用率。

寄存器反馈模式允许在一个 LE 中寄存器的输出作为反馈信号，加到 LUT 的一个输入上，在一个 LE 中就完成反馈。

除上述的三个输出外，在一个逻辑阵列块中的 LE 还可以通过寄存器链进行级联。在同一个 LAB 中的 LE 里的寄存器可以通过寄存器链级联在一起，构成一个移位寄存器，那些 LE 中的 LUT 资源可以单独实现组合逻辑功能，两者互不相关。

Cyclone 4E 的 LE 可以工作在下列两种操作模式：普通模式和算术模式。

在不同的 LE 操作模式下，LE 的内部结构和 LE 之间的互连有些差异，图 2-33 和图 2-34 分别是 Cyclone 4E 的 LE 在普通模式和算术模式下的结构和连接图。

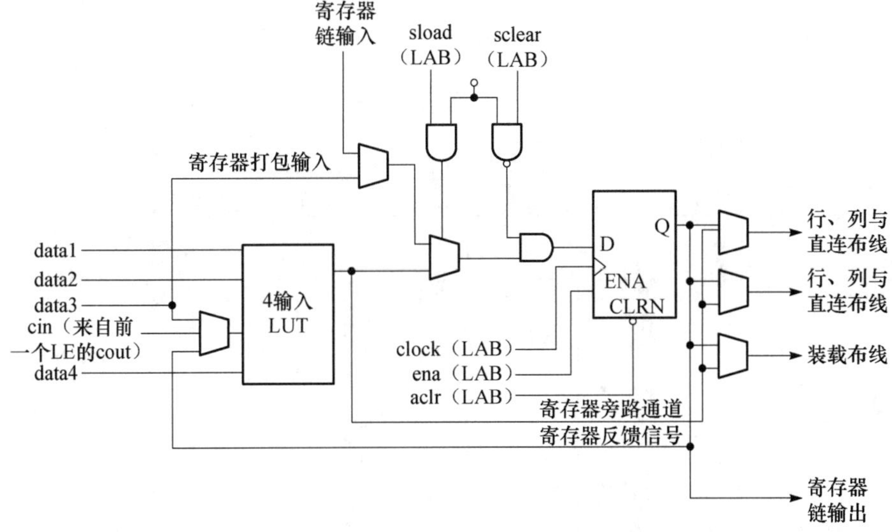

图 2-33　Cyclone 4E 的 LE 普通模式

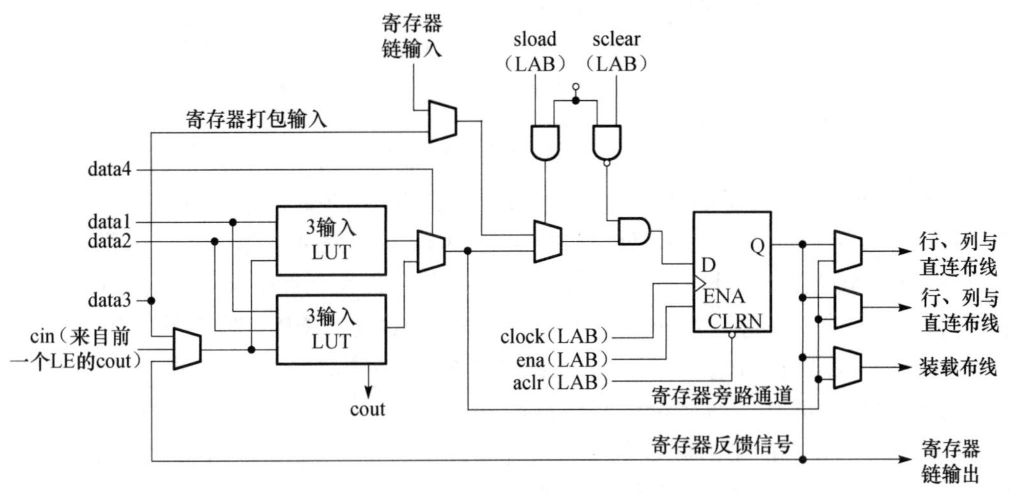

图 2-34　Cyclone 4E 的 LE 动态算术模式

普通模式下的 LE 适合通用逻辑应用和组合逻辑的实现。在该模式下，来自 LAB 局部互连的四个输入将作为一个 4 输入 1 输出的 LUT 的输入端口。可以选择进位输入（cin）信号或者 data3 信号作为 LUT 中的一个输入信号。每一个 LE 都可以通过 LUT 链直接连接到下一个 LE（在同一个 LAB 中的）。在普通模式下，LE 的输入信号可以作为 LE 中寄存器的异步装载信号，LE 也支持寄存器打包与寄存器反馈。

Cyclone 4E 器件中的 LE 还可以工作在算术模式下，在这种模式下，可以更好地实现加法器、计数器、累加器和比较器。在算术模式下的单个 LE 内有两个 3 输入 LUT，可被配置成一位全加器和基本进位链结构。其中一个 3 输入 LUT 用于计算，另外一个 3 输入 LUT 用来生成进位输出信号 cout。在算术模式下，LE 支持寄存器打包与寄存器反馈。逻辑阵列块 LAB 是由一系列相邻的 LE 构成的。每个 Cyclone 4E 的 LAB 包含 16 个 LE，在 LAB 中，LAB 之间存在着行互连、列互连、直连通路互连、LAB 局部互连、LE 进位链和寄存器链。图 2-35 是 Cyclone 4E 的 LAB 结构图。

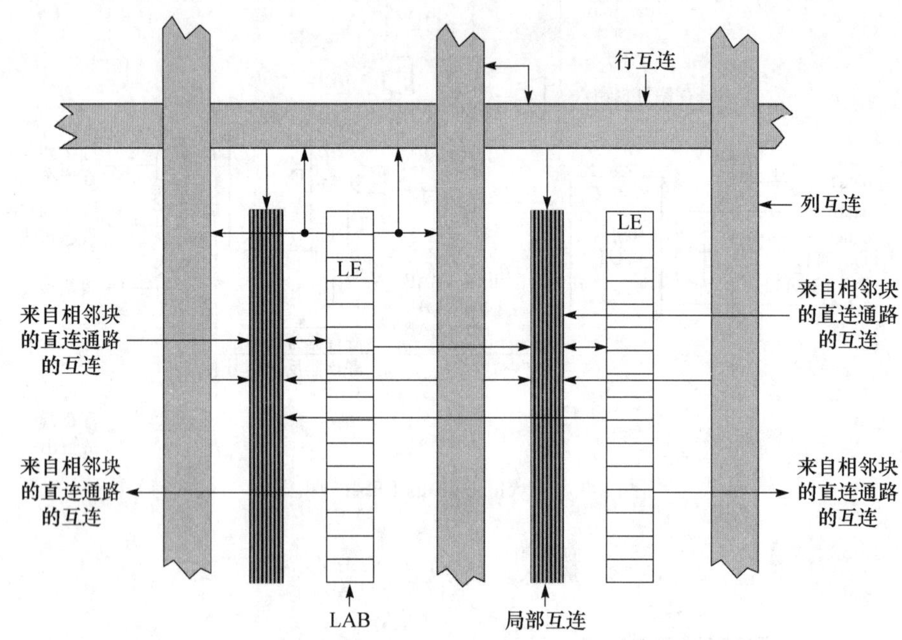

图 2-35　Cyclone 4E 的 LAB 结构

在 Cyclone 4E 器件里面存在大量 LAB，图 2-35 所示的多个 LE 排列起来构成 LAB，多个 LAB 排列起来成为 LAB 阵列，构成了 Cyclone 4E FPGA 丰富的逻辑编程资源。

局部互连可以用来在同一个 LAB 的 LE 之间传输信号；进位链用来连接 LE 的进位输出和下一个 LE（在同一个 LAB 中）的进位输入；寄存器链用来连接下一个 LE（在同一个 LAB 中）的寄存器输出和下一个 LE 的寄存器数据输入。

LAB 中的局部互连信号可以驱动在同一个 LAB 中的 LE，可以连接行与列互连和在同一个 LAB 中的 LE。相邻的 LAB、左侧或者右侧的 PLL（锁相环）和 M9K RAM 块（Cyclone 4E 中的嵌入式存储器）通过直连线也可以驱动一个 LAB 的局部互连（图 2-36）。每个 LAB 都有专用的逻辑来生成 LE 的控制信号，这些 LE 的控制信号包括两个时钟信号、两个时钟使能信号、两个异步清零、同步清零、异步预置/装载信号、同步装载和加/减控制信号。

在 Cyclone 4E FPGA 器件中所含的嵌入式存储器（embedded memory），由数十个 M9K 的存储器块构成。每个 M9K 存储器块具有很强的伸缩性，可以实现的功能有 8192 位 RAM（单端口、双端口、带校验、字节使能）、ROM、移位寄存器、FIFO 等。在 Cyclone 4E 中的嵌入式存储器可以通过多种连线与可编程资源实现连接，这大大增强了 FPGA 的性能，扩大了 FPGA 的应用范围。

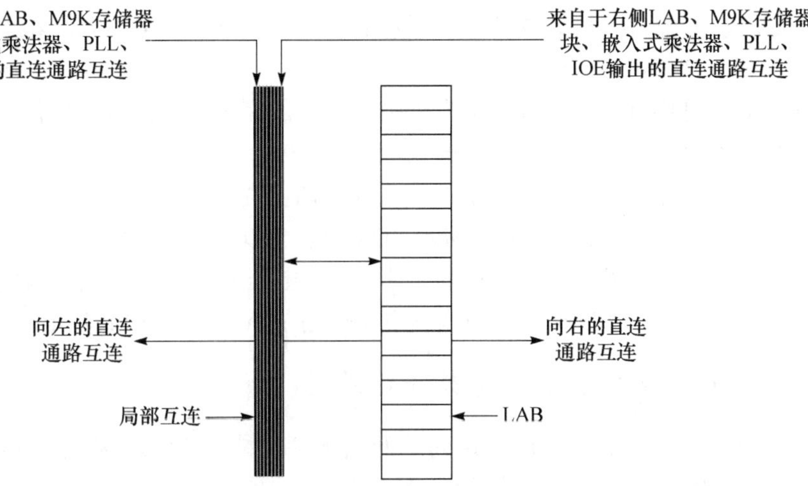

图 2-36　LAB 阵列间互连

在 Cyclone 4E 系列器件中还有嵌入式乘法器（embedded multiplier），这种硬件乘法器的存在可以大大提高 FPGA 在处理 DSP 任务时的能力。这个系列器件的嵌入式乘法器可以实现 9×9 或者 18×18 乘法器，乘法器的输入与输出可以选择是寄存的还是非寄存的（即组合输入输出）。可以与 FPGA 中的其他资源灵活地构成适合 DSP 算法的 MAC（乘加单元）。

在数字逻辑电路的设计中，时钟、复位信号往往需要同步作用于系统中的每个时序逻辑单元，因此在 Cyclone 4E 器件中设置有全局控制信号。由于系统的时钟延时会严重影响系统的性能，故在 Cyclone 4E 中设置了复杂的全局时钟网络（图 2-37），以减少时钟信号的传输延迟。另外，在 Cyclone 4E FPGA 中还含有 2～4 个独立的嵌入式锁相环 PLL，可以用来调整时钟信号的波形、频率和相位。

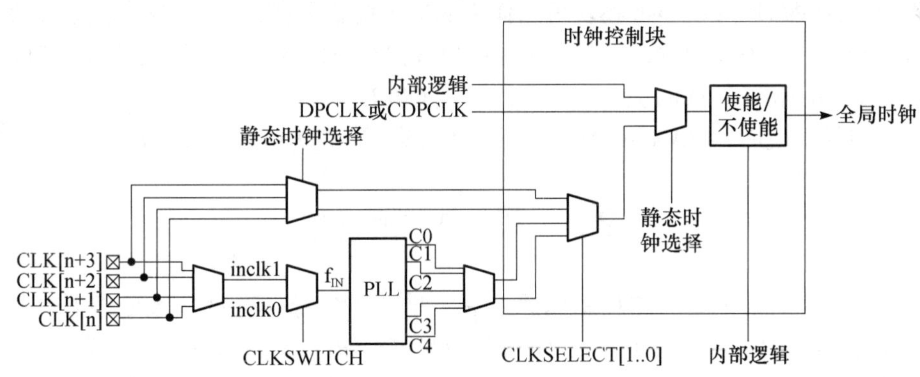

图 2-37　时钟网络的时钟控制

Cyclone 4E 的 I/O 支持多种 I/O 接口，符合多种 I/O 标准，可以支持差分的 I/O 标准:诸如 LVDS（低压差分串行）和 RSDS（去抖动差分信号）、SSTL-2、SSTL-18、HSTL-18、HSTL-15、HSTL-12、PPDS、差分 LVPECL，当然也支持普通单端的 I/O 标准，比如 LVTTL、LVCMOS、PCI 和 PCI-X I/O 等，通过这些常用的端口与板上的其他芯片沟通。

Cyclone 4E 器件还可以支持多个通道的 LVDS 和 RSDS。Cyclone 4E 器件内的 LVDS 缓冲器可以支持最高达 875Mbps 的数据传输速度。与单端的 I/O 标准相比，这些内置于 Cyclone 4E 器件内部的 LVDS 缓冲器保持了信号的完整性，并具有更低的电磁干扰、更好的电磁兼容性（EMI）及更低的电源功耗。

Cyclone 4E 系列器件除了片上的嵌入式存储器资源外，可以外接多种外部存储器，比如 SRAM、NAND、SDRAM、DDR SDRAM、DDR2 SDRAM 等。

Cyclone 4E 的电源支持采用内核电压和 I/O 电压（3.3V）分开供电的方式，I/O 电压取决于使用时需要的 I/O 标准，而内核电压使用 1.2V 供电，PLL 供电 2.5V。

2.4.3 Cyclone 10GX 系列器件的结构

Intel 公司的 Cyclone 10GX 系列是低成本高性能的 FPGA 器件，其基本逻辑单元没有采用经典的 4 输入 LUT 结构，而采用灵活可变的 8 输入自适应 LUT（ALUT）结构，称为 ALM（adaptive logic modules，自适应逻辑模块）。该结构具有四个专用寄存器、一个 8 输入分段式 LUT，与经典的 4 输入 LUT+1 个寄存器的结构相比，有助于提高多寄存器设计中的时序收敛，甚至比每个 4 输入 LUT 加上二个寄存器的体系结构的性能更高。

Cyclone 10GX 支持部分重新配置等高级功能以及单粒子翻转 (SEU)功能，其内嵌模块有支持 12.5 Gbps 收发器 I/O、高性能 1866 Mbps 外部存储器接口、1.434 Gbps LVDS I/O、符合 IEEE 754 的硬核浮点 DSP 模块、小数时钟合成 PLL 模块等。

2.4.4 内嵌 Flash 的 FPGA 器件

Intel 公司的 MAX 10 系列 FPGA 器件在结构原理上非常接近 Cyclone 4E 器件，但增加了内嵌 Flash 模块，该 Flash 模块可以作为 FPGA 配置数据存放的非易失单元，在器件上电时自动完成 FPGA 配置，也可以作为用户数据存放的地方。这种改良后的 FPGA 结构结合了 FPGA 和 CPLD 的优点，正逐渐取代 CPLD。

为了更易于使用，MAX 10 的子系列中还有集成 LDO 和 ADC 的版本。

2.5 硬 件 测 试

进入 21 世纪，集成电路技术飞速发展，推动了半导体存储、微处理器等相关技术的快速进步，CPLD 和 FPGA 也不例外。CPLD、FPGA 和 ASIC 的规模越来越大，复杂程度也越来越高，特别在 FPGA 应用中，测试显得越来越重要。由于其本身技术的复杂性，测试也有多个部分：在“软”的方面，逻辑设计的正确性需要验证，这不仅在功能这一级上，对于具体的 FPGA 还要考虑种种内部或 I/O 上的时延特性；在“硬”的方面，首先在 PCB 板级需要测试引脚连接问题，其次 I/O 功能也需要专门测试。

2.5.1 内部逻辑测试

对于 CPLD/FPGA 的内部逻辑测试是应用设计可靠性的重要保证。由于设计的复杂性，内部逻辑测试面临越来越多的问题。设计者通常不可能考虑周全，这就需要在设计时加入用于测试的专用逻辑，即进行可测性设计（design for test，DFT），在设计完成后用来测试关键逻辑。

在 ASIC 设计中的扫描寄存器，是可测性设计的一种，原理是把 ASIC 中关键逻辑部分的普通寄存器用测试扫描寄存器来代替，在测试中可以动态地测试、分析、设计其中寄存器所处的状态，甚至对某个寄存器加激励信号，以改变该寄存器的状态。

有的 FPGA 厂商提供一种技术,在可编程逻辑器件中可动态载入某种逻辑功能模块，与 EDA 工具软件相配合提供一种嵌入式逻辑分析仪，以帮助测试工程师发现内部逻辑问题。Intel/Altera 的 SignalTap II 技术是典型代表之一（第 5 章中给予详细讨论）。

在内部逻辑测试时，还会涉及测试的覆盖率问题，对于小型逻辑电路，逻辑测试的覆盖率可以很高，甚至达到 100%。可是对于一个复杂数字系统设计，内部逻辑覆盖率不可能达到 100%，这就必须寻求其他更有效的方法来解决。

2.5.2 JTAG 边界扫描

随着微电子技术、微封装技术和印制板制造技术的发展，印制电路板变得越来越小，密度越来越大，复杂程度越来越高，层数不断增加。面对这样的发展趋势，如果仍然沿用传统的诸如外探针测试法和“针床”夹具测试法来测试焊接上的器件不仅是困难的，而且也会把电路简化所节约的成本费用用在了抵消改进传统方法所付出的代价上。

20 世纪 80 年代，IEEE 的联合测试工作组（Joint Test Action Group，JTAG）开发了 IEEE1149.1-1990 边界扫描测试技术规范。该规范提供了有效的测试引线间隔致密的电路板上集成电路芯片的能力。大多数 CPLD/FPGA 厂家的器件遵守 JTAG 规范，并为输入引脚和输出引脚以及专用配置引脚提供了边界扫描测试（board scan test，BST）的能力。

设计人员使用 BST 规范测试引脚连接时，再也不必使用物理探针了，甚至可在器件正常工作时在系统捕获功能数据。器件的边界扫描单元能够从逻辑跟踪引脚信号，或是从引脚或器件核心逻辑信号中捕获数据。强行加入的测试数据串行地移入边界扫描单元，捕获的数据串行移出并在器件外部同预期的结果进行比较。图 2-38 说明了边界扫描测试法的概念。该方法提供了一个串行扫描路径，它能捕获器件核心逻辑的内容，或者测试遵守 IEEE 规范的器件之间的引脚连接情况。

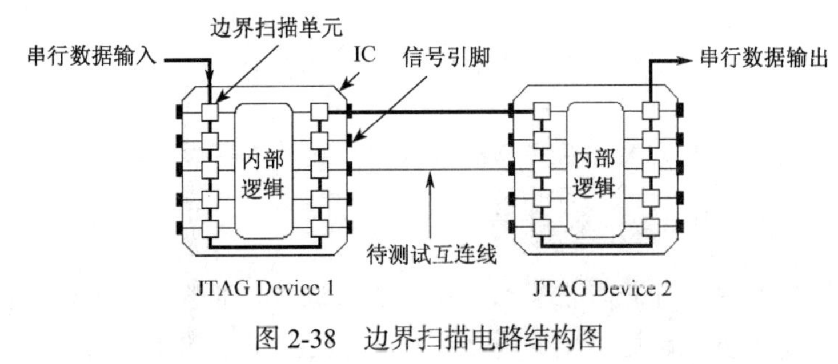

图 2-38 边界扫描电路结构图

边界扫描测试标准 IEEE1149.1 BST 的结构，即：当器件工作在 JTAG BST 模式时，使用四个 I/O 引脚和一个可选引脚 TRST 作为 JTAG 引脚。四个 I/O 引脚是 TDI、TDO、TMS 和 TCK，表 2-1 概括了这些引脚的功能。JTAG BST 需要下列寄存器：

- 指令寄存器。用来决定是否进行测试或访问数据寄存器操作。
- 旁路寄存器。这个 1 位寄存器用来提供 TDI 和 TDO 的最小串行通道。
- 边界扫描寄存器。由器件引脚上的所有边界扫描单元构成。

表 2-1　边界扫描 I/O 引脚功能

引脚	描述	功能
TDI	测试数据输入	测试指令和编程数据的串行输入引脚。数据在 TCK 的上升沿移入
TDO	测试数据输出	测试指令和编程数据的串行输出引脚，数据在 TCK 的下降沿移出。如果数据没有被移出时，该引脚处于高阻态
TMS	测试模式选择	控制信号输入引脚，负责 TAP 控制器的转换。TMS 必须在 TCK 的上升沿到来之前稳定
TCK	测试时钟输入	时钟输入到 BST 电路，一些操作发生在上升沿，而另一些发生在下降沿
TRST	测试复位输入	低电平有效，异步复位边界扫描电路（在 IEEE 规范中，该引脚可选）

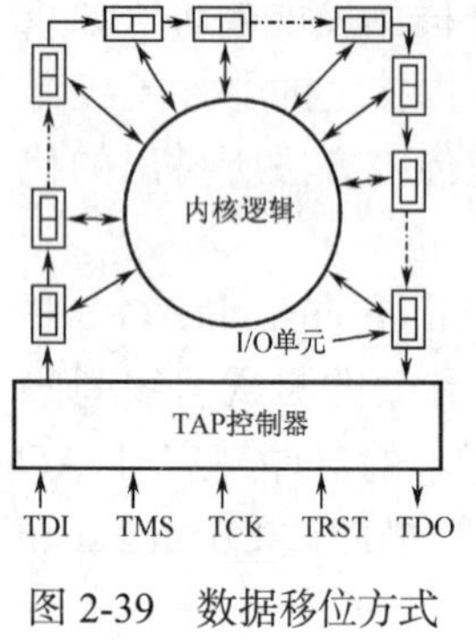

图 2-39　数据移位方式

JTAG 边界扫描测试由测试访问端口的控制器管理。TMS、TRST 和 TCK 引脚管理 TAP 控制器的操作；TDI 和 TDO 为数据寄存器提供串行通道，TDI 也为指令寄存器提供数据，然后为数据寄存器产生控制逻辑。边界扫描寄存器是一个大型串行移位寄存器，它使用 TDI 引脚作为输入，TDO 引脚作为输出。边界扫描寄存器由 3 位的周边单元组成，它们可以是 I/O 单元、专用输入（输入器件）或专用的配置引脚。设计者可用边界扫描寄存器来测试外部引脚的连接，或是在器件运行时捕获内部数据。图 2-39 表示边界扫描测试数据沿着 JTAG 器件的周边做串行移位的情况。

边界扫描描述语言 BSDL（boundary-scan description language）是 VHDL 语言的一个子集。设计人员可以利用 BSDL 来描述遵从 IEEE Std 1149.1 BST 的 JTAG 器件的测试属性，测试软件开发系统使用 BSDL 文件来生成测试文件，进行测试分析、失效分析，以及在系统编程等。

在 FPGA 开发中，JTAG 口更多地被用在对其进行编程、配置、内嵌存储器内容的测试编辑，以及处理器内核系统的软硬件测试和调试。

2.6　PLD 产品概述

本节将概述常用的 FPGA 和 CPLD 器件系列及其基本特性，以及 FPGA 的配置器件。

2.6.1　Intel（原 Altera）公司的 PLD 器件

Altera 是著名的 PLD 生产厂商，多年来一直占据着行业领先的地位。Altera 的 PLD 具有高性能、高集成度和高性价比的优点，此外它还提供了功能全面的开发工具和丰富的 IP 核、宏功能库等。因此 Altera 的产品获得了广泛的应用。在 2015 年，Altera 被 Intel 收购，成为 Intel PSG。Intel 的标准 FPGA 产品有多个系列，按照逻辑容量和性能从高到低排序依次为 Stratix 系列、Arria 系列、Cyclone 系列。其中 Stratix 为高性能系列，有 Stratix 4、Stratix 5 和 Stratix 10 等子系列。Arria 系列为中端系列，分 Arria 5、Arria 10 等子系列。Cyclone 系列为低成本低功耗系列，分 Cyclone 3、Cyclone 4、Cyclone 5、Cyclone 10 等子系列。Intel 的非易失 FPGA 产品系列有 MAX II、MAX 5 和 MAX 10 系列。对于 Stratix 10、Arria 10、Cyclone 5 系列中有带 ARM Cortex-A 处理器硬核（HPS）的 FPGA 系列器件，又统称为 SOC FPGA 器件。

（1）Stratix 10 系列 FPGA。Stratix 10 采用 Intel 14nm Tri-Gate 工艺开发，具有 Intel HyperFlex FPGA 体系结构，是 Intel 目前最高性能的 FPGA 系列。该系列又分 Stratix 10 GX FPGA、Stratix 10 SX SOC、Stratix 10 GT FPGA、Stratix 10 MX 这四个子系列。Stratix 10 GX FPGA 设计满足大吞吐量系统的高性能需求，浮点性能达到 10 TFLOPS，收发器支持 30 Gbps 的芯片至模组、芯片至芯片、背板应用。Stratix 10 SX SOC 具有硬核处理器系统，除了 Stratix 10 GX 器件的所有特性之外，该系列所有器件还具有 64 位四核 ARM Cortex-A53 处理器。Stratix 10 GT FPGA 支持的收发器数据速率高达 56 Gbps。Stratix 10 MX FPGA 将 Stratix 10 FPGA、SOC 及 3D 堆叠式高频宽存储器 HBM2 融入单一封装，支持 H-和 E-收发器。Stratix 10 FPGA 和 SOC 系列性能特点如下：

- 异构 3D 系统级封装（SiP）集成。
- 突破性的 HyperFlex 体系结构，内核性能提高了 2 倍。
- 最高存储器带宽，具有 HBM2 DRAM 集成的封装。
- 双模式收发器，具有 56 Gbps PAM-4 和 30 Gbps NRZ。
- 密度最高的单片 FPGA 架构，有 550 万个逻辑单元（LE）。
- IEEE 754 兼容单精度浮点数字信号处理（DSP），吞吐量高达 10 TFLOPS。
- 安全器件管理器（SDM），具有最全面的安全功能。
- 集成四核 64 位 ARM Cortex-A53 硬核处理器系统，主频高达 1.5 GHz。

（2）Arria 10 系列 FPGA。Arria 10 采用 TSMC 20nm 工艺制造，分为 Arriaa 10 GX、Arria 10 SX、Arria 10 GT 三个子系列。其中 Arria 10 SX 带有双核 ARM Cortex-A9。

Arria 10 FPGA 和 SOC 系列性能特点如下：

- 逻辑单元最大支持 100 多万个等效 LE。
- IEEE 754 兼容硬核浮点，DSP 性能达到 1.5 TFLOPS。
- 性能卓越的 2400 Mbps DDR4 SDRAM 存储器接口。
- 25.78 Gbps 收发器支持，96 个收发器通路，串行带宽达到 3.3 Tbps。
- 可编程功耗技术降低了低性能电路的器件功耗，同时在需要的地方实现卓越性能。
- 智能电压 ID，以更低的电压运行，而且不会影响性能。
- VCC 电源管理器，器件工作在不同电压电平下，获得更高性能或者更低功耗。
- 具有 1.5GHz 双核 ARM Cortex-A9 MPCore 硬核处理器系统（HPS）。

（3）Cyclone 10 系列 FPGA。Cyclone 10 系列 FPGA 分为 Cyclone 10 GX 和 Cyclone 10 LP 两个子系列。其中 Cyclone 10 GX 采用高性能 20nm 工艺制造，具有 10.3 Gbps 高速收发器，

具有高性能 1866 Mbps 外部存储器接口，具有符合 IEEE 754 的硬核浮点 DSP 模块。

Cyclone 10 LP 采用低功耗 60nm 工艺。仅需两个核心电源即可运行，可简化配电网络，节省电路板成本、电路板空间和设计时间。Cyclone 10 LP 逻辑单元最大支持 12 万 LE。

（4）Cyclone 5 系列 FPGA。Cyclone 5 系列 FPGA 采用 TSMC 低功耗 28nm 工艺，分为 Cyclone 5E、Cyclone 5 SE、Cyclone 5 GX、Cyclone 5 SX、Cyclone 5 GT、Cyclone 5 ST 六个子系列。其中 Cyclone 5 GX/SX 带有 3.125 Gbps 收发器，而 Cyclone 5 GT/ST 带有 6.144 Gbps 收发器。Cyclone 5 SE/SX/ST 带有 ARM Cortex-A9 MPCore 处理器核。

Cyclone 5 系列 FPGA 的逻辑单元采用 8 输入 ALM（adaptive logic module）而非传统的基于 4 输入 LUT 的 LE。还集成了丰富的硬核 IP 模块，能够以更低的系统总成本和功耗完成更多的工作。关键硬核 IP 模块包括：

- 支持 400 MHz DDR3 SDRAM 的增强存储器控制器，可选纠错码（ECC）支持。
- 提供多功能支持的 PCI Express（PCIe）Gen2。
- 精度可调数字信号处理（DSP）模块。
- HPS 双核 ARM Cortex-A9 MPCore 处理器。

（5）Cyclone 4 系列 FPGA。Cyclone 4 系列 FPGA 采用 60nm 低功耗工艺制造，分为 Cyclone 4E 和 Cyclone 4 GX 两个子系列。其中 Cyclone 4 GX 系列最大支持 15 万个 LE，带有 3.125Gbps 收发器和 PCIe Gen1 接口，还有 8B/10B 编译码、SERDES、千兆以太网（1.25Gbps）、CPRI、RapidIO 等接口。而整个 Cyclone 4 系列均含有 PLL、18×18 乘法器单元、LVDS 接口、内嵌存储器等丰富模块。

（6）MAX 10 系列非易失 FPGA。MAX 10 系列非易失 FPGA 采用 TSMC 的 55 nm 嵌入式 NOR 闪存技术制造，支持瞬时接通功能。其集成功能包括模数转换器(ADC)和双配置闪存，支持单芯片上存储两个镜像，在镜像间动态切换，也具有 736 KB 管芯用户闪存代码存储功能。与 CPLD 不同，MAX 10 FPGA 还包括全功能 FPGA 功能，如支持 Nios II 软核嵌入式处理器，具有数字信号处理（DSP）模块和软核 DDR3 存储控制器等。MAX 10 系列使用单核或双核电压供电，其密度范围在 2k～5k LE 之间。MAX 10 还支持瞬时接通功能，可以作为系统电路板上第一个开始工作的器件，控制高密度 FPGA、ASIC、ASSP 和处理器等其他组件的启动。

（7）Intel PSG 宏功能块及 IP 核。随着百万门级 FPGA 的推出，单片系统成为可能。Altera 提出的概念为 SOPC，即可编程芯片系统，可将一个完整的系统集成在一个可编程逻辑器件内。为了支持 SOPC 的实现，方便用户的开发与应用，Altera 还提供了众多性能优良的宏模块、IP 核以及系统集成等完整的解决方案。这些宏功能模块、IP 核都经过了严格的测试，使用这些模块将大大减少设计的风险，缩短开发周期，并且可使用户将更多的精力和时间放在改善和提高设计系统的性能上，而不是重复开发已有的模块。

Altera 通过以下两种方式开发 IP 模块：

- AMPP（Altera Megafunction Partners Program）。AMPP 是 Altera 宏功能模块和 IP 核开发伙伴组织，通过该组织，提供基于 Altera 器件的优化宏功能模块和 IP 核。
- MegaCore。又称为兆功能模块或宏功能模块，是 Altera 自行开发完成的。兆功能模块拥有高度的灵活性和一些固定功能的器件达不到的性能。

Altera 能够提供以下宏功能模块：

● 数字信号处理类。即 DSP 基本运算模块，包括快速加法器、快速乘法器、FIR 滤波器和 FFT 等，这些参数化的模块均针对 Altera FPGA 的结构做了充分的优化。

● 图像处理类。Altera 为数字视频处理所提供的包括压缩和过滤等应用模块，均针对 Altera 器件内置存储器的结构进行了优化，包括离散余弦变换和 JPEG 压缩等。

● 通信类。包括信道编解码、Viterbi 编解码和 Turbo 编解码等模块，还能够提供软件无线电中的应用模块，如快速傅里叶变换和数字调制解调器等。在网络通信方面也提供了诸多选择，从交换机到路由器、从桥接器到终端适配器，均提供了一些应用模块。

● 接口类。包括 PCI、USB、CAN 等总线接口，SDRAM 控制器、IEEE1394 等标准接口。其中 PCI 总线包括 64 位、66MHz 的 PCI 总线和 32 位、33MHz 的 PCI 总线等几种方案。

● 处理器及外围功能模块。包括嵌入式微处理器、CPU 核、Nios II 核、UART 和中断控制器等。此外还有编码器、加法器、锁存器、寄存器和各类 FIFO 等 IP。

2.6.2 Lattice 公司的 PLD 器件

Lattice 是最早推出 PLD 的公司。Lattice 公司的 CPLD 产品主要有 ispLSI、ispMACH 等系列。20 世纪 90 年代以来，Lattice 发明了 ISP（in-system programmability）下载方式，并将电可擦写存储器技术与 ISP 相结合，使 CPLD 的应用领域有了巨大的扩展。

ispLSI 系列器件是 Lattice 公司于 20 世纪 90 年代以来推出的大规模可编程逻辑器件，集成度为 1000～60000 门。

iCE40 系列移动 FPGA 专为大批量移动和物联网边缘应用设计，采用低功耗 FPGA 架构，获得集成的 DSP 以及大容量 RAM 块带来的优势，尺寸超小，功能全面。

MachXO 系列非易失性无限重构可编程逻辑器件是为传统上用 CPLD 或低密度的 FPGA 实现的应用而设计的。

ispMACH 4000 系列 CPLD 器件有 3.3V、2.5V 和 1.8V 三种供电电压，分别属于 ispMACH 4000V、ispMACH 4000B 和 ispMACH 4000C 器件系列。

Lattice SC/M（系统芯片/MACO）FPGA 系列是 Lattice 的高性能 FPGA 系列，集成了一个高性能的 FPGA 结构，其中包括：3.8Gbps SERDES 和 PCS，2Gbps 并行 I/O，低功耗的 1V Vcc 功能选择，大型的嵌入式 RAM，以及嵌入式 ASIC 块。

ECP 系列器件是 Lattice 的 FPGA 系列，有 ECP5、ECP5-5G、ECP3、ECP2 等子系列，提供低成本的 FPGA 解决方案。在 ECP 系列器件中还嵌入了 DSP 模块。

2.6.3 Xilinx 公司的 PLD 器件

Xilinx 公司在 1985 年首次推出了 FPGA，随后不断推出新的集成度更高、速度更快、价格更低、功耗更小的 FPGA 器件系列。Xilinx 以 CoolRunner、XC9500XL 系列为代表的 CPLD，以及以 Virtex、Kintex、Aritex、Spartan 系列（按性能由高到低排序）为代表的 FPGA 器件。还有以 Zynq 系列为代表的内嵌 ARM Cortex-A 处理器的 SOC 系列。

若把 FPGA 器件系列按照工艺节点可区分如下：

● 28nm 工艺，器件系列有 Virtex 7 系列、Kintex 7 系列、Aritex 7 系列和 Spantan 7 系列，这些系列均具有内嵌存储器、DSP 模块等内嵌功能模块，但对于高速收发器只有 Spantan 7 系列不具有。

● 20nm 工艺，器件系列有 Virtex UltraScale 系列和 Kintex UltraScale 系列。

● 16nm 工艺，器件系列有 Virtex UltraScale+系列和 Kintex UltraScale+系列。

一般意义上，Virtex 对应 Intel 的 Stratix 系列，Kintex 对应 Intel 的 Arria 系列，Aritex 系列对应 Intel 的 Cyclone GX 系列，而 Spantan 系列对应 Intel 的 Cyclone E 系列。对于 SOC 和 MPSOC 系列器件，Xilinx 提供 Zynq 7000、Zynq 7000S、Zynq UltraScale 和 Zynq UltraScale+系列，这些系列性能从低到高排列，嵌入的 ARM 核有单核 Cortex-A9、双核 Cortex-A9、双核 Cortex-A53 和四核 Cortex-A53。

2.6.4 MicroChip（原 MicroSemi）公司的 PLD 器件

MicroChip/MicroSemi 公司的 FPGA 部分采用了反熔丝结构，可以应用于航空航天、军事领域。另外一些 FPGA 采用了 Flash 工艺制造。常用 MicroChip/MicroSemi 的可编程器件系列有：

● 低功耗 Flash 型 FPGA：IGLOO2 系列。
● 低成本 FPGA：Polar Fire 系列。
● 混合信号 SOC FPGA：Smart Fusion 2 系列，带有 Cortex-M3 内核。
● 耐辐射器件：RTG4 系列。
● 反熔丝器件：Axcelerator、SX-A、eX、MX 系列。

MicroChip/MicroSemi 的部分 Flash 型 FPGA 支持 Cortex-M1、ARM7\LEON3 等软核处理器。

2.6.5 Intel 公司的 FPGA 配置方式与配置器件

Intel 公司的 FPGA 器件有两类配置下载方式：主动配置方式和被动配置方式。主动配置方式由 FPGA 器件引导配置操作过程，它控制着外部存储器和初始化过程，而被动配置方式则由外部计算机或控制器控制配置过程。FPGA 在正常工作时，它的配置数据（下载进去的逻辑信息）存储在 SRAM 中。由于 SRAM 的易失性，每次加电时，配置数据都必须重新下载。在普通实验系统或评估系统中，通常用计算机或控制器进行调试，因此可以使用被动配置方式。而实用系统中，多数情况下必须由 FPGA 主动引导配置操作过程，这时 FPGA 将主动从外围专用存储芯片中获得配置数据，而此芯片中的 FPGA 配置信息是用普通编程器将设计所得的 POF 格式的文件烧录进去的。

Intel 的配置器件有 EPCS 系列和 EPCQ 系列，都采用主动配置方式，EPCS 系列配置器件支持 Intel 大部分 FPGA 器件，而 EPCQ 系列配置器件在配置速度上高于 EPCS 系列，但只支持较新的 FPGA 器件。

2.6.6 国产 FPGA 器件

近年来，国内也出现了多家 FPGA 厂商，但规模都比较小，民用 FPGA 器件厂商有广东高云（GoWin）、上海遨格芯微（AGM）、北京京微雅格（CME）。其主要产品有：

- 高云 GW2A 系列 FPGA 产品是晨熙家族第一代产品，采用 55nm 工艺，内部具有高性能的 DSP 资源，高速 LVDS 接口以及丰富的 BSRAM 存储器资源，是低功耗、低成本、瞬时启动、高安全性的非易失性 FPGA。
- 遨格芯微 AG 系列 FPGA 器件，有单 FPGA、MCU+FPGA、MCU+FPGA+SDRAM 多个版本，其中 MCU 采用 ARM Cortex-M。
- 京微雅格 CME-M7（华山）系列产品，集成了主流的 ARM Cortex-M3 内核和高性能 FPGA。CME-M0（泰山）系列产品，是一款集成了增强型 8051 处理器硬核和 FPGA 等资源于一体的智能型器件，能够实现完全可定制系统设计和 IP 保护能力。

这些国产 FPGA 都配有自有的 FPGA 集成开发软件，但其中的综合器、仿真器往往采用国外 EDA 软件公司的产品。

2.7 CPLD/FPGA 的编程与配置

在大规模可编程逻辑器件出现以前，人们在设计数字系统时，把器件焊接在电路板上是设计的最后一个步骤。当设计存在问题并得到解决后，设计者往往不得不重新设计印制电路板。设计周期被无谓地延长了，设计效率也很低。CPLD、FPGA 的出现改变了这一切。现在，人们在逻辑设计时可以在未设计具体电路时，就把 CPLD、FPGA 焊接在印制电路板上，然后在设计调试时可以一次又一次随心所欲地改变整个电路的硬件逻辑关系，而不必改变电路板的结构。这一切都有赖于 CPLD、FPGA 的在系统下载或重新配置功能。目前常见的大规模可编程逻辑器件的编程工艺有三种：

（1）基于电可擦除存储单元的 EEPROM 或 Flash 技术。CPLD 一般使用此技术进行编程。CPLD 被编程后改变了电可擦除存储单元中的信息，掉电后可保存。某些 FPGA 也采用 Flash 工艺，如 Actel 的 ProASIC plus 系列 FPGA、Lattice 的 LatticeXP 系列 FPGA。

（2）基于 SRAM 查找表的编程单元。对该类器件，编程信息是保存在 SRAM 中的，SRAM 在掉电后编程信息立即丢失，在下次上电后，还需要重新载入编程信息。因此该类器件的编程一般称为配置。大部分 FPGA 采用该种编程工艺。

（3）基于一次性可编程反熔丝编程单元。Actel 的部分 FPGA 采用此种结构。

电可擦除编程工艺的优点是编程后信息不会因掉电而丢失，但编程次数有限，编程的速度不快。对于 SRAM 型 FPGA 来说，配置次数为无限，在加电时可随时更改逻辑，但掉电后芯片中的信息即丢失，下载信息的保密性也不如前者。CPLD 编程和 FPGA 配置可以使用专用的编程设备，也可以使用下载电缆。如 Altera 的 USB-Blaster。下载电缆编程口与 Altera 器件的接口一般是 10 芯的接口，连接信号如表 2-2 所示。

表 2-2 各引脚信号名称

引脚	1	2	3	4	5	6	7	8	9	10
JTAG 模式	TCK	GND	TDO	VCC	TMS	—	—	—	TDI	GND

2.7.1 CPLD 在系统编程

在系统可编程（ISP）就是当系统上电并正常工作时，计算机通过系统中的 CPLD 拥有的 ISP 接口直接对其进行编程，器件在编程后立即进入正常工作状态。这种 CPLD 编程方式的出现，改变了传统的使用专用编程器编程方法的诸多不便。图 2-40 是 Altera CPLD 器件的 ISP 编程连接图，其中 ByteBlaster 与计算机并口相连。当然也可以用通过 USB 口的编程下载器 USB-Blaster，它与 CPLD 的编程接口，与 ByteBlaster 相同（即与图 2-40 所示相同）。

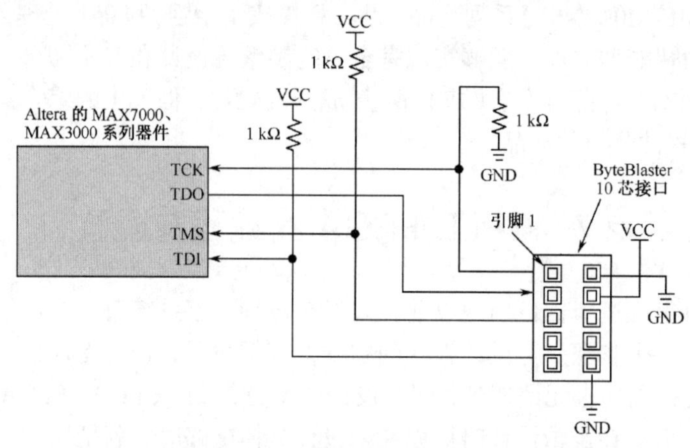

图 2-40 CPLD 编程下载连接图

必须指出，Altera 的 MAX7000、MAX3000A 系列 CPLD 是采用 IEEE 1149.1 JTAG 接口方式对器件进行在系统编程的，在图 2-40 中与 ByteBlaster/USB-Blaster 的 10 芯接口相连的是 TCK、TDO、TMS 和 TDI 这四条 JTAG 信号线。JTAG 接口本来是用作边界扫描测试的，把它用作编程则可以省去专用的编程接口，减少系统的引出线。由于 JTAG 是工业标准的 IEEE 1149.1 边界扫描测试的访问接口，用作编程功能有利于各可编程逻辑器件编程接口的统一。据此便产生了 IEEE 编程标准 IEEE 1532，以对 JTAG 编程方式进行标准化。

2.7.2 FPGA 配置方式

对于基于 SRAM LUT 结构的非易失 FPGA，由于是易失性器件，没有 ISP 的概念，代之以 ICR（in-circuit reconfigurability），即在线可重配置方式。FPGA 特殊的结构使之需要在上电后必须进行一次配置。电路可重配置是指允许在器件已经配置好的情况下进行重新配置，以改变电路逻辑结构和功能。在利用 FPGA 进行设计时可以利用 FPGA 的 ICR 特性，通过连接 PC 机的下载电缆快速地下载设计文件至 FPGA 进行硬件验证。Intel 的 SRAM LUT 结构的器件中，FPGA 可使用多种配置模式，这些模式通过 FPGA 上的模式选择引脚 MSEL（在 Cyclone 3E/4E/10LP 上有四个 MSEL 信号）上设定的电平来决定：

（1）配置器件模式，如用 EPCS、EPCQ 器件进行配置。

（2）PS（passive serial，被动串行）模式：MSEL 都为 0。

（3）PPS（passive parallel synchronous，被动并行同步）模式。

（4）PPA（passive parallel asynchronous，被动并行异步）模式。

（5）PSA（passive serial asynchronous，被动串行异步）模式。

（6）JTAG 模式：MSEL 都为 0。

（7）AS（active serial，主动串行）模式。

通常，在电路调试的时候，使用 PC 的 USB 接口使用 USB-Blaster 进行 FPGA 配置（图 2-41）。但要注意 MSEL 上电平的选择，要都设置为 0，才能用 JTAG 进行配置。

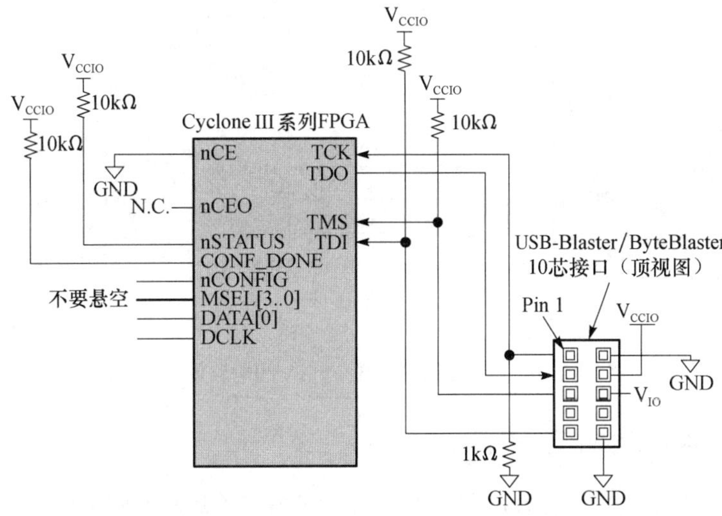

图 2-41　JTAG 在线配置 FPGA 的电路（此图同样适用于 Cyclone 4E 和 Cyclone 5 等）

2.7.3　FPGA 专用配置器件

通过 PC 机对 FPGA 进行 ICR 在系统重配置，虽然在调试时非常方便，但当数字系统设计完毕需要正式投入使用时，在应用现场（比如车间）不可能在 FPGA 每次加电后，用一台 PC 手动地去进行配置。上电后，自动加载配置对于 FPGA 应用来说是必需的。FPGA 上电自动配置，有许多解决方法，比如用 EPROM 配置、用专用配置器件配置、用单片机控制配置或用 CPLD 控制配置等。这里首先介绍使用专用配置芯片进行配置。专用配置器件通常是串行的 PROM 器件。

在实际应用中，常常希望能随时更新其中的内容，但又不希望再把配置器件从电路板上取下来编程。Intel 的可重复编程配置器件，如 EPCS1、EPCS4、EPCS16、EPCS128 等就提供了在系统编程的能力。EPCS 系列配置器件本身的编程通过 AS 直接或 JTAG 口间接完成。而 FPGA 的配置既可由 USB-Blaster 或 USB-Blaster II 来配置，也可用 EPCS 器件来配置，这时 USB-Blaster 接口的任务是对 EPCS 进行 ISP 方式编程下载。

对于 Cyclone 1/2/3/4/5/10LP 系列 FPGA，通常使用 EPCS 系列配置器件进行配置。EPCS 系列配置器件需要使用 AS 模式或 JTAG 间接编程模式来编程。图 2-42 是 EPCS 系列器件与 Cyclone 1/2/3/4/5/10LP FPGA 构成的配置电路原理图（Cyclone III 即第三代 Cyclone 器件）。图 2-42 电路也同样适用于 Cyclone 4、Cyclone 5 和 Cyclone 10LP 系列。

对于 Stratix 10、Arria 10、Cyclone 10GX 系列 FPGA，可以使用 EPCQ 系列串行配置器件。EPCQ 器件其实是 QSPI Flash 器件（4bit SPI），而 EPCS 是 1bit 的 SPI Flash 器

件，前者比后者有更快的配置速度，适合应用于新的大容量的 FPGA 上。

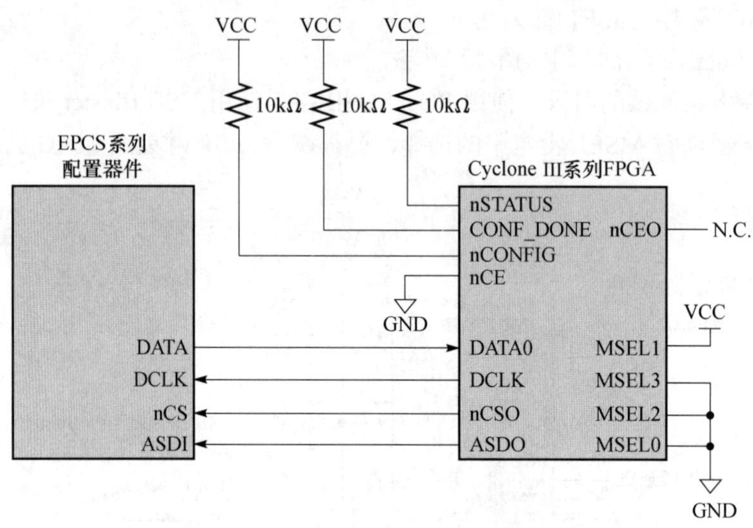

图 2-42　EPCS 器件配置 FPGA 的电路原理图

2.7.4　使用单片机配置 FPGA

在 FPGA 实际应用中，设计的保密和设计的可升级（甚至实时升级）是十分重要的。用单片机或 CPLD 器件来配置 FPGA 可以较好地解决上述两个问题。

PS 模式可利用 PC 机通过 USB-Blaster 对 Altera 器件应用 ICR，这在 FPGA 的设计调试时是经常使用的。图 2-43 是 FPGA 的 PS 模式配置时序图，图中标出了 FPGA 器件的三种工作状态：配置状态、用户模式（正常工作状态）和初始化状态。配置状态是指 FPGA 正在配置的状态，用户 I/O 全部处于高阻态；用户模式是指 FPGA 器件已得到配置，并处于正常工作状态，用户 I/O 在正常工作；初始化状态指配置已经完成，但 FPGA 器件内部资源如寄存器还未复位完成，逻辑电路还未进入正常状态。

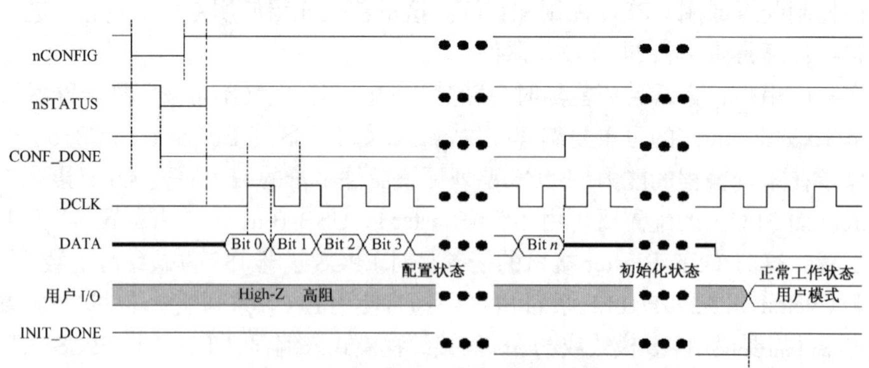

图 2-43　PS 模式的 FPGA 配置时序

对此，Altera 的基于 SRAM LUT 的 FPGA 提供了多种配置模式。除以上多次提及的 PS 模式可以用单片机配置外，PPS 被动并行同步模式、PSA 被动串行异步模式、PPA 被动并行异步模式和 JTAG 模式都适用于单片机配置。

用单片机配置 FPGA 器件，很容易产生合适的时序。图 2-44 就是一个典型的应用示例。图中的单片机采用常见的 89S52 或者 STM32MCU，配置模式选为 PS 模式。也可把电路设计成无线接收模块，从而实现系统的无线升级。但是用单片机进行配置的缺点是：①配置速度慢，不适用于大规模 FPGA 应用；②容量小，单片机不适合接大的 ROM 以存储较大的配置文件；③体积大，成本和功耗高。因此，如果用 CPLD 取代单片机将是一个好的选择，原来单片机中的配置控制程序可以用状态机来取代，这样就能全面解决单片机配置存在的问题。当然这里的单片机也可以换用非易失 FPGA 器件（比如 MAX10 器件），也可以采用 PPS 配置模式，可以具有更快的配置速度，同时也支持多种配置镜像文件。

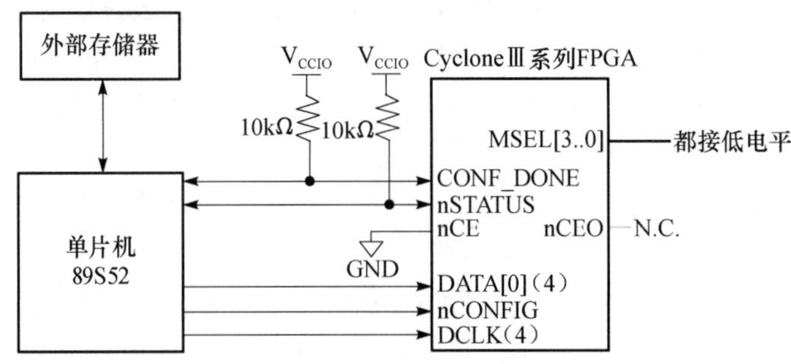

图 2-44　用 89S52 单片机进行配置

利用单片机或 CPLD 对 FPGA 进行配置的主要目的是可以将 FPGA 系统设计成可随时实现系统硬件重构更新的产品。如可对多家厂商的单片机进行仿真的仿真器设计、多功能虚拟仪器设计、多任务通信设备设计或 EDA 实验系统设计等。方法是在图 2-44 中的 ROM 内按不同地址放置多个针对不同功能要求设计好的 FPGA 的配置文件，然后由单片机接受不同的命令，以选择不同的地址控制，从而使所需要的配置文件下载于 FPGA 中。这就是“多任务电路结构重配置”技术，这种设计方式可以极大地提高电路系统的硬件功能灵活性。因为从表面上看，同一电路系统没有发生任何外在结构上的改变，但通过来自外部不同的命令信号，系统内部将对应的配置信息加载于系统中的 FPGA，电路系统的结构和功能将在瞬间发生巨大的改变，从而使单一电路系统具备许多不同硬件电路的功能。

习　　题

2-1　OLMC 有何功能？说明 GAL 是怎样实现可编程组合电路与时序电路的。

2-2　什么是基于乘积项的可编程逻辑结构？什么是基于查找表的可编程逻辑结构？

2-3　解释编程与配置这两个概念。

2-4　请参阅相关资料，并回答问题：按本章给出的归类方式，将基于乘积项的可编程逻辑结构的 PLD 器件归类为 CPLD；将基于查找表的可编程逻辑结构的 PLD 器件归类为 FPGA，那么，Cyclone 10 LP 系列属于什么类型的 PLD 器件？MAX 10 系列又属于什么类型的 PLD 器件？为什么？

第 3 章　组合电路的 Verilog 设计

本章首先给出数则读者熟知的简单而典型的组合电路实例，作为探讨其性能特点和设计方法的情景（episode）。然后针对此情景的具体对象，给出对应的 Verilog 表述，并对表述中出现的语句含义作详细的解释，力图使读者能从整体上和实用角度把握 Verilog 与电路情景的对应关系，以及程序的基本结构、表述特点和设计方法，达到快速入门的目的，以便在下一章中即能将学到的知识在 Quartus 和 FPGA 平台上加以验证和自主发挥，巩固学习效果，提高学习兴趣，强化理论与工程实际的结合。这是一种有别于计算机语言传统学习流程的“倒叙”方法。即不是首先花大量时间完整地学习 Verilog 后再去讨论如何用此语言来设计电路，而是通过数则简明的电路引出对应的 Verilog 表述；这时的 HDL 表述和读者熟悉的对应的电路就有了十分具体和直观的对应关系，通过这种对应比较的关系，就能迅速掌握 Verilog 的实用编程和设计技术。

3.1　半加器电路的 Verilog 描述

在数字电路中，半加器具备了组合逻辑电路的简单性和典型性的特征。这里首先以此电路模块来考察其对应的 Verilog 表述及其设计，从而引出相关的 Verilog 基本结构、语句表述、数据特点和语法规则的说明和讨论，使读者能够借此快速了解使用 Verilog 进行组合电路描述的关键语法内容、规则和基本设计方法。

半加器（假设此模块的器件名是 h_adder）的电路原理图如图 3-1 所示，半加器对应的逻辑真值表如图 3-2 所示。此电路模块由两个基本逻辑门元件构成，即与门和异或门。图中的 A 和 B 是加数和被加数的数据输入端口；SO 是和值的数据输出端口；CO 则是进位数据的输出端口。根据图 3-1 的电路结构，很容易获得半加器的逻辑表述，即

$$SO = A \oplus B\text{；}\ CO = A \cdot B$$

图 3-3 是此半加器电路的时序波形，它反映了此模块的逻辑功能。可以认为，半加器模块与图 3-3 的功能表述具有唯一对应关系，而图 3-1 的电路结构表述却没有唯一性。即对于既定的电路功能描述，对应的电路结构并不是唯一的，它可以对应不同的电路构建方式，这取决于 Verilog 综合器的基本元件库的来源、优化方向和约束的选择，以及目标器件，如 FPGA 的结构特点等。其实在基于 EDA 的数字系统设计中更注重最终完成的电路的功能和性能（包括系统速度、资源利用率等）而非电路构建的形式。

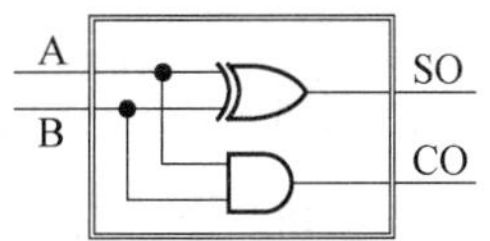

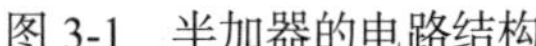

图 3-1　半加器的电路结构

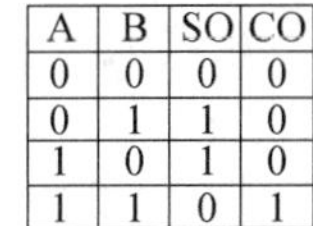

A	B	SO	CO
0	0	0	0
0	1	1	0
1	0	1	0
1	1	0	1

图 3-2　半加器的真值表

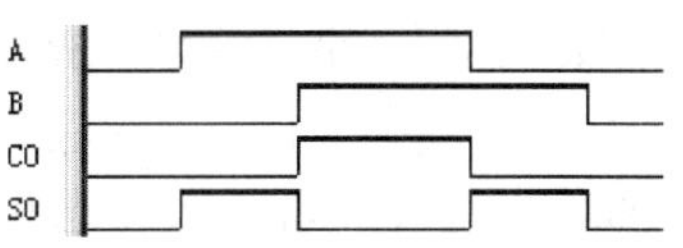

图 3-3　半加器电路的时序波形

根据以上的叙述和讨论，可以给出如例 3-1 所示的半加器电路模块的 Verilog 完整描述之一。此描述展示了可综合的 Verilog 程序的模块结构。对于此程序，可使用 Verilog 综合器直接综合出实现此模块功能的逻辑电路。

【例 3-1】

```
module h_adder (A,B,SO,CO) ;
    input A,B;
    output SO,CO;
    assign SO = A ^ B;   //将变量A和B执行异或逻辑后将结果赋给输出信号SO
    assign CO = A & B;   //将变量A和B执行与逻辑后将结果赋给输出信号CO
endmodule
```

由例 3-1 可见，此电路的 Verilog 描述由如下三个部分组成：

（1）以 Verilog 语言的关键词 module_endmodule 引导的完整的电路模块或称“模块”的描述。模块对应着硬件电路上的逻辑实体（instance，也称实例）。

关键词 module 与 endmodule 就像一个括号，任何一个功能模块的描述都必须放在此“括号”中；module 旁的标识符 h_adder 是设计者为其设计的电路模块所取的名称，也可称为“模块名”；模块名 h_adder 右边的括号及其内容称为“端口表”，括号中的内容就是此模块的所有端口信号名。

（2）以 input 和 output 等关键词引导的对模块的外部端口描述的语句。这些语句描述电路器件的端口状况及信号的性质，如信号流动的方向和信号的数据类型等。

（3）以关键词 assign 引导的赋值语句。用于描述模块的逻辑功能和电路结构。

一般而言，这三部分内容是 Verilog 完整程序结构的基本组成。

以下将对例 3-1 中出现的相关语句结构和语法含义作出说明。这些内容包含了 Verilog 对组合电路描述和设计的最基本与核心的语法知识。

1．模块语句及其表达方式

上面谈到一个电路模块是以 Verilog 的关键词 module_endmodule 引导的。Verilog 完整的、可综合的程序结构能够全面地表达一个电路模块，或一片专用集成电路 ASIC 的端口结构和电路功能，即无论是一片 74LS138 还是一个 CPU，都必须包含在模块描述语句 module_endmodule 中。模块语句的一般格式如下：

```
module  模块名 （模块端口名表）;
   模块端口和模块功能描述
endmodule
```

此表达格式说明，任一可综合的最基本的模块都必须以关键词 module 开头；在

module 右侧（空一格或多格）是模块名。模块名属于标识符，具体取名由设计者自定。由于模块名实际上表达的应该是当前设计电路的器件名，所以最好根据相应电路的功能来命名。如半加器，模块名可用 h_adder；4 位二进制计数器，可用 counter4b 命名；8 位二进制加法器，则可取名为 ADDER8B 等。但应注意，不应用数字或中文定义模块名，也不应用与 EDA 软件工具库中已定义好的关键词或元件名作为模块名，如 or2、latch 等，且不能用数字起头的模块名，如 74LS160。

模块名右侧的括号称为模块端口列表，其中须列出此模块的所有输入、输出或双向端口名；端口名间用逗号分开，右侧括号外加分号。端口名也属标识符。

endmodule 是模块结束语句，旁边不加任何标点符号。对模块端口和功能的描述语句都必须放在模块语句 module_endmodule 之间。

2．端口语句、端口信号名和端口模式

端口或端口信号是模块与外部电路连接的通道，这如同一个芯片必须有外部引脚一样，必须具有输入输出或双向口等引脚，以便与外部电路交换信息。

除了用于 Verilog 直接仿真（用 Test Bench 程序进行仿真）的测试模块中不需要定义端口外，所有 module 模块中都必须定义端口。

通常，紧跟于 module 语句下面的是端口语句和端口信号名，它们将对 module 旁的端口列表中的所有端口名作更详细更具体的说明。

端口定义关键词有三种：input、output、inout。端口定义语句的一般格式如下：

```
input  端口名1,端口名2,... ;
output  端口名1,端口名2,... ;
inout  端口名1,端口名2,... ;
input [msb : lsb]  端口名1,端口名2,... ;
```

端口关键词旁的端口名可以有多个，端口名间用逗号分开，最后加分号。在例 3-1 的描述中，用 input 和 output 分别定义端口 A、B 为信号输入端口，SO、CO 为信号输出端口，都属于单逻辑位或标量位。对于“位（bit）”，也有直接翻成“比特”的。

如果要描述一个多信号端口或总线端口，则必须使用以上最后一种端口描述方法。此句是端口信号的逻辑矢量位表达方式，其中的 msb 和 lsb 分别是信号矢量的最高和最低位数。例如 4 位信号矢量 C、D 可定义为

```
output [3:0] C,D;
```

表示定义了两个 4 位位宽的矢量或总线端口信号 C[3:0]、D[3:0]。例如对于 C[3:0]，等同定义了四个单个位的输出信号，它们分别是 C[3]、C[2]、C[1]、C[0]。

Verilog 的端口模式有如下三种，用于定义端口上数据的流动方向和方式。

（1）input：输入端口。定义的通道为单向只读模式，即规定数据只能由此端口被读入模块实体中。

（2）output：输出端口。定义的通道为单向输出模式，即规定数据只能通过此端口从模块实体向外流出，或者说可以将模块中的数据向此端口赋值。

（3）inout：双向端口。定义的通道确定为输入输出双向端口，即从端口的内部看，

可以对此端口进行赋值，或通过此端口读入外部的数据信息；而从端口的外部看，信号既可由此端口流出，也可向此端口输入信号，如 RAM 的数据口、单片机的 I/O 口等。

3．逻辑操作符

例 3-1 中出现了两种逻辑操作符，逻辑与“&”和逻辑异或“^”。这是 Verilog 中常用的针对位的基本逻辑操作符号，后文中将对此给予详细说明。

4．连续赋值语句

例 3-1 采用的由 assign 引导的纯布尔代数的表达方式，习惯上称为数据流描述方式。而这种描述方式通常使用此类连续赋值语句来描述输入输出间的逻辑关系。

连续赋值语句的基本格式如下：

```
assign  目标变量名 = 驱动表达式;
```

其中 assign 是连续赋值命名的关键词。由 assign 引导的赋值语句的执行方式是，当等号右侧的驱动表达式中的任一信号变量发生变化时，此表达式即被计算一遍，并将获得的数据立即赋给等号左侧的变量名所标示的目标变量。

在这里，驱动的含义就是强调这一表达式的本质是对于目标变量的激励源或赋值源，它为左侧的目标变量提供运算操作后的结果。

Verilog 语言中描述逻辑功能和电路结构的语句实际上可以分为顺序执行特征的语句和并行执行特征的语句两类。前者的执行方式类似于普通软件语言的程序执行方式，是按照语句的前后排列方式逐条顺序执行的；而对于并行语句，无论有多少行语句，都是同时执行的，与语句的前后次序无关。以关键词 assign 引导的赋值语句实际上属于并行赋值语句，即在模块 module_endmodule 中所有的由 assign 引导的语句都是并行运行的。显然，例 3-1 中的两条 assign 语句是同时执行的，当然这要假设这两条语句中的变量同时发生变化才有可能；即这两条语句右边的逻辑表达式同时被运算，运算结果同时分别赋值于左边的输出信号 SO 和 CO。

此语句更一般的表述如下：

```
assign [延时] 目标变量名 = 驱动表达式;
```

即多了一个延时表述。方括号只是表示，括号中的内容是可以选择使用的。如果选择加入“延时”内容，则表示在任何时刻，当此语句等式右侧的“驱动表达式”中任一变量发生变化时即计算出此表达式的值，而此值经过指定的延时时间后再被赋值给左侧的目标变量。当然，这个延时值在综合器中是被忽略的，不参与综合。如以下语句：

```
`timescale 10ns/100ps
assign #6 R1 = A & B;
```

第二句表示当右侧表达式中的 A 或 B 中任一变量发生变化后，即刻算出变化后的值，但需要等待 6 个时间单元之后才将运算结果赋值给左侧的目标变量 R1。这个延时称为惯性延时。而时间单元的大小则由上一语句的关键词“`timescale”在编译时指定。此句表示，仿真的基本时间单元是 10ns，仿真时间的精度是 100ps。在这个时间划分单元下，语句“assign #6 R1 = A & B”在执行后，一旦计算出 A & B 的值，还要再等待 6 个时间单元，也就是 60ns 后才将此值赋给 R1。需要注意的是，在 timescale 前的符号是反单引号（`），而不是单引号（'）。

5．关键字

关键字（key word，或称关键词）是指 Verilog 语言预先定义好的有特殊含义的英文词语。Verilog 程序设计者不允许用这些关键字命名自用的对象，或用来作标识符。如例 3-1 出现的 input、output、module、assign 等都是关键词。对于关键词，与 VHDL 很不一样，Verilog 规定所有关键词必须小写，如 INPUT、MODULE 都不是关键词。由于现在的多数 Verilog 代码编辑器，包括 Quartus 的编辑器，都是关键字敏感型的（即会以特定颜色显示），所以在专用编辑器上编辑程序通常不会误用关键字，但却要注意，也不要误将 EDA 软件工具库中已定义好的关键词或元件名当作普通标识符来用。

6．标识符

标识符（identifier）是设计者在 Verilog 程序中自定义的，用于标识不同名称的词语。例如用作模块名、信号名、端口名等，如例 3-1 中出现过的 h_adder、A、SO 等。此外，标识符是分大小写的，即对大小写敏感，就是说在 Verilog 程序中相同名称不同大小写的文字代表不同的标识符。

7．注释符号

例 3-1 中使用了注释符号“//”，可用于隔离程序，添加程序说明文字。因此注释符号“//”后的文字仅仅是为了使对应的数据或语句更容易被看懂，它们本身没有功能含义，也不参加逻辑综合。Verilog 中有两类注释符号。符号“//”后的注释文字只能放在同一行；而另一注释符号 /* . . .*/ 则像一个括号，只要文字在此“括号”中就可以换行，因此可以连续放更多行的注释文字。

8．规范的程序书写格式

尽管 Verilog 程序书写格式要求十分宽松，可以在一行写多条语句，或分行书写，但良好规范的 Verilog 源代码书写习惯是高效的电路设计者所必备的。规范的书写格式能使自己或他人更容易阅读和检查错误。如例 3-1 的书写格式：最顶层的 module_endmodule 模块描述语句放在最左侧，比它低一层次的描述语句则向右靠一个 Tab 键距离，即四个小写字母的间隔。同一语句的关键词要对齐，如 module_endmodule、table_endtable、begin_end 等。需要说明的是，为在书中纳入更多的内容而节省篇幅，此后的多数程序都未能严格按照此规范来书写。

9．文件取名和存盘

当编辑好 Verilog 程序代码后，需要保存文件时，必须赋给一个正确的文件名。对于多数 Verilog 综合器，文件名可以由设计者任意给定，文件后缀扩展名必须是“.v”，如 h_adder.v 等。但考虑到某些 EDA 软件的限制、Verilog 程序的特点，以及调用的方便性，建议程序的文件名与该程序的模块名一致。对于 Quartus，尤其必须满足这一规定！还要注意文件取名的大小写也是敏感的，即存盘的文件名与此文件程序的模块名的大小写必须一致。如例 3-1 的存盘文件名必须是 h_adder.v，而不能是 H_ADDER.v。文件名也不应该用中文或数字来命名。还应注意，进入工程设计的 Verilog 程序必须存入某文件夹中，不要存在根目录内或桌面上。

3.2　多路选择器的 Verilog 描述

本节通过使用 Verilog 不同的表述方式来描述同一逻辑模块，即 4 选 1 多路选择器，从而引出许多新的且十分重要的 Verilog 语法知识和编程要点，这有助于读者加速掌握 Verilog 对于组合电路描述的核心语法规则和基本设计方法。

3.2.1　4 选 1 多路选择器及 case 语句表述方式

4 选 1 多路选择器的电路模型或元件图如图 3-4 所示，图中，a、b、c、d 是四个输入端口；s1 和 s0 为通道选择控制信号端，y 为输出端；当 s1 和 s0 取值分别为 00、01、10 和 11 时，输出端 y 将分别输出来自输入口 a、b、c、d 的数据。图 3-5 是此模块（设此模块名是 MUX41a）电路的时序波形。图中显示，当 a、b、c、d 四个输入口分别输入不同频率信号时，针对选通控制端 s1、s0 的不同电平选择，则输出端 y 有对应的信号输出。例如当 s1 和 s0 都为低电平时，y 口输出了来自 a 端的最高频率的时钟信号。图中的 S 是选通信号 s1 和 s0 的矢量或总线表达信号，它可以在仿真激励文件中设置。

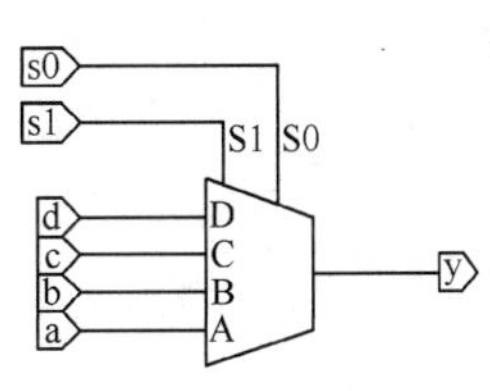

图 3-4　4 选 1 多路选择器

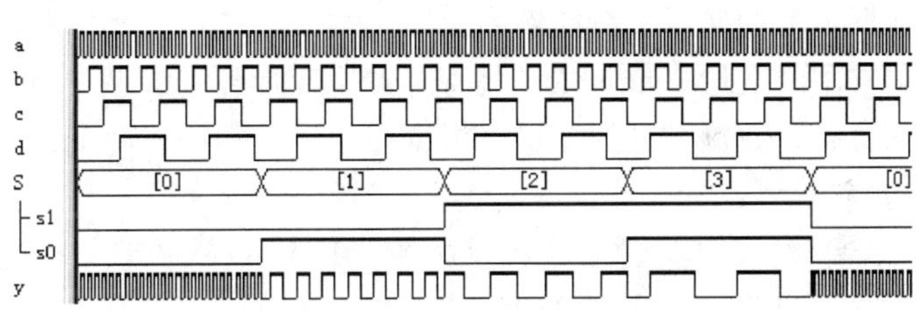

图 3-5　4 选 1 多路选择器 MUX41a 的时序波形

根据此电路的功能要求，可得到相应的逻辑描述。例 3-2 给出了此电路模块的 Verilog 完整描述，对于此描述可用 Verilog 综合器直接综合出实现此模块功能的逻辑电路。

例 3-2 给出了清晰的 Verilog 程序结构的说明，与例 3-1 相比，除了包含以关键词 module_endmodule 引导的电路模块定义语句和以 input 和 output 引导的对模块的外部端口的描述语句外，还包含以下五方面新的语句结构和表述方式：

（1）以 reg 关键词定义的模块内相关信号的特性和数据类型。

（2）以 always 关键词引导的对模块逻辑功能描述的顺序语句。

（3）以 case_endcase 引导的多条件分支赋值语句。

（4）以 begin_end 引导的顺序块语句。

（5）Verilog 数据并位及数据表达方式。

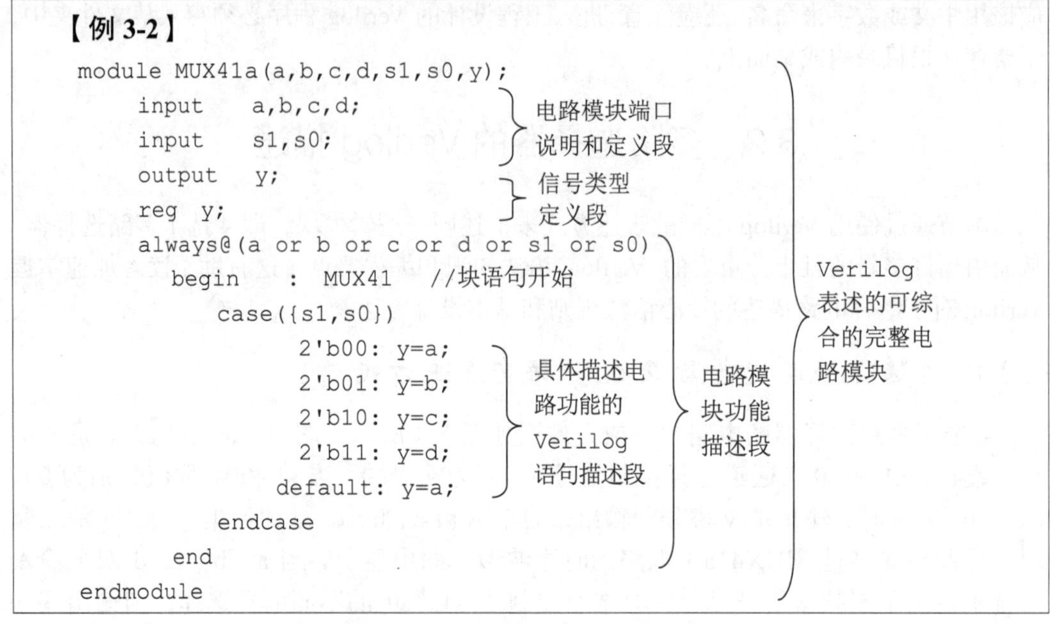

以下将对例 3-2 中出现的新的语句结构、语法含义和使用方法作出说明。

1．reg 型变量定义

例 3-2 中的关键词 reg 主要用于定义特定类型的变量，即寄存器型变量或称寄存器型数据类型的变量。在此例中，输出端口 y 被定义为寄存器型（register）变量。Verilog 中最常用的变量（variable）是寄存器型变量和网线型（net，也称线性变量，即电路连接线的意思）数据类型的变量。根据在程序中的描述情况，这些变量分别对应不同的电路结构。

对于模块中功能描述涉及的所有信号都必须定义相应的变量类型。如果没有在模块中显式地定义信号的类型，Verilog 综合器都将其默认定义为 wire 型（属于 net 的网线型）。

事实上，根据 Verilog 语法规则，例 3-2 中的所有端口信号都已默认为 wire 类变量的数据类型（属于 net 线性变量），而当需要信号 y 为寄存器类型（或称变量类型）时必须使用关键词 reg 进行显式定义。这是因为被赋值的信号 y 在过程语句 always 引导的语句（具有时序执行特点，习惯上称行为语句）中规定必须是 reg 型变量。

对于例 3-1 的情况，Verilog 规定 assign 赋值语句中，目标信号的类型必须是网线型 wire，而端口信号恰好都默认为 wire 类型，故无须再以显式对 y 重复定义其为 wire 类型了。

注意，用 reg 定义的寄存器型变量并非一定会在 Verilog 程序中映射出时序电路。例如例 3-2 中，y 被定义为寄存器型变量，但由于程序的特定描述，例 3-2 的综合结果是一个纯组合电路模块。这里，定义 reg 类型只是 always 过程语句的需要和语法规则，至于最终究竟综合出组合电路还是时序电路，则取决于过程语句中的描述方式。另外请注意，输入端口信号是不能定义为寄存器型信号类型的。

寄存器型变量的定义格式如下：

```
reg  变量名1，变量名2，... ;
reg  [msb:lsb] 变量名1，变量名2，... ;
```

上一条语句是针对单个位变量的，下一条语句则是针对矢量型变量的。如定义含 8 个一位变量 a[7]...a[0] 的矢量 a[7:0]为寄存器型变量的格式是“reg [7:0] a ;”。

事实上，根据 Verilog-2001 版本，还允许在端口名表中直接对端口变量定义矢量，或者说是总线形式，甚至定义端口的数据类型。这些定义可一并放在端口名表中。

如以下表述，定义输入端口 num 是一个 3 位矢量，定义 en 为一位的输入端口，定义输出端口 seg 是一个寄存器数据类型的 7 位总线。

```
module seg_7 (input[3:0] num, input en,  output reg[6:0] seg);
```

2．过程语句

Verilog 中有两类能引导顺序语句的过程语句，always 在可综合语句中最为常用（另一类过程语句是 initial 语句）。例 3-2 中出现的由 always 引导的过程语句结构是 Verilog 语言中最常用和最重要的可综合语句结构。之所以要称其为某语句结构（或称语句块），是因为它不是一条简单意义上的单独的语句，它总是和其他相关语句一起构成一个满足语法规则的程序块，而过程语句成为这个程序块的引导语句。Verilog 有许多此类语句。

设计模块中的任何顺序语句都必须放在过程语句结构中。过程语句的格式如下：

```
always @ （敏感信号及敏感信号列表或表达式）
         包括块语句的各类顺序语句
```

过程语句首先需用关键词 always 引导，其右侧的括号及括号中所列的信号或表达式都属于敏感信号。通常要求将过程语句中所有的输入信号都放在敏感信号表中。例如例 3-2 中就将所有输入信号列入了敏感信号表。表中的敏感信号表述方式有多种：

（1）用关键词 or 连接所有敏感信号。例 3-2 正是采用了这种表述方式。这是由于敏感表括号中列出的所有信号对于启动过程都是逻辑或的关系，即每当其中任何一个或多个信号发生变化时，都将启动过程语句，执行一遍此结构中的所有程序语句。

（2）按照 Verilog HDL-2001 新的规范，可用逗号区分所有敏感信号。例如可以将例 3-2 的敏感信号表写成（a，b，c，d，s1，s0）。

（3）省略形式。由于目前的 Verilog 主流综合器都默认过程语句中敏感信号表中列全了所有应该被列入的信号，所以即使设计者少列、漏列部分敏感信号，也不会影响综合结果，最多在编译时给出警告信息。所以有时也可干脆不写出具体的敏感信号，而只写成（ * ），或直接写成 always @ * ，这都符合 Verilog HDL-2001 规范。

显然试图通过选择性地列入敏感信号来改变逻辑设计是无效的。

3．块语句 begin_end

例 3-2 中用到了块语句，即由关键词 begin_end 引导的 case 语句结构。块语句 begin_end 本身没有什么功能，仅限于在 always 引导的过程语句结构中使用，通常用它来组合顺序语句块，故也称其为顺序块语句（相对应的是并行块语句，此语句不可综合，只能用于仿真）。begin_end 语句只相当于一个括号，在此“括号”中的语句都被认定归属于同一操作模块。如例 3-2 中的 begin_end 中包含了一个 case 语句结构。

Verilog 规定，若某一语句结构中仅包含一条语句，且无需定义局部变量时，则块语句被默认使用，即无需显式定义块（即使以显示定义后也不认为错）；若含多条语句，也包括含有局部变量定义的单条语句，则必须用 begin_end 的显式结构将它们“括”起来，从而成为一个具有顺序执行特征的逻辑结构。

begin_end 块语句的一般格式如下：

```
begin  [: 块名]
   语句1;语句2;. . . ;语句n;
end
```

以上方括号中的“：块名”可以省略。例 3-2 中的 begin 右侧的“：MUX41”即为块名，可用于注释当前块的特征等。综合时不参加编译，因此也可不加。

其实例 3-2 中的 begin_end 语句是可以不加的，这是因为 case_endcase 语句本身也是一个结构，只能算作一条语句，尽管它表面上包含了多条不同形式的语句描述。

4．case 条件语句

例 3-2 中 case 语句的含义是，当满足 case 右侧括号中的选通信号 s1、s0 分别等于 00、01、10 或 11 时，输入口 a、b、c、d 将相应的信号传送至输出口 y。case 语句属于顺序执行特征的语句（此后将这类语句简称为顺序语句）。

Verilog 有两类条件语句，即 if_else 语句和 case_endcase 语句，它们都属于最常用的可综合顺序语句，因此必须放在过程语句 always 中使用。case 语句是一种多分支语句，它类似真值表直接表述方式的描述，特点是直观、直接和层次清晰。它在电路描述中具有广泛而又独特的应用。case 语句的表述方式有三种，即 case、casez 和 casex 表述的 case 语句。

case 语句的一般格式如下：

```
case （表达式）
   取值1 : begin 语句1; 语句2; ... ; 语句n;    end
   取值2 :  begin 语句n+1; 语句n+2; ... 语句n+m;  end
     ...
   default : begin 语句n+m+1; ... ;  end
endcase
```

当执行到 case 语句时，首先获得或计算出“表达式”中的值，然后根据以下条件句中与之相同的值（如“取值 1”），执行对应的顺序语句（如其后列出的语句 1；语句 2 等），最后结束 case 语句，等待下一次过程的启动。case 语句下的条件句中的冒号“:”不是操作符，它的含义相当于“于是”或 VHDL 中的“THEN”。

case 语句使用中应该注意以下三点：

（1）条件句中的选择值或标识符，即（表达式）中的值必须在 case 以下列出的取值范围内，且数据类型必须匹配。如例 3-2 的 s1、s0 只能对应二进制数。

（2）与 VHDL 不同，Verilog 的 case 语句各分支表达式间未必是并列互斥关系。允许出现多个分支取值同时满足 case 表达式的情况。这种情况下将执行最先满足表达式的分支项，然后跳出 case 语句，不再检测其余分支项目。

（3）除非所有条件句中的选择取值能完整覆盖 case 语句中表达式的取值，否则最末一个条件句中的选择必须加上 default 语句。关键词 default 引导的语句表示本语句完成以上已列的所有条件句中未能列出的其他可能取值的逻辑操作，其含义类似于 if 语句中的 else。但如果以上给出的所有选择条件或数据都涵盖了 case 语句（表达式）中的数据，则可省略 default 语句。从逻辑设计的角度看，使用 default 语句的目的是为了使条件句中的所有选择值能涵盖表达式的所有取值，以免综合器会插入不必要的锁存器。

5．Verilog 的四种逻辑状态

Verilog 中有四种基本数值，或者说 Verilog 描述的任何变量都可能有四种不同逻辑状态的取值：1、0、z 和 x。它们的含义有多个方面：

- 0。含义有四个，即二进制数 0、低电平、逻辑 0、事件为伪的判断结果。
- 1。含义也有四个，即二进制数 1、高电平、逻辑 1、事件为真的判断结果。
- z 或 Z。高阻态，或高阻值。
- x 或 X。不确定，或未知的逻辑状态。x 与 z 大小写都不分。

其实高阻值还可以用问号“？”来表示。但问号“？”还有别的含义和用处，即代表“不关心”的意思，因此可以用问号“？”替代一些位值，以表示在逻辑关系中对这些位不在乎是什么值，以便简化逻辑表述。

由此看来，尽管表面上例 3-2 中，{s1,s0}所有可能的数据都已出现在四条条件语句中了，但仍然推荐加上 default 语句，以免有的综合器会加上不必要的时序模块。因为在更一般的情况下{s1,s0}需考虑取值 z 和 x。

作为 case 语句的对应语句，还有 casez 和 casex 语句。因为当变量取值高阻值 z 和未知值 x 时，需要使用对应的 casez 或 casex 语句。

对于 casez 语句，如果分支取值的某些位是高阻值 z，则这些位的比较就不再考虑，只关注其他位（1 或 0）的比较结果；而 casex 语句则把这种比较方式扩展到对未知值 x 的处理，即若比较双方（语句中表达式的值和取值间）有一方的某些位为 z 或 x，那么这些位的比较就不予以考虑。

说 case 语句属于行为描述语句，是因为它主要是通过对模块所界定的功能和行为，而非具体的电路结构进行表述的。而在传统数字电路设计中，主要是通过对电路的结构，或其间的逻辑关系的描述或组织来实现模块功能的，这就是所谓的结构描述。如通过对基本逻辑元件按不同的连接方式，将获得不同的逻辑功能。显然，基于现代 EDA 技术的行为描述在设计效率等方面具有更高的层次，更适合于大规模系统的描述和设计。至于何种语句属于行为描述语句，目前较多的意见倾向于顺序描述语句。

6．并位操作运算符

例 3-2 中的表达式{s1,s0}，所用的大括号{ }是并位运算符。{ }可以将两个或多个信号按二进制位拼接起来，作为一个数据信号来使用。如例 3-2 的选通信号 s1、s0 的取值范围是二进制数 1 和 0，而若将它们用并位算符拼接起来就得到一个新的信号变量，即位矢{s1, s0}。这时这个新的信号的取值范围是两位二进制数：00、01、10、11。

并位操作符也可以嵌套使用，用于简化某些重复表述，例如：

```
{a1,b1,4{a2,b2}}={a1,b1,{a2,b2},{a2,b2},{a2,b2},{a2,b2}}=
{a1,b1,a2,b2,a2,b2,a2,b2,a2,b2}
```

7．Verilog 的数字表达形式

例 3-2 中的 2'b00 等数据是 Verilog 对二进制数的一种表述方式。

Verilog 中表示一个二进制数的一般格式如下：

```
<位宽> '<进制> <数字>
```

即一撇左侧的十进制数指示此数的二进制位数，一撇右侧的字母指示出其右侧数据的进制。B 表示二进制，O 表示八进制，H 表示十六进制，D 表示十进制，且不分大小写。例如，2'b10 表示两位二进制数 10；4'B1011 表示四位二进制数 1011； 4'hA 表示一位十六进制数 A，或四位二进制数 1010；3'D7 表示三位二进制数 111，等等。

在 Verilog 中只有标明了数制的数据才能确定其二进制位数。如式 S[3:0]=1 的等号右侧的 1 应该等于二进制数 0001，正式表达为 4'B0001；式 S[5:0]=7 中的 7 等于 6'b000111；而 5'bz 可正式表达为 5'bzzzzz。又若将某标识符（如 R）定义为位矢，如 reg[7:0] R；则赋值语句 R<=4 中的 4 的正式表达是 8'b00000100。

Verilog-2001 规范还可定义有符号二进制数，如 8'b10111011 和 8'sb10111011 是不一样的，前者是普通无符号数，后者是有符号数，其最高位 1 是符号。sb 是定义有符号二进制数的进制限定关键词。

显然，根据例 3-2 的描述，当 always 的敏感信号表中的任意一个输入信号发生改变时将执行下面的 case 语句，若这时 case 表达式中的 s1=0，s0=0，即{s1,s0}=00，将执行此语句的第一条条件语句“2'b00:y=a;”，即执行赋值语句 y=a，于是将输入端口 a 的数据赋给输出端 y，之后便跳出 case 语句，再次等待 always 的敏感信号表中的输入信号的下一次变化，即对过程的再次启动。在这里，“y=a”中的符号“=”也可以使用“<=”，写成“y<=a”。“<=”也是赋值符号，但只能用于顺序语句中。而不能用在例 3-1 中 assign 引导的并行语句中。

3.2.2 4 选 1 多路选择器及 assign 语句表述方式

对于这种多路选择器可以有多种不同的描述方法，本节及随后几节将给出几则使用不同语句形式描述同一逻辑模块的示例：例 3-3、例 3-4 和例 3-5。尽管它们有不同的描述方式和语句特点，但其功能和仿真波形都与图 3-5 相同。但这些示例将再次从不同侧面向读者展示 Verilog 程序对组合电路的描述方法和相关语句的用法。

【例 3-3】

```
module MUX41a (a,b,c,d,s1,s0,y);
    input a,b,c,d,s1,s0;        output y;
    wire[1:0] SEL;             // 定义2元素位矢量SEL为网线型变量wire
    wire AT,BT,CT,DT;          //定义中间变量，以作连线或信号节点
    assign SEL = {s1,s0};    //对s1,s0进行并位操作，即SEL[1]=s1;SEL[0]=s0
    assign AT = (SEL==2'D0);     assign BT = (SEL==2'D1);
    assign CT = (SEL==2'D2);     assign DT = (SEL==2'D3);
    assign  y = (a&AT)|(b&BT)|(c&CT)|(d&DT);//4个逻辑信号相或
endmodule
```

与例 3-1 类似，例 3-3 也采用了常被称为数据流的逻辑描述方式，其实就是直接用布尔逻辑表式来描述模块的功能。以下讨论例 3-3 中出现的新的语法现象。

1．按位逻辑操作符

与例 3-1 相同，例 3-3 也包含了利用逻辑操作符，即逻辑与“&”和逻辑或“|”，来实现逻辑功能的语句。Verilog 中最常用的针对位的基本逻辑操作或称逻辑算符的功能及用法如表 3-1 所示。表中的示例结果显示，逻辑操作是按位分别进行的。如果两个操作数位矢具有不同长度，综合器将自动根据最长位的操作数的位数，把较短的数据按左端补 0 对齐的规则进行运算操作。在赋值语句中，逻辑操作和以下将谈到的运算操作结果的位宽是由操作表达式左端的赋值目标信号的位宽来决定的。表 3-1 给出逻辑操作符的功能细节。

表 3-1　逻辑操作符

逻辑操作符	功能	A,B 逻辑操作结果	C,D 逻辑操作结果	C,E 逻辑操作结果
~	逻辑取反	~A = 1'b1	~C = 4'b0011	~E = 6'b101001
|	逻辑或	A | B = 1'b1	C | D = 4'b1111	C | E = 6'b011110
&	逻辑与	A & B = 1'b0	C & D = 4'b1000	C & E = 6'b000100
^	逻辑异或	A ^ B = 1'b1	C ^ D = 4'b0111	C ^ E = 6'b011010
~^ 或 ^~	逻辑同或	A ~^ B = 1'b0	C ~^ D = 4'b1000	C ~^ E =6'b100101

设：A=1'b0；B=1'b1；C[3:0]=4'b1100；D[3:0]=4'b1011；E[5:0]=6'b010110

2．等式操作符

例 3-3 中的表达式中使用了等式操作符“==”。等式操作符运算的结果是 1 位逻辑值，也等于 1 位二进制数，这在 Verilog 中是不分的，但在 VHDL 中则完全不同。

Verilog 中有四种等式操作符，如表 3-2 所示。当等式操作的结果为 1 时，则表明关系为真；结果为 0 时，则表示关系为假。用双等于操作符“==”作比较，两个二进制数将被逐位比较；如果两个数的位数不等，则自动将较少位数的数的高位补 0 对齐再进行比较；这时当每一位都相等时，才输出结果 1，否则为 0；此外，如果其中有的位是未知值 x 或高阻值 z，则都判定为假，输出 0。

表 3-2　等式操作符

等式操作符	含义	等式操作示例
= =	等于	(3= =4)= 0；(A= =4'b1011)= 1；(B= =4'b1011)=0；
!=	不等于	(D!=C)= 0；(3!=4)= 1；
= = =	全等	(D= = =C)=1 ；(E= = =4'b0x10)= 0；
!= =	不全等	(E!= =4'b0x10)= 1；
设：A=4'b1011；B=4'b0010；C=4'b0z10；D=4'b0z10；E=3'bx10		

与“==”不同，全等比较操作符“===”则将 x 或 z 都当成确定的值进行比较，当表述完全相同时输出 1。此外，在做全等比较时，对于两个比较数位数不等的情况，不会像处理操作符“==”那样作高位补 0 操作，而会直接判断两数据不等。

3．wire 定义网线型变量

例 3-3 中含有使用了 wire 的语句。如果 assign 语句中需要有端口以外的信号或连接线性质的变量（由于端口都已默认为网线型变量），特别是考虑到 assign 语句中的输出信号变量（或者说是赋值目标变量，如例 3-3 中的 AT、BT 等）必须是 wire 网线型变量，则必须用网线型变量定义语句事先给出显式定义。wire 的具体定义格式如下：

```
wire  变量名 1, 变量名 2,... ;
wire[msb:lsb] 变量名 1, 变量名 2,... ;
```

其定义格式与 reg 相同。上一条语句是针对 1 位变量的，下一条语句则是针对矢量型或总线型变量的。wire 是定义网线型变量的关键词。

如定义矢量位 a[7:0]为网线型变量的表达式是“wire [7:0] a;”。

用 wire 定义的网线型变量可以在任何类型的表达式或赋值语句（包括连续赋值和过程赋值语句）中作输入信号，也可在连续赋值语句或实体元件例化中用作输出信号。

由于 wire 和 assign 在表达信号及信号赋值性质上的一致性，因此还能直接用 wire 来表达 assign 语句。如可以用一条语句“wire Y = a1^a2;”来取代以下两条语句：

```
wire  a1, a2; assign  Y = a1 ^ a2;
```

3.2.3　4 选 1 多路选择器及条件赋值语句表述方式

例 3-4 是利用关键词 wire 来替代 assign 直接引导连续赋值语句的。此示例用连续赋值语句中的条件操作符描述了一个 4 选 1 多路选择器，Quartus 对它综合后的 RTL 电路图如图 3-6 所示。电路包含了三个 2 选 1 多路选择器，分别对应三条 wire 语句。

【例 3-4】

```
module MUX41a (A,B,C,D,S1,S0,Y);
    input A,B,C,D,S1,S0;
  output Y;
  wire AT = S0 ? D : C ;
```

```
    wire BT = S0 ? B : A ;
    wire  Y = (S1 ? AT : BT);
endmodule
```

注意例 3-4 中的三个赋值语句都是条件赋值语句，此语句使用了条件操作符“? :”。条件操作符用法的一般格式如下：

```
条件表达式  ? 表达式 1  : 表达式 2
```

即当条件表达式的计算值为真时（数值等于 1），选择并计算表达式 1 的值，否则（数值等于 0）选择并计算表达式 2 的值。基于条件操作符“? :”的逻辑表达式和赋值语句，在连续赋值语句和过程赋值语句结构中都可以使用，即在并行赋值语句或顺序赋值语句中都可使用。

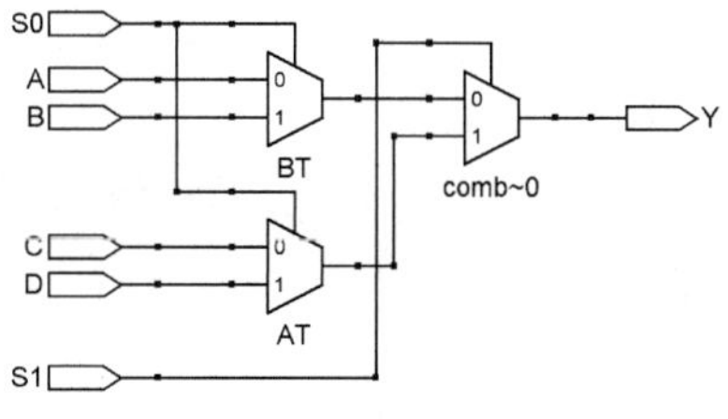

图 3-6　例 3-4 的 RTL 图

例如，例 3-4 中“wire AT=S0?D:C;”的含义是，如果 S0=1 成立，则 AT=D；如果 S0=0 成立，则 AT=C。这显然是一个 2 选 1 多路选择器的逻辑描述。

3.2.4　4 选 1 多路选择器及条件语句表述方式

例 3-5 给出了利用 if 条件语句描述此模块的程序。例 3-5 和例 3-2 有相似性，因为都使用了以过程语句 always 引导的顺序语句；更重要的是，两程序都采用了 Verilog 中最适合描述复杂逻辑系统的行为描述语句，即顺序语句。

【例 3-5】

```
module MUX41a (A,B,C,D,S1,S0,Y);
    input A,B,C,D,S1,S0;    output Y;
    reg[1:0] SEL;   reg Y;
    always @(A,B,C,D,SEL)
      begin                         //块语句起始
            SEL = {S1,S0};          //把 S1,S0 并位为 2 元素矢量变量 SEL[1:0]
         if (SEL==0)  Y = A;       //当 SEL==0 成立，即(SEL==0)=1 时，Y=A;
   else  if (SEL==1)  Y = B;       //当(SEL==1)为真，则 Y=B;
   else  if (SEL==2)  Y = C;       //当(SEL==2)为真，则 Y=C;
   else               Y = D;        //当 SEL==3，即 SEL==2' b11 时，Y = D;
      end                           //块语句结束
endmodule
```

以下对例 3-5 程序中出现的新的语言现象作一些解释。

1．if 条件语句

在例 3-5 中，当过程 always 被启动后，即刻顺序执行此结构所包含的语句。首先执行“SEL={S1,S0};”，即将由 S1、S0 并位所得的两位二进制数赋给变量 SEL。然后计算出以下 if 语句的条件表达式的值。条件表达式（SEL==0）的计算方法是这样的：当 SEL 等于 00，表达式（SEL==0）=1，表示满足条件，则执行赋值语句“Y=A;”，即将输入口 A 的数据赋给输出变量 Y。否则，即 SEL 不等于 00，表达式(SEL==0) =0，随即执行 else 后的 if 语句。以此方式顺序执行下去，直到完成所有 if 条件语句。

例 3-5 给出的是多条件情况，如果只有一个条件，可以表示为以下形式：

```
if (S)  Y=A;  else  Y=B;
```

这是一个 2 选 1 多路选择器的 if 语句表述方式，即当控制信号 S=1 时，条件式为真，执行赋值语句“Y = A;”；而当 S=0 时，条件式为伪，执行赋值语句“Y = B;”。

同样，当需要执行的语句有多条时，应该用 begin_end 块语句将它们“括”起来，例如：

```
if (S)  Y=A;  else   begin Y=B;  Z=C;  Q=1'b0;  end
```

使用 if 语句时必须注意，无论其条件表达式是什么形式，都必须用括号括起来，如 if (S)、if (SEL= =1)、if (Y= = a & b)等。这点也与 VHDL 不同。

2．过程赋值语句

从以上的一些示例中，读者不难发现，有两种不同的赋值符号，即“=”和“<=”。在过程语句中，Verilog 中有以下两类赋值方式，对应这两种赋值符号。

（1）阻塞式赋值。Verilog 中，用普通等号“=”作为阻塞赋值语句的赋值符号，如 y=b。阻塞式赋值的特点是，一旦执行完当前的赋值语句，赋值目标变量 y 即刻获得来自等号右侧表达式的计算值。如果在一个块语句中含有多条阻塞式赋值语句，而当执行到其中某条赋值语句时，则其他语句被禁止执行，这时其他语句如同被阻塞了一样。其实阻塞式赋值语句的特点与 C 等软件描述语言相似，都属顺序执行语句，而此类语句都具有类似阻塞式的执行方式，即当执行某一语句时，其他语句不可能被同时执行。

显然，阻塞式赋值符号“=”的功能与 VHDL 的变量赋值符号“:=”的功能类似。需要注意的是，assign 语句和 always 语句中出现的赋值符号“=”（例 3-4 和例 3-5）从理论上说是不同性质的，因为前者属于连续赋值语句，具有并行赋值特性，后者属于过程赋值类中的顺序赋值语句。但从综合角度看其结果则常常是相同的。因为 assign 语句不能使用块语句，故只允许引导一条含“=”号的赋值语句。

（2）非阻塞式赋值。非阻塞式赋值的特点是，必须在块语句执行结束时才整体完成赋值操作。非阻塞的含义是，在执行当前语句时对于块中的其他语句的执行情况一律不加限制，不加阻塞。这也似乎可理解为，在 begin 块中的所有赋值语句都可以并行运行。但这种“并行”并非真正的并行运行，它有诸多自身的特点，后文将详细探讨。

然而有的程序中赋值符号是可以互换的，如在例 3-2 与例 3-5 中，可将程序中所有的阻塞式赋值符号“=”换成非阻塞式赋值符号“<=”，或反之，且功能不变。但是，在一般情况下事情并非总是这样，即在许多情况下，不同的赋值符号将导致不同的电路结

构和逻辑功能的综合结果。另外需要特别注意，在同一过程中对同一变量的赋值，阻塞式赋值和非阻塞式赋值不允许混合使用。

3．数据类型表示方式

读者或许已注意到，在以上的示例中出现了不少相同含义却不同数值表述方式的情况。例如对于（SEL==2）式，似乎 SEL 与 2 数据类型不匹配，因为前者的类型是二进制矢量位 SEL[1:0]，而后者属于整数类型。

对于类似式（SEL==2）等不匹配的情况，Verilog 综合器或仿真器会自动使其匹配。例如将其中的整数 2 变换成与 SEL[1:0]同类型的二进制数 2'b10。所以{S1,S0} = 2'b10，（SEL==2），（SEL==2'D2）三式的含义相同。但如果所赋的值大于某变量已定义的矢量位可能的值，综合器或仿真器会首先将赋值符号右侧的数据折算成二进制数，然后根据被赋值变量所定义的位数，向左（高位）截取多余的数位。显然，Verilog 具备通过赋值操作达到自动转换数据类型的功能。例如若信号 Y 定义为 Y[1:0]，当编译赋值语句 Y<=9 时，综合器不会报错，最后 Y 得到赋值是 2'B01，即截去了高位的 10。

这里，Verilog 综合器至少包含了两项大的操作，即将整数数据类型转换为二进制矢量位数据类型的操作，以及截位以适应目标变量的操作。反之亦然，即通过矢量位向整数类型变量的赋值即可实现反方向的数据类型转换。

显然，Verilog 的语法规则比 VHDL 要宽松多了，所以初学者容易入门。

3.3 Verilog 加法器设计

本节将给出三则加法器设计示例，以及相关的设计模块，以便读者借以学习一些新的语法现象和设计技巧。首先介绍全加器的设计，由此引出例化语句的应用；然后介绍直接利用算术操作符实现多位加法器的示例；最后介绍 BCD 码加法器的设计。

3.3.1 全加器设计及例化语句应用

这里将通过一个全加器的设计流程，介绍含有层次结构的 Verilog 程序设计方法，从而引出例化语句的使用方法。

1．全加器原理图结构

图 3-7 是一个全加器的电路原理图，它由三个逻辑模块组成，其中两个是半加器，一个是或门。半加器 h_adder 的电路结构和逻辑功能已在 3.1 节中作了详细说明。

图 3-7 中的全加器的端口有 ain、bin、cin、sum 和 cout，它们分别是加数、被加数、进位输入、和值输出与进位输出。

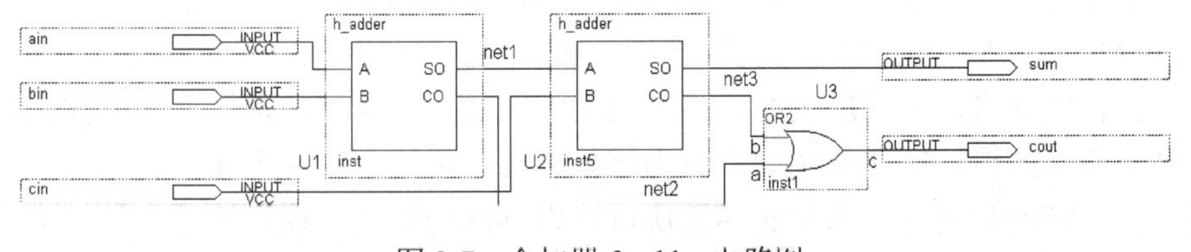

图 3-7　全加器 f_adder 电路图

对于全加器来说，预存的半加器描述文件 h_adder.v（文件如例 3-1 所示）和或门库元件 or（Verilog 综合器的元件库中已预存了此元件）就可以作为较低层次的基本元件，以待高层次顶层设计的调用。这时，这两个元件的元件名就是 h_adder 和 or。

以下介绍顶层设计文件和元件的调用方法。

2．全加器顶层设计文件

前面曾谈到任一 Verilog 模块对应一个硬件电路功能实体器件。如果要将这些实体器件连接起来构成一个更大的电路模块，就需要一个总的模块将所有涉及的子模块连接起来，这个总的模块所对应的 Verilog 设计文件就是顶层文件，或顶层模块。

例 3-6 是按照图 3-7 的电路结构，利用例化语句将半加器和或门元件连接起来，构成了全加器的 Verilog 顶层设计文件。此全加器的仿真波形如图 3-8 所示。

【例 3-6】

```
module f_adder(ain,bin,cin,cout,sum);
  output cout,sum;   input ain,bin,cin;
   wire  net1,net2,net3;
   h_adder  U1(ain, bin, net1, net2);
   h_adder  U2(.A(net1), .SO(sum), .B(cin), .CO(net3));
       or   U3(cout, net2, net3);
endmodule
```

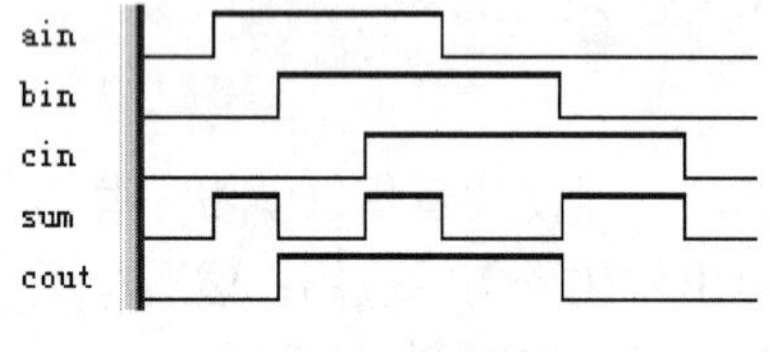

图 3-8　全加器仿真时序

为了达到连接底层元件形成更高层次电路设计结构的目标，例 3-6 给出了利用例化语句实现 Verilog 结构化表述的典型方式。文件中首先用 wire 定义了网线型变量 net1、net2 和 net3，用作内部底层元件连接的连线。然后利用例化语句分别调用了底层元件 h_adder 和 Verilog 库元件 or。下面将结合例 3-6 来说明例化语句的用法。

3．Verilog 例化语句及其用法

例化（instantiation）有调用复制的意思,例化的对象叫作实例（instance）或实体，通俗地说，就是元件。所谓元件例化就是引入一种连接关系，将预先设计好的设计模块定义为一个元件，然后利用特定的语句将此元件与当前的设计实体中指定端口相连接，从而为当前设计实体引进一个新的、低一级的设计层次。

在这里，当前设计实体模块（如例 3-6）相当于一个较大的电路系统，所定义的例化元件相当于一个要插在这个电路系统板上的芯片，如例 3-1 的半加器，而当前设计实体模块中指定的端口则相当于这块电路板上准备接受此芯片的一个插座。

元件例化是使 Verilog 设计模块构成自上而下层次化设计的一种重要途径,即所谓结构描述。元件例化可以是多层次的，一个调用了较低层次元件的顶层设计实体模块本身也可以被更高层次设计实体所调用，成为该设计实体模块中的一个元件。

任何一个被例化语句调用的底层模块可以以不同的形式出现，它可以是一个设计好的 Verilog 设计文件（即一个设计好的模块，如例 3-1 等），或是来自 Verilog 元件库中的元件（如或门 or），或是 FPGA 器件中的嵌入式元件功能块，或是以别的硬件描述语言（如 VHDL）设计的元件，还可以是 IP 核。Verilog 中例化语句的一般格式如下：

```
<模块元件名>  <例化元件名> ( .例化元件端口(例化元件外接端口名),...);
```

以 3-8 译码器 74LS138 为例。如果一块电路板上要使用三片此元件，承担不同的任务；设计者可能在电路板上分别为它们标注三个名称，如 IC1、IC2、IC3。在此，74LS138 即<模块元件名>，它具有唯一性。如果它是用 Verilog 描述的模块，则它就是模块名，也即元件名；而在具体电路上它被调用后放在不同的位置或担任不同的任务又必须有对应的名称，即<例化元件名>，简称为例化名，如 IC1、IC2、IC3，这是用户取的名，没有唯一性。但在模块中一旦确定此名，就唯一确定下来了。

下面再以来自例 3-6 的例化语句进一步说明此语句的含义和用法：

```
h_adder  U2(.A(net1), .SO(sum), .B(cin),.CO(net3));
```

此语句的功能就是描述某一元件与外部连线或其他元件连接的情况。h_adder 就是待调用的元件名（是图 3-7 中的第二个半加器 U2），它就是已存盘的半加器的文件名或模块名，即例 3-1 程序（文件 h_adder.v 和例 3-6 的顶层文件 f_adder.v 存盘在同一文件夹中）。

U2 是用户在此特定情况下调用元件 h_adder 而取的名字，即例化名。括号中的 .A(net1) 表示图 3-6 的第二个半加器的输入端口 A 与外部的连线 net1 相接（见图 3-7）。在此，A 就是例化元件 U2 的端口名，也即原始的 h_adder 模块文件中已定义的端口名，不妨称其为内部端口名；而括号中的 net1 是 U2 的 A 端将要连接的连线名或其他元件的某端口名，这里不妨称为外部端口名（或外部连线名）。

这样比较好记：括号内、外信号名分别对应外部、内部端口。

同理，连接表述 .SO(sum)，表示图 3-7 的第二个半加器的输出端口 SO 与全加器的输出口线 sum 相接；以此类推。这种连接的表达方式称为端口名关联法，也称信号名映射法。这种连接表述比较直观，因而也最为常用。由于端口名关联法中的连接表述放置的位置不影响连接结果，如以上的语句也可表示为

```
h_adder  U2(.B(cin), .CO(net3), .A(net1), .SO(sum));
```

再次强调，表述时注意，括号中的信号名是外部端口名，括号外带点的信号名是待连接的元件自己的端口名。此外，端口名关联法允许某些或某个端口不接，即连接表述不写上去。如在例 3-6 中，元件 U2 的端口 B 不连外部的进位信号 cin，则可表示为.B( )。对此，若是输入口，综合后的结果是高阻态；若是输出口，则为断开。

还有一种对应的连接表述方法称为位置关联法，所谓位置关联，就是以位置的对应关系连接相应的端口。例 3-6 中关于 U1 元件的连接表述就采用了位置关联法：

```
h_adder  U1(ain, bin, net1, net2);
```

回顾一下，例 3-1 半加器 U1 的 Verilog 描述的端口表是 h_adder(A, B, SO, CO)；当它作为元件 U1 在图 3-7 中连接时，其对应的连接信号就是(ain, bin, net1, net2)，如果与

此半加器的端口表对应起来，就得到了例 3-6 中关于 U1 的位置关联法例化表述。

对于位置关联法（也称位置映射法），不难发现，关联表述的信号位置十分重要，不能放错；而且，一旦位置关联例化语句确定后，被连接元件的源文件中的端口表内的信号排列位置就不能再变动了。如例 3-1 中的语句 module h_adder(A, B, SO, CO)不能再改为 module h_adder(A，B，CO，SO)。因此通常不推荐使用此类关联表述来编程。

与调用 U1 的语句相比较，可以发现例 3-6 中调用库元件或门 or 的 U3 的映射方式也是位置关联法。它的信号位置排列方式符合 Verilog 原语库元件端口的默认安排位置，即输出口放在最左端（关于 Verilog 的原语库元件，将在第 12 章中介绍）。

3.3.2 8 位加法器设计及算术操作符应用

以下的例 3-7 和例 3-8 给出了两例表述不同，但结果相同的 8 位加法器，它们的不同处已注释于程序中，读者可自行分析。此二例的仿真波形图如图 3-9 所示。从它们的 RTL 图（图 3-10）中可以清晰看到 8 位数相加的和再加进位值的硬件方式。

【例 3-7】

```
module
  ADDER8B(A,B,CIN,COUT,DOUT);
  output[7:0] DOUT;  output COUT;
  input[7:0] A,B; input  CIN;
  wire[8:0]  DATA;
  //加操作的进位自动进入 DATA[8]
  assign DATA = A + B + CIN;
  assign  COUT = DATA[8];
  assign  DOUT = DATA[7:0];
endmodule
```

【例 3-8】

```
module
  ADDER8B (A,B,CIN,COUT,DOUT);
  output[7:0] DOUT;
  output COUT;
  input[7:0] A,B;
  input  CIN;
  //加操作的进位进入并位 COUT
  assign {COUT,DOUT} = A + B + CIN;
endmodule
```

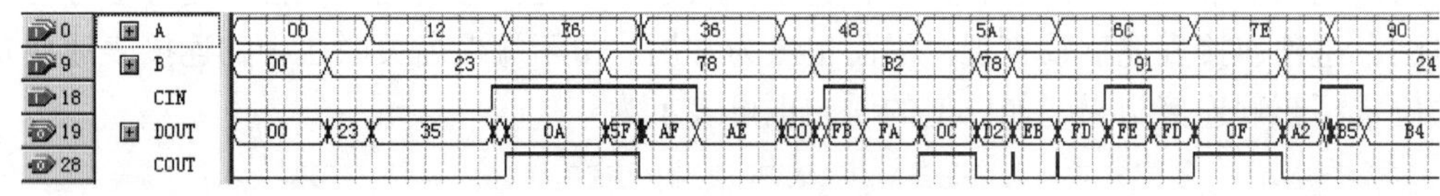

图 3-9 8 位加法器仿真波形

另需注意，由于类似图 3-10 的 RTL 图直接来自 Quartus 的 Netlist Viewers 的 RTL Viewers 生成器，主要用来了解 Verilog 描述电路的大致结构，不拘泥细节，所以包括其中的小字不清楚都无关紧要。其实程序的详细功能主要是通过仿真来了解的。

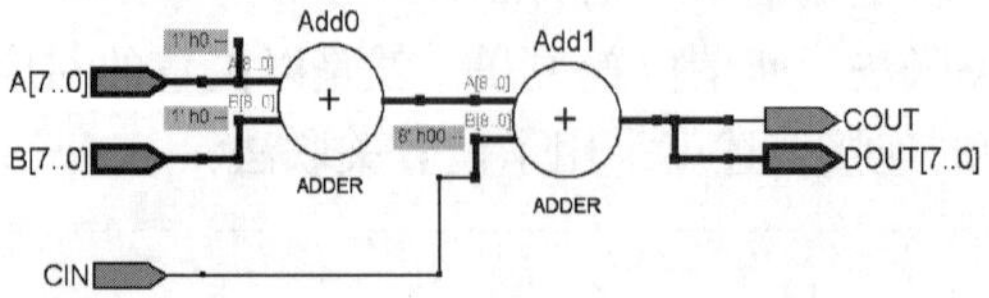

图 3-10 8 位加法器的 RTL 电路

例 3-7 和例 3-8 都直接使用了算术操作符实现加法运算，显然这种表述方式用于加法比较方便。Verilog 中的算术操作符的功能和用法示例已列于表 3-3 中。

表 3-3　算术操作符

算术操作符	功能	说明	操作示例
+	加		S = A + B = 8'b00011000
-	减		S = B - A = 8'b11111110
*	乘		S = A * B = 8'b10001111=8'H8F
/	除	结果：小数抛弃	S = A / 3 = 8'b00000100
%	求余	除法求余数	S = A%3 = 8'b00000001
设：A[3:0]=4'b1101；B[3:0]=4'b1011；定义 S 为 S[7:0]			

3.3.3　算术运算操作符

如表 3-3 所示，Verilog 中的算术运算符有五种。其中的加、减、乘法运算符（+、-、*）都可综合，余下两种算符的操作数必须是以 2 为底数的幂才可综合。

算术运算对于操作数的位宽的处理方式与按位逻辑操作相同，可参考表 3-3 给出的示例。此外，算术运算操作数对数据类型没有严格要求，二进制数间，或整数间，或它们的混合都能直接进行，显然比 VHDL 方便多了。但需注意，所有算术运算都是按无符号操作数进行的，如果是减法运算，输出的结果是补码；如果用无符号加法算符进行减法运算，可通过补码处理。对于乘法运算，若为无符号数，可直接用乘法算符（*）；若为有符号数乘，则需将操作数和输出结果用 signed 定义为有符号数，乘法结果为补码。

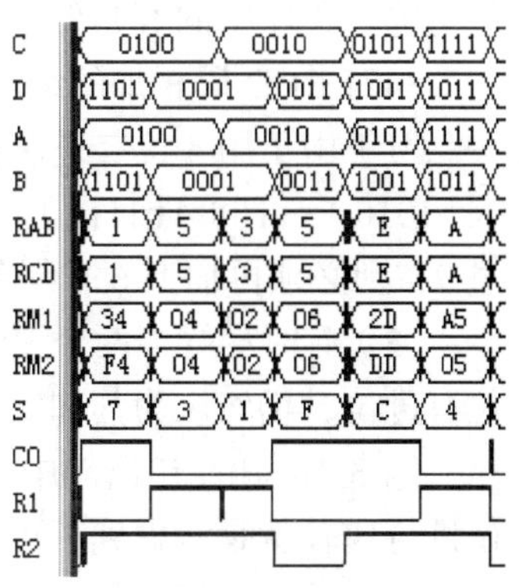

图 3-11　例 3-9 的仿真波形

例 3-9 和波形图（图 3-11）对算术运算作了非常具体的解释。图 3-11 显示，无论是否将操作数定义为有符号数，加法操作都当作无符号数处理；对于减法操作，输出的是补码。例如当无符号数 C（0100）- D（1101），输出结果是 7（0111），借位 C0 = 1，此时这个借位就相当于符号位，加上补码 0111，即为 -9。

图 3-11 还显示，对于乘法运算，是否定义为有符号操作数，结果大不一样。例如，当操作数为无符号类型时，（0101）*（1001）= 5*9 = 45 =2D（十六进制）；而作为有符号类型时，（0101）*（1001）= 5*（-7）= -35 = -23（十六进制）= 10100011（原码）= DD（十六进制补码）。

【例 3-9】

```
module test1 (A,B,C,D,RCD,RAB,RM1,RM2,S,C0,R1,R2);
   input[3:0] C,D;  input signed[3:0] A,B;
   output[3:0] RCD;  output[3:0] RAB;
   output[7:0] RM1;  output[7:0] RM2;
   output[3:0] S;   output C0;  output R1,R2;
   reg[3:0] S;  reg C0;
   reg[3:0] RCD;    reg[7:0] RM1;
```

```
    reg signed[3:0] RAB;  reg signed[7:0] RM2;
    reg R1,R2;
    always@(A,B,C,D) begin
       RCD <= C+D;  RAB <= A+B;
       RM1 <= C*D; RM2 <= A*B;
       {C0,S} <= {1'b0,C} - {1'b0,D};//注意并位操作
       R1  <= (C>D); R2<=(A>B);
    end
endmodule
```

3.3.4 BCD 码加法器设计

例 3-10 是实现两位 8421 BCD 码相加的 Verilog 设计程序，其中 A 和 B 分别是输入的两位 BCD 加数和被加数；D 的低 8 位是输出的两位 BCD 数和值；最高位，即 D[8] 是进位输出。程序中包含两个过程语句、两个连续赋值语句。注意程序中，在 if 的条件式中判定两个 BCD 码相加后是否大于等于 10，用的是 5 位数，即考虑到了相加后的进位情况。程序中的 S 是低位 BCD 码相加后的进位标志。

8421 BCD 码相加的编程应该考虑以下两个问题：

（1）由于用 4 位二进制数表示的 BCD 码的表示范围是 0～9，其余的 6 个数，即 10（4'b1010）～15（4'b1111），都属于无效 BCD 码，因此如果当两个 BCD 码相加后的值超过 9，则必须再加上 6 来得到一个有效的 BCD 码，且向高位进位 1。

（2）有时尽管当两个 BCD 码相加后的值仍旧是有效的 BCD 码，但如果相加后向高位有进位，仍然认为其和大于等于 10，故仍需要将相加的结果再加上 6。

例 3-10 中的 if 语句中条件式(DT0[4:0]>=5'b01010)和(DT1[4:0]>=5'b01010)使用了 5 位进行比较就是考虑到了可能的进位情况。

【例 3-10】

```
module BCD_ADDER (A,B,D);
  input[7:0] A,B;   output[8:0] D;
  wire[4:0] DT0, DT1 ; reg[8:0] D; reg S;
 always@ (DT0)
    begin  if (DT0[4:0] >= 5'b01010)
   //如果低位 BCD 码的和大于等于 10,则使和加上 6，且有进位，使进位标志 S 等于 1
              begin D[3:0] = (DT0[3:0]+4'b0110); S=1'b1; end
               else  begin D[3:0] = DT0[3:0] ; S=1'b0; end
    end //否则，将低位值赋予低位 BCD 码 D[3:0]输出，无进位，使进位标志 S 等于 0
 always@ (DT1)   begin
    if (DT1[4:0]>=5'b01010)
   begin D[7:4] = (DT1[3:0]+4'b0110); D[8]=1'b1; end
     else begin D[7:4] = DT1[3:0] ; D[8]=1'b0;  end      end
  assign DT0 = A[3:0] + B[3:0];          //设没有来自低位的进位
  assign DT1 = A[7:4] + B[7:4] + S;      //S 是来自低位 BCD 码相加的进位
endmodule
```

例 3-10 中使用了不等式构建 if 语句的条件式。为了说明它们的含义和用法，表 3-4 列出了 Verilog 中不等式操作符的功能及示例说明。对于不等式操作符，当两个表式或两个数据进行比较操作时，如果声明的关系为真，则输出位数据 1，否则输出 0。

表 3-4　不等式操作符

不等式操作符	含义	操作示例
>	大于	（A>B）=1；（A>12）=1；
<	小于	（A<B）=0；（A<20）=1；
<=	小于或等于	（A<=13）=1；
>=	大于或等于	（A>=14）=0；

设：A=4'B1101，　B=4'B0110

例 3-9 也有应用不等式的示例，它们对应的时序在图 3-11 中。结果表明，对于乘法操作符和不等式操作符，它们对二操作数的要求是相同的。

图 3-12 是例 3-10 的仿真波形图。图中的数据都以矢量形式表示，特别注意这些数据的类型必须设定为十六进制数，而非表面上显示的十进制数。因为其实 8421 BCD 码就是利用了 4 位二进制码，即一位十六进制数的低 10 个数值表达的。

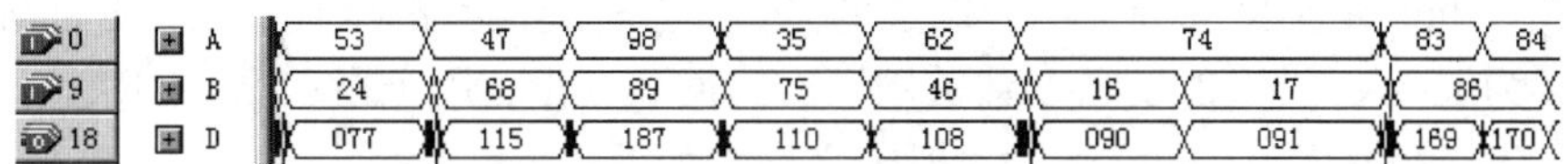

图 3-12　例 3-10 的仿真波形

3.4　组合逻辑乘法器设计

由于硬件乘法器的高速性能，它在数字信号处理和现代通信技术中有广泛的应用。基于 HDL 的硬件乘法器的构建和实现有多种途径，如移位累加乘法器、查询表乘法器、Booth 乘法器、加法器树结构乘法器、流水线乘法器，还有更实用、更高效、更灵活的基于 FPGA 硬件 IP 核的 DSP 乘法器，等等。

在介绍这些乘法器的设计方法之外，本节还希望通过它们，再学习一些新的语法知识和 Verilog 编程经验。为此，以下首先介绍在乘法器示例中将会出现的一些新的语句及其用法，包括利用 parameter 的参数定义、整数寄存器类型 integer 的定义和循环语句等新的语言现象和语句的使用方法，并给予详细说明，然后给出两则乘法器设计示例。

3.4.1　参数定义关键词 parameter 和 localparam

参数是一个特殊常量，parameter 就是定义参数的关键词。在 Verilog 中，用关键词 parameter 来定义常量，即用 parameter 来定义一个标识符，用以代表某个常量，如延时、变量的位宽等，从而成为一个符号化常量。而当改变 parameter 的定义时，就能很容易地改变整个设计。parameter 的一般定义格式如下：

```
parameter  标识符名 1 = 表达式或数值 1，标识符名 2 = 表达式或数值 2， ... ；
```

例如，参数定义语句用法如下：

```
parameter  A=15, B=4'b1011, C=8'hAC;
parameter  d=8'b1001_0011, e=8'sb10101101;
```

第一条语句中，A、B、C 分别被定义为等于整数 15、4 位二进制数 1011 和 2 位十六进制数 AC 的常数；第二条语句中，d 被定义为普通 8 位二进制数，e 被定义为 8 位二进制有符号数，最高位符号是 1。

在模块中使用参数定义的常数只能被赋值一次。以下的例 3-11 至例 3-14 都定义了常数 S=4，当改变 S 数值的定义后，则能十分容易地改变乘法器的位数。

与 parameter 具有类似功能的另一常用的定义参数的关键词是 localparam。这是一个局部参数定义关键词。它的用法与关键词 parameter 相同，只是无法通过外部程序的数据传递来改变 localparam 定义的常量。

3.4.2 整数型寄存器类型定义

其实，integer 类型与前面已介绍过的 reg 类型都属同类的寄存器类型，或称变量类型。定义为 integer 类型的变量多数被用于表达循环变量，用于指示循环的次数，如 4 位乘法器程序（例 3-11）。integer 的一般定义格式如下：

```
integer  标识符 1,标识符 2,...,标识符 n [msb: lsb];
```

integer 与 reg 类型的定义不同，reg 类型必须明确定义其位数，如“reg [7:0] A;”、“reg B;”等，其中 A 定义为 8 位二进制数位宽的变量，B 定义为 1 位二进制数变量。然而 integer 类型的定义则不必特指位数，因为它们都默认为 32 位宽的二进制数寄存器类型。

以下赋值方式都是允许的：

```
module EXAPL (R,G);
parameter S=4;       //定义参数 S
output[2*S:1] R,G; //定义两个 8 位输出变量
integer A, B[3:0]; //定义 5 个整数型：A、B[0]、B[1]、B[2]、B[3]，都是 32 位
reg[2*S:1] R,G;
always @( A, B)  begin
   B[2] = 367;  // 整数完整赋值，因为 B[2]有 32 位
   R=B[2];      // 32 位 integer 整数类型 B[2]赋给 8 位 reg 类型 R，B[2]高位被截
   A=-20;       // 整数完整赋值，因为 A 有 32 位，将-20 赋予 A，对应无符号数 65516
   G=A;         // 32 位 integer 整数类型 A 赋给 8 位 reg 类型 G，A 高位被截
   B[0]= 3'B101;    end   // 允许二进制数直接赋给 integer 类型 B[0]
endmodule
```

3.4.3 for 语句用法

例 3-11 和例 3-12 都使用了循环语句 for 语句。以下介绍循环语句。

Verilog 有四种循环语句：for 语句、repeat 语句、while 语句和 forever 语句。最后一种是不可综合的，这里暂时不讨论。首先讨论 for 语句。

for 语句的一般格式可表述如下：

```
for (循环初始值设置表达式;  循环控制条件表达式;循环控制变量增值表达式)
  begin   循环体语句结构  end
```

根据 for 语句的设置，此循环语句的执行过程可以分成三个步骤：

（1）本次循环开始前根据“循环初始值设置表达式”计算获得循环次数初始值。

（2）在本次循环开始前根据“循环控制条件表达式”计算所得的数据判断是否满足继续循环的条件，如果“循环控制条件表达式”为真，则继续执行“循环体语句结构”中的语句，否则即刻跳出循环。

（3）在本次循环结束时，根据“循环控制变量增值表达式”计算出循环控制变量的数值，然后跳到以上步骤（2）。

需要说明两点：第一，步骤（3）中的所谓增值是指循环次数增加后的记录值，而非此表达式的值必须是增加的；第二，此语句的第三项表达式“循环控制变量增值表达式”的值如果不随循环而改变，或导致循环次数过大，对于逻辑综合来说都将导致设计失败。

3.4.4 移位操作符及其用法

例 3-11 和例 3-12 还用到了移位操作符，以下介绍移位符的用法。

“>>”是右移移位操作符，“<<”是左移移位操作符，它们的一般格式如下：

```
V >> n  或  V <<n
```

以上表达式表示将操作数或变量 V 中的数据右移或左移 n 位。这里指的是二进制数移位。移出腾空的位用 0 填补。例如，若 V=8'b11001001，则 V >> 1 的值是 8'b01100100，V << 3 的值是 8'b01001000。

Verilog-2001 版本还增加对有符号数左右移的操作符，即“>>>”作为右移移位操作符，“<<<”作为左移移位操作符。它们的一般用法格式如下：

```
V  >>>  n  或  V  <<<  n
```

以上表达式表示将操作数或变量 V 中的数据（有符号数）右移或左移 n 位，且对于右移操作时，一律将符号位，即最高位填补移出的位，而左移操作同普通左移“<<”。

试比较以下左右两段语句的操作结果，注意有符号变量的定义情况：

```
output signed[7:0] y;
 input signed[7:0] a;
 assign y =  (a<<<2);
若 a=10101011,则输出 y=10101100
若 a=10001111,则输出 y=00111100
```

```
parameter  C=8'sb10101011;
parameter  D=8'sb01001110;
 output [7:0] Y1,Y2;
assign Y1=(C>>>2);//结果: Y1=11101010
assign Y2=(D>>>2);//结果: Y2=00010011
```

3.4.5　两则乘法器设计示例

例 3-11 和例 3-12 是两则利用 for 语句实现的 4 位乘法器设计。对于循环控制变量增值表达式，前者采用增值的方式，后者采用了减值的方式。

【例 3-11】

```
module MULT4B(R,A,B);
 parameter S=4;
 output[2*S:1] R;
 input[S:1] A,B;
 reg[2*S:1] R;
 integer i;
   always @(A or B)
    begin
    R = 0;
    for(i=1;  i<=S;  i=i+1)
    if(B[i])  R=R+(A<<(i-1));
    end
endmodule
```

【例 3-12】

```
module MULT4B (R,A,B);
 parameter S=4;
 output[2*S:1] R;
 input[S:1] A,B;
 reg[2*S:1] R,AT; reg[S:1] BT,CT;
 always @(A,B )   begin
    R=0; AT = {{S{1'B0}},A};
    BT = B;  CT = S;
    for(CT=S; CT>0; CT=CT-1)
      begin  if(BT[1]) R=R+AT;
        AT = AT<<1;
        BT = BT>>1;
end  end   endmodule
```

此二例的仿真结果相同，其 RTL 逻辑电路图（其中包含四个多路选择器与三个加法器）和时序仿真图如图 3-13 所示，其中的数值类型是无符号十进制数，而且逻辑综合后的 RTL 电路也相同。

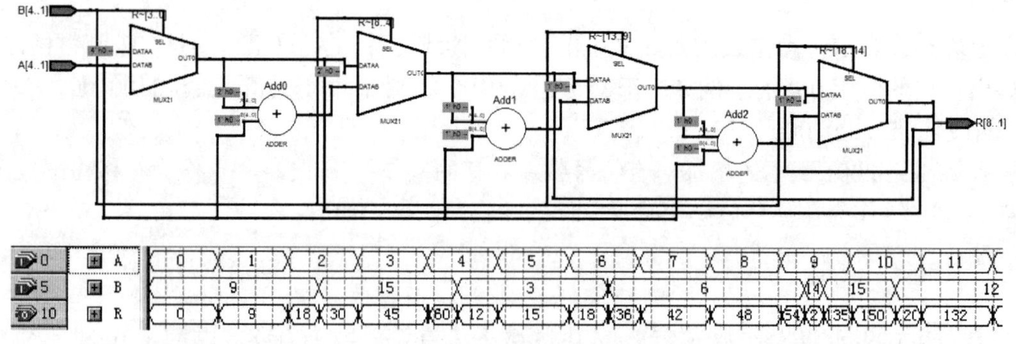

图 3-13　上图是 4 位乘法器的 RTL 逻辑电路图，下图是其时序仿真图

3.4.6　repeat 语句用法

例 3-13 是一则利用 repeat 语句实现的 4 位乘法器。

repeat 语句的一般格式可表述如下：

```
repeat（循环次数表达式）
   begin   循环体语句结构  end
```

与 for 语句不同，repeat 语句的循环次数是在进入此语句执行以前就已决定了，无需循环次数控制增量表达式及其计算。语句中的“循环次数表达式”可以是数值确定的整数、变量或定义了常数的参数标识符等。

例 3-13 中的 repeat 语句的循环次数一开始就利用常数定义语句，确定了循环次数 S=4。此例的仿真结果也是图 3-13，综合结果也与例 3-11 相同。

3.4.7 while 语句用法

例 3-14 给出了利用 while 语句实现 4 位乘法器的设计程序。其中的表述 CT= CT-1，即为“循环控制变量增值表达式”。显然，for 语句和 while 语句最为相似。

【例 3-13】

```
module MULT4B(R,A,B);
  parameter S=4;
  output[2*S:1] R;
  input  [S:1] A,B;
  reg[2*S:1] TA,R;
  reg[S:1] TB;
    always @(A or B)
     begin
     R = 0; TA = A;  TB = B;
     repeat(S) begin
      if(TB[1]) begin R=R+TA; end
        TA = TA<<1;
        TB = TB>>1;
               end
    end
endmodule
```

【例 3-14】

```
module MULT4B(A,B,R);
  parameter S=4;
  input[S:1] A,B;
  output[2*S:1] R;
  reg[2*S:1] R,AT;
  reg[S:1] BT,CT;
  always@(A or B)
    begin
    R=0; AT={{S{1'b0}},A};
     BT=B; CT=S;
     while(CT>0)  begin
      if(BT[1]) R=R+AT; else R=R;
begin  CT= CT-1;
       AT=AT<<1;
       BT=BT>>1;  end
                  end
     end
endmodule
```

while 语句的一般格式可表述如下：

```
while（循环控制条件表达式）
  begin  循环体语句结构 end
```

此语句执行时，首先根据“循环控制条件表达式”的计算所得，判断是否满足继续循环的条件，如果为真，执行一遍“循环体语句结构”中的所有语句；若为伪，即不满足循环表达式的条件，则结束循环。对于此种循环语句，必须在“循环体语句结构”中包含类似 for 语句的“循环控制变量增值表达式”，以便其计算结果在条件式中作比较。

读者还能通过以上四则乘法器设计实例研究阻塞式赋值和非阻塞式赋值的使用特点。以例 3-13 为例，如果对其中的变量 TA、TB 都换作非阻塞式赋值，则整个设计结果将完全不同。因为，如前所述，只有在过程结束后才会把过程中所有非阻塞语句右端的计算结果赋给左端的信号，即寄存器。所以如果采用非阻塞赋值，则会造成循环语句只执行一次，整个乘法器电路将无法构建，输出恒为 0。所以在这里必须使用阻塞式赋值语句。

在 Verilog 循环语句的使用中，需要特别注意不要把它们混同于普通软件描述语言中的循环语句。在软件语言中，只要时间允许，无论循环多少次都不会额外增加任何资源和成本。而作为硬件描述语言的循环语句，每多一次循环就要多加一个相应功能的硬件模块。因此，循环语句的使用要时刻关注逻辑资源的耗用量和利用率，以及可用资源的大小等因素，尽量要求性能与硬件成本成正比。

此外，与软件语言编程不同，基于硬件语言的程序优劣的标准不是程序的规范、整洁、短小精干或各类运算符号和函数的熟练应用等，而是高性能、高速度和高资源利用率，这些指标的实现与程序的表达形式通常没有必然联系。

例如，例 3-11 至例 3-14 的形式虽美，但却没有太多实用价值。因为随着乘法器位数的增加，构成其电路模块的加法器和多路选择器的数量和位数也将大幅增加，从而导致其资源的大幅耗用，工作速度则不断降低。

3.4.8 parameter 的参数传递功能

这里将给出一个示例，说明 parameter 的参数传递功能。事实上使用 parameter 的目的除了能用标识符定义一些常数外，另一重要用途是通过例化语句来传递参数，以便仅通过上层设计中的相关参数的改变来轻易地改变底层电路的结构功能与逻辑规模。

这里从例 3-13 出发，简要说明 parameter 在参数传递上的用法。首先将例 3-13 看成是一个底层乘法器元件，然后通过上层设计文件对此元件的例化，以及乘法器位数参数的传递，即可随意改变此乘法器的数据规模。

为了达到这个目的，首先应该改写例 3-13 中 parameter 表述的方式。即只需将此例最上面两条语句 module MULT4B(R, A, B)和 parameter S=4 改写成以下形式：

```
     module MULT4B #(parameter S=4)(R,A,B);
或   module MULT4B #(parameter S)(R,A,B);
```

程序形式如例 3-15 所示。顶层设计则如例 3-16 所示，此项设计的 RTL 图和时序仿真波形图如图 3-14 和图 3-15 所示（从中可大致看到含有 8 个多路选择器）。此例只是对例 3-15 作了简单的例化，但在例化过程中将参数 S=8 传递进了底层设计例 3-15 的 MULT4B 模块，从而使例 3-16 综合后的结果成为一个 8 位乘 8 位，输出结果是 16 位的乘法器。

【例 3-15】

```
module MULT4B
 #(parameter S)(R,A,B);
  output [2*S:1] R;
 input[S:1] A,B;
  reg[2*S:1] AT,R;
  reg[S:1] BT,CT;
      ...  //以下与例 3-16 相应部分相同
```

【例 3-16】

```
module MULTB (RP,AP,BP);
 output[15:0] RP;
 input[7:0] AP,BP;
   MULT4B #(.S(8))
  U1(.R(RP), .A(AP), .B(BP));
endmodule
```

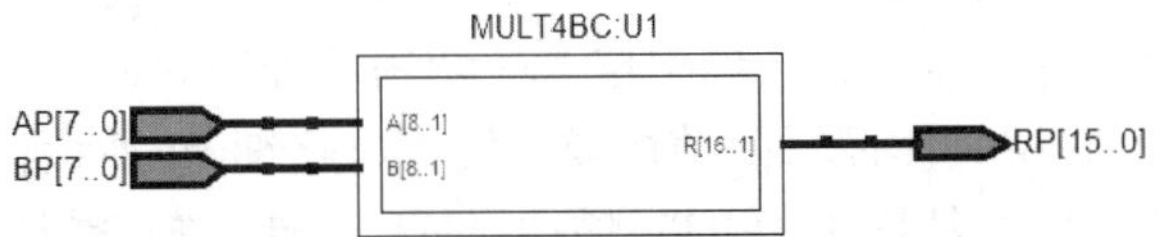

图 3-14　例 3-16 的 RTL 图，内部结构如图 3-15 所示

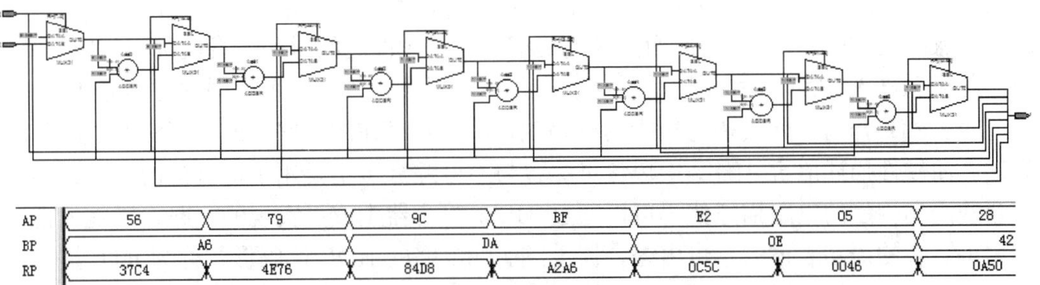

图 3-15　上图是 8 位乘法器的 RTL 逻辑电路图，下图是其仿真波形图

注意例 3-16 中的例化语句表述方法。其中第四行中的 MULT4B 是模块元件名，U1 是例化元件名。#号旁的括号是参数传递表，其中的参数名和数量应该与底层文件中的表述相同。

例如若原底层文件的模块语句和参数表述是：

```
module SUB_E
  #(parameter S1=4, parameter S2=5, parameter S3=2)(A,B,C);
```

则在例化语句中应作如下类似表述：

```
SUB_E  #(.S1(8), .S2(9), .S3(7))
       U1(.C(CP), .A(AP), .B(BP));
```

SUB_E 是模块元件名，即底层模块名；同样，诸如参数定义 parameter S2=5 可省略为 parameter S2。这是因为当一底层模块被调用后，其内部原来被 parameter 定义的参数 5 已经失效，而对应的参数将来自上层例化语句给定的数据 9。显然，在此类语法表述中，localparam 无法替代 parameter。

至于 U1 右侧的括号就是信号连接表，此表中内容描述各端口的连接情况。如上所述，端口的连接方式有端口关联法与位置关联法两种。

3.5 RTL 概念

RTL（register transport level）的概念最初产生于对某类电路的描述。RTL 级描述是以规定设计中的各种寄存器形式为特征，然后在寄存器之间插入组合逻辑。这类寄存器或者显式地通过元件具体装配，或者通过推论做隐含的描述。传统概念下的 RTL 电路的构建特色是由一系列组合电路模块和寄存器模块相间级联而成。即组合电路与时序电路各自独立且级联，而信号的通过有一种逐级传输的特征，故称此类电路为寄存器传输级电路。此后，这个概念进一步泛化，便引申为一切用各种独立的组合电路模块和独立的寄存器模块，但不涉及底层具体逻辑门结构或触发器电路细节（所谓技术级：technology），来构建描述数字电路的形式都称之为 RTL 描述，而且即使不包含时序模块，或只有寄存器模块的同类描述形式也都泛称为 RTL 描述。

所以现在所谓的 RTL 仿真，即功能仿真就是指不涉及电路细节（如门级细节）的 RTL 模块级构建的系统的仿真，而涉及电路细节和时序性能的时序仿真就称为门级仿真。

此概念进入 EDA 技术领域后，有了进一步的引申，且向两个不同的方向分化：

（1）RTL 描述。此类描述所指的电路就是“实际存在的电路”或“真实的电路”的表述。而硬件描述语言 HDL 中包含可综合与不可综合（主要用于仿真）的语句，用可综合的语句构建的电路描述代码可以通过 HDL 综合器生成可实现的电路，于是就把一切用可综合的语句表述的，可由综合器生成实际电路的 HDL 代码形式称为 RTL 描述。现在许多文献中干脆将 RTL 当成了可综合的硬件描述语言代码的代名词，即把一个完整的、可综合的 HDL 代码对电路的表述称为 RTL 描述（综合出的电路未必包含寄存器）。

（2）RTL 级或 RTL 电路。相对于 RTL 的传统含义（即由一系列独立的、宏观的组合电路模块和寄存器模块表述的电路系统），更多的情况是组合电路和时序电路，当然包括各类寄存器，处于相互交错融合的状态（尽管完全可以归并和分类出 RTL 结构），人们便以其他名称来表述此类电路的特点。于是就将 RTL 表述确定为数字系统表述的某一层次级别，即 RTL 级（可用电路模块表述的电路层次，此对应的电路就称为 RTL 电路），在其之上分别是行为级（只能用 HDL 语言表述）和系统级（最高级）；在 RTL 下，依次还有门级（也称技术级，即对应集成电路底层基本电路单元）、晶体管级和物理级。

于是现在习惯上将功能仿真称为 RTL 级仿真，因为这个级别的仿真主要描述基本模块构建的系统的功能，而将时序仿真称为门级仿真，则对应底层元件基本性能及其构建的系统的功能细节。显然，对 RTL 的理解和解释也要看其所处的具体背景。当然，门级仿真也可以是无延迟的，而计算时延的门级仿真才是真正的时序仿真。

对应综合而言，目前流行的表述是，将可综合的 Verilog 描述称为 RTL 描述。在这里，“RTL”一词已失去了其原有的字面含义，而作为“可综合的”专用名词来使用。只要是可综合的表述，不论是何种风格的描述，都称为“RTL 描述”，反之亦然。因此，从这个意义上讲，过多的讨论或是牵强地归属 Verilog 程序结构于某种描述风格，既没有任何理论上的意义，也没有工程设计上的实用价值。

习　题

3-1　举例说明，Verilog HDL 的操作符中，哪些操作符的运算结果总是一位的。

3-2　wire 型变量与 reg 型变量有什么本质区别？它们可用于什么类型的语句中？

3-3　阻塞赋值和非阻塞赋值有何区别？

3-4　用 Verilog 设计一个 3-8 译码器，要求分别用 case 语句和 if_else 语句。比较这两种方式。

3-5　图 3-16 所示的是双 2 选 1 多路选择器构成的电路 MUXK。对于其中 MUX21A，当 s=0 和 s=1 时，分别有 y=a 和 y=b。试在一个模块结构中用两个过程来表达此电路。

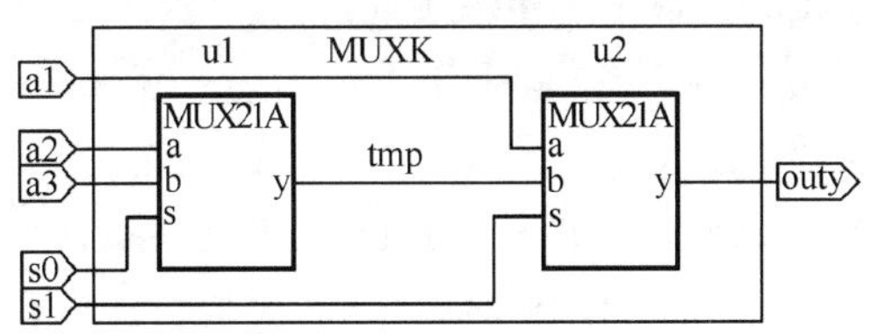

图 3-16　含 2 选 1 多路选择器的模块

3-6　给出一个 4 选 1 多路选择器的 Verilog 描述。选通控制端有四个输入：S0、S1、S2、S3。当且仅当 S0=0 时，Y=A；S1=0 时，Y=B；S2=0 时，Y=C；S3=0 时，Y=D。

3-7　给出全减器的 Verilog 描述。要求：

（1）首先设计半减器，然后用例化语句将它们连接起来。图 3-17 中 h_suber 是半减器，diff 是输出差，s_out 是借位输出，sub_in 是借位输入。根据图 3-17 设计全减器。

（2）以全减器为基本硬件，构成串行借位的 8 位减法器，要求用例化语句来完成此项设计。

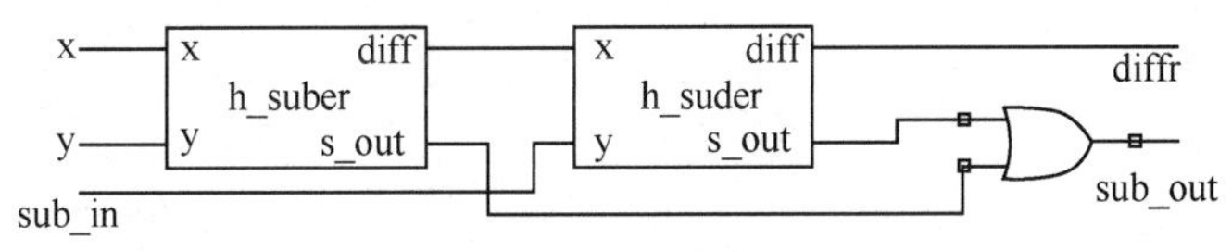

图 3-17　全减器模块图

3-8　设计一个比较电路，当输入的 8421BCD 码大于 5 时输出 1，否则输出 0。

3-9　用 if 语句设计一个全加器。

3-10　设计一个求补码的程序，输入数据是一个有符号的 8 位二进制数。

3-11　设计一个格雷码至二进制数的转换器。

3-12　利用 if 语句设计一个 3 位二进制数 A[2:0]、B[2:0]的比较器电路。对于比较（A<B）、（A>B）、（A==B）、（A===B）的结果分别给出输出信号 LT=1、GT=1、EQ=1、AEQ=1。

3-13　利用 8 个全加器，可以构成一个 8 位加法器。利用循环语句来实现这项设计。再直接使用“+”符号，使用 parameter 参数传递的功能，设计一个 32 位加法器。

3-14　设计一个 2 位 BCD 码减法器。注意可以利用 BCD 码加法器来实现。因为减去一个二进制数，等于加上这个数的补码。只是需要注意，作为十进制的 BCD 码的补码获得方式与普通二进制数稍有不同。因为二进制数的补码是这个数的取反加 1。假设有一个 4 位二进制数是 0011，其取补实际上是用 1111 减去 0011，再加上 1。相类似，以 4 位二进制表达的 BCD 码的取补则是用 9（1001）减去这个数再加上 1。

3-15　设计一个 4 位乘法器，为此首先设计一个加法器，用例化语句调用这个加法器，用移位相加的方式完成乘法。并以此项设计为基础，使用 parameter 参数传递的功能，设计一个 16 位乘法器。

3-16　用不同循环语句分别设计一个逻辑电路模块，用以统计一 8 位二进制数中含 1 的数量。

3-17　设计一个 4 位 4 输入最大数值检测电路。

3-18　利用 case 语句设计一个加、减、乘、除四功能算术逻辑单元 ALU。输入的两个操作数都是 4 位二进制数；输入的操作码是 2 位二进制数；输出结果是 8 位二进制数。为了便于记忆和调试，建议把操作码用 parameter 定义为参数。

3-19　设计 Verilog 程序，实现两个 8 位二进制数相加，然后将和左移或右移 4 位，并分别将移位后的值存入 reg 变量 A 和 B 中。

3-20　利用 if 语句设计一个 3 位二进制数 A[2:0]、B[2:0]的比较器电路。对于比较（A<B）、（A>B）、（A==B）、（A===B）的结果分别给出输出信号 LT=1、GT=1、EQ=1、AEQ=1。

第4章 时序仿真与硬件实现

第3章中介绍的Verilog知识已足以对付多数组合电路逻辑模块的设计,因此现在已经有了足够的知识准备来进入硬件设计的学习。利用Verilog程序代码的形式完成电路设计后，须借助于EDA工具中的综合器、适配器、时序仿真器和编程器等工具进行相应的处理，才能使Verilog设计在FPGA上得到硬件实现，并最终得到硬件测试和验证，从而尽快将学到的知识付诸实践，提高学习效率和巩固学习成果。

本章将通过实例详细介绍基于Quartus II的Verilog代码文本输入设计流程,包括设计输入、综合、适配、仿真测试和编程下载等重要方法。然后介绍原理图的输入设计流程。

4.1 Verilog程序输入和编译

在EDA工具的设计环境中，可借助多种方法来完成目标电路系统的表达和输入，如HDL的文本输入方式、原理图输入方式等。相比之下，HDL文本代码输入方式最基本、最直接，也最常用。以下将基于具体示例，详细介绍基于Quartus II的一般设计流程。

为了使内容更接近工程实际,本节选择了目前工程上更为常用的Cyclone 4E系列的FPGA作为硬件平台（相关情况可参考附录）。EDA工具是Quartus II 13.1版本。它的界面和用法与Intel的Quartus Prime Standard 16.1版本相同，波形仿真软件都是第三方的ModelSim ASE。所不同的是前者支持Cyclone 3/4/5三个系列的FPGA。

4.1.1 编辑和输入设计文件

任何一项设计都是一项工程（project），都必须首先为此工程建立一个文件夹用来放置与此工程相关的所有设计文件。此文件夹将被EDA软件默认为工作库（work library）。一般地，不同的设计项目最好放在不同的文件夹中，而同一工程的所有文件都放在同一文件夹中。注意不要将工程文件夹设在已有的安装目录中，也不要建立在桌面上。在建立了文件夹后就可以将设计文件通过Quartus的文本编辑器编辑并存盘了，步骤如下：

（1）设本项设计的文件夹名为MULT_DEMO，在D盘中，路径为D:\ MULT_DEMO。

（2）输入源程序。打开Quartus，选择File→New命令。在New窗口中的Design Files栏选择编译文件的语言类型，这里选择Verilog HDL File选项，如图4-1所示。然后在Verilog文本编译窗口中输入例4-1四位乘法器程序，完成后如图4-2所示。

（3）文件存盘。选择File→Save As命令，找到已设立的文件夹D:\ MULT_DEMO，存盘文件名应该与实体名一致，即 MULT4B.v（图 4-2）。单击“保存”后将出现问句“Do you want to create a new project with this file?”，若单击 Yes 按钮，则直接进入创建工程的流程；若单击 No 按钮，可按以下方法进入创建工程流程。这里不妨选 No。

【例 4-1】

```
module MULT4B(RX,AX,BX);
  output[3:0] RX;      input [3:0] AX,BX;
  reg[7:0] TA,RX;      reg[3:0] TB;
    always @(AX or BX)
  begin
     RX = 0; TA = AX;  TB = BX;
     repeat(4) begin
      if (TB[0])  begin  RX=RX+TA;     end
        TA = TA<<1;   TB = TB>>1;       end
    end
endmodule
```

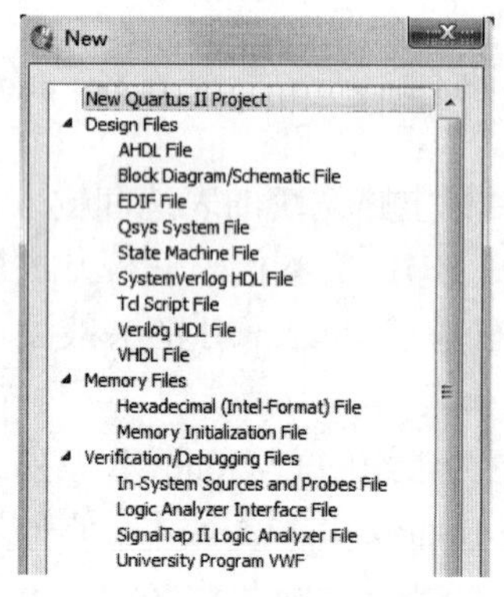

图 4-1　选择编辑文件类型

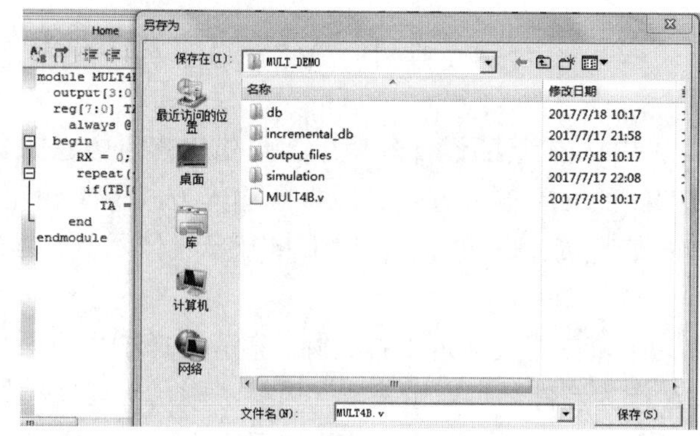

图 4-2　编辑输入源程序并存盘

4.1.2　创建工程

在此要利用 New Project Wizard 工具选项创建此设计工程，即令顶层设计 MULT4B.v 为工程，并设定此工程的一些相关信息，如工程名、目标器件、综合器、仿真器等。

（1）打开并建立新工程管理窗口。选择 File→New Project Wizard 命令，即弹出设置窗口，如图 4-3 所示。单击此对话框第二栏右侧的“...”按钮，找到文件夹 D:\MULT_DEMO，选中已存盘的文件 MULT4B.v，再单击“打开”按钮，即出现如图 4-3 所示的设置情况。其中第一行的 D:/MULT_DEMO/表示工程所在的工作库文件夹。第二行的 MULT4B 表示此项工程的工程名。工程名可以取任何其他的名，也可直接用顶层文件的实体名作为工程名，在此就是按这种方式取的名。第三行是当前工程顶层文件的实体名，这里即 MULT4B。

（2）将设计文件加入工程中。单击 Next 按钮，在弹出的对话框中单击 File 栏后的按钮，将与工程相关的所有 Verilog 文件都加入此工程。

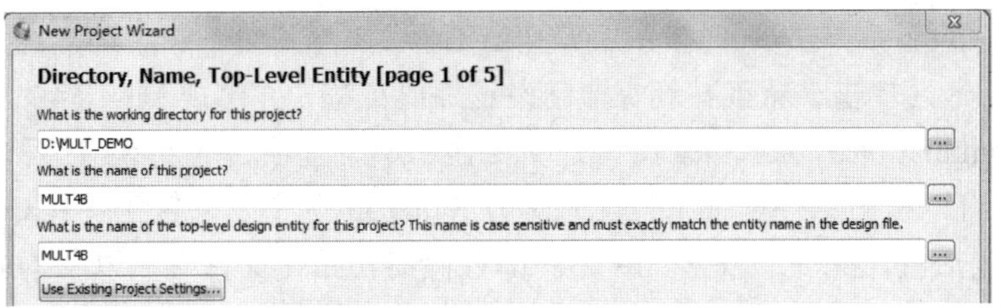

图 4-3　利用 New Project Wizard 创建工程 MULT4B

（3）选择目标芯片。单击 Next 按钮，选择目标器件。首先在 Device Family 下拉列表框中选择芯片系列，在此选 Cyclone IV E 系列（即 Cyclone 4E 系列）。设选择此系列的具体芯片名是 EP4CE55F23C8。这里 EP4CE55 表示 Cyclone 4E 系列及此器件的逻辑规模，F 表示芯片是 FBGA 封装，C8 表示速度级别。便捷的方法是通过如图 4-4 所示的窗口右边的三个下拉列表框选择过滤条件，分别选择 Package 为 FBGA、Pin Count 为 484（即此芯片的引脚数量是 484 只）和 Speed grade 为 8。

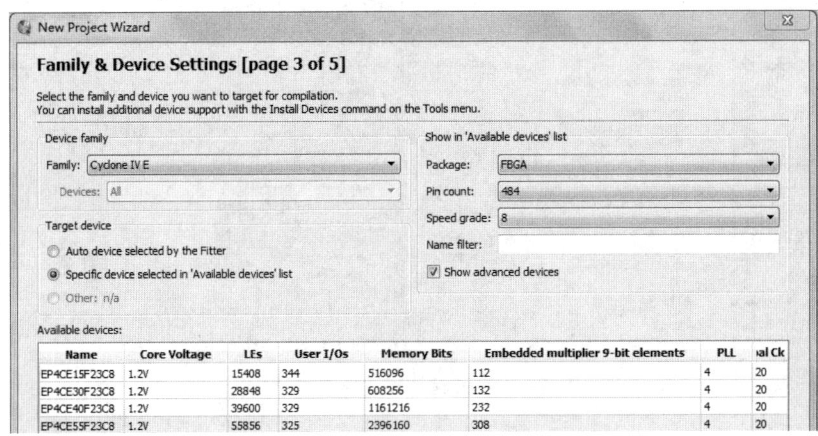

图 4-4　选择目标器件 EP4CE55F23C8

（4）工具设置。单击 Next 按钮后，弹出的下一个窗口是 EDA 工具设置窗口——EDA Tool Settings（图 4-5）。此窗口有三项选择，其他选择默认，即选择自带的工具，而 Simulation（仿真工具）栏选择 ModelSim-Altera，Format（格式）栏选择 Verilog HDL。

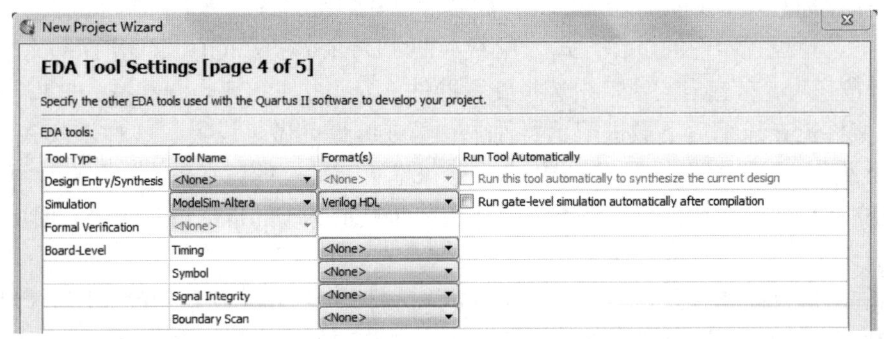

图 4-5　设计与验证工具软件选择

（5）结束设置。单击 Next 按钮后即弹出工程设置统计窗口，上面列出了此项工程相关设置情况。最后单击 Finish 按钮，即已设定好此工程，并出现 MULT4B 的工程管理窗口，或称 Compilation Hierarchies 窗口，主要显示本工程项目的层次结构和实体名。

Quartus 将工程信息存储在工程配置文件（quartus）中。它包含有关 Quartus 工程的所有信息，包括设计文件、波形文件、内部存储器初始化文件等，以及构成工程的编译器、仿真器和软件构建设置。

4.1.3 全程编译前约束项目设置

在对工程进行编译处理前，必须给予必要的设置和约束条件，以便使设计结果满足工程要求。主要步骤如下：

（1）选择编译约束条件。选择 Assignmemts→Settings，进入如图 4-6 所示对话框。

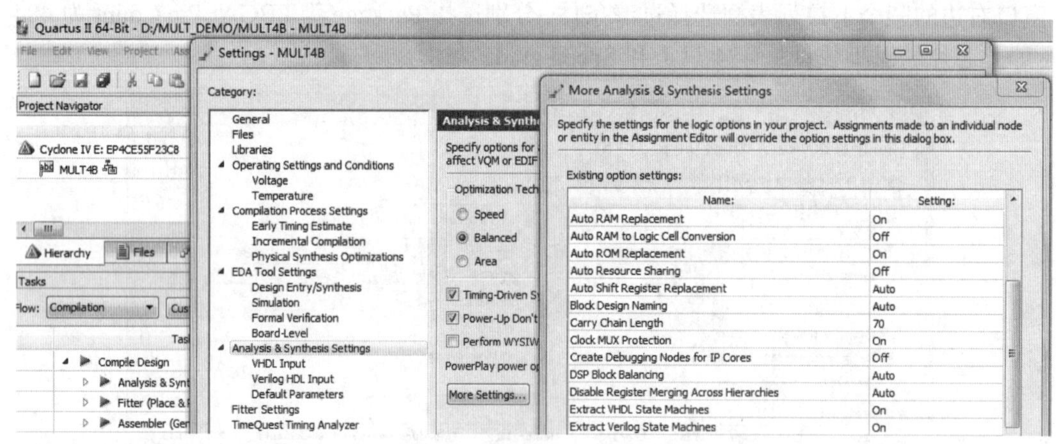

图 4-6　选择编译综合的工作方式

在 Category 栏可以进行多项选择，如确认 Verilog 语言版本（默认 Verilog HDL 2001）、布线布局方式、适配努力程度、内嵌逻辑分析仪使能、仿真文件和仿真方式确定；或在此对话框选择 Analysis & Synthesis Settings 项，并单击 More Settings 按钮，进入更多可供综合与适配控制的选项栏（图 4-6 右侧）。

（2）选择目标芯片的其他控制项。选择 Assignmemts→Device（如图 4-7 左侧所示），然后选择目标芯片为 EP4CE55F23C8（此芯片已在以上建立工程时选定了）。

（3）选择配置器件的工作方式。在图 4-7 的 Device 对话框中，单击 Device and Pin Options 按钮后，在弹出的窗口中选择配置器件、编程方式和工作方式等。如果希望对编程配置文件能在压缩后下载进配置器件中，可在编译前做好设置。这对 FPGA 的专用 Flash 配置存储器的编程设置很重要，它将确保基于 FPGA 的数字系统在脱离计算机后能稳定独立地工作。注意，窗口下方将随项目名而显示对应的帮助说明文字，用户可随时参考。

（4）选择目标器件引脚端口状态。例如，选择图 4-7 所示窗口中的无用引脚 Unused Pins 选项，可根据实际需要选择目标器件闲置引脚的状态，如可选择为输入状态呈高阻态（推荐此项选择），或输出状态（呈低电平），或输出不定状态，或不作任何选择。在其他选项中也可作一些选择，各选项的功能可参考窗口下的 Description 说明。

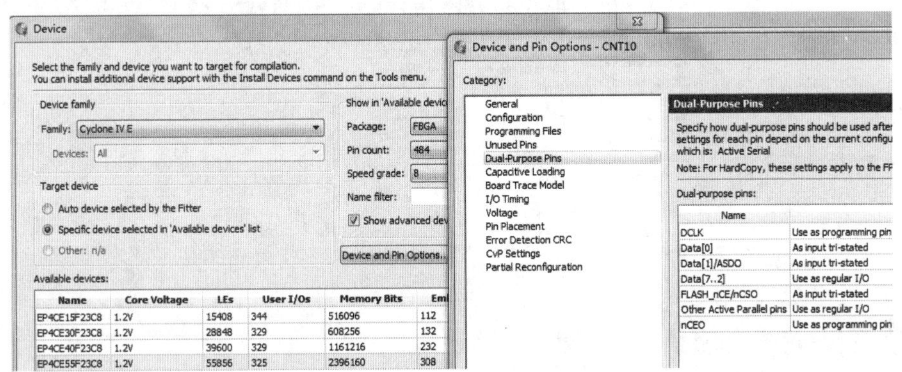

图 4-7 选择目标器件和工作方式

例如，对双功能引脚进行设置。选择图 4-7 所示窗口中的 Dual-Purpose Pins 选项，对必要的引脚进行选择，如选择 nCEO 为 Use as regular I/O，即选择 nCEO 脚当作普通 I/O 脚来使用（当引脚不够用时可以这样选，通常可以不动它）。

4.1.4 全程综合与编译

Quartus 编译器是由一系列处理工具模块构成的，这些模块负责对设计项目的检错、逻辑综合、结构综合、输出结果的编辑配置，以及时序分析等。在这一过程中，将设计项目适配到 FPGA 目标器件中，同时产生多种用途的输出文件，如功能和时序信息文件、器件编程的目标文件等。编译器首先检查出工程设计文件中可能的错误信息，以供设计者排除，然后产生一个结构化的以网表文件表达的文件。

在编译前，设计者可以通过各种不同的设置和约束选择，指导编译器使用各种不同的综合和适配技术，以便提高设计项目的工作速度，优化资源利用率。而且在编译过程中可以从编译报告窗口中获得所有相关的编译信息，以利于设计者及时调整设计方案。

在设计文件的编辑输入、创建工程和约束设置后，就要在 Quartus 平台上进行编译了。开始编译前首先选择 Processing→Start Compilation 命令，启动全程编译（如图 4-8 所示）。这里所谓的全程编译（compilation）包括以上提到的 Quartus 对设计输入的多项处理操作，其中包括输入文件的排错、数据网表文件提取、逻辑综合、适配、装配文件（仿真文件与编程配置文件）生成，以及基于目标器件的工程时序分析等。

编译过程中要注意工程管理窗下方的 Processing 处理栏中的编译信息。如果工程中的文件有错误，启动编译后，在下方的 Processing 栏中会显示出来。对于 Processing 栏显示出的语句格式错误，可双击此条文，即弹出对应的 Verilog 文件，在深色标记条附近有文件错误所在。如果发现报出多条错误信息，每次只需要检查和纠正最上面报出的错误即可。因为许多情况下，是由于某一种错误导致了多条错误信息报告。

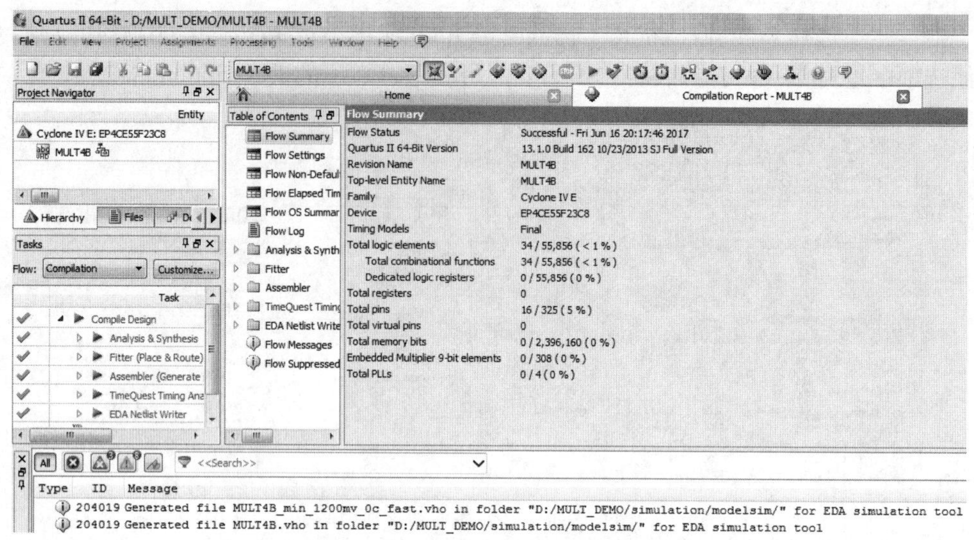

图 4-8　全程编译无错后的报告信息

若编译成功，可见到图 4-8 所示的工程管理窗口的左上角显示了工程 MULT4B 的层次结构和其中结构模块耗用的逻辑宏单元数；在此栏下是编译处理流程，包括数据网表建立、逻辑综合、适配、配置文件装配和时序分析等。最下是编译处理信息；中栏（Compilation Report 栏）是编译报告项目选择菜单，单击其中各项可以详细了解编译与分析结果。例如选择 Flow Summary 选项，将在右栏显示硬件耗用统计报告，其中报告了当前工程耗用了 34 个逻辑宏单元、0 个专用寄存器（组合电路）、0 个内部 RAM 位等。

需要特别注意：

（1）图 4-8 所示的工程管理窗口左上角的路径指示和工程名。它指示的是当前处理的一切内容皆为此路径文件夹中的工程。

（2）若编译能无错通过，甚至也有 RTL 电路产生，但仿真波形就是不对，硬件功能也出不来。对此，不能一味地靠软件排错，必须仔细检查 Quartus 的各项设置的正确性；此外，对 Processing 栏中显示的编译处理信息中的 Warning 和 Critical Warning 警告信息要仔细阅读，不要放过，问题可能就在此处。

4.1.5　RTL 图观察器应用

Quartus 可实现硬件描述语言或网表文件（Quartus 网表文件格式包括 VHDL、Verilog、BDF、TDF、EDIF、VQM）对应的 RTL 电路图的生成。方法如下：

选择 Tools→Netlist Viewers 命令，在出现的下拉菜单中有三个选项：RTL Viewer，即 HDL 的 RTL 级图形观察器；Technology Map Viewer，即 HDL 对应的 FPGA 底层门级布局观察器；State Machine Viewer，即 HDL 对应状态机的状态图观察器。

选择第一项，可以打开 MULT4B 工程的 RTL 电路图。再双击图形中有关模块或选择左侧各项，还可逐层了解各层次的电路结构。

4.2 仿真测试

当前的工程编译通过后，必须对其功能和时序性质进行仿真测试，以了解设计结果是否满足原设计要求。这可以用针对逻辑电路的仿真软件来完成。仿真软件主要有两类：第一类是由 FPGA 供应商自己推出的仿真软件，如 Altera 公司的 Quartus 中自带的门级波形仿真软件，此类软件针对性强，易学易用，缺点是只适合于小规模设计。Quartus II 9.1 版本后都已撤除了此类软件，此后只能直接使用第三方仿真软件 ModelSim 了；另一类是 EDA 专业仿真软件商提供的，所谓第三方仿真工具软件，如 ModelSim。在 Quartus 的平台上使用第三方仿真软件 ModelSim 有多种方式，一种是直接使用，其详细用法在第 9 章介绍；另一种是面向大学计划的以间接形式的使用，即在新版 Quartus 中将 ModelSim 整合成类似旧版门级波形仿真器那样，基本保持原有的直观易用的特性，使得用户几乎可以使用原来早已熟悉的操作流程进行便利的仿真。

其实例 4-1 就是例 3-13 的简化程序。那么为什么不直接用例 3-13 呢？这是考虑到 Quartus II 13.1 版本的波形仿真器要求仿真文件中的总线矢量型端口信号的最低位元素的排序必须是 0。例如 A(4 DOWNTO 1)和 B(9 DOWNTO 2)等，必须改为 A(3 DOWNTO 0)和 B(7 DOWNTO 0)。16.1 版本要好一点，即可以将端口的每一个元素调入仿真文件，然后进行 Grouping。至于第 9 章介绍的仿真方法就完全没有这些限制了。

以下即给出基于 ModelSim 的波形仿真器的仿真流程详细步骤：

（1）确认 Quartus 中的仿真工具是否指向 Modelsim 所在路径。选择 Tools→Options，在 General 选择 EDA Tool Options，即出现如图 4-9 所示窗口。在此窗口最下方的 ModelSim-Altera 栏，可以见到指向了安装软件 ModelSim ASE 的路径。此路径是安装 Quartus II 13.1 或 16.1 时自动加上去的：E:\altera\13.1\modelsim_ase\win32aloem。

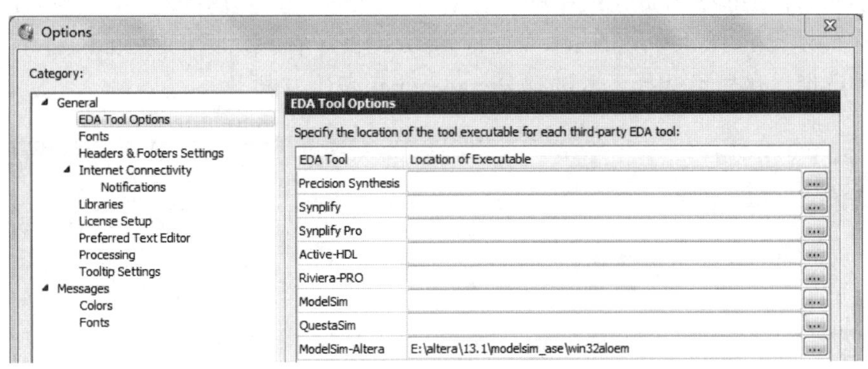

图 4-9 查看 Quartus 仿真工具指向 ModelSim 仿真软件的路径

（2）打开波形编辑器。选择 File→New 命令，在 New 窗口（如图 4-1 所示）中选择 University Program VWF（即大学计划 Vector Waveform File）选项。单击 OK 按钮，即出现空白的 VWF 波形编辑窗，如图 4-10 所示。

（3）设置仿真时间区域。对于时序仿真来说，将仿真时间轴设置在一个合理的时间区域上十分重要。通常设置的时间范围可在数十微秒间。选择 Edit→Set End Time 命令，在弹出的窗口中的 End Time 栏可输入仿真时间，例如输入 55，单位为微秒（μs，窗口中用 us 代替）。于是整个仿真域的时间即设定为 55μs，如图 4-11 所示。

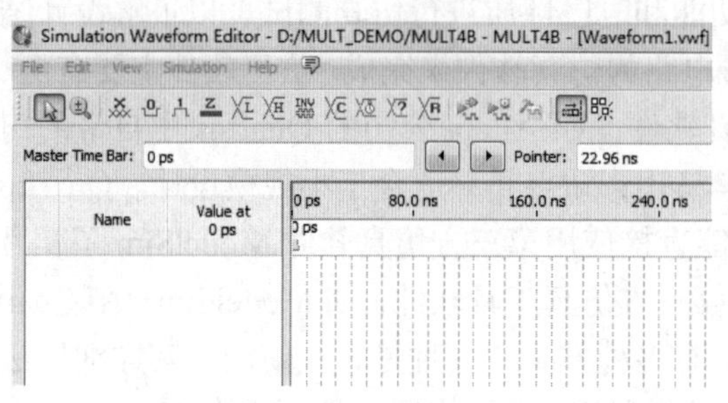

图 4-10 Vector Waveform File 文件编辑窗

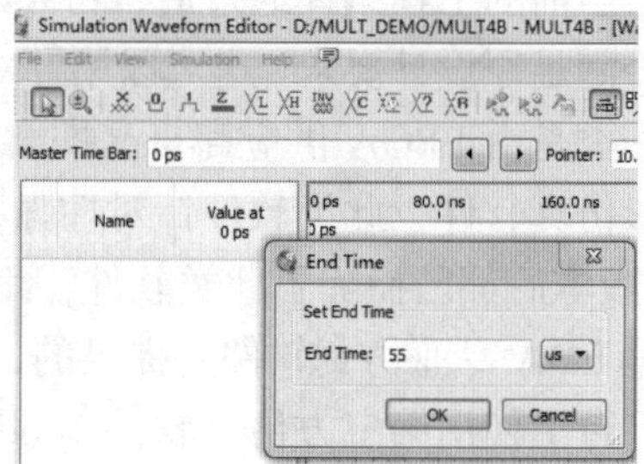

图 4-11 设置仿真时间长度

（4）波形文件存盘。选择 File→Save As 命令，将波形文件存盘于 D:\ MULT_DEMO 中。例如，文件名可取为：MULT4B.vwf。

（5）将工程 MULT4B 的端口信号节点选入波形编辑器中。方法是首先选择 Edit→Insert，将弹出 Insert Node or Bus 窗口（图 4-12）。在此窗口单击 Node Finder 按钮，进入 Node Finder 窗（见图 4-12 的右图）。在 Filter 下拉列表框中选 Pins：all，然后单击 List 按钮，于是在左侧的 Nodes Found 窗口中出现 MULT4B 工程的所有端口引脚名。

选中仿真所需的重要的端口节点 AX、BX、RX（以总线 Group 形式选择）于右侧 Selected Nodes 栏。单击 OK 按钮后，所有选中的信号被送到图 4-10 所示的波形编辑窗中。

（6）设置激励信号波形。选中信号的波形编辑窗如图 4-12 所示。可以首先选择总线数据格式。例如，A 的数据格式设置是这样的：若单击如图 4-12 所示的输入数据信号 A 旁边的小三角，则能展开此总线中的所有信号；如果双击左边引脚符号，将弹出对该信号数据格式设置的 Node Properties 对话框（图 4-13）。在该对话框的 Radix 下拉列表框中有四种选择，这里可选择十六进制 Hexadecimal 表达方式。

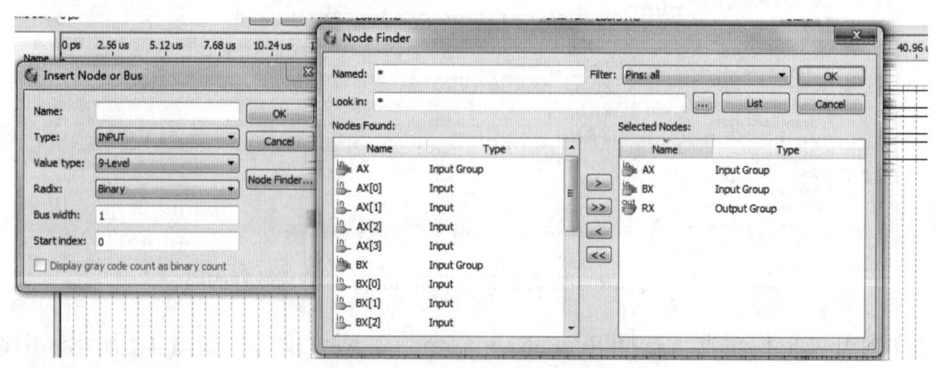

图 4-12 加入仿真需要的信号节点

然后是编辑输入数据。由于 AX、BX 都是 4 位待加载的输入数据，需要预先进行设置。用鼠标在图 4-14 所示信号名 AX 的某一数据区拖拉出来一块蓝色区域，然后单击左侧工具栏的“?”按钮，在弹出的窗口输入数据，如 5。继而在不同区域设置不同数据。

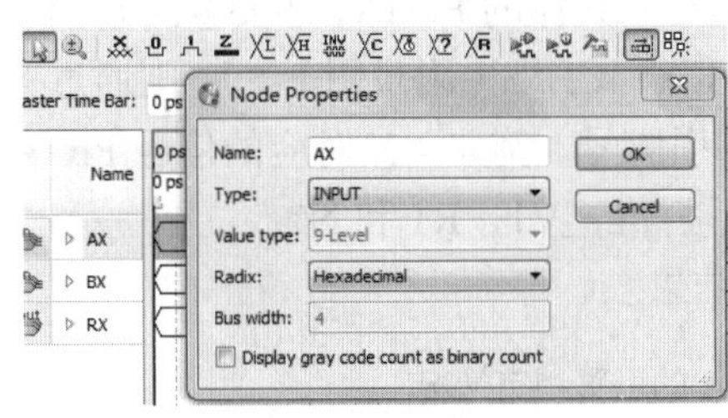

图 4-13　设置矢量数据格式

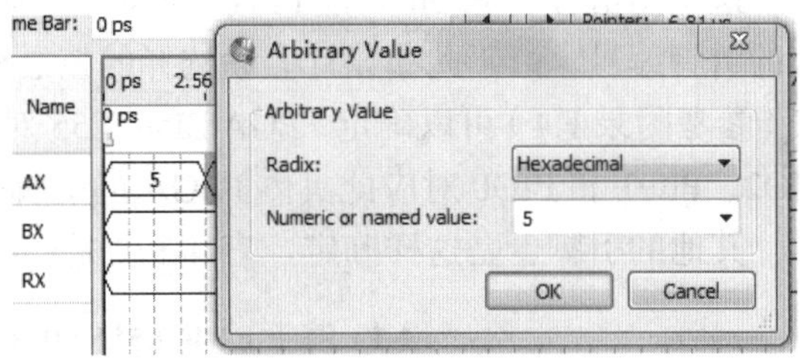

图 4-14　设置输入数据

（7）图 4-15 是最后设置好的.vwf 仿真激励波形文件图。最后对波形文件再次存盘。

（8）启动仿真器。现在所有设置进行完毕，选择文件所示窗口上方的 Simulation→Run Timing Simulation，即启动仿真运算。

（9）观察仿真结果。输出的仿真波形报告文件 Simulation Report 通常会自动弹出，如图 4-16 所示。Quartus 的仿真波形文件中，波形编辑文件（.vwf）与波形仿真报告文件 Simulation Report 是分开的，故而有利于从外部获得独立的仿真激励文件。

分析图 4-16 所示波形可以看出，其输入输出数据完全符合设计要求。

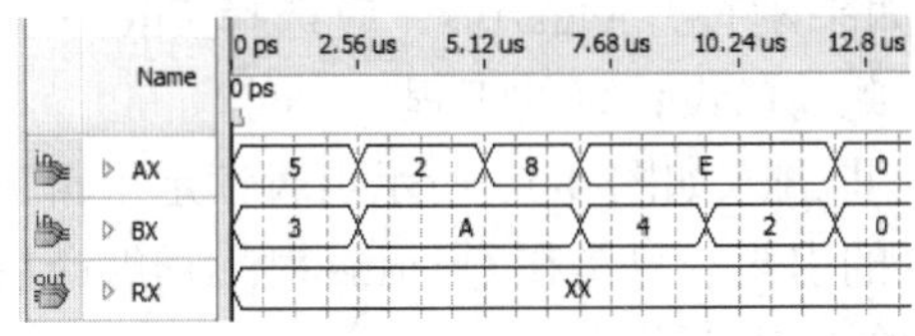

图 4-15　编辑好激励波形

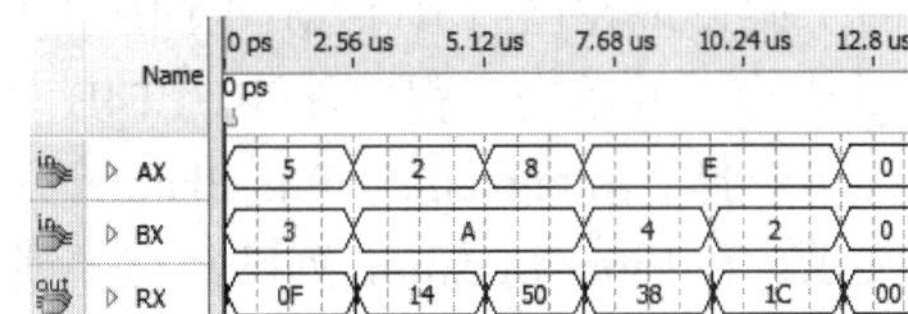

图 4-16　仿真输出的波形文件

4.3　引脚锁定与硬件测试

为了能对此乘法器进行硬件验证，应将其输入输出信号锁定在芯片确定的引脚上，编译下载。当硬件测试完成后，还必须对配置芯片进行编程，完成 FPGA 最终开发。

4.3.1　引脚锁定

在此假定选择附录的 KX-CDS 系统完成此项示例实验，于是可以选择系统上的多功能重配置电路系统（附录 F.1）。当按动系统左侧的模式键选择电路模式时，将出现一系列实验电路，可以根据当前设计电路的具体情况选择一个实验电路。在此选择模式 1，对应的电路如附录图 F-18 所示。设本次实验的核心板（插在 KX-CDS 系统上）是如附录图 F-5 所示的 KX-4CE55 板，它上面的 FPGA 是 Cyclone 4E 型的 EP4CE55F23C8。所以可以选择用键 2 和键 1 分别控制两个乘数 BX 和 AX 的输入数据。

其中键 1 控制输入 4 位二进制数进入 AX，如附录图 F-18 所示，这 4 位对应的 FPGA 信号分别是 PIO3、PIO2、PIO1 和 PIO0；BX 则对应 PIO7、PIO6、PIO5 和 PIO4。而输出的乘积RX的8位分别由数码管6和数码管5来显示，对应的FPGA信号分别是PIO23～PIO20，PIO19～PIO16。

这里的信号名 PIOn 只是 FPGA 的通用引脚名，对于具体的 FPGA，还要查到它们对应的引脚编号。由于此项设计假设选择的核心板是 KX_4CE55（附录图 F-5），则通过查表（参考附录 F.4）可以确定 FPGA EP4CE55 对应的引脚号。例如 AX 对应的信号 PIO3、PIO2、PIO1 和 PIO0 对应此具体 FPGA 的引脚分别是 Y1、V1、R1 和 N1。

其他的引脚也是这样确定。表 4-1 便是归纳的结果。

表 4-1　基于 EP4CE55F23C8 FPGA 的引脚锁定情况

信号名	AX(3)	AX(2)	AX(1)	AX(0)	BX(3)	BX(2)	BX(1)	BX(0)
数据输入	键 1				键 2			
电路信号	PIO3	PIO2	PIO1	PIO0	PIO7	PIO6	PIO5	PIO4
FPGA 引脚	Y1	V1	R1	N1	AB6	Y7	AA6	AB3
信号名	RX(7)	RX(6)	RX(5)	RX(4)	RX(3)	RX(2)	RX(1)	RX(0)
数码显示	数码 6				数码 5			
电路信号	PIO23	PIO22	PIO21	PIO20	PIO19	PIO18	PIO17	PIO16
FPGA 引脚	AA4	AA5	Y2	AA1	V2	W1	R2	U1

确定了锁定引脚编号后就可以完成以下引脚锁定了：

（1）假设现在已打开了 MULT4B 工程。如果刚打开 Quartus，应选择 File→Open Project 命令，并单击工程文件 MULT4B，打开此前已设计好的工程。

（2）选择 Assignments→Pin Planner 命令，即进入如图 4-17 所示引脚锁定编辑窗。此图显示，在 Fitter Location 列已经有了锁定好的引脚。只是在 Quartus 对工程编译后自动对电路信号给出的引脚锁定，并不是设计者给出引脚情况。

（3）双击图 4-17 所示的 Location 栏对应的信号位置，根据表 4-1 键入对应的引脚，再按回车键，依次下去，输入所有的引脚信号。完成后的情况如图 4-18 所示。

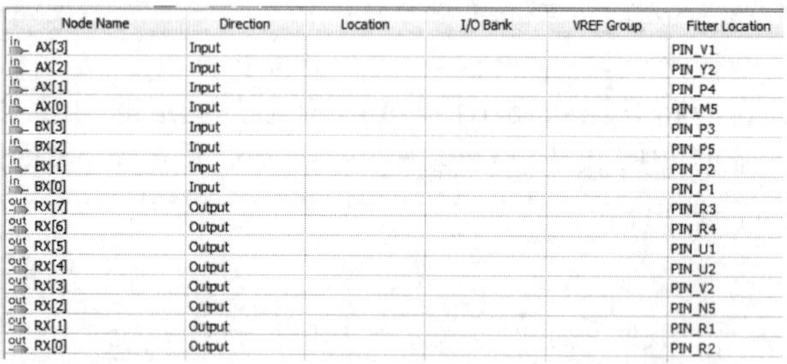

Node Name	Direction	Location	I/O Bank	VREF Group	Fitter Location
AX[3]	Input				PIN_V1
AX[2]	Input				PIN_Y2
AX[1]	Input				PIN_P4
AX[0]	Input				PIN_M5
BX[3]	Input				PIN_P3
BX[2]	Input				PIN_P5
BX[1]	Input				PIN_P2
BX[0]	Input				PIN_P1
RX[7]	Output				PIN_R3
RX[6]	Output				PIN_R4
RX[5]	Output				PIN_U1
RX[4]	Output				PIN_U2
RX[3]	Output				PIN_V2
RX[2]	Output				PIN_N5
RX[1]	Output				PIN_R1
RX[0]	Output				PIN_R2

图 4-17　编译完成后刚打开的 Pin Planner 窗

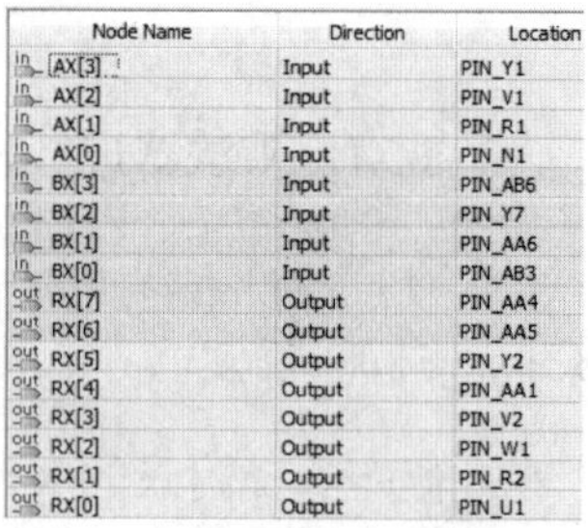

Node Name	Direction	Location
AX[3]	Input	PIN_Y1
AX[2]	Input	PIN_V1
AX[1]	Input	PIN_R1
AX[0]	Input	PIN_N1
BX[3]	Input	PIN_AB6
BX[2]	Input	PIN_Y7
BX[1]	Input	PIN_AA6
BX[0]	Input	PIN_AB3
RX[7]	Output	PIN_AA4
RX[6]	Output	PIN_AA5
RX[5]	Output	PIN_Y2
RX[4]	Output	PIN_AA1
RX[3]	Output	PIN_V2
RX[2]	Output	PIN_W1
RX[1]	Output	PIN_R2
RX[0]	Output	PIN_U1

图 4-18　引脚锁定完成后的情况

（4）注意在输入所希望的引脚编号时，有可能显示不出来，说明此引脚不正确，或是因为此脚只能作输入口，不能作输出口；或者不存在此引脚名等原因。当然即使接受此引脚名，也不能说明此引脚一定合法。编译后有可能报错。总之，读者在设计前还应该了解更多的有关当前 FPGA 的信息。

最后必须再编译一次，即启动 Start Compilation。以后每改变一次引脚或其他设置，都要重新编译后才能将引脚锁定信息编译进编程下载文件中。此后就可以准备将编译好的文件下载到实验系统的 FPGA 中了。

4.3.2 编译文件下载

将编译产生的 SOF 格式配置文件下载进 FPGA 中，进行硬件测试的步骤如下：

（1）打开编程窗口和配置文件。首先连接好 USB 下载线，打开电源。在工程管理窗口中选择 Tools→Programmer 命令，弹出如图 4-19 所示的编程窗口。在 Mode 下拉列表框中有四种编程模式，选择模式：JTAG。

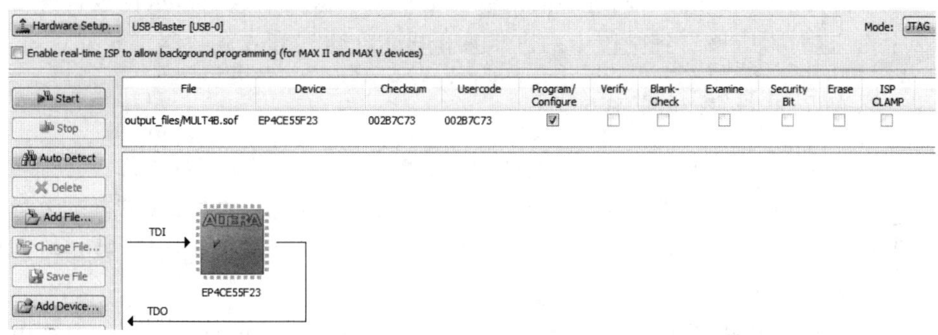

图 4-19　选择 JTAG 编程模式，将 SOF 文件载入 FPGA

为了直接对 FPGA 进行下载（配置），在编程窗口的编程模式 Mode 一般默认 JTAG。选中（打钩）下载文件右侧的第一个复选框。注意要仔细核对下载文件路径与文件名，确定就是当前工程生成的编程文件（注意此文件所在路径的文件夹是 output_files）。如果此文件没有出现，可单击左侧的 Add File 按钮，手动选择配置文件 MULT4B.sof。

（2）设置编程器。若是初次安装的 Quartus，在编程前必须进行编程器选择操作。这里准备选择 USB-Blaster。单击图 4-19 左上角的 Hardware Setup 按钮，在弹出的窗口中设置下载接口方式（图 4-20）。在 Hardware Setup 对话框中，双击此选项卡中的 USB-Blaster 选项之后，单击 Close 按钮，关闭对话框即可。这时应该在编程窗口上方显示出编程方式：USB-Blaster，如图 4-19 所示。

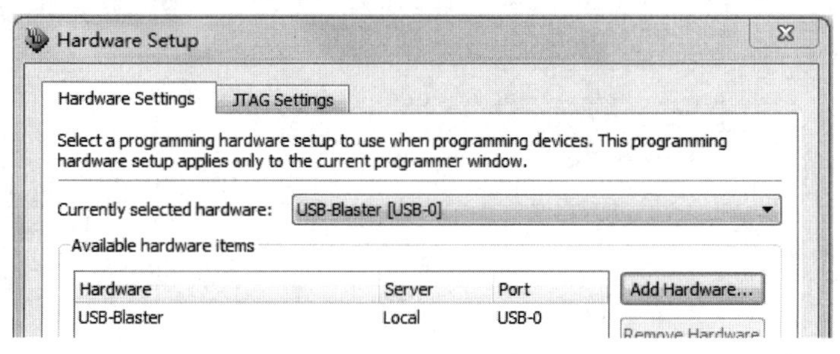

图 4-20　加入编程下载方式

如果在如图 4-20 所示的窗口中 Currently selected hardware 右侧下拉列表框中显示 No Hardware，则必须加入下载方式。即单击 Add Hardware 按钮，在弹出的窗口中单击

OK 按钮，再双击 USB-Blaster，使 Currently selected hardware 右侧下拉列表框中显示 USB-Blaster。

设定好下载模式后可以先删去图 4-19 所示的 SOF 文件，再单击 Auto Detect 按钮。如果 JTAG 口的设置以及开发板的连接没有问题，应该测出板上的 FPGA 的型号。

如图 4-19 所示，向 FPGA 下载 SOF 文件前，要选中 Program/Configure 复选框。最后单击 Start 按钮，即进入对目标器件 FPGA 的配置下载操作。当 Progress 显示出 100% 时，表示编程成功。

（3）硬件测试。对于选择了附录图 F-18 所示的模式 1 实验电路的控制情况，即可按键 1 和键 2，分别输入一位十六进制的乘数和被乘数（这两个数据显示在数码管 1 和数码管 2 上），这时就应该看到两位十六进制乘积显示在数码管 6 和数码管 5 上。

4.3.3 JTAG 间接编程模式

为了使 FPGA 在上电启动后仍然保持原有的配置文件，并能正常工作，必须将配置文件烧写进专用的 Flash 配置芯片 EPCSx 中。EPCSx 是 Cyclone /2/3/4/5 等系列器件的专用配置器件，Flash 存储结构，编程周期一般 10 万次。为了能可靠下载，这里推荐使用间接编程方式对 EPCSx Flash 进行编程。

对于一般用户的开发板，AS 直接模式下载涉及复杂的保护电路，为了简化电路，以下介绍利用 JTAG 口对配置器件进行间接配置的方法。具体方法是首先将 SOF 文件转化为 JTAG 间接配置文件，再通过 FPGA 的 JTAG 口，将此文件对 EPCS 器件进行编程。

1．将 SOF 文件转化为 JTAG 间接配置文件

选择 File→Convert Programming Files 命令，在弹出的窗口中作如下设置（如图 4-21 所示）。

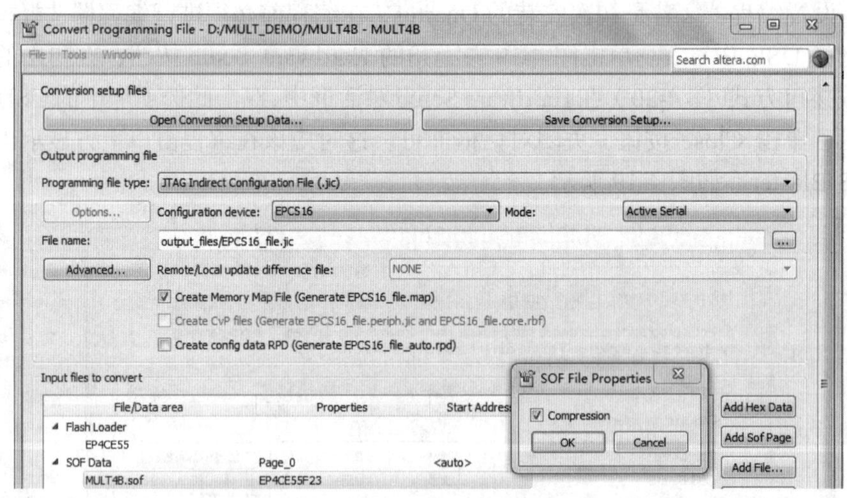

图 4-21　设定 JTAG 间接编程文件

（1）首先在 Programming file type 下拉列表框中选择输出文件类型为 JTAG 间接配置文件类型：JTAG Indirect Configuration File，后缀为.jic。

（2）然后在 Configuration device 下拉列表框中选择配置器件型号：EPCS16，这是由于核心板 KX-4CE55 上的配置器件就是 EPCS16（容量 16Mb）。

（3）再于 File name 文本框中输入输出文件名，如: EPCS16_file.jic。

（4）单击最下方 Input files to convert 栏中的 Flash Loader 项，然后单击右侧的 Add Device 按钮，这时将弹出 Select Devices 器件选择窗口。在此窗口左栏中选定目标器件的系列：Cyclone 4E；再于右栏中选择具体器件：EP4CE55；单击（选中）Input files to convert 栏中的 SOF Data 项，然后单击右侧的 Add File 按钮，选择 SOF 文件：MULT4B.sof。

（5）选择压缩模式。单击选中加入的 SOF 文件名，再单击右侧的 Properties 按钮，选中 Compression 复选框，单击 OK。最后单击 Generate，即生成所需要的 JIC 编程文件。

2．下载 JTAG 间接配置文件

选择 Tool→Programmer 命令（JTAG 模式），加入 JTAG 间接配置文件 EPCS16_file.jic，如图 4-22 所示作必要的选择（注意一些打钩的操作项），单击 Start 按钮后进行编程下载。为了证实下载后系统能正常工作，在下载完成后，必须关闭系统电源，然后再打开电源，以便启动 EPCS 器件对 FPGA 的配置。然后观察计数器的工作情况。

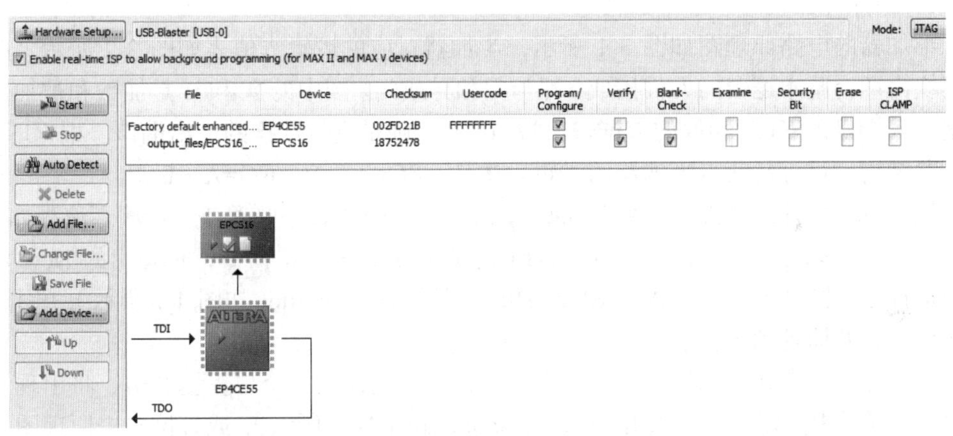

图 4-22　用 JTAG 模式将间接配置文件烧入配置器件 EPCS16 中

4.3.4　USB-Blaster 驱动程序安装方法

对于有的核心板，在初次使用 USB-Blaster 编程器前，需首先安装 USB 驱动程序。

将 USB-Blaster 编程器一端插入 PC 机的 USB 口，这时会弹出一个 USB 驱动程序对话框，根据对话框的引导，选择用户自己搜索驱动程序，这里假定 Quartus 安装在 E 盘，则驱动程序的路径为 E:\altera\quartus\drivers\usb-blaster。

安装完毕后，打开 Quartus II，选择编程器，单击图 4-19 左上角的 Hardware Setup 按钮，在弹出的窗口中双击 USB-Blaster 项。此后就能如同前面介绍的编程器一样使用了。

4.4　电路原理图设计流程

Quartus 具备功能强大、直观便捷和操作灵活的原理图输入设计功能，同时还配备了丰富的元件库，其中包含基本逻辑元件库（如逻辑门、D 触发器等）、宏功能元件（包含了几乎所有 74 系列的器件），以及类似于 IP 核的参数可设置的宏功能块 LPM 库。Quartus 同样提供了原理图输入多层次设计功能，使得用户能设计更大规模的电路系统。与传统的数字电路设计相比，Quartus 提供的原理图输入设计功能具有不可比拟的优势和先进性：

- 设计者不必具备诸如硬件描述语言等知识就能迅速入门，完成电路系统设计。
- 能进行多层次的数字系统设计（传统的数字电路只能完成单一层次的设计）。
- 能对系统中的任一层次或任一元件的功能进行精确的时序仿真与分析。
- 通过时序仿真，能迅速定位电路系统的错误所在，并随时纠正。
- 能对设计方案随时进行更改，并储存设计过程中所有的电路和测试文件入档。

本节将通过一个简单示例设计流程，介绍电路原理图输入的设计方法。

1．用原理图设计一个半加器

半加器的电路原理图如图 3-1 所示，半加器对应的逻辑真值表如图 3-2 所示。此电路模块由两个基本逻辑门元件构成，即与门和异或门。图中的 A 和 B 是加数和被加数的数据输入端口，SO 是和值的数据输出端口，CO 则是进位数据的输出端口。根据图 3-1 的电路结构，很容易获得半加器的逻辑表述是：SO=A⊕B；CO=A·B 。

假设本项设计的文件夹取名为 adder，路径为 D:\adder。原理图编辑输入流程如下：

（1）打开原理图编辑窗。打开 Quartus，选择 File→New 命令，在弹出的 New 对话框中选择原理图文件编辑输入项 Block Diagram/Schematic File（如图 4-1 所示），单击 OK 按钮后将打开原理图编辑窗口。

（2）建立一个初始原理图文件。在编辑窗口中的任何一个位置上右击，将出现快捷菜单，选择其中的输入元件项 Insert→Symbol（如图 4-23 所示），或直接双击原理图编辑窗口，将弹出如图 4-24 所示的输入元件的对话框。在左下方的 Name 栏输入引脚符号 input。然后单击 Symbol 窗口的 OK 按钮，即可将元件调入原理图编辑窗口中。

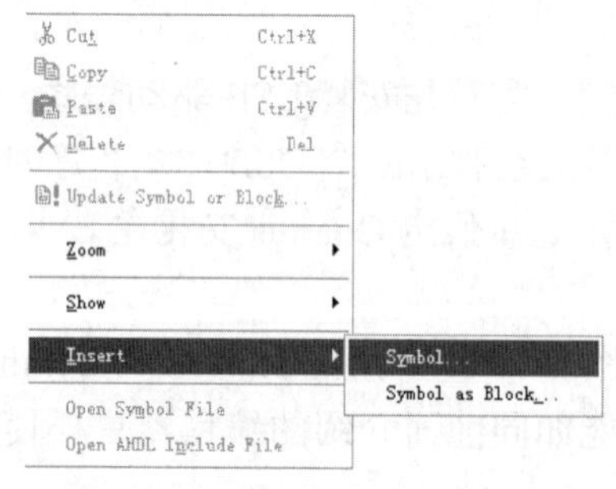

图 4-23　选择打开元件输入窗

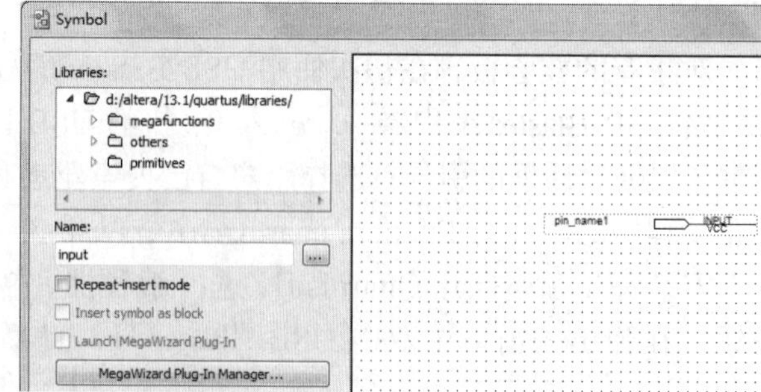

图 4-24　在元件输入对话框输入引脚

（3）原理图文件存盘。选择 File→Save As 命令，将此原理图文件先存于刚才建立的目录 D:\adder 中，将已设计好的原理图文件取名为 h_adder.bdf，注意默认的后缀是.bdf，而且此原理图尚未完成，因为只加入了一个输入端口，并存盘在此文件夹内。

（4）创建原理图文件为顶层设计的工程。然后将此文件 h_adder.bdf 设定为工程。此工程建立的流程与 4.1 节介绍的基本相同，唯一不同是文本文件改成了原理图文件。

（5）绘制半加器原理图。创建工程后即进入了工程管理窗，设工程名是 h_adder。注意工程管理窗左上角的工程路径和工程名是 D:/adder/h_adder。双击左侧的工程名，再次进入原理图编辑窗。双击原理图编辑窗口任何位置，再次弹出如图 4-24 所示的输入元件的对话框，分别在 Name 栏输入（调入）元件名为 and2、xor 和输出引脚 output，并用鼠标左键拖动的方法，接好电路，参考图 3-5。然后分别在 input 和 output 引脚的 PIN NAME 上双击使其变深色，再用键盘分别输入各引脚名：A、B、CO 和 SO。最后，作为本项工程的顶层电路原理设计图如图 4-25 所示。

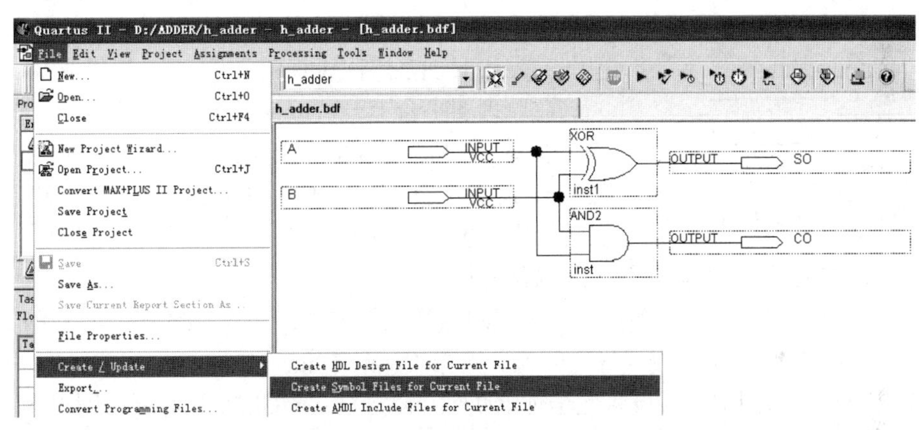

图 4-25　完成设计并将半加器封装成一个元件，以便在更高层设计中调用

（6）仿真测试半加器。全程编译后，按照 4.2 节的流程对此半加器工程进行仿真测试，仿真结果应该类似于图 3-7 所示波形。至此，半加器设计成功。

2．设计全加器顶层文件

为了构建全加器的顶层设计，必须将以上设计的半加器 h_adder.bdf 设置成可调用的底层元件。方法如图 4-25 所示，在半加器原理图文件 h_adder.bdf 处于打开的状态下，选择 File→Create/Update→Create Symbol Files for Current File 命令，即可将当前电路图变成一个元件符号存盘（元件文件名是 h_adder.bsf），以便在高层次设计中调用。

为了设计全加器作为顶层设计，必须另开一个原理图编辑窗口，方法同前，即选择 File→New→Block Diagram/Schematic File 命令，然后将其设置成新的工程。

首先将打开的空的原理图仍存盘于 D:\adder，文件可取名为 f_adder.bdf，作为本项设计的顶层文件。然后按照前面介绍的方法将顶层文件 f_adder.bdf 设置为工程。

建立工程后，在新打开的原理图编辑窗口双击鼠标，弹出的窗口如图 4-26 所示，在左复选窗口的 Project 下单击选择先前存入的 h_adder 元件，调入原理图编辑窗口中。最后调出相关元件，按照第 3 章的图 3-7 所示连接好全加器电路图。

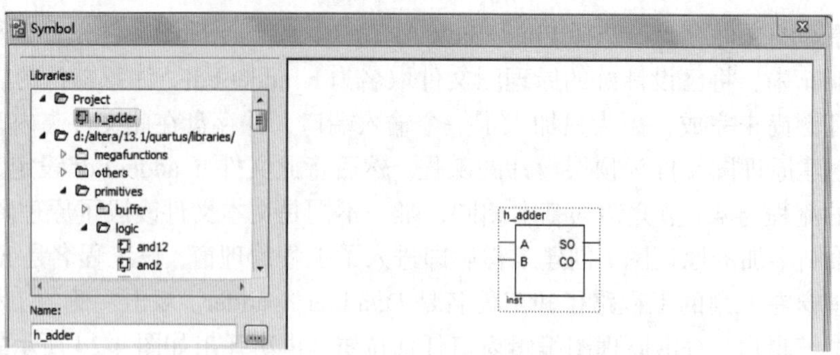

图 4-26 在 f_adder 工程下加入半加器原件

3．对设计项目进行时序仿真

工程完成后即可进行全程编译。此后的所有流程都与以上介绍的方法和流程相同。图 4-27 所示是全加器工程 f_adder 的仿真波形。于是通过一个全加器设计的示例，展示了多层次设计原理图方式的基本流程。此示例是使用原理图的方法实现多层次设计的。

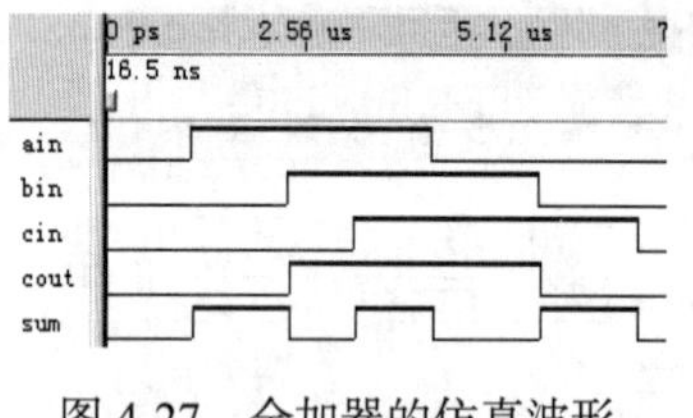

图 4-27 全加器的仿真波形

在原理图平台上，可以使用图 4-25 所示的完全相同的方法将 Verilog 文本文件变成原理图中的一个元件，实现 Verilog 文本设计与原理图的混合输入设计方法。只是在转换中需要注意以下三点。

（1）被转换的 Verilog 文本文件也要呈打开状态。

（2）转换好的元件必须存在当前工程的路径文件夹中，文件后缀也默认为.bsf。

（3）按图 4-25 所示的方式进行转换，选择 Create Symbol Files for Current File 项。

在本项设计示例中，假设将此全加器仍然下载于 KX_4CE55 核心板（附录图 F-5）上的 FPGA 中进行硬件测试。为此可以根据 4.3.1 节的方法进行引脚锁定和测试。

对于全加器的硬件测试不妨选择模式 6（对应的实验电路如附录图 F-19 所示），可以用键 3、键 4、键 5 分别控制全加器的输入信号 ain、bin、cin；发光管 D1 和 D2 分别显示 sum 和 cout 的输出情况。于是输入信号 ain、bin、cin 分别对应附录图 F-19 电路中 FPGA 的 PIO8、PIO9、PIO10；sum 和 cout 分别对应电路中 FPGA 的 PIO16、PIO17，查表后可以得到具体的引脚号（查表参考附录 F.4）。

4.5 HDL 版本设置及 Analysis & Synthesis 功能

作为 Quartus 的编译模块之一，选择 Assignments 中的 Settings 对话框的 Analysis & Synthesis（如图 4-6 所示），包括 Quartus II Integrated Synthesis 集成综合器，完全支持 VHDL 和 Verilog HDL，并提供控制综合过程的（约束）选项。支持 Verilog 1995 标准（IEEE1364-1995）和大多数 Verilog 2001 标准（IEEE1364-2001），还支持 VHDL 1987（IEEE1076-1987）和 1993（IEEE1076-1993）标准。在默认情况下，Analysis & Synthesis 使用 VHDL 1993 和 Verilog HDL 2001。还可以指定 Quartus 将非 Quartus 函数映射到

Quartus 函数的库映射文件（.lmf）上。Analysis & Synthesis 构建单个工程数据库，将所有设计文件集成在设计实体或工程层次结构中。Quartus 用此数据库进行其余工程的处理。其他 Compiler 模块对该数据库进行更新，直到它包含完全优化的工程。

当建立数据库时，Analysis & Synthesis 的分析阶段将检查工程的逻辑完整性和一致性，并检查边界连接和语法错误。Analysis & Synthesis 还在设计实体或工程文件的逻辑上进行综合和技术映射，它从 VHDL 和 Verilog HDL 的程序描述中推断/萃取出触发器、锁存器和状态机，能为状态机建立状态编码分配，并做出能减少所用资源的优化选择。

4.6 利用属性表述实现引脚锁定

本节介绍属性表述在 Verilog 文本表述中直接控制引脚锁定的方法。引脚锁定的设置也能直接写在程序文件中。这就是利用所谓的引脚属性定义来完成引脚锁定。引脚属性定义的格式随各厂家的综合器和适配器的不同而不同。

Altera 在其 Quartus 中也提供了多种可用于规定信号或综合后电路功能的属性语句及定义方法。以下的例 4-2 是直接在本章 4.1 节引用的示例（例 4-1）中用引脚属性表述在程序文本上定义引脚的程序。此程序编译下载后进行硬件测试的结果与 4.1 节所述相同。注意其属性表述方式和表述放置的位置。

【例 4-2】

```
module MULT4B(RX,AX,BX);
 input  [3:0] AX  /*synthesis chip_pin="Y1,V1,R1,N1" */;
 input  [3:0] BX  /*synthesis chip_pin="AB6,Y7,AA6,AB3" */;
 output [7:0] RX  /*synthesis chip_pin="AA4,AA5,Y2,AA1,V2,W1,R2,U1" */;
... //其余部分同例 4-1
```

这种对于引脚属性定义应该注意两点：第一，必须对应确定的目标器件，且本书中出现的属性语句仅适用于 Quartus；第二，只能在顶层设计文件中定义。

此文件编译后可通过以上介绍的选择 Assignments→Pins 命令来查看。

例 4-1 中给出了针对总线的引脚锁定的属性描述。

如果是单个端口的锁定，形式也类似，如：

```
input CLK  /* synthesis chip_pin = "G21" */;
```

单纯的硬件语言都可以脱离具体硬件来描述系统，但就 EDA 工程而言，与 HDL 代码设计有很大的不同之处在于，一个性能优良、工作稳定、性价比高的数字系统不可能仅凭计算机描述语言的描述来实现，它必须借助于与具体硬件实现相关的各种控制信息和控制指令来完成最终的设计。为此，各 EDA 公司的 VHDL/Verilog 综合器和仿真器通常使用自定义的属性（attributes）来实现一些特殊的功能。由综合器和仿真器支持的一些特殊的属性一般都包含在 EDA 工具厂商的程序包里，这些内容不会作为 HDL 的语句语法内容来介绍。例如 Synplify 综合器支持的特殊属性都在 synplify.attributes 程序包中；

又如在 DATA I/O 公司的综合器中，可以使用属性 pinnum 为端口锁定芯片引脚；Synopsys 公司的 FPGA Express 中也在 synopsys.attributes 程序包定义了一些属性，用以辅助综合器完成一些与硬件直接相关的特殊功能。因此给特定变量定义属性，是建立复杂和实用性能良好的数据类型和数字系统的基础。对此，在后文中针对具体问题还会给出相关示例。读者在设计中也应积极查阅属性定义的相关资料，而需实际使用时，也可直接利用 Quartus 提供的模板表述。具体方法如下：

进入当前工程的工程管理窗（图 4-6），双击左侧的工程文件，即打开当前的 Verilog 文件编辑窗。接着选择工程管理窗的项目选项 Edit，此后的菜单选择是 Edit→Insert Template→Verilog HDL→Synthsis Attributes。

进入 Synthsis Attributes 菜单后，可以根据设计需要选择所需的属性，例如选择 Keep Attribute。至于所列属性的含义和用法，可通过选择 Help 参考。

例如参阅 keep 属性的流程是 Help→Megafunctions/LPM；进入此窗口后，在搜索栏内键入“keep Verilog HDL Synthesis Attribute”，即可查阅到 keep 属性的含义和用法说明。

4.7 keep 属性应用

有时设计者希望在不增加与设计无关的信号连线的条件下，在仿真中也能详细了解定义在模块内部的某数据通道上的信号变化情况，如例 3-6 中的信号 net3。但往往由于此信号是模块内部临时性信号或数据通道，在经逻辑综合和优化后被精简掉并除名了，于是在仿真信号中便无法找到此信号，也就无法在仿真波形中观察到此信号。为了解决这个问题，可以使用 keep 属性，通过对关心的信号定义 keep 属性，告诉综合器把此信号保护起来，不要删除或优化掉，从而使此信号能完整地出现在仿真信号中。

这里以例 3-6 来说明 keep 属性的应用。以下的例 4-3 即为例 3-6 改变后的程序。为了在仿真波形中观察到例 4-3 中连线 net3 上的信号，对 net3 定义 keep 属性。

【例 4-3】

```
module f_adder(ain,bin,cin,cout,sum);
  output cout,sum;     input ain,bin,cin;
   (* synthesis, keep *)  wire  net3;
   wire  net2,net1;
   ... //其余部分同例 3-6
```

若设计者希望在仿真中也能详细了解定义在模块内部的某信号的变化情况，就要加上规定此变量也能完整地出现在仿真信号中的属性语句：

```
(* synthesis, keep *)  或  (* synthesis, probe_port, keep *)
```

此属性定义语句可以作用于 net 和 reg 类变量。由于例 4-3 中的 net1 未被列入模块端口，只是被定义在模块内的节点信号。为了能了解 net3，即在例 4-3 中用属性语句规定 net 型变量 net3 为测试端口，告诉综合器保留 net3 信号。此后的操作如下：

对例 4-3 进行全程编译后，仿真激励文件编辑中，首先进入如图 4-10 所示的对话框，在 Filter 栏的“Pin：all”向 vwf 文件窗拖入所有需要的端口信号（ain、bin、cin、cout、sum）后，再于此栏选择 SignalProbe，单击 List 按钮后，如图 4-28 所示。在此窗口即可看到 net3，将其拖入 vwf 仿真激励编辑窗中。启动仿真处理后即得图 4-29 所示的波形图，从图中可以看到 net3 的电平变化情况。

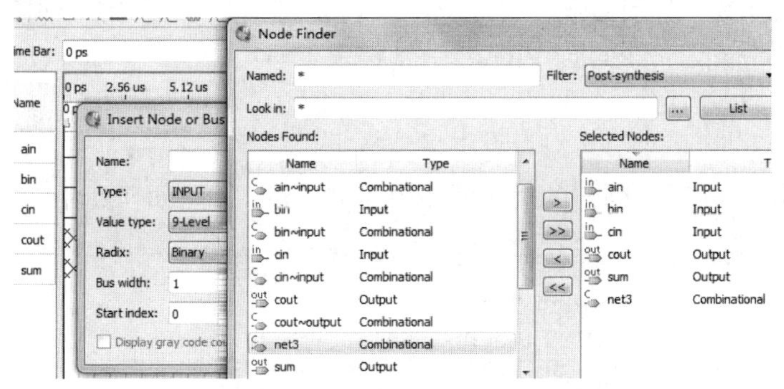

图 4-28　向仿真激励信号波形编辑窗调入信号 net3

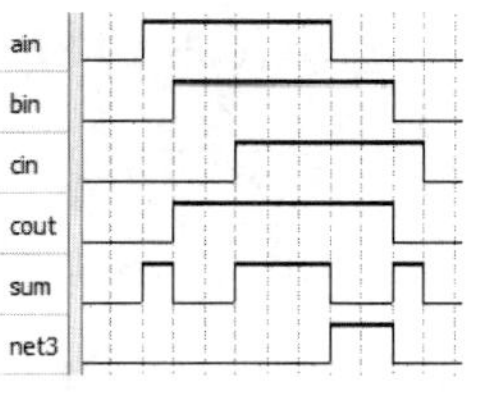

图 4-29　仿真波形

但也可能出现这样的情况，有的信号即使作此处理后，在综合时仍有可能被优化掉，而无法看到它。这时就要赋予它“端口测试属性”。可加入 probe_port 属性，把两个属性定义合在一起，即有如下语句：

```
(* synthesis, probe_port, keep *)  wire  net3;
```

对于矢量信号（如 A[7:0]），可作如下定义：

```
(* synthesis, probe_port, keep *) reg[7:0]  A;
```

4.8　SignalProbe 使用方法

在对 FPGA 开发项目的硬件测试过程中，为了解某项设计内部的某个或某些信号，通常的方法是增加一些外部引出端口，将这些内部信号引到外部以利测试，待测试结束后再删去这些引脚设置。然而此类方法的缺点是，当引出仅用于测试的引脚时已改变了原设计的布线布局，导致删去这些引脚后的系统功能未必能还原到原来的功能结构。为此，可以利用 Quartus 的 SignalProbe 信号探测功能，它能在不改变原设计布局的条件下利用 FPGA 内空闲的连线和端口将用户需要的内部信号引出 FPGA。

这个功能与使用 keep 属性不同。使用 keep 属性仅仅是告诉综合器不要把某信号优化掉，以便在仿真文件中能调出来观察；而 SignalProbe 探测功能的使用是将不属于端口的、指定的内部信号引到器件外部，以便测试。当然有时也必须与 keep 属性的应用联合起来，使得 SignalProbe 能在器件端口实测到内部某些有可能被优化掉的信号。

以下举例说明使用方法。这里仍以例 4-3 为例，使用 SignalProbe 功能，在器件端口上探测原来可能被优化掉的信号 net3。步骤如下：

1．按常规流程完成设计仿真和硬件测试

对于例 4-3，首先按常规流程进行编译和仿真测试，然后锁定引脚进行硬件测试。这里假设使用附录的 KX_CDS 系统，并仍用康芯的 KX-4CE55 核心板（附录图 F-5）。若选择实验电路模式 5（附录图 F-14），则可用键 1、键 2、键 3 分别控制 ain、bin、cin，引脚分别对应 PIO0、PIO1、PIO2，分别锁定于 N1、R1、V1，而发光管 D1、D2 分别显示输出信号 sum、cout，引脚分别对应 PIO8、PIO9，分别锁定于 U2、W2。这都可以通过查附录 F.4 列表得到。

2．设置 SignalProbe Pins

选择 Tools 的 SignalProbe Pins 项，弹出的对话框如图 4-30（最左上一页）所示。

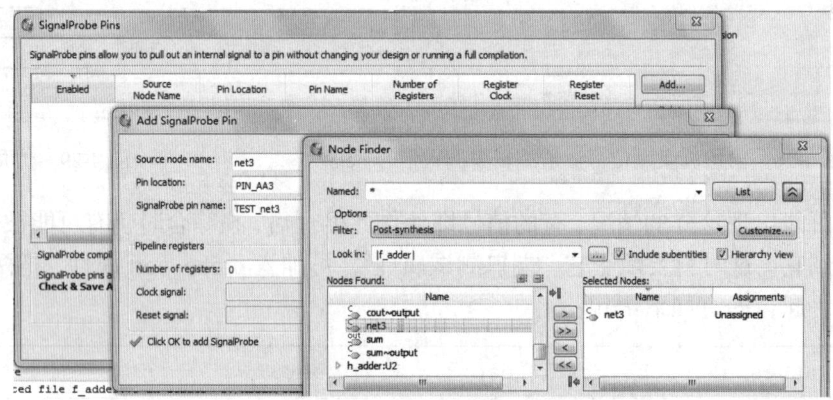

图 4-30　在 SignalProbe 对话框设置探测信号 net3

首先单击此页信号加入按钮 Add。接着在弹出的对话框 Add SignalProbe Pins 中的 Pin Location 一栏输入 net3 于本次实验的引脚号。由于采用的模式 5 实验电路（附录图 F-14），则可用发光管 D3 显示 net3 的信号，此 D3 对应的信号名是 PIO10，查表 KX_4CE55 栏（附录 F.4）的引脚号是 AA3。接着在 SignalProbe Pin name 栏输入为测试信号取的信号名，如 TEST_net3。

然后在此页的 Source nod name 栏单击按钮“…”，进入如图 4-30 所示的最右侧的对话框 Node Finder。在此页的 Filter 栏选择 Post-synthesis，再单击此页的 List 按钮，再选择 net3 信号。注意这个 net3 必须使用 keep 属性才会产生。

图 4-31 所示的就是 SignalProbe Pins 对话框的设置情况。由于是组合电路，下面的 Clock 和 Registers 栏都空着。如果需要，可以按以上流程再加入第 2 个、第 3 个测试信号。

3．编译 SignalProbe Pins 测试信息并下载测试

第三个步骤是编译这些设置好的信息。特别注意不可全程编译！

在图 4-31 所示的对话框中选择单击下方的 Start Check & Save All Netlist Changes 按钮（或在 Tools 下拉菜单中选择 Start→SignalProbe Compilation 命令）进行专项编

译，即对工程硬件结构进行微量更改。编译成功后即可用一般形式下载设计文件于FPGA中。

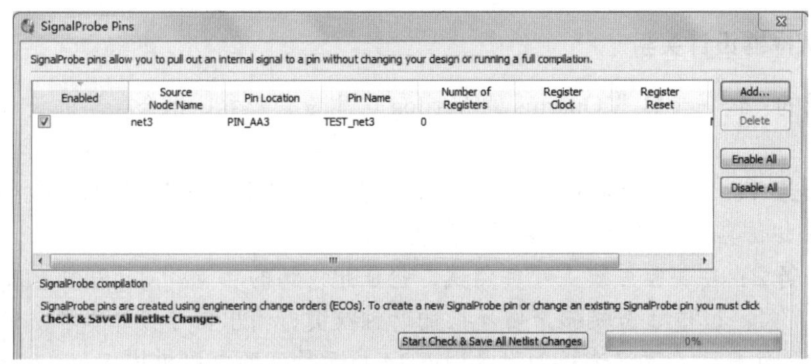

图 4-31　SignalProbe Pins 对话框设置情况

如果是时序电路信号，在图 4-30 的对话框中的 Clock 栏可以加入某时钟信号，这是对应探测信号输出的锁存时钟，也可不用。若用了，则需在以下的 Registers 栏输入信号锁存寄存器数；若为 1，则输出信号将随 Clock 延迟一个脉冲周期。

习　　题

4-1　如果对于一个设计项目，如全加器进行全程编译，假设已将信号端口 cout 和 sum 分别锁定于引脚 D1 和 K22，编译后发现 Quartus 给出编译报错："Can't place multiple pins assigned to pin Location Pin_D1"，试问，问题出在哪里？如何解决？

提示：考虑可能这些引脚具有双功能。选择图 4-7 所示窗口中的双目标端口设置页，如将 nCEO 原来的"Use as programming pin"改为"Use as regular I/O"。这样可以将此端口也作普通 I/O 口来用。

4-2　用 74148 和与非门实现 8421BCD 优先编码器，用三片 74139 组成一个 5-24 译码器。

4-3　用 74283 加法器和逻辑门设计实现 1 位 8421BCD 码加法器电路，输入输出均是 BCD 码，CI 为低位的进位信号，CO 为高位的进位输出信号，输入为两个 1 位十进制数 A，输出用 S 表示。

4-4　用原理图输入方式设计一个 5 人表决电路，参加表决者 5 人，同意为 1，不同意为 0，同意者过半则表决通过，绿指示灯亮；表决不通过则红指示灯亮。在 Quartus 上进行编辑输入、仿真、验证其正确性，然后在 EP4CE55 芯片中进行硬件测试和验证。

4-5　在本章示例中，或自主选择一个示例，使用 keep 属性，说明 keep 属性应用的好处。

4-6　在本章示例中，或自主选择一个示例，使用 SignalProbe 在 EP4CE55 上进行硬件测试，并说明这一功能的特点及优势。

实验与设计

4-1 多路选择器设计实验

实验目的：进一步熟悉 Quartus 的 Verilog 文本设计流程，组合电路的设计仿真和硬件测试。

实验任务 1：利用 Quartus 完成 4 选 1 多路选择器（例 3-2）的文本代码编辑输入（MUX41a）和仿真测试等步骤，给出仿真波形。

实验任务 2：在实验系统上硬件测试，验证此设计的功能。对于引脚锁定以及硬件下载测试，a、b、c 和 d 分别接来自不同的时钟或键；输出信号接蜂鸣器。最后进行编译、下载和硬件测试（建议选择如附录图 F-14 所示的实验电路模式 5，通过选择键 1、键 2，控制 s0、s1，可使蜂鸣器输出不同音调）。

实验报告：根据以上的实验内容写出实验报告，包括程序设计、软件编译、仿真分析、硬件测试和详细实验过程；给出程序分析报告、仿真波形图及其分析报告。

4-2 8 位加法器设计实验

实验目的：熟悉利用 Quartus 的原理图输入方法设计简单组合电路，掌握层次化设计的方法，并通过一个 8 位全加器的设计把握文本和原理图输入方式设计的详细流程。

实验原理：一个 8 位加法器可以由 8 个全加器构成，加法器间的进位可以串行方式实现，即将低位加法器的进位输出 cout 与相邻的高位加法器的最低进位输入信号 cin 相接。

实验任务 1：按照 4.4 节完成半加器和全加器的设计，包括用文本或原理图输入、编译、综合、适配、仿真、实验系统的硬件测试，并将此全加器电路设置成一个元件符号入库。

实验任务 2：使用 keep 属性，在仿真波形中了解信号 net1 的输出情况。

实验任务 3：使用 keep 属性和 SignalProbe，在实验板上观察信号 net1 随输入的变化情况。

实验任务 4：建立一个更高层次的原理图或文本设计，利用以上获得的全加器构成 8 位加法器，并完成编译、综合、适配、仿真和硬件测试。

4-3 8 位硬件乘法器设计实验

实验目的：进一步熟悉利用 Quartus 完成 Verilog 硬件设计的流程；深入了解硬件乘法器的设计方法、硬件性能和实现方法。

实验任务 1：首先参考本章 4.1 和 4.2 节，根据参考程序例 4-1，完成一个 4 位乘法器的设计、编辑、仿真和硬件实现。

实验任务 2：根据以上的设计，完成一个 8 位乘法器的设计、编辑、仿真和硬件实现。建议选择实验电路模式 1（附录图 F-18）作为硬件验证电路。

4-4　十六进制 7 段数码显示译码器设计

实验目的： 学习 7 段数码显示译码器的 Verilog 硬件设计。

实验原理： 7 段数码是纯组合电路。通常的小规模专用 IC，如 74 系列器件只能作十进制 BCD 码译码，然而数字系统中的数据处理和运算都是二进制的，所以输出表达都是十六进制的。为了满足十六进制数的译码显示，最方便的方法就是利用 Verilog 译码程序在 FPGA 中来实现。所以首先要设计一段程序（根据表 4-2 所得的参考程序如例 4-4 所示）。设输入的 4 位码为 A[3:0]，输出控制 7 段共阴数码管（图 4-32）的 7 位数据为 LED7S[6:0]。输出信号 LED7S 的 7 位分别接图 4-32 的共阴数码管的 7 个段，高位在左，低位在右。例如当 LED7S 输出为“1101101”时，数码管的 7 个段 g、f、e、d、c、b、a 分别接 1、1、0、1、1、0、1；接有高电平的段发亮，于是数码管显示“5”。这里若还要考虑控制小数点的发光管，则需要增加段 h，然后将 LED7S 改为 8 位输出。

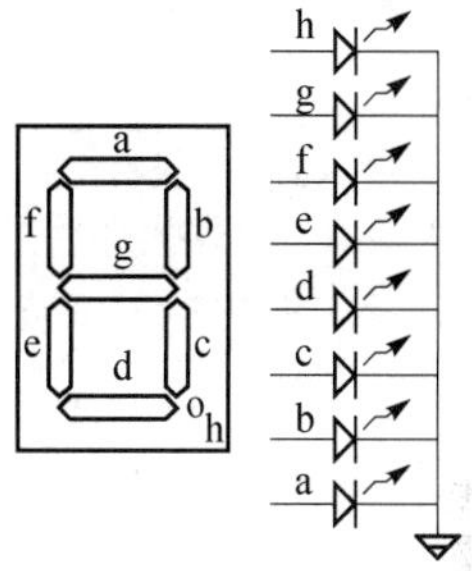

图 4-32　共阴数码管

实验任务： 将设计好的 Verilog 译码器程序在 Quartus 上进行编辑、编译、综合、适配、仿真，给出其所有信号的时序仿真波形（注意仿真波形输入激励信号的设置）。提示：设定仿真激励信号时用输入总线的方式给出输入信号仿真数据。

建议选择实验电路模式 6（附录图 F-19）作为硬件验证电路。键 1 控制输入译码器数据，数码管 5 显示译码输出。

表 4-2　7 段译码器真值表

输入码	输出码	代表数据
0000	0111111	0
0001	0000110	1
0010	1011011	2
0011	1001111	3
0100	1100110	4
0101	1101101	5
0110	1111101	6
0111	0000111	7
1000	1111111	8
1001	1101111	9
1010	1110111	A
1011	1111100	B
1100	0111001	C
1101	1011110	D
1110	1111001	E
1111	1110001	F

【例 4-4】

```
module DECL7S (A,LED7S);
  input[3:0] A;  output[6:0] LED7S;
  reg[6:0] LED7S;
  always @ (A)
  case(A)
    4'b0000 :  LED7S <= 7'b0111111;
    4'b0001 :  LED7S <= 7'b0000110;
    4'b0010 :  LED7S <= 7'b1011011;
    4'b0011 :  LED7S <= 7'b1001111;
    4'b0100 :  LED7S <= 7'b1100110;
    4'b0101 :  LED7S <= 7'b1101101;
    4'b0110 :  LED7S <= 7'b1111101;
    4'b0111 :  LED7S <= 7'b0000111;
    4'b1000 :  LED7S <= 7'b1111111;
    4'b1001 :  LED7S <= 7'b1101111;
    4'b1010 :  LED7S <= 7'b1110111;
    4'b1011 :  LED7S <= 7'b1111100;
    4'b1100 :  LED7S <= 7'b0111001;
    4'b1101 :  LED7S <= 7'b1011110;
    4'b1110 :  LED7S <= 7'b1111001;
    4'b1111 :  LED7S <= 7'b1110001;
    default :  LED7S <= 7'b0111111;
  endcase
endmodule
```

第 5 章　时序电路的 Verilog 设计

本章将针对一些常用而典型的时序模块，给出对应的 Verilog 表述，并对其进行详细分析，由此得出时序电路描述的一般规律，并给出针对时序逻辑描述的新的 Verilog 语法知识和设计经验。最后介绍针对时序电路的 FPGA 硬件实现和测试方法。

5.1　基本时序元件的 Verilog 表述

基本时序元件主要包括不同结构功能和不同用途的触发器和锁存器，它们是时序逻辑电路，乃至实用数字系统构建的最基本单元。掌握这些基础单元的 Verilog 表述方法，有利于深入了解和掌握 Verilog 时序数字系统设计方法。

5.1.1　基本 D 触发器

最简单、最常用、最具代表性的时序元件是 D 触发器，它是现代数字系统设计中最基本的底层时序单元，甚至是 ASIC 设计的标准单元。JK 和 T 等触发器都可由 D 触发器构建而来。D 触发器的描述包含了 Verilog 对时序电路的最基本和典型的表达方式，同时也包含了 Verilog 许多最具特色的语言现象。

边沿触发型 D 触发器（图 5-1）的工作时序如图 5-2 所示。波形显示，只有当时钟上升沿到来时，其输出 Q 的数值才会随输入口 D 的数据而改变，在这里称之为更新。例 5-1 给出了 Verilog 对 D 触发器的一种经典描述。

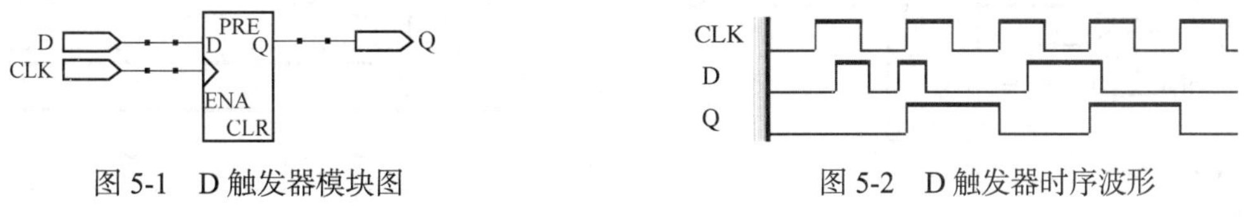

图 5-1　D 触发器模块图　　图 5-2　D 触发器时序波形

【例 5-1】

```
module DFF1(CLK,D,Q);
    output Q;       input  CLK, D;
    reg Q;
    always @(posedge CLK)
    Q <= D;
endmodule
```

例 5-1 中使用了过程语句，时序电路通常都是由过程语句来描述的。在过程语句敏感信号表中的逻辑表述 posedge CLK 是时钟边沿检测函数，可以把它看成是对时钟信号CLK 的上升沿敏感的敏感变量或敏感表述。当输入信号 CLK（也可以是其他名称）出现一个上升沿时，敏感信号 posedge CLK 将启动过程语句。在 Verilog 中处于过程语句敏感信号表中的表述 posedge CLK 本身起着告诉综合器构建边沿触发型时序元件的标志符号的作用。所以读者在后面的学习中应该注意 Verilog 对于时序模块的描述特点，即凡是边沿触发性质的时序元件必须使用时钟边沿敏感表述（如 posedge CLK），而不用此表述产生的时序电路都是电平敏感型时序电路。

对于时序电路的描述方式，Verilog 与 VHDL 有所不同。VHDL 在边沿触发型时序模块的描述中，不一定必须借助特定的、类似 posedge CLK 的专用时序表述，同样能从纯行为描述中综合出边沿触发器件。对此，读者在下面的学习中可留意分析。显然，从这点上看，在行为描述的层次上 Verilog 略逊于 VHDL。

与 posedge CLK 对应的还有 negedge CLK，这是时钟下降沿敏感的表述。

由于有了时钟边沿敏感的标志性表述 posedge CLK，例 5-1 的 D 触发器表述就很好理解了。即当输入的时钟信号 CLK 发生一个上升沿时，即刻启动过程语句，执行以下的赋值语句，将 D 送往输出信号 Q，使其更新。反之，若 CLK 没有上升沿发生这一事件，赋值语句将不会被执行，其效果等效于保持 Q 的原值不变，直到下一次更新。

5.1.2　含异步复位和时钟使能的 D 触发器

实用的 D 触发器标准模块应该如图 5-3 所示，它的时序图如图 5-4 所示。此类 D 触发器，除了数据端 D、时钟端 CLK 和输出端 Q 外还有两个控制端，即异步复位端 RST 和时钟使能端 EN。这里所谓的“异步”是指独立于时钟控制的复位控制端。即在任何时刻，只要 RST=0（有的 D 触发器基本模块是高电平清 0 有效），此 D 触发器的输出端即刻被清 0，与时钟的状态无关。而时钟使能 EN 的功能是，只有当 EN=1 时，时钟上升沿才有效。因此接于图 5-3 的 D 触发器 ENA 的 EN 的功能是控制时钟 CLK 的。

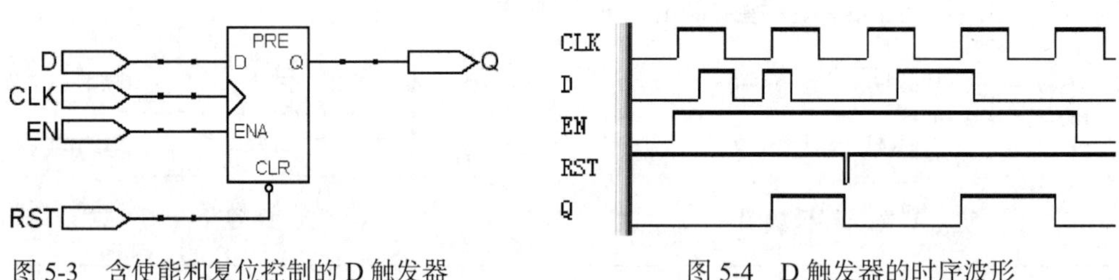

图 5-3　含使能和复位控制的 D 触发器　　　　图 5-4　D 触发器的时序波形

这种含有异步复位和时钟使能控制的 D 触发器的 Verilog 描述如例 5-2 所示。在此程序的过程的敏感信号表中，使用了 CLK 的正沿及 RST 的负沿敏感语句，从而实现了此类 D 触发器功能。此程序的执行过程是这样的，无论 CLK 是否有跳变，只要 RST 有一个下降沿动作（即从 1 到 0 的电平变化），即刻启动过程，执行 if 语句。此时 RST=0，因此一定满足条件（!RST）=1，于是执行语句 Q <= 0，对 Q 清 0，然后跳出 if 语句。此后如果 RST 一直保持为 0，则无论是否有 CLK 的边沿跳变信号，Q 恒输出 0，这就是 RST 的异步清 0 功能。若 RST 一直为 1，且 CLK 有一次上升沿（要求此时 EN=1），则

必定执行赋值操作 Q<=D，从而更新 Q 值，否则（CLK 无上升沿）将保持 Q 值不变（条件是 RST= 1）。

【例 5-2】

```
module DFF2(CLK,D,Q,RST,EN);
  output Q;      input CLK,D,RST,EN;
  reg Q;
  always @(posedge CLK or negedge RST)
  begin
        if (!RST)  Q <= 0;
    else if (EN)    Q <= D;     end
endmodule
```

5.1.3 含同步复位控制的 D 触发器

图 5-4 所示的基本 D 触发器模块中不含同步清 0 控制逻辑。因此，如果需要含此功能时，必须外加逻辑才能构建此功能。图 5-5 所示的就是一个含同步清 0 的 D 触发器电路，它在输入端口 D 处加了一个 2 选 1 多路选择器。工作时，当 RST=1 时，选通“1”端的数据 0，使 0 进入触发器的 D 输入端。如果这时 CLK 有一个上升沿，便将此 0 送往输出端 Q，这就实现了同步清 0 的功能；而当 RST=0 时，则选通“0”端的数据 D，使数据进入触发器的 D 输入端。这时的电路即与图 5-1 所示的普通 D 触发器相同了。

这里“同步”的概念是指某控制信号只有在时钟信号有效时才起作用。例如同步清 0 信号必须在时钟边沿信号到来时，才能实现清 0 功能。图 5-6 是这种触发器的仿真波形，从波形中可以清晰看出其工作特性。

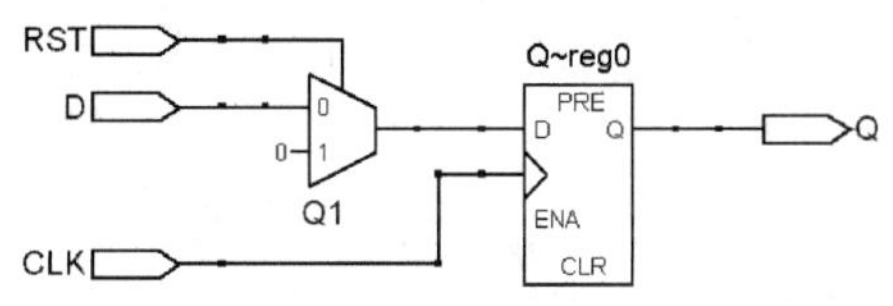

图 5-5　含同步清 0 控制的 D 触发器

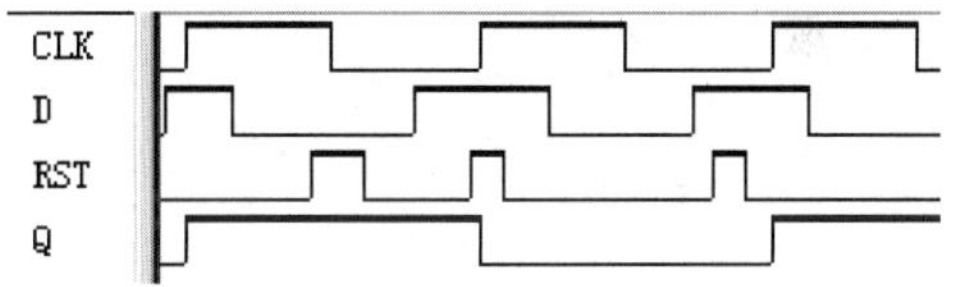

图 5-6　含同步清 0 控制 D 触发器的时序波形

例 5-3 就是对此类触发器的 Verilog 描述。注意在程序中，敏感信号表中只放了对 CLK 上升沿的敏感表述。这就表明，此过程中的所有其他输入信号都随时钟 CLK 而同步。

如果将例 5-3 的单个过程描述的逻辑用两个过程来描述，其逻辑结构就更清晰了。例 5-4 就是这个程序。程序中的第一个过程是一个对 2 选 1 多路选择器的纯组合逻辑描述，而第二个过程是一个普通 D 触发器的描述，其形式与例 5-1 完全相同。只不过其 Q1 是来自第一个过程传过来的信号 Q1，即来自 2 选 1 多路选择器的输出。

第 3.2 节中介绍的条件操作语句其实也可用到时序描述中。相比于例 5-3 和例 5-4，例 5-5 的功能与结构完全相同，但描述上要简洁得多。

【例 5-3】
```
module DFF3(CLK,D,Q,RST);
   output Q;
   input CLK,D,RST;
   reg Q;
   always @(posedge CLK)
        if (RST==1)  Q = 0;
  else if (RST==0)  Q = D;
endmodule
```

【例 5-4】
```
module DFF1(CLK,D,Q,RST);
  output Q;  input CLK,D,RST;
  reg Q, Q1;  //注意定义了Q1信号
  always @(RST)  //纯组合过程
   if (RST==1)  Q1=0;  else  Q1=D;
   always @(posedge CLK)
        Q <= Q1;
endmodule
```

【例 5-5】
```
module DFF2 (input CLK, input D, input RST, output reg Q);
     always @(posedge CLK)
   Q <= RST ? 1'b0 : D;
endmodule
```

5.1.4 基本锁存器

图 5-7 是基本锁存器电路图，这是一个电平触发型锁存器，其内部逻辑电路如图 5-8 所示。此锁存器的工作时序如图 5-9 所示。图中的波形显示，当时钟 CLK 为高电平时，其输出 Q 的数值才会随 D 输入的数据而改变，即更新；而当 CLK 为低电平时，将保持其在高电平时锁入的数据。图中，Q 输出的网状图形表示此时的状态未知（这是因为之前的时钟情况未知）。例 5-6 是对此电路模块的一种 Verilog 描述。

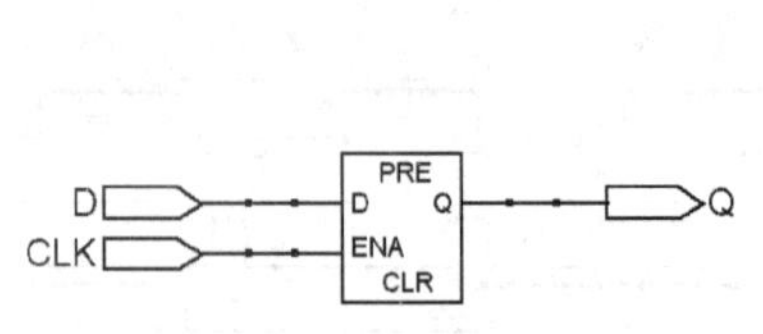

图 5-7　锁存器模块

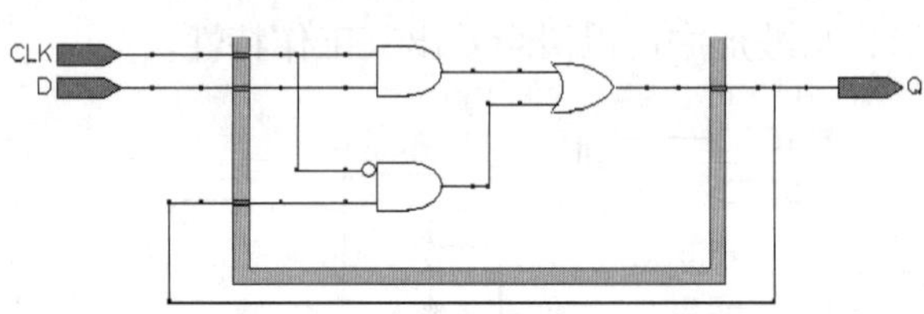

图 5-8　锁存器模块内部逻辑电路

【例 5-6】
```
module LATCH1(CLK,D,Q);
  output Q;    input CLK,D;
  reg Q;
  always @(D or CLK)
   if(CLK)  Q <= D;
endmodule
```

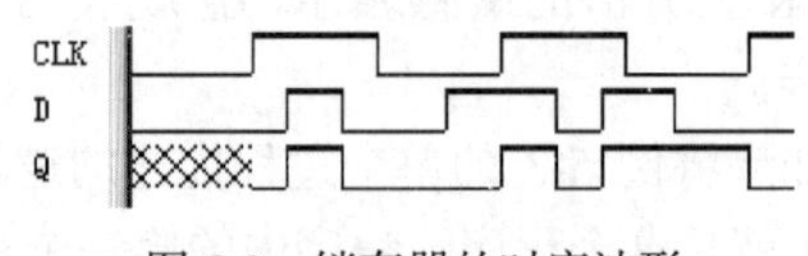

图 5-9　锁存器的时序波形

相比于对 D 触发器的描述，此例中没有使用时钟边沿敏感关键词 posedge。那么它是如何描述时序电路的呢？首先考查时钟信号 CLK。设某个时刻，CLK 由 0 变为高电平 1，这时过程语句被启动，于是顺序执行以下的 if 语句，而此时恰好满足 if 语句的条件，即 CLK=1，于是执行赋值语句 Q<=D，将 D 的数据向 Q 赋值，即更新 Q，并结束 if 语

句。然而，对于是否能构建时序电路，还要考察问题的另一面才能决定：

（1）当 CLK 发生了电平变化，但是从 1 变到 0，这时无论 D 是否变化，都将启动过程，去执行 if 语句，但这时 CLK=0，不满足 if 语句的条件，故直接跳过 if 语句，从而无法执行赋值语句 Q<=D，于是 Q 只能保持原值不变，这就意味着需要引入存储元件于设计模块中，因为只有存储元件才能满足当输入改变而保持 Q 不变的条件。

（2）当 CLK 没有发生任何变化，且 CLK 一直为 0（结果与以上讨论相同），而敏感信号 D 发生了变化。这时也能启动过程，但由于 CLK= 0，将直接跳过 if 语句，从而同样无法执行赋值语句 Q<=D，导致 Q 只能保持原值，这也意味着需要引入存储元件。

在以上两种情况中，由于 if 语句不满足条件，于是跳过赋值表达式 Q<=D，不执行此赋值表达式而结束 if 语句和过程。对于这种语法现象，综合器解释为要保持 Q 的原值不变，即保持前一次满足 if 条件时 Q 被更新的值。在数字电路中，当输入改变后试图保持输出不变，意味着使用具有存储功能的元件，就是必须引入时序元件来保存 Q 中的原值，直到满足 if 语句的判断条件，才能更新 Q 中的值，于是便产生了时序电路。

那么为什么综合出的时序元件是电平触发型锁存器而不是边沿型触发器呢？这里不妨再考察例 5-6 的另一种可能的情况就清楚了。设例 5-6 中的 CLK 一直为 1，而当 D 发生变化时，必定启动过程，执行 if 语句中的 Q<=D，从而更新 Q。而且在这个过程中，只要有所变化，输出 Q 就将随之变化，这就是所谓的"透明"。因此锁存器也称为透明锁存器。反之，如前讨论的情况，若 CLK=0 时 D 即使变化，也不可能执行 if 语句（满足 if 语句的条件表述），从而保持住了 Q 的原值。

分析例 5-6 可以发现，此类语句不用类似 posedge 等标志性敏感表述也能产生时序电路的奥秘，就是通过使用不完整的条件语句。即在条件语句中有意不把所有可能的条件对应的操作表述出来，只列出满足某部分条件下完成某任务，而不交代当不满足此条件或其他条件时，程序该如何操作。如例 5-6 中只表述出，满足 CLK=1 的条件下选择执行赋值语句 Q <= D，而当不满足此条件时，程序有意不作交代（不加 else 等语句），从而使综合器解释为不满足条件时应该不作赋值，而保持原数据于 Q。

和 D 触发器不同，在 FPGA 中，综合器引入的锁存器在许多情况下（不同的综合器、不同的 FPGA 结构或不同的 ASIC 标准模块等）不属于现成的基本时序模块，所以需要用含反馈的组合电路构建，其电路结构如图 5-8 所示。显然，这比直接调用 D 触发器要额外耗费组合逻辑资源。

对于边沿性触发的 D 触发器的描述就不同了，例 5-1 和例 5-2 的描述是相同的，只是后者比前者多出了复位和时钟使能控制信号，因为它们主要是直接利用边沿检测函数 posedge 来实现的。另外请注意，图 5-7 与图 5-3 电路端口 ENA 的功能是完全不同的，前者的 ENA 的功能类似于时钟 CLK，是数据锁存允许控制端，而后者则是时钟使能端。

5.1.5 含清 0 控制的锁存器

图 5-10 是含异步清 0 控制的锁存器的模块图，其内部逻辑构成可以如图 5-11 所示。注意电路中含有输出反馈，即它可以是专用模块，也可直接用逻辑门等组合电路器件来构建。图 5-12 是此电路的仿真波形。

含异步清 0 锁存器的 Verilog 设计表述可以有多种，例 5-7 和例 5-8 给出了两种完全不同风格的设计示例。例 5-7 使用了具有并行语句特色的连续赋值语句，其中使用了条件操作符；而例 5-8 使用的是常规的过程语句，其中数据信号 D、时钟信号 CLK 和清 0 复位信号 RST 都被列于敏感信号表中，从而实现了 CLK 的电平触发特性和 RST 的异步特性。此例在时序方面的描述风格与例 5-6 完全相同。

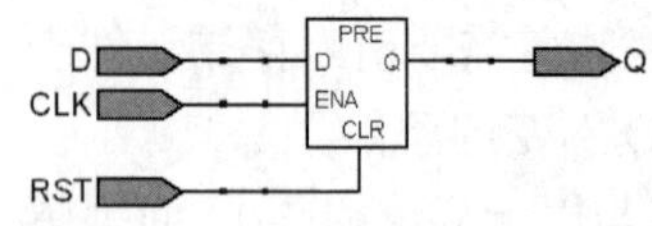

图 5-10　含异步清 0 的锁存器

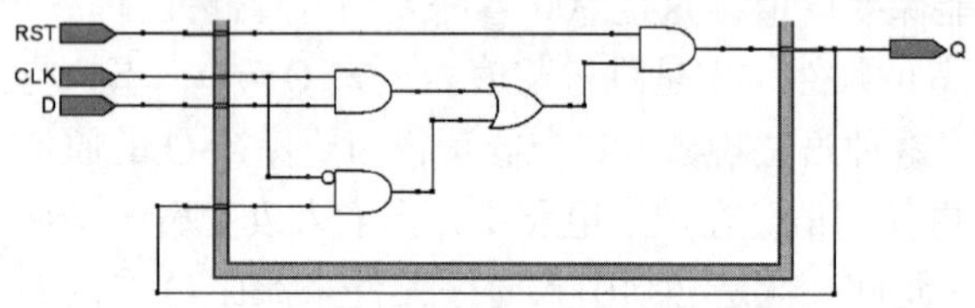

图 5-11　含异步清 0 锁存器的逻辑电路图

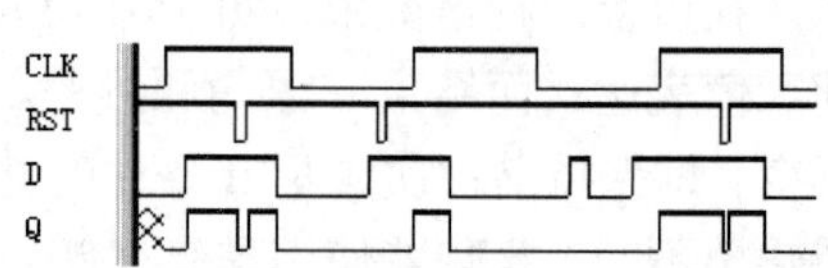

图 5-12　含异步清 0 的锁存器的仿真波形

【例 5-7】

```
module LATCH2 (CLK,D,Q,RST);
   output Q;
  input CLK,D,RST;
   assign Q = (!RST)? 0:(CLK ? D:Q);
endmodule
```

【例 5-8】

```
module LATCH3 (CLK,D,Q,RST);
    output Q;
  input CLK,D,RST;
    reg Q;
    always @(D or CLK or RST)
   if(!RST)  Q<=0;
       else  if(CLK)   Q<=D;
endmodule
```

5.1.6　异步时序电路的 Verilog 表述特点

可以将构成时序电路的过程称为时钟过程。在时序电路设计中应注意，一个时钟过程只能构成对应单一时钟信号的时序电路。如果在某一过程中需要构成多触发器时序电路，也只能产生对应某个单一时钟的同步时序逻辑。异步逻辑的设计必须采用多个时钟过程语句来构成。图 5-13 所示的电路是一个异步时序电路示例，其中两个 D 触发器的时钟没有由同一时钟信号控制。

例 5-9 给出了此电路的 Verilog 描述，它用了两个时钟过程描述了这一异步时序电路。程序中，时钟过程 1 的输出信号 Q1 成了时钟过程 2 的时钟敏感信号及时钟信号。这两个

【例 5-9】

```
module AMOD(D,A,CLK,Q);
output Q;  input A,D,CLK;
reg Q,Q1;
always @(posedge CLK)  Q1 = ~(A|Q);
always @(posedge Q1)  Q =  D;
endmodule
```

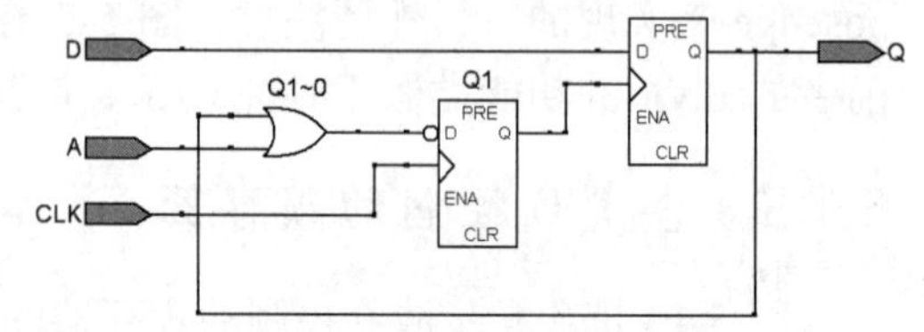

图 5-13　例 5-9 的时序电路图

时钟过程通过 Q1 进行通信联系。尽管两个过程本身都是并行执行的语句，但它们被执行（启动）的时刻并非同时，因为根据敏感信号的设置，过程 1 总是先于过程 2 被启动。

5.1.7 时钟过程表述的特点和规律

第 3 章中曾提到试图改变敏感信号的放置，即选择性地决定过程中哪些信号进入敏感信号表，来改变逻辑功能是无效的，这主要是指无关键词 posedge 或 negedge 的敏感信号表的情况。编程时应该注意，当敏感信号表含有 posedge 或 negedge 时，选择性地改变敏感信号的放置是会影响综合结果的。例如，由于例 5-2 程序的安排，其中的 RST 尽管也被定义为边沿敏感信号，但在模块中，它其实是独立于 CLK 的电平敏感型变量，这似乎与 negedge 的本意不符，但可以从程序的描述中找到答案。因为在程序中又出现了 RST（一个信号如果是时钟，它是不会出现在过程的程序中的），并指定了其为 if 语句的条件变量。由此导致此过程中所有这些未能进入敏感信号表的变量都必须是相对于时钟同步的。所以，如果希望在同一模块中含有独立于主时钟的时序或组合逻辑，则必须用另一个过程来描述。

此外，对于以上的示例，读者一定注意到了，在触发器中明明是电平控制的 RST 信号，却偏偏在敏感表中用类似时钟边沿的敏感语句来表述，这是否会使综合器将其误认为是另一个时钟信号呢？对于边沿触发型时序模块的 Verilog 设计，读者可以遵循以下规律：

（1）如果将某信号 A 定义为边沿敏感时钟信号，则必须在敏感信号表中给出对应的表述，如 posedge A 或 negedge A；但在 always 过程结构中不能再出现信号 A 了。

（2）若将某信号 B 定义为对应于时钟的电平敏感的异步控制信号，则除了在敏感信号表中给出对应的表述外，如 posedge B 或 negedge B，在 always 过程结构中必须明示信号 B 的逻辑行为，如例 5-2 的 RST。特别注意这种表述的不一致性，即表述上必须是边沿敏感信号，如 posedge B，但电路性能上是电平敏感的。

（3）若将某信号定义为对应于时钟的同步控制信号（或仅仅是同步输入信号），则绝不可以以任何形式出现在敏感信号表中。

其实，对于诸如例 5-2 给出的构建含有异步复位控制的边沿触发型时序模块的编程形式具有约定俗成的性质，即 Verilog 综合器认可这种编程方式和程序规则；否则，即使程序语法没有问题，逻辑上都说得通，也不可能综合出正确的电路来，对此 Verilog 和 VHDL 有一定的差异。因此，对于此类时序电路的编程设计必须注意以下三点：

（1）敏感信号表中不允许出现混合信号。敏感信号表一旦含有 posedge 或 negedge 的边沿敏感信号后（即某单边沿），所有其他普通变量都不能放在敏感信号表中了。即所谓的混合信号表述是不允许的，如以下形式是错误的：

```
always @(posedge CLK or RST)或 always @(posedge CLK or negedge RST or A)
```

这是因为 Verilog 不允许有双边沿敏感信号，而处于混合信号表中的单独的 RST 和 A 都会被看成是双边沿信号。

（2）类似于例 5-2 中的时序电路编程规则是：若定义某变量（如 RST）为异步低电平敏感信号，则在 if 条件句中应该对敏感信号表中的信号有匹配的表述，如以下三种表述方式都是正确的：

```
always @ (posedge CLK or negedge RST) begin if (!RST)   ...
always @ (posedge CLK or negedge RST) begin if (RST==0)  ...
always @ (posedge CLK or negedge RST) begin if (!RST==1) ...
```

这是因为其条件式都表达了 RST 是低电平敏感信号，都能对应敏感信号表中的表述 negedge RST，即低电平时满足异步清 0 条件。反之若以(RST)、(RST==1)和(!RST==0)分别替代以上三式的条件式，就是错误的表述。至于对(posedge CLK or posedge RST)的情况，即定义 RST 为异步高电平敏感时，正确的条件式的表达则应相反。

（3）类似于例 5-2 中的时序电路编程规则还有，不允许在敏感信号表中定义除了异步时序控制信号以外的信号。即在诸如 (posedge CLK or negedge B) 的敏感信号表中定义的 B 只能作为触发器的异步复位或置位控制信号，而不能用作一般意义上的异步逻辑信号。即将 B 作为一个独立于时钟的普通输入信号，如式 Q1=A & B 等。显然，非复位或置位的独立于时钟的信号（普通异步信号）只能在其他过程中定义。

若将例 5-3 改为以下的例 5-10 所示的形式，即仅在 if 语句外加一简单的赋值语句“OUT=!DIN;”。程序中，无论将语句放在上面还是下面，或是将赋值符“=”改为“<=”都不能改变综合后电路的功能和结构（图 5-14）。即其输出口 OUT 的数据总是被 CLK 同步的触发器锁存，而试图通过使用类似 always @ (posedge CLK or DIN) 的表述来摆脱这个寄存器是无效的，因为此类表述是不被接受的，是错误的。不难发现，Verilog 对于边沿敏感型时序电路的描述较多地依赖于语法的规定和表述的规则，而非仅仅针对模块本身功能或行为的描述。对此，要注意与 VHDL 的区别。

【例 5-10】

```
module DFF5(CLK,D,Q,RST,DIN,OUT);
output Q,OUT; input CLK,D,RST,DIN;
   reg Q,OUT;
always @(posedge CLK)  begin
   OUT = !DIN;
if (RST==1)  Q=0;
  else if(RST==0)  Q=D;  end
endmodule
```

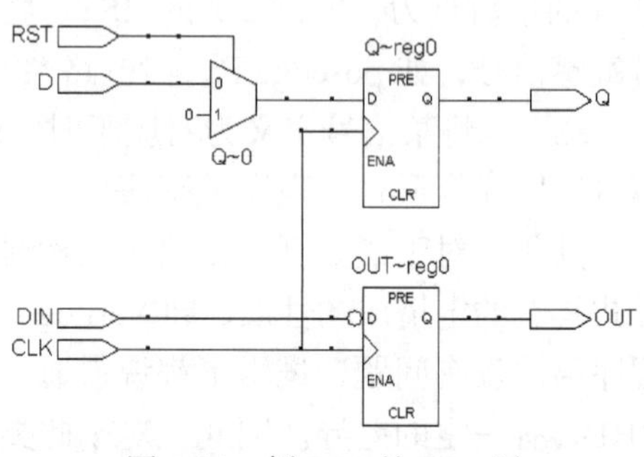

图 5-14　例 5-10 的 RTL 图

5.2　二进制计数器的 Verilog 表述

在了解了基本时序模块的 Verilog 基本语言现象和设计方法后，对于计数器的设计就比较容易理解了。以下主要讨论典型数字计数器的 Verilog 描述方法和相关语法。

5.2.1　简单加法计数器

最简单的 4 位二进制计数器应该有一个时钟输入，4 位二进制计数值输出。每进入一个时钟脉冲，输出数据将增加 1。随着时钟的不断出现，从 0000 至 1111 循环输出计数值。此计数器的时序特征应该如图 5-15 所示。例 5-11 所示的就是此加法计数器的 Verilog 描述；图 5-16 是此程序综合后生成的 RTL 电路图。

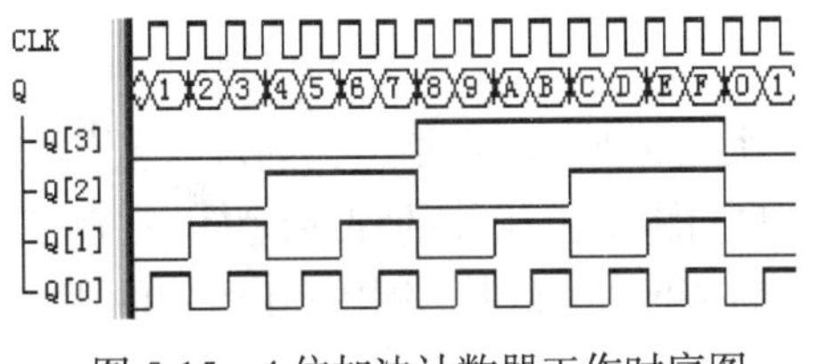

图 5-15　4 位加法计数器工作时序图

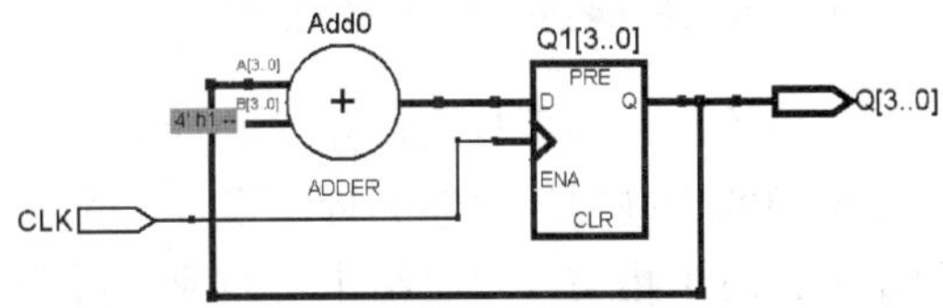

图 5-16　4 位加法计数器 RTL 电路图

例 5-11 描述的输入端口是计数时钟信号 CLK；输出端口是 4 位矢量信号 Q。为了便于作累加，定义了一个内部的寄存器变量，这里是 Q1。从而使 Q1 具备了输入和输出的特性，因为在具有累加性质的赋值表达式 Q1 <= Q1+1 中，Q1 出现在赋值符号的两边，显然担当了输入和输出两种功能，而端口 Q 只被定义为输出信号。Q1 的输入特性应该是反馈方式，即"<="右边的 Q1 来自左边的 Q1（输出信号）的反馈。这里信号 Q1 被综合成一个内部的 4 位寄存器。计数器的输出 Q 与此寄存器的输出相连，由语句 assign Q=Q1 来实现。这种编程模式比较常用，它层次分明，概念清晰。

然而如果将例 5-11 改为例 5-12，也能得到相同结果，即在例 5-12 中直接用输出信号 Q 作为累加变量。这倒不是因为在程序中将 Q 定义成了 REG 数据类型而具备了双向端口的功能，而是因为 Verilog 综合器对于此类语句具有自动转化端口方向属性的功能。

【例 5-11】

```
module CNT4(CLK,Q);
  output[3:0] Q;   input  CLK;
  reg[3:0] Q1;
  always @(posedge CLK)
      Q1 <= Q1+1;
  assign Q=Q1;
endmodule
```

【例 5-12】

```
module CNT4 (CLK,Q);
  output[3:0] Q;
  input  CLK;
  reg[3:0] Q;
  always @(posedge CLK)
      Q <= Q+1;
endmodule
```

现在来分析图 5-16 电路的结构。电路主要由以下两大部分组成：

（1）完成加 1 操作的组合电路加法器。它右端输出的数始终比左端给的数多 1，如输入为 1001，则输出为 1010。因此换一种角度看，此加法器等同于一个译码器，它完成的是一个 4 位二进制码的转换功能，其转换的时间约为此模块的延迟时间。

（2）4 位边沿触发方式寄存器，即四个 D 触发器。这是一个纯时序电路，计数信号 CLK 实际上可以看成是其寄存允许信号，或数据锁存信号。

此外在输出端 Q[3:0]还有一个反馈通道，它一方面将寄存器中的数据向外输出，另一方面将此数反馈回加 1 器，以作为下一次累加的基数。从计数器的表面上看，计数器仅对 CLK 的脉冲进行计数，但电路结构却显示了 CLK 的真实功能只是数据锁存信号，而真正完成加法操作的是具有译码功能的组合电路模块。

从电路优化的角度看，4 位寄存器是由四个基本的 D 触发器组成，它是 FPGA 底层的电路单元。因此，它的电路结构优化范围比较小，对于特定的硬件电路、器件规格或

ASIC 设计工艺，无论在速度还是资源面积方面，由组合电路构成的加法器在电路结构、资源利用等多个侧面的优化还有许多潜力可挖。

5.2.2 实用加法计数器设计

这里给出一则更具实用意义的计数器设计示例，即带有异步复位，同步计数使能和可预置型的十进制计数器的程序设计（例 5-13），并同步给出相关的程序说明。在例 5-13 程序中，对于相关语句已给出了对应的说明。读者应重点关注程序中的 if 语句的用法。

【例 5-13】

```
module CNT10 (CLK,RST,EN,LOAD,COUT,DOUT,DATA);
   input CLK,EN,RST,LOAD;      // 时钟，时钟使能，复位，数据加载控制信号
   input[3:0] DATA;            // 4 位并行加载数据
   output[3:0] DOUT;           // 4 位计数输出
   output COUT;                // 计数进位输出
   reg[3:0] Q1;    reg COUT;
   assign DOUT = Q1;           // 将内部寄存器的计数结果输出至 DOUT
   always @(posedge CLK or negedge RST)   //时序过程
     begin
     if (!RST)   Q1 <= 0;      //RST=0 时，对内部寄存器单元异步清 0
     else  if (EN)  begin           //同步使能 EN=1，则允许加载或计数
           if (!LOAD)     Q1<=DATA;  //当 LOAD=0，向内部寄存器加载数据
     else  if (Q1<9)  Q1 <= Q1+1;    //当 Q1 小于 9 时，允许累加
      else   Q1 <= 4'b0000; end      //否则一个时钟后清 0 返回初值
      end
   always @(Q1)                      //组合过程
      if (Q1==4'h9)  COUT = 1'b1;  else   COUT = 1'b0;
endmodule
```

图 5-17 是例 5-13 的仿真波形图，图中的总线形式表示非单个位（标量位）的总线。波形图清晰展示了此计数器的工作性能：

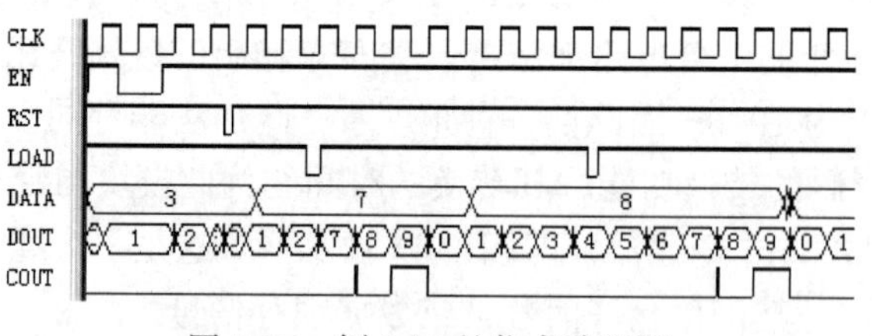

图 5-17 例 5-13 的仿真波形图

（1）RST 在任意时刻有效时，即使 CLK 非上升沿时，计数也能即刻清 0。

（2）当 EN=1（即时钟使能与允许数据加载），且在时钟 CLK 的上升沿时间范围 LOAD=0 时，4 位输入数据 DATA=7 被加载，在 LOAD=1 后作为计数器的计数初值，如图 5-17 所示计数从 4 加载到 7 的时序。计数到 9 时，COUT 输出进位 1。但当下一轮计数到 2 时，尽管出现了加载信号 LOAD=0，但并未出现加载情况。这是因为，LOAD 是

同步加载，此时没有时钟上升沿。

（3）当 EN=1，RST=1，LOAD=1 时，计数正常进行。在计数数据等于 9 时进位输出高电平。另外，凡当计数从 7 计到 8 时有一毛刺信号，这是因为 7（0111）到 8（1000）的逻辑变化最大，每一位都发生了翻转，导致各位信号传输路径不一致性增大。

当然，毛刺在此处出现不是必然的。如果器件速度高，且系统优化恰当，遇到同样情况不一定会出现毛刺。例如选择 Cyclone 系列 FPGA，则会出现图 5-17 的毛刺；如果选用 Cyclone III/IVE 等系列高速 FPGA，就不会有此毛刺了。

例 5-13 由 Quartus 综合后，可得到如图 5-18 所示的 RTL 电路图。电路中含有小于比较器一个、加法器一个、等于比较器一个、4 位总线通道的 2 选 1 多路选择器两个。这些都是组合电路，唯一的一个时序电路模块是 4 位寄存器。

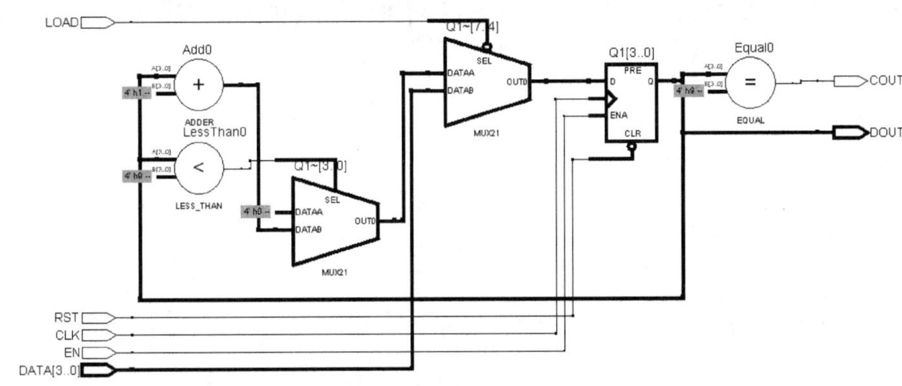

图 5-18　Quartus 对例 5-13 综合和后得到的 RTL 电路图

由图 5-18 可以清晰看出电路中的元件与例 5-13 中相关语句的对应关系：

（1）第一个条语句 if (!RST)构成 RST 接于寄存器下方的异步清 0 端 CLR。

（2）第二个条件句 if (EN)构成 EN 接于寄存器左侧的使能端 ENA。

（3）第三个条件句 if(LOAD)构成 LOAD 接于上面的多路选择器，使之控制选择来自 DATA 的数据，还是来自另一多路选择器的数据。

（4）不完整的条件语句与语句 Q1 <= Q1+1 构成了加 1 加法器和 4 位寄存器。

（5）语句（Q1<9）构成了小于比较器，比较器的输出信号控制左侧多路选择器。

（6）第二个过程语句构成了纯组合电路模块，即一个等式比较器，作进位输出。

5.3　移位寄存器的 Verilog 表述与设计

移位寄存器有多种不同的描述和实现方法。本节通过两个设计示例，进一步展示 Verilog 电路模块设计的基本方法和内在规律。

5.3.1　含同步预置功能的移位寄存器设计

例 5-14 是一个含同步并行预置功能的 8 位右移移位寄存器。CLK 是移位时钟信号，DIN[7:0]是 8 位并行预置数据端口，LOAD 是并行数据预置使能控制信号，QB 是串行输出端口。此移位寄存器的工作方式是：当 CLK 的上升沿到来时过程被启动。如果这时预置使能 LOAD 为高电平，则输入端口处的 8 位二进制数被同步并行置入移位寄存器中，用作串行右移输出的初始值；如果预置使能 LOAD 为低电平，则执行赋值语句“REG8[6:0] <= REG8[7:1];”，此语句表明：

（1）一个时钟周期后将上一时钟周期移位寄存器中的高 7 位二进制数，即以当前值 REG8 [7:1]更新此寄存器的低 7 位 REG8[6:0]，且其串行移空的最高位始终由最初并行预置数的最高位填补。它们不会自我覆盖，这是因为 REG8 中 8 个触发器是对单一时钟同步的，所以每一位向相邻位赋值是在本时钟周期中同步发生的。

（2）将上一时钟周期移位寄存器中的最低位，即当前值 REG8[0]向 QB 输出。

随着 CLK 脉冲的连续到来，就完成了将并行预置输入的数据逐位向右串行输出的功能，即将寄存器中的最低位首先输出。例 5-14 利用过程的顺序语句构成了时序电路，同时又利用了非阻塞型赋值的“并行”特性实现了移位。

【例 5-14】

```
module SHFT1(CLK,LOAD,DIN,QB);
   output QB;  input CLK,LOAD;  input[7:0] DIN; reg[7:0]  REG8;
   always @(posedge CLK)
     if (LOAD)     REG8<=DIN;  else REG8[6:0]<=REG8[7:1];
   assign QB = REG8[0];
endmodule
```

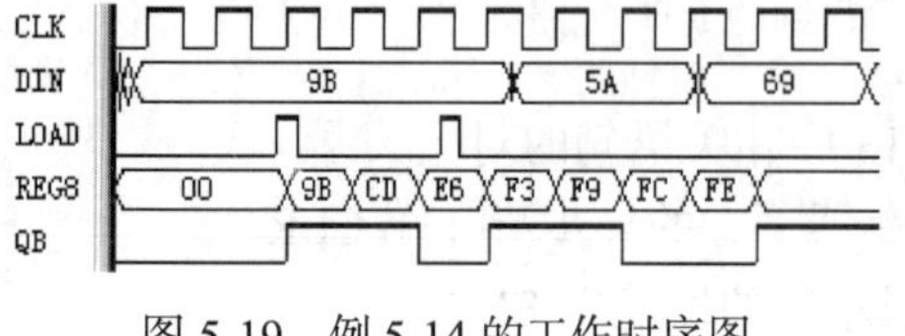

图 5-19　例 5-14 的工作时序图

例 5-14 的工作时序如图 5-19 所示。由时序波形可见，在第三个时钟到来时，LOAD 恰为高电平，此时 DIN 口上的 8 位数据 9B，即“10011011”被锁入 REG8 中。第四个时钟以及以后的时钟信号都是移位时钟。由于赋值语句 QB=REG8[0]属于并行性质的连续赋值语句，在过程结构的外面，因此它的执行无需移位时钟信号。即在并行锁存 DIN 数据的时钟上升沿到来时刻，便将此置入数据的第一位输出了，即最低位的串行输出要早于移位时钟（第四个时钟）一个周期。这一点可以从波形图中清楚地看出：在第一个执行并行数据加载的时钟后，QB 即输出了被加载的第一位右移数 1，而此时的 REG8 内仍然是 9B。第四个时钟后，QB 输出了右移出的第二个位 1，此时的 REG8 内变为 CD，其最高位被填为 1。如此进行下去，直到第八个 CLK 后，右移出了所有 8 位二进制数，最后一位是 1。此时 REG8 内是 FF，即全部被 DIN 的最高位 1 填满。

5.3.2　使用移位操作符设计移位寄存器

程序例 5-15 是使用移位操作符实现的 4 位右移寄存器，其原理和功能与例 5-14 类似。将例 5-15 与例 5-14 比较，能非常容易地了解使用了右移操作符的程序设计原理。

【例 5-15】

```
Module SHIF4 (DIN,CLK,RST,DOUT);
    input CLK,DIN,RST;   output DOUT;
reg[3:0] SHFT;
    always@(posedge CLK or posedge RST)
     if(RST)  SHFT<=4'B0;
       else begin  SHFT <=(SHFT >> 1);  SHFT[3] <= DIN; end
     assign  DOUT  = SHFT[0];
endmodule
```

5.4 自动预置型计数器设计

可预置型计数器能实现模可控计数器功能，方法是将计数进位与预置数加载输入信号端或计数复位端相接。就用加法计数溢出或进位输出信号来限制计数器计数方式而言，其控制信号输入方法可分为四种：同步清 0 计数模式，异步清 0 计数模式，同步加载计数模式，异步加载计数模式。

前两种模式的原理是，设定计数模为 N，当计数到 N 时，对计数器发出一个清 0 信号，使其从头开始计数，以此循环往复。如果控制的是计数器的同步清 0 端，则为第一种模式；若是控制异步清 0 端，则为第二种模式。后两种计数模式的原理是，对于给定的模 N，当计数满到溢出时，或限制其计数到某值时，发出一个信号，控制计数器的加载预置端，使计数器加载某值 M。如果控制的是计数器的同步加载端，则为第三种模式；若是控制异步加载端，则为第四种模式。本节的目的倒不仅仅是介绍几个有用的电路模型及其设计，而是期望通过以下给出的一些示例，更深入地了解针对不同需要，而设定同步或异步控制信号的 Verilog 程序设计方法，以及有关硬件设计的一些技术问题。

对于所设计的时序电路能否按照要求正常工作至关重要。例如此类电路模块的清 0 或加载信号极易产生毛刺，并可能不同程度地影响计数器的功能，因此设计者必须及时发现和妥善处理。而毛刺的产生与否及影响程度与实现此功能的器件本身的时序特性、控制计数器计数进程的方式、电路模块的结构乃至外界温度等因素都关系密切。

5.4.1 同步加载计数器

例 5-16 程序是 4 位同步加载模式计数器。其对应的时序仿真波形如图 5-20 所示（仿真选择的 FPGA 目标器件是 Cyclone 系列 EP1C3），其中的预置数设为 M=9。

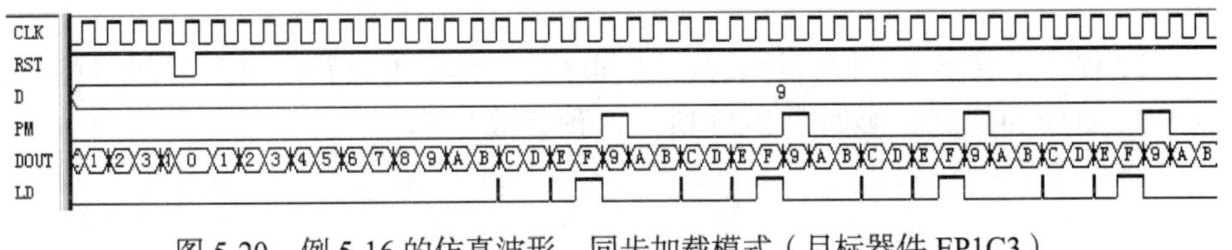

图 5-20　例 5-16 的仿真波形，同步加载模式（目标器件 EP1C3）

【例 5-16】

```
module FDIV0 (input CLK,RST,input[3:0]D,output PM,output[3:0]DOUT);
  reg[3:0] Q1;    reg FULL;
  (* synthesis,keep *) wire LD;  //设定 LD 为仿真可测试属性
   always @(posedge CLK or negedge RST)
     if (!RST)  begin Q1<=0; FULL<=0; end
       else if (LD) begin Q1<=D; FULL<=1; end
          else  begin Q1 <= Q1+1; FULL<=0;   end
  assign LD=(Q1==4'B1111); assign PM=FULL; assign DOUT=Q1;
endmodule
```

从加载控制信号 LD 的波形可见，每当计数到 F（1111）时即有 LD 信号发出脉冲，对计数器加载 9，于是计数器在下一时钟输出标志脉冲 PM。图中显示，预置数为 9 时，分频比是 7，或者说计数模为 7。

从波形图（图 5-20）不难发现，每一计数周期都有两个毛刺脉冲。这种毛刺极有可能对计数器产生不良后果，如提前预置数据，这就要看此毛刺的宽度是否足够宽。图 5-21 所示的即为图 5-20 中毛刺脉冲展开后的时序，从图中可见，毛刺脉宽约 0.1ns，对于 EP1C 器件尚不会有何不利影响。但为了能可靠计数，还是应该设法去除毛刺。

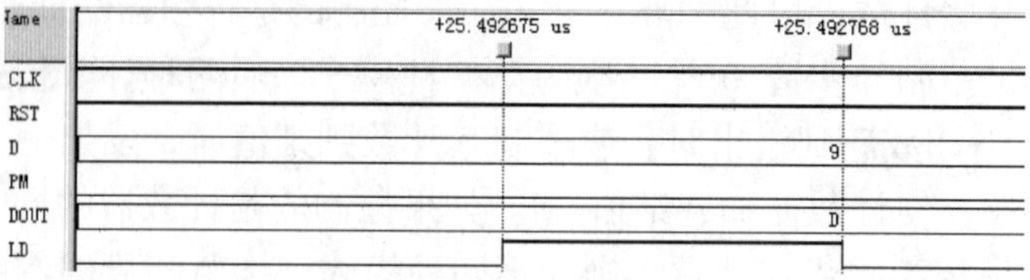

图 5-21　图 5-20 中毛刺脉冲展开后的时序，毛刺脉宽约 0.1ns

由于毛刺不是很宽，通过一些简单的辅助方法或利用器件本身通道的分布电容，都可能解决问题。例如改变程序结构，包括改变程序的表述方式，甚至重新考虑某些端口引脚的去留或锁定方位都有可能起作用。

此外还能通过改变优化约束方式来实现。例如进入图 4-6 的窗口，选择 Analysis & Synthesis Settings 项的 Optimization Technique 栏，单击选择 speed 优化方式，或在 PowerPlay power optimization 栏选择 Extra effort 项，又或选择 Perform WYSIWYG0…；再或者于同一窗口，选择 Fitter Settings 项的 Fitter effort 栏，选择 Standard Fit 适配方式；或者将这些设置组合起来。或者干脆选择其他更高速度的 FPGA，如 Cyclone 4E 系列的 EP4CE55 等。

5.4.2　异步加载计数器

例 5-17 程序是异步加载模式计数器，从程序的安排中可以看出，LD 是异步控制信号。例 5-17 对应的仿真波形如图 5-22 所示，预置数为 8。

【例 5-17】

```
module fdiv1 (CLK,PM,D,DOUT,RST);
  input CLK;  input RST; input[3:0] D;  output PM; output[3:0] DOUT;
  reg[3:0] Q1;   reg FULL;
  (* synthesis,probe_port,keep*)  wire LD;
    always @(posedge CLK or posedge LD or negedge RST)
          if (!RST)  begin Q1<=0;  FULL<=0;   end
   else  if  (LD)  begin Q1<=D;  FULL<=1;   end
               else  begin Q1<=Q1+1; FULL<=0;   end
    assign LD=(Q1==4'B0000);
    assign PM=FULL;
    assign DOUT=Q1;
endmodule
```

注意程序语句 LD=(Q1==0)与例 5-16 不同，不是 1111。这里必须计满值为 0000，即比 F 多 1。因为从仿真图可见，当 Q1=0 时，即可将 9 预置进计数器，否则不可能出现图 5-22 的正确波形。此图波形显示，在复位信号发出前，PM 和 LD 都没有确定值，然而事实上实测中不可能出现这种情况。电路分频比也是 8。

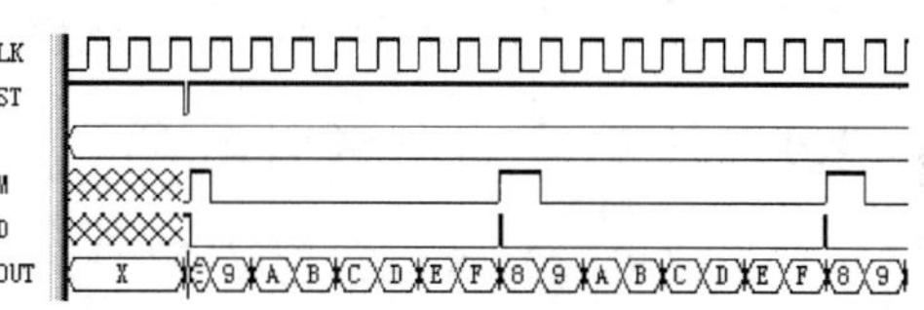

图 5-22　例 5-17 的仿真波形（EP4CE55）

5.4.3　异步清 0 加载计数器

例 5-18 是异步清 0 计数器模型。其对应的仿真波形是图 5-23 和图 5-24（前者的目标器件是 EP4CE55，后者是 EP1C3）。设预置数为 9。图 5-23 中显示每当计数到 8，其实是刚进入 9 的一瞬间（图 5-25），由于异步复位，即刻被置 0。分频比是 9。从图 5-22 和图 5-23 可见，对于异步模式，无论置位还是清 0，控制脉冲都很窄，并且控制时刻的输出数据变化剧烈，因为被强制隐去了一个计数值，并与器件本身的速度性能关系很大。因此分频模式的可靠性值得研究。

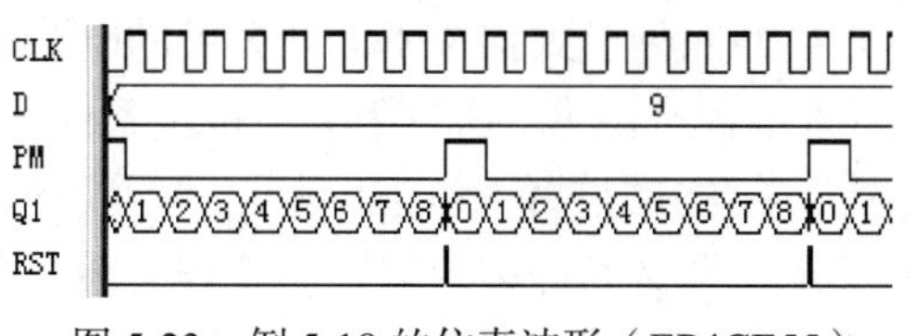

图 5-23　例 5-18 的仿真波形（EP4CE55）

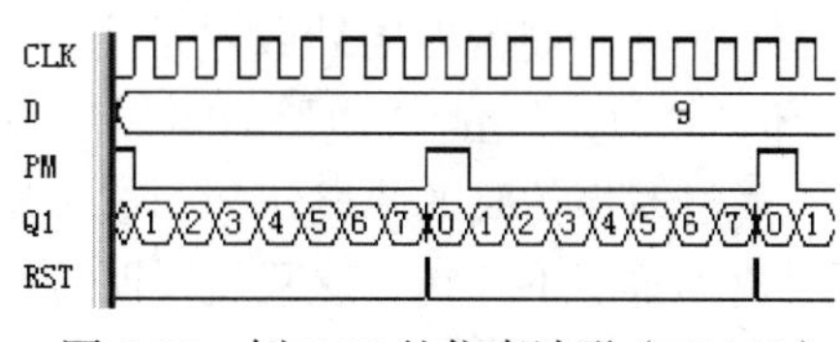

图 5-24　例 5-18 的仿真波形（EP1C3）

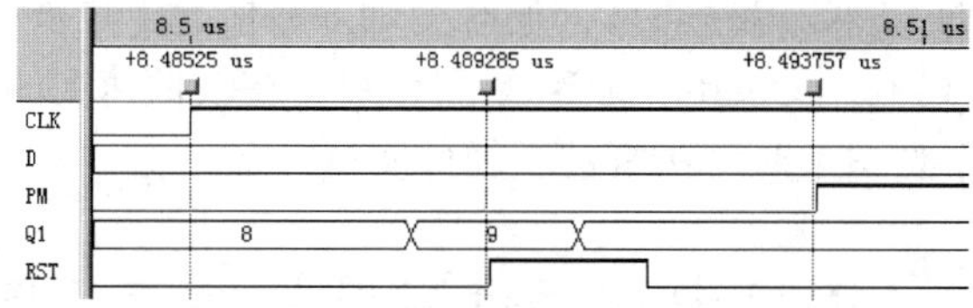

图 5-25　图 5-23 中的 RST 信号展开后的时序

【例 5-18】
```
module fdiv1 (CLK,PM,D);
   input CLK; input[3:0] D;    output PM; reg FULL;
   (* synthesis,probe_port,keep *)  reg[3:0] Q1;
   (* synthesis,probe_port,keep *)  wire RST;
   always @(posedge CLK or posedge RST)
      if (RST) begin Q1<=0;  FULL<=1;  end
        else  begin Q1<=Q1+1;  FULL<=0;  end
   assign RST = (Q1==D);       assign  PM = FULL;
endmodule
```

图 5-24 显示，当选择 Cyclone 系列的 EP1C3 作为目标器件时，在 Q1 计数的 7 与 8 之间，RST 出现了毛刺，且此毛刺将 D 提前加载进了计数器。此例显示了由于毛刺的存在，产生了误操作，而这个能产生误操作的毛刺是由于 FPGA 速度低导致的。

5.4.4 同步清 0 加载计数器

如果仅将例 5-18 的过程敏感信号表改成以下形式，而其他部分不动：

```
always @ (posedge CLK)
```

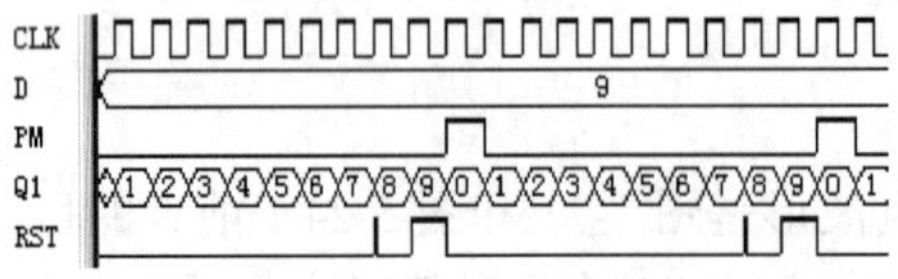

图 5-26 同步清 0 加载计数器时序波形

则构成了一个同步清 0 计数器模型。对应的仿真波形是图 5-26（目标器件 EP1C3）。示例预置数也是 9。每当计数到 9 后的下一时钟就回到 0。分频比是 10。从图 5-26 可见，也有毛刺现象，仍出现在计数值 7 与 8 之间，显然是由于 7 和 8 的逻辑数据变换较大造成的，所以毛刺宽度不会大，利用以上介绍的方法，对 Quartus 的优化或适配模式稍作改变即可消除毛刺。

其实，在传统的数字电路或数字电子技术教程中也不乏介绍利用诸如 74LS161、74LS193 等小规模专用计数器元件，按照本节介绍的四种模式构成不同计数模的电路模型，但却罕有谈到此类电路有可能出现毛刺等严重不稳定因素。这是因为在传统条件下，无法通过时序仿真的手段认知到这一现象的存在，并预知这些问题的严重性。但是不谈、不讨论不等于不存在，这只能说明传统数字电子技术教材的许多内容距离工程实际尚有明显距离。以上数例已经证明，器件的速度越低，此类问题会越严重。当本节用于仿真的目标器件是较高速的 EP4CE 系列时，即使有毛刺多数情况下也没有出现提前清 0 或提前预置现象。读者倒不妨利用 Quartus 的 74 系列计数器在较低速度的 FPGA（如 Flex10K、Acex1K、Cyclone 等系列）上时序仿真甚至硬件实测一下。

5.5 时序电路硬件设计与仿真示例

第 4 章详细介绍了在 Quartus 平台上 Verilog 组合逻辑设计文件的编译仿真和硬件测

试的流程。本节将简要介绍基于此平台的时序电路设计的编辑、仿真和硬件测试的流程。由于这两个流程的主要部分是相同的，所以以下仅介绍不同之处。

5.5.1 编辑电路、创建工程和仿真测试

选用的示例是本章介绍过的十进制计数器（例 5-13）。首先编辑输入此计数器代码，设其工程名为 CNT10。CNT10 工程在编译通过后，编辑仿真文件时要注意时钟参数的设定。假设设定仿真时间是 55μs，图 5-27 给出了仿真文件中时钟 CLK 的编辑方法。即：单击图 5-27 所示窗口的时钟信号名 CLK，使之变成蓝色条，再单击左列的时钟设置键，在 Clock 窗中设置 CLK 的时钟周期为 900ns（Clock 窗口中的 Duty cycle 是占空比，默认为 50，即 50%占空比）。然后设置 EN 的电平为 1。

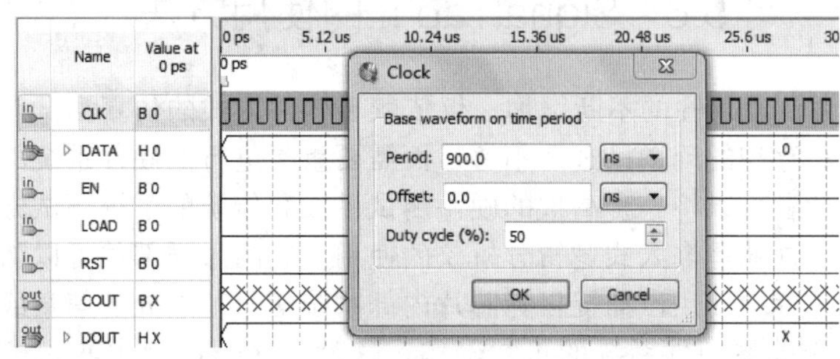

图 5-27 设置时钟 CLK 的周期

最后的仿真输出报告给出的仿真波形如图 5-17 所示。从波形可以看出，其输入输出波形完全符合设计要求。对波形的详细分析仍可参考 5.2.2 节。

5.5.2 FPGA 硬件测试

在此假定仍然选择附录的 KX-CDS 系统完成本项示例实验，于是可以选择系统上的多功能重配置电路系统。在系统上实验电路模式 0（附录图 F-15），电路中的键 3 至键 8 的功能是电平控制键。仍设本次实验的核心板（插在 KX-CDS 系统上）是如附录图 F-5 所示的 KX-4CE55 板。所以可以用键 8、7、6、5 分别控制信号 CLK、EN、LOAD 和 RST 的输入。对于 CLK，每按键 8 两次可以输入一个时钟脉冲。

计数器的 4 位输入数据 DATA[3..0]可以利用键 1（键 2 也有相同功能）来输入。此键 1 控制一个输入 FPGA 的 4 位二进制数，图中显示，从高位到低位分别是 PIO11～PIO8。每按一次键 1，输出的 4 位二进制数加 1，具体数字由对应的数码管 D4～D1 显示。而 FPGA 的输出可以选择 8 个数码中的一个来显示，例如用数码 1 显示输出，那么 FPGA 输出端对应的 4 位端口名分别是 PIO19～PIO16。通过查表（参考附录 F.4），就能查到它们对应于 EP4CE55 的具体引脚。将以上讨论归纳后得表 5-1。

确定了锁定引脚编号后就可以在 Quartus 上完成引脚锁定了。最后再编译一次，即启动 Start Compilation，就可以将编译好的文件下载到实验系统的 FPGA 中实现硬件测试了。硬件测试过程中，对于附录图 F-15 预先选择的控制情况，让各键输出对应功能的电平或脉冲，观察系统的输入和输出情况，再与图 5-17 的仿真波形进行对照。

表 5-1　基于 EP4CE55F23C8 的引脚锁定情况（可通过附录 F.4 的列表获得）

计数器信号名	CLK	EN	LOAD	RST	DATA（3）	DATA（2）	DATA(1)
模式 0 电路控制	键 8	键 7	键 6	键 5	键 1：D4	键 1：D3	键 1：D2
模式 0 电路信号	PIO7	PIO6	PIO5	PIO4	PIO11	PIO10	PIO9
对应 FPGA 引脚	AB6	Y7	AA6	AB3	AB5	AA3	W2
计数器信号名	DATA（0）	COUT	DOUT（3）	DOUT（2）	DOUT（1）	DOUT（0）	
模式 0 电路控制	键 1：D1	数码 2：a 段	数码 1	数码 1	数码 1	数码 1	
模式 0 电路信号	PIO8	PIO20	PIO19	PIO18	PIO17	PIO16	
对应 FPGA 引脚	U2	AA1	V2	W1	R2	U1	

5.6　SignalTap II 的使用方法

随着逻辑设计复杂性的不断增加，仅依赖于软件方式的仿真测试来了解设计系统的硬件功能和存在的问题已远远不够，而需要重复进行的硬件系统的测试也变得更为困难。设计者可以将一种高效的硬件测试手段和传统的系统测试方法相结合以解决这些问题，这就是嵌入式逻辑分析仪的使用。它的采样部件可以随设计文件一并下载于目标芯片中，用以捕捉目标芯片内部系统信号节点处的信息或总线上的数据流，却又不影响原硬件系统的正常工作。这就是 Quartus 中嵌入式逻辑分析仪 SignalTap II 的目的。在实际监测中，SignalTap II 将测得的样本信号数据暂存于目标器件中的嵌入式 RAM 中，然后通过器件的 JTAG 端口将采得的信息传出，送入计算机进行显示和分析。

SignalTap II 允许对设计中所有层次的模块的信号节点进行测试，可以使用多时钟驱动，而且还能通过设置以确定前后触发捕捉信号信息的比例。

本节利用一个示例来介绍 SignalTap II 的基本方法。示例的顶层设计是原理图，取名为 CNT2LED，如图 5-28 所示。此图中有两个元件模块：CNT10 和 DECL7S，前者是十进制计数器，后者是十六进制 7 段数码管显示译码器，它们的内部程序分别是例 3-13 和例 4-4。参考图 4-25，将这两个程序变成原理图可调用的元件。

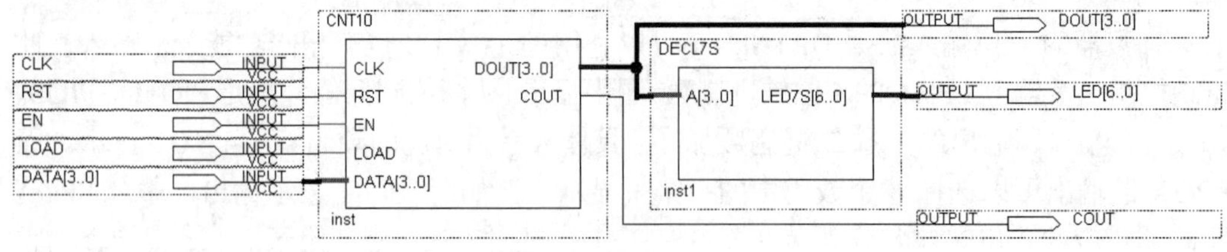

图 5-28　十进制计数器设计示例电路

首先设定图 5-28 为工程，工程名设为 CNT2LED。假定开发系统仍然用附录的 KX_CDS 系统以及 KX_4CE55 核心板，于是引脚锁定可参考表 5-1（图中的 LED[6..0] 可以不去锁定），只是将 CLK 的引脚改为 G22，使得此引脚恰好与核心板上的 20MHz

时钟相接，于是可利用 CLK 作为逻辑分析仪的采样时钟。使用 SignalTap II 的流程如下。

1．打开 SignalTap II 编辑窗口

选择 File→New 命令，如图 4-1 所示，在弹出的 New 窗口中选择 SignalTap II Logic Analyzer File（也可选择 Tools），单击 OK 按钮，即出现 SignalTap II 编辑窗口。

2．调入待测信号

在图 5-29 中，首先单击上排的 Instance 栏内的 auto_signaltap_0，更改此名，如改为 CNTS，这是其中一组待测信号名。为了调入待测信号名，在 CNTS 栏下栏的空白处双击，即弹出 Node Finder 窗口，再于 Filter 栏选择 Pins: all，单击 List 按钮，即在左栏出现与此工程相关的所有信号。选择需要观察的信号有总线 DATA、DOUT 和 LED，以及进位输出 COUT。单击 OK 按钮后即可将这些信号调入 SignalTap II 信号观察窗口（如图 5-30 所示）。

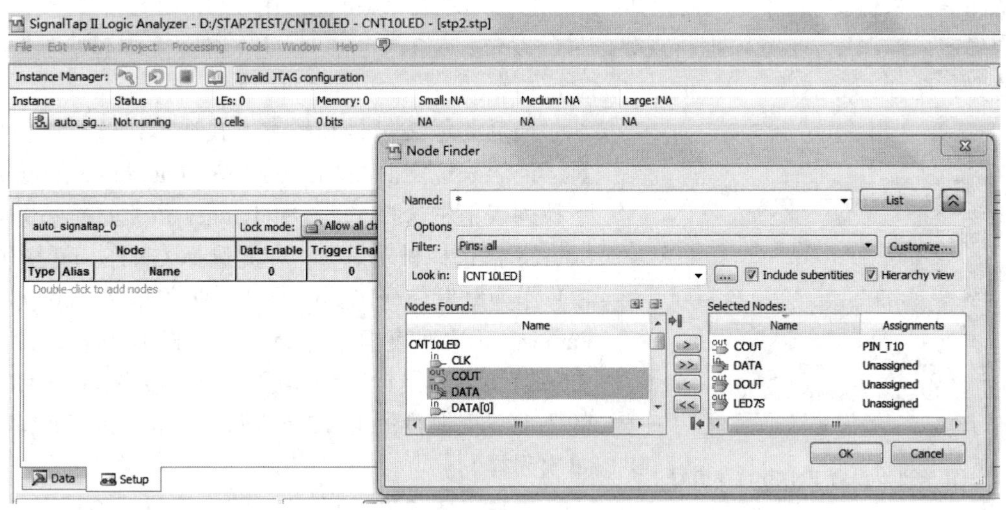

图 5-29　输入逻辑分析仪测试信号

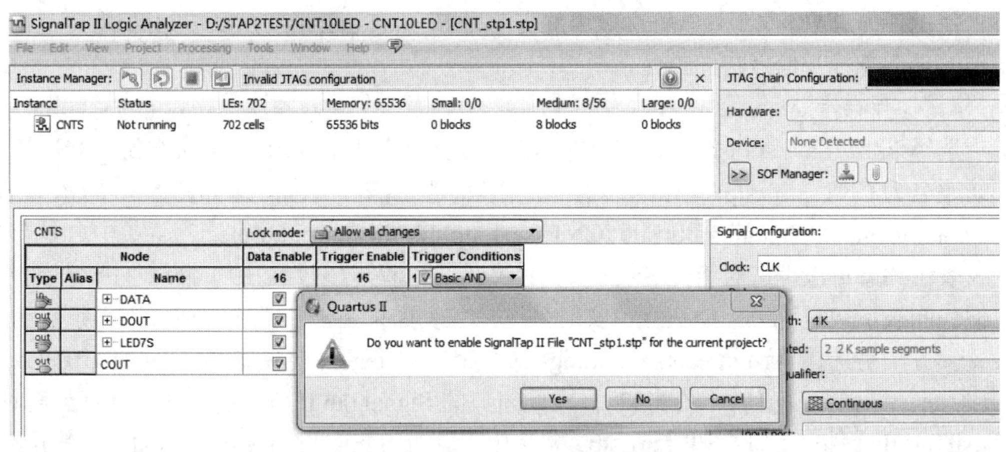

图 5-30　SignalTap II 编辑窗口

注意，不要将工程的主频时钟信号 CLK 调入观察窗口，因为在本项设计中打算调用本工程的时钟信号 CLK 兼作逻辑分析仪的采样时钟，而采样时钟信号是不允许进入此窗口的。此外如果有总线信号，只需调入总线信号名即可；慢速信号可不调入；调入信号的数量应根据实际需要来决定，不可随意调入过多的或没有实际意义的信号，这会导致 SignalTap II 无谓占用芯片内过多的存储资源。

3．SignalTap II 参数设置

单击“全屏”按钮和窗口左下角的 Setup 选项卡，即出现如图 5-30 所示的全屏编辑窗口，然后按此图设置。首先输入逻辑分析仪的工作时钟信号 Clock。单击 Clock 栏右侧的“...”按钮，即出现 Node Finder 对话框，为了说明和演示方便，选择计数器工程的主频时钟信号 CLK 作为逻辑分析仪的采样时钟；接着在 Data 框的 Sample Depth 栏选择采样深度为 4K 位。注意，采样深度应根据实际需要和器件内部空余 RAM 大小来决定；采样深度一旦确定，则 CNTS 信号组的每一位信号都获得同样的采样深度，所以必须根据待测信号采样要求、信号组总的信号数量，以及本工程可能占用 ESB/M9K 的规模，综合确定采样深度。然后根据待观察信号的要求，在 Trigger 栏设定采样深度中起始触发的位置，比如选择前触发 Pre trigger position。

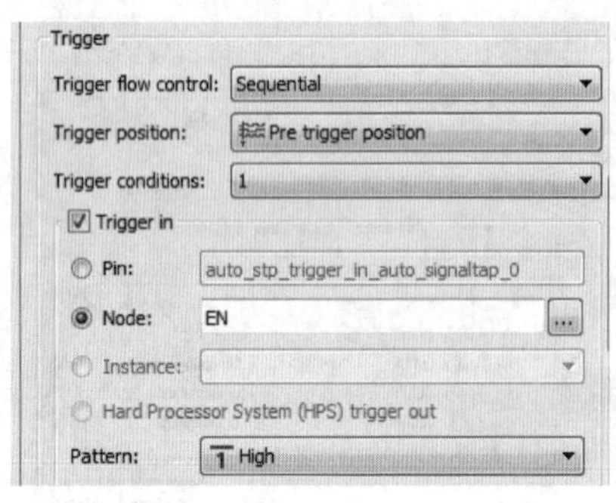

图 5-31　设置 EN 为触发信号

最后是触发信号和触发方式选择，这可以根据具体需求来选定。在 Trigger 栏的 Trigger Conditions 下拉列表框中选择 1；选中 Trigger in 复选框，并在 Source 框选择触发信号。在此选择 CNTS 工程中的 EN 作为触发信号（如图 5-31 所示）；在触发方式 Pattern 下拉列表框中选择高电平触发方式，即当 SignalTap II 测得 EN 为高电平时，SignalTap II 在 CLK 的驱动下根据设置 CNTS 信号组的信号进行连续或单次采样。

注意，图 5-30 所示的 CNTS 栏显示使用了 702 个逻辑宏单元和 65536 个内部 RAM 位，而此计数器实际耗用的逻辑宏单元只有 16 个，且未使用任何 RAM 单元。显然这多用的资源是 SignalTap II 在 FPGA 内用于构建逻辑分析仪的采样逻辑及信号存储单元。

4．文件存盘

选择 File→Save As 命令，输入 SignalTap II 文件名为 stp1.stp（默认文件名和后缀），不妨改名为 CNT_stp1.stp。单击“保存”按钮后，将出现一个提示（如图 5-30 所示）“Do you want to enable SignalTap II File ‘CNT_stp1.stp’ for the current project?”，单击“是”按钮，表示同意再次编译时将此 SignalTap II 文件与工程（CNT2LED）捆绑在一起综合，以便一同被下载进 FPGA 中去完成实时测试任务。如果单击“否”按钮，则必须自己去设置。方法是选择 Assignments→Settings 命令，在 Category 栏中选择 SignalTap II Logic Analyzer，即弹出一窗口（图 5-32）；在此窗口的 SignalTap II File name 中选中已存盘的 SignalTap II 文件名，如 CNT_stp1.stp，并选中 Enable SignalTap II Logic Analyzer 复选框，单击 OK 按钮即可。

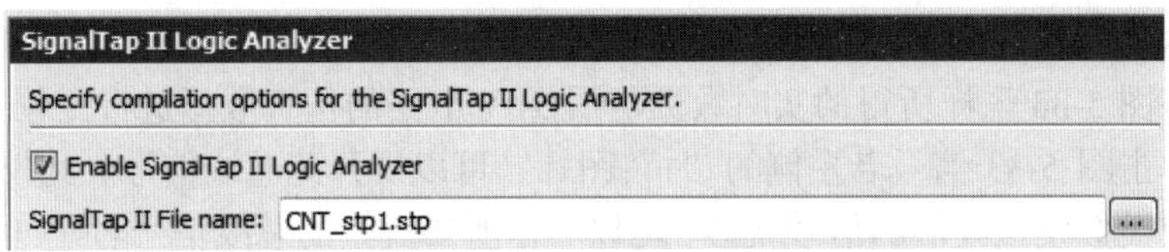

图 5-32　选择或删除 SignalTap II 文件加入综合编译

注意，当利用 SignalTap II 将 FPGA 中的信号全部测试结束后，如在实现开发完成后的产品前，不要忘了将 SignalTap II 的部件从芯片中除去，方法是在图 5-32 所示窗口中取消选中 Enable SignalTap II Logic Analyzer 复选框，再编译、编程一次即可。

5．编译下载

首先选择 Processing→Start Compilation 命令，启动全程编译。编译结束后，选择 Tools→SignalTap II Analyzer 命令，打开 SignalTap II，或单击 Open 按钮打开。接着用 USB-Blaster 连接 JTAG 口，设定通信模式；打开编程窗口准备下载文件 CNT2LED.sof。也可以直接利用 SignalTap II Analyzer 窗口来下载 SOF 文件。如图 5-33 所示，单击右侧的 Setup 按钮，确定编程器模式，如 USB-Blaster。然后单击 Scan Chain 按钮，对开发板进行扫描。如果在栏中出现 FPGA 的型号名，表示系统 JTAG 通信情况正常，可以进行下载。

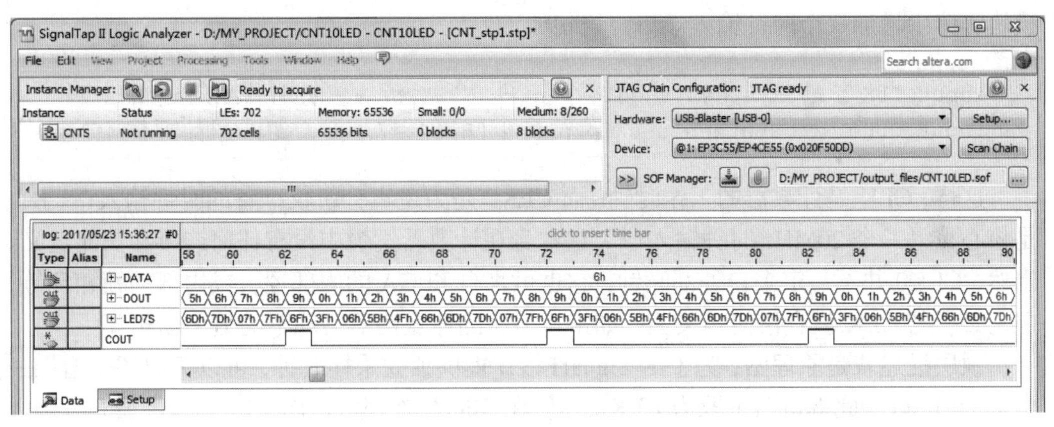

图 5-33　SignalTap II 实时数据采样显示界面

单击“...”按钮，选择 SOF 文件，再单击左侧的下载标号，观察左下角下载信息。下载成功后，设定控制信号（注意使控制 EN 的键输出 1），使计数器和逻辑分析仪工作。

6．启动 SignalTap II 进行采样与分析

如图 5-33 所示，单击 Instance 栏中的 CNTS，再选择 Processing 菜单中的 Autorun Analysis 选项，启动 SignalTap II 连续采样。单击左下角的 Data 标签和“全屏控制”按钮。由于按键对应的 EN 为高电平，作为 SignalTap II 的采样触发信号，这时就能在 SignalTap II 数据窗口观察到通过 JTAG 口来自开发板上 FPGA 内部的实时信号，如图 5-33 所示。用鼠标的左/右键放大或缩小波形。数据窗口的上沿坐标是采样深度的二进制位数，全程是 4096 位（前位触发在 12%深度处）。图 5-33 的 LED7S 和 DOUT 的数据显示格式

都选为十六进制数，DATA 输入显示的数据是 6H，此数来自实验系统上键 1 所置的数。

建议将图 5-33 采样所得的实时数据与图 5-17 电路的仿真数据进行比较。

如果单击图 5-33 信号名左侧的“+”图标，可以展开此总线信号。此外如果希望观察到可形成类似模拟波形的信号波形，可以右击所要观察的总线信号名（如 DOUT），在弹出的菜单中选择总线显示模式 Bus Display Format 为 Unsigned Line Chart，即可获得如图 5-34 所示的“模拟”信号波形——锯齿波。图 5-35 所示的部分是负责扫描 FPGA 的。

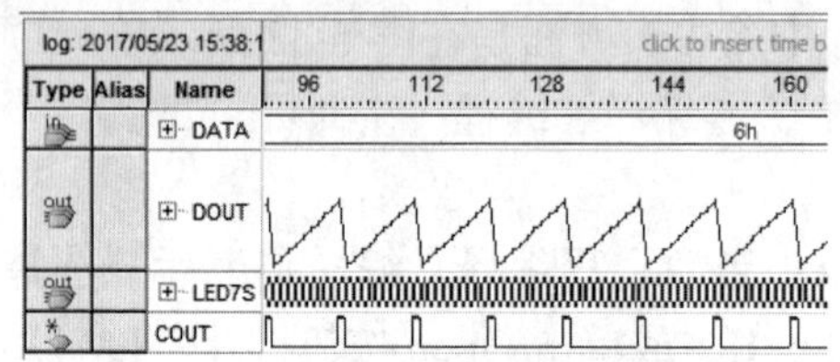

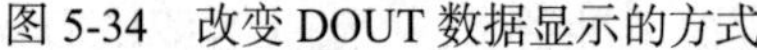

图 5-34　改变 DOUT 数据显示的方式

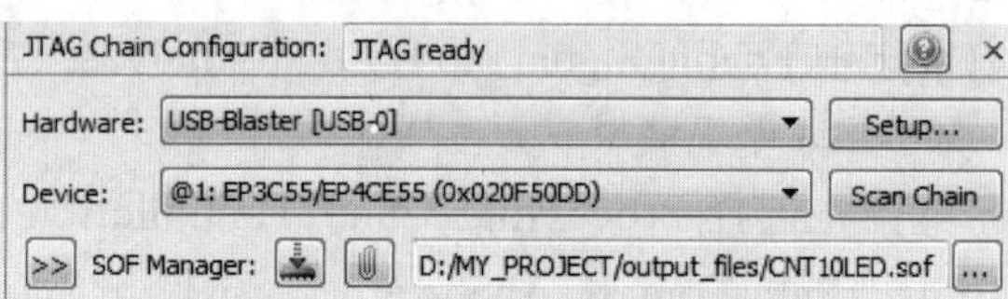

图 5-35　扫描 FPGA，并下载 SOF 文件

在以上给出的示例中，为了便于说明，SignalTap II 的采样时钟选用了被测电路的工作时钟。但在实际应用中，多数情况是使用独立的采样时钟，这样就能采集到被测系统中的慢速信号或与工作时钟相关的信号（包括干扰信号）。

如果是全文本表述的设计，为 SignalTap II 提供独立采样时钟的方法是在顶层文件的模块实体中增加一个时钟输入端口，语句如下：

```
input CLK   /* synthesis chip_pin = "G22" */ ;   //计数器工作时钟
input CLK0  /* synthesis chip_pin = "B11" */;    //逻辑分析仪采样时钟
```

这样，CLK 是计数器的工作时钟；而 CLK0 是为逻辑分析仪准备的时钟输入口（B11 是核心板另一个 20MHz 时钟输入口），它本身在计数器逻辑中没有任何连接和功能定义。当然，CLK0 并不一定来自外部时钟，它也可来自 FPGA 的内部逻辑或内部的锁相环等，但它必须与 CLK 没有任何相关性，如来自另一晶体振荡器驱动下的另一锁相环。

顶层描述若是原理图，为了给 SignalTap II 提供独立采样时钟，可以为原理图增加一个 input 端口，此端口名可取为 CLK0 等。在 FPGA 外部可以向 CLK0 提供独立时钟，而在设计电路中不必与其他任何电路连接。工程编译后可以在 SignalTap II 参数设置窗找到此 CLK0，并设它为采样时钟。实际上对于触发信号的设置或建立，也可以采用这种方法。

7．SignalTap II 的其他设置和控制方法

以上示例仅设置了单一嵌入式测试模块 CNTS，其采样时钟是 CLK。事实上可以设置多个嵌入式测试模块 Instance。可以使用此功能为器件中的每个时钟域建立单独且唯一的逻辑分析仪测试模块，并在多个测试模块中应用不同的时钟和不同的设置。

Instance 管理器允许在多个测试模块上建立并执行 SignalTap II 逻辑分析，可以使用它在 SignalTap II 文件中建立、删除和重命名测试模块。Instance 管理器显示当前 SignalTap II 文件中的所有测试模块、每个相关测试模块的当前状态以及相关实例中使用的逻辑元素和存储器耗用量。测试模块管理器可以协助检查每个逻辑分析仪在器件上要

求的资源使用量，可以选择多个逻辑分析仪及选择 Processing→Run Analysis 命令来同时启动多个独立的数据采样模块。此外，SignalTap II 的采样触发器采用逻辑级别或逻辑边缘方面的逻辑事件模式，支持多级触发、多个触发位置、多个段以及外部触发事件。

可以使用 SignalTap II 窗口中的 Signal Configuration 面板设置触发器选项。可以给逻辑分析仪配置最多 10 个触发器级别，使用户可以只查看最重要的数据；可以指定 4 个单独的触发位置：前、中、后和连续。触发位置允许指定在选定测试模块中、触发之前和触发之后应采集的数据量。分段的模式允许通过将存储器分为密集的时间段，为定期事件捕获数据，而无需分配大采样深度，从而节省硬件资源。

5.7 编辑 SignalTap II 的触发信号

SignalTap II 的触发信号也可单独设置或编辑，其触发控制逻辑也可根据实际需要由用户自行编辑。

在许多特殊情况下，仅利用直接获得的基本的 Basic 触发层次的信号，是无法从采得的数据波形中观察到所希望的信息，或找到问题脉冲所在的。这时必须选择好特定的触发条件、触发时间和触发位置，从而能采集到希望观察到的信息。

Quartus 中的 SignalTap II 提供了编辑具有特定逻辑条件触发信号的功能，即具有编辑触发信号逻辑函数的功能，而且可以用原理图方法编辑。具体方法是，在图 5-30 所示 Trigger Conditions 选项（默认为 Basic）中选择 Advanced（高级）触发层次。原来的 Basic

触发层次设定的采样触发信号是直接采用外部或设计模块内部的信号产生，上例中即采用了 EN 担任触发信号。

当选择 Advanced 触发层次后，即出现触发条件函数编辑窗口。将此窗口左侧的信号名以及下方的逻辑元件和数据元件拖入右侧的图形编辑窗口。

对于从 Inputs Objects 栏拖入的 Bus Value 元件，对它双击后，可以输入数据，如用整数输入，例如整数 12。触发函数的编辑情况将实时出现在编辑窗口中，其上方的 Result 给出触发函数关系；下方给出出错报告。

习　题

5-1　在 Verilog 设计中，给时序电路清 0（复位）有哪两种不同方法，如何实现？

5-2　哪一种复位方法必须将复位信号放在敏感信号表中？给出这两种 Verilog 描述。

5-3　设计一个具有同步置 1，异步清 0 的 D 触发器。建议使用条件操作语句。

5-4　将例 5-13 改成一个异步清 0、同步时钟使能和异步数据加载型加法计数器。

5-5　试对习题 5-4 的设计稍作修改，将其进位输出 COUT 与异步加载控制 LOAD 连在一起，构成一个自动加载型 16 位二进制数计数器，即一个 16 位可控的分频器，给出其 Verilog 表述，并说明工作原理。设输入频率 f_i=4MHz，输出频率 f_o=(516.5±1)Hz（允许误差±0.1Hz），求 16 位加载数值。

5-6　分别给出以下四个 RTL 图（图 5-36～图 5-39）的 Verilog 描述，注意其中的 D

触发器和锁存器的表述。对于图 5-39 的电路，分别使用 if 语句和条件操作语句完成表述。

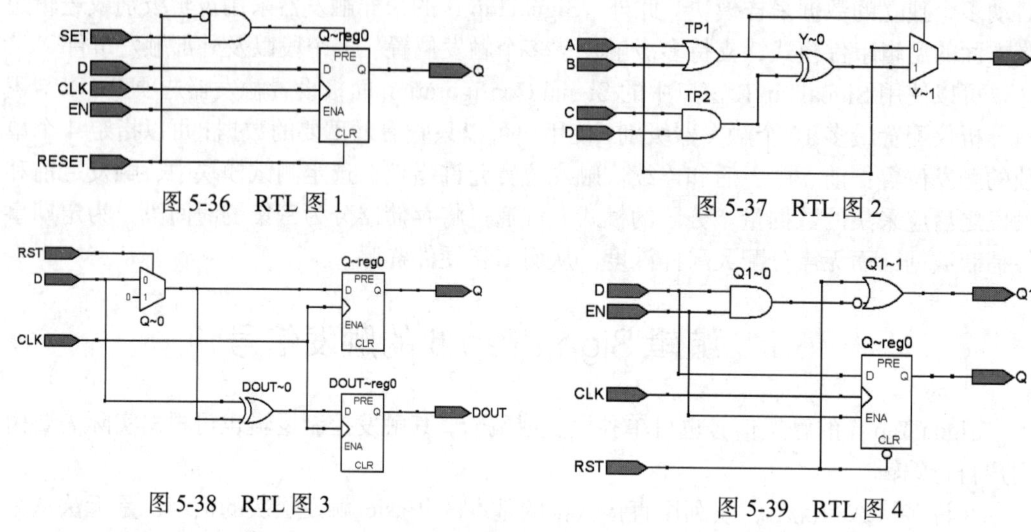

图 5-36　RTL 图 1

图 5-37　RTL 图 2

图 5-38　RTL 图 3

图 5-39　RTL 图 4

5-7　用过程语句改写例 5-7，保留其条件操作符语句的表述形式。

5-8　用 Verilog 设计一个功能类似 74LS160 的计数器。

5-9　给出含有异步清 0 和计数使能的 16 位二进制加减可控计数器的 Verilog 描述。

5-10　用 D 触发器构成按循环码（000→001→011→111→101→100→000）规律工作的六进制同步计数器。

5-11　基于原理图输入的设计方式（以下习题相同），应用四个全加器和 74374 构成 4 位二进制加法计数器。如果使用 74299、74373、D 触发器和非门来完成上述功能，应该有怎样的电路？

5-12　用一片 74163 和两片 74138 构成一个具有 12 路脉冲输出的数据分配器。要求在原理图上标明第 1 路到第 12 路输出的位置。若改用一片 74195 代替以上的 74163，试完成同样的设计。

5-13　用同步时序电路对串行二进制输入进行奇偶校验，每检测 5 位输入，输出一个结果。当 5 位输入中 1 的数目为奇数时，在最后一位的时刻输出 1。

5-14　用 74194、74273、D 触发器等器件组成 8 位串入并出的转换电路，要求在转换过程中数据不变，只有当 8 位一组数据全部转换结束后，输出才变化一次。

实验与设计

5-1　计数器设计实验

实验目的： 熟悉 Quartus 的 Verilog 文本设计流程全过程，学习计数器的设计、仿真和硬件测试，掌握原理图与文本混合设计方法。

实验原理： 参考 5.5 节。

实验任务 1： 基于 5.5 节，在 Quartus 进行编辑、编译、综合、适配、仿真。说明模块中各语句的作用。根据各模块和所有信号的时序仿真波形，详细描述此设计的功能特点。从时序仿真图和编译报告中了解计数时钟输入至计数数据输出的延时情况，包括设定不同优化约束后的改善情况。

实验任务 2： 按照 5.5.2 节的要求锁定引脚并硬件下载测试。引脚锁定后进行编译、下载和硬件测试实验。将实验过程和结果写进实验报告。硬件实验中，注意测试所有控制信号和显示信号。时钟 CLK 换不同输入：手动键输入、1Hz 或 4Hz 时钟脉冲输入等。

实验任务 3： 要求全程编译后，将生成的 SOF 文件转变成用于配置器件 EPCS16 的压缩的间接配置文件 *. jic，并使用 USB-Blaster 对实验板上的 EPCS16 进行编程，最后进行硬件验证。

实验任务 4： 用例化语句，按图 5-28 的方式连接成顶层设计电路。最终完成能实现图 5-28 结构的 Verilog 文件设计，并对其进行仿真和硬件测试。最后用 SignalProbe 将图 5-28 的信号 DOUT 引出（删除图 5-28 所示的输出端口），并于数码管或发光管上显示出来。

实验任务 5： 为图 5-28 的设计加入 SignalTap II，实时了解其输出信号和数据。

5-2 数码扫描显示电路设计

实验目的： 学习硬件扫描显示电路的设计。

实验原理： 图 5-40 所示的是 8 位数码扫描显示电路，其中每个数码管的 8 个段 h、g、f、e、d、c、b、a（h 是小数点）都分别连在一起，8 个数码管分别由 8 个选通信号 k1～k8 来选择。被选通的数码管显示数据，其余关闭。如在某一时刻，k3 为高电平，其余选通信号为低电平，这时仅 k3 对应的数码管显示来自段信号端的数据，而其他 7 个数码管呈现关闭状态。根据这种电路状况，如果希望在 8 个数码管显示希望的数据，就必须使得 8 个选通信号 k1～k8 分别被单独选通，同时在段信号输入口加上希望该对应数码管上显示的数据，于是随着选通信号的扫变，就能实现扫描显示的目的。

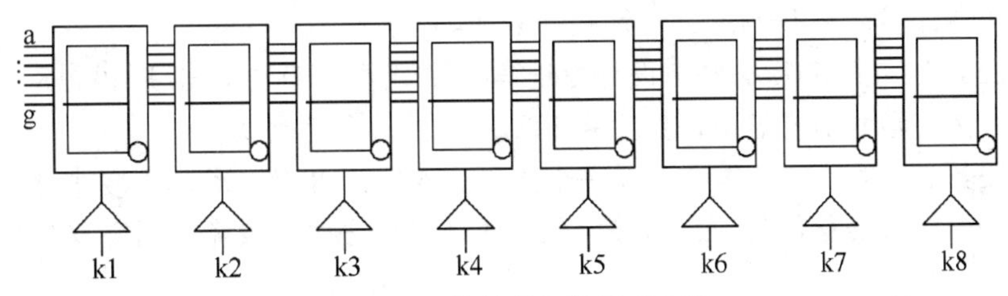

图 5-40 8 位数码扫描显示电路

实验任务 1： 根据功能要求给出 Verilog 设计程序。对其进行编辑、编译、综合、适配、仿真，给出仿真波形，并且进行硬件测试。将实验过程和实验结果写进实验报告。

实验任务 2： 以同样的设计思路和设计方法设计一 Verilog 程序，通过 FPGA 控制单 8×8 发光管点阵显示器，或双 8×8 发光管点阵显示器，分别显示十六进制数及英文字母。

5-3 高速硬件除法器设计

实验目的： 了解和掌握硬件除法器的工作原理，分析除法器的工作时序。

实验任务 1： 用 HDL 设计除法器。除法器的参考程序如例 5-19 所示。其中 A 和 B 是除法器输入端的两个 16 位数据，它们分别为被除数和除数。输出结果分成两部分：QU 是商，RE 是余数。根据例 5-19，画出此硬件除法器的工作流程图，并说明其工作原理。

实验任务 2： 给出仿真时序波形图，并作说明，在 FPGA 上验证其硬件功能。

【例 5-19】

```
module DIV16 (input CLK,input[15:0] A,B, output reg[15:0] QU,RE);
   reg[15:0] AT,BT,P,Q;   integer i;
   always @(posedge CLK)  begin
       AT = A;  BT = B;  P = 16'H0000; Q = 16'H0000;
         for (i=15; i>=0; i=i-1)
          begin
             P = {P[14:0], AT[15]};
             AT = {AT[14:0],1'B0}; P=P-BT;
             if (P[15]==1)  begin  Q[i]=0;  P = P+BT; end
             else Q[i]=1;
          end
     end
   always @(*)  begin  QU = Q; RE = P; end
endmodule
```

5-4 不同类型的移位寄存器设计

实验目的： 学习设计不同类型的移位寄存器。

实验任务 1： 参考 5.3 节，首先在 Quartus 上分别对例 5-14 和例 5-15 给出的移位寄存器进行仿真，然后在 FPGA 上进行硬件验证。

实验任务 2： 用 Verilog 分别设计并进串出/并出型、串进串出/并出型 8 位移位寄存器。给出仿真波形和功能说明，然后在 FPGA 上进行硬件测试。

实验任务 3： 用移位操作符设计一个纯组合电路的 8 位移位器。要求能控制移位方向和移位位数，以及移位显示，如移空位用 1 填补的方式，或不同循环移位方式等。

5-5 模可控计数器设计

实验任务 1： 分析并说明 5.4 节中各示例的设计思想。将它们都改成 8 位计数器形式，然后按照实验 5-1 的实验任务 1 的要求完成全部仿真测试和硬件测试内容。给出此四例对应的输入输出分频比一般公式，在较高输入频率上分别验证它们的分频公式。评估其工作可靠性。最后在 FPGA 上实现。

实验任务 2： 由于此四例设计输出的占空比太小，没有功率驱动能力，如驱动蜂鸣器等。所以为以上程序加入一个二分频电路使之有 50%的占空比。然后再测试它们的分频情况和占空比改变情况。图 5-41 就是针对不同预置数，占空比均衡（50%占空比）后的分频器输出信号波形。这个电路在后文有关硬件音乐演奏电路设计实验中将会用到。

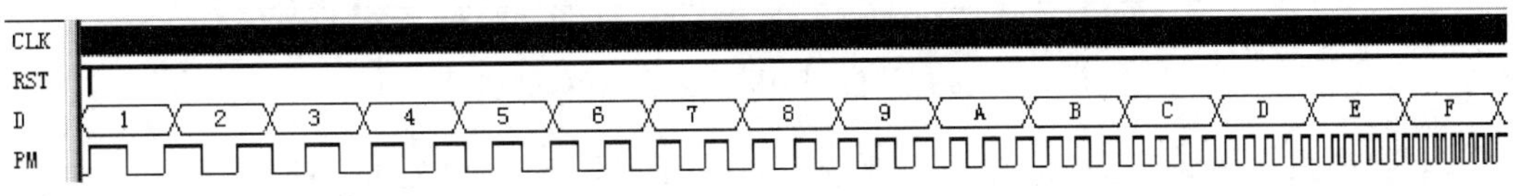

图 5-41　针对不同预置数，占空比均衡后的分频器输出

5-6　移位相加型 8 位硬件乘法器设计

实验原理：乘法可以通过逐项移位相加原理来实现。图 5-42 是一个基于时序结构的 8 位移位相加型乘法器。从被乘数的最低位开始，若为 1，则乘数左移后与上一次的和相加；若为 0，左移后以全零相加，直至被乘数的最高位。从图 5-42 的逻辑电路图及其乘法操作的时序图（图 5-43）（示例中的相乘数为 C6H 和 FDH）上可以清楚地看出此乘法器的工作原理。为了更好地了解其工作原理，图 5-42 中没有加入控制电路。时序波形图中，LD 信号的上跳沿及其高电平有两个功能，即模块 REGSHT 清 0 和被乘数 A[7..0]向移位寄存器 SREG8BT 加载；它的低电平则作为乘法使能信号。

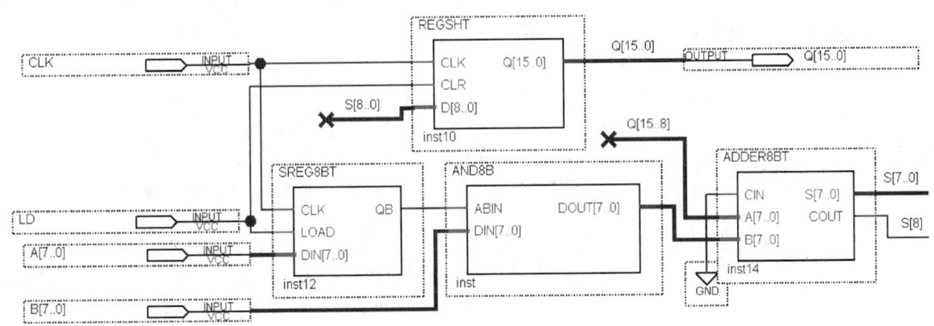

图 5-42　8 位乘法器逻辑原理图

CLK 为乘法时钟信号。当被乘数被加载于 8 位右移寄存器 SREG8BT 后，随着每一时钟节拍，最低位在前，由低位至高位逐位移出。当为 1 时，1 位乘法器 AND8B 打开，8 位乘数 B[7..0]在同一节拍进入 8 位加法器，与上一次锁存在 REGSHT 中的高 8 位进行相加，其和在下一时钟节拍的上升沿被锁进此锁存器。而当被乘数的移出位为 0 时，此 AND8B 全零输出。如此往复，直至 8 个时钟脉冲后，最后乘积完整出现在 REGSHT 端口。在这里，1 位乘法器 AND8B 的功能类似于一个特殊的与门，即当 AND8B 的输入 ABIN 为 1 时，DOUT 直接输出 DIN，而当 ABIN 为 0 时，DOUT 输出 00000000。从仿真波形图（图 5-43）可见，当 C6H 和 FDH 相乘时，第 1 个时钟上升沿后，其移位相加的结果（在 REGSHT 端口）是 7E80H，第 8 个时钟上升沿后，最终相乘结果是 C3AE(=50094)。

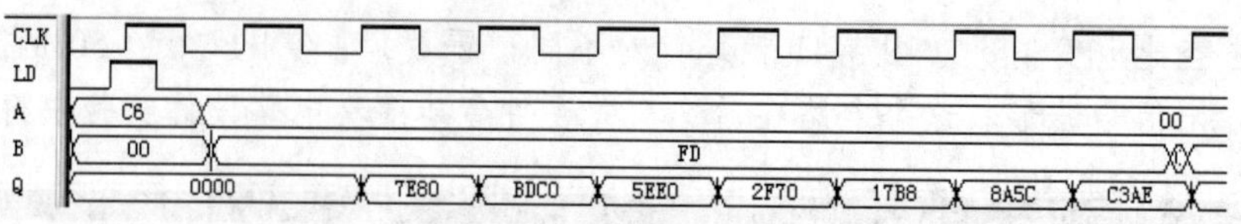

图 5-43　8 位移位相加乘法器运算逻辑波形图

实验任务：根据图 5-42，完成本项设计必需的 4 个元件的 Verilog 设计，并对它们分别仿真测试。再根据此图完成整体 Verilog 程序设计（包括元件例化），再仿真测试，与图 5-43 比较。硬件验证中，CLK 用键控制。

5-7　半整数与奇数分频器设计

实验目的：学习完成实用 Verilog 程序的设计。

实验原理：实用数字系统设计中常需要完成不同类型的分频。对于偶数次分频并要求以 50%占空比输出的电路是比较容易实现的。但却难以用相同的设计方案直接获得奇数次分频且占空比也是 50%的电路。图 5-44 所示的电路是一个占空比为 50%的任意奇数次分频电路。其中的 M3 目前是一个模 3 计数器，它可以设置为任意模计数器，从而实现整个电路的任意奇数次分频功能。其仿真波形图如图 5-45 所示，图中，C1 的输出呈现 50%占空比 5 分频信号。分析表明只要改变图 5-44 的 M3 计数器为任意模计数器，就能得到任意奇数值分频输出，且占空比为 50%。

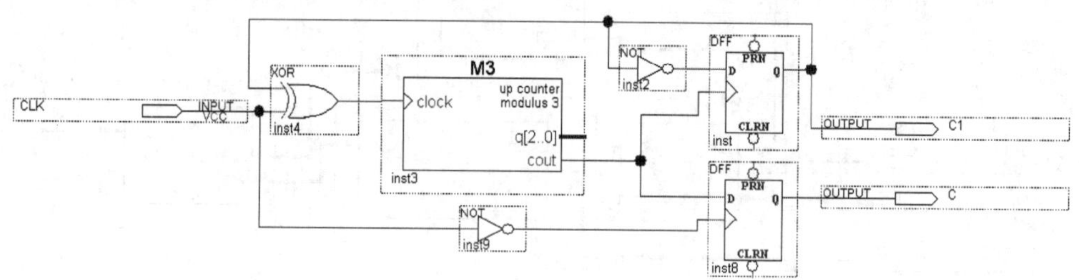

图 5-44　占空比为 50%的任意奇数次分频电路

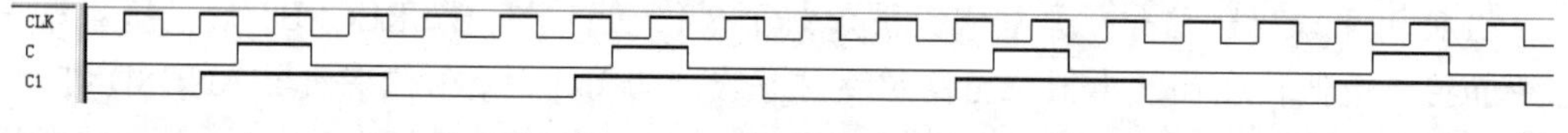

图 5-45　图 5-44 电路的仿真波形

还可以用另外一种思路来实现图 5-44 电路的功能。例 5-20 就是一个输出占空比为 50%的奇数次 5 分频电路。其仿真波形如图 5-46 所示，此波形与图 5-45 完全相同。

在实用数字系统设计中还常需要另一种分频电路，即半整数分频。如 3.5、4.5、5.5 次分频等。其实只要对图 5-44 电路稍加改变即可得到任意半整数分频电路。对于图 5-47 的电路，也只要改变 M3（图中是模 3 计数器）模块的计数模值，即可改变此电路为所需要的半整数分频结构。图 5-48 是图 5-47 电路的仿真波形，显示 2.5 分频比。

【例 5-20】占空比为 50%的奇数次 5 分频电路。

```
module FDIV3 (input CLK,   output K_OR,K1,K2);
    reg[2:0] C1,C2;   reg M1, M2;
   always @(posedge CLK)  begin
     if(C1==4)  C1<=0;   else C1<=C1+1;
     if(C1==1) M1<=~M1;  else if(C1==3) M1=~M1;  end
   always @(negedge CLK)  begin
     if(C2==4)  C2<=0;    else C2<=C2+1;
     if(C2==1)  M2<=~M2;  else if(C2==3) M2=~M2;  end
   assign  K1 = M1;   assign K2 = M2;
   assign  K_OR = M1 | M2;
endmodule
```

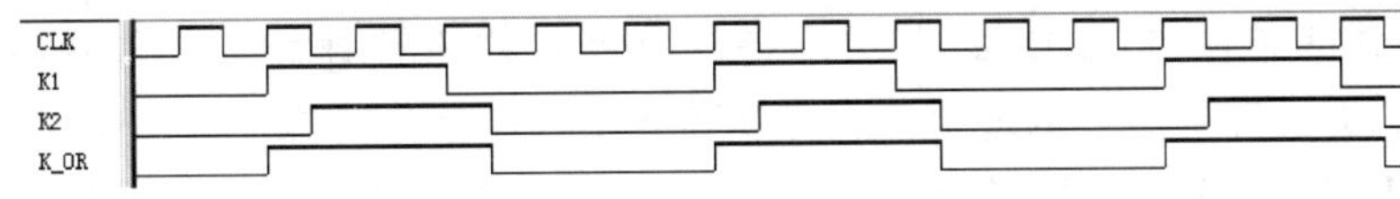

图 5-46　占空比为 50%的奇数次 5 分频电路仿真波形

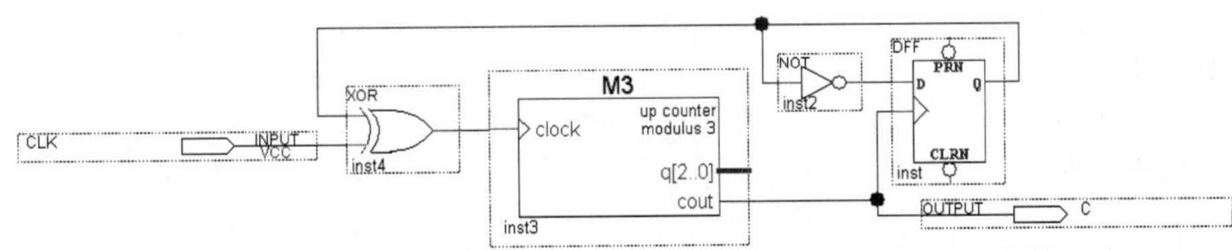

图 5-47　任意半整数分频电路

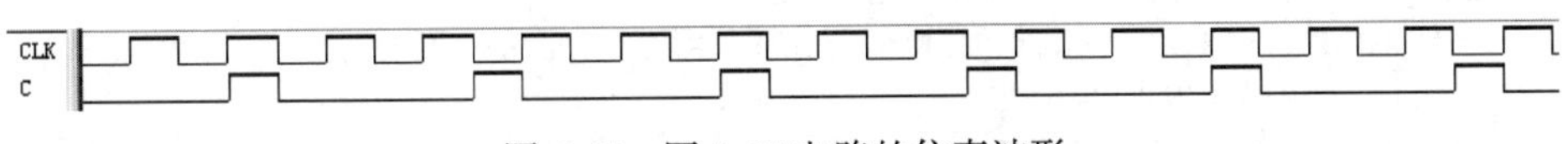

图 5-48　图 5-47 电路的仿真波形

实验任务 1：结合图 5-45 的时序，详细分析与说明图 5-44 电路的工作原理。再给出此电路的 Verilog 程序。然后进行编译和仿真。改变模块 M3 的计数模数，使此电路成为一个输出为 50%占空比的 7 分频器。最后进行 FPGA 硬件测试，其中包括完成 3、5、7、9 计数分频比测试和对应的占空比测试，以及对图 5-44 的信号 C 的占空比验证测试。

实验任务 2：结合图 5-46 时序波形，详细分析与说明程序例 5-20 描述的电路的工作原理，比较电路图 5-44，说出它们工作原理上的异同点。设计 7 分频电路。

实验任务 3：结合图 5-48 的时序波形，详细分析与说明图 5-47 电路的工作原理。再给出此电路的 Verilog 程序，然后进行编译和仿真。按实验任务 1 的要求完成所有设计和测试。

实验任务 4：给出图 5-44 电路的分频比与输出脉冲占空比之间的关系式。另外，用 Verilog 设计一个电路，使之输出频率恒定，但占空比可随预置数控制，并在 FPGA 上硬件实测验证。

5-8 基于 Verilog 代码的频率计设计

实验目的：利用 Verilog 设计 8 位频率计。

实验原理：根据频率的定义和频率测量的基本原理，测定信号的频率必须有一个脉宽为 1s 的输入信号脉冲计数允许的信号；1s 计数结束后，计数值被锁入锁存器，计数器清 0，为下一测频计数周期做好准备。

实验任务 1：测频控制信号可以由一个独立的发生器来产生（参考程序例 5-21），即图 5-49 中的 FTCTRL。根据测频原理，测频控制时序可以如图 5-50 所示。设计要求 FTCTRL 的计数使能信号 CNT_EN 能产生一个 1s 脉宽的周期信号，并对频率计中的 32 位二进制计数器 COUNTER32B（图 5-49）的 ENABL 使能端进行同步控制。当 CNT_EN 高电平时允许计数，低电平时停止计数，并保持其所计的脉冲数。在停止计数期间，首先需要一个锁存信号 LOAD 的上跳沿将计数器在前一秒钟的计数值锁存进锁存器 REG32B 中，并由外部的十六进制 7 段译码器译出，显示计数值。锁存信号后，必须有一清 0 信号 RST_CNT 对计数器清 0，为下一秒的计数操作做准备。对例 5-21 仿真测试，验证其功能。

【例 5-21】

```
module FTCTRL (CLKK, CNT_EN, RST_CNT, LOAD);
   input CLKK;        output CNT_EN, RST_CNT,LOAD;
   wire CNT_EN, LOAD;        reg RST_CNT,Div2CLK;
   always @(posedge CLKK)
      Div2CLK <= ~Div2CLK;
   always @(CLKK or Div2CLK)  begin
     if (CLKK==1'b0 & Div2CLK==1'b0)  RST_CNT <= 1'b1;
      else  RST_CNT <= 1'b0;       end
   assign LOAD = ~Div2CLK;
  assign CNT_EN = Div2CLK;
endmodule
```

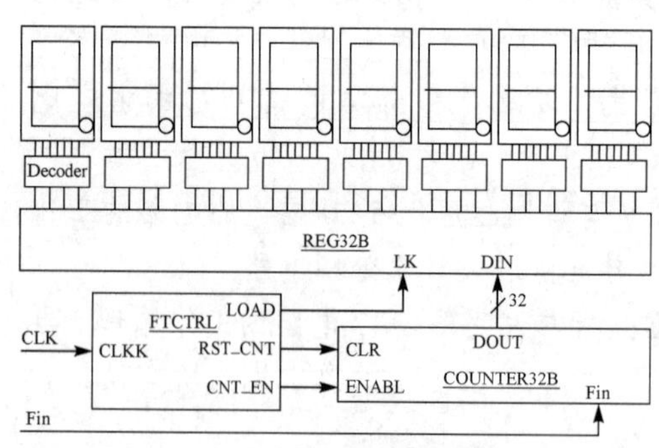

图 5-49 频率计电路框图

用 Verilog 设计另两个模块：REG32B 和 COUNTER32B，并对它们单独仿真测试。根据图 5-49 完成 Verilog 设计，程序中例化这三个模块。最后完成频率计设计、仿真和硬件实现，并给出其测频时序波形及其分析。若于附录的 KX_CDS 系统上（KX-4CE55 等核心板）完成硬件测试，建议选择模式 5（附录图 F-14）完成此实验。

实验任务 2：将频率计改为 8 位十进制频率计。

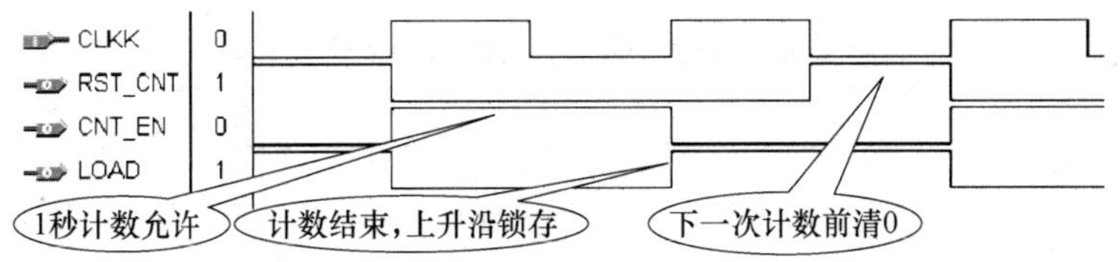

图 5-50 频率计测频控制器 FTCTRL 测控时序图

5-9 VGA 彩条信号显示控制电路设计

实验目的：学习 VGA 图像显示控制电路设计。

实验原理：计算机显示器的显示有许多标准，常见的有 VGA、SVGA 等。一般这些显示控制都用专用的显示控制器（如 6845）。在这里不妨尝试用 FPGA 来实现 VGA 图像显示控制器，用以显示一些图形、文字或图像，这在产品开发设计中有许多实际应用。

常见的彩色显示器一般由 CRT（阴极射线管）构成，彩色是由 R、G、B（红：red，绿：green，蓝：blue）三基色组成，用逐行扫描的方式解决图像显示。阴极射线枪发出电子束打在涂有荧光粉的荧光屏上，产生 R、G、B 三基色，合成一个彩色像素。扫描是从屏幕的左上方开始的，从左到右，从上到下，进行扫描。每扫完一行，电子束回到屏幕的左边下一行的起始位置，在这期间，CRT 对电子束进行消隐，每行结束时，用行同步信号进行行同步；扫描完所有行，用场同步信号进行场同步，并使扫描回到屏幕的左上方，同时进行场消隐，预备下一场的扫描。

对于普通的 VGA 显示器，其引出线共含 5 个信号，即：R、G、B 是三基色信号；HS 是行同步信号；VS 是场同步信号。对于 VGA 显示器的这 5 个信号的时序驱动要注意严格遵循“VGA 工业标准”，即 640×480×60(Hz)模式。图 5-51 是 VGA 行扫描、场扫描的时序图，表 5-2 和表 5-3 分别列出了它们的时序参数。VGA 工业标准要求的频率：

时钟频率（lock frequency）	25.175MHz（像素输出的频率）
行频（line frequency）	31469Hz
场频（field frequency）	59.94Hz（每秒图像刷新频率）

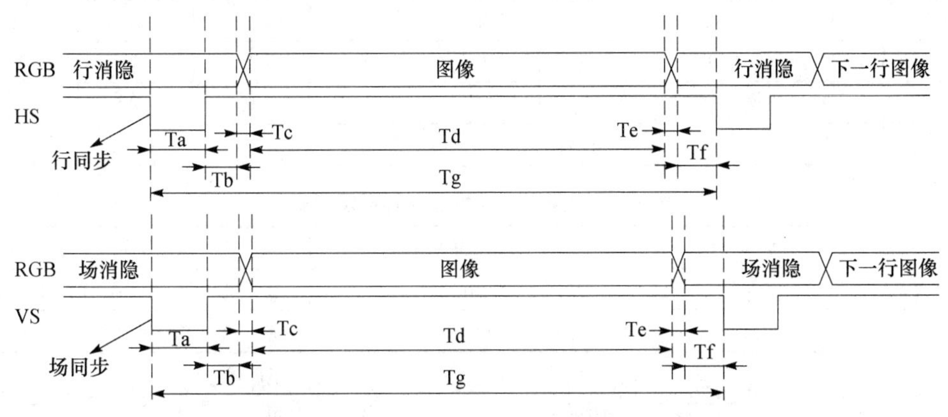

图 5-51 VGA 行扫描、场扫描时序示意图

表 5-2　行扫描时序要求（单位：像素，即输出一个像素 pixel 的时间间隔）

	行同步头			行图像			行周期
对应位置	Tf	Ta	Tb	Tc	Td	Te	Tg
时间（pixels）	8	96	40	8	640	8	800

表 5-3　场扫描时序要求（单位：行，即输出一行 line 的时间间隔）

	场同步头			场图像			场周期
对应位置	Tf	Ta	Tb	Tc	Td	Te	Tg
时间（lines）	2	2	25	8	480	8	525

VGA 工业标准显示模式要求：行同步、场同步都为负极性，即同步头脉冲要求是负脉冲。设计 VGA 图像显示控制要注意两个问题：一个是时序驱动，这是完成设计的关键，时序稍有偏差，显示必然不正常；另一个是 VGA 信号的电平驱动（注意 VGA 信号的驱动电平是模拟信号），详细情况可参考相关资料。对于一些 VGA 显示器，HS 和 VS 的极性可正可负，显示器内可自动转换为正极性逻辑。在此以正极性为例，说明本示例中的 CRT 工作过程：R、G、B 为正极性信号，即高电平有效。

当 VS=0、HS=0 时，CRT 显示的内容为亮，此过程即正向扫描过程，约需 26μs。当一行扫描完毕，行同步 HS=1，约需 6μs；其间，CRT 扫描产生消隐，电子束回到 CRT 左边下一行的起始位置（X=0，Y=1）；当扫描完 480 行后，CRT 的场同步 VS=1，产生场同步使扫描线回到 CRT 的第一行第一列（X=0，Y=0）处（约为 2 个行周期）。HS 和 VS 的时序图如图 5-52 所示：T1 为行同步消隐（约为 6μs）；T2 为行显示时间（约为 26μs）；T3 为场同步消隐（2 行周期）；T4 为场显示时间（480 行周期）。

为了节省存储空间，本示例中仅采用 3 位数字信号表达 R、G、B（纯数字方式）：三基色信号，因此仅可显示 8 种颜色，表 5-4 是此 8 色对应的编码电平。例 5-22 设计的彩条信号发生器可通过外部控制产生 3 种显示模式，共 6 种显示变化（表 5-5）。

表 5-4　颜色编码

颜色	黑	蓝	红	品	绿	青	黄	白
R	0	0	0	0	1	1	1	1
G	0	0	1	1	0	0	1	1
B	0	1	0	1	0	1	0	1

表 5-5　彩条信号发生器 3 种显示模式

1	横彩条	1：白黄青绿品红蓝黑	2：黑蓝红品绿青黄白
2	竖彩条	1：白黄青绿品红蓝黑	2：黑蓝红品绿青黄白
3	棋盘格	1：棋盘格显示模式 1	2：棋盘格显示模式 2

图 5-53 是对应例 5-22 的 VGA 图像显示控制器接口电路图。首先按照图 5-53 的方式将 VGA 显示器（液晶或 CRT 管都可）插入 KX-4CE55 核心板的 VGA 接口。将编译文件下载进 FPGA 后，即可控制键（建议选择模式 3，见附录图 F-17），每按一次键换一

种显示模式，6 次一循环，其循环显示模式分别为：横彩条 1、横彩条 2、竖彩条 1、竖彩条 2、棋盘格 1 和棋盘格 2。时钟信号必须是 20MHz，如果是 12MHz 或 50MHz，则必须改变程序中的分频控制，对此例 5-22 已作了注释。

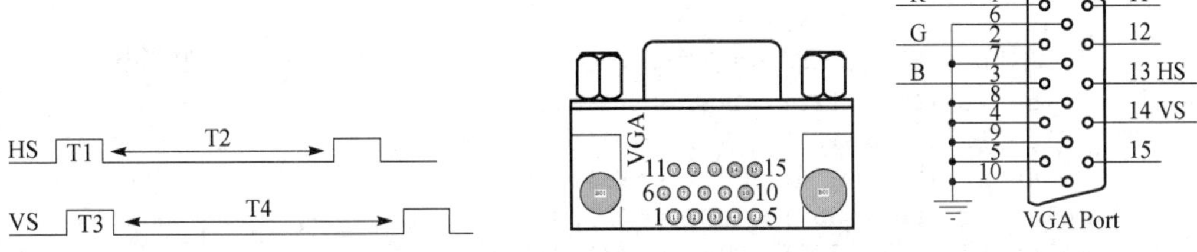

图 5-52　HS 和 VS 的时序图

图 5-53　VGA 接口电路图，左接口从上往下看

【例 5-22】

```
module VGA_COLOR_LINE (CLK,MD,HS,VS,R,G,B);  //VGA 显示器 彩条发生器
  input CLK, input MD;
  output HS, VS, R,  G, B;
wire R,G,B,VS,HS;                //红，绿，蓝信号，和场同步，行同步信号
wire FCLK, CCLK;
reg  HS1, VS1; reg[1:0] MMD; reg[4:0] FS;
   reg[4:0] CC;                      //行同步，横彩条生成
   reg[8:0] LL;                      //场同步，竖彩条生成
   reg[3:1] GRBX,GRBY,GRBP;          //X 横彩条，Y 竖彩条
   wire[3:1] GRB;
   assign GRB[2] = (GRBP[2] ^ MD) & HS1 & VS1;
   assign GRB[3] = (GRBP[3] ^ MD) & HS1 & VS1;
   assign GRB[1] = (GRBP[1] ^ MD) & HS1 & VS1;
   always @(posedge MD)  begin
          if (MMD==2'b10) MMD<=2'b00; else MMD<=MMD+1;  end //3 种模式
   always @(MMD)   begin
           if (MMD == 2'b00)  GRBP <= GRBX;          //选择横彩条
      else if (MMD == 2'b01)  GRBP <= GRBY;          //选择竖彩条
      else if (MMD == 2'b10)  GRBP <= GRBX ^ GRBY;  //产生棋盘格
      else GRBP <= 3'b000;    end
   always @(posedge CLK ) begin                     //20MHz 21 分频
          if (FS==20)  FS<=0;  else  FS<=(FS+1);  end
   always @(posedge FCLK)   begin
          if (CC==29)  CC<=0;  else  CC<=CC+1;    end
   always @(posedge CCLK)   begin
         if (LL==481)   LL<=0; else  LL<=LL+1;    end
   always @(CC or LL)   begin
         if (CC > 23)  HS1<=1'b0; else HS1<=1'b1;          //行同步
         if (LL > 479) VS1<=1'b0; else VS1<=1'b1;  end     //场同步
   always @(CC or LL)   begin
      if (CC < 3)  GRBX <= 3'b111;                         //横彩条
      else if (CC < 6)  GRBX <= 3'b110;
```

```
        else if (CC < 9)  GRBX <= 3'b101;
        else if (CC < 12) GRBX <= 3'b100;
        else if (CC < 15) GRBX <= 3'b011;
        else if (CC < 18) GRBX <= 3'b010;
        else if (CC < 21) GRBX <= 3'b001;
        else  GRBX <= 3'b000;
        if (LL < 60)  GRBY <= 3'b111;                          //竖彩条
        else if (LL < 120)  GRBY <= 3'b110;
        else if (LL < 180)  GRBY <= 3'b101;
        else if (LL < 240)  GRBY <= 3'b100;
        else if (LL < 300)  GRBY <= 3'b011;
        else if (LL < 360)  GRBY <= 3'b010;
        else if (LL < 420)  GRBY <= 3'b001;
        else   GRBY <= 0;    end
      assign HS = HS1;    assign FCLK = FS[3];
      assign HS = HS1;    assign VS = VS1 ;
    assign R = GRB[2];   assign G = GRB[3];
     assign B = GRB[1];  assign CCLK = CC[4];
    endmodule
```

实验任务 1： 根据 VGA 的工作时序，详细分析并说明例 5-22 程序的设计原理，给出仿真波形，并说明之。然后完成 VGA 彩条信号显示的硬件验证实验。

下载后，接上 VGA 显示器，连续按键即显示不同模式的彩条图像。

实验任务 2： 设计可显示横彩条与棋盘格相间的 VGA 彩条信号发生器。

实验任务 3： 设计可显示英语字母的 VGA 信号发生器电路。

实验任务 4： 设计可显示移动彩色斑点的 VGA 信号发生器电路。

第 6 章　宏功能模块应用及相关语法

LPM 是 Library of Parameterized Modules（参数可设置模块库）的缩写，Altera 提供的可参数化宏功能模块和 LPM 函数均基于 Altera FPGA 的结构做了优化设计。在许多设计中，必须利用 LPM 模块才可以使用一些 FPGA 器件中的特定硬件功能模块。例如各类片上存储器、DSP 模块、LVDS 驱动器及嵌入式锁相环 PLL 等。这些能以图形或 HDL 代码形式方便调用的宏功能块，使得基于 EDA 技术的电子设计的效率和系统性能有很大的提高。设计者可以根据实际电路的需要，选择 LPM 库中的适当模块，并为其设定适当的参数，就能满足自己的设计需要，从而在自己的项目中十分方便地调用优秀电子工程技术人员的硬件设计成果。LPM 功能模块内容丰富，每一模块的功能、参数含义、使用方法、硬件描述语言模块参数设置及调用方法都可以在 Quartus 的 Help 中查阅到。

6.1　计数器 LPM 模块调用示例

本节通过介绍 LPM 计数器 LPM_COUNTER 的调用和测试的流程，给出 MegaWizard Plug-In Manager 管理器对同类宏模块的一般使用方法，此流程具有示范意义。对于之后介绍的其他模块则主要介绍调用方法上的不同之处和不同特性的仿真测试方法。

6.1.1　计数器模块文本的调用

在介绍测试和使用方法前，先介绍此模块的以文本文件形式的调用流程：

（1）打开 LPM 宏功能块调用管理器。首先建立一个文件夹，例如 D:\LPM_MD。选择 Tools→MegaWizard Plug-In Manager 命令，打开如图 6-1 所示的对话框，选中 Create a new custom megafunction variation 单选按钮，即定制一个新的模块。如果要修改一个已编辑好的 LPM 模块，则选中 Edit an existing custom megafunction variation 单选按钮。

单击 Next 按钮后，打开如图 6-2 所示的对话框，可以看到左栏中有各类功能的 LPM 模块选项目录。当单击算术项 Arithmetic 后，立即展示许多 LPM 算术模块选项。选择计数器 LPM_COUNTER。再于右上选择器件系列，如 Cyclone IVE 和 Verilog 语言。最后输入此模块文件存放的路径和文件名：D:\LPM_MD \CNT4B，单击 Next 按钮。

（2）单击 Next 按钮后打开如图 6-3 所示的对话框。在对话框中选择 4 位计数器，再选中 Create an updown input…单选按钮使计数器有加减控制功能。

（3）再单击 Next 按钮，打开如图 6-4 所示的对话框。在此若选中 Plain binary 单选按钮则表示是普通二进制计数器；现在选中 Modulus… 12 单选按钮，即模 12 计数器，从 0 计到 11（4'b1011）。然后选择时钟使能控制（Clock Enable）和进位输出（Carry-out）。

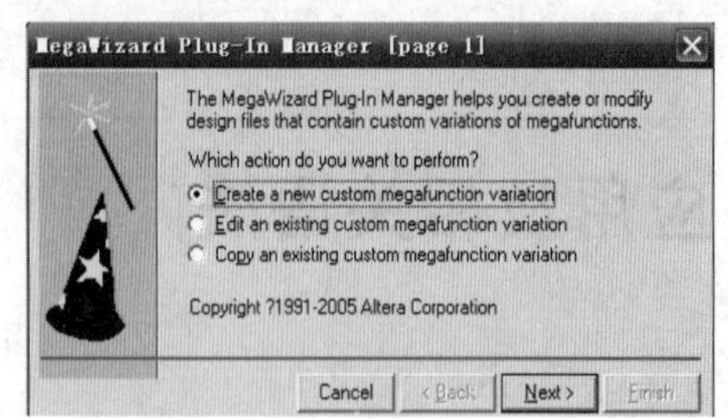

图 6-1　定制新的宏功能块

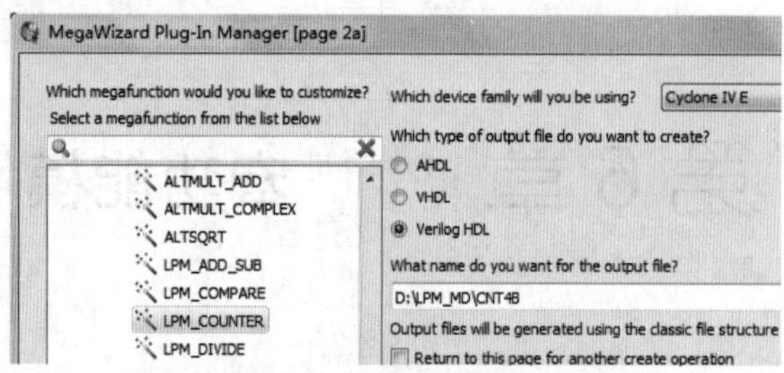

图 6-2　LPM 宏功能块设定

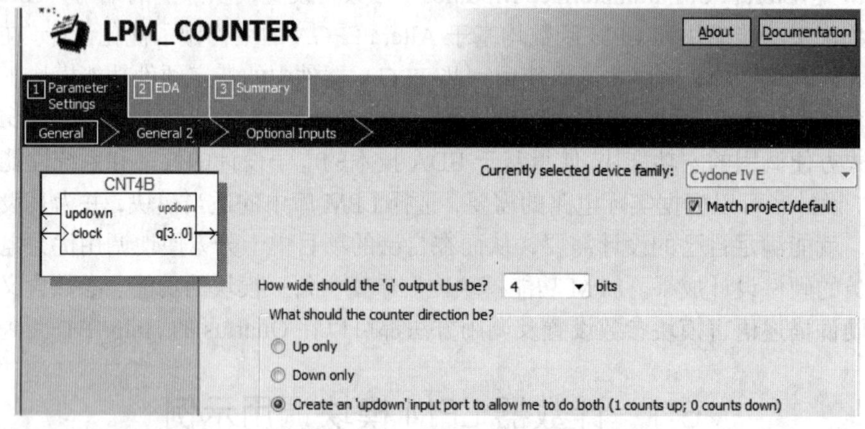

图 6-3　设 4 位可加减计数器

（4）再单击 Next 按钮，打开如图 6-5 所示的对话框。在此选择 4 位数据加载控制 Load 和异步清 0 控制（Clear）。最后再单击 Next 按钮后结束设置。

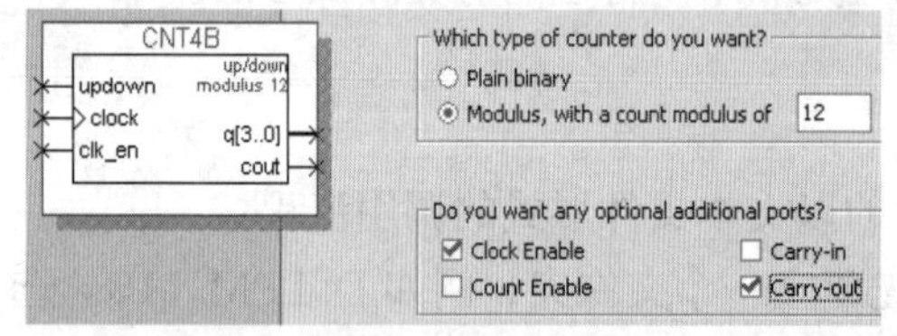

图 6-4　设定计数器，含时钟使能和进位输出

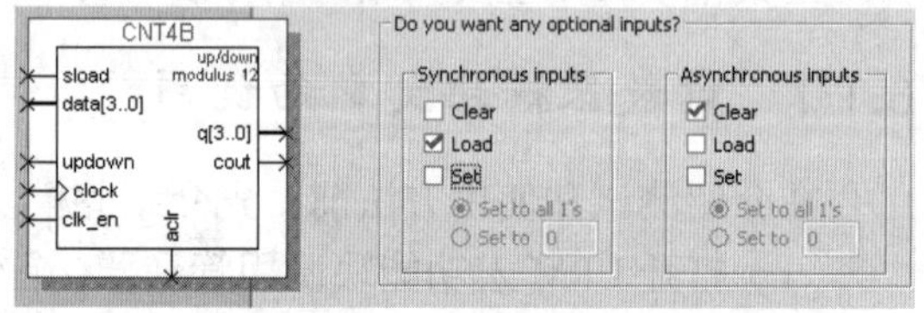

图 6-5　加入 4 位并行数据预置功能

以上的流程设置生成了 LPM 计数器的 Verilog 文件 CNT4B.v；可被高一层次的 Verilog 程序作为计数器元件调用。

6.1.2　LPM 计数器代码与参数传递语句应用

利用 Quartus 打开刚才生成的 Verilog 文件 CNT4B.v，如例 6-1 所示，其实只是调用了更低一层的计数器元件模块的文件。从中可以看出更核心的计数器模块是 lpm_counter，它是一个可以设定参数的封闭的模块，用户看不到内部设计，只能通过参数传递说明语句 defparam 将用户设定的参数通过文件 CNT4B.v 传递进 lpm_counter 中。而 CNT4B.v 本身又可以作为一个底层元件被上一层设计调用或例化。Verilog 的参数传递说明语句 defparam 与 VHDL 的参数传递说明语句 generic 具有相同的功能。

【例 6-1】

```
module CNT4B (aclr, clk_en, clock, data, sload, updown, cout, q);
    input aclr,clk_en;       //异步清 0，1 清 0；时钟使能，1 使能，0 禁止
    input clock,sload;       //时钟输入；同步预置数加载控制，1 加载，0 计数
    input[3:0] data; input  updown;  //4 位预置数和加减控制，1 加，0 减
    output  cout; output[3:0]  q;     //进位输出和 4 位计数输出
    wire  sub_wire0;  wire[3:0] sub_wire1; //定义内部连线
    wire  cout = sub_wire0;      wire[3:0] q = sub_wire1[3:0];
   lpm_counter lpm_counter_component(//注意例化语句中未用端口必须接上指定电平
    .sload(sload), .clk_en(clk_en), .aclr(aclr),
    .data(data), .clock(clock), .updown(updown),
    .cout(sub_wire0), .q(sub_wire1), .aload(1'b0),
    .aset(1'b0), .cin(1'b1), .cnt_en(1'b1),
    .eq(),  .sclr(1'b0), .sset(1'b0));
  defparam
  lpm_counter_component.lpm_direction = "UNUSED",//单方向计数参数未用
  lpm_counter_component.lpm_modulus = 12,        //模 12 计数器
  lpm_counter_component.lpm_port_updown = "PORT_USED", //使用加减计数
  lpm_counter_component.lpm_type = "LPM_COUNTER",      //计数器类型
  lpm_counter_component.lpm_width = 4;                 //计数位宽
endmodule
```

读者可以通过此程序中给出的说明，了解此类元件的调用方法。其实只要看懂了程序，就不必利用以上的工具 MegaWizard Plug-In Manager 来一步步设置了，可以直接写出符合相关参数设置要求的 LPM 模块的调用程序代码。

注意例 6-1 的例化语句中，未设定的端口必须接上特定的电平。例如，.cin(1'b1)和 .sset(1'b0)分别表示计数器的进位输入口接高电平，同步置位端接低电平。

另外，lpm_counter 元件以及其他同类 LPM 元件有些什么端口，需要 defparam 传递什么参数，都必须查阅 Quartus 的帮助中的 Magafunctions/LPM 项。

参数传递说明语句 defparam 的一般表述如下：

```
defparam <宏模块元件例化名>.<宏模块参数名> = <参数值>
```

例 6-1 中，lpm_counter 是参与例化的元件名，是可以从 LPM 库中调用的宏模块的元件名；而 lpm_counter_component 则是在此文件中为使用和调用 lpm_counter 取的例化名，即参数传递语句中的<宏模块元件例化名>。<宏模块参数名>是被调用的元件（lpm_counter）文件中已定义的参数名，而<参数值>可以是整数、操作表达式、字符串或在当前模块中已定义的参数。使用时注意 defparam 语句只能将参数传递到比当前层次仅低一层的元件文件中，即当前的例化文件中，不能更深入进去。

显然，defparam 语句与 parameter 语句具有相同的功能。

例 6-2 是一个 defparam 语句应用示例。模块 REG24B 是一个 24 位寄存器，其中调用了可参数设置的 LPM 寄存器模块 LPM_FF。其中调用了两次，即例化了两次

LPM_FF，各设定 12 位。第一次调用中，设例化语句调用的 LPM_FF 的元件名是 U1，即<宏模块元件名>；并用 defparam 语句将位宽参数 12 传递进 LPM_FF 中。第二次也类似。

【例 6-2】

```
module REG24B (input[23:0] d, input  clk,  output[23:0] q);
   lpm_ff  U1(.q (q[11:0]), .data (d[11:0]), .clock (clk));
        defparam U1.lpm_width = 12;
   lpm_ff  U2(.q(q[23:12]), .data(d[23:12]), .clock(clk));
        defparam U2.lpm_width = 12;
endmodule
```

现在再来讨论对例 6-1 的调用。为了能调用计数器文件 CNT4B.v，并进行测试和硬件实现，必须设计一个程序来例化它。例 6-3 就是这个程序 CNT4BIT.v。程序很简单，只是对 CNT4B.v 进行了例化。

【例 6-3】

```
module CNT4BIT (RST,ENA,CLK,DIN,SLD,UD,COUT,DOUT);
   input RST, ENA, CLK, SLD,UD ; input[3:0]  DIN;
   output  COUT; output[3:0]  DOUT ;
   CNT4B  U1(.sload (SLD), .clk_en (ENA), .aclr (RST), .cout (COUT),
               .clock (CLK), .data (DIN),  .updown (UD), .q (DOUT));
endmodule
```

6.1.3 创建工程与仿真测试

首先将例 6-3 的 CNT4BIT.v 设定为顶层工程文件，图 6-6 是其仿真波形图。

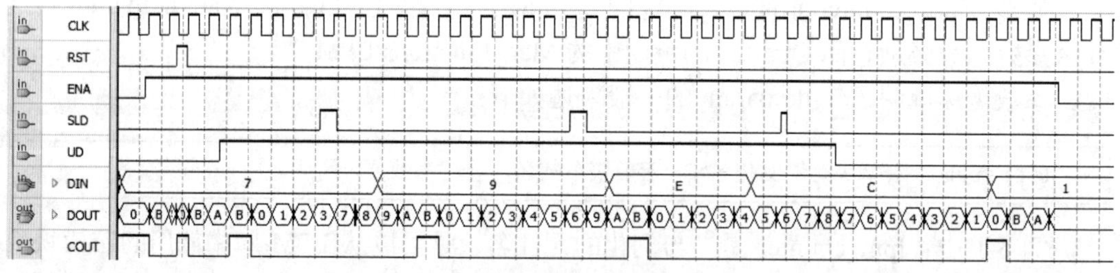

图 6-6　CNT4BIT.v 的仿真波形

在图 6-6 中，注意第三个 SLD 加载信号在没有 CLK 上升沿处发生时，无法进行加载，显然是由于它是对时钟同步的控制信号。从波形中可以了解此计数器模块的功能和性能。根据波形图 6-6 详细讨论计数器例 6-3 的功能的任务留给读者。

其实完全可以利用此计数器宏模块的原理图文件 CNT4B.bsf，通过在原理图工程中调用此元件来测试它。

6.2 利用属性控制乘法器的构建

例 6-4 是直接利用乘法操作符实现的 8 位普通乘法器的 Verilog 描述。如果按照 Verilog 通常的表述方式，综合出的乘法器一定会占用大量的逻辑资源，而且运行速度不一定快。在 FPGA 开发中，最常用的方法是直接调用 FPGA 内部已嵌入的硬件乘法器，此类乘法器常用于 DSP 技术中，故称 DSP 模块。

【例 6-4】

```
module MULT8(A1,B1,A2,B2,R1,R2);
   output signed[15:0]  R1, R2;          //定义有符号数据类型输出
   input signed[7:0] A1,B1,A2,B2;       //定义有符号数据类型输入
   wire[15:0]  R2  /* synthesis multstyle = "logic" */;
   wire[15:0]  R1 /* synthesis multstyle = " logic " */;
   assign R1 = A1 * B1;  assign R2 = A2 * B2;
endmodule
```

例 6-4 中加在定义输出网线变量右侧的属性表述即乘法器结构方式属性：

```
/* synthesis multstyle = "logic" */
```

指示综合器将以 R1 和 R2 为输出口的乘法器以纯组合逻辑方式的宏单元构建，其中 logic 是属性关键词。如果以这样的方式构建此乘法器，从例 6-4 全程编译后的 Flow Summery 报告（图 6-7）中可以看出，使用了 190 个逻辑宏单元（Logic Elements），0 个 DSP 乘法器模块（Embedded Multiplier 9-bit element）。而若将其属性表述都改为如下形式：

```
/* synthesis multstyle = "dsp" */
```

则指示综合器将以 R1 和 R2 为输出口的乘法器调用 FPGA 的嵌入式乘法器来构建乘法器，则编译结果如图 6-8 所示，其中用了 2 个 DSP 乘法器模块以及 0 个逻辑宏单元。显然此项设计高速且节省逻辑资源。

Flow Status	Successful - Tue May 23 21:32:59 2017
Quartus II 64-Bit Version	13.1.0 Build 162 10/23/2013 SJ Full Version
Revision Name	MULT8
Top-level Entity Name	MULT8
Family	Cyclone IV E
Device	EP4CE55F23C8
Timing Models	Final
Total logic elements	190 / 55,856 (< 1 %)
Total combinational functions	190 / 55,856 (< 1 %)
Dedicated logic registers	0 / 55,856 (0 %)
Total registers	0
Total pins	64 / 325 (20 %)
Total virtual pins	0
Total memory bits	0 / 2,396,160 (0 %)
Embedded Multiplier 9-bit elements	0 / 308 (0 %)
Total PLLs	0 / 4 (0 %)

图 6-7　完全用逻辑宏单元构建乘法器的编译报告

Flow Status	Successful - Tue May 23 21:30:42 2017
Quartus II 64-Bit Version	13.1.0 Build 162 10/23/2013 SJ Full Version
Revision Name	MULT8
Top-level Entity Name	MULT8
Family	Cyclone IV E
Device	EP4CE55F23C8
Timing Models	Final
Total logic elements	0 / 55,856 (0 %)
Total combinational functions	0 / 55,856 (0 %)
Dedicated logic registers	0 / 55,856 (0 %)
Total registers	0
Total pins	64 / 325 (20 %)
Total virtual pins	0
Total memory bits	0 / 2,396,160 (0 %)
Embedded Multiplier 9-bit elements	2 / 308 (< 1 %)
Total PLLs	0 / 4 (0 %)

图 6-8　调用了 DSP 模块的编译报告

当然也可以通过 Quartus 来设置。进入图 4-6 的界面，在对话框中选择 DSP Block Balancing 项的 DSP blocks，即设置乘法器用 DSP 乘法器模块构建。注意，在这一栏还有多个选项，如纯逻辑单元构建的 Logic Elements，或不同类型的乘法器。而对 Auto DSP Block Replacement 项选择 On，即设置乘法器用 DSP 乘法器模块构建。

不过这种预置于 FPGA 硬件内部的乘法器模块不是所有 FPGA 都有的，所以此语句的使用要依 FPGA 而定。如前所述，Cyclone /2/3/4/5 系列 FPGA 都含有此类模块。

6.3 LPM 随机存储器的设置和调用

在涉及 RAM 和 ROM 等存储器应用的设计开发中，调用 LPM 模块类存储器是十分方便、经济和高效的，其性能也最容易满足设计要求。以下介绍利用 Quartus 调用 LPM_RAM 的相关技术，包括相关属性应用以及存储器的 Verilog 描述等。

6.3.1 存储器初始化文件

所谓存储器的初始化文件就是可配置于 LPM_RAM 或 LPM_ROM 中的数据或程序代码。在设计中，通过 EDA 工具设计或设定的存储器中的代码文件必须由 EDA 软件在统一编译的时候自动调入，所以此类代码文件，即初始化文件的格式必须满足一定的要求。以下介绍三种格式的初始化文件及生成方法。其中 Memory Initialization File（mif）格式和 Hexadecimal（Intel-Format）File（hex）格式是 Quartus 能直接调用或生成的两种初始化文件的格式；而更具一般性的 dat 格式文件可通过 Verilog 代码直接调用。

1．mif 格式文件

生成 mif 格式的文件有多种方法：

（1）直接编辑法。首先在 Quartus 中打开 mif 文件编辑窗，即选择 File→New 命令，并在 New 窗中选择 Memory File 栏（图 4-1）的 Memory Initialization File 项，单击 OK 按钮后产生 mif 数据文件大小选择窗口。在此根据存储器的地址和数据宽度选择参数。如果对应地址线宽为 7 位，选 Number 为 128；对应数据线宽为 8 位，选择 Word size 为 8 位。单击 OK 按钮，将出现图 6-9 所示的 mif 数据表格，即可在此键入数据。表格中的数据格式可通过右击窗口边缘的地址数据所弹出的窗口中选择。此表中任一数据对应的地址为左列与顶行数之和，填完表后选择 File→Save As 命令，保存此数据文件，如取名为 data7X8.mif。

（2）直接编辑法。即使用 Quartus 以外的编辑器设计 mif 文件，其格式如例 6-5 所示。其中地址和数据都为十六进制，冒号左边是地址值，右边是对应的数据，并以分号结尾。存盘以 mif 为后缀，如取名为 data7X8.mif。

（3）高级语言生成。mif 文件也可以用 C 或 MATLAB 等高级语言工具生成。

（4）专用 mif 文件生成器。参考附录 F.3 中介绍的 mif 文件生成器的用法来生成不同波形、不同数据格式、不同符号（有符号或无符号）、不同相位的 mif 文件。例如，某 ROM 的数据线宽为 8 位，地址线宽为 7 位，即可以放置 128 个 8 位数据。或者说，如果需要一个周期可分为 128 个点，每个点精度为 8 位二进制数，初相位为 0 的正弦信号波形数据，则此初始化配置文件应该如图 6-10 进行设置。如以文件名 data7X8.mif 存盘。用记事本打开此文件将如图 6-11 所示。

DATA7X8.mif

Addr	+0	+1	+2	+3	+4	+5	+6	+7
00	80	86	8C	92	98	9E	A5	AA
08	B0	B6	BC	C1	C6	CB	D0	D5
10	DA	DE	E2	E6	EA	ED	F0	F3
18	F5	F8	FA	FB	FD	FE	FE	FF
20	FF	FF	FE	FE	FD	FB	FA	F8
28	F5	F3	F0	ED	EA	E6	E2	DE
30	DA	D5	D0	CB	C6	C1	BC	B6
38	B0	AA	A5	9E	98	92	8C	86
40	7F	79	73	6D	67	61	5A	55
48	4F	49	43	3E	39	34	2F	2A
50	25	21	1D	19	15	12	0F	0C
58	0A	07	05	04	02	01	01	00
60	00	00	01	01	02	04	05	07
68	0A	0C	0F	12	15	19	1D	21
70	25	2A	2F	34	39	3E	43	49
78	4F	55	5A	61	67	6D	73	79

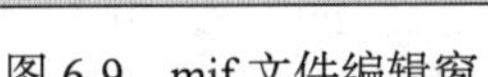

图 6-9　mif 文件编辑窗

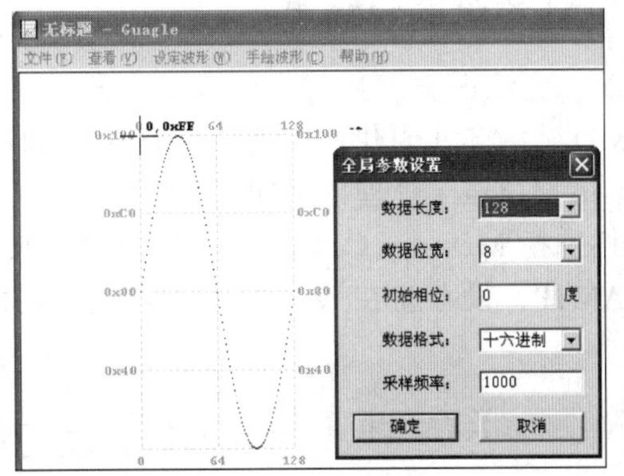

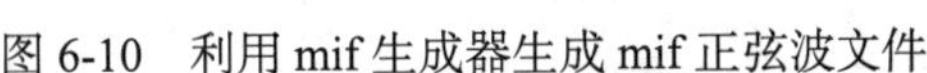

图 6-10　利用 mif 生成器生成 mif 正弦波文件

DATA7X8.mif - 记事本

```
DEPTH = 128;
WIDTH = 8;
ADDRESS_RADIX = HEX;
DATA_RADIX = HEX;
CONTENT  BEGIN
0000 : 0080;
0001 : 0086;
0002 : 008C;
0003 : 0092;
0004 : 0098;
0005 : 009E;
0006 : 00A5;
0007 : 00AA;
0008 : 00B0;
...
007E : 0073;
007F : 0079;
END ;
```

图 6-11　mif 文件

【例 6-5】

```
DEPTH=128;                  : 数据深度，即存储的数据个数
WIDTH=8;                    : 输出数据宽度
ADDRESS_RADIX = HEX;        : 地址数据类型，HEX 表示选择十六进制数据类型
DATA_RADIX = HEX;           : 存储数据类型，HEX 表示选择十六进制数据类型
CONTENT                     : 此为关键词
BEGIN                       : 此为关键词
0000      :      0080;
0001      :      0086;
0002      :      008C;
…（数据略去）
007E      :     0073;
007F      :     0079;
END;
```

2．hex 格式文件

建立 hex 格式文件也有多种方法，例如也可类似以上介绍的那样在 New 窗口中选择 Hexadecimal（Intel-Format）File 选项（图 4-1），最后存盘 hex 格式文件；或是用诸如单片机编译器来产生，方法是利用汇编程序编辑器将数据编辑于汇编程序中，然后用汇编编译器生成 hex 格式文件。这里提到的 hex 格式文件生成的第二种方法很容易应用到 51 单片机或 CPU 设计中或程序 ROM 调用应用程序的设计技术中。这种方法将用到第 7 章介绍的 8051 单片机 IP 核的系统构建和应用上。

3．dat 格式文件

在 Verilog 设计中，dat 格式的数据文件最具有一般性，不像以上提到的两种文件格式是与具体开发软件相关的，因为它们在 Verilog 文本中调用必须使用 Quartus 规定的属性表述，而 dat 格式的数据文件的调用则可用标准的 Verilog 语句直接实现。dat 文件的数据格式也最简单，其形式如下（只是要求每一数据要占一行）：

```
00 E5 6D ... 34
```

6.3.2 LPM_RAM 的设置和调用

基本流程同前。为测试方便，首先仍打开一个原理图编辑窗，再存盘，假设文件取名为 RAMMD，并将其创建成工程。在此工程的原理图编辑窗，单击左下的 MegaWizard Plug-In Manager 管理器按钮，进入图 6-12 所示的 LPM 模块编辑调用窗口。在这里的左栏选择 Memory Compiler 项下的单口 RAM 模块：RAM: 1-PORT。文件可取名为 RAM1P，设存盘在 D:\LPM_MD 中。选择器件 Cyclone IV E 和语言 Verilog HDL。

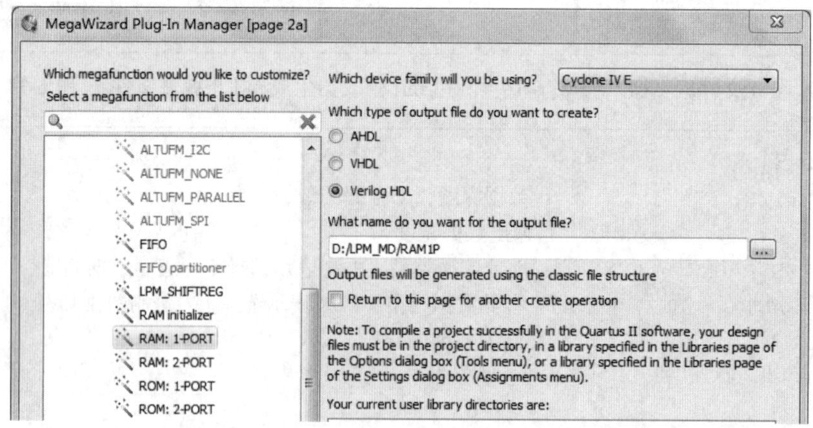

图 6-12 调用单口 LPM RAM

单击 Next 按钮，打开如图 6-13 所示的对话框。选择数据位 8 和数据深度 128，即 7 位地址线。再选择双时钟方式。

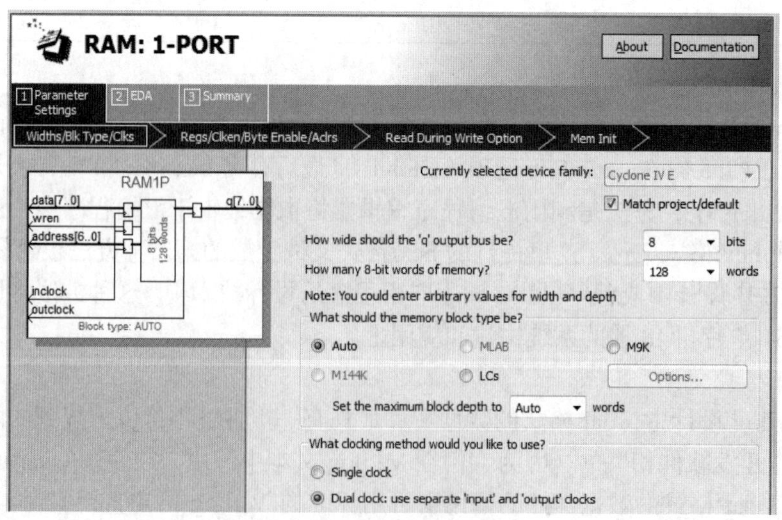

图 6-13 设定 RAM 参数

单击 Next 按钮，打开如图 6-14 所示的对话框。在这里取消选中'q' output port 复选框，即选择时钟只控制锁存输入信号。以后可以看出，这样的选择十分重要。

单击 Next 按钮，打开如图 6-15 所示的对话框。这里的选项有三个，即 Old Data、New Data 和 Don’t Care。即问，当允许写入时，读出的数据是新写入的数据（New Data）还是写入前的数据（Old Data），还是无所谓（Don’t Care）？这里选择 Old Data。RAM 的此类特性，仅 Cyclone 3 或以上版本系列拥有。

继续单击 Next 按钮，打开如图 6-16 所示的对话框。在 Do you want to specify the initial content of the memory 栏中选中 Yes，use this file for the memory content date 单选按钮，并单击 Browse 按钮，选择指定路径上的初始化文件 DATA7X8.mif。

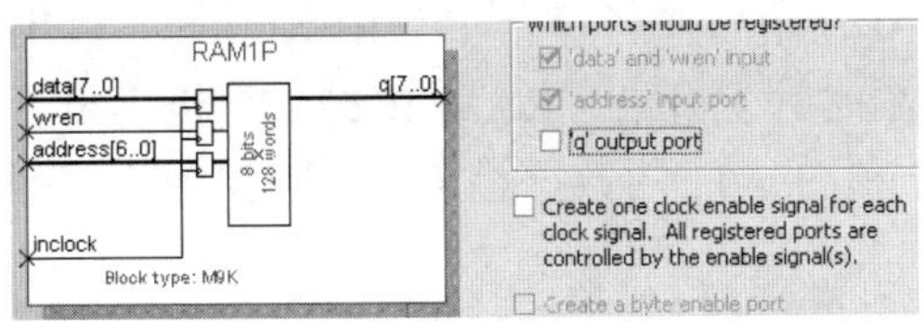

图 6-14　设定 RAM 仅输入时钟控制

图 6-15　设定在写入同时读出原数据：Old Data

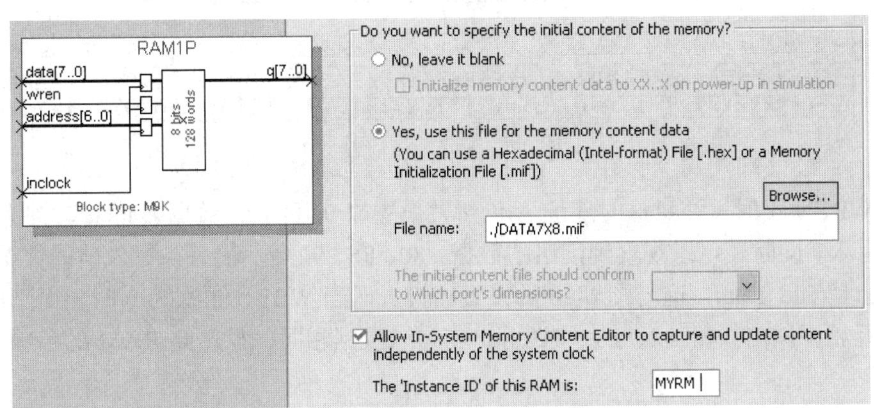

图 6-16　设定初始化文件和允许在系统编辑

其实对于 RAM 来说，在普通应用中不一定非得加初始化文件。但若是特殊应用，如第 11 章中介绍 CPU 设计，则有重要作用。这时，如果选择调入初始化文件，则系统于每次开电后，将自动向此 LPM RAM 加载此 mif 文件，于是 RAM 可兼做 ROM 的功能。

若选中图 6-16 中的 Allow In-System Memory…复选框，并在 The 'Instance ID' of this RAM is 文本框中输入 4 字文字，如 MYRM，作为此 RAM 的 ID 名称。通过这个设置，可以允许 Quartus 通过 JTAG 口对下载于 FPGA 中的此 RAM 进行“在系统”测试和读写。如果需要读写多个嵌入的 LPM_RAM 或 LPM_ROM，此 ID 号 MYRM 就作为此 RAM 的识别名称。最后单击 Finish 按钮后完成 RAM 定制。调入顶层原理图后，连接好的端口引脚如图 6-17 所示。

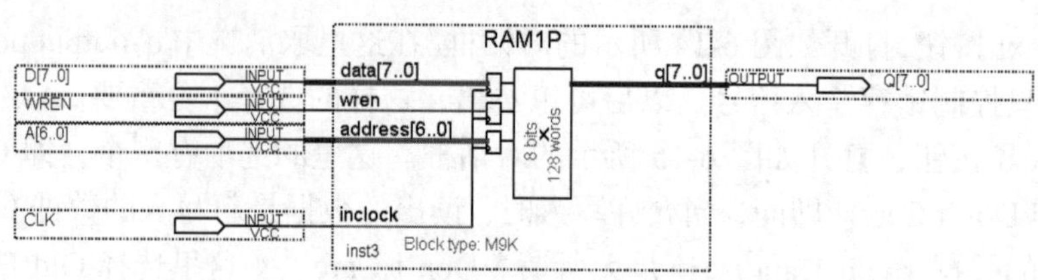

图 6-17　在原理图上连接好的 RAM 模块

6.3.3　仿真测试 RAM 宏模块

对图 6-17 所示的 RAM 模块进行测试，是了解对它的数据读写控制是否正常。图 6-18 是此模块的仿真波形图。地址 A 是从 0 开始的，当写允许 WREN=0 时，读出 RAM 中的数据。随着地址的递增，对应每一个时钟上升沿，RAM 中的数据被读出，它们分别是 80、86、8C、92 等，正好与图 6-9 和图 6-11 的数据相符，说明初始化数据能被正常调入。

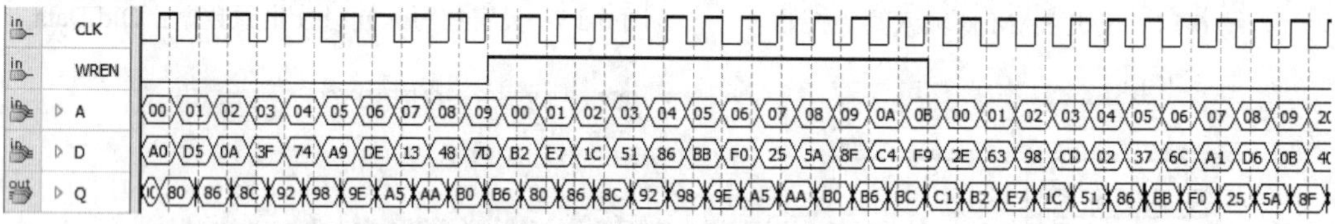

图 6-18　图 6-17 的 RAM 仿真波形

当 WREN=1 时（注意这时地址 A 仍然被设置成 0 开始），数据 D 随着时钟上升沿，就会被写入。同时还可以观察到读出的数据：80、86、92 等，恰好与写入前的数据相同，即读出的是 Old Data，这与图 6-15 的设置相符。而当 WREN 再次为 0 时，由于地址再次从 0 开始，读出数据 B2、E7、1C 等，与写入数据相同。显然此 RAM 的各项功能符合要求。

但如果设计者从 Quartus 的 Tools→Run Simulation Tool 菜单下去调用外部的 Modelsim-Intel 进行仿真，那么在 Modelsim-Intel 仿真器中需要手动加载 LPM 的仿真库。启动仿真需要使用 ModelSim 中 Simulation→Start Simulation...菜单手动添加 Library。

对于 RTL Simulation 只需要加 LPM 相关的库，而对于 Gate Level Simulation 还需要添加 FPGA 器件相关的库。这个库中带“v”后缀的是 Verilog 仿真库。

6.3.4　存储器的 Verilog 代码描述

利用 Verilog 可以直接描述 RAM 或 ROM 等存储器。例 6-6 是 RAM 模块的纯 Verilog 描述，即在程序中没有调用或例化任何现成的 LPM 存储器实体模块，例 6-7 是 RAM 的另一种描述形式，但例 6-6 和例 6-7 所描述的 RAM 具有完全相同的接口和功能。以下将通过此例介绍与存储器描述相关的 Verilog 语法知识。

【例 6-6】

```
module RAM78 ( output wire[7:0] Q,        //定义 RAM 的 8 位数据输出端口
                input wire[7:0] D,        //定义 RAM 的 8 位数据输入端口
                input wire[6:0] A,        //定义 RAM 的 7 位地址输入端口
                input wire CLK,WREN );    //定义时钟和写允许控制
    reg[7:0]  mem[127:0]  /* synthesis ram_init_file="DATA7X8.mif" */;
    always @(posedge CLK)
      if (WREN) mem[A] <= D;  //在 CLK 上升沿将数据口 D 的数据锁入地址对应单元中
     assign Q = mem[A];          //同时，地址对应单元的数据被输出至端口
endmodule
```

【例 6-7】

```
module RAM78(output reg[7:0] Q,input[7:0] D,input[6:0] A,input CLK,WREN);
   reg[7:0]  mem[127:0]  /*synthesis ram_init_file="DATA7X8.mif" */;
   always  @(posedge CLK)  if (WREN) mem[A] <= D;
   always  @(posedge CLK)  Q = mem[A];
endmodule
```

1．存储器端口描述

例 6-6 给出的端口描述属 Verilog-2001 版本规则，与以下描述方式等价：

```
module RAM78(output[7:0] Q,input[7:0] D,input[6:0] A, input CLK,WREN);
```

2．存储器的 Verilog 一般描述

当用 Verilog 定义一个矢量变量时，通常可表为诸如 reg[7:0] A，即定义了一个一维矢量信号变量，其中包括 8 个单独的标量元素：A[7]，A[6]，…。这就容易理解，在例 6-6 中的语句 reg[7:0] mem[127:0]，实际上是定义了 8 个一维矢量信号变量 mem[127:0]。而 mem[127:0]本身包括 128 个单独的标量元素 mem[127]，mem[126]，…。

因此，语句 reg[7:0] mem[127:0]定义了一个二维矢量变量，它包含 1024 个标量元素，每一元素代表一个逻辑位。换言之，它定义了一个包含 128 个存储单元、每单元为 8 位的存储器。显然，此存储器必须由一组寄存器构成的阵列来构建，它至少包含 1024 个触发器。所以，若干个相同宽度的寄存器矢量构成的阵列即构成了一个存储器。

用 Verilog 定义存储器时，需定义存储器的容量和字长。容量表示存储器存储单元的数量，或者称存储深度；字长则是每个存储单元的数据宽度。例如，例 6-6 的存储器定义声明语句 reg[7:0] mem[127:0]定义了一个 128 个存储单元、每个单元位宽（字长）为 8 的存储器，该存储器的名字由用户取为 mem。因此，也可将其看做由 128 个 8 位寄存器构成的阵列。

如果用 parameter 参数定义存储器的容量大小，可以十分容易地修改其尺寸，例如：

```
parameter width=8, msize=1024;
reg[width-1:0] MEM87[msize-1:0];
```

这定义了一个宽度为 8 位、容量为 1024 个存储单元的存储器，取名为 MEM87。

对存储器赋值要求只能对存储器的某一单元赋值，例如：

```
reg[7:0] mem87[128:0];
mem87[16]=8'b11001001;  //mem87 存储器的第 16 单元被赋值为二进制数 11001001
mem87[122]=76;           //mem87 存储器的第 122 单元被赋值为十进制数 76
```

在 Verilog 程序中，请注意寄存器和存储器定义上的区别，例如以下语句：

```
reg[15:0] A;       //定义了一个 16 位的寄存器
reg MEM[15:0];     //定义了一个字长为 1，即 1 位的，容量深度为 16 的存储器
```

尽管以上定义在实现的结构上没有区别，但在定义的含义和赋值语法上是有区别的。如例 6-6 的语句 mem[A]<=D 是对指定地址 A 的单元赋值 D。但不允许对存储器多个或者所有单元同时赋值，请比较以下赋值关系：

```
A[5] = 1'b0;            //允许对寄存器 A 的第 5 位赋值 0
MEM[7] = 1'b1;          //允许对存储器 MEM 的第 7 个单元赋值 1
A = 16'hABCD ;          //允许对寄存器 A 整体赋值
MEM = 16'hABCD;         //错误！不允许对存储器多个或者所有单元同时赋值
```

3．存储器中初始化文件的调用与配置

在 6.3.2 节中读者已经看到，向编辑好的存储器中调用初始化文件可以利用 LPM 模块调用的编辑器在特定的对话框中选择设定（图 6-16）。但如果在纯代码的 Verilog 程序中的存储器中调用初始化文件则必须使用特定的指示语句。以下给出两种方法。

第一种方法是利用 Quartus 给定的属性语句。这些语句仅限于 Quartus 平台中使用。在例 6-6 的存储器定义语句右边有如下语句：

```
/* synthesis ram_init_file="DATA7X8.mif" */;
```

这是给所定义的存储器配置初始化文件的属性定义。其中 DATA7X8.mif 是放在当前工程文件夹中的 mif 文件，其格式大小与所定义的存储器相配。

为了证明此初始化文件通过综合后确实已进入存储器中，需对其进行仿真，仿真结果与图 6-18 完全相同。

下面的定义表述是 Verilog-2001 版的表述，功能相同：

```
(* ram_init_file = "DATA7X8.mif" *) reg[7:0] mem[127:0]
```

第二种方法是直接利用 Verilog 的过程语句 initial 和系统函数$readmemh。由于所用的是标准的 Verilog 语句，其表述方法具有一般性，所以不局限于 Quartus 软件环境。

以下的例 6-8 是例 6-6 的改写形式，其接口、功能，甚至表述形式都与例 6-6 的描述完全一样，所不同的是在此例中使用了过程语句 initial 和系统函数$readmemh，因此初始化数据文件的格式必须是 dat 文件。假定 RAM78_DAT.dat 的数据与文件 DATA7X8.mif

相同（格式不同），例 6-8 的仿真结果应该与图 6-18 完全相同。

不过，请特别注意，例 6-8 中 mem 的表述格式是 mem[0:127]，这与例 6-6 不同。这是因为综合器只会以 dat 文件中的数据排列顺序对应的形式加载到 mem[0:127]存储器中，而 dat 文件中的数据排列顺序是默认从低位（低地址位）开始排列的。

【例 6-8】

```
module RAM78 (output[7:0]Q, input[7:0]D,input[6:0]A, input CLK,WREN);
    reg[7:0]  mem[0:127];
    always @(posedge CLK)  if (WREN) mem[A] <= D;
     assign Q = mem[A];
     initial $readmemh("RAM78_DAT.dat", mem);
endmodule
```

4．语句语法说明

Verilog 的过程语句除 always 外，还有 initial 过程语句，其基本格式如下：

```
initial
  begin  语句 1;语句 2;... end
```

与 always 结构不同，initial 过程语句结构中没有敏感信号表，即不带触发条件。initial 过程中的块语句沿时间方向轴只执行一次（always 总是可以自动执行无限次）。initial 语句最常用于仿真模块中对激励矢量的描述，或用于给寄存器变量赋初值。而在实际电路中，赋初值是没有意义的，因此这是面向模拟仿真的过程语句，通常不能被综合工具所接受，或在综合时被忽略，但却可以对存储器加载初始化文件，这是可综合行为。

例 6-8 中的语句“initial $readmemh("RAM78_DAT.dat", mem);”给出了 RAM 调用初始化文件很好的说明。此语句表述，initial 后的语句只执行一次，而执行的对象是读取存储器初始化文件的系统函数$readmemh；在括号中用引号括起的是待调用的初始化文件的文件名，而逗号旁边的是存储器名称。

Verilog 语言内置了一些系统函数，这些系统函数可经常与 Verilog 的预编译语句联合使用，除极个别的情况，如读取初始化文件外（用系统函数$readmemh），主要用于 Verilog 仿真验证。注意，其中的$readmemh 用于十六进制数据文件读取，而$readmemb 用于二进制数据文件读取。系统任务和系统函数的名字都是用“$”字母开头。

6.3.5　存储器设计的结构控制

以不同的 Verilog 表述方式构建存储器将获得不同结构的存储器，如以逻辑宏单元构建的存储器或以嵌入式 RAM 单元构建的存储器。后者对于含有大量 RAM 单元的 FPGA 来说，具有最好的资源利用率，以及最简洁高速的存储器硬件结构。

前面已经介绍了，例 6-6 和例 6-7 所描述的 RAM 具有完全相同的接口和功能，现在来比较它们的结构。例 6-6 对应的 RTL 图是图 6-19，编译报告是图 6-21；例 6-7 对应的 RTL 图是图 6-20，编译报告是图 6-22。

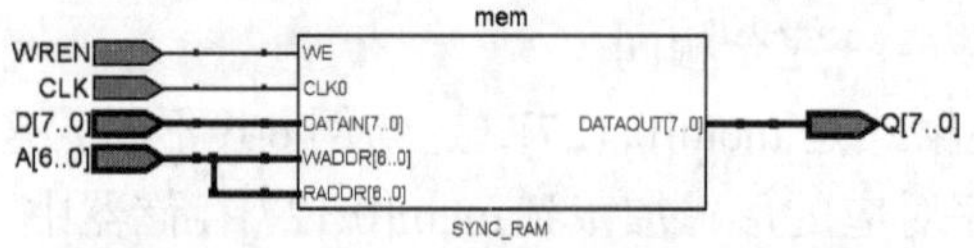

图 6-19　例 6-6 的 RTL 电路模块图

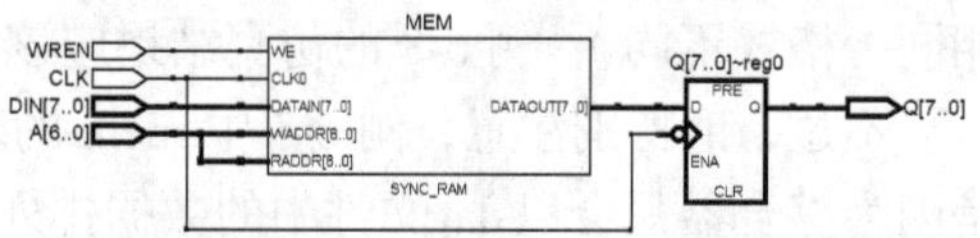

图 6-20　例 6-7 的 RTL 电路模块图

Top-level Entity Name	RAM78
Family	Cyclone III
Device	EP3C55F484C8
Timing Models	Final
Met timing requirements	N/A
Total logic elements	1,497 / 55,856 (3 %)
Total combinational functions	1,340 / 55,856 (2 %)
Dedicated logic registers	1,024 / 55,856 (2 %)
Total registers	1024
Total pins	25 / 328 (8 %)
Total virtual pins	0
Total memory bits	0 / 2,396,160 (0 %)
Embedded Multiplier 9-bit elements	0 / 312 (0 %)
Total PLLs	0 / 4 (0 %)

图 6-21　例 6-6 的编译报告

Top-level Entity Name	RAM78
Family	Cyclone III
Device	EP3C55F484C8
Timing Models	Final
Met timing requirements	N/A
Total logic elements	0 / 55,856 (0 %)
Total combinational functions	0 / 55,856 (0 %)
Dedicated logic registers	0 / 55,856 (0 %)
Total registers	0
Total pins	25 / 328 (8 %)
Total virtual pins	0
Total memory bits	1,024 / 2,396,160
Embedded Multiplier 9-bit elements	0 / 312 (0 %)
Total PLLs	0 / 4 (0 %)

图 6-22　例 6-7 的编译报告

从例 6-6 的编译报告可以看出，此项存储器设计花费了大量逻辑宏单元（1497 个）而没有使用任何 RAM 单元，并使用了其中的 1024 个专用寄存器，即 D 触发器模块，这恰好等于此存储器的总存储位数。显然在 FPGA 开发中，此种设计存储器的方案不经济，故通常不会使用这种方案。图 6-22 的编译报告说明，例 6-7 描述的存储器所使用的逻辑宏单元是 0，而使用的专用 RAM 单元数正好是 1024 个单元。显然这种结构节省了大量逻辑资源，而且模块的速度和可靠性也大为增加。

那么为何例 6-6 和例 6-7 综合后的结构有如此大的差别呢？这涉及两方面的因素：

（1）Verilog 的表述形式。比较程序例 6-6 和例 6-7，及它们对应的 RTL 电路图，可以发现例 6-6 对存储器的输出 Q，采用了连续赋值语句。这就是说，RAM 数据端口是直接对外的，其输出口没有任何锁存电路。显然，这样的结构描述无法使用 FPGA 中现成的 RAM 位。例 6-7 就不同了，在此程序中使用了两个过程语句，且它们的敏感信号都是 CLK 的上升沿，特别是 Q 的输出增加了一个 CLK 信号控制的锁存器。这样的描述恰好满足了 FPGA 内部 RAM 单元的这种结构。

（2）调用嵌入式 RAM 单元的约束设置。正确而恰当的 Verilog 描述是综合器能调用 FPGA 内 RAM 单元的基础，但却不一定能保证这项设计会自动调用 RAM 单元。这是因为综合器还不知道用户的设计意图。为了使例 6-7 在综合后能使用现成的 RAM 单元构建电路，必须对 EDA 工具的综合器作必要的约束设置，方法如下：

先进入图 4-6 界面，在对话框中选择 Auto RAM Replacement 项的 On，即设置了 RAM 单元的自动替代控制功能。对例 6-7 全程编译后即可获得图 6-20 和图 6-22 所示的结果。

6.4　LPM_ROM 的定制和使用示例

除了作为数据和程序存储单元外，ROM 还有许多用途，如数字信号发生器的波形数据存储器、查表式计算器的核心工作单元等。本节介绍一简单应用示例。

6.4.1 简易正弦信号发生器设计

首先是调用 ROM。这完全可以仿照以上调用 RAM 的流程对 LPM_ROM 进行定制和调用，不过为了以下的设计方便，可以先创建一个原理图工程文件（假设此工程名为 SIN_GNT），然后进入此工程的原理图编辑窗，双击后，进入元件放置对话框，单击 MegaWizard Plug-In Manager 按钮。在图 6-12 所示窗内的左栏选择 Memory Compiler 下的 ROM:1-PORT 项，设文件名为 ROM78，FPGA 仍然是第 4 章中选用的 KX-4CE55 核心板上的 Cyclone 4 E 系列的 EP4CE55F484（EP4CE55F23C8），文本表述选择 Verilog。

定制调用此 ROM 模块的参数设置和初始化文件的配置如图 6-23 所示，正弦波数据初始化文件仍然使用上一节使用过的 DATA7X8.mif。然后根据原理图中已定制完成的 LPM_ROM 设计一个简易的正弦信号发生器。

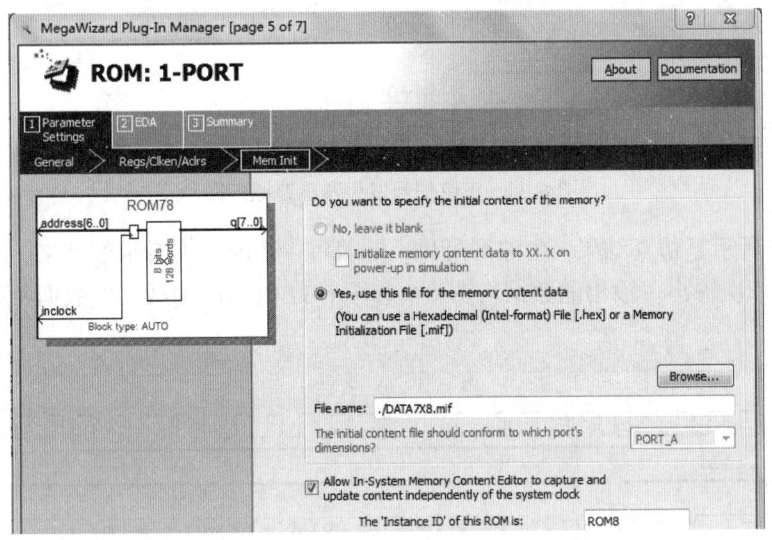

图 6-23 加入初始化配置文件并允许在系统访问 ROM 内容

正弦信号发生器的结构由如下三个部分组成（图 6-24）。

- 计数器或地址信号发生器，这里根据以上 ROM 的参数，选择 7 位输出。
- 正弦信号数据存储器 ROM（7 位地址线，8 位数据线），含有 128 个 8 位波形数据（一个正弦波形周期），即 LPM_ROM : ROM78。
- 8 位 D/A（设此示例之实验器件选择 DAC0832）。

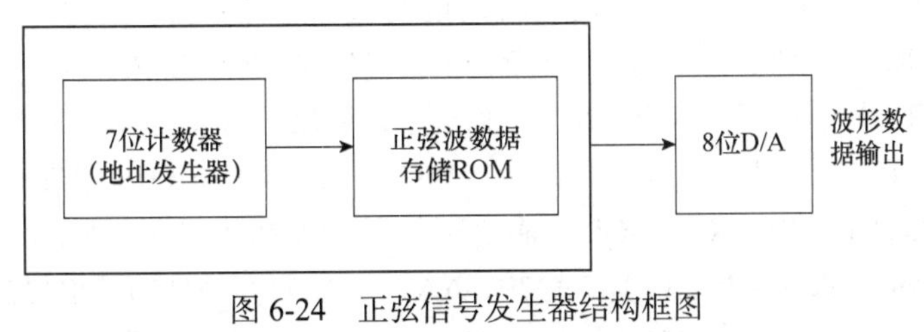

图 6-24 正弦信号发生器结构框图

图 6-24 所示的信号发生器结构图中，顶层文件是原理图工程 SIN_GNT，它包含两个部分：ROM 的地址信号发生器，由 7 位计数器担任；正弦数据 ROM，由 LPM_ROM 模块构成。地址发生器的时钟 CLK 的输入频率 f_0 与每周期的波形数据点数（在此选择 128 点），以及 D/A 输出的频率 f 的关系是：$f=f_0/128$。图 6-25 是此正弦信号发生器的顶层设计原理图，图中包含作为 ROM 的地址信号发生器的 7 位计数器模块和 LPM_ROM 的 ROM78 模块。此后的设计流程包括编辑顶层设计文件、创建工程、全程编译、观察 RTL 电路图、仿真、了解时序分析结果、引脚锁定、再次编译并下载，以及对 FPGA 的存储单元在系统读写测试和嵌入式逻辑分析仪测试等。

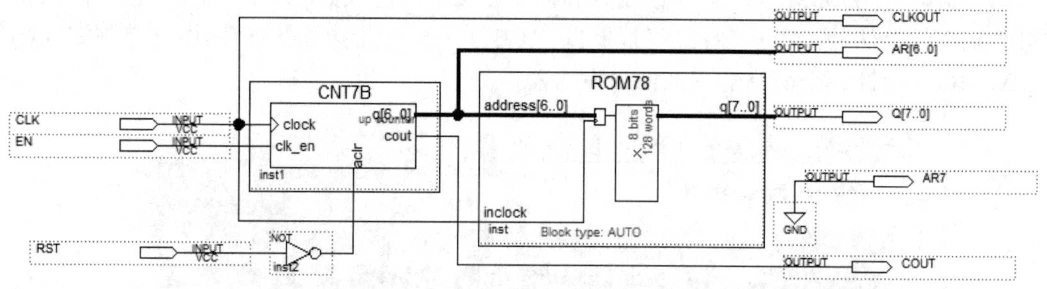

图 6-25　正弦信号发生器电路原理图

图 6-26 所示是仿真结果。由波形可见，随着每一个时钟上升沿的到来，输出端口将正弦波数据依次输出。输出的数据与图 6-9 和图 6-11 所示的加载文件数据相符。

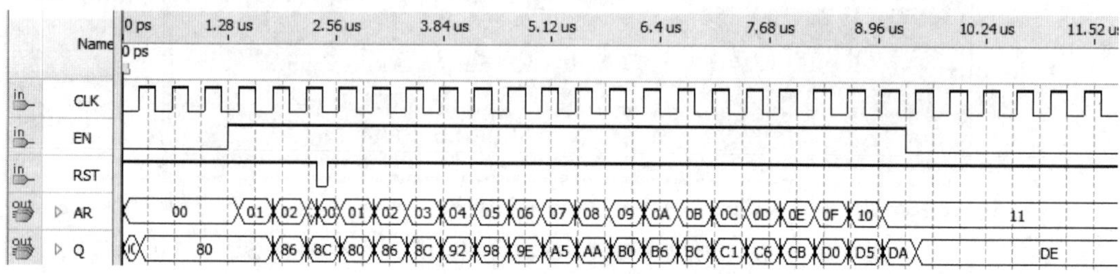

图 6-26　图 6-25 电路仿真波形

6.4.2　正弦信号发生器硬件实现和测试

若选择附录 F.1 的 KX_CDS 系统和图 F-5 的核心板，康芯的 KX-4CE55 核心板，则 FPGA 是 EP4CE55。首先用手动控制 CLK 生成时钟，对系统进行测试。不妨选择模式 5 实验电路（附录图 F-14）。FPGA 锁定引脚的情况可以这样安排：

CLK、EN、RST 分别受控于键 1、键 2、键 3，它们分别对应 PIO0（N1）、PIO1（R1）、PIO2（V1）；AR7 和 AR[6]~AR[0]输出至数码管 2 和数码管 1 显示，对应的引脚分别是 PIO23（AA4）、PIO22（AA5）、PIO21（Y2）、PIO20（AA1）、PIO19（V2）、PIO18（W1）、PIO17（R2）、PIO16（U1）；Q[7]~Q[0] 输出至数码管 4 和数码管 3 显示，对应的引脚分别是 PIO31（AA9）、PIO30（AB9）、PIO29（AA7）、PIO28（AB7）、PIO27（W7）、PIO26（Y8）、PIO25（V6）、PIO24（Y6）。其他的没有必要锁定特定引脚。

编译下载至 FPGA 后，控制键 2、键 3 为高电平，连续按键 1（用作 CLK），可以看到数码管上的数据变化，数码管 2 和数码管 1 显示的是计数器输出的地址码，数码管 4 和数码管 3 显示的是 ROM78 输出的数据。整个数据变化可以与图 6-26 作比较。

如果将时钟 CLK 接 KX_CDS 系统上的 FPGA 的专用时钟输入口 CLKB1（查表得引脚号是 W21），用短线外接时钟，频率可选 65536Hz。或直接接核心板上的 20MHz 有源时钟，接口引脚号是 G22 或 B11。此外，若接外部 DAC，即可通过示波器观察输出的波形。

如果不准备用或没有 DAC 和示波器来观察波形，则可以使用 SignalTap II 测试和观察输出波形。SignalTap II 的参数设置：采样深度是 4K；采用时钟是信号源的时钟 CLK（65536Hz）；触发信号是计数使能控制 EN，触发模式是 EN=1 触发采样。

图 6-27 是 SignalTap II 测试采样后得到的数据情况，其中 Q 对应的数据是来自 LPM_ROM 中的正弦波数据；AR 对应的数据是计数器输出的地址值。这个实时测试结果与仿真情况吻合良好。图 6-28 是对应图 6-27 的波形显示图。

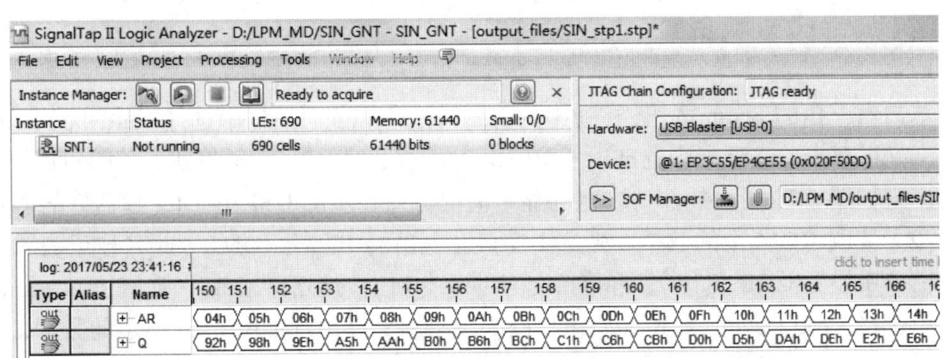

图 6-27　正弦信号发生器数据输出的 SignalTap II 实时测试界面

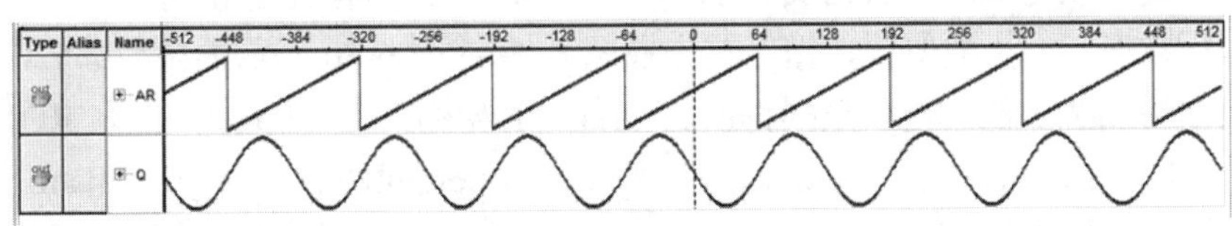

图 6-28　正弦信号发生器的 SignalTap II 的波形显示图

6.5　在系统存储器数据读写编辑器应用

对于 Cyclone 3/4/5 等系列的 FPGA，只要对使用的 LPM_ROM 或 LPM_RAM 等存储器模块作适当设置，就能利用 Quartus 的在系统存储器读写编辑器（In-System Memory Content Editor），直接通过 JTAG 口读取或改写 FPGA 内处于工作状态的存储器中的数据，读取过程不影响 FPGA 的正常工作。

此编辑器的功能有许多用处，如在系统了解 ROM 中加载的数据、读取基于 FPGA 内的 RAM 中采样获得的数据，以及对嵌入在由 FPGA 资源构建的 CPU 中的数据 RAM

和程序 ROM 中的信息读取和数据修改等。

这里以 6.4 节的设计项目为例，简要说明此工具的具体功能和用法。

（1）打开在系统存储单元编辑窗口。通过 USB-Blaster 使计算机与开发板上 FPGA 的 JTAG 口处于正常连接状态。打开 6.4 节的工程 SIN_GNT，下载 SOF 文件。选择菜单 Tools→In-System Memory Content Editor 命令，弹出的编辑窗口如图 6-29 所示。

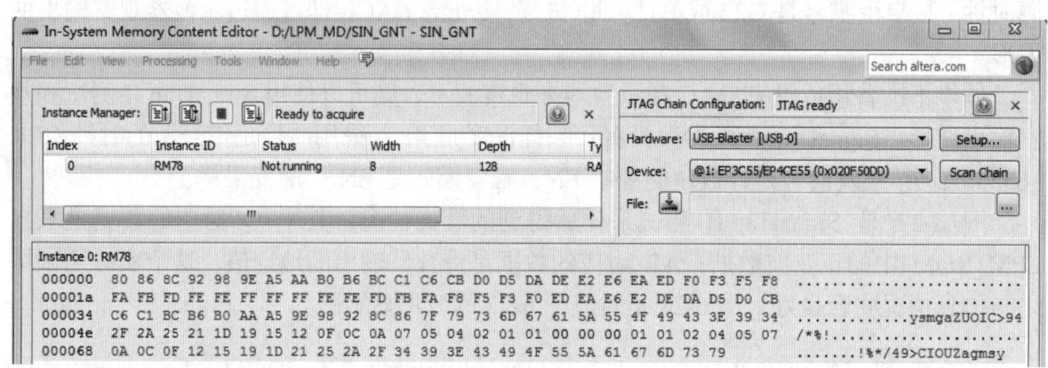

图 6-29　In-System Memory Content Editor 编辑窗，从 FPGA 中的 ROM 读取波形数据

单击右上角的 Setup 按钮，在弹出的 Hardware Setup 对话框中选择 Hardware Settings 选项卡，再双击此选项卡中的选项 USB-Blaster 之后，单击 Close 按钮，关闭对话框。这时将出现如图 6-29 所示的窗口右侧的显示情况，即显示出 USB-Blaster 和器件的型号。

（2）读取 ROM 中的数据。先选中窗口左上角的 ID 名 ROM8（此名称正是图 6-23 所示窗口中设置的 ID 名称），再单击上方的一个向上的小箭头按钮，或在 Processing 快捷菜单选择 Read Data from In-System Memory 命令，即出现如图 6-29 所示的数据，这些数据是在系统正常工作的情况下通过 FPGA 的 JTAG 口从 FPGA 内部 ROM 中读出的波形数据，它们应该与加载进去的文件 DATA7X8.mif 中的数据完全相同。

（3）写数据。方法类似读数据，首先在图 6-29 或图 6-30 所示的窗口编辑波形数据。如将最前面的几个 8 位二进制数据都改为 11H，再选中窗口左上角的 ID 名 ROM8，单击上方的一个箭头向下的小箭头按钮，或在 Processing 快捷菜单选择 Write Data to In-System Memory 命令，即可将编辑后所有的数据（如图 6-30 所示）通过 JTAG 口下载于 FPGA 中的 LPM_ROM 中，这时可以从示波器和 SignalTap II 上同步观察到波形的变化。

```
Instance 0: RM78
000000  11 11 11 11 11 11 11 AA B0 B6 BC C1 C6 CB D0 D5 DA DE E2 E6 EA ED F0 F3 F5 F8
00001a  FA FB FD FE FE FF FF FF FE FE FD FB FA F8 F5 F3 F0 ED EA E6 E2 DE DA D5 D0 CB
000034  C6 C1 BC B6 B0 AA A5 9E 98 92 8C 86 7F 79 73 6D 67 61 5A 55 4F 49 43 3E 39 34
00004e  2F 2A 25 21 1D 19 15 12 0F 0C 0A 07 05 04 02 01 01 00 00 00 01 01 02 04 05 07
000068  0A 0C 0F 12 15 19 1D 21 25 2A 2F 34 39 3E 43 49 4F 55 5A 61 67 6D 73 79
```

图 6-30　在此将编辑好的数据载入 FPGA 中的 ROM 内

图 6-31 即为 SignalTap II 在此时的实时波形。

（4）输入输出数据文件。用以上相同的方法通过选择快捷菜单中的 Export Data to File 或 Import Data from File 命令，即可将在系统读出的数据以 mif 或 hex 的格式文件存入计算机中，或将此类格式的文件在系统地下载到 FPGA 中。

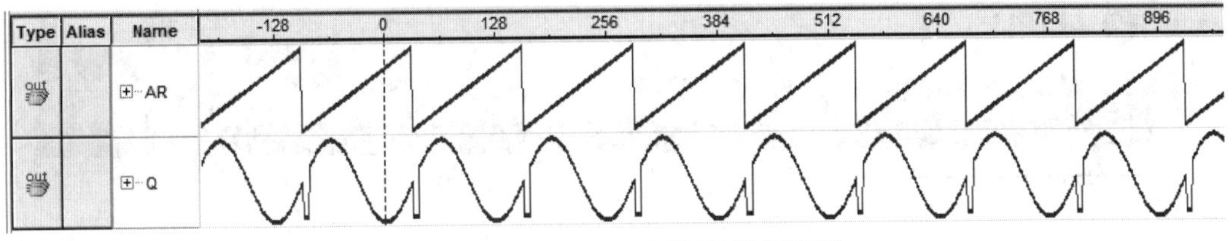

图 6-31　SignalTap II 测得的数据波形

6.6　LPM 嵌入式锁相环调用

Cyclone 3/4/5 等系列 FPGA 中都含有嵌入式模拟锁相环，此锁相环可以与一输入的时钟信号同步，并以其作为参考信号实现锁相，从而输出一至多个同步倍频或分频的片内时钟，以供逻辑系统应用。与直接来自外部的时钟相比，这种片内时钟可以减少时钟延时和变形，减少片外干扰；还可改善时钟的建立时间和保持时间，是系统稳定高速工作的保证。嵌入式锁相环能对输入的参考时钟相对于某一输出时钟同步独立乘以或除以一个因子而输出精确频率，或直接输入所需要输出的频率，并提供任意相移和信号占空比。

6.6.1　建立嵌入式锁相环元件

建立片内锁相环 PLL 模块的步骤如下：

（1）以图 6-25 所示的原理图工程为基础，在此原理图顶层设计中加入一个锁相环。在原理图编辑窗右击，选择 Insert→Symbol 命令。在弹出的窗口单击 MegaWizard Plug-In Manager 按钮。在弹出的窗口中选“Create a new custom…”单选按钮（图 6-1），定制一个新的模块。在如图 6-32 所示的对话框左栏选择 I/O 项下的 ALTPLL，再选择 Cyclone IVE 器件和 Verilog 方式，最后输入设计文件存放的路径和文件名，如 D:\LPM_MD\PLL20M。单击 Next 按钮，弹出如图 6-33 所示的对话框。

（2）在图 6-33 所示窗口中设置输入时钟频率 inclk0=20MHz。这是因为 KX_4CE55 核心板上配置了此晶振，时钟信号进入两个专用时钟输入脚，分别是 G22 和 B11。

一般锁相环的输入时钟频率要求不要低于 10MHz（不同器件，输入频率的下限稍有不同，使用时注意了解相关的资料），但也不能过高，以免影响电磁兼容性能。

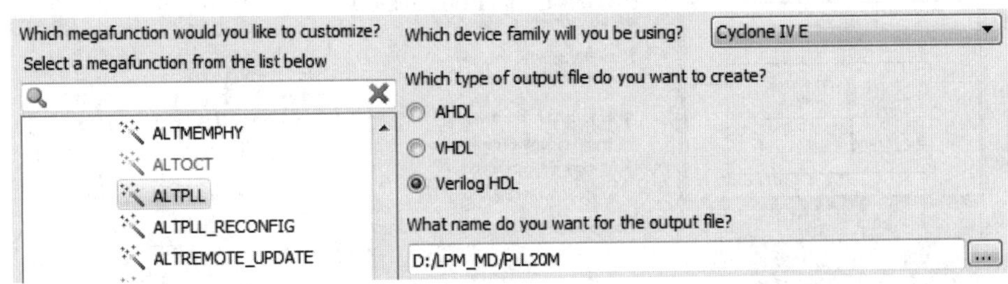

图 6-32　选择锁相环 ALTPLL

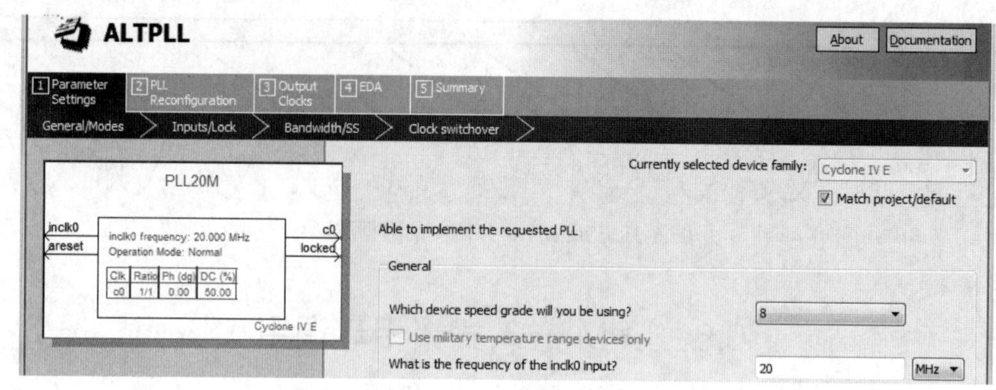

图 6-33　选择输入参考时钟 inclk0 为 20MHz

（3）在如图 6-34 所示窗口选择锁相环的工作模式（选择内部反馈通道的通用模式）。主要选择 PLL 的控制信号，如 PLL 的使能控制 pllena（高电平有效）；异步复位 areset；锁相标志输出 locked 等，通过此信号可以了解有否失锁（这些信号也可不用）。

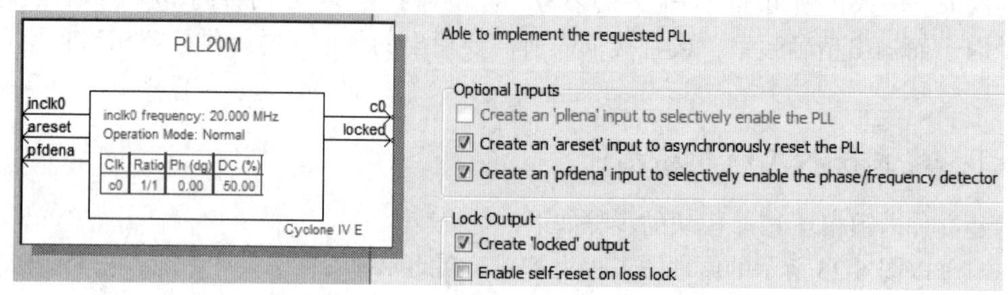

图 6-34　选择锁相环的控制信号

（4）单击 Next 按钮，进入图 6-35 所示窗口。选中 Enter output clock frequency 单选按钮，输入 c0 的输出频率 0.002MHz、相移默认为 0、占空比为 50%。此 2kHz 是锁相环所能输出的最小频率。在此后出现的对话框中，还可以设置多个输出端口，以输出多个不同频率的时钟；例如图 6-36 所示的由 c1 输出第二个时钟信号，选择的频率是 195MHz。

此后，再多次单击 Next 按钮后结束设置。将设置好的锁相环加入到图 6-25 所示的电路中，最后获得的电路如图 6-37 所示（注意此图中只用了输出 2kHz 的 c0）。

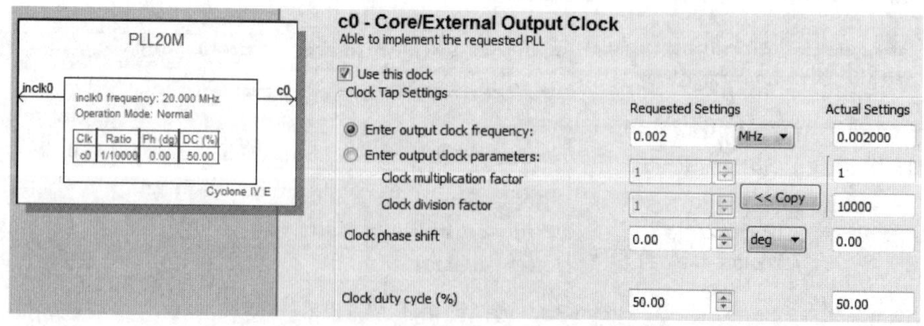

图 6-35　选择 c0 的输出频率为 0.002MHz

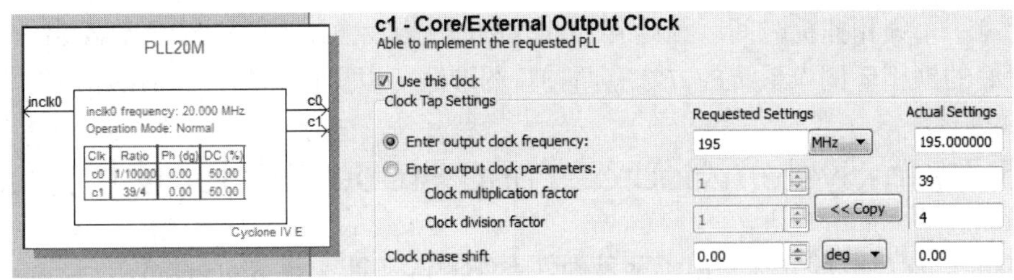

图 6-36　输出第二个时钟信号 c1

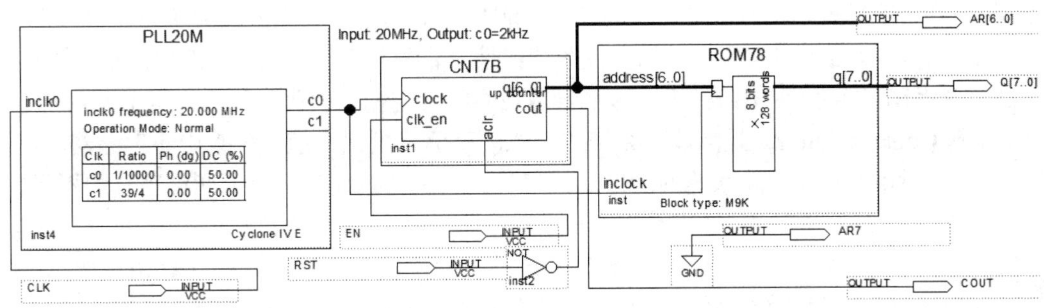

图 6-37　采用了嵌入式锁相环作时钟的正弦信号发生器电路

FPGA 中的每一个锁相环可以输出多个不同的时钟信号：c0、c1、e0 等，这要看具体器件系列。例如可以设置 c0 的输出频率为 30MHz、c1 的输出频率为 50MHz，以及 e0 的输出频率为 200MHz。在设置参数的过程中必须密切关注编辑窗口右框上的提示“Able to implement…”，此句表示所设参数可以接受；如出现“Can't…”提示，表示不能接受所设参数，必须改设其他参数对应的时钟频率。

Cyclone 3/4/5 系列 FPGA 的锁相环输出频率的下限至上限的频域大致为 2kHz~1300MHz。FPGA 中的锁相环的应用应该注意以下几点。

- 不同的 FPGA 器件，其锁相环输入时钟频率的下限不同，注意了解相关资料。
- 在仿真时先删除锁相环电路。因为锁相的时钟输入需要一锁相跟踪时间，这个时间不确定。因此，如果电路中含有锁相环，则仿真的激励信号长度很难设定。
- 通常情况下，锁相环须放在工程的顶层文件中使用。
- 在硬件设置中，FPGA 中锁相环的参考时钟的引入脚不是随意的，只能是专用时钟输入脚，相关情况可参考相关系列 FPGA 的 DATA Book。
- 锁相环的输入时钟必须来自外部，不能从 FPGA 内部某点引入锁相环。
- 锁相环的工作电压也是特定的，如由 VCCA_PLL1 输入，电平为 VCCINT（1.2V），电源质量要求高，因此要求有良好的抗干扰措施。普通情况下，设置的锁相环若为单频率输出，并希望将输出信号引到片外，可通过普通 I/O 口输出。

6.6.2　测试锁相环

也可以单独对调用的锁相环进行测试。对于输入时钟 inclk0 的激励频率的大小要注意，其周期一般不能大于 60ns（此值通常需具体决定），即 inclk0 的输入频率要足够高。在时序仿真中应注意，输入时钟 inclk0 的时间区域也要足够长，因为对于每一正常输出频率都有一个锁相捕捉时间。因此若 inclk0 的时间域太短，将可能看不到输出信号。将已设置好的锁相环调入系统的方法有两种：图形法（以上已介绍）和 HDL 方法。

6.7 In-System Sources and Probes Editor 使用方法

在第 5 章与本章分别介绍了两种硬件系统测试工具，即 SignalTap II 和 In-System Memory Content Editor。这两个工具为逻辑系统的设计、测试与调试带来了极大的便利。然而它们仍然存在一些不足之处，例如 SignalTap II 要占据大量的存储单元作为数据缓存、在工作时只能单向收集和显示硬件系统的信息，而不能与系统进行双向对话式测试，而且（特别在电路原理图条件下）通常限制观察已设定端口引脚的信号；至于 In-System Memory Content Editor，虽然能与系统进行双向对话式测试，但对象只限于存储器。

本节将介绍一种硬件系统的测试调试工具，它能有效地克服以上两种工具的不足，特别是对系统进行硬件测试的所有信号都不必通过 I/O 端口引到引脚处，及所有测试信号都在内部引入测试系统，或通过测试系统给出激励信号；所有这一切都由 FPGA 的 JTAG 口通信。这就是在系统信号与源编辑器 In-System Sources and Probes Editor。

这里仍以图 6-25 的正弦信号发生器设计为例说明此编辑器的使用方法。KX_CDS 系统上的核心板不妨改为友晶公司的 DE0 板，FPGA 是 Cyclone 3 型的 EP3C16F484。

（1）在顶层设计中嵌入 In-System Sources and Probes 模块。先打开以图 6-25 所示电路为工程的电路原理图编辑界面。进入元件调用对话框，单击 MegaWizard Plug-In Manager 按钮，选中 Create a new custom megafunction variation 单选按钮，定制一个新的模块。

单击 Next 按钮，在出现的对话框左栏中，选择单击 JTAG 通信项 JTAG-accessible Extensions，选择 In-System Sources and Probes 项。再于右上方选择 Cyclone III 器件系列和 Verilog 语言方式。最后输入此模块文件名，例如 JTAG1。

（2）设定参数。单击 Next 按钮后进入 In-System Sources and Probes 对话框（图 6-38）。

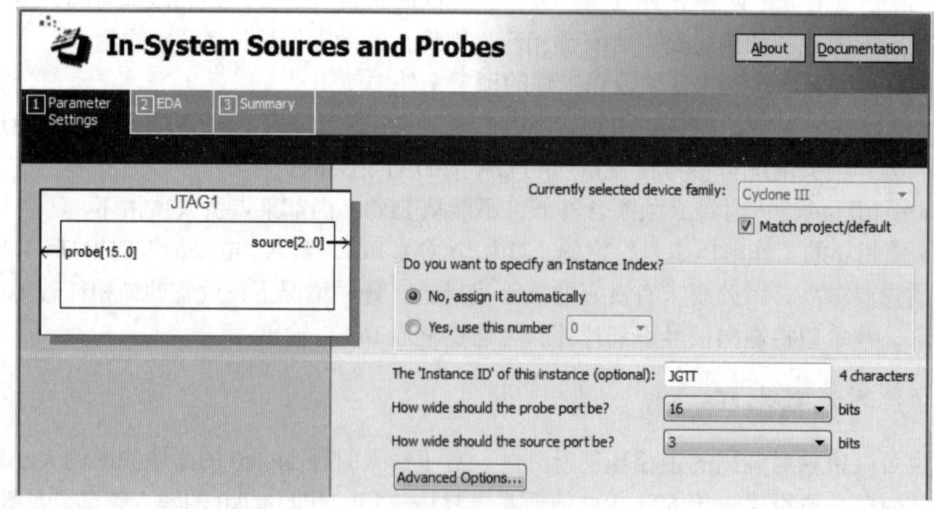

图 6-38　为 In-System Sources and Probes 模块设置参数

按图所示，设置这个取名为 JTAG1 模块的测试口 probe 为 16 位，信号输出源 source 是 3 位。最后单击 Finish 按钮，结束设置。

（3）与需要测试的电路系统连接好。将设定好的 JTAG1 模块加入进图 6-25 电路原理图，并作信号连接。最后结果如图 6-39 所示。

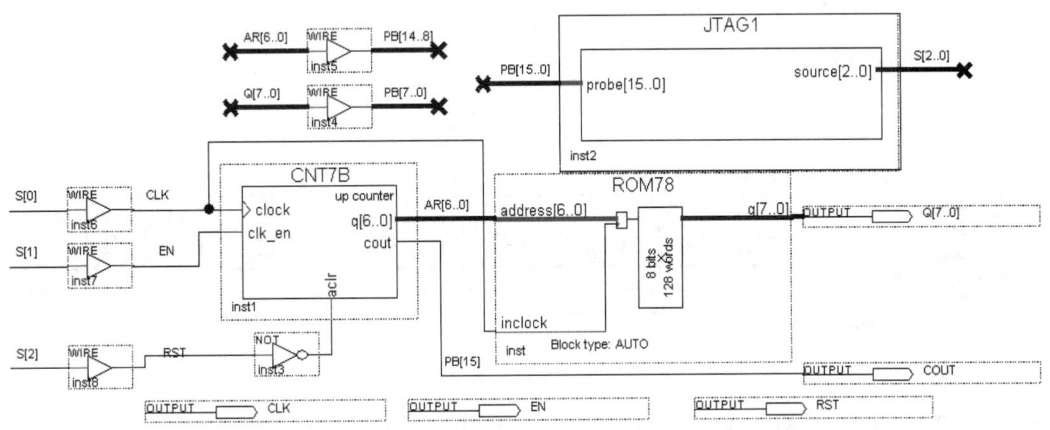

图 6-39　在电路中加入 In-System Sources and Probes 测试模块

图中显示，JTAG1 模块的数据探测口通过 WIRE 连接线分别将 probe 的低 8 位与 ROM 输出端相连，高 7 位与 7 位计数器输出相连，最高位 PB[15]与计数器进位输出相连；信号发生源 S[2..0]的 3 位则分别与 RST、EN、CLK 相连。这些信号还分别输出至开发板上的三个发光管，以便直接观察控制信号。对于附录 F.1 介绍的系统，选择模式 5（附录图 F-14），则它们可分别锁定于 R10、Y10 和 T8 上（参考附录 F.4 的引脚对照表）。

在实际情况中，探测口 probe 与控制源 source 通常是与系统内部的电路相接（不一定接在端口上）。例如需要测试一个 CPU，可以将 probe 与多条数据总线相连，而 source 可以与某些单步控制信号相连。这时 source 信号就相当于多个可任意设定的电平控制键。整个控制通过 JTAG 口可在计算机界面上进行。

（4）调用 In-System Sources and Probes Editor。使用此编辑器的方法与在系统存储器内容编辑器的用法类似：选择 Tools→In-System Sources and Probes Editor 命令。对于弹出的编辑窗口（如图 6-40 所示，也可在工程目录中找到相关文件），单击右上角的 Setup 按钮，在之后弹出的 Hardware Setup 对话框中选择 Hardware Settings 选项卡，再双击此选项卡中的选项 USB-Blaster 之后，单击 Close 按钮，关闭对话框。此时在窗右上角的 Hardware 栏出现了 USB-Blaster（USB-0），而在下一栏的器件栏显示出测得的 FPGA 型号名。这说明此编辑器已通过 JTAG 口与 FPGA 完成了通信联系。下面就可以对指定的信号进行测试和控制了（在这之前要对整个电路进行编译，然后下载进 FPGA）。

当所需考察信号较多时，通常要对信号进行整理归类和改名。将信号 P7 至 P0，即来自探测口 probe 的数据，按住 Ctrl 键，用鼠标单击选择所需的信号，再右击所选中的块后，选择 Group，然后再改名为 Q[7..0]，其结果如图 6-40 所示。如果还希望默认的二

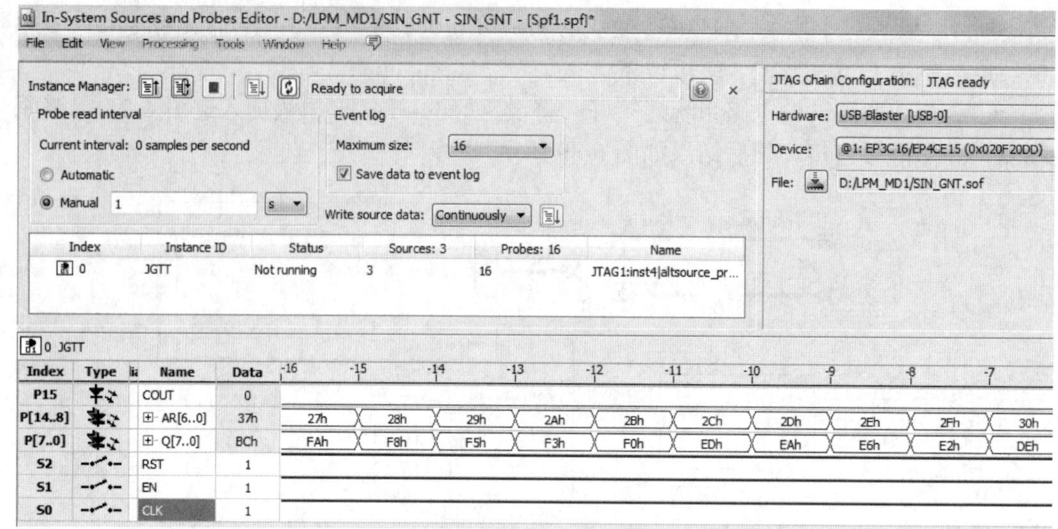

图 6-40　In-System Sources and Probes Editor 的测试情况

进制数以十六进制数格式表达，可右击 Q[7..0]总线表述处，在弹出的下拉菜单中选择 Bus Display Format 选项；再于下级菜单选择 Hexedecimal 即可。此外还可在图 6-40 所示的对话框的 Maximum 栏输入能一次观察的数据范围，如 16。以相同方法处理 AR[6..0]信号。

对于图 6-40 左下的 S2、S1、S0，即可控制 source 输出的信号，已分别对照图 6-39 所示电路，分别改名为 RST、EN、CLK。若用鼠标单击 Data 栏的数据，则能交替输出对应信号的不同电平，在实验板上可以看到对应的发光管的亮和灭。这里首先选择 RST 和 EN 为'1'；再连续单击 CLK，每两次等于一个时钟脉冲。

最后可以通过单击图 6-40 窗口上栏的不同按钮，选择一次性采样或连续采样（若是单次，具体是单击两次 CLK，再单击一次采样按钮，于是可以看到如图 6-40 所示窗内被读入一个数据）。这里所谓采样只是针对 probe 读取信号的，对于 source 输出的信号，则随时可进行。图 6-40 的采样数据显示，与电路的仿真波形图有很好的吻合。

6.8　NCO 核数控振荡器使用方法

基于 Quartus 的 DSP 宏模块有多种，如 FIR 数字滤波器、FFT 离散信号快速傅里叶变换器、NCO 数控振荡器、PCI 总线核、CSC 色彩格式变换器核、Viterbi 译码器（最大相似译码器，用于对卷积码的解码）IP 等。

可在 FPGA 上实现的 IP 核，或称 MegaCore 已附带于 Altera 的 Quartus 中，并可在其开发环境中利用 MegaWizard Plug-In Manager 调用。MegaCore 的使用与 LPM 等其他的 Altera 模块使用方法相似。本节以数控振荡器 NCO（numerically controlled oscillators）核的设置使用方法为例简要说明利用 Quartus 使用 IP 核的流程与方法。

（1）定制 NCO。利用 MegaWizard Plug-In Manager 进入图 6-41 所示窗口后，器件选

择 Cyclone IV E（或其他系列）；选择 DSP 目录中的 NCO v13.1；在自己的路径中输入名称，如 NCO32，单击 Next 按钮。

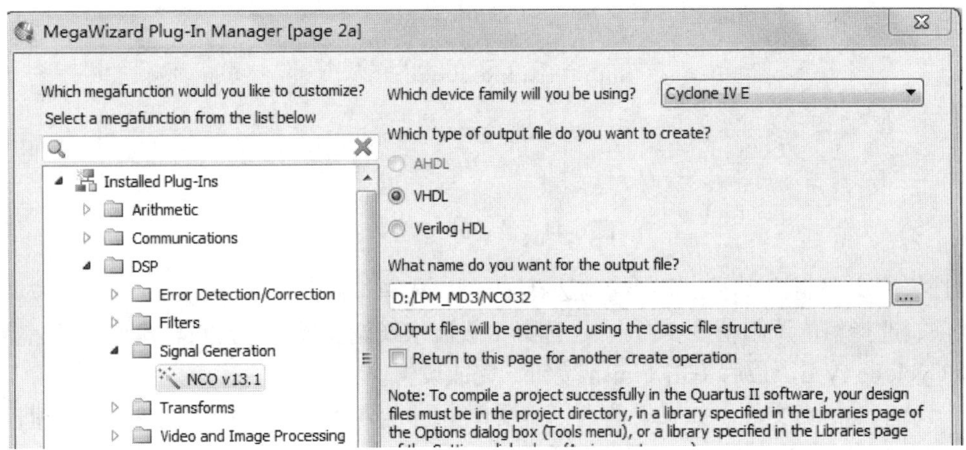

图 6-41　打开 Core 设置管理窗口选择 NCO 核

（2）进入 Core 文件生成选择窗，如图 6-42 所示。首先单击 Documentation 按钮，通过其 PDF 文件了解此 IP 核的功能、设置方法、使用方法，以及相关信息。

（3）设置参数。单击图 6-42 所示窗口中的 Step1 按钮，进入参数设置窗口，如图 6-43 所示。选中 Large ROM 单选按钮；选择相位累加器精度为 24 位；角度精度为 10 位；幅度精度为 10 位；选择相位抖动大小控制。时钟频率可选择 200MHz（或其他频率），可来自 FPGA 的 PLL。选择图 6-43 中的 Implementation 选项卡，进入图 6-44 所示的窗口。

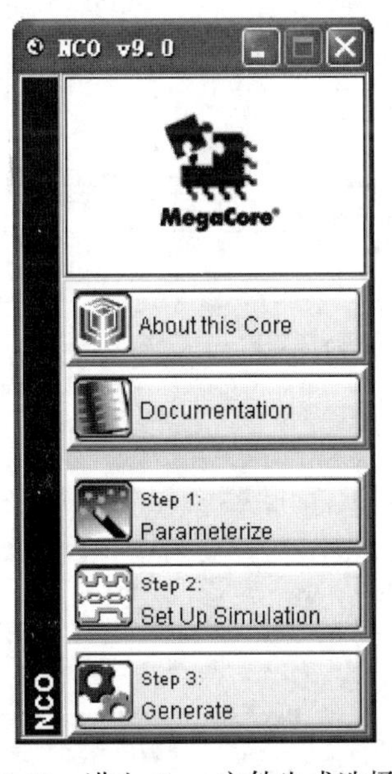

图 6-42　进入 Core 文件生成选择窗口

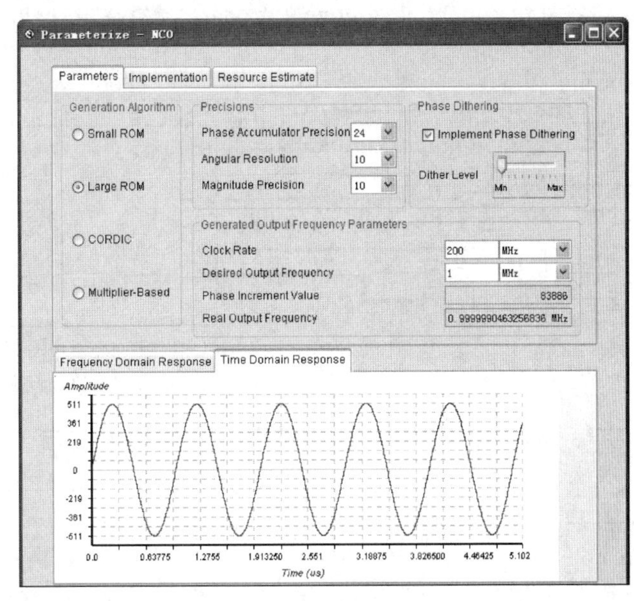

图 6-43　设置 NCO 参数

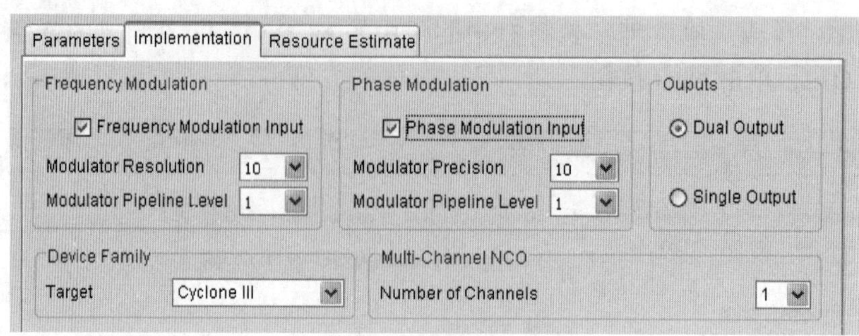

图 6-44　设置 NCO 参数

选择频率调制输入项，调制精度选择 10 位，选择 1 级流水线调制器；选择相位调制输入项，选择相位调制精度 10 位，也选择 1 级流水线调制器；选择双口输出，目标器件选择 Cyclone IV E。最后单击 Finish 按钮，完成设置。

（4）生成仿真文件。如果要仿真，需要单击图 6-42 所示对话框中的 Step2 按钮，生成仿真文件。所有 MegaCore 的编辑器利用 Toolbench 都能生成适用于不同工具的仿真文件，其中包括 VHDL testbench、Verilog HDL testbench、MATLAB 模型及其 testbench，以及可用于 Quartus 仿真的波形矢量文件。最后单击 Step3 按钮，生成 NCO 设计文件，并弹出信息窗。信息窗中给出了生成当前核的所有说明文件。

（5）加入 IP 授权文件。对于早期版本，如 Quartus II 9.0，需要加入 NCO 授权文件。有了符合要求的授权文件，就能编译出能烧写 Flash 的 SOF 文件，如果烧写 EPCS Flash，则可将其先转变为间接配置编程文件。

（6）选择目标器件，然后对生成的模块进行编译及功能检测。图 6-45 是对 NCO32 模块的测试电路图；图 6-46 是利用逻辑分析仪测试的波形情况。由波形可见，两个输出 FS(sin)和 FC(cos)的波形相位相差 90°，这符合设计情况。

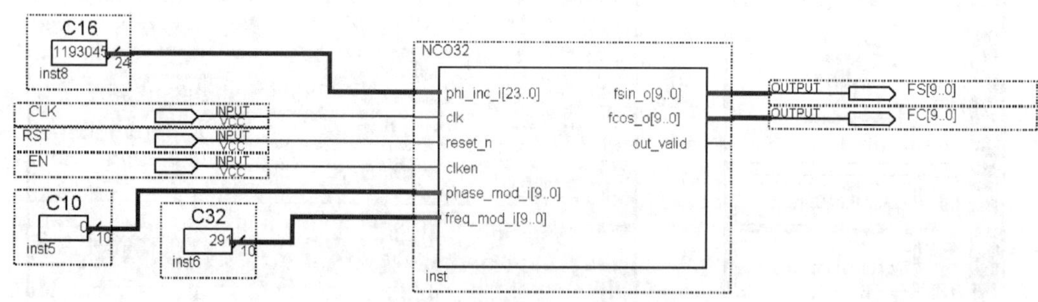

图 6-45　测试 NCO 的电路

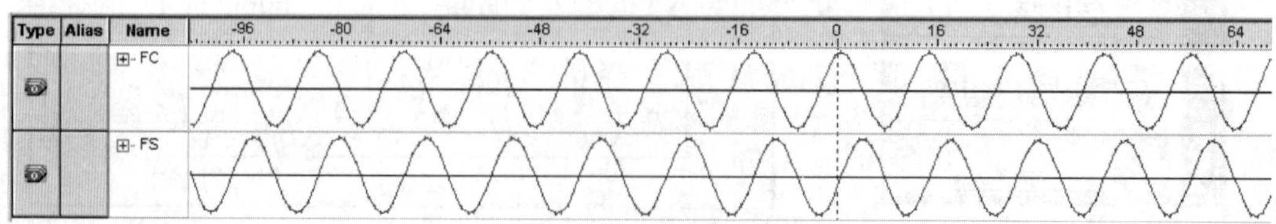

图 6-46　NCO 的逻辑分析仪测试波形

6.9　FIR 核使用方法

FIR 数字滤波器在信号处理领域应用极为广泛，在许多项目设计中，FIR 滤波器作为基本模块是必不可少的。下面是 N 阶 FIR 滤波器系统的传递函数：

$$H(z)=\sum_{n=0}^{N-1}h(n)z^{-n} \tag{6-1}$$

式（6-1）对应于图 6-47 所示的 FIR 滤波器结构。由于没做过任何转换，一般称该结构为直接型 FIR。

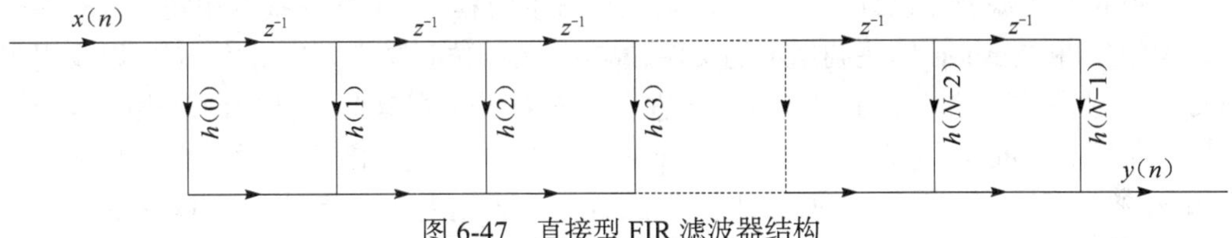

图 6-47　直接型 FIR 滤波器结构

N 阶的 FIR 系统差分方程可表示为

$$Y(n)=\sum_{m=0}^{N-1}h(m)x(n-m) \tag{6-2}$$

从式（6-2）上看 FIR 的算法是比较简单的，但其硬件实现涉及的电路模块较复杂。对于 N=4，则 $Y(n)=h(0)x(3)+h(1)x(2)+h(2)x(1)+h(3)x(0)$，涉及 4 次乘法、3 次加法，尚可简单地调用 4 个乘法器、3 个加法器来实现。FIR 在实际应用时往往阶数 N 很大，用上述方法就需要 N 个乘法器、$N-1$ 个加法器，它的硬件实现结构如图 6-48 所示。

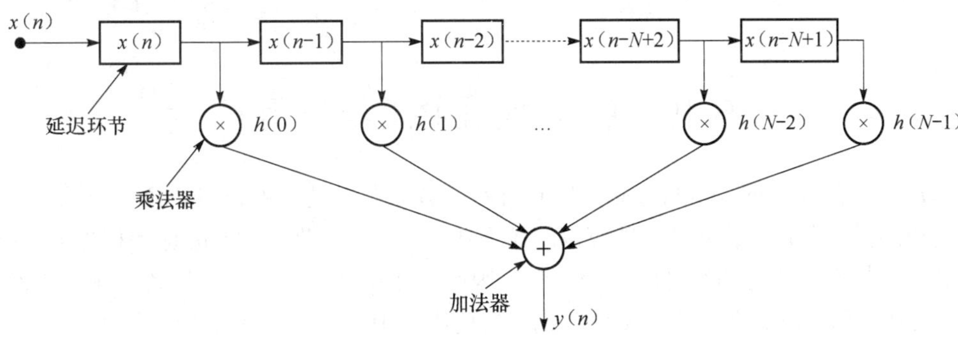

图 6-48　直接型 FIR 实现结构

可以想象，当数据位数较多、阶数要求较大时，FIR 的性能与过大的硬件结构间的矛盾将更加突出。为此，可以使用串行的方式对乘法器在时间上进行复用，这是 CPU、DSP 处理器类器件实现 FIR 的基本方法，但是在阶数 N 过大时，其工作速度显然会大幅下降。

当然也可以对直接型 FIR 滤波器的结构进行改进，如利用线性相位 FIR 滤波器的系

数对称特点 $h(n)=h(M-n)$，可以减少一半乘法器；还可以针对 FPGA 器件的查找表结构进行专门的优化等。

但是对于实用项目，对开发周期和效率的要求很高，通常在短期内也不可能全面了解 FIR 相关的优化技术。而且 FIR 滤波器的滤波系数的确定也是比较费时费力的，需要花费很大的精力才能使设计出的 FIR 滤波器在速度、资源利用、性能上趋于较优。采用现成的 FIR 滤波器的 IP 核，几乎可以很容易地解决这些问题。对于 IP 核，在速度、资源利用、性能上往往进行过专门的优化，还提供相关的开发工具。

这里将采用 Altera 的 MegaCore 来设计一个 37 阶 8 位高速 FIR 滤波器。图 6-49 是实际应用的 FIR 滤波器设计示意图。定制 FIR 核的流程与 NCO 核基本相同，也附带产生了 VHDL 和 Verilog 模块调用示例文件、MATLAB 仿真文件（后缀为.m），以及用于 Quartus 仿真的向量文件。主要步骤是，进入图 6-41 所示的窗口，选择项目栏的 DSP，再选择此项的 Filters，最后选择 FIR Compiler v13.1。在自己的路径中输入此项目名，单击 Next 按钮后，可于图 6-42 所示处通过 Documentation 按钮，阅读相关 PDF 文件，以便了解此 IP 核的功能、设置方法、使用方法，以及相关信息。

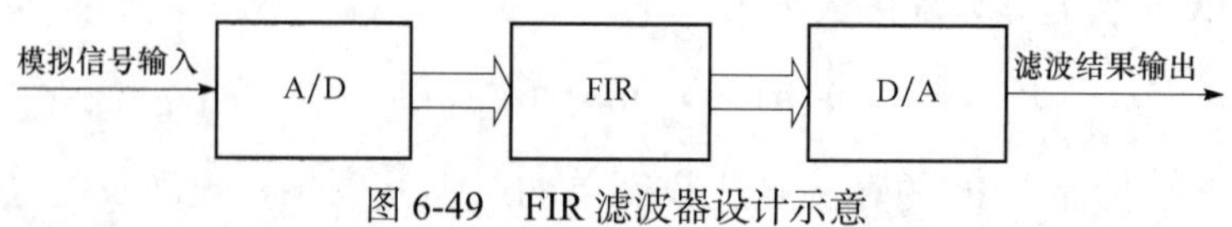

图 6-49　FIR 滤波器设计示意

单击图 6-42 所示窗口中的 Step1 按钮，即可进入 FIR 参数设置对话框。在其中可根据自己项目的要求选择和设置各种参数。如 FIR 是并行类型还是串行类型，器件的系列（如 Cyclone 4E），流水线方式选择，存储器的构建模式，数据有符号或无符号型，输出数据的结构和截取方法，滤波模式（低通带通等），滤波器窗口选择等。

6.10　DDS 实现原理与应用

DDS（direct digital synthesizer）即直接数字合成器，是一种新型的频率合成技术。具有较高的频率分辨率，可以实现快速的频率切换，并且在改变时能够保持相位的连续，很容易实现频率、相位和幅度的数控调制。因此，在现代电子系统及设备的频率源设计中，尤其在通信领域，直接数字频率合成器的应用尤为广泛。本节首先介绍 DDS 工作原理，然后介绍硬件实现。

6.10.1　DDS 原理

对于正弦信号发生器，它的输出可以用下式来描述：

$$S_{out}=A\sin\omega t=A\sin(2\pi f_{out}t) \tag{6-3}$$

式中，S_{out} 是指该信号发生器的输出信号波形；f_{out} 是指输出信号对应的频率。上式的表

述对于时间 t 是连续的，为了用数字逻辑实现该表达式，必须进行离散化处理，用基准时钟 clk 进行抽样，令正弦信号的相位 θ：

$$\theta = 2\pi f_{\text{out}} t \tag{6-4}$$

在一个 clk 周期 T_{clk}，相位 θ 的变化量为

$$\Delta\theta = 2\pi f_{\text{out}} T_{\text{clk}} = \frac{2\pi f_{\text{out}}}{f_{\text{clk}}} \tag{6-5}$$

其中，f_{clk} 指 clk 的频率对于 2π 可以理解成“满”相位，为了对 $\Delta\theta$ 进行数字量化，把 2π 切割成 2^N 份，由此每个 clk 周期的相位增量 $\Delta\theta$ 用量化值 $B_{\Delta\theta}$ 来表述：$B_{\Delta\theta} \approx \frac{\Delta\theta}{2\pi}\cdot 2^N$，且 $B_{\Delta\theta}$ 为整数。与式（6-5）联立，可得

$$\frac{B_{\Delta\theta}}{2^N} = \frac{f_{\text{out}}}{f_{\text{clk}}}, \quad B_{\Delta\theta} = 2^N \cdot \frac{f_{\text{out}}}{f_{\text{clk}}} \tag{6-6}$$

显然，信号发生器的输出可描述为

$$S_{\text{out}} = A\sin(\theta_{k-1} + \Delta\theta) = A\sin\left[\frac{2\pi}{2^N}\cdot(B_{\theta_{k-1}} + B_{\Delta\theta})\right] = Af_{\sin}(B_{\theta_{k-1}} + B_{\Delta\theta}) \tag{6-7}$$

其中，θ_{k-1} 指前一个 clk 周期的相位值，同样得出

$$B_{\theta_{k-1}} \approx \frac{\theta_{k-1}}{2\pi}\cdot 2^N \tag{6-8}$$

由上面的推导可以看出，只要对相位的量化值进行简单的累加运算，就可以得到正弦信号的当前相位值，而用于累加的相位增量量化值 $B_{\Delta\theta}$ 决定了信号的输出频率 f_{out}，并呈现简单的线性关系。

直接数字合成器 DDS 就是根据上述原理而设计的数控频率合成器。图 6-50 所示是一个基本的 DDS 结构，主要由相位累加器、相位调制器、正弦 ROM 查找表和 DAC 构成。图中的相位累加器、相位调制器、正弦 ROM 查找表是 DDS 结构中的数字部分，由于具有数控频率合成的功能，又可称为 NCO，这就是以上 6.8 节讨论的内容。

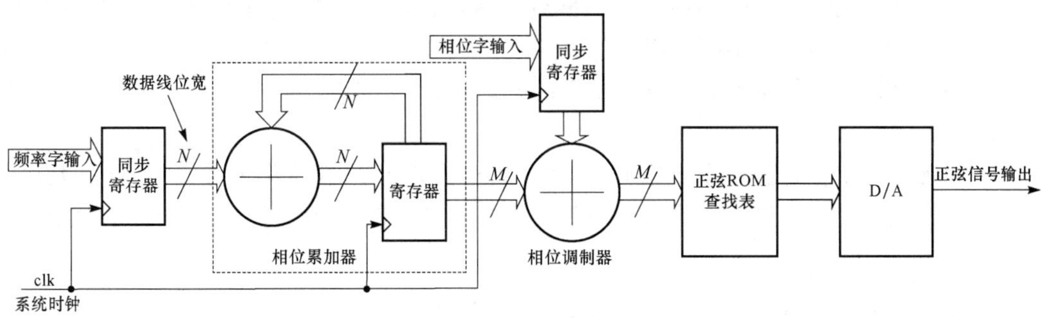

图 6-50　基本 DDS 结构

相位累加器是整个 DDS 的核心，在这里完成上文原理推导中的相位累加功能。相位累加器的输入是相位增量 $B_{\Delta\theta}$，又由于 $B_{\Delta\theta}$ 与输出频率 f_{out} 是简单的线性关系：$B_{\Delta\theta} = 2^N \cdot \frac{f_{\text{out}}}{f_{\text{clk}}}$。相位累加器的输入又可称为频率字输入。事实上当系统基准时钟 f_{ckj} 是

2^N时，$B_{\Delta\theta}$就等于f_{out}。频率字输入在图 6-50 中还经过了一组同步寄存器，使得当频率字改变时不会干扰相位累加器的正常工作。

相位调制器接收相位累加器的相位输出，在这里加上一个相位偏移值，主要用于信号的相位调制，如 PSK（相移键控）等，在不使用时可以去掉该部分，或者加一个固定的相位字常数输入。相位字输入最好也用同步寄存器保持同步。注意，相位字输入的数据宽度 M 与频率字输入 N 往往是不相等的，通常 $M<N$。

正弦波形数据存储 ROM（数据表）完成$f_{\sin}(B_\theta)$的查表转换，也可以理解成相位到幅度的转换，它的输入是相位调制器的输出，事实上就是 ROM 的地址值；输出送往 D/A，转化成模拟信号。由于相位调制器的输出数据位宽 M 也是 ROM 的地址位宽，因此在实际的 DDS 结构中 N 往往很大，而 M 为 10 位左右。M 太大会导致 ROM 容量的成倍上升，而输出精度受 D/A 位数的限制未必有大的改善。

基本 DDS 结构的常用参量计算如下：

（1）DDS 的输出频率f_{out}。由以上原理推导的公式中可得输出频率的计算式：

$$f_{out} = \frac{B_{\Delta\theta}}{2^N} \cdot f_{clk} \tag{6-9}$$

式中，$B_{\Delta\theta}$是频率输入字，即频率控制字，它与系统时钟频率成正比；f_{clk}是系统基准时钟的频率值；N 是相位累加器的数据位宽，也是频率输入字的数据位宽。

（2）DDS 的频率分辨率 Δf。DDS 的频率分辨率 Δf 也即频率最小步进值，可用频率输入值步进一个最小间隔对应的频率输出变化量来衡量。由式（6-9）得到下式：

$$f_{out} = \frac{f_{clk}}{2^N} \tag{6-10}$$

由式（6-9）可见，利用 DDS 技术，可以实现输出任意频率和指定精度的正弦信号发生器，而且也可作任意波形发生器，即只要改变 ROM 查找表中的波形数据就可实现。

DDS 的特点有以下三个：

（1）DDS 的频率分辨率在相位累加器的位数 N 足够大时，理论上可以获得相应的分辨精度，这是传统方法难以实现的。

（2）DDS 是一个全数字结构的开环系统，无反馈环节，因此速度快，一般在纳秒量级。

（3）DDS 的相位误差主要依赖于时钟的相位特性，相位误差小。此外 DDS 的相位是连续变化的，形成的信号具有良好的频谱，传统的直接频率合成方法无法实现。

6.10.2 DDS 信号发生器设计示例

图 6-51 是根据图 6-50 的基本 DDS 原理框图作出的电路原理图的顶层设计，其中相位累加器的位宽是 32。图中共有三个元件和一些接口，说明如下：

（1）32 位加法器 ADDER32。由 LPM_ADD_SUB 宏模块构成。设置了 2 阶流水线结构，使其在时钟控制下有更高的运算速度和输入数据稳定性。

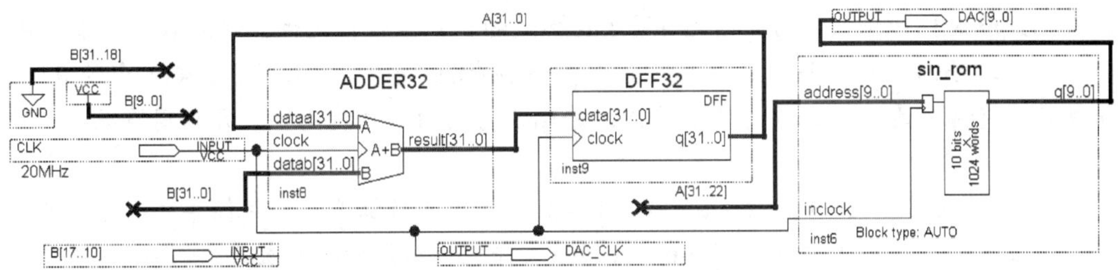

图 6-51　DDS 信号发生器电路顶层原理图

（2）32 位寄存器 DFF32。由 LPM_FF 宏模块担任。ADDER32 与 DFF32 构成一个 32 位相位累加器。其高 10 位 A[31..22]作为波形数据 ROM 的地址。

（3）正弦波形数据 ROM。正弦波形数据 ROM 模块 sin_rom 的地址线和数据线位宽都是 10 位。这就是说，其中的一个周期的正弦波数据有 1024 个，每个数据有 10 位。其输出可以接一个 10 位的高速 DAC；如果只有 8 位 DAC，可截去低 2 位输出。ROM 中的 mif 数据文件可用附录中介绍的软件工具获得。

（4）频率控制字输入 B[17..10]。本来的频率控制字是 32 位的，但为了方便实验验证，把高于 17 和低于 10 的输入位分别预先设置成 0 或 1。

频率控制字 B[31..0]与由 DAC[9..0]驱动的 DAC 的正弦信号频率的关系是：

$$f_{\text{out}}=\frac{\text{B[31..0]}}{2^{32}}\cdot f_{\text{clk}} \tag{6-11}$$

这可以由式（6-9）算出。式（6-11）中，f_{out}为 DAC 输出的正弦波信号频率；f_{clk}是 CLK 的时钟频率，直接输入是 20MHz，接入锁相环后可达到更高频率。频率上限要看 DAC 的速度。如果接高速的 DAC，如 10 位的 DAC900（附录系统部分模块包含），输出上限速度可达 180MHz。但应该注意，DAC900 需要一个与数据输入频率相同的工作时钟驱动，这就是图 6-51 中的 DAC_CLK。它用于作为外部 DAC 的工作时钟。

（5）DAC 驱动数据口 DAC[9..0]。如果外部 DAC 是 DAC0832，只需将 DAC[9..2]输出给 0832 即可，信号频率算法不变，而且要注意 0832 的速度只有 1MHz。

习　　题

6-1　如果不使用 MegaWizard Plug-In Manager 工具，如何在自己的设计中调用 LPM 模块？以计数器 lpm_counter 为例，写出调用了该模块的程序，其中参数自定。

6-2　试详细说明，以下三句寄存器数据类型定义语句的含义是什么。

```
reg[1:8] DATA;    Reg DATA[1:8];   Reg[1:8] DATA[1:8]
```

6-3　用 defparam 语句改写例 3-16 调用例 3-15，并设置参数的方式，证明此语句与 parameter 语句具有相同功能。讨论它们的特点和用法上的不同之处。

6-4　调用一个 LPM 宏模块的乘法器，参数与例 6-4 相同。与例 6-4 的乘法器比较，考察它们的逻辑资源利用情况，以及工作速度等指标。

6-5　分别以例 6-6 和例 6-7 的代码形式设计两个相同参数的 RAM 程序，它们是 10

位数据线和 8 位地址线。初始化文件是 mif 格式的正弦波数据文件，即含 1024 个点，每个点 8 位二进制数的一个周期的正弦波波形，设初相位是 0。要求调用 FPGA 内的 RAM 来构建。完成仿真，验证设计的正确性，并比较它们的结构特点、资源利用情况及工作速度。

6-6 修改例 6-6，用 parameter 语句定义例 6-6 中的数据线宽和存储单元的深度的参数，再设计一个顶层文件例化例 6-6。此顶层文件能将参数传入底层模块例 6-6。顶层文件的参数设数据宽度=16，存储深度 msize=1024。

6-7 建立一个原理图顶层设计工程，调用 LPM_RAM，结构参数与习题 6-5 相同，初始化文件是 hex 格式的正弦波数据文件。给出设计的仿真波形。

6-8 以 LPM_ROM 的宏模块形式及例 6-7 的代码形式分别设计一个 ROM 元件，参数是 10 位数据线和 8 位地址线，初始化文件是.dat 格式的正弦波数据文件。给出它们的仿真波形，讨论它们的结构特点。分析此 LPM_ROM 底层的 Verilog 程序的语句表述特点。

6-9 参考 Quartus 的 Help（Contents），详细说明 LPM 元件 altcam、altsyncram、lpm_fifo、lpm_shiftreg 的使用方法，以及其中各参量的含义和设置方法。

实验与设计

6-1 查表式硬件运算器设计

实验原理：对于高速测控系统，影响测控速度最大的因素可能是，在测得必要的数据并经过复杂的运算后，才能发出控制指令。因此数据的运算速度决定了此系统的工作速度。为了提高运算速度，可以用多种方法来解决，如高速计算机、纯硬件运算器、ROM 查表式运算器等。用高速计算机属于软件解决方案，用纯硬件运算器属于硬件解决方案，而用 ROM 属于查表式运算解决方案。

实验任务 1：设计一个 4×4 位查表式乘法器。包括创建工程，调用 LPM_ROM 模块，在原理图编辑窗中绘制电路图，全程编译，对设计进行时序仿真，根据仿真波形说明此电路的功能，引脚锁定编译，编程下载于 FPGA 中，进行硬件测试。完成实验报告。

实验任务 2：利用查表完成算法的原理，要求输入 8 位二进制数输出 3 位十进制数，并要求每一位能直接驱动共阴七段数码管显示。完成完整的实验流程。

6-2 正弦信号发生器设计

实验目的：进一步熟悉 Quartus 及其 LPM_ROM 与 FPGA 硬件资源的使用方法。

实验任务 1：实验原理参考本章 6.4 节相关内容。在 Quartus 上完成简易正弦信号发生器设计，包括生成正弦信号波形数据，仿真等。FPGA 中 ROM 的在系统数据读写测试和利用示波器观察。最后完成 EPCSx 配置器件的编程。信号输出的 D/A 使用 DAC0832。

实验任务 2：根据图 6-25 的电路，完成硬件实现，通过 SignalTap II 观察波形。最后在实验系统上实测，包括利用 In-System Sources and Probes Editor 测试。

实验任务 3：设计一任意波形信号发生器，可以使用 LPM 双口 RAM 担任波形数据存储器，利用单片机产生所需要的波形数据，然后输向 FPGA 中的 RAM。

6-3　DDS 正弦信号发生器设计

实验目的：学习利用 DDS 理论，在 FPGA 中实现直接数字频率综合器 DDS 的设计。

实验任务 1：详细叙述 DDS 的工作原理，根据图 6-51 完成整体设计和仿真测试，深入了解其功能，并由仿真结果进一步说明 DDS 的原理。下载后用示波器观察输出波形。若用 SignalTap II 观察波形，注意采样频率的选择。

实验任务 2：在图 6-51 的设计中增加一些元件，设计成扫频信号源，扫频速率、扫频频域、扫频步幅可设置。所有控制可以用单片机完成，如使用 8051 核来完成（参考下一章）。

实验任务 3：利用此电路设计一个 FSK 信号发生器，并硬件实现之。用示波器和 SignalTap II 观察输出波形。

6-4　简易数据采集系统设计

实验原理：图 6-52 是一个 8 通道逻辑数据采集电路，主要由三个功能模块构成：一个 LPM_RAM、一个 10 位计数器 LPM_COUNTER 和一个锁存器 74244。RAM0 是一个 8 位 LPM_RAM，存储 1024 个字节，有 10 根地址线 address[9..0]，它的 data[7..0]和 q[7..0]分别是 8 位数据输入和输出总线口；wren 是写入允许控制，高电平有效；inclock 是数据输入锁存时钟；inclocken 是此时钟的使能控制线，高电平有效。

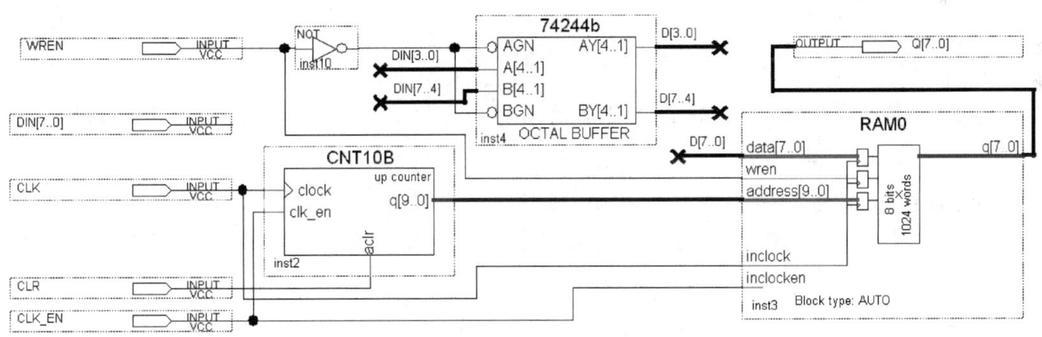

图 6-52　逻辑数据采样电路顶层设计

实验任务 1：完成图 6-52 的完整设计（包括加入锁相环）和仿真，并进行硬件测试。首先根据实验系统的基本情况进行引脚锁定，编译，然后下载。被测的 8 路逻辑信号可以来自实验系统上的时钟信号源。利用 Quartus 的在系统存储器内容编辑器 In-System Memory Content Editor，或使用 Quartus 的 SignalTap II 测试采样的波形数据，或也可使用 In-System Sources and Probes 来显示采样的数据，而且可以利用其 Sources 信号在 FPGA 内部直接控制 WREN 等信号。

实验任务 2：对电路做一些改进，如为不同的触发方式加入一些逻辑控制，则容易将其设计为一个 8 通道，深度 1024 位的逻辑分析仪数据采集系统。

6-5 移相信号发生器设计

实验原理：图 6-53 是基于 DDS 模型的数字移相信号发生器的电路模型图。FWORD 是 10 位频率控制字，控制输出信号的频率；PWORD 是 10 位相移控制字，控制输出信号的相移量；ADDER32B 和 ADDER10B 分别为 32 位和 10 位加法器；SIN_ROM 是存放正弦波数据的 ROM，10 位数据线，10 位地址线，设其中的数据文件是 LUT10X10.mif，可由附录中的软件或用 MATLAB 生成；REG32B 和 REG10B 分别是 32 位和 10 位寄存器；POUT 和 FOUT 分别为 10 位正弦信号输出，可以分别与两个高速 D/A 相接，它们分别输出参考信号和可移相正弦信号。图 6-53 所示的相移信号发生器与图 6-51 的不同之处是多了一个波形数据 ROM，它的地址线没有经过移相用的 10 位加法器，而直接来自相位累加器，所以用于基准正弦信号输出。180MHz 时钟来自锁相环。

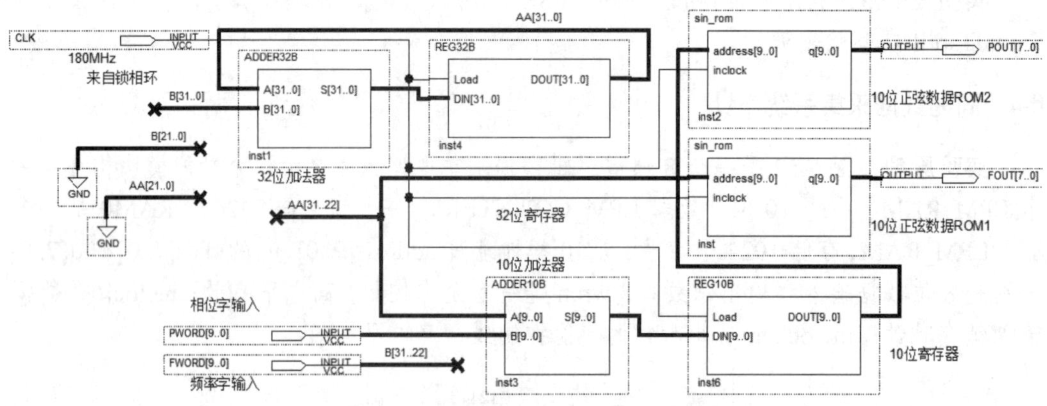

图 6-53 全数字移相信号发生器电路原理图

实验任务：完成 10 位输出数据宽度的移相信号发生器的设计，要求使用锁相环，设计正弦波形数据 mif 文件；给出仿真波形；最后进行硬件测试。

思考题 1：如果频率控制字宽度是 32 位，相位控制字宽度是 10 位，输出 10 位，时钟为 60MHz。计算频率、相位和幅度三者分别的步进精度是多少，给出输出频率的上下限。

思考题 2：给出基于此项设计的李萨如图信号发生器的设计方案。

6-6 16 位×16 位高速硬件乘法器设计

实验目的：用移位累加方法设计一个 16 位×16 位高速硬件乘法器。

实验原理：原理如图 6-54 所示。将两个操作数分别以串行和并行模式输入到乘法器的输入端，用串行输入操作数的每一位依次去乘并行输入的操作数，每次的结果称之为部分积，将每次相乘得到的部分积加到累加器里，形成部分和，部分和在与下一个部分积相加前要进行移位操作。按照这种传统的移位累加乘法器实现的原理，对于两个操作数位宽都为 N 位，其积最高为 2N 位。于是这种乘法器需要移位加两步运算才能得到一个部分和，因此整个运算需要 2N 个操作周期。

若对图 6-54 的算法作改进，改进后的乘法原理如图 6-55 所示，乘法器将串行操作数存于寄存器 A 中，并行操作数存于寄存器 B 中，部分和存于寄存器 S 中，这三个寄存器位宽都为 N，另外设置一个一位的寄存器 C，用以存放临时进位。

根据图 6-55，运算中，首先将寄存器 S 清 0，部分积由 A[0]决定（或先将寄存器 S 清 0，部分积由 A[0]决定（或者为 0，或者为 B），将位宽都为 N 的部分积和寄存器 S 中的值输入到一个 N 位的加法器中求和，结果（包括一位进位）与 A[N-1..1]合并在一起形成 2N 位的部分和，然后将这 2N 位部分和的高 N 位送到寄存器 S 中，低 N 位送到寄存器 A 中继续进行运算，直到 N 个周期为止。这样，这个运算只需要一个 N 位的加法器，N 个时钟周期就可完成。

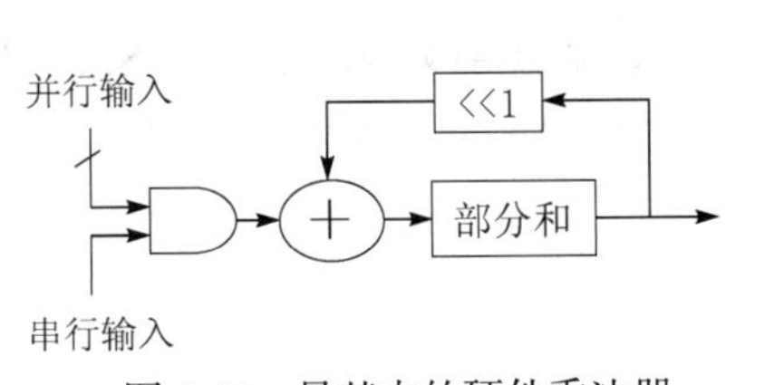

图 6-54　最基本的硬件乘法器

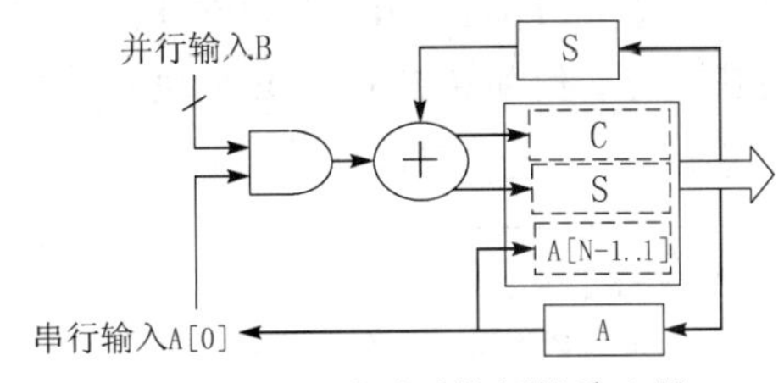

图 6-55　改进后的硬件乘法器

实验任务 1： 试根据图 6-54 的乘法原理设计一个 16 位×16 位的乘法器，给出对应的 Verilog 程序，对此项设计进行仿真验证，给出仿真波形。

实验任务 2： 根据图 6-55 的乘法原理设计一个新的 16 位×16 位的乘法器，对此项设计进行仿真验证，给出仿真波形。就运行速度，与实验任务 1 的设计进行比较。

6-7　乐曲硬件演奏电路设计

实验目的： 学习设计硬件乐曲演奏电路以及相关的控制电路。

实验原理： 硬件乐曲演奏电路顶层模块图如图 6-56 所示。其中由 6 个子模块构成。与利用微处理器（CPU 或 MCU）来实现乐曲演奏相比，以纯硬件完成乐曲演奏电路的逻辑要复杂一些。本实验设计项目是“梁祝”乐曲演奏电路的实现。

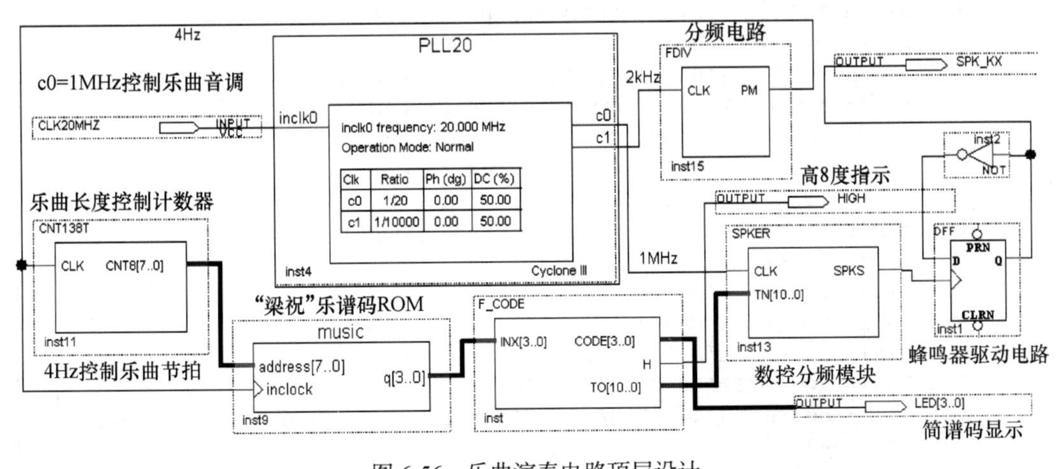

图 6-56　乐曲演奏电路顶层设计

组成乐曲的每个音符的发音频率值及其持续的时间是乐曲能连续演奏所需的两个基本要素。问题是如何来获取这两个要素所对应的数值以及通过纯硬件的手段来利用这些数值实现所希望乐曲的演奏效果。下面首先从几个方面来了解图 6-56 的工作原理。

（1）音符的频率可以由图 6-56 中的 SPKER 获得，对应的程序是例 6-9。这是一个用作分频器的可预置计数器。由其CLK 端输入一具有较高频率(1MHz)的时钟，通过 SPKER 分频后，经由 D 触发器构成的分频电路，由 SPK_KX 口输出。由于直接从分频器中出来的输出信号是脉宽极窄的信号，为了有利于驱动扬声器，需另加一个 D 触发器分频以均衡其占空比，但这时的频率将是原来的 1/2。SPKER 对 CLK 输入信号的分频比由输入的 11 位预置数 TN[10..0]决定。SPK_KX 的输出频率将决定每一音符的音调；这样，分频计数器的预置值 TN[10..0]与输出频率就有了对应关系，而输出的频率又与音乐音符的发声有对应关系，例如在 F_CODE 模块（例 6-10）中若取 TN[10..0]=11'H40C，将由 SPK_KX 发出音符为“3”音的信号频率。详细对应关系可参考图 6-57 的电子琴音阶基频对照图。

【例 6-9】

```
module SPKER (CLK, TN, SPKS);
 input CLK;  input[10:0] TN;  output SPKS;
 reg SPKS;  reg[10:0] CNT11;
 always @(posedge CLK)   begin : CNT11B_LOAD //11 位可预置计数器
     if (CNT11==11'h7FF)  begin  CNT11=TN;  SPKS<=1'b1;   end
      else  begin   CNT11=CNT11+1;  SPKS<=1'b0;    end     end
endmodule
```

【例 6-10】

```
module F_CODE (INX, CODE, H, TO);
  input[3:0] INX; output[3:0] CODE; output H; output[10:0] TO;
  reg[10:0] TO;   reg[3:0] CODE;   reg H;
  always @(INX)   begin
  case (INX)         // 译码电路，查表方式，控制音调的预置
   0 : begin TO <= 11'H7FF; CODE<=0; H<=0; end
   1 : begin TO <= 11'H305; CODE<=1; H<=0; end
   2 : begin TO <= 11'H390; CODE<=2; H<=0; end
   3 : begin TO <= 11'H40C; CODE<=3; H<=0; end
   4 : begin TO <= 11'H45C; CODE<=4; H<=0; end
   5 : begin TO <= 11'H4AD; CODE<=5; H<=0; end
   6 : begin TO <= 11'H50A; CODE<=6; H<=0; end
   7 : begin TO <= 11'H55C; CODE<=7; H<=0; end
   8 : begin TO <= 11'H582; CODE<=1; H<=1; end
   9 : begin TO <= 11'H5C8; CODE<=2; H<=1; end
  10 : begin TO <= 11'H606; CODE<=3; H<=1; end
  11 : begin TO <= 11'H640; CODE<=4; H<=1; end
  12 : begin TO <= 11'H656; CODE<=5; H<=1; end
  13 : begin TO <= 11'H684; CODE<=6; H<=1; end
  14 : begin TO <= 11'H69A; CODE<=7; H<=1; end
  15 : begin TO <= 11'H6C0; CODE<=1; H<=1; end
   default : begin TO <= 11'H6C0; CODE<=1; H<=1;    end
  endcase    end
endmodule
```

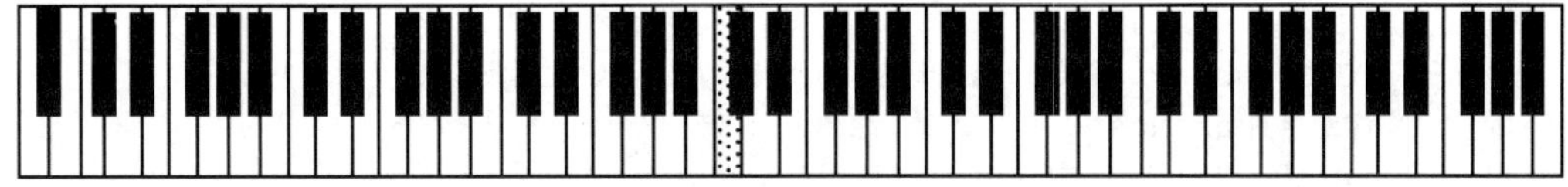

图 6-57　电子琴音阶基频对照图（单位 Hz）

（2）音符的持续时间需根据乐曲的速度及每个音符的节拍数来确定，图 6-56 中模块 F_CODE 的功能首先是为模块 SPKER（11 位分频器）提供决定所发音符的分频预置数，而此数在 SPKER 输入口停留的时间即为此音符的节拍周期。模块 F_CODE 是乐曲简谱码对应的分频预置数查表电路，程序例 6-10 中的数据是根据图 6-57 得到的，程序中设置了“梁祝”乐曲全部音符所对应的分频预置数，共 14 个，每一音符的停留时间则由音乐节拍和音调发生查表模块 MUSIC 中简谱码和工作时钟 inclock 的频率决定，在此为 4Hz。这 4Hz 频率来自分频模块 FDIV（例 6-11）。模块 MUSIC 是一个 LPM_ROM，它的输入频率来自锁相环 PLL20 的 2kHz 输出频率。而模块 F_CODE 的 14 个值的输出由对应于 MUSIC 模块输出的 q[3..0]及 4 位输入值 INX[3..0]确定，而 INX[3..0]最多有 16 种可选值。输向模块 F_CODE 中 INX[3..0]的值在 SPKER 中对应的输出频率值与持续的时间由模块 MUSIC 决定。

（3）模块 CNT138T 是一个 8 位二进制计数器，内部设置计数最大值为 139（例 6-12），作为音符数据 ROM 的地址发生器。这个计数器的计数频率为 4Hz。即每一计数值的停留时间为 0.25 秒，恰为当全音符设为 1 秒时，四四拍的 4 分音符持续时间。例如，“梁祝”乐曲的第一个音符为“3”，此音在逻辑中停留了 4 个时钟节拍，即 1 秒时间，相应地，所对应的“3”音符分频预置值为 11'H40C，在 SPKER 的输入端停留了 1 秒。随着计数器 CNT138T 按 4Hz 的时钟速率作加法计数时，即随地址值递增时，音符数据 ROM 模块 MUSIC 中的音符数据将从 ROM 中通过 q[3..0]端口输向 F_CODE 模块，“梁祝”乐曲就开始连续自然地演奏起来了。CNT138T 的节拍是 139，正好等于 ROM 中的简谱码数，所以可以确保循环演奏。对于其他乐曲，此计数最大值要根据情况更改。

实验任务 1： 定制音符数据 ROM MUSIC。该 ROM 中对应“梁祝”乐曲的音符数据已列于例 6-13 中。注意该例数据表中的数据位宽、深度和数据的表达类型。此外，为了节省篇幅，例中的数据都横排了，实际程序中必须以每一分号为一行来展开。最后对该 ROM 进行仿真，确认例 6-13 中的音符数据已经进入 ROM 中。图 6-58 是利用 Quartus

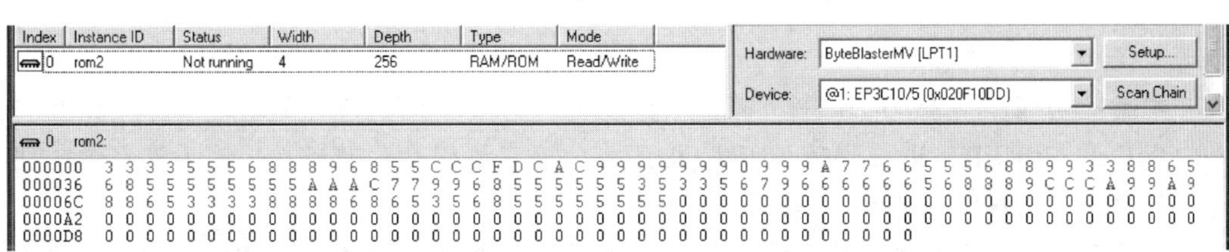

图 6-58　In-System Memory Content Editor 对 MUSIC 模块的数据读取

的在系统存储器读写编辑器（In-System Memory Content Editor）读取 EP4CE55 核心板上 MUSIC ROM 中的数据，请与例 6-13 的数据比较。

【例 6-11】

```
module FDIV  (CLK,PM);
  input CLK;  output PM;  reg[8:0] Q1;  reg FULL;  wire RST;
    always @(posedge CLK or posedge RST) begin
        if (RST) begin Q1<=0; FULL<=1; end
          else  begin Q1 <= Q1+1; FULL<=0;  end   end
     assign RST = (Q1==499); assign PM = FULL;
     assign DOUT = Q1;
endmodule
```

【例 6-12】

```
module CNT138T (CLK, CNT8);
    input CLK;   output[7:0] CNT8;   reg[7:0] CNT;   wire LD;
    always @(posedge CLK or posedge LD)   begin
      if (LD) CNT <= 8'b00000000;  else   CNT<=CNT+1;   end
    assign CNT8=CNT;   assign LD=(CNT==138);
endmodule
```

【例 6-13】

```
WIDTH = 4;                 //“梁祝”乐曲演奏数据
DEPTH = 256 ;              //实际深度 139
ADDRESS_RADIX = DEC ; //地址数据类是十进制
DATA_RADIX = DEC ;         //输出数据的类型也是十进制
CONTENT  BEGIN             //注意实用文件中要展开以下数据，每一组占一行
00: 3; 01: 3; 02: 3; 03: 3; 04: 5;  05: 5; 06: 5; 07: 6; 08: 8; 09: 8;
10: 8; 11: 9; 12: 6; 13: 8; 14: 5;  15: 5; 16:12; 17: 12;18: 12;19:15;
20:13; 21:12; 22:10; 23:12; 24: 9;  25: 9; 26: 9; 27: 9; 28: 9; 29: 9;
30: 9; 31: 0; 32: 9; 33: 9; 34: 9;  35:10; 36: 7; 37: 7; 38: 6; 39: 6;
40: 5; 41: 5; 42: 5; 43: 6; 44: 8;  45: 8; 46: 9; 47: 9; 48: 3; 49: 3;
50: 8; 51: 8; 52: 6; 53: 5; 54: 6;  55: 8; 56: 5; 57: 5; 58: 5; 59: 5;
60: 5; 61: 5; 62: 5; 63: 5; 64:10;  65:10; 66:10; 67:12; 68: 7; 69: 7;
70: 9; 71: 9; 72: 6; 73: 8; 74: 5;  75: 5; 76: 5; 77: 5; 78: 5; 79: 5;
80: 3; 81: 5; 82: 3; 83: 3; 84: 5;  85: 6; 86: 7; 87: 9; 88: 6; 89: 6;
90: 6; 91: 6; 92: 6; 93: 6; 94: 5;  95: 6; 96: 8; 97: 8; 98: 8; 99: 9;
100:12;101:12;102:12;103:10;104:9;  105: 9;106:10;107: 9;108: 8;109: 8;
110:6; 111:5; 112: 3;113:3; 114:3;  115: 3;116: 8;117: 8;118: 8;119: 8;
120:6; 121:8; 122: 6;123:5; 124:3;  125: 5;126: 6;127: 8;128: 5;129: 5;
130:5; 131:5; 132: 5;133:5; 134:5;  135: 5;136: 0;137: 0;138: 0;
END;
```

实验任务 2：对图 6-56 中所有模块分别进行仿真测试，特别是通过联合测试模块 F_CODE 和 SPKER，进一步确认 F_CODE 中的音符预置数的精确性，因为这些数据决定了音准。可以根据图 6-57 的数据进行核对。

实验任务 3：完成系统仿真调试和硬件验证。演奏发音输出口是 SPK_KX，与演奏发音相对应的简谱码输出显示可由 LED[3:0]输出在数码管上显示；HIGH 为高八度音指

示，可由发光管指示。

实验任务 4：在模块 MUSIC 填入新的乐曲。针对新乐曲的曲长和节拍情况改变模块 CNT138T 的计数长度（注意，一个计数值就是一个 1/4 拍）。

实验任务 5：争取可以在一个 ROM 装上多首歌曲，可手动或自动选择歌曲。

实验任务 6：根据此项实验设计一个电子琴，有 16 个键，用 4×4 键盘。

实验任务 7：为以上的电子琴增加一至两个 RAM，用以记录弹琴时的节拍、音符和对应的分频预置数。当演奏乐曲后，通过控制功能可以自动重播曾经弹奏的乐曲。

实验报告：用仿真波形和电路原理图，详细叙述硬件电子琴的工作原理及其五个模块的功能，叙述硬件实验情况。

第 7 章　MCU 与 FPGA 片上系统开发

尽管单片机（MCU）为其开发人员展示了诸多实用技术和功能优势，如指令功能丰富，扩展方法多样，端口控制灵活等。但不难发现，有些十分重要的问题始终未能涉及，即高速处理能力、高速多目标控制能力和高速串行通信能力等问题，而这正是现代电子设计技术中必须面对的非常重要和实际的问题。显然，仅凭单片机的这些传统功能和接口技术已经远远不能应付这些问题了。

通常的解决方案可以有两种选择：第一个方案是针对不同的功能指标要求，选择不同的单片机。例如，若需对高速的 ADC 或 DAC 进行控制，可以选择含有特定接口功能的单片机或 DSP 处理器；若需对步进电机进行细分控制，则可选择用于电机控制的专用 DSP 处理器；若需实现数字调制信号的发生和控制，则可为单片机扩展特定的 DDS 专用器件，等等。然而容易发现，这一途径的最大缺陷在于，对于系统设计指标和功能要求，必须找到对应的处理器和扩展模块，而且对于开发者来说，自主设计和选择的余地很小。第二个方案就是为单片机扩展一片 FPGA，或是干脆使用单片机 IP 核构建单片 FPGA 的 SOC 系统。这从任何一个角度，包括功能、速度、成本、技术指标、灵活性、开发效率、系统升级可行性等，都无疑是上佳的选择，而且还是一个一揽子解决方案（特别是后一项选择）。这一方案的实用领域正随着 FPGA 开发技术的深入推广而迅速扩大。一个很好的例证就是多届全国大学生电子设计竞赛中的许多成功的设计项目都使用了这一方案。

本章主要介绍单片机与 FPGA 的接口技术及基于单片机核的 SOC 应用技术。

7.1　FPGA 扩展 MCU 开发技术

为了实现某些特定设计任务，不难发现，仅仅利用单片机和专用电路模块已难以完成。以数据采集为例，如果任务是对具有一定变化率的信号进行采集，必须使用转换率为 50MHz 的 ADC，例如使用了 TI 的 8 位并行 ADC 5540。此 ADC 的上限频率可达 50MHz，对应每个点的采样周期是 20ns，如果每一次操作必须连续采样并存储数十个数据，显然，目前很难找到能直接胜任如此高速操作控制行为的单片机，更不用说对串行高速 ADC 进行采样控制的单片机了。然而就目前许多项目的设计指标看，这个采样速率并不算很高，而且类似的高速处理与控制的任务还很多。

对于此项任务的一个好的解决方案就是如图 7-1 所示，由单片机通过 FPGA 间接控制高速 ADC 的采样和数据存储。由于 FPGA 的并行工作频率可达数百兆赫，可以首先由 FPGA 接收单片机的命令后，直接控制 ADC 进行数据采样，并将获得的数据存入 FPGA

中的高速 RAM 中。当完成一个或多个周期的采样任务后，由单片机将 RAM 中的数据全部读入单片机中进行计算、分析和结果显示。

基于 FPGA 扩展方案的单片机应用技术可以通过两种途径来实现：

（1）一种是如图 7-1 所示那样，FPGA 作为一个扩展模块直接与普通单片机接口，单片机通过 FPGA 间接控制专用器件或直接利用其实现特定功能。

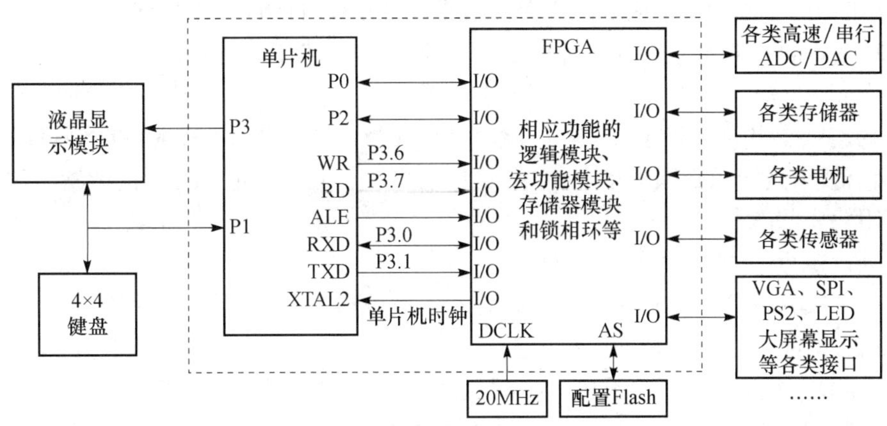

图 7-1　FPGA 与单片机的扩展系统设计模型图

（2）另一种途径是利用单片机 IP 软核，将所有软硬件控制模块都放在单片 FPGA 中，实现所谓 SOC 的单片系统设计，这里称之为基于单片机 IP 软核的 SOC 设计方案，或简称为单片 FPGA 系统方案。这是一个更具优势和发展前景的设计方案。

7.1.1　FPGA 扩展方案及其系统设计技术

对于 51 系列单片机，图 7-1 的接口示意图是一个比较典型、实用和具有一般意义的电路模型。这个电路的特点是，除了显示和键盘，单片机不与其他任何控制目标或专用模块相接口，单片机的所有控制和功能实现的任务都通过 FPGA 间接完成。

针对图 7-1 的接口方式，以下将涉及不同方面的技术问题分别给予叙述。

1．单片机与 FPGA 的口线连接

图 7-1 中所示的单片机与 FPGA 的口线连接方式只是一种比较常用的选项，并不必严格拘泥于同一模式。在图 7-1 中，P0 和 P2 两个 8 位口完整与 FPGA 的 I/O 口相连。P0 和 P2 口的任务可以通过两种方式来完成：

（1）直接通信和控制的方式。即 P0 口作为数据或命令码的通信口，P2 作为控制口，包括状态信号回读的通道、数据寄存器选通、数据或命令的锁存信号发生等。

（2）总线数据交换方式。这时必须结合 P3.6、P3.7 和 ALE 端口；P2 口输出高位地址线，P0 口作数据线并兼低 8 位地址线输出口。如果控制对象和数据量都有限，则仅需 P0 口外加 P3.6、P3.7 和 ALE 端口，即可实现全部的数据和命令的通信任务。

图 7-1 中，P3.0 和 P3.1 也与 FPGA 接口的目的主要是可以通过 FPGA 中构建的串/并和并/串转换模块实现更多位的数据端口扩展，但是如果希望单片机通过 RS232 通信方式与 PC 进行串行通信，则 P3.0 和 P3.1 就不必与 FPGA 接口了。有的单片机含 SPI 接口，

也可利用此口与 FPGA 通信。

如果按照图 7-1 的方式由 FPGA 为单片机提供工作时钟，则不但可以省去一个晶体振荡器，更重要的是，FPGA 根据单片机不同的需要可提供不同频率的工作时钟。例如在双工串行通信时，为了获得特定的波特率，单片机可以选择 FPGA 中的锁相环为自己提供指定频率的工作时钟，如 11.0592MHz 等；而当需要快速计算时则可将工作时钟切换到 24MHz 或者高频率上去。如果单片机是 40Pin 双列直插封装的 89S51 系列单片机，来自 FPGA 时钟信号可直接与单片机的第 19 脚相连，第 18 脚空置。

考虑到 FPGA 和单片机的 I/O 口电平的不一致，以及可能的端口闲置情况（闲置端口如果相连可能出现“线与”现象），除时钟口线外（单片机与 FPGA 的时钟可以直接相连），所有接口连线都必须串接上 300Ω 的限流电阻，同时设定 FPGA 的闲置不用 I/O 口都呈高阻输入状态。

2．FPGA 测控对象的接口安排

由于 FPGA 可以很方便地处理并行任务，故可如图 7-1 中所示的那样并行接上所有需要的测控对象。以下分别加以讨论。

（1）ADC 采样控制。由于良好的高速性能，FPGA 与高速 ADC 接口十分常见，并行或串行接口都相同。在 FPGA 中，可以使用状态机（第 10 章介绍）的形式来控制 ADC 的采样，并实时地将每一采样周期获得的数据及时地存入 FPGA 内部的 RAM 中，在适当的时候由单片机读取处理。考虑到接口通道的高速性质，为了更好地匹配传输特性阻抗，减少高频谐波信号反射波的干扰，应于每一通道线都串接一个小电阻，信号的频率越高，阻值应越小。大致可取 20Ω 至 100Ω，它们分别对应 100MHz 至 20MHz 工作频率。此外要求通道连线尽可能短，电阻的物理尺寸尽可能小，如用 0603 或更小封装的电阻。

（2）DAC 信号输出控制。FPGA 控制高速 DAC 的优势不仅在于能提供高速的数据信号，更重要的是能为每个通道提供不同规模的高速波形数据 ROM。例如若使用 BB 公司的 10 位并行接口 DAC：DAC900（其转换速率上限可达 180MHz），来实现 DDS 函数信号发生器的其中一个通道，其波形 ROM 的大小将不会小于 4096×10 位。

此外，DAC 与 FPGA 的连接线路的处理方法也与以上 ADC 情况相同。

（3）存储器接口。与 FPGA 接口的存储器主要有两类，一类是串行存储器，另一类是大规模的 SRAM 或 SDRAM 等动态存储器（在 FPGA 中可利用动态 RAM 控制模块），通常可作彩色液晶显示器、VGA 显示器的缓存，或作为软核处理器的内存。

（4）直流电机控制。FPGA 必须通过一个驱动电路控制电机。对于转速的测定有多种方法，如光电法、光栅法、模数转换法等。FPGA 的功能模块主要包括 PWM 转速控制模块、电机转速测定模块、转速信号毛刺排除模块、闭环控制模块等。

（5）步进电机控制。FPGA 控制步进电机的优势是可以并行产生多通道的 SPWM，通过对它们之间的不同相位的控制，实现步进电机的细分驱动控制。

（6）显示控制。利用图 7-1 的电路能十分容易地实现 VGA 显示器、彩色液晶显示器或 LED 显示屏的显示控制。因为这些控制都涉及高速扫描、高速数据传输和高速大容量显示缓存的应用。所有这些工作离开了 FPGA，普通单片机都无法办到。

（7）其他。事实上也有一些单片机，包括 ARM 单片机或 DSP 处理器，本身就带有 SPI 接口，或 SPWM 端口，或彩色液晶显示控制口，或特定 ADC 采样控制口，或干脆本身就含有 ADC 和 DAC；但在更多的情况中，并不能取代图 7-1 的电路方案。因为仅仅几项特定的功能端口远不能满足目前许多实用智能化控制系统的需求或临时的功能或指标要求的变化，许多测控系统需要同时测控多个对象。例如，需要同时利用不同的传感器获得外部的图像、温度、位移、方向，甚至位置（通过 GPS）等信息，并据此给出适当的控制，包括对不同类型电机的控制，同时及时显示相关的内容。在实际应用领域，单片机系统绝不可能只需孤立地面对一两个简单的测控对象。因此，这种扩展了 FPGA 的，具有综合测控功能和随时适应技术指标和功能要求不断变化的单片机系统拥有更广阔的实用空间。

（8）图 7-1 中为 FPGA 提供的时钟模块建议选择 20MHz 有源晶振。以本章实验示例中用到的 FPGA 为例，示例选择的是 Cyclone 4EI 系列 FPGA EP4CE55，它内部含有四个嵌入式锁相环，每个锁相环可以同时提供五个不同的时钟输出，倍频范围是 2kHz 至 1300MHz。这个时钟频率范围可以适用于几乎所有测控对象和 FPGA 内部功能模块的工作时钟的需要。图 7-1 中的配置 Flash 是为 FPGA 提供配置文件的存储器。

3．单片机与液晶显示及键盘的接口

图 7-1 中，除了与 FPGA 的接口外，单片机的其余接口比较简单。P1 口的任务有二，即作为液晶显示器的 8 位数据通道和 4×4 键盘的接口。P3 口的部分端口则作为液晶显示控制线，通常需要三至四根口线。如果项目涉及外部中断，则可选择非中断端口控制液晶，而将外中断请求信号端口与 FPGA 相连。此外，一般不考虑用单片机对外计数或中断请求。因为在 FPGA 中能设计出比单片机中的定时/计数器功能更强大、使用更方便、精度更好的定时计数模块。

如果需要考虑提高单片机工作的可靠性，可以在 FPGA 中增加一个看门狗计数器，这个计数器的清 0 端可以由来自单片机其他端口的信息经译码后输出控制，而此计数器的溢出端可与单片机的外部复位端相连。这样就能构成一个可靠的看门狗测控系统。

除了 51 系列单片机外，图 7-1 中的单片机也可根据设计项目的具体技术指标要求选择其他系列的单片机，如 Microchip 公司、Motorola 公司或 Zilog 公司的单片机。

4．设计步骤与流程

传统单片机应用系统的开发，包括扩展模块的应用，从本质上说都不存在“硬件设计”的概念。因为包括单片机和扩展电路，都是现成的集成电路，它们的引脚、功能、时序性能都是预先确定或本身包含的。整个单片机的硬件系统只是一些包含既定功能的电路器件按照各自的接口方式连接起来而已，而真正谈得上“设计”的内容仅为单片机软件的设计与调试。因此传统单片机系统的开发的核心任务主要集中在软件开发上，即使仿真调试也仅仅是围绕基于软件对 CPU 和接口硬件模块工作行为控制的测试。

然而以 FPGA 作为单片机主要扩展模块的系统设计方案与传统单片机系统开发有很大的不同。这是因为这个系统的开发包括基于 FPGA 的硬件设计与时序功能的测试，基于单片机的软件设计和仿真调试，以及软硬件综合构建和调试，其主要步骤如下：

（1）硬件模块设计。根据设计对象的技术指标和设计方案，首先完成扩展 FPGA 中的功能模块的设计，并对其进行时序仿真和硬件测试。即首先完成“硬件设计”任务。利用时序仿真工具和其他测试工具确保此硬件功能模块工作性能的可靠无误。

（2）控制功能检测。以 ADC 控制为例，若某项设计要求 FPGA 控制一个高速 ADC，则必须首先设计 FPGA 中对此 ADC 能有效控制的硬件电路模块（可能是一个状态机），然后对此模块进行时序仿真测试，通过后，还要利用 FPGA 的一些开发测试工具测试此模块对 ADC 控制的可行性，而所有这些工作是在没有单片机控制的条件下完成的。

（3）单片机软件设计。在步骤（2）完成后，一定有一张（或数张）关于此模块时序性能的仿真波形图，此波形图一定也包含了此模块对 FPGA 右侧接口电路（如 ADC）的控制时序。这时，此仿真时序波形图就是这个基于 FPGA 的硬件模块的“使用说明书”，因此这也就是单片机控制此模块的软件程序的设计依据，即根据此模块与单片机接口信号的时序性能，便能方便地设计出控制此模块及面向最终控制对象（如 ADC）的程序。当然单片机程序还应包括键盘和显示的控制。

（4）软硬件统调。将单片机与 FPGA 中的功能模块联合起来调试，也可将对外部电路模块，如 ADC、电机、传感器等的控制也考察在内，使单片机软件、FPGA 中的硬件模块和控制对象三者能协调工作。

（5）优化软硬件功能结构。在许多情况下，软硬件工作是可以互为替代的。例如某项计算工作，可以用单片机的软件完成，也可利用 FPGA 中的硬件资源实现。因此最后的设计方案应根据设计项目的性能指标、成本、功耗、速度、可靠性等要求，综合权衡后确定软件和硬件承担的工作和功能，使设计项目中的软硬件工作得最协调完美。

7.1.2 基于单片机 IP 软核的 SOC 设计方案

如果将图 7-1 虚线框中的所有内容都集成于一片大规模 FPGA 中，就能构成一个单片系统，或可称片上系统（SOC）。

图 7-2 就是一个较简单的片上系统，这是单片机系统构建的另一个设计方案，即 SOC 方案。基于这个设计方案的 FPGA 中包含了一个单片机 CPU 软核、多个不同类型和用途的存储器以及存储器控制模块、一个能提供不同功能操作和通信接口的宏功能模块、硬件算法模块等，以及数个能提供不同时钟源的锁相环。其开发特点是首先设计和构建硬件环境，包括 CPU 硬件工作平台，然后对其进行硬件测试与仿真，最后是针对单片机 CPU 核的工作完成软件设计与调试。

图 7-2 中的单片机 CPU 核的地位也可以由其他处理器代替，只要有对应的处理器软/硬核，如可以是一个 51 单片机核，也可以是其他类型单片机核，或是自制的 CPU（如第 11 章介绍的 CPU），或是 8088 等处理器，甚至是功能更强大的 ARM 处理器。

1．基于 FPGA 的 SOC 特点

SOC 片上系统的特点就是在一个单片集成电路模块中（这里主要指 FPGA）包含一个或多个处理器软核或硬核，所有必需的存储器，以及各种功能模块、控制模块、通信模块和接口模块。片上系统是一个软硬件有机结合的综合系统模块。

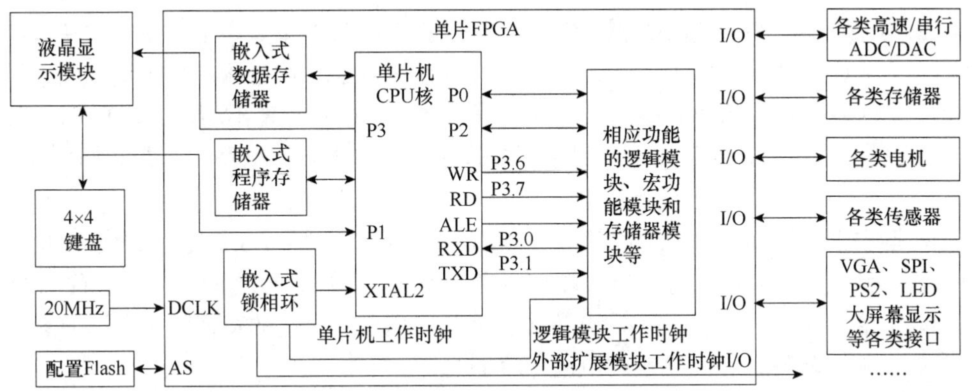

图 7-2　单片 FPGA 的 SOC 系统模块图

相对于普通的单片机系统，也包括图 7-1 所示的系统，即使诸如图 7-2 所示的简单的片上系统也具备许多明显的优势：

（1）良好的抗干扰性能。由于所有功能模块都被集成于一面积极小的集成电路芯片中，当其被焊接于具有良好抗干扰措施的 PCB 上后，其抗干扰能力将大幅提升。

（2）良好的速度性能。由于高集成度，FPGA 内各模块间的距离大幅减小，所有模块（包括单片机）间的连线都在 FPGA 内部完成，外部接线大为减少，信号传输的速度自然就能大幅提高。此外又由于 FPGA 本身的高速性能，使得置于其内的单片机核的工作速度也大幅度提高。以 Cyclone 4E FPGA 为例，图 7-2 中的 8051 单片机核的工作钟频率最高可超过 200MHz！然而通常的 51 系列单片机的时钟主频仅 12MHz 左右。

（3）开发效率高。当所有模块都集成于同一片 FPGA 中后，不仅可以使用同一类开发工具（如 Quartus）对任何一个模块进行设计，包括对 CPU 进行软硬件综合开发和调试，而且可以方便地调用各种功能强大的工具（如 SignalTap II、In-System Memory Content Editor 等）测试并了解任何一个模块内或模块间的数据和控制信号的流动情况，从而极大提高了系统开发的效率和系统工作性能。这在传统的单片机开发中是绝对无法实现的。

（4）系统升级便捷。由于在 FPGA 单片系统中的所有硬件模块都是由配置文件实现的，所以即使再复杂的模块，包括 CPU 本身的修改或设计都能通过配置文件的更新而瞬间完成，这种重构特性也是普通单片机系统无法办到的。此外 SOC 单片系统还有体积小、功耗低、成本低、最终设计成为 ASIC 器件容易等优点。

若在图 7-2 中使用第 11 章介绍的自主设计的 KX9016 CPU，其硬件结构的可裁剪性，为特定开发目标而量身定做的便利性，以及为特定功能的实现引入专用模块（如 DSP 模块）和基于 S2H 的硬件指令订制的可行性，都突出了图 7-2 的 SOC 方案的巨大优势。

2．基于单片机核的 FPGA 片上系统开发

由于在图 7-1 和图 7-2 的电路系统结构中的单片机都采用了 51 系列单片机 CPU，因此，这两个电路系统的设计方法类似，功能与扩展方法也基本相同，只是技术指标等项目有所不同；此外，开发流程也比较规范和高效。图 7-2 系统的开发主要集中在 FPGA 中进行，所以开发与调试工具也能较方便地借助先进的 EDA 开发工具来完成。图 7-2 系统外围接口电路上需要注意的地方与图 7-1 相同，应重点关注以下几个方面：

（1）电平匹配。由于 FPGA 的 I/O 端口电平最高是 3.3V，如果接口模块的端口电平（如 TTL 5V 电平）高于此电平，并且呈向 FPGA 输入状态，则必须串接限流电阻，阻值不应大于 500Ω，且视信号频率高低选择阻值。通常，最高频率不超过 5MHz 时，可取 300Ω的阻值。对于高速通信的端口尽量不要采用专用电平转换电路，但要注意配备保护电路。

（2）阻抗匹配。对于最高频率高于 30MHz 的端口（包括 VGA 或 PS2 的接口），即使电平能够匹配，也应该考虑在每一端口通道上串接上阻抗匹配电阻（20Ω左右），要求电阻的阻值和物理尺寸都比较小，以使接口电路通道上有合适的特征阻抗，以便衰减谐波，降低反射波功率，提高系统的电磁兼容能力。

（3）注意高速 PCB 板的设计。相对于 FPGA 的端口速度，单片机都可归类为低速器件，单片机的端口速度至少要低两个数量级。因此，若希望保持 FPGA 的稳定工作性能及充分发挥其高速性能，要特别关注 PCB 板的设计，尽量保持 FPGA 的 PCB 板的高速电气性能，对此可参阅相关资料。

（4）键盘与显示接口设计。与图 7-1 不同，图 7-2 中的键盘和液晶显示器是与 FPGA 直接接口的。由于它们都属于慢速器件，故可直接与 FPGA 相接（不必串接电阻）。为了确保对液晶的控制信息中没有回读信号，在软件设计中可以加入适当的延时等待。此外，与 FPGA 接口的键盘口线都必须加上拉电阻（10kΩ），上拉电平是 3.3V。

图 7-2 所示系统开发的大致流程是：

（1）设计规划。根据系统功能和技术指标要求，规划系统结构和软硬件功能分配。与基于单片机的纯软件系统设计不同，FPGA 片上系统设计包含硬件设计和软件设计两个主要部分，这两个部分的控制或实现的功能在许多情况下是可以相互替代、相互渗透的。究竟如何划分，则要根据系统的速度和成本等因素综合考虑。

（2）硬件控制模块设计和仿真。根据测控目标和系统的技术指标，设计功能模块。可以使用原理图方式设计，也可使用硬件描述语言设计，并对模块本身及其对应的测控对象的接口情况进行仿真测试。获得的仿真波形图将成为软件控制时序的依据。

（3）软件运行平台构建。在 FPGA 中调用 8051 核、数据存储器、程序存储器、锁相环。首先构建单片机的最小系统，并测试此系统能否正常运行。

（4）完整硬件系统构建。将 CPU 与功能模块合理接口，确保系统能正常工作。

（5）系统软件设计与调试。设计单片机软件，并实时调试。

基于这个方案的设计步骤与 7.1.1 节给出的方案基本相同。因为尽管已集成于一个单片 FPGA 中了，但仍然涉及硬件设计、软件设计、系统联合设计与综合调试等。

7.2　基于单片机核的 FPGA 片上系统设计

根据图 7-2 基于 FPGA 的片上系统设计方案，本节主要讨论将原本基于图 7-1 电路模型中的所有模块，包括单片机、存储器、控制模块和接口模块等并入于一片 FPGA 中，构建单片 FPGA 的片上系统。以下将以本章所附的一个实验项目作为示例，详细介绍基于单片机核的 SOC 构建与开发流程。这个设计实验项目的完整顶层设计电路如图 7-3 所示，由多个模块构成。以下从五个方面进行介绍。

1．CPU 核及其端口信号

（1）单片机 CPU 核文件。8051 CPU 软核在配接上了程序存储器 ROM 和数据 RAM 后就成为一个完整的 8051 单片机最小系统了。如图 7-3 所示，其中的 CPU8051V1 是 8051 单片机 CPU 核，由 VQM 原码（verilog quartus mapping file）表述：CPU8051V1.vqm，可用例化方式直接调用，也可以将其转化为如图 7-3 所示的原理图元件。该元件可以与其他不同语言表述的元件一同综合与编译，该核指令与标准 8051 指令系统完全兼容，外部总线可以连接 256B 的“内部”RAM 和最大至 64KB 的程序 ROM。

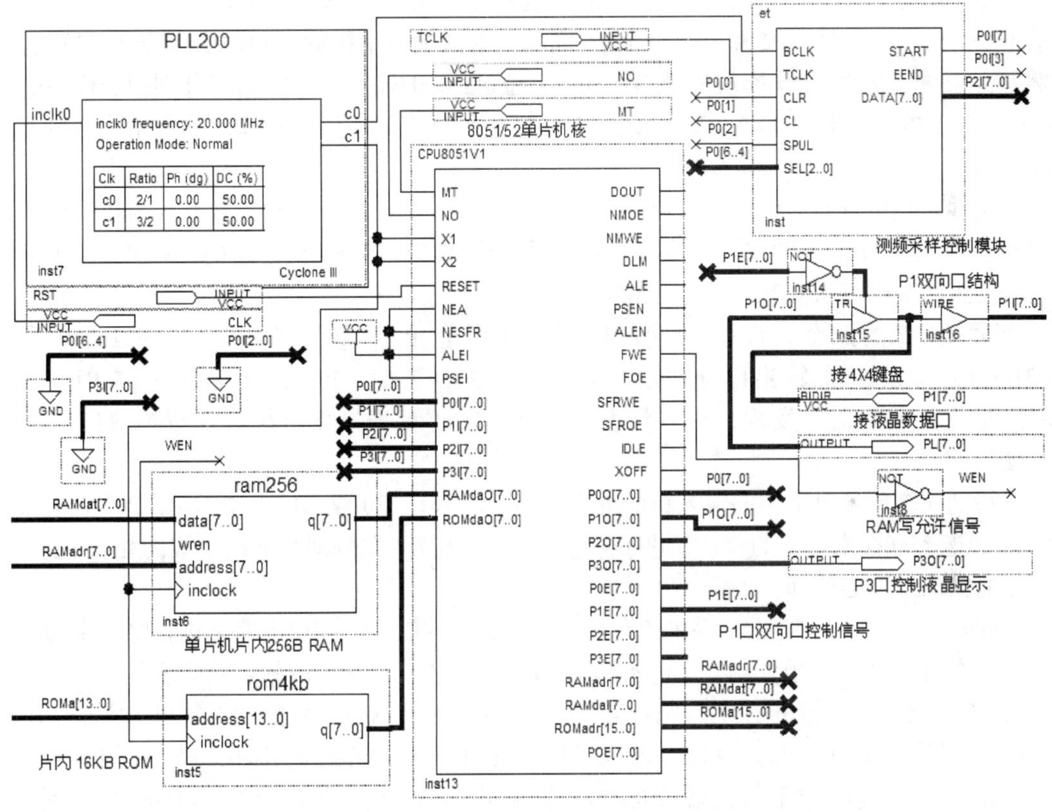

图 7-3　单片机核扩展了测频测脉宽控制脉宽的 FPGA 片上系统电路图

（2）单片机 CPU 核工作时钟。如图 7-3 所示，单片机时钟由端口 X1 和 X2 进入。为了工作的稳定性，建议此单片机时钟可根据其工作情况和实际需要由锁相环提供指定的频率；此例图中给出的频率是 30MHz，此 CPU 主频频率最高不低于 200MHz。

（3）CPU 核常用的控制信号。其中许多控制信号与传统 51 单片机的信号功能兼容，如图中 CPU 模块右侧端口的 ALE、PSEN 等属于外部存储器的控制信号；FWE 是数据存储器（对于普通 51 单片机则是内部 RAM）读允许控制信号，低电平时有效。但应注意，当内部数据 RAM 属于 LPM 库的 LPM_RAM 时，其写允许信号是高电平有效，所以这时 FWE 必须取反后控制 LPM_RAM；而当 FWE 高电平时，LPM_RAM 读允许。另外，此单片机核的复位信号 RESET 是低电平有效。

（4）CPU 核的存储器总线及存储器接口。CPU8051V1 模块的端口 RAMdaO[7..0]、RAMdat[7..0]和 RAMadr[7..0]分别是 256 单元数据 RAM 模块的数据输出、数据输入和地址信号总线接口；CPU8051V1 模块的端口 ROMdaO[7..0]和 ROMadr[15..0]分别是只读程序存储器的数据输出总线端口和地址总线端口。通过这个端口外接的（对于 FPGA 来说是内部的）程序存储器最大可达 64KB。

读者或许已经发现，与传统 51 系列单片机外接大的 ROM 必须以总线控制方式占用 P0 和 P2 口不同，此 CPU 核即使扩展 64KB ROM 也无需占用 P0 和 P2 口的资源。但如果扩展大的数据存储器 RAM，仍然需要 P0 和 P2 构成数据和地址总线。

（5）CPU 核的 I/O 口。与普通 51 单片机一样，此 CPU 核也含有四个 8 位双向输入输出 I/O 口：P0、P1、P2 和 P3 口；所不同的是这些端口是按输入和输出口分开设置的。例如，如图 7-3 的 CPU 模块的端口所示，8 位 P2 口的输入口和输出口分别列于模块的两侧，即 P2I[7..0]和 P2O[7..0]，所以在对端口进行操作时应该注意读写的数据将来自不同的端口。

例如，当执行对 P2 端口写操作指令（如 MOV P2，#5DH）时，被写入的数据将从 CPU 模块右侧的端口 P2O[7..0]输出；而当执行对 P2 端口读操作指令（如 MOV A，P2）时，读入的数据将从 CPU 模块左侧的端口 P2I[7..0]进入。

此 CPU 的四个 I/O 口对应的输入口分别是 P0I[7..0]、P1I[7..0]、P2I[7..0]和 P3I[7..0]；而对应的输出口分别是 P0O[7..0]、P1O[7..0]、P2O[7..0]和 P3O[7..0]。读者通过设计实践后会发现，许多情况下，端口的这种安排比传统单片机纯双向口要方便许多。

特别注意单片机未用的输入口的处理。对于输入口 P0I[7..0]、P1I[7..0]、P2I[7..0]和 P3I[7..0]，若存在未用上的口线，最好将它们接地。图 7-3 左侧即为未用口线的处理电路。不用的输出口不必处理。

此外注意，对于传统 51 系列单片机，由于其特殊的 I/O 端口电路结构，要求作端口读入操作前，须首先向此端口写入 #0FFH 数据，以便使 I/O 口内的场效应管截止，以及要求 P0 口必须有上拉电阻等。然而由于图 7-3 中的单片机核（包括 I/O 端口）完全是用 FPGA 的逻辑结构实现的，因此，其 I/O 口无论在 FPGA 内部还是引向了 FPGA 的外部端口，在软件的读写操作和硬件端口处理上都不必遵循以上谈到的传统单片机的一些规则。

（6）CPU 核双向 I/O 端口构建。如果需要双向端口时，必须利用一些选通模块和控制信号，在 CPU 外部搭建。图 7-3 中 CPU 模块右侧的输出端口 P0E[7..0]、P1E[7..0]、P2E[7..0]和 P3E[7..0]是双向口控制信号输出端口。

注意图 7-3 右侧的一个电路结构即为 P1 口的双向端口构建电路模块。电路中调用了几个辅助元件。其中 TRI 是三态控制门，控制端高电平时允许输出；WIRE 是普通接线，主要用于网络名转换。来自 CPU 的信号 P1E[7..0]是用作三态门控制信号，当执行从 P1 口读入的指令时，P1E[7..0]输出全为高电平，外部数据可以通过双向口 P1[7..0]进入单片机 P1 口的输入口 P1I[7..0]；而当执行向 P1 口写入的指令时，控制信号 P1E[7..0]为低电平，故输出信号 P1O[7..0]的数据能通过三态门从双向口 P1[7..0]输出。

这里 P1 口的双向口构建的目的是通过此口控制外部一个 4×4 键盘阵列，此类键盘的控制涉及读写操作，而且此口还能复用于液晶显示器数据通信。通常，FPGA 板对应的插口只有一个，所以必须将 P1 口再连向另一组 FPGA 的 I/O 口，即端口 PL[7..0]。此口与液晶显示器的 8 位数据口相接。此外，CPU 模块 P3 口的输出端口中的个别口线用于连接外部液晶显示器的控制信号。

2．CPU 核工作存储器

图 7-3 中显示，为单片机核配置的数据存储器是 256B 的 LPM_RAM 单元 ram256。此 RAM 可由内部指令直接访问，显然此 CPU 相当于 8052 CPU，而配置的程序存储器是 16KB 的 LPM_ROM 单元 rom4kb。单片机的程序代码（通常是 HEX 格式）是通过为此程序 ROM 配置初始化文件时选入的。综合后，文件代码将自动被编译配置进 ROM 中。另外，此类存储器都必须加入数据锁存时钟信号，注意图中将其直接与单片机时钟连接。

3．扩展模块

如果图 7-3 中只有一个单片机最小系统模块，无论其多么完整都没有什么实用价值。单片机的功能必须通过其硬件扩展模块才能发挥出来。图 7-3 中的扩展模块 et 是一个频率/脉宽/占空比测试采样控制模块，详细功能在实验 7-1 中介绍。

4．锁相环应用

FPGA 中的锁相环使用方便，功能强大，在基于单片机核的系统设计中，其作用尤为重要。单片机的时钟信号都必须来自锁相环，频率高低可根据实际需要来确定。例如配合延时程序而选择的主频频率，或在串行通信中特定波特率所对应的特定的主频频率等。此外，若需高速运算，则可将时钟频率设得比较高。尽管前面提到最高可大于 200MHz，但为了确保 CPU 工作的稳定性，一般频率不要大于 150MHz。

5．软件设计与调试

一旦完成图 7-3 的所有硬件电路后，就要为单片机的工作编写软件程序了。

单片机程序的编写可以用汇编语言，也可用 C，使用 Keil for C51 进行编辑编译与模拟调试。Quartus 能接受的最后的编译文件是 HEX 或 MIF 格式的，与第 6 章中介绍的文件格式相同。此文件可以以初始化文件的形式在图 7-3 电路整体综合前就配置于程序 ROM 中，也可利用 Quartus 的 In-System Memory Content Editor 工具现场载入，这可以达到快速调试的目的。

对此项电路系统设计和调试步骤归纳于下：

（1）调入 8051 CPU 核 CPU8051V1.vqm；调入 LPM_ROM 程序存储器，存储量大小可根据应用程序的大小来决定。然后为此 ROM 指定默认初始化程序。这里假设单片机的程序已编译好，并放在当前工程的 ASM 文件夹中，示例程序文件名为 LCD1602.asm（图 7-4），编译后的文件名为 LCD1602.hex。

（2）修改汇编程序，编译后用 Quartus 的 Tools 菜单中的工具 In-System Memory Content Editor（图 7-5）下载编译代码 LCD1602.hex，按复位键后观察系统工作情况。以此方法逐段调试单片机程序。图 7-5 中用鼠标右键单击 ROM 名“rm1”，在弹出的菜单栏选择 Import Data from File 项，进入初始化文件选择窗后，即可将单片机代码文件调入缓存；而当单击下载按钮后即可将文件载入 FPGA 中的程序 ROM 中。

（3）利用逻辑分析仪 SignalTap II 或 In-System Sources and Probes 模块了解系统中某些硬件模块在单片机软件控制下功能行为的正确性。

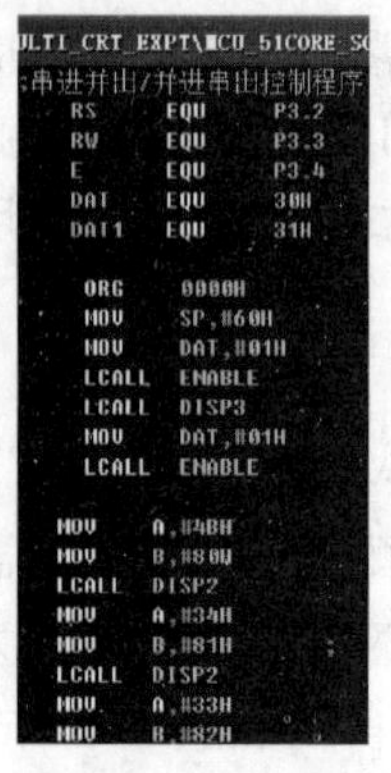

图 7-4　汇编程序

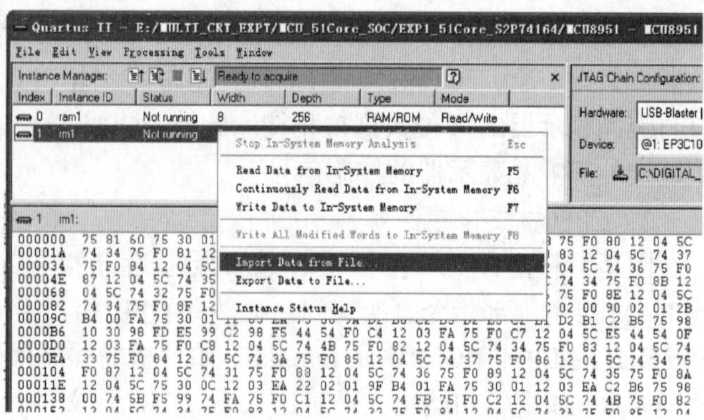

图 7-5　用 In-System Memory Content Editor 下载汇编程序代码

注意，这里介绍的 8051 CPU 核在 Cyclone 3 和 Cyclone 4E 中都能运行，包括附录所示的几个核心板上的 FPGA。对于此核更详细的用法和示例的咨询途径，以及以下实验涉及的等精度频率计设计详细内容的咨询，都可参考前言所列的电子邮箱。

实验与设计

7-1　脉宽/占空比/等精度频率多功能测试仪设计

实验目的：这曾是全国大学生电子设计竞赛项目。通过此项设计进一步学习基于单片机 IP 核的 SOC 系统开发方法，包括系统设计技术和软硬件联合调试方法。

实验原理：基于传统测频原理的频率计的测量精度将随被测信号频率的下降而降低，即测量精度随被测信号的频率的变化而变化，在实用中有较大的局限性。而等精度频率计不但具有较高的测量精度，且在整个频率区域能保持恒定的测试精度。

这个设计项目的指标和原理如下：

- 频率测试功能：测频范围 0.1Hz～200MHz。测频精度：测频全域相对误差恒为百万分之一。
- 脉宽测试功能：测试范围 0.1μs～1s，测试精度 0.01μs。
- 占空比测试功能：测试范围 1%～99%，测试精度 1%。

1．主系统构成和测试原理

等精度频率计的主系统由六个部分构成：

（1）信号整形电路。用于对待测信号进行放大和整形，以作 FPGA 器件的输入信号。

（2）测频电路。是测频的核心电路模块，可以由 FPGA 器件担任。

（3）100MHz 的标准频率信号源（可通过锁相环倍频从 FPGA 内部获得）接入 FPGA。

（4）单片机核构建的最小系统模块。用于控制 FPGA 的测频操作和读取测频数据，并作出相应数据处理。设单片机的 P0 口读取测试数据，P2 口向 FPGA 发控制命令，通过液晶显示频率值。

（5）键盘模块。用四个键执行测试控制，一个是复位键，其余是各项测试命令键。

（6）液晶显示模块。可以显示测试结果，最高可表示百万分之一的精度。

图 7-6 是 FPGA 中的测频采样核心模块。模块的工作原理是这样的：图中的“预置门控信号”CL 可由单片机核发出。可以证明，在 1～0.1s 选择的范围内，CL 的时间宽度对测频精度几乎没有影响，在此设其宽度为 T_{pr}（图 7-7）。BZH 和 TF 模块是两个可控的 32 位高速计数器，BENA 和 ENA 分别是它们的计数允许信号端，高电平有效。标准频率信号从 BZH 的时钟输入端 BCLK 输入，设其频率为 F_s；经整形后的被测信号从与 BZH 相似的 32 位计数器 TF 的时钟输入端 TCLK 输入，设其真实频率值为 F_{xe}，被测频率为 F_x。

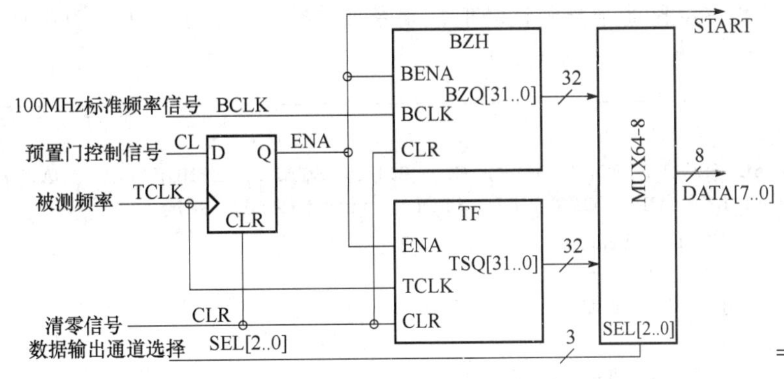

图 7-6　等精度频率计主控结构

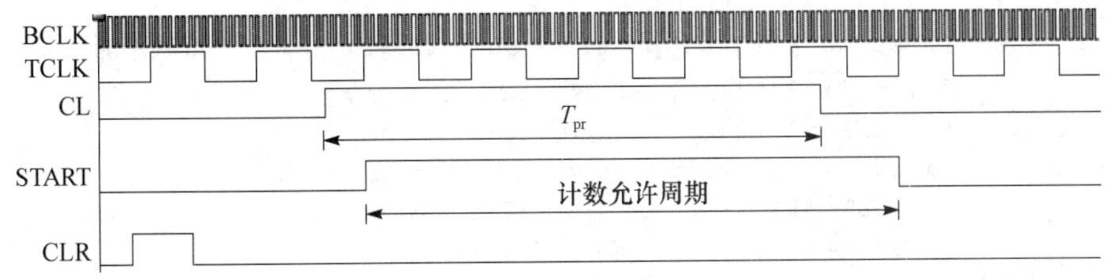

图 7-7　频率计测控时序

测频开始前，首先发出一个清 0 信号 CLR，使两个计数器和 D 触发器置 0；同时 D 触发器通过信号 ENA 禁止两个计数器计数，这是初始化操作。然后由单片机发出允许测频命令，即令预置门控信号 CL 为高电平（须将电路图 7-6 和图 7-7 联系起来看），这时 D 触发器要一直等到被测信号的上沿通过时，Q 端才被置 1（即令 START 为高电平）；与此同时，将同时启动计数器 BHZ 和 TF，进入图 7-7 所示的“计数允许周期”。在此期间，BHT 和 TF 分别对被测信号（频率为 F_x）和标准频率信号（频率为 F_s）同时计数。当 T_{pr} 秒后，预置门信号被单片机置为低电平，但此时两个计数器并没有停止计数，一直等到随后而至的被测信号的上升沿到来时，才通过 D 触发器将这两个计数器同时关闭。

由波形图 7-7 可见，CL 的宽度和发生的时间都不会影响，计数使能信号（START）允许计数的周期总是恰好等于待测信号 TCLK 的完整周期数这样一个事实。这正是 TCLK 在任何频率条件下都能保持恒定精度的关键。而且，CL 宽度的改变以及随机的出现时间造成的误差最多只有 BCLK 信号的一个时钟周期。由于 BCLK 由精确稳定的晶体振荡器发出，则任何时刻的绝对测量误差只有 10ns（对应 100MHz 标准频率）。

设在一次预置门时间 T_{pr} 中对被测信号计数值为 N_x，对标准频率信号的计数值为 N_s，则有关系式：$F_x/N_x=F_s/N_s$，于是不难得到测得的频率的关系式：$F_x=(F_s/N_s)\cdot N_x$。

最后通过控制 SEL 选择信号和 64 位至 8 位的多路选择器 MUX64-8，将计数器 BHZ 和 TF 中的两个 32 位数据分 8 次读入单片机，并按 $F_x=(F_s/N_s)\cdot N_x$ 进行计算，然后显示测得的频率结果。

2．VHDL 程序设计

根据逻辑原理图 7-6、功能波形图 7-7，以及以上给出的测频原理说明，就可以写出相应的 VHDL 描述了。例 7-1 即为此等精度频率计的 VHDL 完整描述。事实上例 7-1 中还包含了脉宽和占空比的采样测试功能，读者可自行分析。图 7-3 即为此测试系统的电路图，其中的模块 et 的内容即例 7-1。

【例 7-1】

```
module et (BCLK, TCLK, CLR, CL, SPUL, START, EEND, SEL, DATA);
  input BCLK, TCLK, CLR,  CL, SPUL;  input[2:0] SEL;
  output START, EEND;
  output[7:0] DATA ;
  reg[31:0] BZQ , TSQ ;   reg ENA ;
  wire PUL;
  wire MA, EEND, START, BENA;
  wire CLK1, CLK2, CLK3;
  reg Q1, Q2, Q3;  wire[1:0] SS;
  always @(posedge BCLK or posedge CLR) begin    // 标准频率测试计数器
          if ( CLR==1'b1)     BZQ<={32{1'b0}} ;
    else  if (BENA==1'b1)     BZQ<=BZQ+1 ; end
 always @(posedge TCLK or posedge CLR ) begin : TF
          if (CLR==1'b1)     TSQ<={32{1'b0}} ;
     else  if (ENA==1'b1) TSQ<=TSQ+1 ; end
 always @(posedge TCLK or posedge CLR)
          if (CLR==1'b1) ENA<=1'b0;  else  ENA<=CL ;
 always @(posedge CLK1 or posedge CLR)
           if (CLR==1'b1)  Q1<=1'b0; else  Q1<=1'b1 ;
 always @(posedge CLK2 or posedge CLR)
         if (CLR==1'b1)  Q2<=1'b0 ; else  Q2<=1'b1 ;
 always @(posedge CLK3 or posedge CLR)
         if (CLR==1'b1) Q3<=1'b0 ;  else  Q3<=1'b1 ;
assign MA = (TCLK & CL)|~(TCLK | CL) ;              // 测脉宽逻辑
 assign CLK1 = ~MA ;       assign CLK2 = MA & Q1 ;
 assign CLK3 = ~CLK2 ;     assign SS = {Q2, Q3} ;
 assign PUL=(SS==2'b10) ? 1'b1 : 1'b0; //  EEND 为低电平时，表示正在计数，
 assign EEND = (SS == 2'b11) ? 1'b1 : 1'b0 ;
 assign BENA = (SPUL == 1'b1) ? ENA : (SPUL == 1'b0) ? PUL : PUL ;
 assign START = ENA ;
 assign DATA=(SEL==3'b000) ? BZQ[7:0]  : (SEL==3'b001) ? BZQ[15:8] :
             (SEL==3'b010) ? BZQ[23:16]: (SEL==3'b011) ? BZQ[31:24]:
             (SEL==3'b100) ? TSQ[7:0]  : (SEL==3'b101) ? TSQ[15:8] :
             (SEL==3'b110) ? TSQ[23:16]: (SEL==3'b111) ? TSQ[31:24]:
              TSQ[31:24] ;
 endmodule
```

根据图 7-3、例 7-1 与单片机核的接口方式，以及单片机对 et 模块的控制方式如下：

（1）单片机的 P0 口接 8 位数据 DATA［7..0］，负责分段读取测频数据（两个 32 位）。

（2）单片机可以通过信号 START 的电平，了解计数是否结束，以确定何时可以读取数据。

（3）在测脉宽阶段 SPUL 被设置成 0，EEND 的功能与 START 基本相同，当其由低电平变到高电平时指示脉宽计数结束。

（4）P2.2、P2.1 和 P2.0 与 SEL［2..0］相接，用于控制多路通道的数据选择。当 SEL 分别为“000”“001”“010”“011”时，由低 8 位到高 8 位读出标准频率计数值；当 SEL 分别为“100”“101”“110”“111”时，由低 8 位到高 8 位读出待测频率计数值。

（5）P2.4 接清 0 信号 CLR，高电平有效。每一测频周期开始时，都应该首先对此清 0。

（6）P2.5 和 P2.6 分别接控制信号 CL 和 SPUL。CL 和 SPUL 协同控制测试操作。即当 SPUL 为 1 时，CL 作为预置门控信号，用于测频计数的时间控制（如可取 0.5s）；当 SPUL 为 0 时，CL 作为测脉宽控制信号。这时，CL 若为 1，测 TCLK 的高电平脉宽，而当 CL 为 0 时，则测 TCLK 的低电平脉宽。然后分别从 DATA 数据口读出 BZH 对标准频率的计数，即只需令 SEL 的取值分别为“000”“001”“010”“011”即可。对于占空比的测量，可以通过测量正反两个脉宽的计数值来获得。设 BZH 对正脉宽的计数值为 N_1，对负脉宽的计数值为 N_2，则周期计数值为 N_1+N_2，于是占空比为

$$\text{占空比}=\frac{N_1}{N_1+N_2}\times 100\% \tag{7-1}$$

3．采样模块时序仿真与测试

图 7-8 和图 7-9 分别是例 7-1 的频率测试仿真波形和脉宽测试仿真波形。从图 7-8 可以看出，当设置 SPUL=1 时，系统进行等精度测频。这时，CLR 一个正脉冲后，系统被初始化。然后 CL 被置为高电平，但这时两个计数器并未开始计数（START=0），直到此后被测信号 TCLK 出现一个上升沿，START=1 时两个计数器同时启动，分别对被测信号和标准信号开始计数，其中 BZQ 和 TSQ 分别为标准频率计数器和被测频率计数器的计数值。由图可见，在 CL 变为低电平后，计数仍未停止，直到 TCLK 出现一个上升沿为止，这时 START=0，可作为单片机了解计数结束的标志信号。

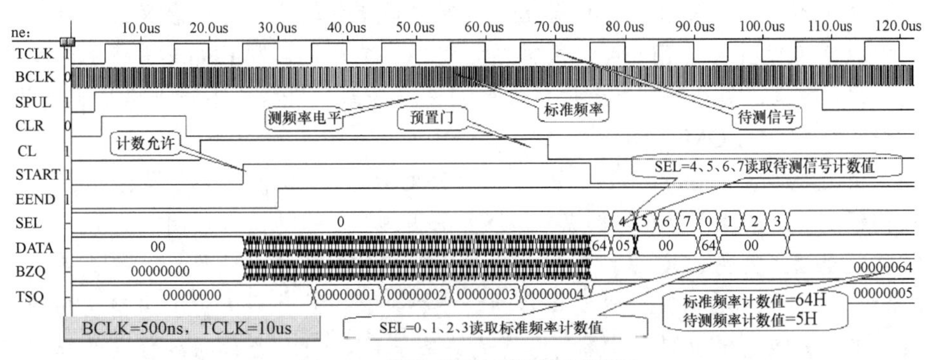

图 7-8　等精度频率计测频时序图

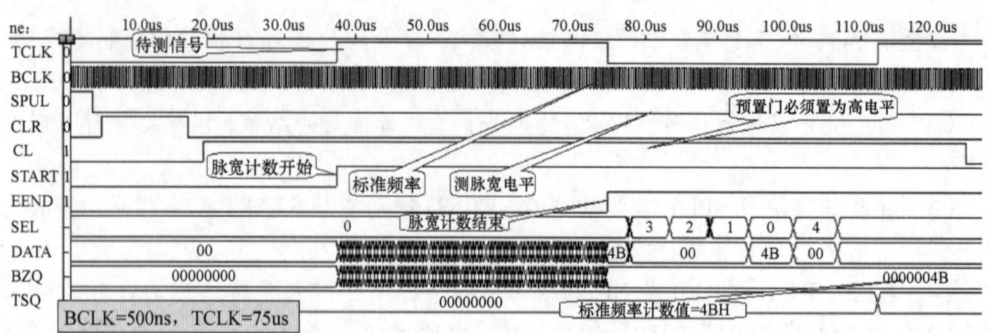

图 7-9　等精度频率计测脉宽时序图

仿真波形中 TCLK 和 BCLK 的周期分别设置为 10μs 和 500ns。由图 7-8 可见，计数结果是，对 TCLK 的计数值是 5，对 BCLK 的计数值是 64（十六进制）。通过控制 SEL 就能按照 8 个 8 位，将两个计数器中的 32 位数读入单片机中，进行计算。

图 7-9 中，取 SPUL=0 时，系统被允许进行脉宽测试。为了便于观察，图中仿真波形中的 TCLK 和 BCLK 的周期分别设置为 75μs 和 500ns。由例 7-1 和图 7-8 可以分析，CL 和 CLR 的功能都发生了变化，前者为 1 时测信号高电平的脉宽；为 0 时测低电平的脉宽，而后者 CLR 变为 1 时作系统初始化；由 1 变为 0 后启动电路系统的标准信号计数器 BZQ 准备对标准频率进行计数。而允许计数的条件是此后出现的第一个脉宽。由波形图 7-9 可见，当 CL=1，TCLK 的高电平脉冲到来时，即启动了 BZQ 进行计数，而在 TCLK 的低电平到来时停止计数，状态信号 EEND 则由低电平变为高电平，告诉单片机计数结束。计数值可以通过 SEL 读出，这里是 4BH。

由此不难算出，TCLK 的高电平脉宽应该等于 4BH 乘以 BCLK 的周期。改变 CL 为 0，又能测出 TCLK 的低电平脉宽，从而可以获得 TCLK 的周期和占空比。

4．系统实现与实测

单片机程序中可以根据以上给出的控制方法进行测量控制，在读取相应的数据后，按照式 $F_x=(F_s/N_s)\cdot N_x$ 和式（7-1）进行计算。测试步骤如下：

（1）在使用单片机统调前，应该直接对下载了例 7-1 程序的 FPGA 进行测试。

（2）若通过步骤（1），则表明专用功能 FPGA 已设计完成，可与单片机核完成独立的测频系统。

（3）然后根据图 7-8 和图 7-9 各信号的时序设置和输出信号的含义，设计单片机程序，其中包括单片机核与 FPGA 的数据通信程序、单片机控制 FPGA 进行测频和测脉宽的控制程序、数据运算程序等。最后将设计调试好的单片机程序下载进单片机核的 ROM 中（FPGA 的 LPM_ROM 中）。

（4）最后烧写 Cyclone 3/4 E 的配置器件 EPCS16，完成掉电保护设计。

实验任务 1：结合图 7-6 至图 7-9，分析说明例 7-1 的功能与控制方式。

实验任务 2：实现 SOC 系统设计。根据以上说明，完成系统设计，安排 4 个控制键（选择模式 3，附录图 F-17），它们各自的功能分别是：单片机复位、等精度测频、测脉宽和测占空比。液晶显示测试结果。将测试结果与 KX_CDS 上的系列独立的标准频率作比较，计算误差，并与理论误差值比较。

第 8 章 Verilog HDL 深入

在前几章中，伴随着对 Verilog 建模和设计技术的阐述，已对逐步展现的许多重要的 Verilog 语句结构、语法现象以及相关的设计技术作了说明，但限于当时考察问题的角度以及知识面的约束，难免留下诸多有待深入探讨的问题和细节。本章的任务除了对这些尚存问题作深入的剖析和探讨外，仍将对一些实例引出的语法现象加以介绍。

8.1 过程中的两类赋值语句

在第 3 章中曾对数据类型作了较详细的讨论。一般地，在可综合的 Verilog 子集中，最常用的变量可分为两种数据类型（data type）：网线型类型（net），是用关键词 wire 来定义的；寄存器类型（register），是用关键词 reg 来定义的。但在 Verilog HDL-2001 规范中，已将原来的称之为寄存器类型的表述改称为变量型类型（variable），这主要是为了避免可能从字面上产生歧义，即当定义为 register 类型的变量后（如 reg 类型），一定会生成时序模块。不过本书仍旧按习惯称之为寄存器类型。以下拟对它们作深入讨论。

8.1.1 未指定延时的阻塞式赋值语句

在 Verilog 程序的过程结构中，阻塞式赋值（blocking assignment）的特点是，只有在当前这条语句执行完后才会去执行下一条语句。而在执行这条语句过程中，赋值是立即发生的（假设没有指定延时）。阻塞式赋值的一般表述方式如下：

```
目标变量名 = 驱动表达式;
```

阻塞式赋值的适用范围仅限于过程结构中。从综合和仿真的角度看，“阻塞”的含义就是在当前的赋值操作完成前阻塞，或停止其他语句的执行。就仿真而言，如果右边的驱动表达式含有延时语句，则在延时没有结束前，赋值更新不会发生。

一般地，在过程被启动后，阻塞式赋值语句的执行流程可以分成三步：

（1）阻塞本过程中其他语句的执行，计算出“驱动表达式”的值。

（2）向“目标变量”进行赋值操作（假设没有指定延时）。

（3）完成赋值，即实现目标变量的更新，允许对本过程中其他语句的执行。

对于阻塞式赋值，这三步是并成一步完成的，即一旦执行，目标变量被立即更新，而且在此过程中其他同类赋值语句必须停止工作！

从另一角度看，如果在某一块语句结构中存在多条对同一目标变量赋值的此类语句，则在赋值过程中，赋值符号“=”左侧的目标变量的值将随变量赋值语句前后顺序的执行和赋值而改变。因此在同一过程结构中，允许对同一目标变量多次赋值，即所谓对于同一目标变量允许有多个来自“驱动表达式”的驱动源。由于是阻塞式赋值，在任一语句处于赋值更新状态时，其他语句不会操作，因此不会像 assign 语句那样由于存在多个驱动源造成同一目标信号最终不知接受哪一个赋值驱动源数据的矛盾状态。

由此可见，阻塞式赋值语句的执行与软件描述语言中顺序执行语句有相似处。也即具有顺序赋值的特点，即在过程中的阻塞式赋值语句的先后排序情况将直接影响最后的结果，包括综合或仿真的结果。

8.1.2 指定了延时的阻塞式赋值

与 assign 的连续赋值一样，过程结构中的阻塞赋值语句的更一般的表述形式中也可以使用延时。其延时有两种形式，即赋值号左侧的延时（interstatement）和赋值号右侧的延时（instrastatement）。当然，延时的设定与否，不会影响综合结果。

赋值号左侧的含延时的赋值语句表述方式有如下形式：

```
[延时] 目标变量名 = 驱动表达式;
```

赋值号右侧的含延时的赋值语句表述方式有如下形式：

```
目标变量名 = [延时] 驱动表达式;
```

赋值号左侧的[延时]是指对此整条语句执行的延时，即相隔与上一条语句执行的延时量。也即当上一条语句执行完成后，要等待指定的延时后，再计算驱动表达式，并将计算的结果对目标变量进行赋值。

赋值号右侧的[延时]是指，在赋值语句的右侧表达式得出运算结果后，延时一段指定的时间，然后再将运算结果赋值给赋值号左边的变量。显然，这种延时形式与第 3 章介绍的 assign 语句的延时方式类同。

对于这两种表式，如果没有专门指定延时，则默认为延时时间为 0，其功能与最初的赋值表述“目标变量名=驱动表达式;”完全一样，其赋值操作是在瞬间完成的。

设例 8-1 和例 8-2 都是过程语句。例 8-1 是第一种延时赋值方式的示例。其执行过程是：一旦当前过程被启动，在第一条语句“Y1 = A^B;”被执行后，要延时 6 个时间单位才能执行第二条语句，其操作顺序是首先计算“A & B | C”的值，然后将结果向 Y2 赋值。

【例 8-1】

```
   Y1 = A^B;
#6 Y2 = A&B|C;
```

【例 8-2】

```
Y1 = A^D;
Y2 = #6 A&E|C;
```

例 8-2 使用了第二种延时赋值方式，即右侧延时方式。其执行过程是：一旦当前过程被启动，在第一条语句“Y1=A^D;”被执行后，即刻执行第二条语句；在执行过程中，首先计算出表达式“A & E | C”的值，然后延时 6 个时间单位后再将运算结果赋给 Y2。

注意，延时量的考虑和应用只在 Verilog 仿真文件和仿真编译软件中才有意义，而在逻辑综合器中不参与综合。但对于赋值语句延时量的研究非常有助于我们对不同类型赋值语句赋值特性和规律的深入理解。

8.1.3 未指定延时的非阻塞式赋值

在 Verilog 程序的过程结构中，非阻塞式赋值（nonblocking assignment）语句的执行不会阻塞，即不会影响同一过程块中其他语句的执行。换言之，在同一过程块中，当多条非阻塞赋值语句执行时，则此所有语句是同步赋值操作的，即具有并行性执行特点。

非阻塞式赋值的一般表述形式如下：

```
目标变量名 <= 驱动表达式;
```

与以上的阻塞式赋值表述相比，仅有赋值符号有所不同，此类赋值在其赋值过程中不会影响同过程中其他语句的赋值操作。在过程被启动后，非阻塞式赋值语句的执行与阻塞式赋值一样，也可以分成以上同样的三个步骤来完成，但在时间控制上有很大的不同。在时间上，非阻塞式赋值的三个步骤不是一步完成的。它的执行过程是这样的：假定有五条同类赋值语句，在过程被启动后，当执行到某条非阻塞式赋值语句时（假设是第三条），它将首先计算出“驱动表达式”的值（理论上是可以立即完成而无需耗时），然后进入其步骤二的赋值阶段；此阶段即进入等待时间段，这个时间段中允许其他赋值语句的执行或者说赋值操作，即所谓非阻塞。由于同一过程中的其他四条赋值语句的驱动表达式的运算也不会花费时间，所以五条语句在第二个步骤等待的起始时刻和等待的时间长短是相同的，即都是重合的。于是包括第三条语句的所有五条赋值语句要直到整个过程执行到结尾时才开始进入赋值的第三个步骤，即目标变量的更新，而且这五条语句的目标变量是同时被更新的！

换一个角度来考虑同一个问题。在一个过程结构中，若存在多条对同一目标变量赋值的此类赋值语句，由于与阻塞式赋值语句一样，非阻塞赋值语句也是顺序执行的语句，同样允许对同一目标变量多次赋值或驱动（作为并行语句的连续赋值语句不允许这种现象），并且最终获得赋值（更新）的目标变量是最后一个，即最接近过程结束的那一语句的目标变量。这一结果与阻塞式赋值相同，但注意，执行过程却不会像阻塞式赋值那样，目标变量的值是随变量赋值语句的前后顺序的执行和赋值而轮流更新的。

以下以三个示例来对此作进一步的说明。

例 8-3 的程序是不允许的，这是由于连续赋值语句的并行性，使得综合器无法确定 Q1 究竟应该获得什么值，除非这三条语句被执行后，Q1 能获得高阻态 z 的赋值。

例 8-4 是过程语句块，它们的执行过程是这样的：由于都是阻塞式赋值语句，当过程启动后，首先执行第一条语句，即计算表达式 A|B=2'b11，即刻赋值后，Q1 更新为 2'b11；接着计算第二条语句的 B&C=2'b01，Q1 又被更新为 2'b01；最后，~C=2'b00，Q1 最终被更新为 2'b00。注意在整个过程块的执行过程中，Q1 的值被先后更新，且顺序为 2'b11、2'b01 和 2'b00。

例 8-5 的过程语句块中是非阻塞式赋值语句，当过程启动后，首先顺序计算三条语句的表达式，分别获得的结果是 2'b11、2'b01 和 2'b00。由于是非阻塞式赋值，又由于三条语句面对同一目标变量 Q1 进行赋值，Verilog 规定仅对最后一条语句的变量赋值，于是最后的 Q1 被更新为 2'b00。这个最后结果尽管与例 8-4 相同，但请注意，在整个执行过程中，Q1 从来未曾经历过 2'b11 和 2'b01 数据的更新。

<table>
<tr>
<td>【例 8-3】
<code>assign Q1 = A|B;</code>
<code>assign Q1 = B&C;</code>
<code>assign Q1 = ~C;</code></td>
<td>【例 8-4】
<code>begin</code>
<code> Q1 = A|B;</code>
<code> Q1 = B&C;</code>
<code> Q1 = ~C;   end</code></td>
<td>【例 8-5】
<code>begin</code>
<code> Q1 <= A|B;</code>
<code> Q1 <= B&C;</code>
<code> Q1 <= ~C;   end</code></td>
</tr>
<tr>
<td colspan="3">设过程启动后，A=2'b10，B=2'b01，C=2'b11</td>
</tr>
</table>

以下再换一个角度来考察阻塞式与非阻塞式赋值的不同之处。

首先假设 A 和 B 在某一时刻同时从原来的 0 变到了 1，从而其过程被启动：在例 8-6 的三句赋值语句中，首先 M1 获得更新：M1=1；接着 M2 得到 M1 传递的 A，及与 B 的运算数据，于是 M2 被更新为 1；最后的 Q 又获得 M1 或 M2 的值，于是 Q=1。

再来看例 8-7。当过程启动后，由于是非阻塞式赋值语句，首先分别顺序计算了三语句右侧表达式的值，然后当执行到 end 时，把这些已经计算好的值同时分别赋予左侧的目标信号。于是这三个信号得到更新后的值分别是：M1=1，M2=0，Q=0。结果显然与例 8-6 不同，其原因是，例 8-6 的 M2 得到了 A 通过 M1 传递的数据 1，而 Q 得到了 A 和 B 通过 M1 和 M2 传递过来的更新值 1，这显然是顺序执行的结果；而例 8-7 中的 M2 和 Q 在此过程的本次启动中分别尚未来得及得到来自 A 和 B 的值，从而只获得 A、B 变动前赋予 M1 和 M2 的值，即 M2= 1 & 0 = 0；Q= 0 | 0 = 0。

当然，由于此二例的特殊性，以上的分析结果只能在 Verilog 仿真中看到，综合后的电路结构并无差异，但这不妨碍我们通过这些示例了解这两种不同赋值方式的特点。后面给出的一些示例将证明，在一定条件下，它们的综合结果也是不相同的。

<table>
<tr>
<td>【例 8-6】
<code>always @(A,B) begin</code>
<code>M1=A;   //更新结果：M1=1</code>
<code>M2=B&M1;   //更新结果：M2=1&1=1</code>
<code>Q=M1|M2; end //更新结果：Q=1|1=1</code></td>
<td>【例 8-7】
<code>always @(A,B) begin</code>
<code>M1<=A;   //更新结果：M1=1</code>
<code>M2<=B&M1;   //更新结果：M2=1&0=0</code>
<code>Q<=M1|M2; end //更新结果：Q=0|0=0</code></td>
</tr>
</table>

8.1.4 指定了延时的非阻塞式赋值

对于非阻塞赋值语句也能像以上阻塞赋值语句那样能以两种不同的方式指定延时。用了延时后的这两类赋值语句在具体执行的延时效果上是有所不同的，这与它们的赋值特性相关。赋值号左侧的含延时的赋值语句表述方式有如下形式：

```
[延时] 目标变量名 <= 驱动表达式;
```

赋值号右侧的含延时的赋值语句表述方式有如下形式：

```
目标变量名 <=  [延时] 驱动表达式;
```

赋值号左侧的[延时]是指对整条语句执行的延时，即相隔与上一条语句的延时量；而赋值号右侧的[延时]是指在赋值语句的右侧表达式得出运算结果后，延时一段指定的时间再将运算结果赋值给赋值号左边的变量。

根据以上讨论的阻塞赋值语句和非阻塞赋值语句的赋值特点，对于一个过程结构中的多条含延时的阻塞赋值语句的执行，具有时间积累性质，这是因为此类赋值语句是顺序执行的，在执行当前赋值操作时，禁止了块中其他赋值语句的执行，其延时定时器当然也被停止；而对于一个过程结构中的多条含延时的非阻塞赋值语句的执行，则没有时间积累性质，这是因为此类语句具有并行执行特性，块中所有赋值语句的延时定时器被同时启动。对此，以下将以示例来说明。

例 8-8 的三条含延时的阻塞赋值语句的执行情况是这样的：一旦过程被启动，首先计算 A^B，然后在 6 个时间单元后将计算结果向 Y1 赋值；接着在 4 个时间单元后，将 A|B 的计算结果向 Y2 赋值；最后再等待 7 个时间单元，便将 A&B 的结果向 Y3 赋值。执行完这三条语句（即此过程块的执行周期）总共等待了 6+4+7=17 个时间单元。

例 8-9 所示的过程块的执行周期有很大不同。其中的三条含延时的非阻塞赋值语句的总的执行时间单元数应该是三条语句中最长的延时单元，即 7 个时间单元，而不是 17。这是因为这三条语句在顺序计算完右侧表达式的值后（耗时都为 0!），是同时进入延时等待的。换言之，一旦此例的过程块被启动，这三条语句的延时计时是分别同时进行的：6 个时间单元后将 A^B 的结果向 Y1 赋值；4 个时间单元后将 A|B 的结果向 Y2 赋值；7 个时间单元后将 A&B 的结果向 Y3 赋值。执行这三条语句总共等待了 7 个时间单元。Y2 首先得到更新，Y1 次之，Y3 再次之（赋值更新并非按照顺序来进行的）。

再来看例 8-10。过程启动后，延时#5 后，Y1 首先被更新；再延时#2 后 Y3 被更新；再延时#1 后 Y2 被更新；再延时#4 后 Y4 被更新。四个变量先后被更新的顺序是 Y1、Y3、Y2、Y4。整个过程块的执行时间是 5+3+4=12 个时间单元。

【例 8-8】

```
Begin
   Y1 = #6 A^B;
   Y2 = #4 A|B;
   Y3 = #7 A&B;
end
```

【例 8-9】

```
begin
   Y1 <= #6 A^B;
   Y2 <= #4 A|B;
   Y3 <= #7 A&B;
end
```

【例 8-10】

```
begin
   Y1  = #5 A^B;
   Y2 <= #3 A|B;
   Y3 <= #2 A&B;
   Y4  = #4 (~B);  end
```

8.1.5 深入认识阻塞与非阻塞式赋值的特点

通过以上几则示例，读者可能已感受到了准确理解和把握过程中的阻塞式和非阻塞式赋值行为特点以及它们功能上的异同点，对正确地利用 Verilog 进行电路设计的巨大重要性。下面还将通过一些典型设计示例和逻辑综合后的结果来揭示阻塞和非阻塞型赋值的规律，使读者对它们有更深入的认识。

首先比较例 8-11 和例 8-12（分析过程与例 8-6 和例 8-7 相同）。

【例 8-11】使用非阻塞赋值符的时序模块	【例 8-12】使用阻塞赋值符的时序模块

`module DDF3(CLK,D,Q);`
`input CLK,D;  output Q; reg a,b,Q;`
`  always @(posedge CLK) begin`
`          a <= D;`
`          b <= a;`
`          Q <= b;    end`
`endmodule`
	`module DFF3(CLK,D,Q);`
	`input CLK,D; output Q;reg a,b,Q;`
	`  always @(posedge CLK) begin`
	`          a = D;`
	`          b = a;`
	`          Q = b;      end`
	`endmodule`

两例唯一的区别是在过程中采用了不同的信号赋值类型。前者使用了非阻塞式赋值语句，后者对于同样的赋值语句，采用了阻塞式赋值类型。最后发现例 8-11 和例 8-12 的综合结果却有很大的不同，前者综合的结果如图 8-1 所示，其 RTL 图由三个 D 触发器构成类似移位寄存器的电路形式；而后者的 RTL 电路如图 8-2 所示，是一个普通的 D 触发器，这显然与例 8-11 的结果差别很大。

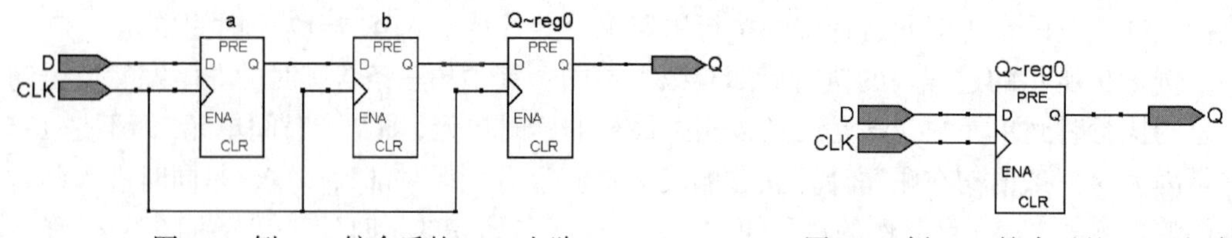

图 8-1　例 8-11 综合后的 RTL 电路

图 8-2　例 8-12 综合后的 RTL 电路

事实上，就综合而言，当过程一启动到执行完过程中所有类型的语句，并没有耗费任何时间。这就是说，如果有两个过程，一个过程中全部是阻塞式赋值语句，另一个过程中则全部是非阻塞式语句，它们的执行周期是相同的，不会有谁比谁更快的现象。

其实，在 Verilog 中，执行赋值操作和完成赋值（即目标变量得到更新）是两个不同的概念。对于类似于 C 的软件语言，执行与完成一条语句的赋值是没有区别的，但对于 Verilog 的变量赋值却有很大的不同。在 Verilog 程序中，“执行赋值语句”只是一个行为流程，它具有顺序的特征；而最后“完成赋值”，即目标变量得到更新是一种结果。对于非阻塞式赋值，则是并行完成的；对于阻塞式赋值，则是顺序完成的。

由此便能根据以上的讨论，较好地理解例 8-11 和例 8-12 的不同综合结果了。

由于例 8-11 中的三个赋值语句都必须在遇到块结束关键词 end 后才真正被赋值（更新），所以它们具有了并行执行的特性。即当执行到 end 时的同一时刻中：

第一条语句 a<=D 中的 a 获得了来自 D 的赋值。

第二条语句 b<=a 中的 b 在此时获得的更新值是 a 早先的值。由于与上一条语句的执行是同时的，这个值并非是通过第一条语句的目标变量 a 得到的当前 D 的赋值，而且对于此例的时钟过程来说，b 所获得的更新值是上一时钟周期中 a 获得的更新值，而非当前时钟的更新值。

同理，第三条语句 Q<=b 中 Q 所获得的更新值也是上一时钟周期中 b 所获得的更新值，而非当前时钟的更新值。这与第二条语句的情况相同。因此在过程启动后的一次运行中（或者说在一个时钟周期内），D 端口不可能通过信号赋值的方式将当前数据传递到 Q，使 Q 得到更新。这就是说，a 被更新的值是上一时钟周期的 D 值（即当前时钟上升沿以前的值），b 被更新的值也是上一时钟周期的 a，而 Q 被更新的值同样是上一时钟周期的 b。显然此程序的综合结果只能用图 8-1 所示的电路来表达了。

例 8-12 就不同了。由于都是阻塞式赋值，所有目标变量的赋值更新是立即发生的，因而有了明显的顺序性和数据的传递性。当三条赋值语句以阻塞方式顺序执行时，变量 a 和 b 就有了依次传递数据的功能。语句执行中，先将 D 的值传给 a，再通过 a 传给 b，最后由 b 传给 Q，最后结束过程语句的执行。在这些过程中，a 和 b 只担当了 D 数据的暂存单元。Q 最终被更新的值即为上一时钟周期的 D。

由此来看，例 8-12 的综合结果确实应该是图 8-2 所示的单个 D 触发器了。

当然也可以利用同样的时序特性实现图 8-1 的电路结构，即根据阻塞式赋值的特点，按如下方式倒置例 8-12 的赋值顺序即能达到目的：

```
begin  Q = b;      b = a;    a = D;  end
```

这是因为，在执行第一条语句 Q = b 时，Q 所获得的更新值是上一时钟周期 b 的值，显然当前来自 D 的值尚未接收到。依次类推下去，可以理解余下两句语句的执行情况了，所以其综合后的电路应该如图 8-1 所示。

8.1.6 不同的赋初值方式导致不同综合结果的示例

以下再通过两个设计示例，进一步认识过程中两类赋值语句导致的电路结构的差异，同时也可通过这些示例，进一步了解不完整条件语句的表述特点。

试比较例 8-13 和例 8-14。从程序结构上看，作者的意图是要设计一个 4 选 1 多路选择器，对应的电路理应是一个纯组合电路，其中的 S[1]和 S[0]是通道选通控制信号。

例 8-13 和例 8-14 的主要不同在于，前者对标识符 T 作非阻塞式赋值，且赋初值 0，后者对 T 作阻塞式赋值，也赋初值 0。结果综合出了完全不同的电路（读者可以通过 Quartus 获得它们的 RTL 电路图），前者含有时序电路模块，后者是纯组合电路。

它们对应的时序波形也完全不同。可以看出，例 8-13 的仿真时序图（图 8-3）未获得正确结果，因为其输出并未按照选通信号给出正确结果，显然此例的设计是错误的。

而例 8-14 对应的仿真波形图（图 8-4）显示出了正确的输出结果，表明电路设计是正确的。那么，问题出在哪里呢?

事实上，例 8-13 中，在过程中出现了三次对 T 的非阻塞式赋值操作，即有三个赋值源对同一信号 T 进行赋值：T<=0、T<=T+1 和 T<=T+2。但根据前面的讨论，对于非阻塞式赋值，前两个语句中的赋值目标信号 T 都不可能得到任何更新的数值，只有最后的 T<=T+2 语句中的 T 的值能得到更新。然而正是由于始终未能通过最初的语句 T<=0 使 T 获得初值，使得 T 在最后一条赋值语句的执行中也未能得到任何确定的值，即 T 始终是个未知值。结果在过程最后的 case 语句中，无法通过判断 T 的值来确定选通输入，即对

DOUT 的赋值。于是使得图 8-3 的 DOUT 输出了与选通控制不对应的信号。

【例 8-13】	【例 8-14】

module MUX41a(D,S,DOUT);
output DOUT;
input[3:0] D; input[1:0] S;
integer T; reg DOUT;
always @(D,S)
begin T <= 0;
if (S[0]==1)   T<=T+1;
if (S[1]==1)   T<=T+2;
case (T)
0 : DOUT = D[0];
1 : DOUT = D[1];
2 : DOUT = D[2];
3 : DOUT = D[3];
default : DOUT = D[0];
endcase   end
endmodule
	module MUX41a(D,S,DOUT);
	output DOUT;
	input[3:0] D; input[1:0] S;
	integer T; reg DOUT;
	always @(D,S)
	begin T = 0;
	if (S[0]==1) T=T+1;
	if (S[1]==1) T=T+2;
	case (T)
	0 : DOUT = D[0];
	1 : DOUT = D[1];
	2 : DOUT = D[2];
	3 : DOUT = D[3];
	default : DOUT = D[0];
	endcase end
	endmodule

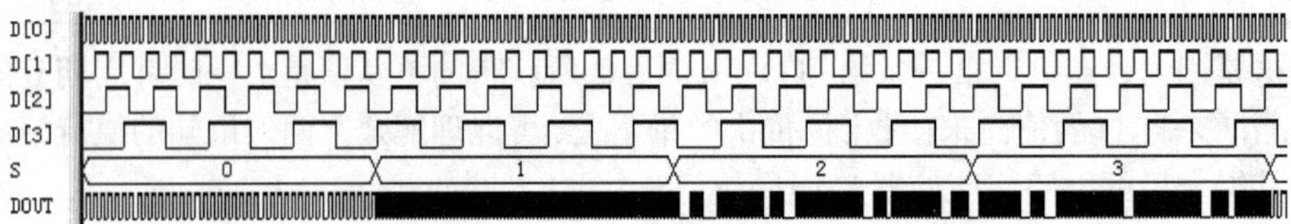

图 8-3　例 8-13 的错误工作时序

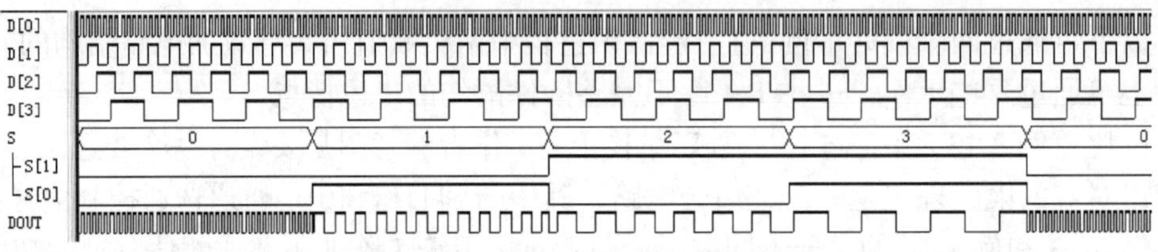

图 8-4　例 8-14 的正确工作时序

那么为什么还会出现时序模块呢？这个时序模块又是由哪条语句产生的呢？

根据以上对例 8-5 的讨论情况，例 8-13 中的三条非阻塞式赋值语句中，只有最后一条语句，即 T<=T+2 会被执行（以上的两条语句可以看成是不存在）；不难发现，此句是一个非完整性条件语句，它会被综合成锁存器；此锁存器的控制端信号是 S[1]，T+2 从锁存器的 D 端输入，而输出端 Q 有反馈信息进入 D 端。这样的电路显然偏离了设计的要求。

例 8-14 就不一样了。程序首先执行了阻塞式赋值语句 T=0，T 即刻被更新，从而使两个 if 语句中的 T 都能得到确定的初值。对此，以下给予分别讨论：

若 S=11，则顺序执行完两条 if 语句后，得到 T=T+2=1+2=3；

若 S=10，则只执行第二条 if 语句，得到 T=T+2=0+2=2；

若 S=01，则只执行第一条 if 语句，得到 T=T+1=0+1=1；

若 S=00，由于都不满足 if 的条件，于是只执行语句 T=0，而跳过其下的两条 if 语句，直接执行 case 语句。

最终，对于以上四种情况，在 S 所有可能的选择下，T 分别得到了 case 语句条件项的所有四个选择数据：0、1、2、3。这样的结果一方面完全满足了 4 选 1 多路选择器的逻辑要求，有了图 8-4 的正确的波形输出，同时此项设计中也不再可能出现时序模块了。这是因为，尽管两个 if 语句从表面上看都属于不完整的条件语句，但实际上，在 S 的所有可能的选择下，T 都有了明确的数据。因此，整个过程语句的逻辑表述表明，例 8-14 中的两个 if 语句都属于完整性条件语句，即条件指示完整的 if 语句。

顺便强调一下，过程结构中的输出信号和双向端口信号的数据类型必须是寄存器类型，如 reg 类型、integer 类型等。此外，Verilog 规定，在同一个过程中，对同一个目标信号的赋值形式必须一致，不能混合。即在同一过程中，多次对同一目标信号的赋值，或者全部用阻塞式赋值，或者全部用非阻塞式赋值。

8.2 过程语句归纳

Verilog 的过程与 VHDL 的进程有许多相似处。从 Verilog 程序设计者的认识角度看，Verilog 程序与普通软件语言构成的程序有很大的不同，普通软件语言中的语句的执行方式和功能的实现十分具体和直观，在编程中几乎可以立即作出判断。但 Verilog 程序，特别是过程结构，程序设计者要从多个方面去判断它的功能和执行情况，而不是一个直观的传统软件仿真就能确定的。以下将对过程语句的应用作出总结归纳。

8.2.1 过程语句应用总结

和软件语言不同，过程语句 always 的执行依赖于敏感信号的变化（或称发生事件）。当某一敏感信号，如 a，从原来的高电平 1 跳变到低电平 0，或者从原来的 0 跳变到 1 时，就将启动此过程语句。于是由 always 引导的块中的所有顺序语句被执行一遍，然后返回过程起始端，再次进入等待状态，直到下一次敏感信号表中某个或某些敏感信号发生了事件后才再次进入“启动-运行”状态。

在一个模块中可以包含任意个过程语句结构，所有的过程语句结构本身都属于并行运行语句，而由任一过程引导的各类语句结构都属于顺序语句。

与引导行为语句（顺序执行的语句）的 always 语句相对应，assign 引导的语句属于并行语句。always 语句本身也属于并行语句，所以在许多情况下这两类语句是可以相互转换表达的。考察以下赋值语句：

```
assign DOUT = a & b;
```

可以这样来认识此语句的执行过程：如果变量 a、b 一直恒定不变，此赋值语句始终不会被执行，尽管同样属于与其他语句地位平等的语句。此语句被执行一次（导致 DOUT 的数据被更新）的唯一条件是等号右侧的某一或某些变量发生了改变。因此等号右边所有相关的信号都是启动执行此赋值语句的敏感信号，其执行方式与 always 引导过程语句完全相同。显然，此语句很容易写成功能完全相同的，由过程语句 always 引导的语句形式，而在此语句中 a 和 b 就是敏感信号。

前面也曾经提到过，当一个模块中出现多个 assign 语句时，由于此类语句的并行性，同一目标变量名下是不允许有多个不同赋值表达式的，即在一个模块中，wire 型变量不允许有多个驱动源，或者说不允许有不同的数据赋给同一个变量。但如果驱动表达式最终体现为高阻态，则另作别论。此外，许多有关 Verilog 设计资料都认为，assign 语句主要用于描述组合电路，而时序电路必须由过程语句来构建。但实际情况是，如果描述的信号有反馈，assign 语句也会构成时序电路。

从逻辑综合的角度来说，Verilog 程序不能称之为“程序”，而应称之为 Verilog 代码（codes），而其语句的运行也不能称之为“执行”，而应称之为“实现”。因为“程序”和“执行”的概念只能适用于基于 CPU 平台的纯软件语言。always 中的顺序语句的执行方式与通常的软件语言中的语句的顺序执行方式是不同的。软件语言中每一条语句的执行是按 CPU 的机器周期的节拍顺序执行的，每一条语句执行的时间是确定的，它与 CPU 的主频频率、工作方式、状态周期、机器周期及指令周期的长短紧密相连。但在 always 中，一个执行状态的运行周期，即从 always 的启动执行到遇到块 end 为止所花的时间与任何外部因素都无关（从综合结果来看），甚至与 always 语法结构中的顺序语句的多少都没有关系。其执行时间从 Verilog 仿真的角度看（如果没有设置任何显式的延时），只有一个 Verilog 模拟器的最小分辨时间；但从综合和硬件运行的角度看，其执行时间是 0，这与信号的传输延时无关，与被执行的语句的实现时间也无关。即在同一 always 中，10 条语句和 100 条语句的执行时间是一样的。显然从效果上看，always 中的顺序语句具有并行执行的特征，这包括阻塞式和非阻塞式赋值语句。

此外，应该注意，尽管时序电路需由过程实现，但是推荐只放置单一时钟边沿检测敏感信号。即一个过程中只能描述针对同一时钟的同步时序逻辑，而异步时序逻辑、多时钟同步逻辑或时序逻辑与组合逻辑的混合逻辑必须由多个过程来表达。这与 VHDL 的进程不同，Verilog 的过程中不允许存在独立于时钟的异步的组合模块，这就迫使必须使用其他的过程实现独立的组合模块。

8.2.2 深入认识不完整条件语句与时序电路的关系

第 5 章中曾提到，例 5-8 的表达方式是一种不完整的条件语句，即在条件语句中没有将所有可能发生的条件给出对应的处理方式。可以看出，例 5-8 中的 if 语句没有利用通常的 else 语句明确指出当 if 语句不满足条件时做何操作。

显然，此类时序电路构建的关键在于利用这种不完整的条件语句的描述。这种方式是 Verilog 描述时序电路的途径之一（通常用于描述电平触发类锁存器电路）。

通常，完整的条件语句只能构成组合逻辑电路，如以下例 8-15 的描述，表面上与例 5-8 相似，但却使用完整的 if 条件语句。即指明了当不满足 if 语句的条件时（即当 CLK=0 时），通过 else 语句执行另一条赋值语句 Q<=RST，于是构建了一个纯组合电路（图 8-5）。

需要指出，虽然在构成时序电路方面，可以利用不完整的条件语句所具有的独特的功能构成时序电路，如有意不明确指明条件语句中的某个（或某些）条件不满足时此语句当如何动作。但在利用条件语句进行纯组合电路设计时，如果没有充分考虑电路中所有可能出现的问题（条件），即没有列全所有的条件及其对应的处理方法，将导致不完整的条件语句的出现，从而综合出了设计者不希望的组合与时序电路的混合体。这种电路的功能常常偏离设计者的初衷，如 8.1.6 节的示例就是这种情况。

在此，不妨比较例 8-16 和例 8-17 的综合结果。

【例 8-15】	**【例 8-16】**	**【例 8-17】**

`module mux2_1`
`  (CLK,D,Q,RST);`
`   output Q;`
`   input CLK,D,RST;`
`   reg Q;`
`  always @(D,CLK,RST)`
`   if(CLK)  Q <= D;`
`       else  Q <= RST;`
`endmodule`
	`module COMP(A,B,Q);`
	`input[3:0] A,B;`
	`output Q;  reg Q;`
	`always @(A,B)`
	` begin`
	`  if(A>B) Q=1'b1;`
	`   else`
	`  if(A<B) Q=1'b0;`
	`end   endmodule`
		`module COMP(A,B,Q);`
		`input[3:0] A,B;`
		`output Q;  reg Q;`
		`always @(A,B)`
		` begin`
		`   if(A>B) Q=1'b1;`
		`   else if(A<B) Q=1'b0;`
		`   else     Q=1'bz;`
		`end     endmodule`

例 8-16 的原意是要设计一个纯组合电路的比较器，但是由于在条件语句中漏掉了给出当 A==B 时 Q 做何操作的表述，结果导致了一个不完整的条件语句。这时综合器对例 8-16 的条件表述解释为：当条件 A==B 时，对 Q 不做任何赋值操作，即在此情况下保持 Q 的原值。这意味着必须为 Q 配置一个锁存器，以便保存其原值。图 8-6 所示的电路图即为例 8-16 的综合结果。不难发现综合器为输出结果配置了一个锁存器。

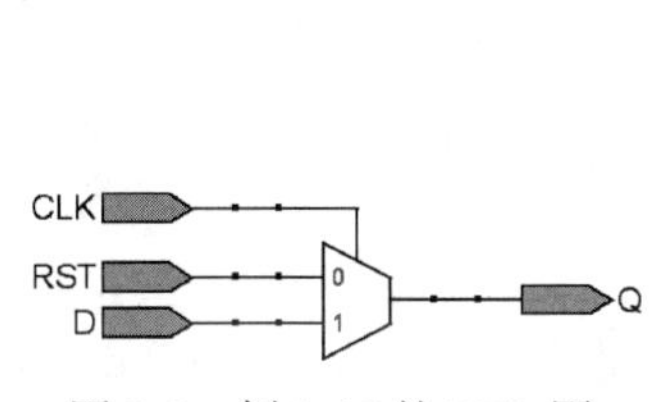

图 8-5　例 8-15 的 RTL 图

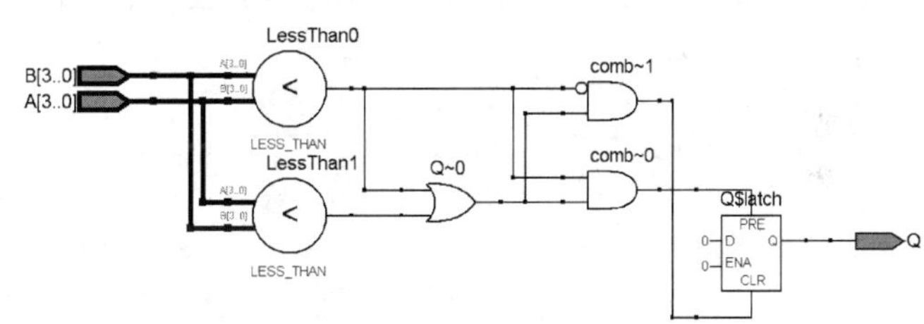

图 8-6　例 8-16 的 RTL 图，输出口被加上了锁存器

通常在仿真时对这类电路的测试，很难发现在电路中已被插入了不必要的时序元件，这种设计浪费了逻辑资源，降低了电路的工作速度，影响了电路的可靠性，甚至导致系统根本无法工作。因此，设计者应该尽量避免此类电路的出现。

例 8-17 是对例 8-16 的改进，其中的 else Q=1'bz 语句即已交代了在 A==B 情况下，Q 做何赋值行为（即呈现高组态），从而产生了图 8-7 所示的组合电路。

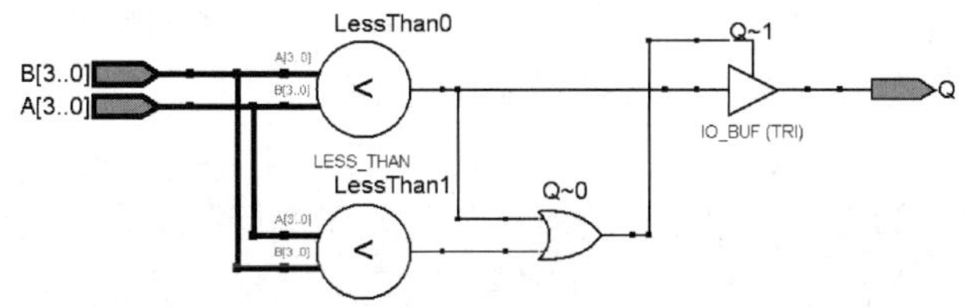

图 8-7　例 8-17 的 RLT 电路图，输出口没有锁存器，是纯组合电路

前文也曾提到，如果设计不当，case 语句也会产生不希望的锁存器电路模块。

试考虑例 3-2：若删除程序中的语句“2'b11:y <= d;”和 default 语句，会发现其综合所得的 RTL 图即有含锁存器的电路。这是由于此时的 case 语句也成为条件不完整语句，因为程序没有指明当{s1,s0}=11，y 将做何操作。

此外还需注意，由于 case 语句中的种种遗漏导致的时序模块的引入，在 EDA 软件的资源利用报告中是看不到的，因为此类情况下产生的时序模块都是电平敏感性锁存器，且多数情况下不是专用时序模块，所以要引起足够警惕。

尽管第 3 章中强调，为了保险起见，推荐在通常情况下都加上 default 语句。但也有一些特殊情况，在 case 语句中必须通过略去 default 语句才使得输出结果具有锁存功能，从而实现普通途径不易达到的目的，这也应属于一种编程技巧。

8.3 if 语句归纳

在前面出现的许多示例中都含有不同表达方式的 if 语句。if 语句是 Verilog 设计中非常重要和常用的顺序条件语句。下面首先对 if 语句的用法和表述作一归纳，包括使用上的注意之处，然后再深入探讨 if 语句的一些用法。

8.3.1 if 语句的一般表述形式

if 语句作为一种条件语句，它根据语句中所设置的一种或多种条件，有选择地执行指定的顺序语句。if 语句的结构大致可归纳成以下三种：

```
(1) if (条件表达式)   begin  语句块;  end
(2) if (条件表达式)   begin  语句块 1;  end
              else  begin  语句块 2;  end
(3) if (条件表达式 1)                begin  语句块 1; end
         else if   (条件表达式 2)  begin  语句块 2; end
           ...
         else if (条件表达式 n)  begin  语句块 n;  end
                           else   begin  语句块 n+1; end
```

if 语句的条件表达式必须放在括号内，即使是一个标识符也一样，如 if (a) …。这与 VHDL 对于 if 语句的要求不同。

if 语句中至少应有一个条件句。“条件表达式”可以是一个标识符，如 if (a1)…，或者是一个判别表达式，如 if (a<(b+1))…等。判别表达式输出的值，即运算结果为 1 时判断为真；运算结果为 0、x 或 z 时则判断为伪。于是 if 语句根据判断结果有条件地选择执行其后的语句。下面分别介绍这三类条件语句的用法。

第（1）种条件语句的执行情况是：当执行到此句时，首先检测（或计算）关键词 if 后的条件表达式是否为真；如果条件为真，就将顺序执行语句块中列出的各条语句，直到 end（如果只有一条语句，则可以没有块结构），即完成了全部 if 语句的执行；但如果条件检测为伪，则跳过顺序语句块不予执行，直接结束 if 语句的执行。这种语句形式是典型的不完整性条件语句，这在任何情况下都会综合出时序模块。这种语句形式在前面已出现过多次。这种非完整性条件语句，通常用于产生电平触发型时序电路（利用此类语句形式，VHDL 则能生成任何触发类型的时序模块）。

if 语句中可以对条件表达式进行简化表述，如：if (en==1) 可简为 if (en)；if ((a&b)==1'B1) 可简为 if (a&b)等。

与第（1）种语句相比，第（2）种 if 语句的差异仅在于当所测条件为伪时，并不直接结束条件句的执行，而是转向执行 else 以下的另一段顺序语句块。所以第（2）种 if 语句具有条件分支的功能，就是通过测定所设条件的真伪决定执行哪一组顺序语句块。在执行完其中一组语句后，再结束 if 语句的执行。这通常是一种完整性条件语句，它通常能给出条件句所有可能的条件及其对应的操作，因此常用于产生组合电路。

不过请注意，在其他的特定情况下也能产生时序电路，如存在诸如 posedge CLK 等表述的边沿敏感信号等。因为此语句是产生边沿触发时序电路的特征表述。

第（3）种 if 语句是一种多重 if 语句嵌套式条件句，可以产生比较丰富的条件描述。既可以产生时序电路，如例 8-16、例 8-18 等，也可以产生组合电路，或是二者的混合。

第（3）种 if 语句有一个重要特点，就是其任一分支顺序语句的执行条件是以上各分支所确定条件的相与，即相关条件同时成立。即语句中顺序语句的执行条件具有向上相与的功能，而有的逻辑设计恰好需要这种功能，如优先编码器的例 8-18 和例 8-19。

【例 8-18】

```
module CODER83 (DIN,DOUT);
output[0:2]DOUT; input[0:7]DIN;
reg[0:2] DOUT;
always @(DIN)
begin
     if (DIN[7]==0) DOUT=3'b000;
else if (DIN[6]==0) DOUT=3'b100;
else if (DIN[5]==0) DOUT=3'b010;
else if (DIN[4]==0) DOUT=3'b110;
else if (DIN[3]==0) DOUT=3'b001;
else if (DIN[2]==0) DOUT=3'b101;
else if (DIN[1]==0) DOUT=3'b011;
else                DOUT=3'b111;
  end
endmodule
```

【例 8-19】

```
module CODER83 (DIN,DOUT);
  output[0:2]DOUT;  input[0:7]DIN;
  reg[0:2] DOUT;
  always @(DIN)  begin
    casez (DIN)
    8'b???????0 : DOUT<=3'b000;
    8'b??????01 : DOUT<=3'b100;
    8'b?????011 : DOUT<=3'b010;
    8'b????0111 : DOUT<=3'b110;
    8'b???01111 : DOUT<=3'b001;
    8'b??011111 : DOUT<=3'b101;
    8'b?0111111 : DOUT<=3'b011;
    8'b01111111 : DOUT<=3'b111;
   default : DOUT<=3'b000;
endcase     end    endmodule
```

例 8-18 正是利用了 if 语句中各条件向上相与这一功能，以十分简洁的描述完成了一个 8-3 线优先编码器的设计。表 8-1 是此编码器的真值表。

表 8-1　8-3 线优先编码器真值表（表中的"x"为任意）

输入								输出		
din0	din1	din2	din3	din4	din5	din6	din7	output0	output1	output2
x	x	x	x	x	x	x	0	0	0	0
x	x	x	x	x	x	0	1	1	0	0
x	x	x	x	x	0	1	1	0	1	0
x	x	x	x	0	1	1	1	1	1	0
x	x	x	0	1	1	1	1	0	0	1
x	x	0	1	1	1	1	1	1	0	1
x	0	1	1	1	1	1	1	0	1	1
0	1	1	1	1	1	1	1	1	1	1

显然，程序最后一项赋值语句 DOUT=3'b111 的执行条件（相与条件）是：

```
(DIN[7]==1)&(DIN[6] ==1)&(DIN[5] ==1)&(DIN[4] ==1)&(DIN[3] ==1)&
(DIN[2] ==1)&(DIN[1] ==1)&(DIN[0] ==0)        //这恰好与表 8-1 最后一行吻合
```

例 8-18 的仿真波形示于图 8-8。例 8-19 是例 8-18 的 case 语句的 Verilog 表述，其中的"?"可以用 z 代替，其仿真波形图也是图 8-8。

注意例 8-19 的表述中使用了 casez，这是因为程序中的数据有"?"。利用 Quartus 进行综合，读者不难发现，此二例的逻辑资源利用情况有很大不同：例 8-19 占用的逻辑资源几乎是例 8-18 的两倍。显然，对于此类设计项目，if 语句中各条件向上相与的功能大大简化了电路的结构。

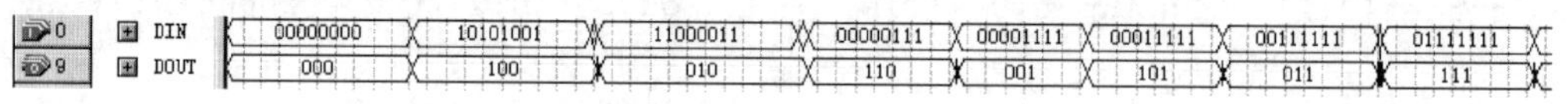

图 8-8　例 8-18/例 8-19 的时序仿真波形图

8.3.2　关注 if 语句中的条件指示

在 if 语句使用中要特别注意条件指示一定要明确，不能含糊，否则可能与希望的设计结果大相径庭。对于条件指示，应该正确使用块语句。

试分析以下三个示例：例 8-20、例 8-21 和例 8-22，关注示例中的条件（A==0）究竟针对哪一条语句，并注意它们对应电路的功能和结构。

观察例 8-20 会发现，此程序中的条件（A==0）是否满足语句的执行指向是有歧义的。如果语句 if (A==0)在满足条件后运行的语句是"if (B==0)　Q=0；else Q=1"，则程序的描述应该如例 8-21 那样，将这一语句用 begin 块括起来了。这种结构表明，此语句属于一条语句。不难发现，例 8-21 与例 5-8 的程序结构是相同的，if (A==0)引导了一个非完整型条件语句（注意，if (B==0)引导的语句的条件指向是完整的，所以构建的是组合电路）。于是其综合所得的电路一定也是一个电平触发型锁存器（如图 8-9 所示），且输入信号 A 的功能对应例 5-8 的 CLK，B 对应数据输入端 D。

【例 8-20】

```
module andd(A,B,Q);
   output Q ;
   input A,B;
    reg Q;
   always @(A,B)
     if (A==0)
     if (B==0)  Q=0;
     else  Q=1;
endmodule
```

【例 8-21】

```
module andd(A,B,Q);
   output Q ;
   input A,B; reg Q;
   always @(A,B)
    if (A==0)
    begin
    if (B==0)  Q=0;
   else  Q=1; end
endmodule
```

【例 8-22】

```
module andd(A,B,Q);
   output Q; input A,B;
   reg Q;
   always @(A,B)
   if (A==0)
   begin if(B==0)  Q=0;
   end
   else  Q=1;
endmodule
```

如果语句 if (A==0)在满足条件后运行的语句是“if (B==0) Q=0”，则程序的描述应该如例 8-22 所示，于是将这一语句用 begin 块括起来了。这种结构表明，此语句属于一条语句。此语句的含义是，如果(A==0)，则执行语句 if (B==0) Q=0，否则执行语句 Q=1。

由分析可知，此程序中由 if (B==0)和 if (B==0)所引导的语句的条件指向都是不完整的。这是因为，对于条件句 if(B==0)，未指出当 B 不为 0 时 Q 赋何值；对于条件句 if(A==0)，从表面上看，指出了当 A 不为 0 时执行语句 if(B==0) Q=0；但在此句中仍然包含当 B 不为 0 时 Q 赋何值的问题。所以此例综合出的电路会比较复杂（图 8-10）。

事实上，由于 Verilog 默认，else 与最近的没有 else 的 if 相关联，显然例 8-20 和例 8-21 是等价的。但仍然建议，在 if 语句中的任何分支执行语句，无论是单句还是多句，都用块语句括起来，以便明确各条件分支层次。

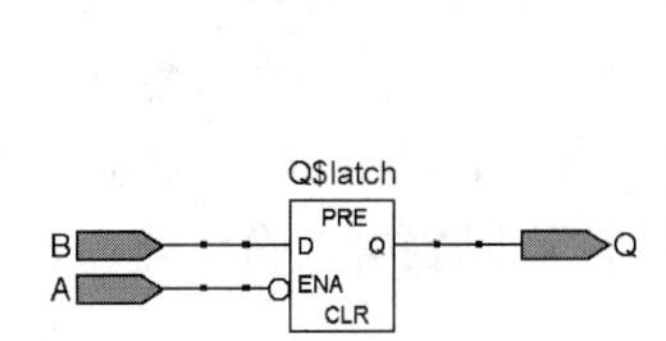

图 8-9　例 8-20/例 8-21 的 RTL 图

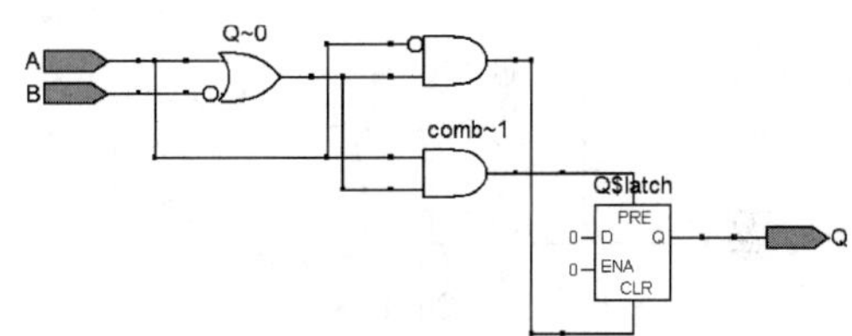

图 8-10　例 8-22 的 RTL 图

8.4　三态与双向端口设计

三态门和双向端口有许多实际应用，如 CPU 的数据和地址总线的构建，单片机的 I/O 口，RAM 的数据端口的设计等。在设计中，常利用高组态数据“Z”对一个变量赋值而引入具有高阻态输出的端口。本节将讨论含此类端口的电路的设计方法。

8.4.1　三态控制电路设计

程序例 8-23 是一个 4 位三态控制门电路的描述。当使能控制信号 ENA 为 1 时，4 位数据输出；为 0 时输出呈高阻态。语句中将高阻态数据 4'HZ 向输出端口赋值，其综合后的电路则如图 8-11 所示。

【例 8-23】
```
module tri4B (ENA,DIN,DOUT);
   input ENA;
   input[3:0] DIN;
   output[3:0] DOUT;
   reg[3:0] DOUT;
   always @(DIN,ENA)
     if (ENA)  DOUT <= DIN;
         else   DOUT <= 4'HZ;
endmodule
```

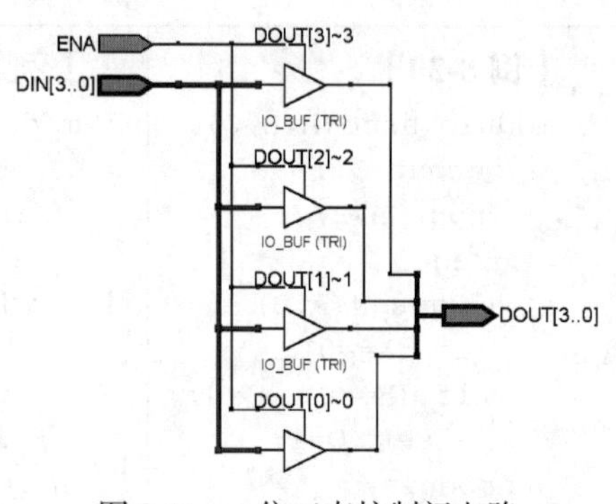

图 8-11　4 位三态控制门电路

这里一个 Z 表示 4 个高阻逻辑位。另外需注意，Z 与普通数值不同，它只能在端口赋值，不能在电路模块中被信号所传递；而且由于 Z 在综合中是一个不确定的值，有的情况下不同的综合器可能会给出不同的结果，因而对于 Verilog 综合前的行为仿真与综合后的功能仿真结果也可能是不同的。此外，在以原理图为顶层设计的电路中使用三态门比较简单，只需调用三态门元件即可，此元件符号名是 tri。

8.4.2　双向端口设计

例 8-24 是一个 1 位双向口的设计描述。程序中使用了连续赋值语句和条件操作符。综合后的 RTL 图如图 8-12 所示。用 inout 设计双向端口也必须考虑三态口的使用，因为此端口的设计与三态端口的设计十分相似，都必须考虑端口的三态控制。由于双向端口在完成输入功能时，必须使原来呈输出模式的端口呈高阻态，否则待输入的外部数据势必会与端口处原有电平发生“线与”，导致无法将外部数据正确地读入，也就无法实现双向功能。

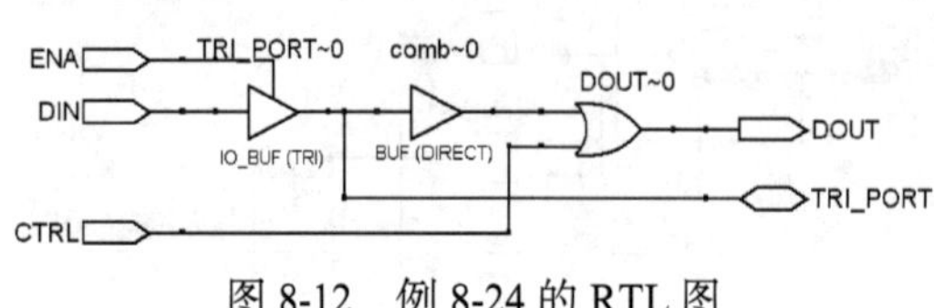

图 8-12　例 8-24 的 RTL 图

【例 8-24】
```
module bi4b (TRI_PORT,DOUT,DIN,ENA,CTRL);
   inout TRI_PORT;   input DIN,ENA,CTRL;   output DOUT;
   assign TRI_PORT = ENA ? DIN : 1'bz;
   assign DOUT = TRI_PORT | CTRL;
endmodule
```

下面再来讨论例 8-25 和例 8-26 用过程语句完成双向端口设计的实例。此二例都将 Q 定义为双向端口，DOUT 定义为三态输出口。它们的仿真波形图分别是图 8-13 和图 8-14，综合后的电路分别是图 8-15 和图 8-16。

此二例的区别仅在于，例 8-25 当利用 Q 的输入功能将 Q 端口的数据读入并传输给 DOUT(即执行 DOUT<=Q)时，没有将 Q 的端口设置成高阻态输出，即执行语句 Q<=4'HZ，从而导致了此例错误的结果(仿真波形图见图 8-13)。波形图显示，当 CTRL 为 0 时，DOUT 无法得到正确的输出结果，并且有明显的时序电路特点：CTRL 从 1 变到 0 的过程中，将其高电平时输入端口 DIN 的数据 9 锁入电路，直到 CTRL 等于 0 时，DOUT 仍输出 9。

【例 8-25】

```
module BI4B(CTRL,DIN,Q,DOUT);
  input CTRL;     input[3:0] DIN;
  inout[3:0]Q; output[3:0] DOUT;
  reg[3:0] DOUT,Q;
  always @(Q,DIN,CTRL)
     if (!CTRL) DOUT<=Q;    else
  begin Q<=DIN; DOUT<=4'HZ;
end
endmodule
```

【例 8-26】

```
module BI4B(CTRL,DIN,Q,DOUT);
  input CTRL;     input[3:0] DIN;
  inout[3:0] Q; output[3:0] DOUT;
  reg[3:0] DOUT,Q;
  always @(Q,DIN,CTRL)
  if (!CTRL)  begin DOUT<=Q;
         Q<=4'HZ; end  else
  begin Q<=DIN;  DOUT<=4'HZ;end
endmodule
```

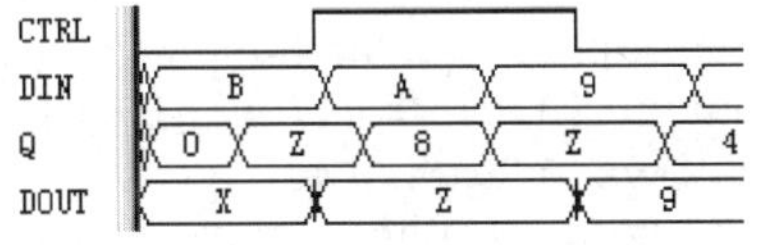

图 8-13　例 8-25 的仿真波形图

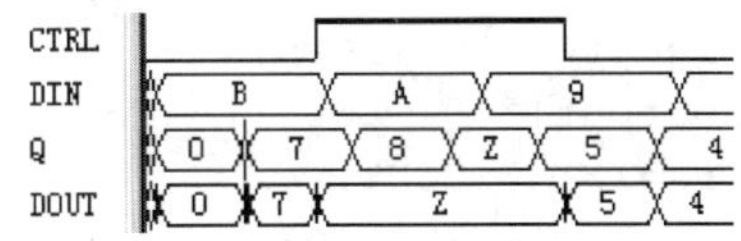

图 8-14　例 8-26 的仿真波形图

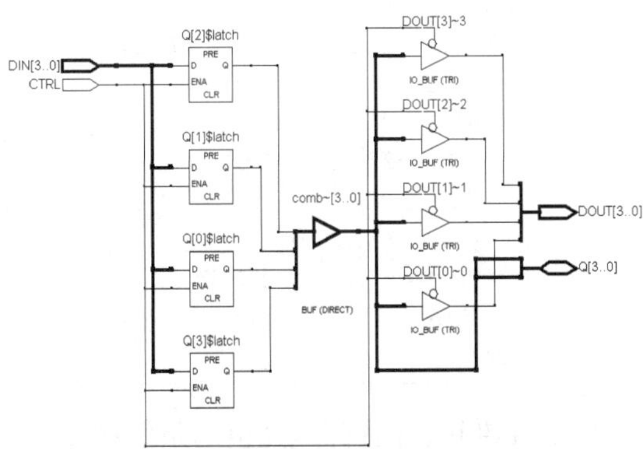

图 8-15　例 8-25 的 RTL 图

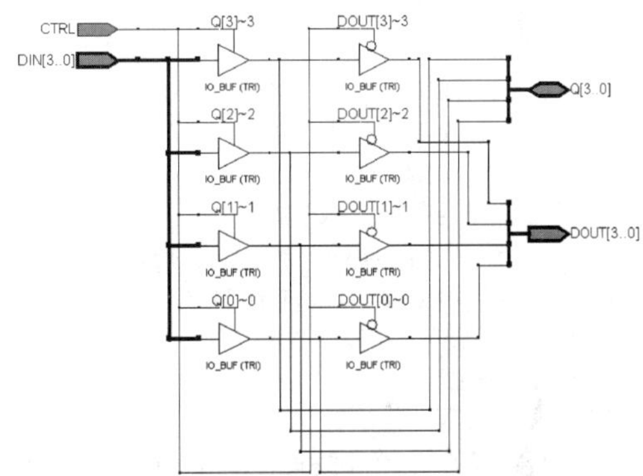

图 8-16　例 8-26 的 RLT 图

此例的综合结果也证实了这一点。从此例的 RTL 图（图 8-15）可以看到，电路中出现了锁存器，这显然是一个不希望的逻辑电路。从图 8-15 还发现，尽管在例 8-25 程序的端口部分已经明确地定义了 Q 为双向端口，但显示在电路中的综合结果却只是一个单方向输出功能的端口，而且在电路中还被插入了四个锁存器。其实，例 8-25 变成时序电路的原因十分简单，表面上看，其中的 if 语句是一个完整的条件语句，但这仅是对 DOUT 而言的，而对 Q 并非如此。即在 CTRL 的两种不同条件下（1 和 0）都给出了 DOUT 的输出数据，而 Q 只在 CTRL 为 1 时，执行赋值命令；而当 CTRL 为 0 时，没有给出 Q 的操作说明，显然这是一个非完整条件语句，必然导致时序器件的出现。

例 8-26 的情况就不同了，其中在 else 之前的块语句中仅增加了语句 Q<=4'HZ 就解决了两个重要的问题：

（1）使 Q 在 if 语句中有了完整的条件描述，从而克服了时序元件的引入。

（2）在 Q 履行输入功能时，将其设定为高阻态输出，使 Q 成为真正的双向端口，其综合后的电路如图 8-16 所示。从此例的仿真波形图（图 8-14）可见，无论 CTRL 为 1 还是 0，Q 和 DOUT 都能得到正确的输出结果。

8.4.3 三态总线控制电路设计

为构成芯片内部的总线系统，必须设计三态总线驱动器电路，这可以有多种表达方法，但必须注意信号多驱动源的处理问题。例 8-27 和例 8-28 都试图描述一个 4 位 4 通道的三态总线驱动器，但其中一个程序是错误的。

【例 8-27】

```
module triBUS4(
  IN3,IN2,IN1,IN0,ENA,DOUT);
  input[3:0] IN3,IN2,IN1,IN0;
  input[1:0]  ENA;
  output[3:0] DOUT;
  reg[3:0] DOUT;
  always @(ENA,IN3,IN2,IN1,IN0)
     begin
    if (ENA==0)  DOUT=IN3;
         else  DOUT=4'HZ;
    if (ENA==1)  DOUT=IN2;
         else  DOUT=4'HZ;
    if (ENA==2)  DOUT=IN1;
         else  DOUT=4'HZ;
    if (ENA==3)  DOUT=IN0;
         else  DOUT=4'HZ;
      end
endmodule
```

【例 8-28】

```
module triBUS4(
     IN3,IN2,IN1,IN0,ENA,DOUT);
  input[3:0] IN3,IN2,IN1,IN0;
  input[1:0]  ENA;
  output[3:0] DOUT; reg[3:0]DOUT;
  always @(ENA, IN0)
  if (ENA==2'b00)  DOUT=IN0;
      else  DOUT=4'hz;
  always @(ENA, IN1)
  if (ENA==2'b01)  DOUT=IN1;
      else  DOUT=4'hz;
  always @(ENA, IN2)
  if (ENA==2'b10)  DOUT=IN2;
      else  DOUT=4'hz;
  always @(ENA, IN3)
  if (ENA==2'b11)  DOUT=IN3;
      else  DOUT=4'hz;
endmodule
```

例 8-27 在一个过程结构中放了四个顺序完成的 if 语句，并且都是完整的条件描述句。纯粹从语句上分析，通常会认为将产生四个 4 位的三态控制通道，且输出只有一个信号端 DOUT，即一个 4 通道的三态总线控制电路。但事实并非如此。

如果考虑到前面曾对过程语句中关于变量的两种不同赋值特点的讨论，就会发现例 8-27 中的输出信号 DOUT 在任何条件下都有四个并行激励源，即赋值源。从综合的角度看，它们不可能都被顺序赋值更新。这是因为在过程中，顺序等价的语句，包括赋值语句和 if 语句等，当它们列于同一过程的敏感表中的输入信号同时变化时（即使不是这样，综合器对过程也会自动考虑这一可能的情况），只可能对过程结束前的那一条赋值语句（含 if 语句等）进行赋值操作，而忽略其上的所有的等价语句。因此，对于例 8-27 中的 DOUT 的赋值，无论用什么赋值方式，阻塞式或非阻塞式，都能毫无例外地得出图 8-17 的 RTL 图。这就是说，例 8-27 虽然能通过综合，却不能实现原有的设计意图。

从图 8-17 能清晰地看出，例 8-27 完全是一个错误的设计方案，图中除了 IN0 通道外，其余三个 4 位输入端都悬空着，没能用上，显然是因为恰好将 IN0 安排作为过程中 DOUT 的最后一个激励信号的原因。这是一个阻塞式和非阻塞式赋值都得出相同结果的示例。顺便建议，一般情况下，同一过程中最好只放一个 if 语句结构（包含嵌套的 if 语句），无论描述组合逻辑还是时序逻辑都一样。这样更容易对程序的功能进行直接分析，也适合综合器的一般性能。当然，若为实现某些功能，在过程中也可以并列放置多个仅描述组合逻辑的 if 语句，这时不要忘了将它们用块语句括起来。

再来看例 8-28，由于在其模块中使用了四个并列独立的过程语句结构，因此便能综合出图 8-18 所示的正确的电路结构（注：为了便于比较，此图是例 8-28 对应的 2 位 2 通道简化 RTL 图）。这是因为，在模块中的每一条 always 并行语句都是一个独立运行的过程，它们独立且不冲突（重叠）地监测各并行语句中作为敏感信号的输入值 ENA。即当作为敏感信号的 ENA 变化的同一时刻中，四条 always 语句的地位是平等的，但却始终只有一条语句被执行，从而获得了图 8-18 的正确结果。而例 8-27 中的四条 if 语句却只能被执行最后一条。

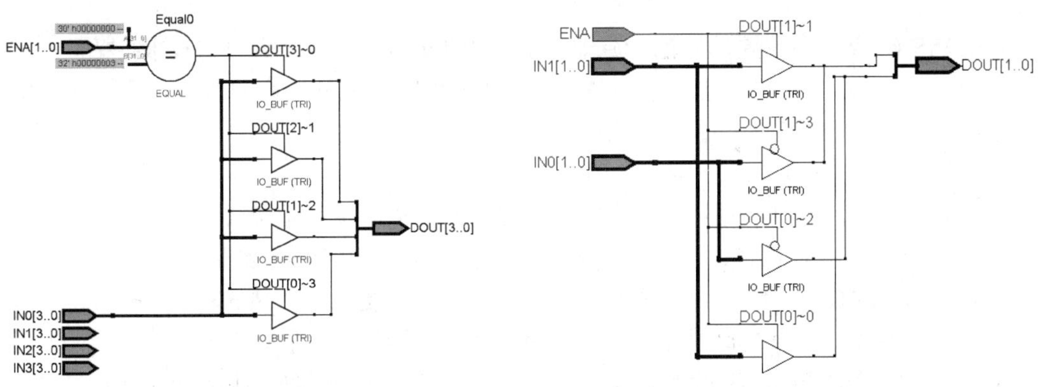

图 8-17　例 8-27 的 RTL 图　　　　图 8-18　例 8-28 的 2 位简化 RTL 图

例 8-28 启示我们，要设计出能产生独立控制的多通道的三态总线电路结构，必须使用并行语句结构。这就不难理解，如果将例 8-28 中的四个过程用四个对应的连续赋值语句来描述也一定能得出正确结果。例 8-29 就是对应例 8-28 的设计。它用了四个并列的连续赋值语句，它们是典型的并行语句，都使用了条件操作符描述选通控制。综合与仿真的结果与例 8-28 完全相同。

【例 8-29】

```
module mux4_1(IN3,IN2,IN1,IN0,ENA,DOUT);
   input[3:0] IN3,IN2,IN1,IN0; input[1:0]  ENA;
   output[3:0] DOUT;
   assign DOUT = (ENA==2'B00) ? IN0 : 4'HZ;
   assign DOUT = (ENA==2'B01) ? IN1 : 4'HZ;
   assign DOUT = (ENA==2'B10) ? IN2 : 4'HZ;
   assign DOUT = (ENA==2'B11) ? IN3 : 4'HZ;
endmodule
```

事实上，如果不细看，很容易会认为例 8-28 和例 8-29 的结构是错误的，因为对于同一信号有并行四个赋值源，在实际电路上完全可能发生“线与”。但这里其实不然。此例中，在 else 后使用了高阻态赋值（Z），不可能发生“线与”；但如果将 Z 改成 0、1 或其他确定数值，就不一样了，综合必定无法通过。

8.5 Verilog 系统设计优化

硬件系统设计中，对于相同的功能要求，所实现的不同的电路构建往往会有迥异的性能指标，这主要表现在系统速度、资源利用率、可靠性等方面。因此 EDA 实用技术中必须包括优化设计和验证测试等方面的技术手段。此外，好的程序设计风格，即所谓编码风格（coding style）对于设计出拥有良好性能的系统也关系重大。此外，EDA 设计的优化效果同 EDA 工具、Verilog 的编码表述、可编程逻辑器件的结构之间有着紧密的联系。

8.5.1 资源共享

在 ASIC 设计中，硬件设计资源即所谓面积（area）是一个重要的技术指标。对于 FPGA/CPLD，其芯片面积（逻辑资源）是固定的，但有资源利用率问题，这里的“面积”优化是一种习惯上的说法，指的是 FPGA/CPLD 的资源利用优化。

FPGA 资源的优化具有一定的实用意义：

- 通过优化，可以使用规模更小的可编程器件，从而降低系统成本，提高性价比。
- 对于某些 PLD 器件，当耗用资源过多时会严重影响优化的实现。
- 为以后的技术升级，留下更多的可编程资源，方便添加产品的功能。
- 对于多数可编程逻辑器件，资源耗用太多会使器件功耗显著上升。

这里首先考虑资源共享问题。在设计数字系统时经常会碰到一个问题：同样结构的模块需要反复地被调用，但该结构模块需要占用较多的资源，这类模块往往是基于组合电路的算术模块，比如乘法器、宽位加法器等。系统的组合逻辑资源大部分被它们占用，由于它们的存在，不得不使用规模更大、成本更高的器件。下面是一个典型的示例。

在例 8-30 中使用了两个 4×4 乘法器：A0×B 和 A1×B。该设计可用图 8-19 来描述其 RTL 级结构：整个设计除两个乘法器以外就只剩一个多路选择器了。乘法器在设计中面积占有率最大。如果仔细观察该电路的结构可以发现，当 sel=0 时使用了乘法器 0，没有使用乘法器 1，而当 sel=1 时只使用了乘法器 1，乘法器 0 是闲置的。同时输入 B 一直被接入乘法器模块，并被使用；sel 信号选择 0 或 1 造成的唯一区别是乘法器中一端的输入发生了变化，在 A0 信号和 A1 信号间切换。据此分析，可以设法拿掉一个乘法器，让剩下的乘法器共享利用，即不论 sel 信号是什么，乘法器都在使用，或者说不同的 sel 选择共享了一个（仅仅一个）乘法器。图 8-20 即为优化的 RTL 图，对应例 8-31。

【例 8-30】

```
module multmux (A0, A1, B, S, R);
 input[3:0] A0, A1, B;  input S;
 output[7:0] R;   reg[7:0] R;
 always @(A0 or A1 or B or S)
   begin
   if (S==1'b0)  R<=A0 * B;
     else  R<=A1 * B;
 end
endmodule
```

【例 8-31】

```
module multmux (A0, A1, B, S,R);
 input[3:0] A0, A1, B;  input S;
 output[7:0] R;   wire [7:0] R;
  reg [3:0] TEMP;
 always @(A0 or A1 or B or S)
 begin  if (S==1'b0)  TEMP<=A0;
  else TEMP <= A1;  end
 assign R=TEMP * B;
endmodule
```

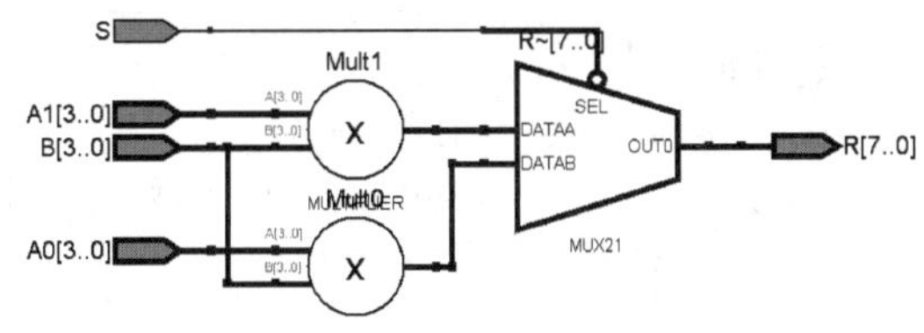

图 8-19　先乘后选择的设计方法 RTL 结构

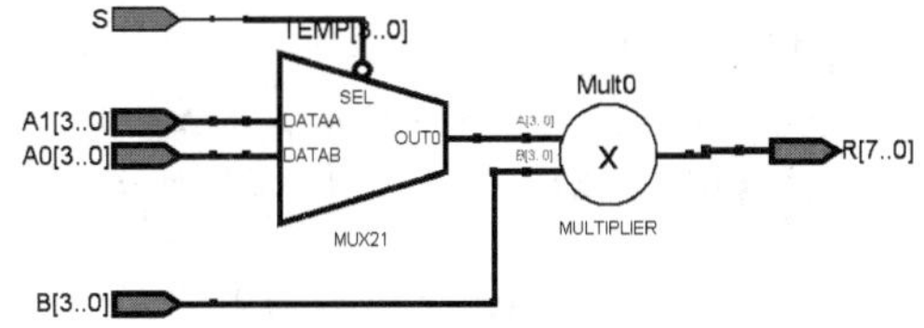

图 8-20　先选择后乘设计方法 RTL 结构

图 8-20 中，使用 sel 信号选择 A0、A1 作为乘法器的输入，B 信号固定作为共享乘法器的输入。与图 8-19 相比，在逻辑结果上没有任何改变，然而却节省了一个代价高昂的乘法器，使得整个设计占用的面积几乎减少了一半。

这里介绍的内容只是资源优化的一个特例。但是此类资源优化思路具有一般性意义，主要针对数据通路中耗费逻辑资源比较多的模块，通过选择、复用的方式共享使用该模块，以减少该模块的使用个数，达到减少资源使用、优化面积的目的，也对应 HDL 特定目标的编码风格。

当然并不是在任何情况下都能以此法实现资源优化。例如若对图 8-21 中输入与门之类的模块使用资源共享，通常是无意义的，有时甚至会增加资源的使用（多路选择器的面积显然要大于与门）。若对于多位乘法器、快速进位加法器等算术模块，使用资源共享技术往往能大大优化资源。Quartus 和 Synplify Pro 等综合器，通过设置就能自动识别设计中需要资源共享的逻辑结构，自动地进行资源共享。

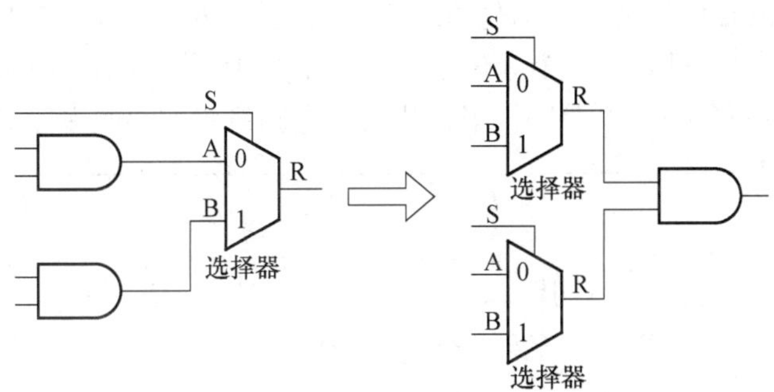

图 8-21　资源共享反例

8.5.2　逻辑优化

逻辑优化也可明显减少资源的占用。在实际的设计中常常会遇到两个数相乘，而其中一个为常数的情况。例 8-32 是一个较典型的示例，它构建了一个两输入的乘法器：mc <= ta * tb；然后再对其中一个端口赋予一个常数值。若按照例 8-32 的设计方法处理，显然会引起很大的资源浪费，若适配于 EPF10K20 中，共需耗用 167 个 LE。如果按照例 8-33 进行逻辑优化，采用常数乘法器，则在与例 8-32 同样的条件下对其编译综合，得出的资源仅耗用 93 个 LE。当然现在的 Quartus 能自动优化，故无此差异，但其设计风格值得关注。

【例 8-32】

```
module mult1 (clk, ma, mc);
  input clk;  input[11:0] ma;
  output[23:0] mc;
  reg[23:0] mc; reg[11:0] ta,tb;
  always @(posedge clk)
  begin  ta<=ma; mc<=ta * tb;
    tb <= 12'b100110111001; end
endmodule
```

【例 8-33】

```
module mult2  (clk, ma, mc);
  input clk;  input[11:0] ma;
  output[23:0] mc;
  reg[23:0] mc;   reg[11:0] ta;
  parameter tb=12'b100110111001;
  always @(posedge clk)
  begin  ta<=ma; mc<=ta * tb; end
endmodule
```

8.5.3 串行化

串行化也是一种资源优化的方法。串行化是指把原来耗用资源巨大、单时钟周期内完成的并行执行的逻辑块分割开来，提取出相同的逻辑模块（一般为组合逻辑块），在时间上复用该逻辑模块，用多个时钟周期完成相同的功能，其代价是降低了工作速度。事实上，诸如用 CPU 完成的操作可以看做是逻辑串行化的典型示例，它总是在时间上（表现在 CPU 上为指令周期）反复使用它的 ALU 单元来完成复杂的操作。例 8-34 描述了一个乘法累加器，其位宽为 16 位，对 8 个 16 位数据进行乘法和加法运算，即

$$yout = a_0\times b_0 + a_1\times b_1 + a_2\times b_2 + a_3\times b_3$$

例 8-34 采用并行逻辑设计。由其 RTL 图可以看出，共耗用了 4 个 8 位乘法器和一些加法器，在 Quartus 中若适配于器件 EP3C5，共耗用 460 个 LE。如果把上述设计用串行化的方式进行实现，只需用 1 个 8 位乘法器和 1 个 16 位加法器（两输入的）。程序见例 8-35。从综合后的电路可以看出，串行化后，电路逻辑明显复杂了，加入了许多时序

【例 8-34】

```
module pmultadd  (clk, a0, a1, a2, a3, b0, b1, b2, b3, yout);
   input clk;  input[7:0] a0, a1, a2, a3, b0, b1, b2, b3;
   output[15:0] yout;   reg[15:0] yout;
   always @(posedge clk)  begin
     yout <= ((a0 * b0)+(a1 * b1))+((a2 * b2)+(a3 * b3));  end
endmodule
```

【例 8-35】

```
module smultadd (clk, start, a0, a1, a2, a3, b0, b1, b2, b3, yout);
   input clk, start;  input[7:0] a0, a1, a2, a3, b0, b1, b2, b3;
   output[15:0] yout;   reg[15:0] yout, ytmp;   reg[2:0] cnt;
   wire[7:0] tmpa, tmpb; wire[15:0] tmp;
  assign tmpa=(cnt==0)? a0:(cnt==1)? a1:(cnt==2)? a2:(cnt==3)? a3:a0;
  assign tmpb=(cnt==0)? b0:(cnt==1)? b1:(cnt==2)? b2:(cnt==3)? b3:b0;
  assign tmp = tmpa * tmpb;
  always @(posedge clk) begin
    if (start==1'b1)  begin  cnt<=3'b000; ytmp<={16{1'b0}};  end
    else if (cnt<4)    begin  cnt<=cnt+1; ytmp<=ytmp+tmp;  end
    else if (cnt==4)   begin  yout<=ytmp;  end    end
endmodule
```

电路进行控制，比如 3 位二进制计数器，另增加了 2 个大的选择器，但资源使用却要小得多，例 8-35 使用了相同的 Quartus 综合/适配设置，LE 的耗用数为 186 个。

应该注意，串行化后需要使用 5 个 clk 周期才完成一次运算，还需附加运算控制信号（start）；而对于并行设计，每个 clk 周期都可完成一次运算且不需要运算控制信号。

8.5.4 流水线设计

其实，对大多数设计来说，速度优化比资源优化更重要，更需优先考虑。速度优化涉及的因素比较多，如 FPGA 的结构特性、HDL 综合器性能、系统电路特性、PCB 制版情况等，也包括 Verilog 的编码风格。这里主要讨论电路结构方面的速度优化方法。

流水线（pipelining）技术在速度优化中是最常用的技术之一。它能显著地提高设计电路的运行速度上限。在现代微处理器（如微机中的 Intel CPU 就使用了多级流水线技术，主要指指令执行的流水操作）、数字信号处理器、高速数字系统、高速 ADC、DAC 器件设计中，几乎都离不开流水线技术，甚至在有的新型单片机设计中也采用了流水线技术，以期达到高速特性（通常每个时钟周期执行一条指令）。

事实上在设计中加入流水线，并不会减少原设计中的总延时，有时甚至还会略微增加插入的寄存器的延时及信号同步的时间差，但却可以提高总体的运行速度，这并不存在矛盾。图 8-22 是一个未使用流水线的设计，在设计中存在一个延时较大的组合逻辑块。显然该设计从输入到输出需经过的时间至少为 T_a，就是说，时钟信号 clk 周期不能小于 T_a。图 8-23 是对图 8-22 设计的改进，使用了二级流水线。在设计中表现为把延时较大的组合逻辑块切割成两块延时大致相等的组合逻辑块，它们的延时分别为 T_1、T_2。设置为 $T_1 \approx T_2$，与 T_a 存在关系式：$T_a=T_1+T_2$。在这两个逻辑块中插入了寄存器。

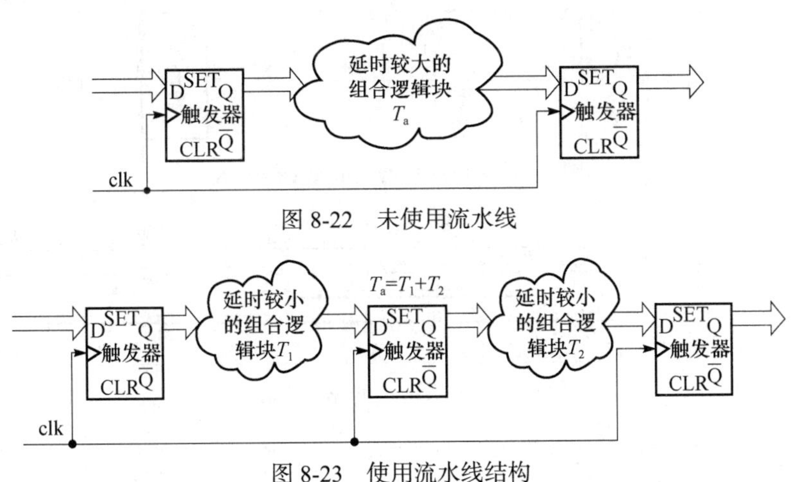

图 8-22 未使用流水线

图 8-23 使用流水线结构

但是对于图 8-23 中流水线的第 1 级（指输入寄存器至插入的寄存器之间的新的组合逻辑设计），时钟信号 clk 的周期可以接近 T_1，即第 1 级的最高工作频率 F_{max1} 可以约等于 $1/T_1$；同样，第 2 级的 F_{max2} 也可以约等于 $1/T_1$。由此可以得出图 8-23 中的设计，其最高频率为 $F_{max} \approx F_{max1} \approx F_{max2} \approx 1/T_1$。显然，最高工作频率比图 8-22 设计的速度提升了近一倍。

图 8-23 中流水线的工作原理是这样的，一个信号从输入到输出需要经两个寄存器（不考虑输入寄存器），共需时间为 $T_1+T_2+2T_{reg}$（T_{reg} 为寄存器延时），时间约为 T_a。但是每隔 T_1 时间，输出寄存器就输出一个结果，输入寄存器输入一个新的数据。这时两个逻辑块处理的不是同一个信号，资源被优化利用了，而寄存器对信号数据做了暂存。

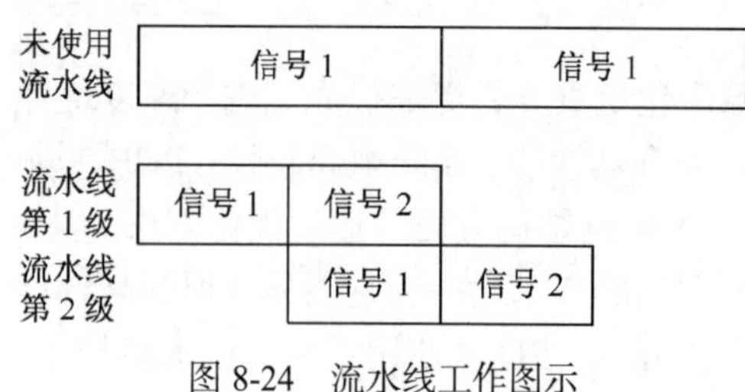

图 8-24　流水线工作图示

流水线工作节拍可以用图 8-24 来表示。以下用具体示例来进一步说明。

例 8-25 和例 8-37 同是 8 位加法器设计描述。前者是普通加法器描述方式，后者是二级流水线描述方式，其结构如图 8-25 所示。将 8 位加法分成两个 4 位加法操作，其中用锁存器隔离。基本原理与图 8-23 和图 8-24 介绍的原理相同。

不妨对以下两个示例的工作时序、逻辑耗用和时钟速度，在 Quartus 上进行比较。图 8-26 和图 8-27 分别是例 8-36 和例 8-37 的时序仿真波形图。以 A9H+78H 为例，图 8-26 显示，此结果在一个时钟后出现，即 121H；而图 8-27 显示，此结果需两个时钟后才输出。

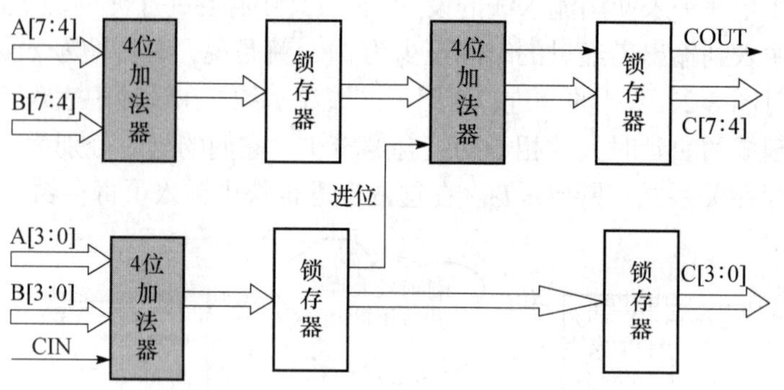

图 8-25　8 位加法器流水线工作图示

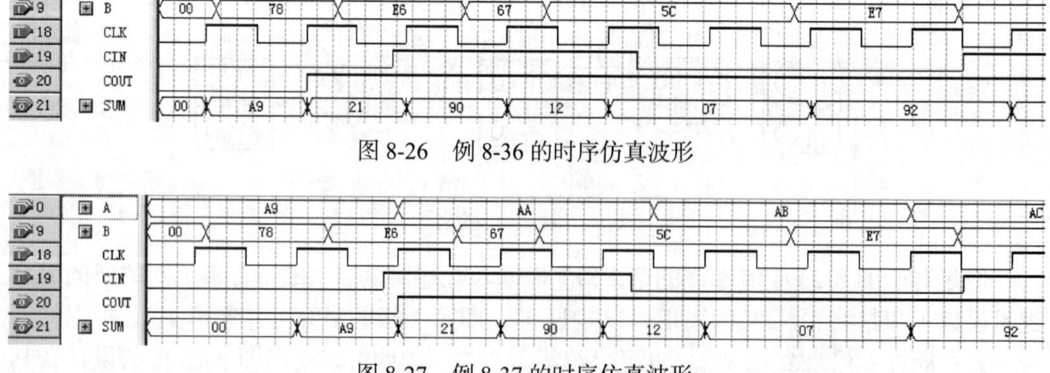

图 8-26　例 8-36 的时序仿真波形

图 8-27　例 8-37 的时序仿真波形

【例 8-36】EP3C5 综合结果：LCs=10, REG=0（纯组合逻辑），T=7.748ns

```
module ADDER8(CLK,SUM,A,B,COUT,CIN);
  input[7:0] A,B;  input CLK,CIN;  output COUT;  output[7:0] SUM;
  reg COUT;   reg[7:0] SUM;
   always @(posedge CLK)    {COUT,SUM[7:0]} <= A+B+CIN;
endmodule
```

【例 8-37】EP3C5 综合结果：T=3.63ns，LCs=24，REG=22（时序逻辑）

```
module ADDER8(CLK,SUM,A,B,COUT,CIN);
  input[7:0] A,B;  input CLK,CIN;  output COUT;   output[7:0] SUM;
   reg TC,COUT;   reg[3:0] TS,TA,TB;    reg[7:0] SUM;
    always @(posedge CLK)  begin
      {TC,TS} <= A[3:0]+B[3:0]+CIN;    SUM[3:0]<=TS;    end
    always @(posedge CLK)  begin
      TA<=A[7:4];   TB<=B[7:4];  {COUT,SUM[7:4]}<=TA+TB+TC;    end
endmodule
```

对于加法操作有加法树速度优化技术，也部分类似于流水线法。例如若要实现 A+B+C 三个加数的加法操作，高速处理此加法操作的方法是首先实现其中两个数的加法，如 A+B，将其和用寄存器锁存一个时钟周期，然后将寄存器的和与第三个被加数 C 相加。这种思路被称为 2 输入加法树结构，若将加法树逐级拓展，可以实现更长的树结构。例如实现 A+B+C+D+E 五个加数的加法器，在中间就需要三级寄存器缓存。

8.5.5 乒乓操作法

乒乓操作法是 FPGA 开发中的一种数据缓冲优化设计技术，可以看成是另一种形式的流水线技术。其原理可用图 8-28 说明，输入的数据流在通过“输入数据流选择单元”时，时间等分地将数据流分配到两个数据缓冲模块内。数据缓冲模块可以是 FPGA 中的任何存储模块，如双口 RAM、单口 RAM 和 FIFO 等。在第一段缓冲周期，将输入的数据流缓存到“数据缓冲模块 1”；在第二个缓冲周期，通过“输入数据流选择单元”的切换，将输入的数据流缓存到“数据缓冲模块 2”，与此同时，将“数据缓冲模块 1”缓存的第一个周期的数据通过“输出数据流选择单元”的选择，送到“数据流运算处理模块”进行运算处理。而在第三个缓冲周期，通过“输入数据流选择单元”的再次切换，将输入的数据流缓存到“数据缓冲模块 1”；与此同时将“数据缓冲模块 2”缓存的第二个周期的数据通过“输出数据流选择单元”的切换，送到“数据流运算处理模块”进行运算处理，如此循环往复。

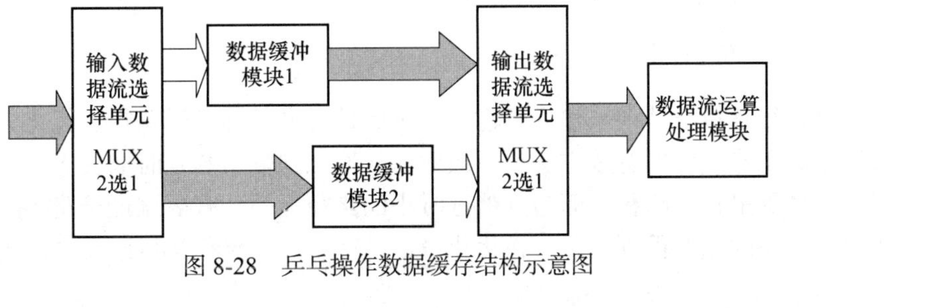

图 8-28　乒乓操作数据缓存结构示意图

这种操作方式的特点是，通过“输入数据流选择单元”和“输出数据流选择单元”按节拍、相互配合的切换，将经过缓冲的数据流“无缝”地，即没有时间停顿地送到“数据流运算处理模块”进行处理。如果将此操作模块作为一个整体，可以发现输入数据流和输出数据流都是连续不断的，没有任何停顿，因此特别适用于对数据流进行流水线式处理。所以乒乓操作法常应用于流水线式算法，完成数据的无缝缓冲与处理。另一个特点是可以节约缓冲区空间。比如在 WCDMA 基带应用中，1 帧（frame）是由 15 个时隙（slot）组成的，有时需要将 1 整帧的数据延时 1 个时隙后处理，比较直接的办法是将这帧数据缓存起来，然后延时 1 个单元进行处理。这时缓冲区的长度是 1 整帧数据长，假设数据速率是 3.84Mbps，1 帧长 10ms，则此时需要缓冲区长度是 38400 位。如果采用乒乓操作，只需定义两个能缓冲 1 个 slot 数据的 RAM（单口 RAM 即可），当向一块 RAM 写数据的时候，从另一块 RAM 读数据，然后送到处理单元处理，此时，每块 RAM 的容量仅需 2560 位即可。两块 RAM 加起来也只有 5120 位的容量。

根据乒乓原理，还可设计出 3 缓存或多缓存结构，可使数据流速度进一步提高。

8.5.6 寄存器配平法

图 8-29 所示的一项设计中，如果其中的两个组合逻辑块的延时差别过大，如 T_1 大于 T_2，于是其总体的工作频率 F_{max} 取决于 T_1，即最大的延时模块，从而导致设计的整体性能受到限制。类似问题也可以利用上一节介绍的流水线设计方法给予解决。

在此可以对图 8-29 中的设计进行改进。就是把图中的组合逻辑 1 的部分逻辑转移到组合逻辑 2 中，以减小组合逻辑 1 的延时 T_1，设修改后的组合逻辑 1 延时为 t_1，而修改后的组合逻辑 2 延时为 t_2，使 $t_1 \approx t_2$，且 $T_1+T_2=t_1+t_2$。当然这时组合逻辑 2 的延时增加了，不过根据在上一节的分析，改进后的设计的 F_{max} 将由 t_1 决定，由于 $t_1<T_1$，显然设计的速度得到了提高。

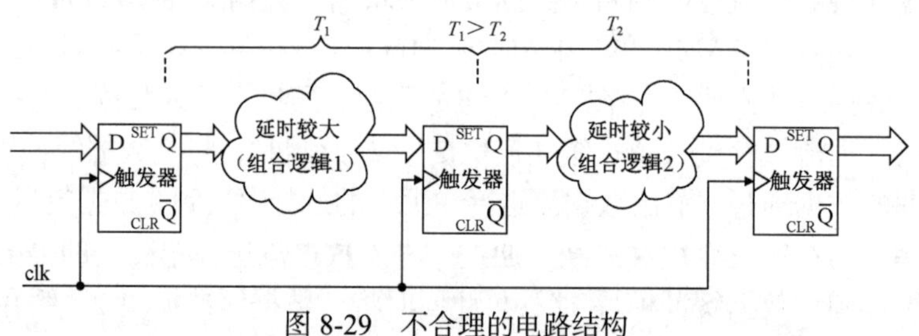

图 8-29 不合理的电路结构

这种速度优化方法的关键是配平寄存器两侧的组合延时逻辑块，因此这种速度优化方法称为寄存器配平（register balancing）。

8.5.7 关键路径法

关键路径是指设计中从输入到输出经过的延时最长的逻辑路径。优化关键路径是一种提高电路工作速度的有效方法。一般地，从输入到输出的延时取决于信号所经过的延时最大（或称最长）路径，而与其他延时小的路径无关。减少该最长路径的总延时就能使得整个电路的速度得到改善。在优化设计过程中关键路径法可以反复使用，直到不可能减少关键路径延时为止。EDA工具中的综合器及设计分析器通常都提供关键路径的信息以便设计者改进设计，提高速度。Quartus 中的时序分析器可以帮助找到延时最长的关键路径。对设计者来说对于一个结构已定的设计进行速度优化，关键路径法是首选的方法，它可以与其他优化技巧配合使用。

习　　题

8-1　举例说明，使用8.3.1节的第（1）类if语句描述含有使能或清0控制的边沿触发器和电平触发型锁存器的Verilog表述特点和其中的主要语句的功能。

8-2　讨论例8-15、例8-16、例8-17的异同点，举一新例说明当Verilog表述中存在隐含的条件不完整语句时，综合出了不希望的时序模块。

8-3　从不完整的条件语句产生时序模块的原理看，例8-13和例8-14从表面上看都包含不完整条件语句，试说明，为什么例8-13的综合结果含锁存器，而例8-14却没有。

8-4　分别用原理图形式和用Verilog代码形式设计一个具有4通道的三态总线控制电路，可分别对四个8位LPM_RAM进行数据读取和写入操作。仿真后证明设计的正确性。

8-5　详细讨论以下两个示例的代码表述方式，并给出它们各自的RTL电路，再根据电路情况进一步讨论含混合赋值类型语句过程的执行特点，从而深入了解阻塞和非阻塞赋值语句的用法特点。

示例1

```
module test1 (X1,X2,A,B,C,D,CLK);
input CLK,X1,X2;
output A,B,C,D;
reg A,B,C,D;
 always@(posedge CLK)
  begin
    A=X1; D=X2; B<=D;  C<=A; end
endmodule
```

示例2

```
module test1 (X1,X2,A,B,C,D,CLK);
input CLK,X1,X2;
output A,B,C,D;
reg A,B,C,D;
 always@(posedge CLK)
   begin
  B<=D;  C<=A;  A=X1;  D=X2;   end
endmodule
```

8-6　以下程序和波形图（图8-30）分别是一个3-8译码器的设计程序及对应的时序波形。试根据8.1.3节讨论此项设计所依据的原理。

```
module DCD3_8  ( output reg[7:0]Q, input[2:0]D );
  always @(D)    begin   Q<= 8'b00000000;  Q[D]<=1;  end
endmodule
```

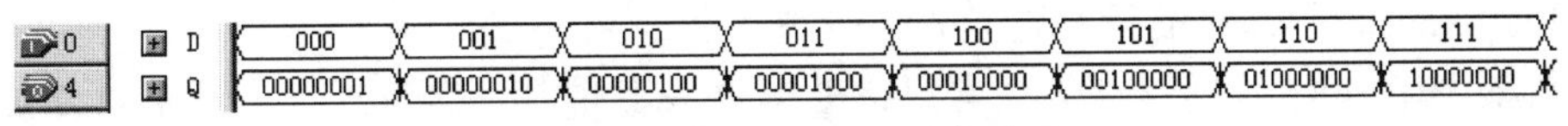

图8-30　3-8译码器的时序波形

8-7　利用资源共享的面积优化方法对下面程序进行优化（仅要求在面积上优化）。

```
module addmux (A, B, C, D, sel, Result);
  input[7:0] A, B, C, D;  input sel;
  output[7:0] Result;   reg[7:0] Result;
  always @(A or B or C or D or sel)  begin
    if (sel==1'b0)  Result <= A+B;  else  Result <= C+D;  end
endmodule
```

8-8 试通过优化逻辑的方式对图 8-31 所示的结构进行改进，给出 Verilog 代码和结构图。

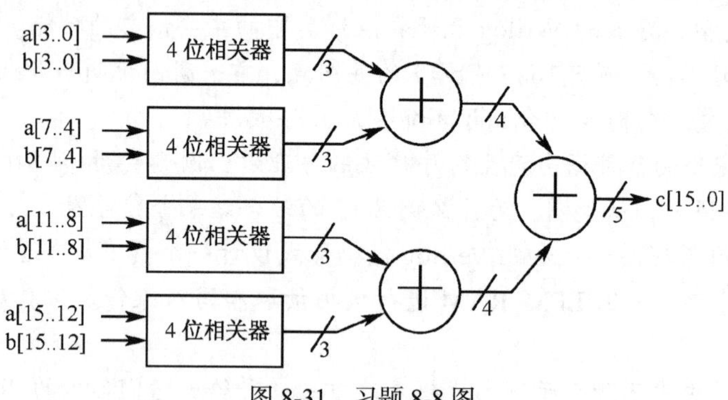

图 8-31 习题 8-8 图

8-9 设计一个连续乘法器，输入为 a0、a1、a2、a3，位宽各为 8 位，输出 rout 为 32 位，完成 rout=a0 * a1 * a2 * a3，试实现之。对此设计进行优化，判断以下实现方法中哪种方法更好？

（1）rout = ((a0 * a1) * a2) * a3

（2）rout = (a0 * a1) * (a2 * a3)

8-10 为提高速度，对习题 8-9 中的前一种方法加上流水线技术进行实现。

8-11 试对以上的习题通过设置 Quartus 相关选项的方式，提高速度，减小面积。

8-12 参考例 8-37，设计一 16 位加法器，含有三级流水线结构。与只含一级寄存器的同样加法器（即无流水线结构的例 8-36）在运行速度上进行比较。

8-13 设计一个三级流水线结构的 8 位乘法器，与只有一级锁存结构的 8 位乘法器的工作速度进行比较。从仿真时钟速度与 FPGA 实测速度两方面进行比较。

实验与设计

8-1 4×4 阵列键盘键信号检测电路设计

实验目的：用 Verilog 设计能识别 4×4 阵列键盘的实用电路。

实验原理：4×4 阵列键盘十分常用，图 8-32 是此键盘电路原理图，图 8-33 是此键盘的 10 芯接口原理图（这种接口安排十分容易与附录中的 KX_CDS 系统相接），注意此项设计要求输入端有上拉电阻。假设其两个 4 位口 A[3:0]和 B[3:0]都有上拉电阻。在应用中，当按下某键后，为了辨别和读取键信息，一种比较常用的方法是，向 A 口扫描输入一组分别只含一个 0 的 4 位数据，如 1110、1101、1011 等。若有键按下，则 B 口一定会输出对应的数据，这时，只要结合 A、B 口的数据，就能判断出键的位置。如当键 S0 按下，对于输入的 A=1110，那么输出的 B=0111。于是{B,A}=0111_1110 就成了 S0 的代码。

例 8-38 就是根据此原理给出的 Verilog 设计参考程序。

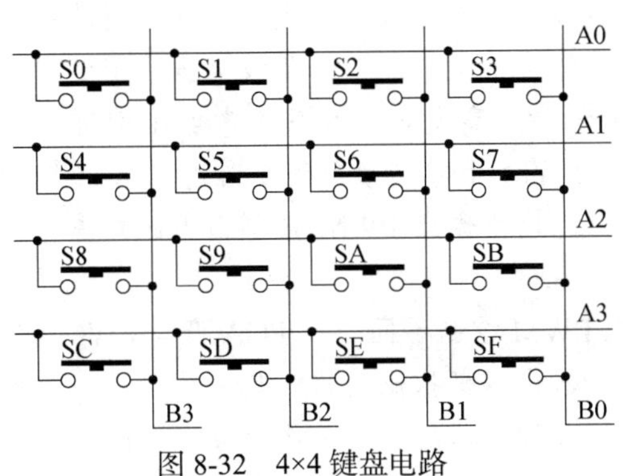

图 8-32　4×4 键盘电路

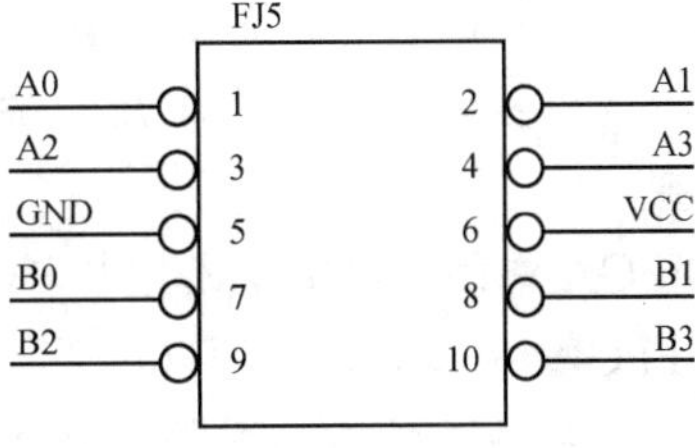

图 8-33　4×4 键盘的 10 芯接口

【例 8-38】

```
module KEY4X4 (input CLK, input[3:0]A, output reg[3:0]B,R);
    reg[1:0] C;
   always @ (posedge CLK)   begin   C<=C+1;
     case(C)
        0: B=4'B0111; 1: B=4'B1011; 2: B=4'B1101; 3: B=4'B1110;
     endcase
     case({B,A})
        8'B0111_1110: R=4'H0; 8'B0111_1101 : R=4'H1;
        8'B0111_1011: R=4'H2; 8'B0111_0111 : R=4'H3;
        8'B1011_1110: R=4'H4; 8'B1011_1101 : R=4'H5;
        8'B1011_1011: R=4'H6; 8'B1011_0111 : R=4'H7;
        8'B1101_1110: R=4'H8; 8'B1101_1101 : R=4'H9;
        8'B1101_1011: R=4'HA; 8'B1101_0111 : R=4'HB;
        8'B1110_1110: R=4'HC; 8'B1110_1101 : R=4'HD;
        8'B1110_1011: R=4'HE; 8'B1110_0111 : R=4'HF;
     endcase    end
endmodule
```

实验任务 1：根据实验原理分析程序例 8-38，仿真并详细说明程序中各语句结构的功能，并在 FPGA 上硬件验证。

实验任务 2：修改程序例 8-38，并增加一个显示译码器，使按下键时输出此键的键码值，松开键后不作任何显示。

实验任务 3：为了更实用，为键盘电路加上去抖动电路模块。

实验任务 4：回答问题：例 8-38 的程序中为何没有加 default 语句？它希望借此实现什么功能？如果加上 default 语句会有什么后果？分别用仿真波形说明之。在 default 语句存在的条件下，需要增加什么电路才能实现例 8-38 同样的功能？给出完整程序，并硬件验证之。

8-2 直流电机综合测控系统设计

实验目的： 学习直流电机 PWM 的 FPGA 控制。掌握 PWM 控制的工作原理，对直流电机进行闭环转速控制、旋转方向控制、变速控制。

实验原理： 一般的脉宽调制 PWM 信号是通过模拟比较器产生的，比较器的一端接给定的参考电压，另一端接周期性线性增加的锯齿波电压。当锯齿波电压小于参考电压时输出低电平，当锯齿波电压大于参考电压时输出高电平。改变参考电压就可以改变 PWM 波形中高电平的宽度。若用单片机产生 PWM 信号波形，需要通过 D/A 转换器产生锯齿波电压和设置参考电压，通过外接模拟比较器输出 PWM 波形，因此外围电路比较复杂。

FPGA 中的数字 PWM 控制与一般的模拟 PWM 控制不同。用 FPGA 产生 PWM 波形，只需 FPGA 内部资源就可以实现。用数字比较器代替模拟比较器，其一端接设定值计数器输出，另一端接线性递增计数器输出。当线性计数器的计数值小于设定值时输出低电平，当计数值大于设定值时输出高电平。与模拟控制相比，省去了外接的 D/A 转换器和模拟比较器，FPGA 外部连线很少，电路更加简单，便于控制。其实设计步进电机的脉宽调制式细分驱动电路的关键也是脉宽调制。

图 8-33 是直流电机控制电路顶层设计，主要由以下三部分组成。

（1）PWM 脉宽调制信号发生模块 SQU（例 8-39）。此模块是 FPGA 中的 PWM 脉宽调制信号产生电路。它的输出接一电机转向控制电路模块，此模块输出的两个端口接直流电机。通过控制 SL 端（键 K1），可以改变电机转向。SQU 的输入端之一来自模块 CNT8B。这是一个 8 位计数器，输出的数据相当于锯齿波信号，此信号的频率就是输出 PWM 波的频率，它由来自锁相环的 c0 的频率决定，频率选择 4096Hz。SQU 模块的另一端来自键控的 8 位数据，其中低 4 位 CIN[3..0]设定为恒定 1111，高 4 位由计数器 CNT4B 产生（计数器的时钟可来自手动键控）。于是可以通过手动按键控制电机的转速。

【例 8-39】

```
module SQU (input[7:0] CIN, input[7:0] ADR, output reg OT);
  always @(CIN)  if (ADR<CIN)  OT<=1'b0;  else  OT<=1'b1;
endmodule
```

在时钟键输入进计数器前加了一个消抖动模块 ERZP（对于选择模式 3，各键没有抖动，可省去）。在计数器前加了 7 段译码模块 DECL7S，但对于模式 3，此模块可以省去。

（2）电机转速测试系统。电机转速的测定很重要，一方面可以直观了解电机的转动情况，更重要的是，可以据此构成电机的闭环控制，即可以设定电机的某一转速后，确保负载变动时仍旧能保持不变转速和恒定输出功率。本项实验是通过红外光电测定转速的。每转一圈光电管发出一个负脉冲，由图 8-34 左上的 CNIN 口进入。由于此类方法测转速，会附带大量毛刺脉冲，所以在 CNIN 的信号后必须接入消毛刺模块 ERZP，其工作时钟频率是 5MHz。ERZP 的输出信号进入一个 2 位十进制显示的频率计。图 8-34 中频率测量功能模块 TF_CTRL 是测频时序控制电路。

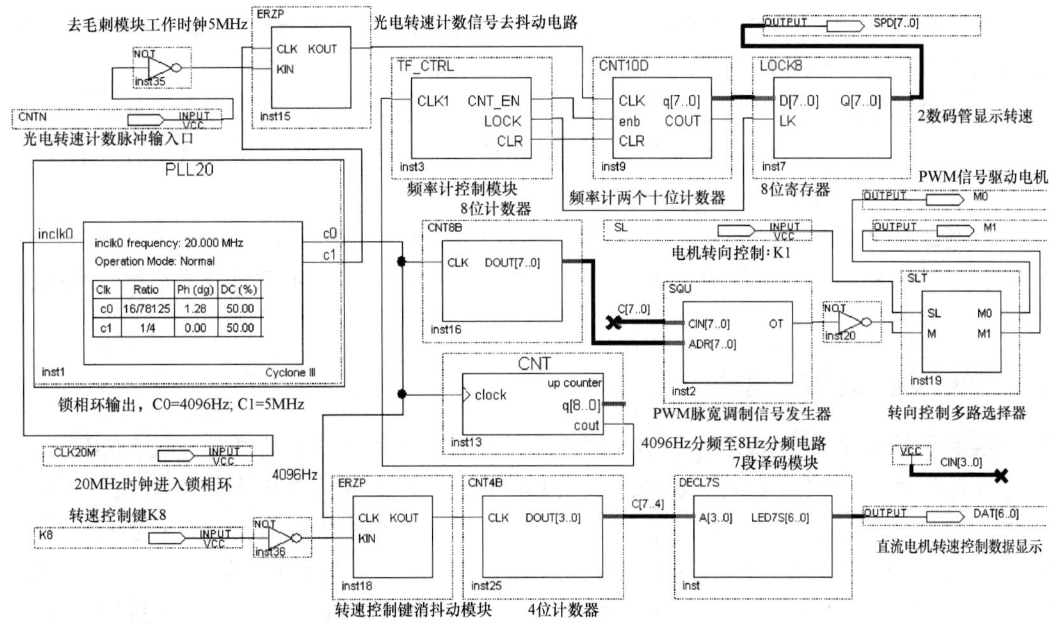

图 8-34　直流电机驱动控制电路顶层设计

（3）工作时钟发生器。这主要由锁相环 PLL20 模块担任。输入频率是 20MHz，直接来自 EP4CE55 核心板；输出两个频率：c0=4096Hz，c1=5MHz。用计数器分频 c0 至 8Hz。

实验任务 1： 完成对图 8-34 所示的直流电机控制电路所有模块进行定制、设计，并分别进行仿真，给出电机的驱动仿真波形，与示波器中观察到的电机控制波形进行比较。讨论其工作特性。最后完成整个系统的验证性实验。

实验任务 2： 增加逻辑控制模块，用测到的转速数据控制输出的 PWM 信号，实现直流电机的闭环控制，要求旋转速度可设置。转速范围为 10～40r/s。

实验任务 3： 了解工业专用直流电机转速控制方式，利用以上原理测速和控制电机，实现闭环控制。要求在允许的转速范围转矩功率不变。

8-3　采用流水线技术设计高速数字相关器

实验目的： 学习设计数字通信中常用的数字相关器，并用流水线技术提高其工作速度。

实验原理： 数字相关器用于检测等长度的两个数字序列间相等的位数，实现序列间的相关运算。1 位相关器，即异或门，异或的结果可以表示两个 1 位数据的相关程度。异或为 0 表示数据位相同；异或为 1 表示数据位不同。多位数字相关器可以由多个 1 位相关器构成，如 N 位的数字相关器由 N 个异或门和 N 个 1 位相关结果统计电路构成。

实验任务 1： 根据上述原理设计一个并行 4 位数字相关器（提示：利用 case 语句完成 4 个 1 位相关结果的统计）。然后利用此 4 位数字相关器设计并行 16 位数字相关器。使用 Quartus 估计最大延时，并计算可能运行的最高频率。

实验任务 2： 在以上步骤的基础上，利用设计完成的 4 位数字相关器设计并行 16 位数字相关器，其结构框图见图 8-31，并利用 Quartus 了解其运行速度。

实验任务 3： 这 16 位数字相关器是用三级组合逻辑实现的，在实际使用时，对其有高速的要求，试使用流水线技术改善其运行速度。在输入、输出及每一级组合逻辑加入流水线寄存器，以提高速度。

思考题： 考虑采用流水线后的运行速度与时钟 clock 的关系，测定输出与输入的总延迟。若输入序列是串行化的，数字相关器的结构如何设计？如何利用流水线技术提高其运行速度？

8-4 线性反馈移位寄存器设计

实验目的： 学习用 Verilog 设计 LFSR，利用 FPGA 的特殊结构高效实现 LFSR。

实验原理： LFSR（linear feedback shift register）即线性反馈移位寄存器，是一种十分有用的时序逻辑结构，广泛用于伪随机序列发生、可编程分频器、CRC 校验码生成、PN 码等。图 8-34 是典型的 LFSR 结构。由图中可以看出 LFSR 由移位寄存器加上 XOR 构成，不同的 XOR 决定了不同的生成多项式。图 8-35 中的生成多项式为 X3+X2+X0。

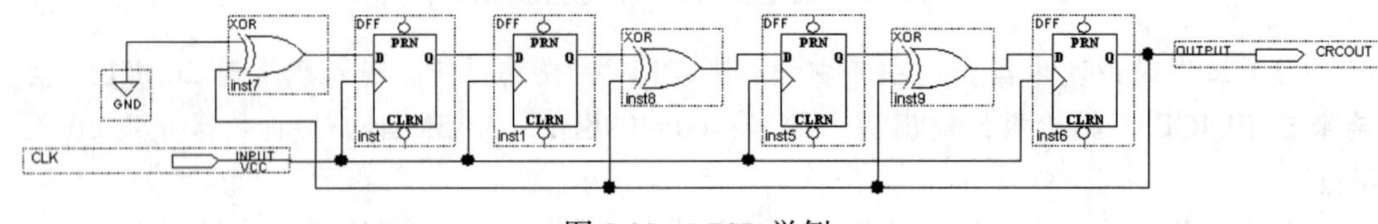

图 8-35 LFSR 举例

实验任务 1： 依据图 8-35 设计一个 LFSR，其生成多项式为 X4+X3+X0。试在 EP4CE55 FPGA 上实现，并利用 Quartus 优化选项，使之达到最高运行速度，并在对应的核心板上对其产生的码序列进行观察。思考题：另有一种 LFSR 结构如图 8-36 所示，试分析与图 8-35 中 LFSR 结构的异同点。

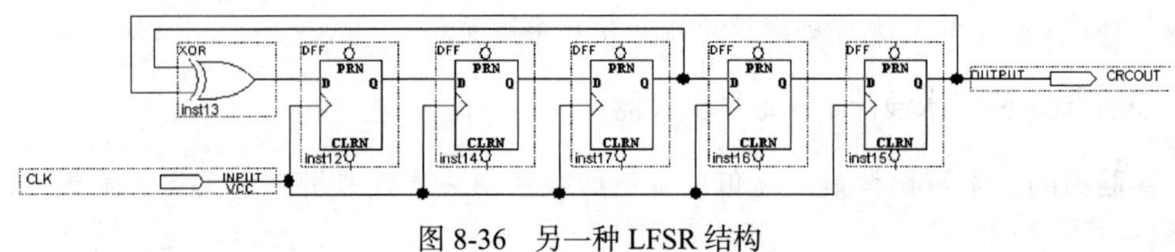

图 8-36 另一种 LFSR 结构

实验任务 2： 对图 8-35 结构的 LFSR 电路进行改进，设计成串行 CRC 校验码发生器。提示：反馈线上加入 XOR，XOR 的一个输入端接待编码串行有效信息输入。

8-5 基于 UART 串口控制的模型电子琴设计

实验原理： 图 8-37 是本项实验的顶层设计电路。其中 RXDS 模块是 UART 串行通信模块，由于只接受来自 PC 键盘的信号，故只有一个通信输入口 RXT。这里由上位机通过一个简单程序将 PC 的键盘信号通过 RS232 串口进入 FPGA 的 RXDS 模块；RXDS（程序是例 8-40）输出对应的键盘码信号，经由键盘码至二进制码编码器 CODE3（例 8-41）输出二进制顺序码，对应键盘的键 1、2、3 等。用此二进制码控制一个译码器 F_CODE，即二进制至分频预置数译码器。这里的 F_CODE 模块与图 6-56 的同名模块完全相同，程序也是例 6-10。其他模块，包括 SPKER 和 D 触发器等都与图 6-56 的同名模块相同，对应的程序也相同。这里就不再重复说明它们的工作原理了。

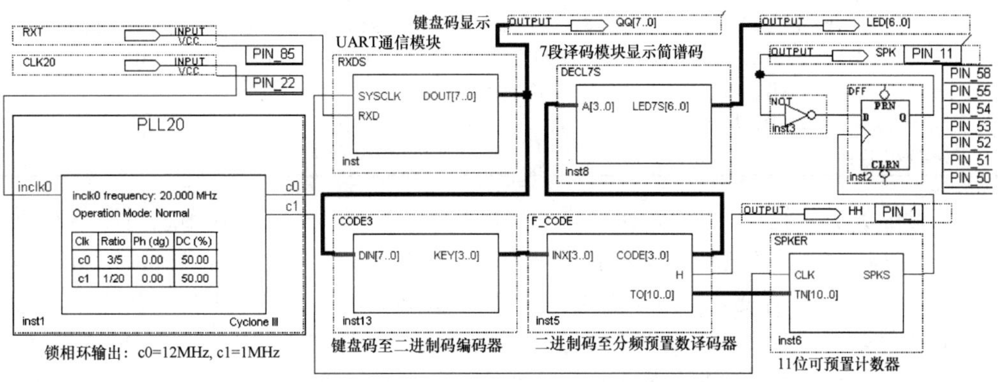

图 8-37　UART 串口控制模型电子琴电路顶层设计

【例 8-40】

```
module RXDS (SYSCLK, RXD, DOUT);
  input SYSCLK, RXD;  output[7:0] DOUT;
  wire[7:0] DOUT;  wire FRXD,  GATE;
  reg[9:0] B;  reg[3:0] R;  reg[15:0] J;
  reg GT, GTCLR, CCLK;
  always @(posedge SYSCLK or negedge GT)  begin : S1
    if (GT==1'b0)    J<=16'H0000;
     else  begin  if (J==16'H0068)  J<=16'H0000;
                  else         J<=J + 1;   end   end
  always @(J)   begin : S2
    if (J==16'H0039)   CCLK<=1'b1; else  CCLK<=1'b0;  end
  always @(posedge GATE or posedge GTCLR)  begin : S3
    if (GTCLR==1'b1)   R<=4'b0000;  else  R<=R+1;   end
  always @(GATE or R)   begin : S4
    if (R==4'b1010)  GTCLR<=~GATE;   else  GTCLR<=1'b0;  end
  always @(posedge GATE)        begin : S5
    B[9:0]  <= {B[8:0], RXD};   end
  always @(posedge FRXD or posedge GTCLR)  begin : S6
    if (GTCLR==1'b1)   GT<=1'b0;  else  GT<=1'b1;  end
  assign DOUT = {1'b0, B[8:2]};
  assign GATE = GT & CCLK;        assign FRXD = ~RXD;
endmodule
```

【例 8-41】

```
module CODE3 (DIN, KEY);
  input[7:0] DIN;   output[3:0] KEY;   reg[3:0] KEY;
  always @(DIN)  begin
    case (DIN)
      8'b01000110 : KEY<=4'b0001; 8'b00100110 : KEY<=4'b0010;
      8'b01100110 : KEY<=4'b0011; 8'b00010110 : KEY<=4'b0100;
      8'b01010110 : KEY<=4'b0101; 8'b00110110 : KEY<=4'b0110;
      8'b01110110 : KEY<=4'b0111; 8'b00001110 : KEY<=4'b1000;
      8'b01001110 : KEY<=4'b1001; 8'b00000110 : KEY<=4'b0000;
          default : KEY<=4'b0000;
    endcase  end
endmodule
```

实验任务 1：首先完成验证性实验。分析并说明程序例 8-40，详细说明图 8-37 的功能和工作原理，包括各模块的功能和设计表述。按图 8-37 和程序例 8-40、例 8-41，以及其他程序，完成整体设计、各模块仿真、系统仿真等。图 8-37 中的引脚锁定是根据 EP4CE55 系统安排的。下载此核心板，接上 RS232 串口通信线，另一头接 PC 机的串口，选择串口通信 COM1。打开示例程序中文件夹 README 的串口通信程序 RXDV.exe，双击后在图 8-38 的窗口按计算机键盘的键 1，2，3，…，即显示对应的键盘 ASCII 码，同时 EP4CE55 系统将有对应的音符发声。

实验任务 2：完善电子琴设计。充分利用计算机键盘键的数量，修改扩充模块 CODE3 和 F_CODE，以便扩大音域，可以演奏完整的音乐。

实验任务 3：增加奏乐记录模块，能记录并播放已演奏的乐曲。

实验任务 4：增加 VGA 显示模块，能同时显示奏乐时的琴键变动及对应的乐符。

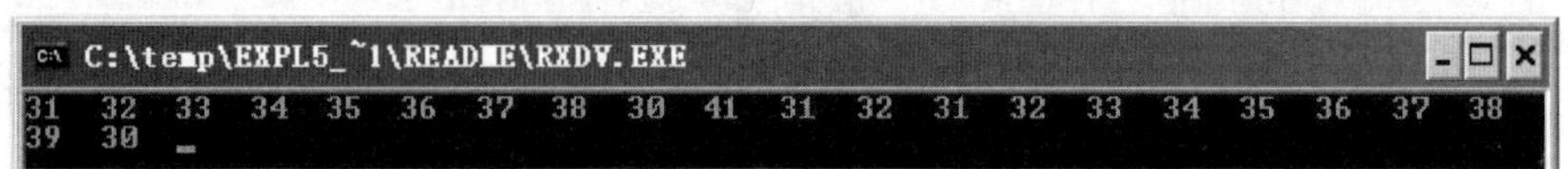

图 8-38　串口通信及键盘 ASCII 码显示程序窗口

8-6　PS2 键盘控制模型电子琴电路设计

实验目的：学习对 PS2 键盘数据程序的设计，以及掌握 PS2 键盘应用技术。

实验原理：图 8-39 是 PS2 键盘控制模型电子琴电路顶层设计。除了 PS2 通信模块 PS2_PIANO，以及图 8-39 中的 CODE3 模块（例 8-42）等稍有不同外，此电路所有其他模块及电路功能与以上的图 8-37 完全相同，工作原理也类似。对此不再重复说明。

例 8-43 是根据来自 PS2_PIANO 模块的键盘码，即表 8-2 的 PS2 键盘码设计的。PS2 键盘接口是个 6 脚连接器。其 4 个脚的功能分别是时钟端口、数据端口、+5V 电源端口和电源接地端口。PS2 键盘依靠 PC 的 PS2 端口提供+5V 电源。PS2 是双端口双向通信模式，即遵循双向同步通信协议。通信的双方过时钟口同步，然后通过数据口进行数据通信。通信中，主机若要控制另一方通信选择，可把时钟拉至低电平即可。

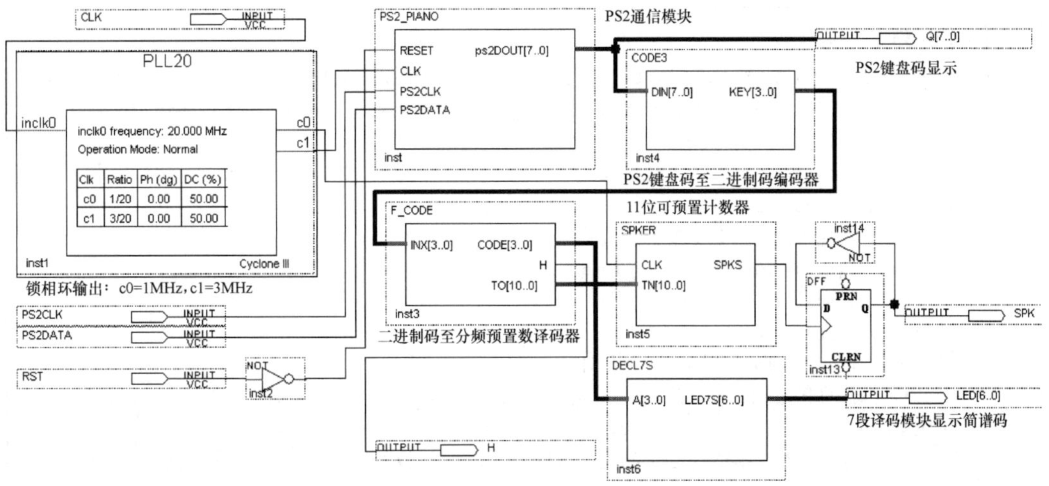

图 8-39　PS2 键盘控制模型电子琴电路顶层设计

PS2 通信过程中，数据以帧为单位进行传输，每帧包含 11～12 位数据，具体方式是：

① 数据的第 1 个位起始位逻辑恒为 0；

② 接下来是 8 个数据位，低位在前；时钟下降沿读取；

③ 然后是 1 位奇偶校验位，作奇校验；接下的第 11 位是停止位，恒为 1；

④ 必要时设 1 个答应位，用于主机对设备的通信。

通信过程中当 PS2 设备等待发送数据时，首先检查时钟端以便确认其高电平；如果为低电平，则认为是主机抑制了通信，此时必须缓存待发送的数据，直到获得总线控制权。如果时钟信号为高电平，则 PS2 设备将数据发送给主机。由于 PS2 通信协议是一种双向同步串行通信协议，数据可以从主机发往设备，也可以由设备发往主机。实际应用中，PS2 键盘作为一种输入设备，都是由键盘往主机发送数据，主机读取数据。这时由 PS2 键盘产生时钟信号，发送数据时按照数据帧格式顺序发送。其中数据位在时钟为高电平时准备好，在时钟的下降沿主机就可以读取数据。因此通常情况只有键盘向主机发送数据，PS2 键盘的两个工作端口都是单向输出口。对于 PS2 通信的详细情况可参考相关资料。

【例 8-42】

```
module CODE3 (input[7:0] DIN,  output reg[3:0] KEY);
     always @(DIN)   begin
      case (DIN)
       8'b00010110 : KEY<=4'b0001;        8'b00011110 : KEY<=4'b0010;
       8'b00100110 : KEY<=4'b0011;        8'b00100101 : KEY<=4'b0100;
       8'b00101110 : KEY<=4'b0101;        8'b00110110 : KEY<=4'b0110;
       8'b00111101 : KEY<=4'b0111;        8'b00111110 : KEY<=4'b1000;
       8'b01000101 : KEY<=4'b1001;        default : KEY<=4'b0000;
      endcase  end
endmodulc
```

【例 8-43】

```
module PS2_PIANO(clk,kb_clk,kb_data,keycode,keydown,keyup,dataerror);
  input clk, kb_clk, kb_data;  output keydown, keyup, dataerror;
   output[7:0] keycode;
   reg[7:0] keycode, shiftdata;  reg keydown, keyup, dataerror;
   wire[7:0] kbcodereg;  reg[3:0] cnt;
   reg datacoming, kbclkfall, kbclkreg, parity, isfo;
   always @(posedge clk)   begin
      kbclkreg <= kb_clk;
      kbclkfall <= kbclkreg & (~kb_clk);   end
   always @(posedge clk)   begin
      if (kbclkfall == 1'b1 & datacoming == 1'b0 & kb_data == 1'b0)
      begin
         datacoming<=1'b1; cnt<=4'b0000;  parity<=1'b0;   end
      else if (kbclkfall == 1'b1 & datacoming == 1'b1)
      begin  if (cnt == 9)
         begin
            if (kb_data == 1'b1)
             begin   datacoming<=1'b0;  dataerror<=1'b0; end
            else  begin  dataerror<=1'b1;  end
            cnt <= cnt + 1;   end
         else if (cnt == 8)   begin if (kb_data == parity)
            begin  dataerror <= 1'b0;  end
            else  begin  dataerror<=1'b1;  end
            cnt <= cnt + 1;    end
         else   begin  shiftdata <= {kb_data, shiftdata[7:1]};
            parity <= parity ^ kb_data;  cnt <= cnt + 1;   end
      end   end
   always @(posedge clk)   begin
      if (cnt == 10)   begin   if (shiftdata==8'b11110000)
         begin  isfo<=1'b1;   end
         else if (shiftdata!=8'b11100000)   begin   if (isfo==1'b1)
            begin   keyup<=1'b1;   keycode<=shiftdata;   end
            else  begin   keydown<=1'b1;   keycode<=shiftdata;   end
         end     end
      else  begin  keyup<=1'b0;  keydown<=1'b0;  end   end
endmodule
```

实验任务 1： 查阅 PS2 键盘通信协议资料，验证电路（图 8-36），完成系统设计。

实验任务 2： 修改例 8-43，要求使电子琴在弹奏过程中，按键则有音，而松键后则无音。

实验任务 3： 为此模型电子琴增加一到两个 RAM，用以记录弹琴时的节拍、音符和对应的分频预置数。当演奏乐曲后，可以通过控制功能自动重播曾经弹奏的乐曲。

实验任务 4： 为此电子琴设计一个 VGA 显示模块，显示出琴键图像。当按下电子琴某键后，VGA 所显示的琴键键盘出现对应的变化。

实验任务 5： 查阅 PS2 鼠标相关通信协议资料，改写例 8-43，实现 EDA 系统的 PS2 鼠标通信控制。然后设计 VGA 显示图像，使鼠标移动图像显示于 VGA 显示器上。

表 8-2　PS2 键盘键控与输出码对照表

Key	A	B	C	D	E	F	G	H	I	J	K	L	M	N	O
Data	IC	32	21	23	24	2B	34	33	43	3B	42	4B	3A	31	44
Key	P	Q	R	S	T	U	V	W	X	Y	Z	0	1	2	3
Data	4D	15	2D	1B	2C	3C	2A	1D	22	35	1A	45	16	1E	26
Key	4	5	6	7	8	9	、	-	=	\	]	;	’	,	.
Data	25	2E	36	3D	3E	46	0E	4E	55	5D	5B	4C	52	41	49
Key	/	[	F1	F2	F3	F4	F5	F6	F7	F8	F9	F10	F11	F12	KP0
Data	4A	54	05	06	04	0C	03	0B	83	0A	01	09	78	07	70
Key	KP1	KP2	KP3	KP4	KP5	KP6	KP7	KP8	KP9	KP.	KP-	KP+	KP/	KP*	END
Data	69	72	7A	6B	73	74	6C	75	7D	71	7B	79	4A	7C	69

Key	BKSP	SPACE	TAB	CAPS	LSHFT	LCTRL	LCUI	LALT	R SHFT	R CTRL	RCUI
Data	66	29	0D	58	12	14	1F	11	59	14	27

Key	R ALT	APPS	ENTER	ESC	INSERT	HOME	PG UP	DELETE	PG DN	NUM
Data	11	2F	5A	76	70	6C	7D	71	7A	77

Key	UARROW	LARROW	D ARROW	R ARROW	KP EN	SCROLL	PRNT SCRN	PAUSE
Data	75	6B	72	74	5A	7E	12 7C	14

第 9 章 Verilog Test Bench 仿真与时序分析

在 Quartus II 的各个版本中，Quartus II 9.x 以及以前的版本都内置了门级波形仿真器，这种只能针对综合后的门级网表文件进行各类仿真的门级仿真器，不适合进行大规模的数字逻辑系统专业级的仿真验证。因此，Intel/Altera 已将 Quartus II 9.1 后版本的软件中曾经一贯内置的波形仿真器移除了。与 Quartus II 中原来的门级仿真器不同，专业的 HDL 仿真器可以支持几乎所有的标准 HDL 语句语法，以及各种类型、多个设计层次的仿真。显然，学习这类在业界广泛支持的专业仿真器的使用方法十分重要。

本章简要介绍 Mentor Graphics 公司的 ModelSim 使用方法，以及它与 Quartus II 之间的接口方式。作为专业仿真器，ModelSim 在 EDA 领域早已被广泛使用，甚至 Quartus II 13.1 和 16.1 中的波形仿真器也用到了 ModelSim ASE 版本。

ModelSim 是一个基于单内核的 VHDL/Verilog/SystemVerilog/SystemC 混合仿真器，是 Mentor Graphics 的子公司 Model Technology 的产品。ModelSim 可以在同一个设计中单独或混合使用 Verilog HDL、VHDL 和 SystemVerilog HDL；允许 Verilog 模块调用语句来调用 VHDL 的实体，或反之。由于 ModelSim 是编译型仿真器，使用编译后的 HDL 库进行仿真，因此在进行仿真前，必须编译所有的待仿真的 HDL 文件成为 HDL 仿真库。在编译时获得优化，提高了仿真速度和仿真效率，同时也支持了多语言混合仿真。

作为专业仿真器，ModelSim 提供了易于使用的 EDA 工具接口，可以方便地与其他 EDA 工具（如 Quartus II）相连。ModelSim 可以帮助 Quartus II 完成多个层次的 HDL 仿真，如系统级或行为级仿真、RTL 级仿真（即对可综合的 Verilog/VHDL 文件直接进入 ModelSim 进行功能仿真）、综合后门级仿真、适配后门级仿真（时序仿真）等。

ModelSim 针对不同的使用者与应用环境分成多个版本，常见的有 ModelSim SE、ModelSim AE、ModelSim ASE 等。本节给出的示例是结合 Intel/Altera 的 Quartus II 来介绍的，因此，涉及的 ModelSim 的版本为 ModelSim Altera Starter Edition（简称 ModelSim ASE 版本）。该版本是 Mentor 为 Intel/Altera 公司做的入门级的 OEM 版本，不需要额外配置 license，它已编译好了 Intel/Altera 的 FPGA 的一些器件库，可以直接与 Quartus II 软件相接口，但在功能上做了一些限制，比如程序代码总行数限制。

对于一般的使用者，ModelSim ASE 版本已经足够用了；如果是更大型的设计，可以使用需要 license 授权的 ModelSim AE（Altera OEM 版）或 ModelSimSE 等其他版本。ModelSim SE 是 ModelSim 各个版本中功能最为强大的版本，但与 ModelSim ASE、ModelSim AE 相比，没有编译好的 Intel/Altera 相关的器件仿真库，在与 Quartus II 相连接时，需要另外编译 Altera 相关仿真库。以下主要介绍基于 Quartus II 13.1 及对应的 MoselSim ASE 版本的 Verilog 的一般仿真流程、Test Bench（测试平台）及其示例。

9.1 Verilog HDL 仿真流程

基于 EDA 工具的 Verilog 设计的仿真，可以称为 Verilog 仿真。Verilog 仿真有多种形式和目标。如功能仿真在早期可对系统的设计可行性进行快速评估和测试，在短时间内以极低的代价对多种方案进行测试比较、系统模拟和方案论证，以期获得最佳系统设计方案；而时序仿真则可获得与实际目标器件电气性能最为接近的设计模拟结果。时序仿真与功能仿真最大的差异在于时序仿真是结合模拟对象的时延特性，而功能仿真仅仅对电路逻辑功能进行验证，忽略实际电路固有的时延。从仿真的真实度来说，显然时序仿真更好。但时序仿真是建立在已知模拟对象的时序模型的前提下，而且在仿真过程中需要处理延时参数，往往导致时序仿真耗时较多。

时序仿真与功能仿真是从是否考虑电路时延特性而对 Verilog 仿真类型的分类。事实上，一项 Verilog 描述的较大规模的数字系统的最后完成，一般都需要经历多层次的仿真测试过程。从电路逻辑描述层次的角度，对 Verilog 仿真还有另外一种分类，其中包括针对系统的系统级与行为级仿真、针对具体分模块的 RTL 仿真，以及针对综合后网表进行的门级仿真。

图 9-1　HDL 系统设计描述层次

图 9-1 所示的是硬件描述语言对现代数字逻辑系统的描述层次，对这些层次分类的理解有助于了解 Verilog 仿真的目标。对于现代数字系统，如果从系统的角度进行描述而忽略电路的实际构成，则此层次的描述被称为系统级建模；如果从设计模型的功能行为的实现出发而不考虑具体的电路构成，则此层次上的描述可以称为行为级描述；如果从信号的传输、寄存器的设置，也就是寄存器传输的角度对系统进行描述，则称为寄存器传输级，即 RTL 描述；如果考虑最基本的门级元件（如与非门、或门等）构成系统，则此类描述称为门级描述；如果从比基本门更为基础的 MOS 开关、晶体管、电阻开始，对构成的数字逻辑进行描述，则称为开关级（或管子级）描述；由此再深入一步，如果以基本电子物理模型，如载流子迁移或能级模型角度来描述数字逻辑，则可称为物理级描述。就 HDL 描述的数字系统而言，通常不考虑物理级描述，物理级描述只有在模拟电路建模时才会用到。

Verilog 的描述层次涵盖了开关级、门级、RTL 级描述，而对于行为级与系统级，描述的能力较弱。对于 Verilog 语言的后续发展版本 SystemVerilog HDL，则对系统级、行为级的描述能力大为加强。图 9-2 说明了 Verilog 的描述层次及其对应的仿真层次，可以看到对于系统级与行为级的涉及，但并不完整包含。

图 9-2 显示，Verilog 仿真的层次可分为行为级仿真、RTL 级仿真、门级仿真和开关级仿真（建模）。像 VHDL 一样，Verilog 源程序可以直接用于仿真。

能够完成 Verilog 仿真功能的软件工具称为 Verilog 仿真器。Verilog 仿真器对于程序代码的仿真处理有不同的实现方法，大致有以下三种方式：

（1）解释型仿真方式。解释型仿真方式采用了早期的 HDL 仿真器的仿真方式，直接逐句读取 HDL 源程序，逐句解释执行模拟。这种方式的仿真速度慢，仿真效率低。

（2）编译型模拟方式。目前常用的仿真器，如 ModelSim，就采用编译型仿真方式。经过编译后，在基本保持原有描述风格的基础上生成仿真数据（即为仿真库）。在仿真时，对这些数据进行分析和执行。这种方式能较好地保留原设计系统的基本信息，故便于做成交互式的、有 DEBUG 功能的仿真模拟系统。这对用户检查、调试和修改其源程序描述提供了很大的便利，因此还可以以断点、单步等方式调试 Verilog 程序。

（3）编译后执行方式。另一种需要编译的仿真方式，是将源程序结构描述展开成纯行为模型，并编译成目标程序，然后通过语言编译器编译成类似机器码形式的可执行文件，然后运行此执行文件以实现仿真模拟。这种方式以最终验证一个完整电路系统的全部功能为目的，采用详细的、功能齐全的输入激励波形，用较多的模拟周期进行模拟。基于 System C 的仿真，往往采用这种方式。

如图 9-3 所示，为了实现 Verilog 仿真，首先可用文本编辑器完成 Verilog 源程序的设计，送入 Verilog 仿真器中的编译器进行编译。Verilog 编译器首先对 Verilog 源文件进行语法及语义检查，然后将其转换为中间数据格式。中间数据格式可以是 Verilog 源程序描述的一种仿真器内部表达形式，能够保存完整的语义信息，以及仿真器调试功能所需的各种附加信息。中间数据结果将送给仿真数据库保存。

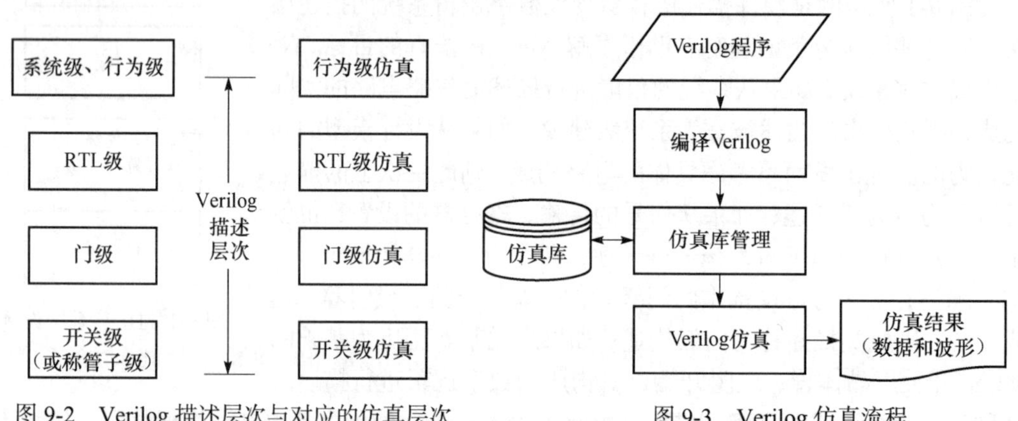

图 9-2　Verilog 描述层次与对应的仿真层次

图 9-3　Verilog 仿真流程

除了由 Verilog 源代码编译而来的中间数据外，仿真数据库（简称仿真库）还有一些默认的仿真数据，可以是 Verilog 的基本仿真库，也可以有针对具体器件的仿真模型库（在这些库中，有可能包含该器件的延时信息）。Verilog 仿真器一般都有一套仿真库的管理机制，可以让仿真器在仿真时，快速有效地调用到相应的仿真库数据。一般而言，设计者的 Verilog 源代码编译过来的仿真库是 work 库。

Verilog 仿真器进行模拟的结果是以波形或者数据形式显示出来的。在仿真过程中，设计者可以干预仿真的过程，改变仿真的输入激励，或者改变仿真结果的输出方式。同样，也允许设计者在给定激励、预设结果匹配方法的前提下，完全不干预仿真器的仿真过程。

Test Bench 就是给定激励、预设结果匹配方法的一种有效手段。Verilog 仿真可以从不同层次进行，如可以考虑延时或者不考虑延时等。最终仿真结果的正确与否，需设计者自行判断。

对于大型设计，采用 Verilog 仿真器对源代码进行仿真可以节省大量时间，因为大型设计的综合、布局、布线要花费计算机很长的时间，不可能针对某个具体器件内部的结构特点和参数在有限的时间内进行许多次的综合、适配和时序仿真。而且大型设计一般都是模块化设计，在设计完成之前即可进行分模块的 Verilog 源代码仿真模拟。

9.2 Verilog HDL Test Bench 仿真

Verilog 测试平台，也译成测试基准（Test Bench），是指用来测试一个 HDL 实体的程序。Verilog 测试平台本身也由 Verilog 程序代码组成，它用各种方法产生激励信号，通过元件例化语句以及端口映射，将激励信号传送给被测试的 Verilog 设计实体，然后将输出信号波形由仿真工具软件写到文件中，或直接用波形浏览器显示输出波形。

Verilog 测试平台 Test Bench 的主要功能有四种：

（1）例化待验证的模块实体。

（2）通过 Verilog 程序的行为描述，为待测模块实体提供激励信号。

（3）收集待测模块实体的输出结果，必要时将该结果与预置的所期望的理想结果进行比较，并给出报告。

（4）根据比较结果自动判断模块的内部功能结构是否正确。

显然，若对一个设计模块实体进行仿真，首先需编写一个被称为 Test Bench 的 Verilog 程序，在此程序中将这个先前已完成的待测试的设计实体进行例化，然后在程序中对这个实体的输入信号用此 Verilog 程序（Test Bench）加上激励波形表述。最后在 Verilog 仿真器中编译运行这个新建的 Verilog Test Bench 程序，即可对此设计实体进行仿真测试。

Verilog 测试平台程序一般不需要定义输入/输出端口，测试结果全部通过内部信号或变量来观察、分析和判断。在某些场合（如 Test Bench 程序中），如果设计者的 Verilog 程序仅仅是对电路功能或者电路外加激励的描述，则完全可以使用不可综合的 Verilog 语句进行描述。Test Bench 的程序结构如图 9-4 所示，程序中主要包含两个部分，第一部分是待测的 Verilog 设计实体模块程序，它是通过例化语句加入到 Test Bench 程序中的，第二部分是针对例化模块进行测试的激励信号描述和对待测模块输出信号的监测和判断程序。

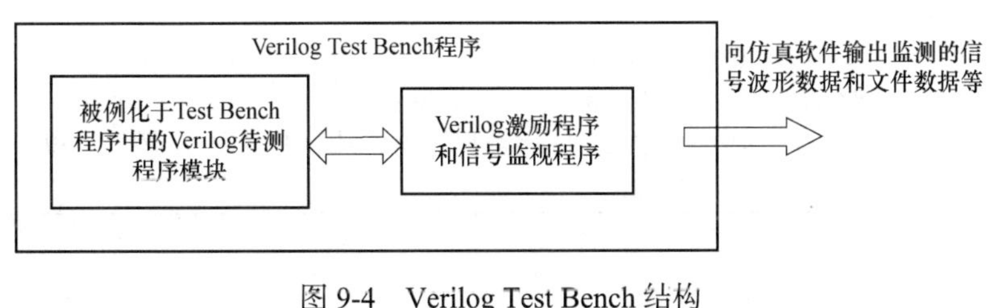

图 9-4 Verilog Test Bench 结构

例 9-1 是针对待测计数器程序例 5-13 的 Test Bench 程序。注意这个 Verilog 程序的 module 没有描述端口信号。其中只有对例 5-13 的例化语句和针对此模块的激励信号的描述。各语句的用意已在程序中作了注释。对例 9-1 的仿真流程将在下一节介绍。

实际上许多 EDA 工具软件，包括综合器或仿真器，或诸如 Quartus II、MATLAB 等大型软件都可以根据被测试的实体自动生成 Test Bench，或者是一个测试基准文件框架，然后由设计者在此基础上加入自己的激励波形及其他各种测试手段。

编写例 9-1 所示的简单类型的 Test Bench 程序应该注意以下几点：

（1）首句的`timescale 10ns/1ns 的仿真时间标度语句必须存在。

（2）整个程序仍然在 module_endmodule 语句中，但不必写出端口描述。

（3）为待测模块的所有输入信号定义产生激励信号的信号名和数据类型，且要求其数据类型必须是 reg 类型。这是因为这些信号是与待测模块的输入信号相连的。

如例 9-1 中为待测模块的输入信号定义了同名信号（原名加 1，以示区别）和初始值，但数据类型必须是 reg，因为它们是作为输出信号用的（输出给待测模块）。

（4）为待测模块的所有输出信号定义信号名（原名加 1，以示区别）和数据类型，这些信号是与待测模块的输出信号相连的。为待测模块的所有输出信号定义信号名和数据类型，且要求其数据类型必须是 wire。这是因为这些信号是与待测模块的输出信号相连的。

【例 9-1】 Test Bench 文件名：CNT10_TB.v

```
`timescale 10ns/1ns
module CNT10_TB ();
reg clk1, en1, rst1, load1; reg [3:0] data1;//定义输出的激励信号用 reg 类型
wire [3:0] dout1 ;  wire cout1 ; //定义来自被测模块输入信号的数据类型是 wire
always #20 clk1=~clk1; //产生时钟的语句，每隔 20 个单元，即 200ns,clk 翻转一次
initial
$monitor ("DOUT=%h",dout1); //以十六进制形式打印待测模块 DOUT1 的输出数据
initial begin                 //一次性过程语句
 #0  clk1=1'b0;               //0 时间单元时，设定 clk1 电平是 0
 #0  rst1=1'b1;  #61 rst1=1'b0;  #20  rst1=1'b1; end //注意，是顺序赋值语句
initial begin
   #0   en1  = 1'b0;  #50   en1  = 1'b1;    end
initial begin
  #1  load1=1'b1; #240 load1=1'b0; #25  load1=1'b1;
                 #700 load1=1'b0; #30  load1=1'b1;   end
initial begin
#0  data1=4'h4; #70 data1=4'h8; #450 data1=4'h7; #500 data1=4'h8; end
CNT10 U1 (.CLK(clk1), .RST(rst1), .DATA(data1), .LOAD(load1),
         .EN(en1), .COUT(cout1), .DOUT(dout1));      //例化语句
endmodule
```

9.3 HDL 仿真实例

为了使读者熟悉 ModelSim 的具体仿真过程，下面以例 9-1 的 Test Bench 程序 CNT10_TB.v 为例介绍仿真流程。

1．安装 ModelSim

实际上，在安装 Quartus II 13.1 时就已经安装好了 ModelSim-Altera 仿真软件，而且已经与 Quartus II 13.1 自动接口完毕。路径和查看方法可参考第 4 章的图 4-9，例如：E:\altera\13.1\modelsim_ase\win32aloem。

2．为 Test Bench 仿真设置参数

首先在 Quartus II 平台为例 5-13 创建一个工程 CNT10，并将例 9-1 的 Test Bench 程序编辑后与例 5-13 程序存入同一文件夹中。然后为 Test Bench 设置相关参数。

在 Quartus II 的工程管理窗的 Assignments 菜单中选择 Settings，在弹出的对话框左栏 Category 中，选择 EDA Tool Settings 项的 Simulation。具体情况如图 9-5 所示。

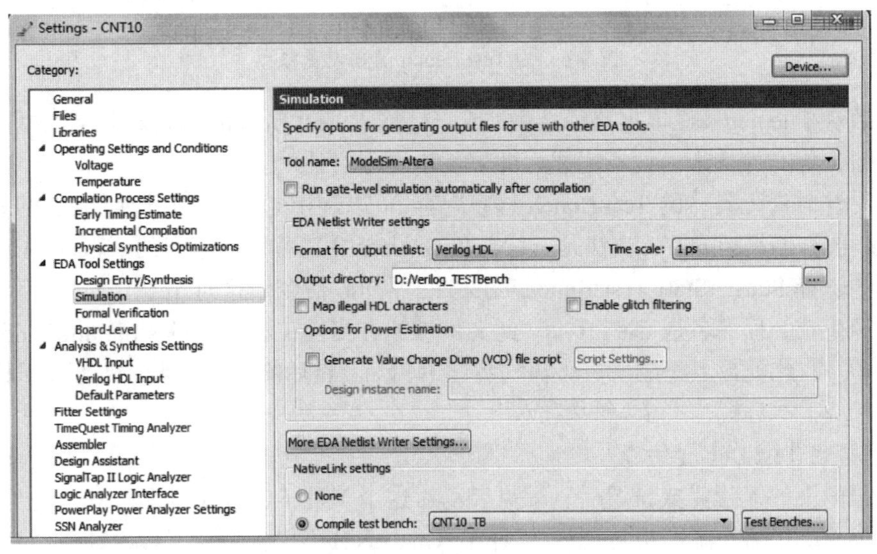

图 9-5　选择仿真工具名称和输出网表语言形式

在图 9-5 所示窗口的 Tool name 栏输入仿真软件名：ModelSim-Altera（默认）。在“输出网表文件”栏选择 Verilog HDL；特别注意，在输出目录 Output directory 栏设置成当前工程目录 D:/Verilog_TESTBench；在 NativLink settings 栏选择 Compile test bench，并单击右侧的按钮 Test Benches...，在弹出的窗中设置相关参数。

单击 Test Benches 按钮后弹出 Test Benches 窗，单击按钮“New...”，即弹出 New Test Bench Settings 窗口（图 9-6）。在 Test bench name 栏输入 Test Bench 名，可以随意取名，如仍然取名 CNT10_TB；在 Top level module in test bench 栏输入 Test Bench 程序的模块名，即 CNT10_TB；在下面的 Design instance...栏输入 Test Bench 程序中例化的待测模

块名CNT10对应的例化名U1。再于下面的Simulation period栏中单击选中End simulation at，在其中输入15us。这是仿真周期，具体数据应该根据Test Bench程序中激励信号程序描述情况来定，通常可以稍长一点。

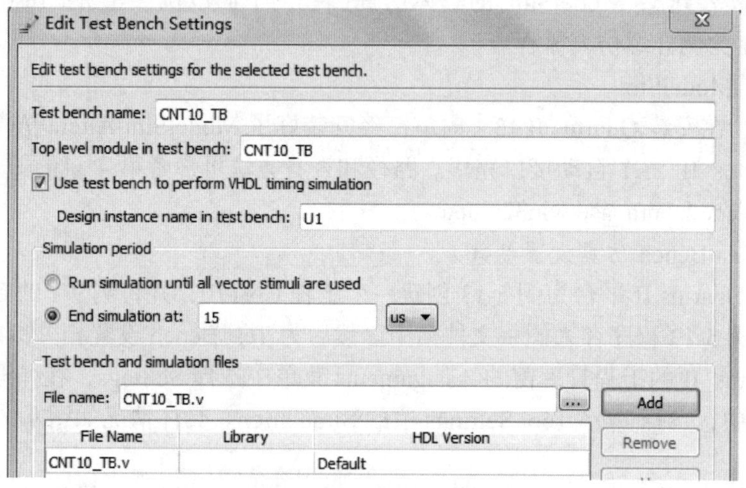

图 9-6　为 Test Bench 仿真设置参数

最后在File name栏根据路径选择，或直接输入Test Bench程序文件名，并单击右侧Add按钮，将文件加入。设置完成后即可逐步退出对话框。

如果这时尚无具体的Test Bench程序内容，可以利用Quartus II产生Test Bench程序的模板，再添加具体内容。方法是：首先在Quartus II工程管理窗上的Processing选项中的菜单中选择Start→Start Test Bench Template Writer命令。这时Test Bench程序模板文件就已经生成，程序名是CNT10.vt。此文件被放在当前工程目录的simulation/modelsim/文件夹中。在此模板上完成所有必需的程序编辑后，将后缀改为.v后，即可用于仿真了。其实，例9-1本身就是一个好的模板。

3．*启动* Test Bench *仿真*

按照以上的流程完成设置后，即可启动对这个工程（CNT10工程）进行全程编译。方法与第4章介绍的流程相同。全程编译中，Quartus II不仅仅针对工程设计文件CNT10.v进行编译和综合，同时也对Test Bench程序进行处理，包括检查文件的错误，Test Bench程序中的激励信号程序生成ModelSim用于完成时序仿真的网表文件。

对当前工程完成全程编译和综合后，即可启动ModelSim对Test Bench程序的编译和仿真。方法是在Quartus II的工程管理窗的Tools菜单中选择启动仿真的选项，即Run Simulation项。此选项有两个子选项，即RTL Simulation和Gate Level Simulation。前者对应功能仿真，是直接对Test Bench程序代码，特别是例化模块CNT10代码进行仿真；而后者是门级仿真，对应时序仿真，是对例化模块CNT10基于目标FPGA综合与适配后的文件进行的仿真，因此其输出结果包含了CNT10设计在指定FPGA目标器件的时序信息。

若选择后者进行仿真，将弹出一个Gate Level Simulation选择窗口，对时序模式

Timing mode 进行选择，通常选择默认值。

4．分析 Test Bench 仿真结果

图 9-7 是选择 RTL Simulation 后弹出的 ModelSim 界面。它包含了各种测试结果，包括数据和波形等。其中的波形结果的详细内容如图 9-8 所示。可以将 Test Bench 程序代码与此波形图对照起来分析，特别是对照图 9-8 下面的时间轴。对于矢量型总线数据，如 dout1、data1，可以用鼠标右键单击后选择弹出窗口的 Radix 项来确定显示的数据格式，如二进制或十六进制等，此图中选择了十六进制。

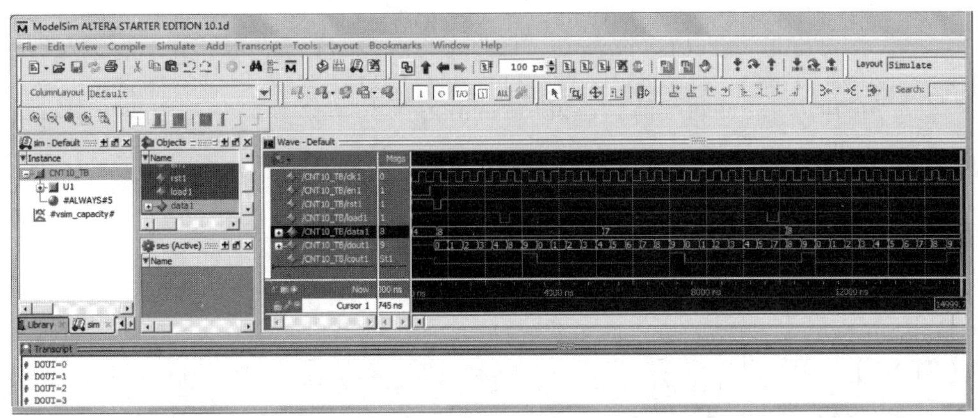

图 9-7　启动仿真后弹出的 ModelSim 界面（时序波形清晰画面如图 9-8 所示）

图 9-8　Test Bench 输出的仿真波形详图

图 9-8 中，注意 rst1 的清零和 en1 的时钟允许功能，以及 load1 的加载数据功能。计数输出 dout1 显示，当 load1 为 0 的两个脉冲后，恰好包括了时钟的有效边沿，即分别将 data1 的 8 和 7 加载进计数器中。计数每到 9，cout1 即出现高电平。

例 9-2 是另一个 Test Bench 示例中的工程文件，实际上就是例 6-1 描述的 4 位计数器，它是一个有加减控制的 4 位二进制计数器，它例化了一个 Quartus II 提供的 LPM 计数器模块，即 lpm_counter。

为了在仿真文件中能更清晰地看到各类信号作用，对其中的信号名等作了微小改变，以示区别，即成例 9-2。例 9-3 是测试例 9-2 的 Test Bench 程序。最后的 ModelSim 仿真波形图如图 9-9 所示，图 9-10 是利用 Quartus II 波形仿真器获得的对应的逻辑功能波形图。

注意分析各信号的功能。

【例 9-2】

```
module CNT4B (CLR, EN, CLK, DATA, LOAD, UD, COUT, DOUT);
    input CLR,EN,CLK,LOAD, UD;
    input[3:0] DATA ;
    output COUT;  output[3:0]  DOUT;
    wire sub_wire0;  wire[3:0] sub_wire1;
    wire  COUT = sub_wire0;       wire[3:0] DOUT = sub_wire1[3:0];
   lpm_counter U1(
     .sload(LOAD), .clk_en(EN), .aclr(CLR),
     .data(DATA), .clock(CLK), .updown(UD),
     .cout(sub_wire0), .q(sub_wire1), .aload(1'b0),
     .aset(1'b0), .cin(1'b1), .cnt_en(1'b1),
     .eq(),  .sclr(1'b0), .sset(1'b0));
 defparam
   U1.lpm_direction = "UNUSED",
   U1.lpm_modulus = 12,
   U1.lpm_port_updown = "PORT_USED",
   U1.lpm_type = "LPM_COUNTER",
   U1.lpm_width = 4;
endmodule
```

【例 9-3】

```
`timescale 10ns/1ns
 module CNT4B_TB ();
   reg clk1, en1, clr1, load1,ud1; reg[3:0] data1 ;
   wire[3:0] dout1;  wire cout1;
 always #35 clk1=~clk1;
 initial
$monitor ("DOUT=%h",dout1);
initial begin
   #0  clk1=1'b0;
   #0  clr1=1'b0; #200 clr1=1'b1;  #25  clr1=1'b0;  end
initial begin
   #0  en1=1'b0;  #180   en1=1'b1;    end
initial begin
   #0  ud1=1'b1;  #1500   ud1=1'b0;   end
initial begin
  #0  load1=1'b0;  #590  load1=1'b1 ; #35  load1=1'b0;
                   #600  load1=1'b1 ; #39 load1=1'b0;
                   #1100 load1=1'b1 ; #60 load1=1'b0;  end
initial begin
#0  data1=4'h8; #800 data1=4'h7; #800 data1=4'h3; #900 data1=4'h9; end
CNT10 U1(.CLK(clk1), .CLR(clr1), .DATA(data1), .LOAD(load1), .UD(ud1),
          .EN(en1), .COUT(cout1), .DOUT(dout1) );
endmodule
```

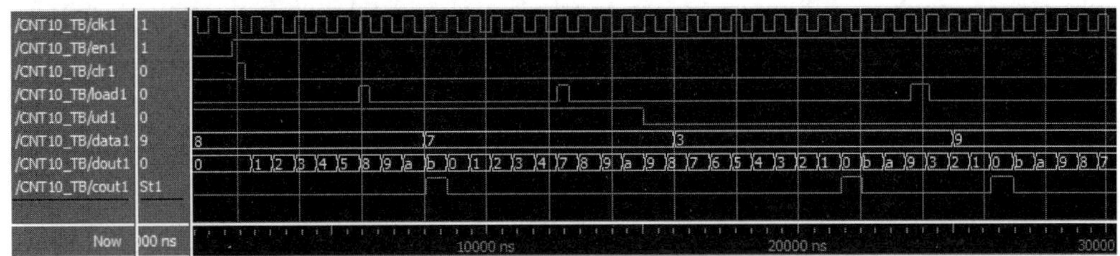

图 9-9　ModelSim（直接）输出的 Test Bench 仿真波形

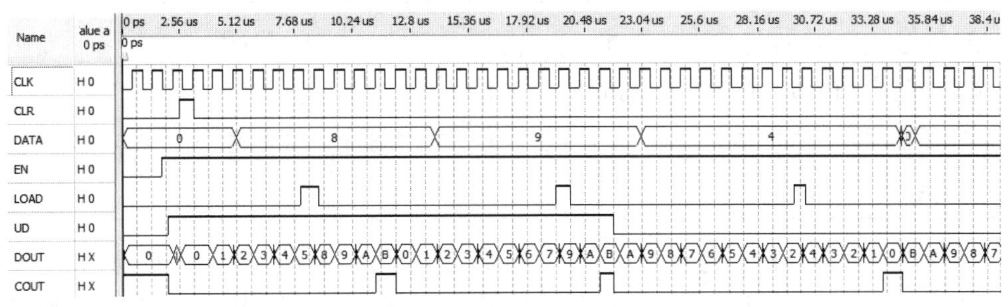

图 9-10　波形仿真器的仿真波形（ModelSim 间接输出波形）

9.4　Verilog 系统任务和系统函数

此后的内容将逐步给出一些常用的 Verilog 仿真语句及其用法说明，这对于正确编写 Test Bench 程序，以及利用 Test Bench 进行成功的仿真很有帮助。对于之前提到过的语句，如 initial 等，就在此略去了。本节首先介绍 Verilog 的系统任务和系统函数，然后补充部分预编译语句的用法。需要提醒的是，以下介绍的知识，还能帮助读者通过在 ModelSim 上的仿真，进一步深入了解 Verilog 中许多重要语句的含义和功能。

9.4.1　系统任务和系统函数

系统任务和系统函数可经常与 Verilog 的预编译语句联合使用，主要用于 Verilog 仿真验证，例 9-3 中就有过使用示例。Verilog 的系统任务和系统函数很丰富，限于篇幅，这里只介绍必要和常用的内容。

系统任务和系统函数的名字都是用字母“$”开头的。以下分别给予说明。

1．$display

$display 的使用频度较高，其语法格式如下：

```
$display ("带格式字符串", 参数 1, 参数 2, ... );
```

其中的带格式字符串是用双引号括起来的，支持类似于 C/C++的 printf 中的转义符。例 9-4 是$display 的一个使用示例。

【例 9-4】

```
module sdisp1;
  integer i;     // i 为整型
  reg[3:0] x;    // x 为 4 位
  initial begin // initial 块，只执行一次
  i=21;         x=4'he;
  $display("1\t%d\n2\t%h\\",i,x);  //输出显示
  end  endmodule
```

在 ModelSim 中进行仿真，于 Transcript 命令行窗口输入“run”。

启动仿真，在命令行窗口返回的结果如下：

```
# 1          21
# 2  e\
```

在例 9-4 的$display 的格式字符串 "1\t%d\n2\t%h\\"中，有些字符前面是“\”，有些是“%”。这两个符号是规定的转义字符的引导符，在这里“\t”表示 Tab；“\n”表示换行；“\\”仅表示一个“\”字符；“%d”表示以十进制格式输出；格式字符串后跟的对应的参数值“%h”，表示以十六进制格式输出参数值。对于熟悉 C 语言的读者可以发现 Verilog 中规定的转义符和 C 语言的基本一致。表 9-1 为 Verilog 的转义符含义表。

表 9-1　Verilog 转义符

转义符	含义	转义符	含义	转义符	含义
\n	换行	%b	二进制格式	%v	显示信号强度
\t	Tab	%o	八进制格式	%m	显示层次名
\\	字符\	%d	十进制格式	%s	字符串格式
\'	字符'	%h	十六进制格式	%t	显示当前时间
\ddd	1～3 位八进制表示的 ASCII 字符	%l	显示：库绑定信息	%u	未格式化二值数据
%%	字符%	%c	字符格式	%z	未格式化四值数据
%e	以科学计数法显示实数值	%f	以十进制显示实数值	%g	取%e、%f 格式中最短的显示

在表 9-1 中“%”后的字符可以是大写也可以是小写，含义都一样。Verilog 允许指定输出最小区域宽度值，该指定位于“%”字符后面（例如%5h）。对于十进制，输出前面的 0 用空格代替，但对于其他进制，前面的 0 要显示出来。

一般情况下，用“%d”输出的时候，结果显示是右对齐的。如果一定要让它左对齐，可以使用“%0d”，规定最小区域宽度为 0，最后输出显示就是左对齐了。

为了测试上述转义符的用途，例 9-5 可以比较形象地说明它们的用途。

【例 9-5】

```
module sdisp2;        //注意无输入输出端口
reg[31:0] rval;       //32 位 reg 类型
pulldown (pd);        //pd 接下拉电阻，plldown 用法见本章后续内容
initial begin         //initial 块
rval = 101;           //赋整数 101
$display("rval = %h hex %d decimal",rval,rval); //十六进制、十进制显示
$display("rval = %o octal\nrval = %b bin",rval,rval);//八进制、二进制显示
$display("rval has %c ascii character value",rval); //字符格式显示输出
$display("pd strength value is %v",pd);             //pd 信号强度显示
$display("current scope is %m");                    //当前层次模块名显示
$display("%s is ascii value for 101",101);          //字符串显示
$display("simulation time is %t", $time);           //显示当前仿真时间
end
endmodule
```

在 ModelSim 中进行仿真，在命令行窗口返回的结果如下：

```
# rval = 00000065 hex        101 decimal
# rval = 00000000145 octal
# rval = 00000000000000000000000001100101 bin
# rval has e ascii character value
# pd strength value is StX
# current scope is sdisp2
#   e is ascii value for 101
# simulation time is                    0
```

2．$write

与$display 一样，$write 也是输出显示到标准输出（一般是仿真器的命令行窗口）。但$wirte 与$display 稍有不同，在输出文本结束时，$display 会在文本后加一个换行，而$write 是不加的。$write 的语句格式如下：

```
$write ("带格式字符串", 参数 1, 参数 2, ... );
```

3．$strobe 和$monitor

由例 9-4 和例 9-6 可以看到，$display 可以很方便地插入到需要观察的 Verilog 语句后面，即时显示出所需要观察的信号变量，而且还可以以多种格式显示出来。但不是所有情况，$display 都可以胜任。比如需要某一个信号变量变化时，显示当前值；或者在非阻塞语句使用时，$display 显示值需要分析。在显示任务中还有$strobe 和$monitor，它们在有些情况下可以弥补$display 的不足。下面是它们的语法格式：

```
$strobe  ("带格式字符串", 参数 1, 参数 2, ... );
$monitor ("带格式字符串", 参数 1, 参数 2, ... );
```

$strobe 和$monitor 的作用和$display 类似。带格式字符串中的转义字符规定也是一样的，但在使用过程中这三者之间是有差别的，通常从仿真器上看到的结果可能较难理解。例 9-6 描述的情况很典型，可以通过所附的注释进一步分析理解。

【例 9-6】

```
module sdisp3;                                    //无输入输出信号
  reg[1:0]a;                                      //a 为 2 位 reg
  reg b;
  initial $monitor("\$monitor: a = %b", a); //$monitor 监测 a 的变化
  initial begin                                   //initial 块，只执行一次
  b = 0;   a = 0;                                 //b、a 赋值 0，阻塞赋值
  $strobe ("\$strobe : a = %b", a);              //$strobe 显示 a 的赋值
  a = 1;                                          //a 赋值 1
  $display ("\$display: a = %b", a);             //$display 显示 a 的当前赋值
  a = 2;                                          //a 赋值 2
  $monitor("\$monitor: b = %b", b);             //$monitor 取代前一个$monitor
  a = 3;                                         //a 赋值 3
#30 $finish;                               //延时 30 个时间单位后，仿真终止
  end
  always #10 b = ~b;                        //b 每隔 10 个时间单位，值反转，Clock 信号
endmodule
```

ModelSim 仿真的输出数据结果如下：

```
# $display: a = 01
# $strobe : a = 11
# $monitor: b = 0
# $monitor: b = 1
# $monitor: b = 0
```

从上面的仿真结果看，$display 最容易理解，在$display 语句的上一句对 a 赋值 1，所以$display 打印出“a = 01”。

$strobe 的显示结果则不容易理解，它是在 a 赋值为 1 前就执行了，但却没有显示“a = 11”，似乎显示的是 a 的最后赋值，原因在哪里呢？

其实 $strobe 不是单纯地显示 a 的当前值。$strobe 的功能是，当该时刻的所有事件处理完后，在这个时间的结尾显示格式化字符串。虽然 a 有了多次赋值，但都属于初始时刻的赋值，在这个时刻的结尾，a 被赋值为 3，所以$strobe 才开始显示“a = 11”。即无论$strobe 是在该时刻的哪个位置被调用，只有当$strobe 被调用的时刻，所有活动（如赋值）都完成了，$strobe 才显示字符串，对于阻塞和非阻塞赋值都一样。

在以上示例中，$monitor 的结果更为奇特，明明有两个$monitor，但却只有显示 b 的$monitor 在起作用。显示 b 的$monitor 任务，在每次 b 发生改变的时候，显示 b 的值。这是因为$monitor 的功能是当一个或多个指定的信号变量改变值时，显示格式化字符串。

$monitor 是用于监控信号变量的变化情况，在此，信号变量指 wire 或者 reg。

此外，使用$monitor 还要符合一些约定。仿真过程中，只能允许一个$monitor 被执行，如果有多个$monitor 语句，那么在执行时，后一个被执行的$monitor 取代前一个$monitor 的执行。这个可以很好地解释示例中为什么仅一个 b 的$monitor 被执行。

如果需要同时对多个信号变量进行监控，可以在参数表上多加几个参数，参数的多少是不受限制的。当其中一个参数发生变化，$monitor 的显示就被启动。一条$monitor 语句可以显示多次，每次都是被参数表中的信号变量变化而启动。

可以使用$monitoroff 禁止$monitor 监控。使用$monitoron 重新使能$monitor 监控。使用这两个系统函数可以更为灵活地控制 $monitor。

4．$finish 和$stop

在例 9-6 中还使用了$finish，这是仿真控制任务。$finish 表示仿真结束，也可以使用$stop 来停止仿真。这两个系统任务的语法格式如下：

```
$finish;
$stop;
```

虽然$finish 和$stop 都是停止仿真，但它们还是有差异的。在 ModelSim 仿真时，当仿真器执行到该语句$finish 的时候，会弹出一个对话框，询问是否结束仿真。如果同意结束，整个仿真环境就会被退出。而$stop 则不会，仿真器会停在$stop 这条语句上。

在例 9-7 中就使用了$stop，示例中还涉及了其他的系统函数$time。以下可借此对$monitor、$strobe、$display 作更为深入的比较和理解。

【例 9-7】

```
module sdisp4();
   reg[3:0]a,b;          //a，b 都为 4 位 reg
   initial $monitor($time," \$monitor:a=%0d,b=%d",a,b);//显示变化及当前时间
   initial begin                                    //initial 块，只执行一次
   b = 0;                                           //b 赋值 0
   $strobe ($time," \$strobe : a = %0d", a); //显示 a 的赋值结果
   $monitoron;                                      //开启$monitor
   a = 1;                                           //a 赋值 1，阻塞赋值
   a <= 2;                                          //a 赋值 2，非阻塞赋值
   $display ($time," \$display: a = %d", a); //显示 a 的当前值
   a = 3;                                           //a 赋值 3，阻塞赋值
   #25 $monitoroff;                                 //关闭$monitor
   #10 $stop;                                     //10 个时间单位后，暂停仿真器仿真
   end
   always #10 b = b+1;                              //b 每过 10 个时间单位，加 1
endmodule
```

ModelSim 仿真的输出结果如下：

```
#            0  $display:a=1
#            0  $strobe :a=2
#            0  $monitor:a=2,b=0
#           10  $monitor:a=2,b=1
#           20  $monitor:a=2,b=2
```

在此示例中，读者需要关注“a<=2;”这个非阻塞赋值语句。$display 是出现在“a<=2;”后的，但$display 显示的结果完全忽略了这个语句的存在。而$strobe 却显示了“a=2”，而不是“a=3”。说明这个时刻最后对 a 赋值的是 2，而不是表面上看上去的 3。通过此示例，可以更清晰和深入地了解阻塞赋值与非阻塞赋值的原理。

在例 9-7 中还使用了$monitoron 和$monitoroff 对$monitor 进行控制，即开启$monitor 或者关闭$monitor。虽然$monitor 可以用被监视的变量（比如 a 或 b）的变化来激活显示，但有时候不希望在仿真过程中每次被监视变量的变化都激活显示，这可以使用$monitoron 和$monitoroff 来控制$monitor 在合适的时间显示变化信息。

5．$time

在例 9-7 中还使用了函数$time，这是一个时间的系统函数，可以返回当前的单位时间。常用的时间系统函数还有$realtime、$stime 等。$stime、$realtime 也可以返回当前时间，返回值使用`timescale 定义的时间单位。它们的语法格式如下：

```
$time 返回一个 64 位整数时间值
$stime 返回一个 32 位整数时间值
$realtime 返回一个实数时间值
$timeformat 控制时间的显示方式
```

这些时间系统函数也可以作如下形式使用：

```
$monitor("%d d=%b,e=%b", $stime, d, e); //$time 显示当前时间的另一种形式
```

6．文件操作

用于大型数字系统仿真验证的复杂的 Test Bench，在仿真过程中往往需要读入或写出文件。Verilog 中也有针对文件操作的系统函数和系统任务。它们的语法格式如下：

```
文件句柄 = $fopen("文件名")                          //打开文件
$fstrobe(文件句柄,"带格式字符串", 参数列表)          //strobe 到文件
$fdisplay(文件句柄,"带格式字符串", 参数列表 t)       //display 到文件
$fmonitor(文件句柄,"带格式字符串", 参数列表 t)       //monitor 到文件, 可以多个进程
$fwrite(文件句柄,"带格式字符串", 参数列表)           //write 到文件
$fclose(文件句柄);                                   //关闭文件
$feof(文件句柄);                                     //查询是否已到文件末尾
```

下面是用于仿真输出的 VCD 文件导出的系统任务与函数，语法格式如下：

```
$dumpfile("文件名");    //导出到文件，这里文件后缀为vcd
$dumpvar;               //导出当前设计的所有变量
$dumpvar(1, top);      //导出顶层模块中的所有变量
$dumpvar(2, top);      //导出顶层模块和顶层下第1层模块的所有变量
$dumpvar(n, top);      //导出顶层模块到顶层下第n-1层模块的所有变量
$dumpvar(0, top);      //导出顶层模块和所有层次模块的所有变量
$dumpon;               //导出初始化
$dumpoff;              //停止导出
```

下面举例说明有关文件操作的系统函数的用法。

在例9-8中，使用$fopen打开了两个文件in.txt和out.txt，分别以只读和写方式打开。这种操作的语法格式和C语言中的文件打开函数fopen几乎是一样的。然后使用$fscanf读取in.txt中的一行（三个值），赋值给reg1、reg2、reg3，用$display显示读取到的值，用$fprintf按相反的次序在out.txt中写reg3、reg2、reg1的值。最后使用$fclose关闭两个文件的读写。

【例9-8】

```
module fileio_demo;                    //文件读写
integer fp_r, fp_w, cnt;               //定义文件句柄，整型
reg[7:0] reg1, reg2, reg3;             //3个8位reg值
initial begin
  fp_r = $fopen("in.txt", "r");        //以只读方式打开in.txt
  fp_w = $fopen("out.txt", "w");       //以写方式打开out.txt
  while(!$feof(fp_r)) begin            //循环读写文件，直到in.txt末尾
    cnt = $fscanf(fp_r, "%d %d %d", reg1, reg2, reg3);  //读一行
    $display("%d %d %d", reg1, reg2, reg3);             //显示读到的值
    $fwrite(fp_w, "%d %d %d\n", reg3, reg2, reg1);      //反序写一行
  end
  $fclose(fp_r);      //关闭文件in.txt
  $fclose(fp_w);      //关闭文件out.txt
end
endmodule
```

9.4.2 预编译语句

在仿真时，往往还需要有预编译指令的配合。Verilog的预编译指令的功能主要是通知编译器或仿真器一些控制信息，在前面章节中曾提过相关语句，主要语句有以下几类。

1. `define宏定义

前面曾提到过的宏定义语句`define的用法与C语言中的#define很类似。用法如下：

```
`define dnand(dly) nand #dly
`dnand(2) g121 (q21, n10, n11);
`dnand(5) g122 (q22, n10, n11);
```

可以自定义延迟可控的与非门。特别注意，define 前的“`”是标准键盘左上角的那个符号（反引号），而不是简单的单引号。

2．translate_on 与 translate_off

在用 Verilog 来描述硬件时，往往要考虑到代码的可综合问题，但同时也希望能加入一些专门用于仿真的语句，便于仿真测试。由于上述原因，大多数综合器都提供在 Verilog 程序中嵌入特别的指示，以忽略不可综合的代码。而在仿真器上这些代码是可以正常执行的。具体的实现方式是在 Verilog 源代码中插入一段特别的注释，格式如下：

```
//synthesis translate_off
//synthesis translate_on
```

注意这里的“//synthesis translate_off”和“//synthesis translate_on”不是简单的注释，其中包含了关闭综合开关（//synthesis translate_off）和开启综合开关（//synthesis translate_on）的含义。

“//synthesis translate_off”和“//synthesis translate_on”使得设计者可以方便地在用于综合的 Verilog 代码中插入用于仿真的语句，同时又不影响综合。

从严格意义上说这两句不是标准的预编译指令，但与预编译指令一样，都是在代码编译前需要处理的内容，所以就把它们放在了这里。在有些早期的 Verilog 代码中，可能会有“//synopsys translate_off”和“//synopsys translate_on”，其实这两句的含义是与“//synthesis translate_off”和“//synthesis translate_on”等效的。

9.5 延时模型

在时序仿真时，就要涉及电路的时延特性；编写的 Test Bench 也需要按一定的时间延迟，进行信号的赋值。这些情况都需要使用 Verilog 的延时模型。

9.5.1 #延时和门延时

在仿真中，最常见的是赋值延迟，比如“#10 rout = cin;”。其中的时间单位可以用语句`timescale 来定义。

门延迟表述有三种格式：

- # 延时时间单位数。
- # (上升延迟，下降延迟)。
- # (上升延迟，下降延迟，转换到 z 的延迟)。

基本门在例化的时候也可以做延时，例如：“nand #20 inand2(a,b,c);”。

例 9-9 是一个双参数的延时的示例。

【例 9-9】

```
module  dnot();
reg in; wire out;
not #(3,4) (out,in);   //例化 not，同时说明门延时
initial begin
```

```
  $monitor ("%g in = %b out=%b", $time, in, out); //监控 in、out
  in = 0;                    //初始赋值 0
  #10 in = 1;                //10 个时间单位后，赋值 1
  #10 in = 0;                //10 个时间单位后，赋值 0
  #10 $stop;                 //10 个时间单位后，暂停仿真
end
endmodule
```

在 ModelSim 上进行仿真，在命令行窗口输入“run –all”，可观察如下输出信息：

```
# 0 in = 0 out=x
# 3 in = 0 out=1
# 10 in = 1 out=1
# 14 in = 1 out=0
# 20 in = 0 out=0
# 23 in = 0 out=1
```

从结果上看，在时间 14、23 这两个点，out 发生了变化，正好符合（3，4）的延时定义。上升沿延时了 3 个时间单位，而下降沿延时了 4 个时间单位。

对于三个参数的延迟格式，最后一个参数指的是转换到高阻态 z 所经历的延时，一般是针对三态门的。限于篇幅，这里就不再深入讨论了。

9.5.2 延时说明块

Verilog 还提供了 specify 块，可以让设计者自由地指定设计中一条路径的延迟。比如例 9-10 中的 a 到 out 的路径延迟。specify 也是一个块，以 specify 开始，endspecify 结束，以独立的块存在于 module 中。specify 对于仿真延时的仿真验证有较多的功能，例 9-10 给出了 specify 最为简单的用法。

【例 9-10】

```
module veridelay(output out, input a,b,c,d);
wire e,f;
specify              //specify 延时说明块
    (a=>out)=3;   //a 到 out 延时 3 个时间单位
    (b=>out)=3;   //b 到 out 延时 3 个时间单位
    (c=>out)=5;   //c 到 out 延时 5 个时间单位
    (d=>out)=51;  //d 到 out 延时 51 个时间单位
endspecify
and U1(e,a,b);  and U2(f,c,d);  and U3(out,e,f);//例化 3 个元件
endmodule
```

9.6 其他仿真语句

Verilog 语言产生的最初目的是为了对系统仿真地描述。尽管随着 Verilog 的成熟和

发展，已到了被广泛用于可综合设计的程度，但在仿真验证时，那些不可综合的语句仍可以为仿真测试者带来极大的便利。以下介绍几则常用的 Verilog 仿真语句。

9.6.1 fork_join 块语句

在 Verilog 中有两种过程块，一种是 begin_end，是可综合的，在前面章节已作了详细介绍；另一种是 fork_join。begin_end 语句块中的语句是顺序执行的，而 fork_join 语句块中的语句是并行执行的，即 fork_join 块中的语句是被并行启动的，但 fork_join 语句块的执行终结要等待语句块中执行最慢的语句来结束。

例 9-11 用了 fork_join 并行块，从仿真结果看（图 9-11），在 clk 上升沿后，a 在 30ns 后获得了 1 值，而 b 在 10ns（设置单位时间为 1ns）后就获得了 1 值；在 fork_join 块里面的两个赋值是同时进行的。这证明了 fork_join 的并行性。

例 9-12 使用了 begin_end 顺序块，只有当 #30 a=1 执行完才能执行 #10 b=a。所以 a 在 30ns 后发生电平变化，b 在 40ns 后发生电平变化（图 9-12）。

【例 9-11】

```
module forkA(clk,a,b);
    input clk;
    output reg a, b;
    initial begin
      a=0;  b=0;  end
always @(posedge clk)
     fork
        #30 a = 1;
        #10 b = 1;
     join
endmodule
```

【例 9-12】

```
module forkB(clk,a,b);
    input clk;
    output reg a, b;
    initial begin
      a=0;  b=0;  end
always @(posedge clk)
     begin
        #30 a = 1;
        #10 b = a;
     end
endmodule
```

【例 9-13】

```
module forkC(clk,a,b);
    input clk;
    output reg a, b;
    initial begin
      a=0;  b=0;  end
always @(posedge clk)
     fork
        #30 a = 1;
        #10 b = a;
     join
endmodule
```

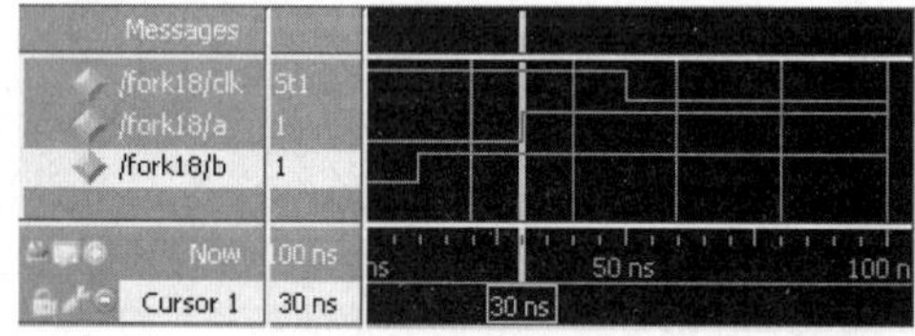

图 9-11　例 9-11 仿真波形

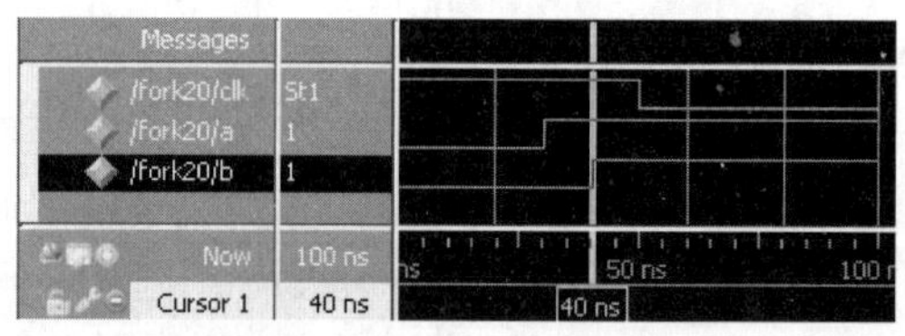

图 9-12　例 9-12 仿真波形

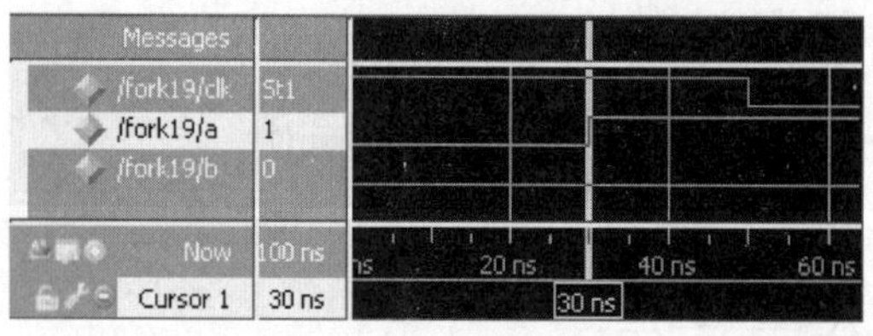

图 9-13　例 9-13 仿真波形

例 9-13 采用的是 fork_join 块，虽然 #30 a=1 写在 #10 b=a 前面，但执行时，上述两个语句是同时启动的；当时刻 10ns 到后，b 取到的 a 值还是 0，所以仍旧保持低电平不变，再过 20ns 后，a 值才改变为 1，a 输出高电平（图 9-13）。

9.6.2 wait 语句

wait 语句也是一条不可综合的语句，只能用于仿真，它的语法格式如下：

```
wait （条件表达式）语句;
```

可以使用以下方式：

```
forever  wait(start) #10  go = ~go;
```

功能是等待 start 为 true，然后延迟 10 个时间单位后，输出 go 的反相信号。也就是在 go 上输出周期为 20ns 的方波，而 start 是一个启动信号。

9.6.3 force 语句和 release 语句

force 语句是 Verilog 语言中信号的强制赋值，该语句只能出现在 initial 或 always 块中。如果需要取消强制赋值，可以使用 release 语句进行释放。force 可以对 wire 类型赋值，也可以对 reg 类型赋值。两个语句的使用示例如例 9-14 所示。

【例 9-14】

```
module testforce;                    //force 语句测试示例
   reg a, b, c, d;     wire e;
   and and1 (e, a, b, c);
   initial begin                     //监控 d、e 的变化
   $monitor("%d d=%b,e=%b", $stime, d, e);
   assign d = a & b & c;            //连续赋值 d
   a = 1;  b = 0;   c = 1;
   #10;                              //延迟 10 个时间单位
   force d = (a | b | c);           //强制赋值 d
   force e = (a | b | c);           //强制赋值 e
   #10 $stop;                        //暂停仿真
   release d;                        //释放 d
   release e;                        //释放 e
   #10 $stop;                        //暂停仿真
   end
endmodule
```

在 ModelSim 上仿真，先在命令行窗口输入“run –all”，输出结果：

```
#          0 d=0,e=0
#         10 d=1,e=1
```

然后仿真器暂停，再次输入“run –all”，输出结果：

```
#         20 d=0,e=0
```

9.6.4 deassign 语句

在使用 assign 进行连续赋值后，还可以使用 deassign 来取消 assign 的赋值，如下列程序片段：

```
always @(clear or preset)
  if (clear)
    assign q = 0;
  else if (preset)
    assign q = 1;
  else
    deassign q;
always @(posedge clock) q = d;
```

当 clear 有效，q 赋值 0；当 clear 无效而 preset 有效，q 赋值 1；否则，放弃对 q 的赋值。当然这样的写法，只能在仿真器上使用，综合器不支持 deassign 语句。

9.7 仿真激励信号的产生

为了获得电路的性能信息，仿真时需要在输入端加上激励信号。可以使用 Verilog 以多种方法产生仿真驱动信号。如可以在 Test Bench 程序中加入激励信号，或用 Verilog 单独设计一个波形发生器，也可以将波形数据或其他数据放在文件中，用文件操作的系统任务语句来读取文本文件，还可将仿真的一些中间结果写到文件中。此外，Verilog 仿真器本身也提供了设置输入激励波形的命令。以下通过仿真一个 4 位加法器的示例（例 9-15），介绍两种激励信号的产生方法。

【例 9-15】 4 位加法器

```
module adder4(input[3:0] a, input[3:0] b,
              output reg[3:0] c,  output reg co);
always @ *
  {co,c} <= a + b;           // co 为进位，c 为和
endmodule
```

1．方法一

用 Verilog 写一个波形信号发生器，源程序如例 9-16 所示。

【例 9-16】

```
`timescale 10ns/1ns //时间设置
module signal_gen(output reg [3:0] sig1,output reg [3:0] sig2);
initial begin
  sig1 <= 4'd10; //依序列出输入信号变化
  sig2 <= 4'd3;
  #10 sig2 <=4'd4;      #10 sig1 <=4'd11;    #10 sig2 <=4'd6;
```

```
  #10 sig1 <=4'd8;       #10 $stop;
 end
 endmodule
```

然后将此波形发生器与 adder4 组装设计成一个 Verilog 仿真测试模块，示例程序是例 9-17，这实际上是一个 Test Bench 程序。在仿真器的波形图上加入 a、b、c 三个内部信号，然后运行仿真过程。在 ModelSim 中即可得到对应的波形图。

【例 9-17】

```
module test_adder4();                          //用于仿真的顶层文件
  wire[3:0] a,b,c;    wire co;
  adder4 U1(.a(a),.b(b),.c(c),.co(co));       //例化被测元件 DUT
  signal_gen TU1(.sig1(a),.sig2(b));          //例化激励发生模块
endmodule
```

2．方法二

利用仿真器的波形设置命令施加激励信号。在 ModelSim 中，使用 force 命令可以交互地施加激励，force 命令的格式如下：

```
force <信号名> <值> [<时间>][, <值> <时间> …] [-repeat <周期>]
```

例如：

```
force a 0                  (强制信号的当前值为 0)
force b 0 0, 1 10          (强制信号 b 在时刻 0 的值为 0，在时刻 10 的值为 1)
force clk 0 0, 1 15 -repeat 20  (clk 为周期信号，周期为 20)
```

可以直接用模块 adder4 的结构体进行仿真，在初始化仿真过程后，在 ModelSim 的命令行中输入以下命令：

```
force a 10 0, 5 200, 8 400
force b 3 0, 4 100, 6 300
```

然后连续执行 run 命令或执行 run 500 命令，同样可以得到仿真波形。

在此示例中，还可以执行 run-all 命令，这样可以让仿真器仿真执行到 signal_gen.v 文件中“#10 $stop;”这个语句时，达到自动暂停仿真的目的。

不同的 Verilog 仿真器的命令及操作方式有所不同，可参考相关资料。

9.8 Verilog 数字系统仿真

Verilog 设计通常要通过各种软件仿真器进行功能和时序模拟验证。目前由于大多数 Verilog 仿真器支持标准的接口，如 PLI 接口，已方便地与 C/C++程序链接，制作通用的仿真模块及支持系统级仿真。这里所谓仿真模块，是指许多公司为某种器件制作的

Verilog 仿真模型，这些模型一般是经过预编译的（也有提供源代码的）。然后在仿真的时候，将各种器件的仿真模型用 Verilog 程序组装起来，成为一个完整的电路系统。设计者的设计文件成为这个电路系统的一部分。这样，在 Verilog 仿真器中可以得到较为真实的系统级的仿真结果，支持系统仿真已经成为目前 Verilog 应用技术发展的一个重要趋势。当然，这里所谈的还只是在单一目标器件中的一个完整的设计。

对于一个可应用于实际环境的完整的电子系统来说，用于实现 Verilog 设计的目标器件常常只是整个系统的一部分。对于芯片进行单独仿真，仅得到针对该芯片的仿真结果。但对于整个系统来说，仅对某一目标芯片的仿真往往无法将许多实际的情况考虑进去，而若对整个系统都进行仿真，则可使芯片设计风险大为减少，因为可以找出一些整个系统一起工作时才会出现的问题。

由于 Verilog 是一种应用范围广、使用灵活的硬件描述语言，尤其是 Verilog 的后期扩展版本 System Verilog，完全可以将整个数字系统用 HDL 来描述，然后进行整体仿真。

即使没有使用 Verilog 设计的数字集成电路，同样可以设计出 Verilog 仿真模型。现在已有许多公司可提供许多流行器件的 Verilog 模型，如 8051 单片机模型、ARM7 模型、x86 模型等。利用这些模型可以将整个电路系统组装起来。许多公司提供的某些器件的 Verilog 模型甚至可以进行综合，这些模型有了双重用途，它们既可用来仿真，又可作为实际电路的一部分（即 IP 核）。例如，现有的 PCI 总线模型大多是既可仿真又可综合的。

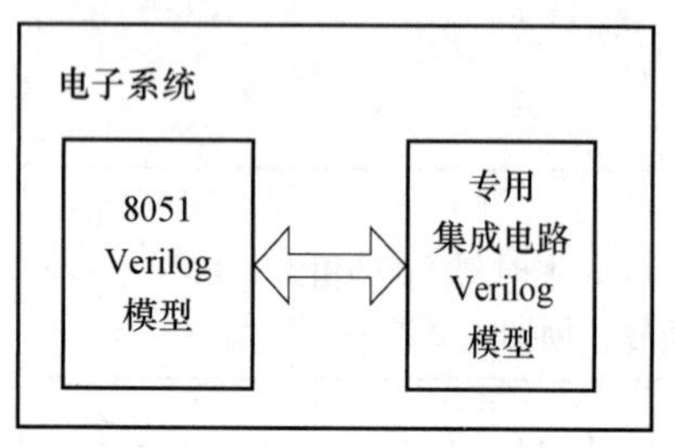

图 9-14　Verilog 系统仿真模型

图 9-14 即为由 8051 单片机的 Verilog 模型与 Verilog 专用系统模型联合进行更高层次系统仿真的示意图。

虽然用于描述模拟电路的 Verilog 语言尚未进入实用阶段，但有些软件仍可以完成具有部分模拟电路支持的 Verilog 电路系统级仿真器。例如 PSPICE 是一个典型的系统级电路仿真软件，其新版本扩展了 Verilog 仿真功能。PSPICE 本来就可以进行模拟电路、数字电路混合仿真。因此 PSPICE 扩展了 Verilog 仿真功能之后，理所当然也能进行 Verilog 描述的数字电路和模拟电路的混合仿真，这样就能够仿真几乎所有的电路系统了。

至于 Verilog 器件模型，实际上是用 Verilog 语言对某种器件设计的实体。只是这些模型提供给用户时，一般是已经过预编译，用户需支付一定的费用才能得到源代码。

习　题

9-1　简述基于 Test Bench 的 Verilog 仿真流程。

9-2　试举例说明$display、$monitor、$strobe 之间的差别。$time 与$stime 有什么差别？

9-3　如何生成时钟激励信号？什么是 Test Bench?

9-4　如何使用 Verilog 语句生成异步复位激励信号和同步复位激励信号？

9-5　试说明 fork_begin 与 begin_end 的区别。

9-6 编写一个 Verilog 仿真用程序，产生一个 reset 复位激励信号，要求 reset 信号在仿真开始保持低电平，过 10 个时间单位后变高电平，再过 100 个时间单位，恢复成低电平。

9-7 编写一个用于仿真的时钟发生 Verilog 程序，要求输出时钟激励信号 clk，周期为 50ns。

9-8 试探索用多种方式在仿真时实现如同习题 14-7 所描述的时钟激励信号。

实验与设计

9-1 在 ModelSim 上对计数器的 Test Bench 进行仿真

实验任务 1：根据 9.2 节和 9.3 节的介绍和仿真流程，在 ModelSim 上对 Test Bench 程序例 9-1 进行仿真，验证所有结果。

实验任务 2：为了对例 3-14 的 BCD 码加法器、例 3-20 的 8 位乘法器和基于原理图（图 6-25）的正弦信号发生器的 Verilog 程序（注意，此项设计包含 LPM 模块）在 ModelSim 上进行仿真测试，首先分别为它们编写适当的 Test Bench 程序，然后根据 9.2 节和 9.3 节介绍的流程，分别在 ModelSim 上进行 RTL 仿真和门级仿真，并给出相应的实验报告。

9-2 在 ModelSim 上进行 16 位累加器设计仿真

实验目的：熟悉 ModelSim 的 Verilog 仿真流程全过程，学习仿真激励产生的方法。学习简单的 Test Bench 的编写。

实验任务 1：首先利用 ModelSim 完成 16 位累加器（例 9-18）的文本编辑输入和编译、仿真等步骤。设计 16 位累加器的复位和时钟激励的 Verilog 程序，并且在 ModelSim 上进行验证。

【例 9-18】

```
module acc16(input[15:0] a,  input rst,   input clk,
                 outputreg [15:0] c);
   always @(posedge clk,negedge rst)  if(!rst) c=0;  else c=c+a;
endmodule
```

实验任务 2：为 acc16 设计一个 Test Bench，要求 Test Bench 的仿真时间为 2000ns；在 100ns 前完成复位，clk 时钟激励周期为 10ns，增加对 acc16 模块 a 端口的仿真激励，设 a 端口值在仿真前 1000ns 为 1，后 1000ns 为 5。在 ModelSim 上验证 Tech Bench，观察仿真波形结果。

实验任务 3：修改 ModelSim 的 wave 波形观察窗中 c 的显示格式，修改成模拟（analog）波形显示。

思考题：如何在 acc16 上添加模块，构成一个输出周期可控的波形发生器（例如正弦波发生器）？如何在 ModelSim 上验证该设计？

第 10 章　Verilog 状态机设计技术

有限状态机及其设计技术是实用数字系统设计中的重要组成部分，也是实现高效率、高可靠性和高速控制逻辑系统的重要途径。有限状态机应用广泛，特别是对那些操作和控制流程非常明确的系统设计，在数字通信领域、自动化控制领域、CPU 设计领域以及家电设计等领域都拥有重要的和不可或缺的地位。尽管到目前为止，有限状态机的设计理论并没有增加多少新的内容，然而面对先进的 EDA 工具、日益发展的大规模集成电路技术和强大的硬件描述语言，有限状态机在其具体的设计和优化技术以及实现方法上却有了许多崭新的内容。本章介绍用 Verilog 设计不同类型有限状态机的方法，同时考虑 EDA 工具和设计实现中许多必须关注的问题。

10.1　Verilog 状态机的一般形式

理论上，任何时序模型都可以归结为一个状态机。如只含一个 D 触发器的二分频电路或一个普通的 4 位二进制计数器都可算作一个状态机；前者是两状态型状态机，后者是 16 状态型状态机，只是都属于一般状态机的特殊形式，而且它们并非是基于明确自觉的状态机设计方案下的时序模块。一般地，可以有不同表达方式、不同功能和不同优化形式的 Verilog 状态机，但基于现代数字系统设计技术自觉意义上的状态机的 Verilog 表述形态和表述风格还是具有一定的格律化，它们有相对固定的语句和程序表达方式。只要把握了这些内容，就能根据实际需要写出各种不同风格和面向不同实用目的的状态机。据此，综合器能从不同表述形态的 Verilog 代码中轻易地识别出状态机，并加以多方面的优化。不断涌现的优秀的 EDA 设计工具已使得状态机的设计和优化的自动化达到了相当高的程度。

10.1.1　状态机的特点与优势

这里首先从数字系统设计的一些具体的技术层面来讨论设计状态机的目的。

往往有这种情形，面对同一个设计目标的不同形式的逻辑设计方案中，如果利用有限状态机的设计方案来描述和实现将可能是最佳选择。大量实践也已证明，无论与基于 HDL 的其他设计方案相比，还是与可完成相似功能的 CPU 相比，在一些简单的控制方面，有限状态机都有其巨大的优越性，这主要表现在以下几个方面。

（1）高效的过程控制模型。状态机克服了纯硬件数字系统顺序方式控制不灵活的缺点。状态机的工作方式是根据控制信号按照预先设定的状态进行顺序运行的。状态机是纯硬件数字系统中的顺序控制模型，因此状态机在其运行方式上类似于控制灵活和方便的 CPU，是高速、高效过程控制的首选。

（2）容易利用现成的 EDA 工具进行优化设计。由于状态机构建简单，设计方案相对固定，特别是可以作一些独具特色的规范固定的表述，使得这一切为 HDL 综合器尽可能自动地发挥其强大的优化功能提供了便利条件。而且，性能良好的综合器都具备许多可控或自动的优化状态机的功能，如编码方式选择、安全状态机生成等。

（3）系统性能稳定。状态机容易构成性能良好的同步时序逻辑模块，这对于对付大规模逻辑电路设计中令人深感棘手的竞争冒险现象无疑是一个上佳的选择。因此，与其他的设计方案相比，在消除电路中的毛刺现象，强化系统工作稳定性方面，同步状态机的设计方案将使设计者拥有更多的可供选择的解决方案。

（4）高速性能。在高速通信和顺序控制方面，状态机更有其巨大的优势。然而就运行速度而言，尽管 CPU 和状态机都是按照时钟节拍以顺序时序方式工作的，但 CPU 是按照指令周期，以逐条执行指令的方式运行的；每执行一条指令，通常只能完成一项单独的操作，而一个指令周期须由多个机器周期构成，一个机器周期又由多个时钟节拍构成，一个含有运算和控制的完整设计程序往往需要成百上千条指令。相比之下，状态机状态变换周期只有一个时钟周期。而且，由于在每一状态中，状态机可以并行同步完成许多运算和控制操作。所以，一个完整的 HDL 模块控制结构，即使由多个并行的状态机构成，其状态数也是十分有限的。如超高速串行或并行 A/D、D/A 器件的控制、硬件串行通信模块 RS232、PS/2、USB、SPI 的实现、FPGA 高速配置电路的设计、自动控制领域中的高速过程控制系统、通信领域中的许多功能模块的构建等。

（5）高可靠性能。用于要求高可靠性的特殊环境中的电子系统中，首先状态机是由纯硬件电路构成，它的运行不依赖软件指令的逐条执行，其次是由于状态机的设计中能使用各种完整的容错技术；再次是当状态机进入非法状态并从中跳出，进入正常状态所耗的时间十分短暂，通常只有 2～3 个时钟周期，约数十纳秒，尚不足以对系统的运行构成损害。

10.1.2 状态机的一般结构

用 Verilog 设计的状态机根据不同的分类标准可以分为多种不同形式：

- 从状态机的信号输出方式上分，有 Mealy 型和 Moore 型两种状态机。
- 从状态机的结构描述上分，有单过程状态机和多过程状态机。
- 从状态表达方式上分，有符号化状态机和确定状态编码的状态机。
- 从时钟控制状态上分，有同步状态机和异步状态机。
- 从状态机编码方式上分，有顺序编码、一位热码编码或其他编码方式状态机。

然而最常用的状态机是同步状态机，在其一般结构中，通常都包含了说明部分、主控时序过程、主控组合过程、辅助过程等几个部分。以下分别给予说明。

1．状态机说明部分

说明部分中包含状态转换变量的定义和所有可能状态的说明，必要时还要确定每一状态的编码形式。一个易读易懂，在表述形式上简洁规范，且容易让 HDL 综合器在状态机优化方面有足够发挥空间的状态机程序，最好是纯抽象的符号化状态机。即所定义的状态序列和状态转换变量都不涉及具体的数值、编码，甚至数据类型或变量类型。

首先来看不同硬件描述语言在设计状态机时是如何定义状态的。

由于 VHDL 拥有用户可自定义的枚举类型 TYPE 等语句。以下语句显示，它首先可利用语句 TYPE 定义自己的某个新的数据类型 FSM_ST，此数据类型为枚举型，设定此数据类型所有可能包含的元素恰好等于当前状态机所有合法状态数，且用状态含义明确的文字来表述，如状态 s0、s1、s2、s3、s4；然后在第二句中，再定义状态机的状态变量，即现态变量 current_state 和次态变量 next_state 的数据类型恰为已定义的 FSM_ST 类型。

```
TYPE FSM_ST IS (s0,s1,s2,s3,s4);
   SIGNAL current_state, next_state : FSM_ST;
```

而且，所有状态符或状态元素 s0、s1、s2、s3、s4 和状态变量始终不涉及具体编码和数值。有了这样一种定义和说明，VHDL 状态机的设计就能很顺利地展开了。

由于没有自定义的枚举类型，Verilog 状态机的说明部分似乎要具体得多。与以上的 VHDL 对应，下面的 Verilog 状态机程序说明部分中，各状态元素（如 s0、s1 等）是用参数说明关键词 parameter 来定义的。其中各状态元素所取的数值或编码必须写出具体值，如设 s1=1 或 s1=3'B101 等。而关键词 parameter 旁的位宽说明[2:0]可写可不写，因为在下面还有附加定义。在下一句的定义中，则分别定义现态变量 current_state 和次态变量 next_state 是位宽为 3 的 reg 类型。

```
parameter[2:0]  s0=0, s1=1, s2=2, s3=3, s4=4;
reg[2:0] current_state, next_state;
```

其实，VHDL 和 Verilog 在状态机说明上的表述形式，对于综合器来说只是形式上的不同，或仅仅是表述上的不同，总体来说影响不了对 Verilog 状态机的优化处理。

2005 版本的 SystemVerilog 语言作为改进型的 Verilog HDL，已对此作了改进和补充，特别是增加了可作枚举数据类型定义的关键词 enum，从而可以像 VHDL 一样去表述状态机了。例如可以用 VerilogSystem 将以上的 Verilog 说明作如下表述：

```
typedef enum {s0,s1,s2,s3,s4} type_user;
type_user current_state, next_state;
```

其中，typedef 是用户数据类型自定义语句关键词；enum 是定义枚举类型关键词；而 type_user 是用户定义状态元素 s0、s1、s2、s3、s4 为 type_user 类型的标识符。第二句则定义状态变量 current_state、next_state 是 type_user 类型。

如此一来，这种定义和说明方式在表达形式和实际作用上已与 VHDL 一样了。

2．主控时序过程

所谓主控时序过程是指负责状态机运转和在时钟驱动下负责状态转换的过程。状态机是随外部时钟信号，以同步时序方式工作的。因此，状态机中必须包含一个对工作时钟信号敏感的过程，用作状态机的“驱动泵”。时钟 clk 相当于这个“驱动泵”中电机的驱动功率电源。当时钟发生有效跳变时，状态机的状态才发生改变。状态机向下一状态（包括可能再次进入本状态）转换的实现仅取决于时钟信号的到来。许多情况下，主控时序过程不负责下一状态的具体状态取值，如 s0、s1、s2、s3 中的某一状态值。

当时钟的有效跳变到来时，时序过程只是机械地将代表次态的信号 next_state 中的内容（某状态元素）送入现态的信号 current_state 中，而信号 next_state 中的内容完全由其他过程根据实际情况来决定。当然此时序过程中也可以放置一些同步或异步清 0 或置位方面的控制信号。总体来说，主控时序过程的设计比较固定、单一和简单。

3．主控组合过程

如果将状态机比喻为一台机床，那么主控时序过程即为此机床的驱动电机，clk 信号为此电机的功率电源，而主控组合过程则为机床的复杂的机械加工部分。它本身的运转有赖于电机的驱动，它的具体工作方式则依赖于机床操作者的控制。图 10-1 所示是一个状态机的一般结构框图。其中 COM 过程即为一主控组合过程，它通过信号 current_state 中的状态值，进入相应的状态，并在此状态中根据外部的信号（指令），如 state_inputs 等向内或/和外发出控制信号，如 com_outputs，同时确定下一状态的走向，即向次态信号 next_state 中赋相应的状态值。此状态值将通过 next_state 传给图中的 REG 时序过程，直至下一个时钟脉冲的到来再进入另一次的状态转换周期。

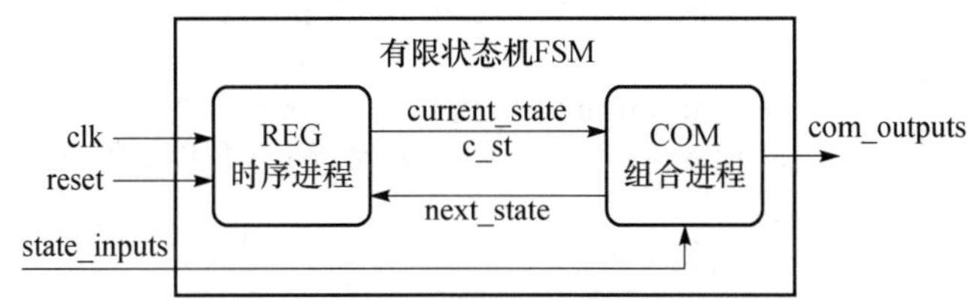

图 10-1　状态机一般结构示图

因此，主控组合过程也可称为状态译码过程，其任务是根据外部输入的控制信号，以及来自状态机内部其他非主控的组合或时序过程的信号，或/和当前状态的状态值，确定下一状态（next_state）的取向，即 next_state 的状态元素确定，以及确定对外输出或对内部其他组合或时序过程输出控制信号的内容。

4．辅助过程

辅助过程用于配合状态机工作的组合过程或时序过程。例如为了完成某种算法的过程，或为了存储数据的存储器过程，或用于配合状态机工作的其他时序过程等。

以下例 10-1 描述的状态机是由两个主控过程构成的，其中含有主控时序过程和主控组合过程，其结构可用图 10-1 来表示。注意为了便于在仿真波形图上的显示，在程序中将现态信号 current_state 简写为 c_st。而例 10-2 的现态表述 cs 也是同样目的。

【例 10-1】

```
module FSM_EXP (clk, reset, state_inputs, comb_outputs);
input  clk, reset ;                                    //状态机工作时钟和状态机复位控制
input[0:1] state_inputs;                               //来自外部的状态机控制信号
output[3:0] comb_outputs;                              //状态机对外部发出的控制信号输出
reg[3:0] comb_outputs;
parameter  s0=0,s1=1,s2=2,s3=3,s4=4;                    //定义状态参数
reg[4:0]  c_st, next_state;                             //定义现态和次态的状态变量
  always @(posedge clk or negedge reset) begin  //主控时序过程
     if (!reset)  c_st<=s0;                             //复位有效时，下一状态进入初态 s0
          else     c_st<=next_state;   end
  always @(c_st or state_inputs) begin            //主控组合过程
    case (c_st)          //为了在仿真波形中容易看清，将 current_state 简为 c_st
     s0 : begin  comb_outputs<=5;                //进入状态 s0 时，输出控制码 5
         if (state_inputs==2'b00)  next_state<=s0; //条件满足，回初态 s0
              else  next_state<=s1;   end     //条件不满足，到下一状态 s1
     s1 : begin  comb_outputs<=8;                //进入状态 s1 时，输出控制码 8
         if (state_inputs==2'b01)  next_state<=s1;
              else  next_state<=s2;  end
     s2 :  begin  comb_outputs<=12;
         if (state_inputs==2'b10)  next_state<=s0;
              else  next_state<=s3;   end
     s3 :  begin  comb_outputs<=14;
         if (state_inputs==2'b11)  next_state<=s3;
             else   next_state<=s4;  end
     s4 :   begin  comb_outputs<=9; next_state<=s0;   end
     default : next_state<=s0;       //现态若未出现以上各态，返回初态 s0
   endcase          end
endmodule
```

在此例的模块说明部分，定义了五个文字参数符号，代表五个状态。对于此程序，如果异步清 0 信号 reset 有过一个复位脉冲，当前状态即刻被异步设置为 s0，即当前状态 c_st 即刻处于初始态 s0；与此同时，启动组合过程，“执行”条件分支语句。图 10-2 是此状态机的状态转换图，图 10-3 是对应的工作时序。读者可以结合例 10-1，通过分析波形图（图 10-3）和状态图（图 10-2），进一步了解状态机的工作特性。注意 reset 信号是低电平有效的，而 clk 是上升沿有效，所以 reset 有效脉冲后的第一个时钟脉冲是图 10-3 中第三个 clk 脉冲。图 10-3 显示，clk 的上升沿后，现态 c_st 即进入状态 s1，同时输出 8，即“1000”。

一般地，就状态转换这一行为来说，时序过程在时钟上升沿到来时，将首先运行完成状态转换的赋值操作。它只负责将当前状态转换为下一状态，而不管将要转换的状态究竟是哪一状态。即如果外部控制信号 state_inputs 不变，只有当来自时序过程的信号 c_st 改变时，组合过程才开始动作。在此过程中，将根据 c_st 的值和来自外部的控制码 state_inputs 共同决定（当下一时钟边沿到来后）时序过程的状态转换方向。设计者通常

可以通过输出值间接了解状态机内部的运行情况，同时可以利用来自外部的控制信号 state_inputs 改变状态机的状态变化模式和状态转变方向。在设计中，如果希望输出的信号具有寄存器锁存功能，则需要为此输出加入第三个过程。

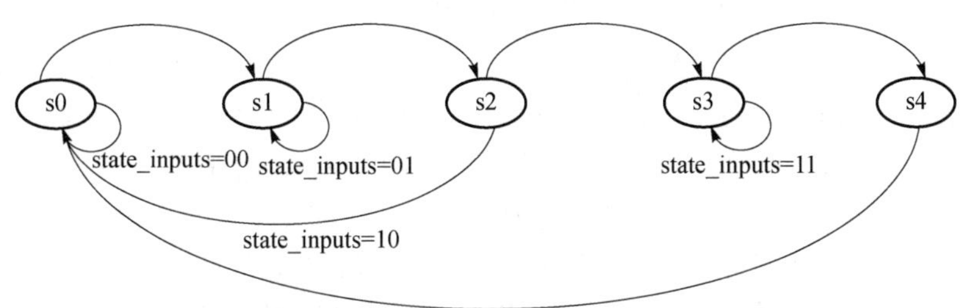

图 10-2　例 10-1 状态机的状态转换图

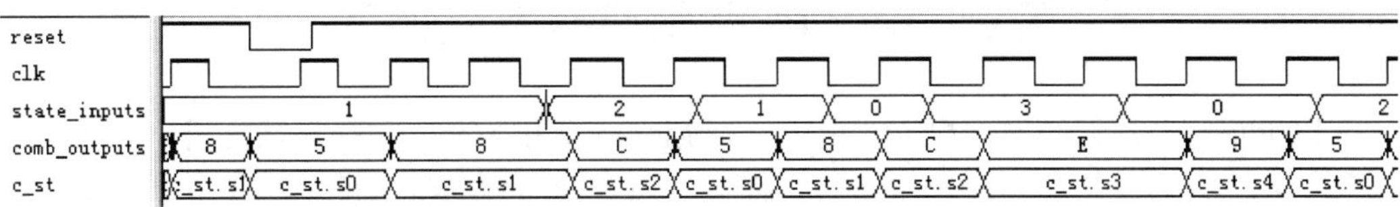

图 10-3　例 10-1 状态机的工作时序图

10.1.3　初始控制与表述

关于 Verilog 状态机的相关设置控制应注意以下几点：

（1）打开“状态机萃取”开关。如果确定自己描述的是状态机，并且希望综合器按状态机方式编译和优化，编译前不要忘了打开综合器的“状态机萃取”开关。方法是进入如图 4-6 所示的控制界面，在右侧的 Existing option settings 栏，选中 Extract Verilog State Machines 项，再选择状态 On。

这个选择一旦打开，综合器就会努力辨别输入的设计是否属于状态机，一旦确认，就会对其施加状态机优化方案和各种约束，甚至对程序中的一些非实际功能描述性的语句、设置或表达方式上的矛盾和错误都不予理会。当然也要注意，状态机的形态很多，综合器如果对某些设计无法萃取或辨认出就是状态机，也不能就此认为一定不是状态机（特别是异步状态机），这就要靠设计者自己来确定了。

（2）关于参数定义表述。在状态机设计中，用 parameter 进行参数定义虽然十分必要（综合器萃取状态机的主要依据），但一旦打开“状态机萃取”开关，其定义的形式可以十分随意。如例 10-1 中的定义可以表述为“parameter s0=0，s1=1”等，或“parameter s0=4'b1001，s1=4'0011”等（实际上是定义了各状态的编码形式），因为最后状态机被综合的结果（即状态编码形式等）未必会按照此表述方式来构建。

当然如果确实希望每一个状态的实际编码必须按照书写的方式来运行，则必须打开相关约束控制开关（后文将介绍）。

（3）状态变量定义表述。正确定义状态变量的表述也是综合器萃取状态机的主要依据。例 10-1 的状态定义语句是“reg[2:0] c_st，next_state;”，其中定义了现态和次态变量

c_st 和 next_state，它们分别为寄存器型变量。如果已打开“状态机萃取”开关，定义句中位宽[msb:lsb]的表述可以比较随意，不必一定与状态数对应。如对于例 10-1 的五个状态，位宽表述至少是 reg[2:0]。但这个表述必须存在，并且建议位宽设定的位数等于状态的个数，如对于 5 状态的例 10-1，可设 reg[4:0]。

此外，一旦打开了“状态机萃取”开关，就可以利用 Quartus 的状态图观察器直观了解当前设计的状态图走向了。方法是首先在 Quartus 的工程管理窗的设置项 Tools 的下拉菜单中，选择并打开网络文件观察器选项 Netlist Viewers。在其下拉菜单中选择打开 State Machine Viewer，即刻能看到类似于图 10-2 所示的状态图及其相关资料。

如上所述，请注意综合器未必能辨认出所有的状态机，所以当 Netlist Viewers 无法画出程序对应的状态图时，也不要肯定此程序就一定不是状态机。

10.2 Moore 型状态机及其设计

以上提到，从信号的输出方式上分，有 Moore 型和 Mealy 型两类状态机；若从输出时序上看，前者属于同步输出状态机，而后者属于异步输出状态机（注意工作时序方式都属于同步时序）。Mealy 型状态机的输出是当前状态和所有输入信号的函数，它的输出是在输入变化后立即发生的，不依赖时钟的同步。Moore 型状态机的输出则仅为当前状态的函数，这类状态机在输入发生变化时还必须等待时钟的到来，时钟使状态发生变化时才导致输出的变化，所以比 Mealy 机要多等待一个时钟周期。

若从 Mealy 型状态机的一般定义看，例 10-1 属于 Mealy 型机。这是因为，其输出的变化不单纯取决于状态的变化，也与输入信号有关。但从另一角度看，图 10-3 显示，当输入信号 state_inputs 从 0 变到 3 时，输出 comb_outputs 并没有从 C 立即变到 E，而是直到下一个时钟脉冲的上升沿到来时才发生这种变化，即输出并不随输入的变化而立即变化，还必须等待时钟边沿的到来。所以从这个角度看，例 10-1 又属于 Moore 型机，也有人称为 Mealy-Moore 混合型状态机。

换一种方式来考察，不妨以例 10-1 的进入状态 s2 的语句上去判断。程序显示，一旦进入状态 s2，即刻无条件执行语句 comb_outputs<=12；表明 comb_outputs 输出 12 仅与状态有关，所以是 Moore 型机。但之所以能进入 s2，进而输出 12，则是因为在上一状态 s1 中，输入信号 state_inputs 不等于 2'b01；显然，comb_outputs 在 s2 输出 12 与状态 s2 和输入信号 state_inputs 的变化都有关，所以又应该是 Mealy 型机了。

其实，单纯地讨论某状态机究竟属于 Moore 型还是 Mealy 型，或是孰优孰劣，都没有什么实际意义，本节的目的仅仅是通过一些讨论和分析为读者展示一些常用状态机的表述风格和各自的特色特点以及它们的设计方法，以便在设计中有更多的选择。

10.2.1 多过程结构状态机

以下介绍 Moore 型状态机的一个应用实例，即用状态机设计一个 A/D 采样控制器。对 ADC 进行采样控制，传统方法多数是用单片机完成的。编程简单，控制灵活，但缺点明显，即速度太慢，特别是对于采样速度要求高的 A/D，或是需要快速控制的 A/D，如串行 A/D 等。CPU 不相称的慢速极大地限制了 A/D 性能的正常发挥。

为了便于说明和实验验证，以下以十分常用的 ADC0809 为例，说明控制器的设计方法。用状态机对 0809 进行采样控制首先必须了解其工作时序，然后据此作出状态图，最后写出相应的 Verilog 代码。图 10-4 和图 10-5 分别是 A/D 转换时序、0809 的引脚图和采样控制状态图。时序图中，START 为转换启动控制信号，高电平有效；ALE 为模拟信号输入选通端口地址锁存信号，上升沿有效；一旦 START 有效后，状态信号 EOC 即变为低电平，表示进入转换状态，转换时间约 100μs。转换结束后，EOC 变为高电平，控制器可以据此了解转换情况。此后外部控制可以使 OE 由低电平变为高电平（输出有效），此时，0809 的输出数据总线 D[7..0]从原来的高阻态变为输出数据有效。

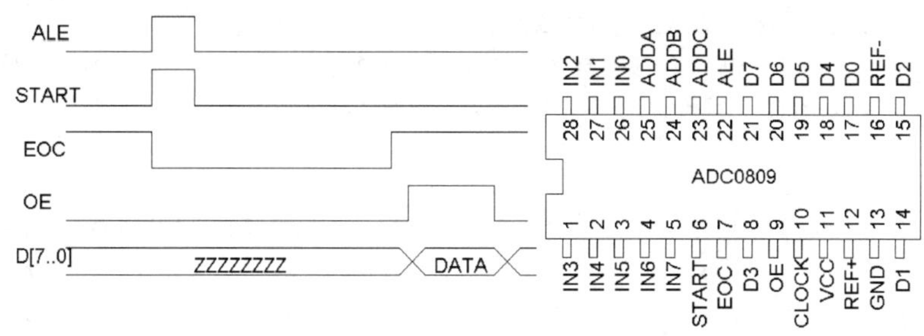

图 10-4　ADC0809 工作时序和芯片引脚图

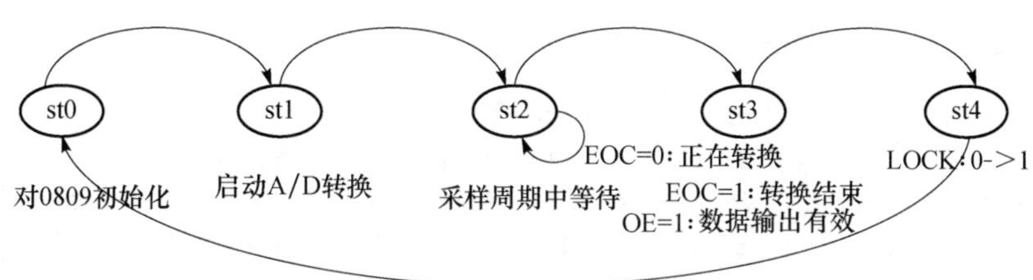

图 10-5　控制 ADC0809 采样状态图

由状态图（图 10-5）也可以看到，在状态 st2 中需要对 0809 工作状态信号 EOC 进行监测。如果为低电平，表示转换尚未结束，仍需要停留在 st2 状态中等待，直到变成高电平后才说明转换结束，于是在下一时钟脉冲到来时转向状态 st3。在状态 st3，由状态机向 0809 发出转换好的 8 位数据输出允许命令，这一状态周期同时作为数据输出稳定周期，以便能在下一状态中向锁存器中锁入可靠的数据。在状态 st4，由状态机向锁存器发出锁存信号（LOCK 的上升沿），将 0809 输出的数据进行锁存。0809 采样控制器的程序如例 10-2 所示，其程序结构可以用图 10-6 所示的框图描述。

【例 10-2】

```
module ADC0809 (D, CLK, EOC, RST, ALE, START, OE, ADDA, Q,LOCK_T);
  input[7:0] D;            //来自 0809 转换好的 8 位数据
  input CLK,RST;           //状态机工作时钟和系统复位控制
  input EOC;               //转换状态指示，低电平表示正在转换
  output ALE;              //8 个模拟信号通道地址锁存信号
```

```
  output START,OE;          //转换启动信号和数据输出三态控制信号
  output ADDA,LOCK_T;       //信号通道控制信号和锁存测试信号
  output[7:0] Q;            //采样数据输出
 reg ALE, START, OE;
  parameter s0=0,s1=1,s2=2,s3=3,s4=4;  //定义各状态子类型
  reg[4:0] cs , next_state;            //为了便于仿真显示，现态名简为 cs
  reg[7:0] REGL;  reg LOCK;            //转换后数据输出锁存时钟信号
  always @(cs or EOC) begin            //组合过程，规定各状态转换方式
    case (cs)
      s0 : begin  ALE=0;  START=0;  OE=0;  LOCK=0;
                next_state <= s1;    end          //0809 初始化
      s1 : begin  ALE=1;  START=1;  OE=0;  LOCK=0;
                next_state <= s2;     end          //启动采样信号 START
      s2 : begin  ALE=0;  START=0;  OE=0;  LOCK=0;
         if (EOC==1'b1)  next_state = s3;          //EOC=0 表明转换结束
           else  next_state = s2;   end            //转换未结束，继续等待
      s3 : begin ALE=0;  START=0;  OE=1;  LOCK=0; //开启 OE，打开 AD 数据口
                next_state = s4;      end          //下一状态无条件转向 s4
      s4 : begin ALE=0;   START=0;  OE=1;  LOCK=1; //开启数据锁存信号
                next_state <= s0;     end
      default : begin  ALE=0;  START=0;  OE=0;  LOCK=0;
                next_state = s0;      end
    endcase   end
  always @(posedge CLK or  posedge RST)  begin  //时序过程
    if (RST) cs <= s0;    else  cs <= next_state;  end
  always @(posedge LOCK)  if(LOCK)  REGL<=D;//在 LOCK 上升沿将转换好的数据锁入
  assign ADDA =0;  assign Q = REGL;           //选择模拟信号进入通道 IN0
  assign LOCK_T = LOCK;                       //将测试信号输出
endmodule
```

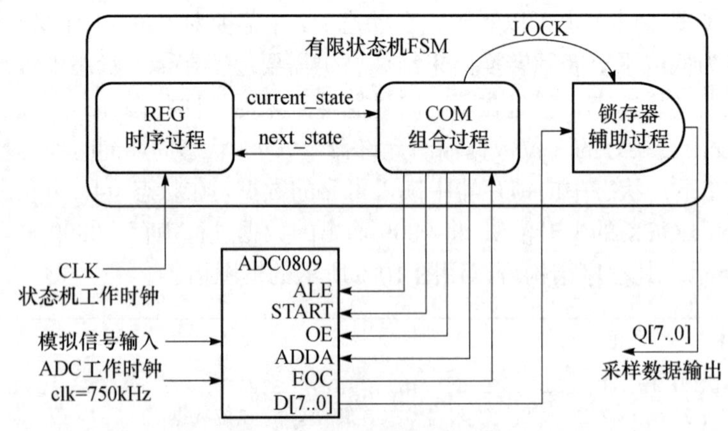

图 10-6　采样状态机结构框图

程序含三个过程结构，图中的 REG 过程是时序过程，它在时钟信号 CLK 的驱动下，不断将 next_state 中的内容（状态元素）赋给现态信号 cs，并由此信号将状态变量传输

给 COM 组合过程结构。COM 组合过程有两个主要功能：

（1）状态译码器功能。即根据从现态信号 cs 中获得的状态变量，以及来自 0809 的状态线信号 EOC，决定下一状态的转移方向，即确定次态的状态变量。

（2）采样控制功能。即根据 cs 中的状态变量确定对 0809 的控制信号 ALE、START、OE 等输出相应的控制信号。当采样结束后还要通过 LOCK 向锁存器过程 LATCH 发出锁存信号，以便将由 0809 的 D[7..0]数据输出口输出的 8 位已转换好的数据锁存起来。

例 10-2 描述的状态机属于一个多过程结构的 Moore 型机，由两个主控过程，外加一个辅助过程即锁存器过程 LATCH 构成。层次清晰，各过程结构分工明确。

在一个完整的采样周期中，状态机中最先被启动的是以 CLK 为敏感信号的时序过程，接着组合过程被启动，因为它们以信号 cs 为敏感信号。最后被启动的是锁存器过程，它是在状态机进入状态 st4 后才被启动的，即此时 LOCK 产生了一个上升沿信号，从而启动过程 LATCH，将 0809 在本采样周期输出的 8 位数据锁存到寄存器中，以便外部电路能从 Q 端读到稳定正确的数据。当然也可以另外再做一个控制电路，将转换好的数据直接存入 RAM 或 FIFO，而不是简单的锁存器中。

图 10-7 所示是这个状态机的工作时序图，显示了一个完整的采样周期。如图所示，复位信号后即进入状态 s0。第二个时钟上升沿后，状态机进入状态 s1（即 cs=s1），由 START、ALE 发出启动采样和地址选通的控制信号。之后，EOC 由高电平变为低电平，0809 的 8 位数据输出端呈现高阻态“ZZ”。在状态 s2，等待了 CLK 数个时钟周期之后，EOC 变为高电平，表示转换结束；进入状态 s3，在此状态的输出允许 OE 被设置成高电平。

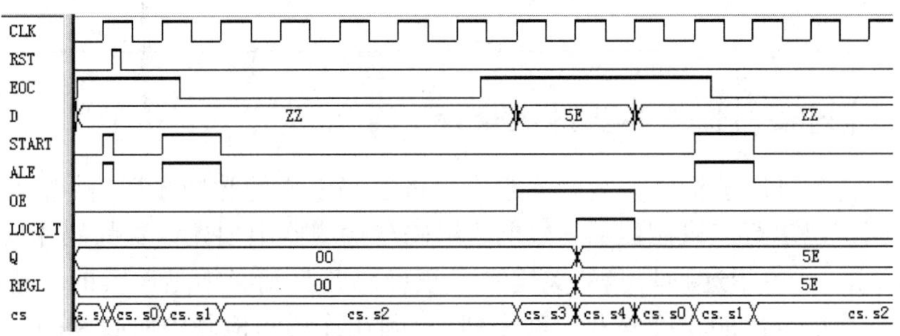

图 10-7　ADC0809 采样状态机工作时序图

此时 0809 的数据输出端 D[7..0]即输出已经转换好的数据 5EH。在状态 s4，LOCK_T 发出一个脉冲，其上升沿立即将 D 端口的 5E 锁入 Q 和 REGL 中。这里的 LOCK_T 是由内部 LOCK 信号引出的测试信号，当然也可以对 LOCK 使用属性说明：

```
(* synthesis, probe_port, keep *)
```

使得在仿真激励文件中直接调入内部信号 LOCK。为了仿真方便观察，输出口增加了内部锁存信号 LOCK_T。图 10-7 的仿真波形中应该注意激励信号的编辑。图中的所有输入信号即激励信号都必须根据图 10-4 的 ADC 控制时序人为地设定，若设定不对，就无法得到正确的输出波形。

其实，例 10-2 中的主控组合过程可以分成两个组合过程：一个负责状态译码和状态转换，另一个负责对外控制信号输出，从而构成一个四过程结构的有限状态机。例 10-3 即为修改后的示例，其功能与前者完全一样，但程序结构更清晰，功能分工更明确。

【例 10-3】

```
always @(cs or EOC)  begin
      case (cs)
         s0 : next_state <= s1;
         s1 : next_state <= s2;
         s2 : if (EOC==1'b1)   next_state=s3;  else  next_state=s2;
         s3 : next_state = s4;
         s4 : next_state <= s0;
         default : next_state = s0;
     endcase
     end
always @(cs)  begin
      case (cs)
         s0 : begin  ALE=0; START=0; OE=0; LOCK=0;  end
         s1 : begin  ALE=1; START=1; OE=0; LOCK=0;  end
         s2 : begin  ALE=0; START=0; OE=0; LOCK=0;  end
         s3 : begin  ALE=0; START=0; OE=1; LOCK=0;  end
         s4 : begin  ALE=0; START=0; OE=1; LOCK=1;  end
   default : begin  ALE=0; START=0; OE=0; LOCK=0;  end
   endcase
   end
```

10.2.2　序列检测器及其状态机设计

序列检测器可用于检测一组或多组由二进制码组成的脉冲序列信号，当序列检测器连续收到一组串行二进制码后，如果这组码与检测器中预先设置的码相同，则输出 1，否则输出 0。由于这种检测的关键在于正确码的收到必须是连续的，这就要求检测器必须记住前一次的正确码及正确序列，直到在连续的检测中所收到的每一位码都与预置数的对应码相同。在检测过程中，任何一位不相等都将回到初始状态重新开始检测。

若将状态机用于序列检测器的设计比之其他方法更能显示其优越性。这里再举一例从另一侧面说明 Moore 机的使用方法。例 10-4 描述的电路完成对 8 位序列数“11010011”的检测，当这一串序列数高位在前（左移）串行进入检测器后，若此数与预置的“密码”相同，则输出 1，否则仍然输出 0。其中的 CLK、DIN、RST 和 SOUT 分别是时钟信号、输入数据、复位信号和检测结果输出。图 10-8 是对应的仿真波形。另外，由于已打开状态机萃取开关，状态参数所设定的数据没有特别的用意和意义。

图 10-8 的波形显示，当有正确序列进入时，到了状态 s8 时，输出序列正确标志 SOUT=1。而当下一位数据为 0 时，即 DIN=0，进入状态 s3。这是因为这时测出的数据

110 恰好与原序列数的头三位相同。

【例 10-4】

```
module SCHK (input CLK, DIN, RST, output SOUT);
  parameter  s0=40, s1=41, s2=42, s3=43, s4=44,
             s5=45, s6=46, s7=47,s8=48;        //设定 9 个状态参数
  reg[8:0] ST,NST;                              //设定现态变量和次态变量
  always @(posedge CLK or posedge RST)
     if (RST) ST<=s0; else ST<=NST;
  always @(ST or DIN)  begin               //11010011 串行输入，高位在前
     case (ST)
        s0 : if (DIN==1'b1) NST<=s1; else NST<=s0;
        s1 : if (DIN==1'b1) NST<=s2; else NST<=s0;
        s2 : if (DIN==1'b0) NST<=s3; else NST<=s2;
        s3 : if (DIN==1'b1) NST<=s4; else NST<=s0;
        s4 : if (DIN==1'b0) NST<=s5; else NST<=s2;
        s5 : if (DIN==1'b0) NST<=s6; else NST<=s1;
        s6 : if (DIN==1'b1) NST<=s7; else NST<=s0;
        s7 : if (DIN==1'b1) NST<=s8; else NST<=s0;
        s8 : if (DIN==1'b0) NST<=s3; else NST<=s2;
        default : NST<=s0;
     endcase      end
    assign SOUT=(ST==s8);
 endmodule
```

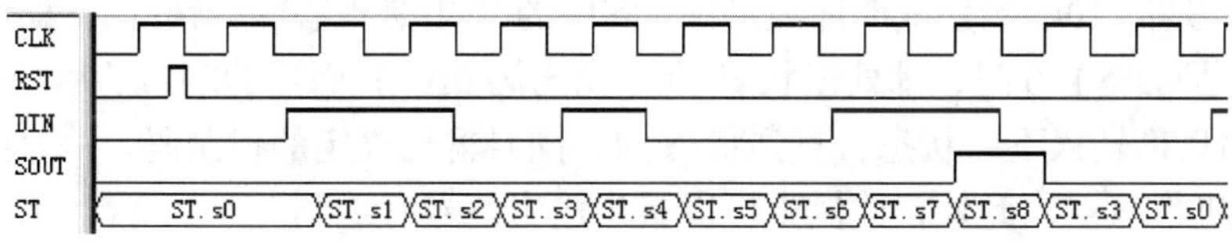

图 10-8 例 10-4 的序列检测器时序仿真波形

10.3 Mealy 型状态机设计

与 Moore 型状态机相比，Mealy 机的输出变化要领先一个周期，即一旦输入信号或状态发生变化，输出信号即刻发生变化。Moore 机和 Mealy 机在设计上基本相同，稍有不同之处是，Mealy 机的组合过程结构中的输出信号是当前状态和当前输入的函数。

首先来考察一个两过程结构的 Mealy 型状态机示例（例 10-5），过程 REG 是时序与组合混合型过程，它将状态机的主控时序电路和主控状态译码电路同时用一个过程来表达；过程 COM 则负责根据状态和输入信号给出不同的对外的控制信号输出。

这是一个比较通用的 Mealy 状态机模型，由程序可知，其中各状态的转换方式由输入信号 DIN1 控制；对外的控制信号码输出则由 DIN2 控制。

【例 10-5】

```
module MEALY1 (input CLK, DIN1,DIN2, RST, output reg [4:0] Q);
  reg[4:0] PST;    parameter st0=0, st1=1, st2=2, st3=3, st4=4;
  always @(posedge CLK or posedge RST)   begin : REG
   if (RST) PST <= st0;       else  begin
      case (PST)
        st0 : if (DIN1==1'b1)  PST<=st1;  else PST<=st0;
        st1 : if (DIN1==1'b1)  PST<=st2;  else PST<=st1;
        st2 : if (DIN1==1'b1)  PST<=st3;  else PST<=st2;
        st3 : if (DIN1==1'b1)  PST<=st4;  else PST<=st3;
        st4 : if (DIN1==1'b0)  PST<=st0;  else PST<=st4;
        default :              PST<=st0;
      endcase    end    end
  always @(PST or DIN2)  begin  :  COM   //输出控制信号的过程
    case (PST)
      st0 : if (DIN2==1'b1)  Q=5'H10;  else  Q=5'H0A;
      st1 : if (DIN2==1'b0)  Q=5'H17;  else  Q=5'H14;
      st2 : if (DIN2==1'b1)  Q=5'H15;  else  Q=5'H13;
      st3 : if (DIN2==1'b0)  Q=5'H1B;  else  Q=5'H09;
      st4 : if (DIN2==1'b1)  Q=5'H1D;  else  Q=5'H0D;
      default :              Q=5'b00000;
    endcase
    end
endmodule
```

图 10-9 是例 10-5 的仿真时序波形图。图中的 PST 是现态转换情况。根据程序设定，当复位后，且 DIN1=0 时，都处于状态 st0，输出码 0AH；而当 DIN1 都为 1 时，每一个时钟上升沿后都转入下一状态，直到状态 s4，同时输出设定的控制码。一直到 DIN1 为 0，才回到初始态 s0。此外，此例中可以看到输出信号有毛刺。

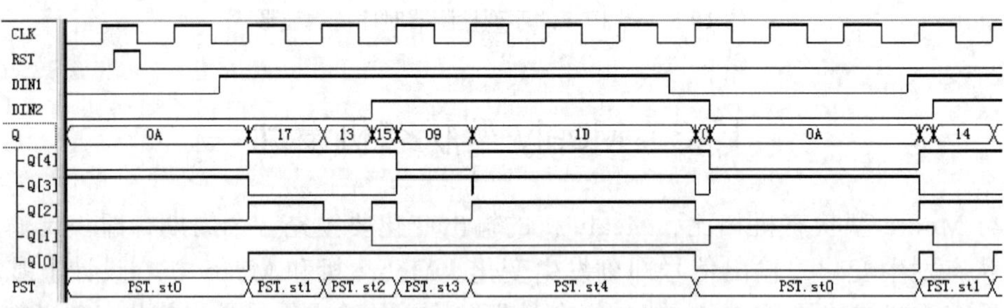

图 10-9　例 10-5 的双过程 Mealy 机仿真波形

为了排除毛刺，可以通过选择可能的优化设置，也可以将例 10-5 的输出通过寄存器锁存，滤除毛刺。因此可以将此例改为单过程结构的 Mealy 机。例 10-6 即为改进型，它除结构不同外，对输入输出的设定没有其他改变。

由于此状态机的输出信号与时钟同步，所以其仿真波形（图 10-10），特别是随状态改变而输出的数据与例 10-5 的波形不尽相同。这是因为每一待输出的数据必须等到时钟边沿到后才能输出，而在时钟边沿未到时，如果数据输出控制信号 DIN2 发生改变，则必定影响时钟后的输出数据。这就是尽管两程序的设计意图相同，状态图（图 10-11）相同，而对应的两个波形图中输出码却有所不同的原因。

【例 10-6】

```
module MEALY2 (input CLK, DIN1,DIN2, RST,  output reg[4:0] Q);
  parameter st0=0, st1=1, st2=2, st3=3, st4=4;   reg[4:0] PST;
   always @(posedge CLK or posedge RST)  begin
     if (RST)  PST <= st0;     else
       case (PST)
         st0 : begin  if (DIN2==1'b1)  Q=5'H10; else Q=5'H0A;
               if (DIN1==1'b1)  PST<=st1 ; else PST<=st0;     end
         st1 : begin  if (DIN2==1'b0)  Q=5'H17; else Q=5'H14;
               if (DIN1==1'b1)  PST<=st2 ; else PST<=st1;     end
         st2 : begin if (DIN2==1'b1)  Q=5'H15;  else Q=5'H13;
               if (DIN1==1'b1)  PST<=st3 ; else PST<=st2;     end
         st3 : begin if (DIN2==1'b0)  Q=5'H1B;  else Q=5'H09;
               if (DIN1==1'b1)  PST<=st4 ; else PST<=st3;     end
         st4 : begin if (DIN2==1'b1)  Q=5'H1D;  else Q=5'H0D;
               if (DIN1==1'b0)  PST<=st0; else PST<=st4;     end
         default :     begin  PST<=st0; Q=5'b00000;          end
       endcase      end
endmodule
```

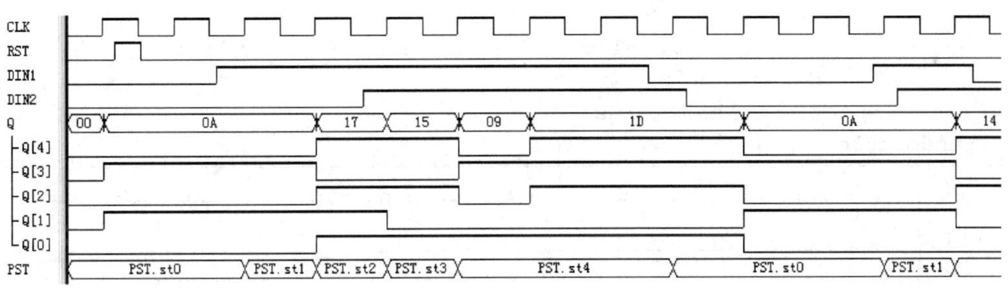

图 10-10　例 10-6 的单过程 Mealy 机仿真波形

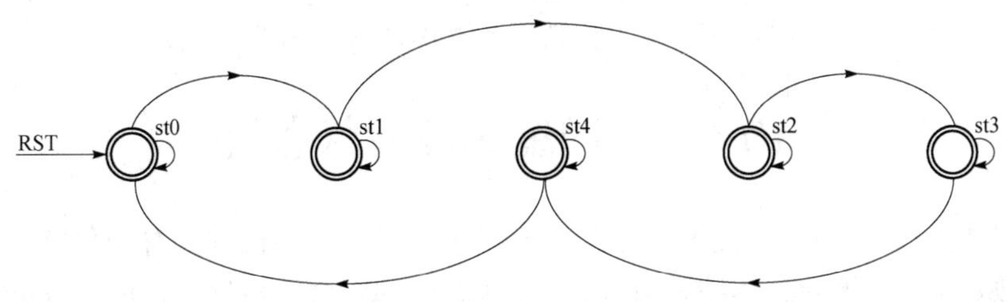

图 10-11　例 10-5 和例 10-6 的状态图

事实上，只要将例 10-5 下面的 COM 过程的 always 引导语句改成以下形式：

```
always @ (posedge CLK)  begin  : COM
```

例 10-5 和例 10-6 的功能就全等了，即电路结构、仿真波形和状态图都相同了。

将描述序列检测器的例 10-4 的双过程结构 Moore 型机写成单过程的 Mealy 型机即为例 10-7。对应的仿真波形如图 10-12 所示。与图 10-8 的波形相比，不同处仅 SOUT 的输出延迟了一个时钟。这种延迟输出具有滤波作用。如果 SOUT 是一个多位复杂算法的组合逻辑输出，可能会有许多毛刺，如果这些信号用在特定场合，就会引起不良后果，若利用例 10-7 的形式即可有所改善。当然在许多情况下信号毛刺未必有害处。

【例 10-7】

```
module SCHK  (input  CLK, DIN, RST, output reg SOUT);
   parameter s0=0, s1=1, s2=2, s3=3, s4=4, s5=5, s6=6, s7=7, s8=8;
   reg[8:0] ST;
   always @(posedge CLK)   begin
      SOUT=0;
      if (RST)  ST<=s0;   else   begin
        casex  (ST ) //序列检测值 11010011
           s0 :  if  (DIN==1'b1)  ST<=s1; else  ST<=s0;
           s1 :  if  (DIN==1'b1)  ST<=s2; else  ST<=s0;
           s2 :  if  (DIN==1'b0)  ST<=s3; else  ST<=s0;
           s3 :  if  (DIN==1'b1)  ST<=s4; else  ST<=s0;
           s4 :  if  (DIN==1'b0)  ST<=s5; else  ST<=s0;
           s5 :  if  (DIN==1'b0)  ST<=s6; else  ST<=s0;
           s6 :  if  (DIN==1'b1)  ST<=s7; else  ST<=s0;
           s7 :  if  (DIN==1'b1)  ST<=s8; else  ST<=s0;
           s8 :  begin SOUT=1;
                   if (DIN==1'b0)  ST<=s3; else  ST<=s0;  end
           default :  ST<=s0;
       endcase     end     end
   endmodule
```

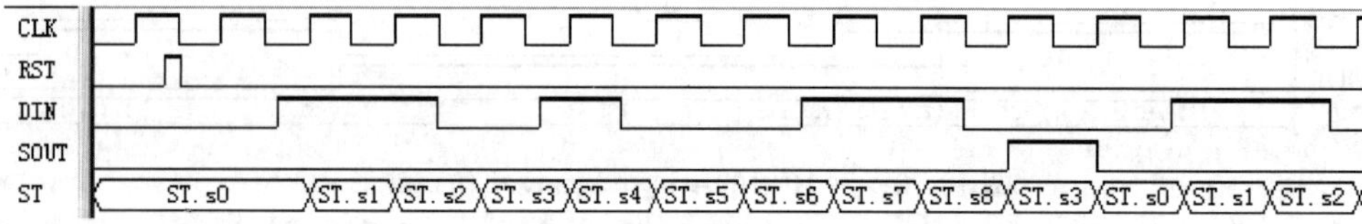

图 10-12　例 10-7 的单过程 Mealy 机仿真波形

10.4　不同编码类型状态机

在状态机的设计中，用文字符号定义各状态元素的状态机称为符号化状态机，其状态元素，如 s0、s1 等的具体编码由 Verilog 状态机的综合器根据预设的约束来确定。状态机的状态编码方式有多种，这要根据实际情况来决定。可以人为控制，也可由综合器自动对编码方式进行选择和干预。为了满足一些特殊需要，在状态机设计中，可直接将各状态用具体的二进制数来定义，而不使用文字符号，即直接编码方式。下面讨论状态机直接编码或非符号化编码定义方式及其他编码方式的状态机。

10.4.1　直接输出型编码

这类编码方式最典型的应用实例就是计数器。计数器本质上就是一个主控时序过程与一个主控组合过程合二为一的状态机，它的计数输出就是各状态的状态码。图 10-13 就是作为状态机特殊形式下的 n 位二进制加法计数器。其计数进制数（或模 n）由比较器输入口的“计数控制常数”决定。此计数器的计数输出即为此状态机状态码输出，而当计数值等于“计数控制常数”时，如 m，比较器即输出一控制信号对寄存器的异步复位端发出清 0 信号，从而此计数器即可称模 m 计数器。若比较器输出值控制计数器的同步清 0，则为模 m+1 计数器。

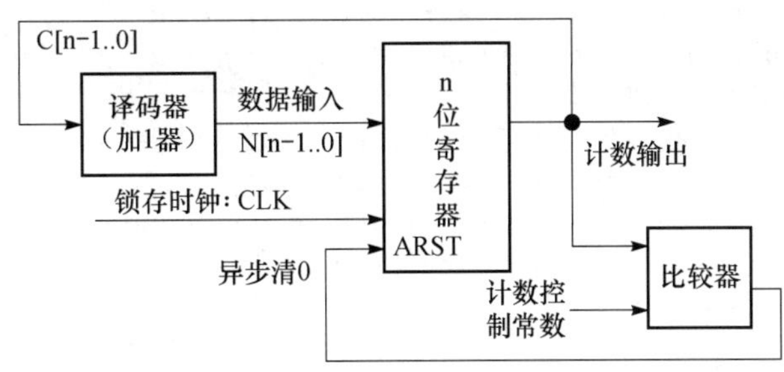

图 10-13　加法计数器一般模型

对于状态机来说，将状态编码直接输出作为控制信号，即 output=state，要求对状态机各状态的编码作特殊的安排，以适应控制对象的要求。这种状态机称为状态码直接输出型状态机。表 10-1 是一个用于 10.2 节中讨论的控制 0809 采样状态机的状态编码表，这是根据 0809 逻辑控制时序编出的，可参考时序波形图（图 10-4）。表 10-1 中的 B 是特设的标志码，用于区别状态 s0 和 s2。

表 10-1　控制信号状态编码表

状态	状态编码					
	START	ALE	OE	LOCK	B	功能说明
s0	0	0	0	0	0	初始态
s1	1	1	0	0	0	启动转换
s2	0	0	0	0	1	若测得 EOC=1 时，转下一状态 ST3
s3	0	0	1	0	0	输出转换好的数据
s4	0	0	1	1	0	利用 LOCK 的上升沿将转换好的数据锁存

根据 10.2 节，这个状态机由 5 个状态组成，从状态 s0 到 s4 各状态的编码可分别设为 00000、11000、00001、00100、00110。每一位的编码值都赋予了实际的控制功能。

根据状态编码表给出的状态机，示例程序如例 10-8 所示，其工作时序如图 10-14 所示。与图 10-7 比较后可以发现，图 10-14 对应 0809 的控制时序完全一样。

这种状态位直接输出型编码方式的状态机的优点是输出速度快，不大可能出现毛刺现象，因为控制输出信号直接来自构成状态编码的触发器。缺点是程序可读性差，用于状态译码的组合逻辑资源比其他以相同触发器数量构成的状态要多，而且控制非法状态出现的容错技术要求较高。

【例 10-8】此程序的硬件实测方法可参考实验 10-2

```
module ADC0809 (D, CLK, EOC, RST, ALE, START, OE, ADDA, Q,LOCK_T);
 input[7:0] D;  input CLK,RST,EOC;
 output START,OE, ALE, ADDA,LOCK_T;  output[7:0] Q;
 parameter s0=5'B00000,s1=5'B11000,s2=5'B00001,s3=5'B00100,s4=5'B00110;
   reg[4:0] cs,SOUT, next_state;  reg[7:0] REGL;  reg LOCK;
always @ (cs or EOC)  begin
     case (cs)
       s0 : begin  next_state<=s1;  SOUT=s0;   end
       s1 : begin  next_state<=s2;  SOUT=s1;   end
       s2 : begin  SOUT=s2;
if (EOC==1'b1)  next_state=s3 ;  else  next_state=s2;   end
       s3 : begin  SOUT=s3;  next_state = s4;   end
       s4 : begin  SOUT=s4;  next_state = s0;   end
       default : begin  next_state=s0 ;  SOUT=s0; end
endcase
end
   always @ (posedge CLK or  posedge RST)  begin  //时序过程
      if (RST) cs <= s0 ;  else  cs<=next_state; end
   always @ (posedge SOUT[1])                    //寄存器过程
      if (SOUT[1])   REGL <= D;
   assign ADDA=0;    assign Q=REGL;   assign LOCK_T=SOUT[1];
assign OE=SOUT[2]; assign ALE=SOUT[3];  assign  START=SOUT[4];
Endmodule
```

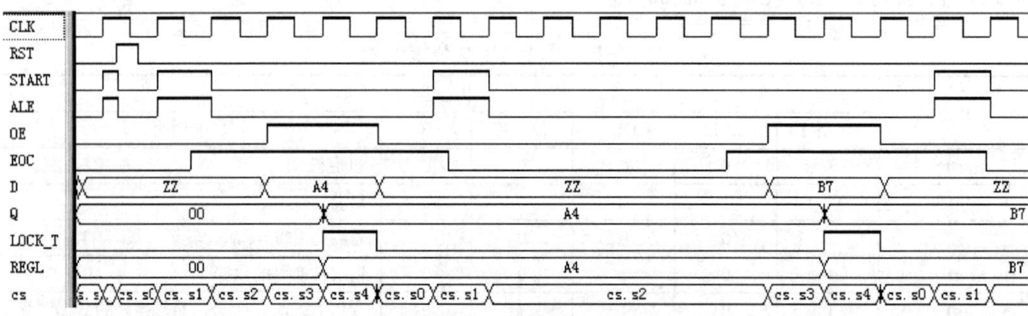

图 10-14　例 10-8 状态机工作时序图

10.4.2　用宏定义语句定义状态编码

也可以使用宏定义方式，即用宏替换语句`define 来定义各状态的编码。例 10-9 与例 10-8 程序的功能完全相同，只是状态编码定义上有所不同。例 10-9 没有使用 parameter 语句，而是使用了宏替换语句`define 来定义状态元素。程序中，注意定义的参数或状态元素在使用中必须在左上加撇号（`），撇号在键盘的左上角。

【例 10-9】

```
`define s0  5'B00000
`define s1  5'B11000
`define s2  5'B00001
`define s3  5'B00100
`define s4  5'B00110
module ADC0809 (D, CLK, EOC, RST, ALE, START, OE, ADDA, Q,LOCK_T);
   input[7:0] D;    input CLK,RST,EOC;
   output START,OE, ALE, ADDA,LOCK_T;    output[7:0] Q;
   reg[4:0] cs;   reg[4:0] SOUT, next_state; reg[7:0] REGL; reg LOCK;
always @ (cs or EOC)  begin
    case (cs)
      `s0 : begin  next_state<=`s1;   SOUT=`s0;    end
      `s1 : begin  next_state<=`s2;   SOUT=`s1;    end
      `s2 : begin  SOUT=`s2;
          if (EOC==1'b1)  next_state=`s3;  else  next_state=`s2;  end
      `s3 : begin  SOUT=`s3;   next_state = `s4;    end
      `s4 : begin  SOUT=`s4;   next_state = `s0;    end
      default : begin  next_state=`s0;   SOUT=`s0; end
    endcase    end
  always @ (posedge CLK or  posedge RST)  begin  //时序过程
     if (RST) cs <= `s0;   else  cs<=next_state;  end
  always @ (posedge SOUT[1])                      //寄存器过程
    if (SOUT[1])   REGL <= D;
  assign ADDA =0;    assign Q = REGL;
  assign LOCK_T = SOUT[1];     assign  START = SOUT[4];
  assign    ALE = SOUT[3];     assign     OE = SOUT[2];
endmodule
```

用`define 或 paramete 来定义状态元素的编码的区别是，前者定义可以针对整个设计全局，它定义的可以是全局符号常量，可以在各个不同的模块中通用，所以这时定义语句必须放在模块语句 module 外；而后者定义在某个模块语句 module 中，只有局部特征（当然也可以将`define 语句放在模块中）。

用宏定义的一个好处是可以在状态机的仿真波形中直接看到各状态的编码。比较图 10-15 的两个波形图的状态码表述方式，上图是例 10-8 的，下图是例 10-9 的。这对于观察编码直接输出型状态机仿真效果较有利。

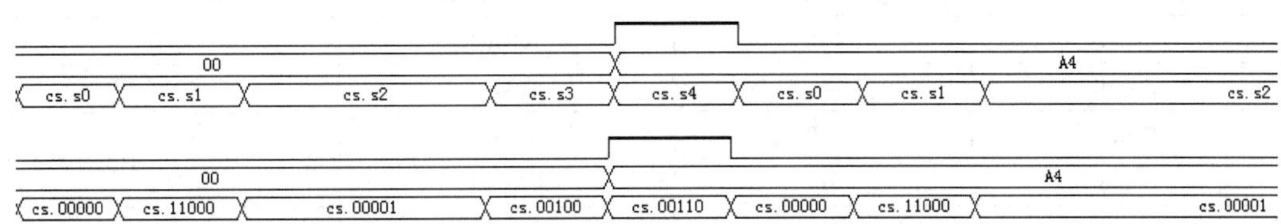

图 10-15　不同状态元素定义状态机的仿真波形

10.4.3 宏定义命令语句

宏定义命令语句`define 属于编译指示语句，不参与综合，只是在综合前做一些数据控制操作，类似于汇编的伪指令。这里拟对`define 命令语句作进一步的说明。

通过`define 语句的定义，可以用简单的名称或称为宏名的标识符来替代一个复杂的名字，或字符串，或表达式等。`define 语句与 VHDL 的 ALIAS 语句有类似之处。

`define 语句使用的一般格式如下：

```
`define  宏名（标志符）  宏内容（字符串）
```

`define 属于编译预处理命令语句。在编译预处理时，把程序中在该定义以后的所有同名宏名或标识符的内容都换成定义中指定的宏内容。例如："`define s A+B+C+D" 将一个简单的表述 s，即宏名 s 定义为可以代替右面的复杂表达式 A+B+C+D。采用了这样的定义形式后，在此后的程序中，就可以直接用 s 来代表这一串较复杂的表达式了。例如，若此后的程序中出现了语句 "assign DOUT=`s+E;"，则表示此语句实际上等价于语句 "assign DOUT=A+B+C+D+E;"。

当然可以类似于 paramete 定义参数，利用`define 定义一个常数。这在例 10-8 和例 10-9 中可以看到它们的类似用法。不同之处是`define 的定义具有全局性。

采用宏定义的好处是，简化了程序的书写，也便于程序修改，而且若需要改变某个变量，只需改变`define 定义行的内容即可。在`define 的具体应用上还应注意：

（1）宏定义语句行末尾不加分号。

（2）在程序中引用已定义的宏名时，必须在定义了宏名的标识符前面加上符号 "`"，以示该标识符是一个宏定义的名字。

10.4.4 顺序编码

这种编码方式最为简单，在传统设计技术中最为常用，所使用的触发器数量最少，剩余的非法状态也最少，容错技术最为简单。以上面的 5 状态状态机为例，只需 3 个触发器，节省较多的触发器，其状态编码方式可作如表 10-2 所示的改变。

表 10-2 编码方式

状态(states)	顺序编码 (sequential-encoded)	一位热码编码 (one-hot-encoded)	约翰逊码编码 (Johnson-encoded)
State0	000	100000	0000
State1	001	010000	1000
State2	010	001000	1100
State3	011	000100	1110
State4	100	000010	1111
State5	101	000001	0111

然而这种顺序编码方式的缺点与优点一样多，如常常会占用状态转换译码组合逻辑较多的资源，特别是有的相邻状态或不相邻的状态转换时涉及多个触发器的同时状态转换，因此将耗用更长的转换时间（相对于以下讨论的一位热码编码方式），而且容易出现毛刺现象，如图 5-17 所示。这对于触发器资源丰富而组合逻辑资源相对珍贵的 FPGA 器件意义不大，也不合适。当选择符号化状态机设计时，Quartus 一般并不默认选择顺序编码形式。设计者若有必要可以通过后文介绍的方法实现顺序编码状态机的设计。

10.4.5 一位热码编码

一位热码编码（one-hot encoding，也译成独热码）方式如表 10-2 所示，就是用 n 个触发器来实现具有 n 个状态的状态机。状态机中的每一个状态都由其中一个触发器的状态表示。即当处于该状态时，对应的触发器为 1，其余的触发器都置 0。例如，6 个状态的状态机需由 6 个触发器表达，其对应状态编码如表 10-2 所示。一位热码编码方式尽管用了较多的触发器，但其简单的编码方式大为简化了状态译码逻辑，提高了状态转换速度，增强了状态机的工作稳定性，这对于含有较多的时序逻辑资源但含有相对较少的组合逻辑资源的 FPGA 器件是好的解决方案。因此一位热码编码方式是状态机最常用的编码方式。现在，许多面向 FPGA 设计的综合器都有自动优化设置为一位热码状态的功能。对于 FPGA 来说，Quartus II 对一位热码编码方式是默认的。对于 CPLD，可通过选择开关决定使用顺序编码还是一位热码编码方式。还有一些其他的编码方式，如格雷码、约翰逊码（Johnson-encoded，将最低位取反后反馈到最高位）等，都各有特点。

10.4.6 状态编码设置

确定状态机的编码方式可以有多个途径。以下介绍几种以供参考。在确定编码方式前不要忘了打开“状态机萃取”开关，以便编译时计算机可自动考虑编码设置。

1．用户自定义方式

所谓用户自定义方式，就是将需要的编码方式直接写在程序中，不需要 EDA 软件工具进行干预。例如以上例 10-9 就是一种自定义编码方式，而且是状态编码直接输出型状态机，例 10-7 也属于编码自定义型状态机。其实，与以上谈到的 VHDL 和 VerilogSystem 的状态定义方式相比，所有 Verilog 状态机都属于用户自定义编码型的状态机。

因此用户自定义编码型的状态机的编码设计方法并无特色，只是要控制好综合器，使其不要干预程序的编码方式，而让程序按照自己的书面表述方式编译。这就需要预先做好设置，就是设为用户自定义编码方式“User-Encoded”。详细方法于后文介绍。

2．用属性定义语句设置

就是直接在 Verilog 程序中使用属性定义语句指示编译器按照要求选择编码方式。这种方法最简洁。这里以例 10-7 的序列检测器程序为例来说明。具体方法如例 10-10 所示。

【例 10-10】
```
module SCHK  (input  CLK, DIN, RST, output reg SOUT);
 parameter s0=0, s1=1, s2=2, s3=3, s4=4, s5=5, s6=6, s7=7,s8=8;
 (* syn_encoding = "one-hot" *) reg[8:0] ST;
 always @(posedge CLK)  begin
```

例 10-10 是例 10-7 中过程以上的部分。其中增加了规定编码方式的属性表述：

```
(* syn_encoding = "one-hot" *)
```

括号中的表述"one-hot"就是对编码的约束语句。当然，即使有了属性语句，在编译前仍然需要打开“状态机萃取”开关。

表 10-3 给出了 Quartus 所能提供的所有常用编码属性设置说明。只要套上相关的语句，即能得到对应的编码形式。表 10-3 中还给出了例 10-7 对应于编码属性的逻辑宏单元和寄存器的耗用情况。以一位热码为例，综合与适配后，它占用了 13 个逻辑宏单元，在这 13 个宏单元中共占用了 10 个时序元件，即 D 触发器。这是因为，此程序共有 9 个状态元素：s0～s8。"one-hot"编码要占 9 个 D 触发器，由于例 10-7 属于单过程的 Mealy 型机，其输出信号需要锁存，所以又要占用一个触发器。

表 10-3　编码方式属性定义及资源耗用参考

编码方式	编码方式属性定义	逻辑宏单元数 LC	触发器数 REG
一位热码	(* syn_encoding = "one-hot" *)	13	10
用户自定义码	(* syn_encoding = "user" *)	12	5
格雷码	(* syn_encoding = "gray" *)	8	5
顺序码	(* syn_encoding = "sequential" *)	10	5
约翰逊码	(* syn_encoding = "johnson" *)	23	6
默认编码	(* syn_encoding = "default" *)	13	10
最简码	(* syn_encoding = "compact" *)	9	5
安全一位热码	(* syn_encoding = "safe, one-hot" *)	21	10

另外，从表 10-3 中还能看出，当选用默认型编码"default"时，计算机自动选择"one-hot"型编码。表 10-3 中的"safe，one-hot"是安全状态机属性选择，而其中的"user"选择就是按照程序书面表达的编码方式综合。需要指出，表 10-3 中不同的编码方式的选择对应于不同的逻辑单元的占用率，并没有一般性意义，因为这仅是对例 10-7 某种特定设计项目的特殊情况，只能作参考。

3．直接设置方法

编码方式也可以在 Quartus 的相关对话框上直接设置。使用方法是进入如图 4-6 所示的控制界面。在右侧的 Existing option settings 栏中选择 State Machine Processings，在其下拉菜单中选择需要的编码方式，如 One-Hot。

10.5　异步有限状态机设计

与可以将程序结构归类为几种典型类型的同步状态机不同，异步状态机应用面不宽，但类型却很多，表现形式各异，因此一般综合器不将它们作为状态机处理对象；即通常情况下，综合器的“状态机萃取”开关对它们没有影响，而且编译后也无法自动生成状态转换图。本书不拟详细讨论。尽管如此，此类状态机仍然有应用和研究的空间，本节给出几则设计示例，读者可借此细心体会此类状态机的结构特点和设计方法。

1．异步状态机设计示例 1

设计一个异步状态机，输入是 CLK，输出是 W1、W2。要求输出 W1 在输入 CLK 的上升沿控制下进行翻转；输出 W2 在输入 CLK 的下降沿控制下进行翻转。

此异步状态机程序如例 10-11 所示，图 10-16 是其工作时序图。

【例 10-11】

```
module ASM_WAVE1 (input CLK,RST,  output W1,W2);
   (* synthesis, keep *)  reg[1:0] CS;         //为在波形图中了解 CS 的情况
   reg[1:0] NS;  reg W1,W2;   parameter  S0=1,S1=3,S2=2,S3=0;
  always @ (RST or CS)                  //注意其状态编码形式，这将影响状态机功能
   begin  if (RST)  CS<=S0; else CS<=NS; end
  always @ (CS)   begin
     if (CS==S0) begin W1=1'b0; W2=1'b0; end
     if (CS==S1) begin W1=1'b1; W2=1'b0; end
     if (CS==S2) begin W1=1'b1; W2=1'b1; end
     if (CS==S3) begin W1=1'b0; W2=1'b1; end     end
  always @ (CLK)  begin
    case(CS)
      S0 : if (CLK)  NS = S1; else NS = S0;
      S1 : if (~CLK) NS = S2; else NS = S1;
      S2 : if (CLK)  NS = S3; else NS = S2;
      S3 : if (~CLK) NS = S0; else NS = S3;
      default: NS=S0;
    endcase
 end
 endmodule
```

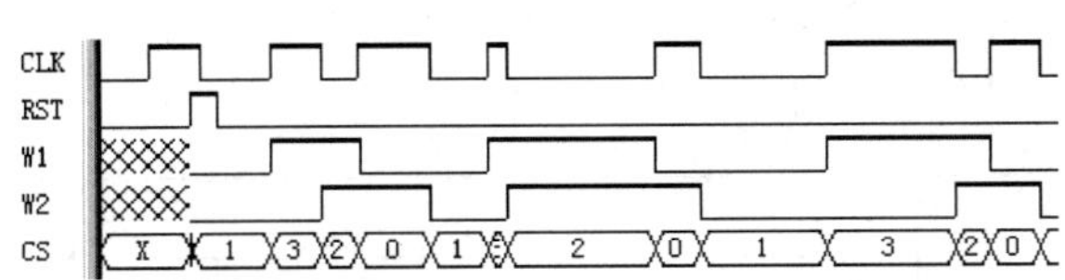

图 10-16　例 10-11 的工作时序图

2．异步状态机设计示例 2

设计一个异步状态机，设 CLK1 和 CLK2 是输入信号；RST 是复位信号，高电平有效；W 是输出信号。此状态机的设计要求是：当(CLK1，CLK2)– 00 时，W 保持原值；

当(CLK1，CLK2)= 01 时，W 输出低电平；当(CLK1，CLK2)= 10 时，W 输出高电平；当(CLK1，CLK2)=11 时，W 改变当前电平值。

此异步状态机程序如例 10-12 所示，图 10-17 是其工作时序图。

【例 10-12】

```
module ASM_WAVE2 (CLK1,CLK2,RST,W);
  input CLK1,CLK2,RST;   output W;   reg[1:0] NS;    reg W, Z;
   (* synthesis, keep *)  reg[1:0] CS;          //为在波形图中了解 CS 的情况
  parameter  S0=2'b00,S1=2'b01,S2=2'b11,S3=2'b10;   //注意其状态编码形式
  always @ (RST or CS)   begin  if (RST)  CS<=S0; else CS<=NS; end
  always @ (CS or W)  begin
     case(CS)
       S0 : if  (W==1) Z=0; else Z=1;
       S1 : if  (W==1) Z=0; else Z=1;
       S2 : if  (W==1) Z=0; else Z=1;
     endcase    end
  always @ (CS or CLK1 or CLK2)  begin
    case(CS)
      S0 : if ({CLK1,CLK2}==2'b00)      begin NS <= S0; W<=W; end
           else if ({CLK1,CLK2}==2'b01)  NS <= S1;
           else if ({CLK1,CLK2}==2'b10)  NS <= S2;
           else if ({CLK1,CLK2}==2'b11)  NS <= S3;
           else NS <= S0;
      S1 : if ({CLK1,CLK2}==2'b00)      NS <= S0;
           else if ({CLK1,CLK2}==2'b01)  begin NS <= S1; W<=1'b0;end
           else if ({CLK1,CLK2}==2'b10)  NS <= S2;
           else if ({CLK1,CLK2}==2'b11)  NS <= S3;
           else NS <= S0;
      S2 : if ({CLK1,CLK2}==2'b00)      NS <= S0;
           else if ({CLK1,CLK2}==2'b01)  NS <= S1;
           else if ({CLK1,CLK2}==2'b10)  begin NS <= S2; W<=1'b1; end
           else if ({CLK1,CLK2}==2'b11)  NS <= S3;
           else NS <= S0;
      S3 : if ({CLK1,CLK2}==2'b00)      NS <= S0;
           else if ({CLK1,CLK2}==2'b01)  NS <= S1;
           else if ({CLK1,CLK2}==2'b10)  NS <= S2;
           else if ({CLK1,CLK2}==2'b11)  begin NS <= S3;W<=Z;end
           else NS <= S0;
    endcase    end
endmodule
```

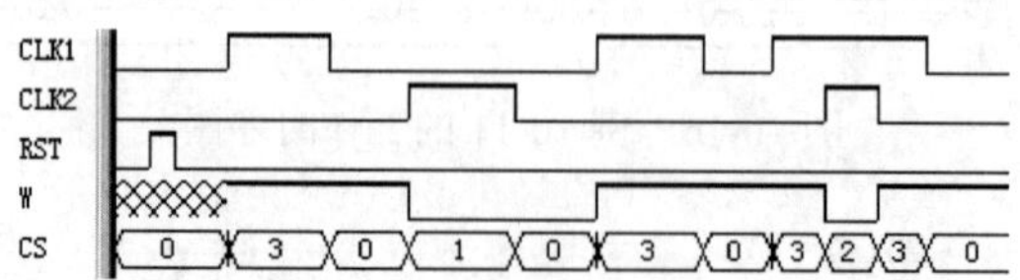

图 10-17　例 10-12 的工作时序图

3．异步状态机设计示例 3

设计有两个输入 CLK1 和 CLK2、一个输出 W 的异步状态机，要求输入 CLK1 总是和 CLK2 同时有效，即不会出现 CLK1 无效，而 CLK2 有效的情况，且每隔两个 CLK2 的有效电平，当其第三个有效电平出现时，会立即输出 W，且其维持有效的时间与 CLK2 的有效时间相同。

此异步状态机程序如例 10-13 所示，图 10-18 是其工作时序图。

【例 10-13】

```
module ASM3 (input CLK1,CLK2,RST, output reg W);
  (* synthesis, keep *)  reg[2:0] CS;
  reg [2:0] NS; wire CLK;              //注意其状态编码形式
   parameter  S0=3'b000,S1=3'b001,S2=3'b011,S3=3'b010,
              S4=3'b110,S5=3'b111,S6=3'b101,S7=3'b100;
  assign CLK=CLK1 & CLK2;
  always @ (RST or CS)  if (RST)  CS<=S0; else CS<=NS;
  always @ (CS or CLK)   begin
    case(CS)
      S0 : if (~CLK)  NS = S1; else begin NS = S0; W=1'b0; end
      S1 : if (CLK)   NS = S2; else begin NS = S1; W=1'b0; end
      S2 : if (~CLK)  NS = S3; else begin NS = S2; W=1'b0; end
      S3 : if (CLK)   NS = S4; else begin NS = S3; W=1'b0; end
      S4 : if (~CLK)  NS = S5; else begin NS = S4; W=1'b0; end
      S5 : if (CLK)   NS = S6; else begin NS = S5; W=1'b0; end
      S6 : if (~CLK)  NS = S7; else begin NS = S6; W=1'b1; end
      S7 : NS = S0;
      default: begin NS = S0;W=1'b0; end
    endcase   end
endmodule
```

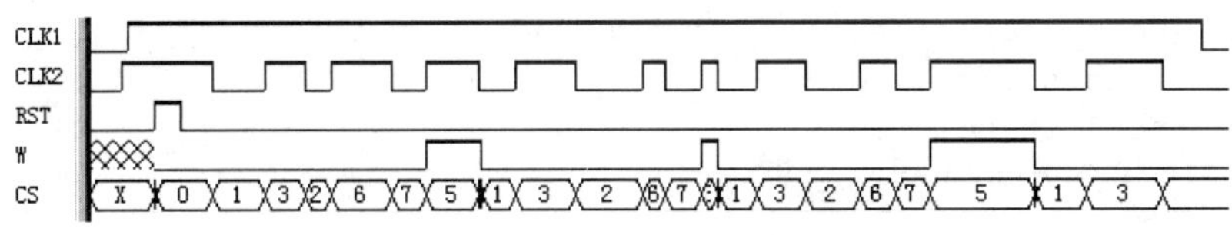

图 10-18　例 10-13 的工作时序图

10.6　安全状态机设计

在有限状态机的技术指标中，除了满足需求的功能特性和速度等基本指标外，安全性和稳定性也是状态机性能的重要考核内容。实用状态机和实验室状态机的本质区别也在于此。一个忽视了可靠容错性能的状态机在实用中将存在巨大隐患。

在状态机设计中，无论使用枚举数据类型还是直接指定状态编码的程序中，特别是使用了一位热码编码方式后，总是不可避免地出现大量剩余状态，即未被定义的编码组合。这些状态在状态机的正常运行中是不需要出现的，通常称为非法状态。在状态机的设计中，如果没有对这些非法状态进行合理的处理，在外界不确定的干扰下，或是随机上电的初始启动后，状态机都有可能进入不可预测的非法状态，其后果是对外界出现短暂失控，或是完全无法摆脱非法状态而失去正常的功能，除非使用复位控制信号 Reset。但在无人控制的情况下，就无法获取复位信号了。因此，对于重要且稳定性要求高的控制电路，状态机的剩余状态的处理，即状态机系统容错技术的应用是设计者必须慎重考虑的问题。

表 10-4　剩余状态

状态	顺序编码
s0	000
s1	001
s2	010
s3	011
s4	100
s5	101
s6	110
s7	111

另一方面，剩余状态的处理会不同程度地耗用逻辑资源，这就要求设计者在选用何种状态机结构、何种状态编码方式、何种容错技术及系统的工作速度与资源利用率等诸方面作权衡比较，以适应自己的设计要求。

以例 10-1 为例，程序共定义了 5 个状态（合法状态），即：s0、s1、s2、s3 和 s4。如果使用顺序编码方式指定状态，则最少需 3 个触发器，最多有 8 种可能的状态。编码方式如表 10-4 所示，最后 3 个状态 s5、s6、s7 都是非法状态，对应的编码都是非法状态码。如果要使此 5 状态的状态机有可靠的工作性能，必须设法使系统在任何不利情况下都在落入这些非法状态后还能返回正常的状态转移路径中。为了使状态机能可靠运行，有多种方法可资利用。

10.6.1　状态导引法

这种方法就是，在状态元素定义中针对所有的状态，包括多余状态都作出定义，并在以后的语句中加以处理。即在语句中对每一个非法状态都作出明确的状态转换指示，如在原来的 case 语句中增加诸如以下语句：

```
    ...
s5 :   next_state = s0;
s6 :   next_state = s0;
s7 :   next_state = s0;
default : begin  next_state=s0;
```

以上剩余状态的转向设置中，也不一定都将其指向初始态 s0，只要导向专门用于处理出错恢复的状态中就可以了。这种方法的优点是直观可靠，但缺点是可处理的非法状态少，如果非法状态太多，则耗用逻辑资源太大。所以只适合于顺序编码类状态机。当然之前必须确定综合器取的是什么编码方式。

读者或许会想，按照 default 语句字面的含义，它本身就能排除所有其他未定义的状态编码的，最上的三条语句程序好像是多余的。需要提醒的是，对于不同的综合器，default 语句的功能也并非一致，多数综合器并不会如 default 语句（但又必须加上此句）指示的那样，将所有剩余状态都转向初始态或指定态，特别对于一位热码编码。所以绝不要指望用这种方法来避免非法状态，因为仅凭 default 语句不可能生成可靠状态机。

10.6.2 状态编码监测法

对于采用一位热码编码方式来设计状态机，其剩余状态数将随有效状态数的增加呈指数方式剧增。例如，对于6状态的状态机，有58种剩余状态，总状态数达64个，即对于有 n 个合法状态的状态机，其合法与非法状态之和的最大可能状态数有 $m = 2^n$ 个。如前所述，选用一位热码编码方式的重要目的之一，就是要减少状态转换间的译码数据的变化，提高变化速度。但如果使用以上介绍的剩余状态处理方法，势必导致耗用太多的逻辑资源。所以可以选择以下的方法来对付此类编码方式产生的过多的剩余状态的问题。

鉴于一位热码编码方式的特点，正常的状态只可能有一个触发器的状态为1，其余所有的触发器的状态皆为0，即任何多于一个触发器为1的状态都属于非法状态。据此，可以在状态机设计程序中加入对状态编码中1的个数是否大于1的监测判断逻辑。当发现有多个状态触发器为1时，产生一个警告信号 alarm，系统可根据此信号是否有效来决定是否调整状态转向或复位。对此情况的监测逻辑可以有多种形式。

如将任一状态的编码相加，大于1，则必为非法状态，于是发出警告信号。即当 alarm 为高电平时，表明状态机进入了非法状态，可以由此信号启动状态机复位操作。对于更多状态的状态机的报警程序也类似于此。对于以上类似例10-10的程序，也是同样处理方法。即设计一个逻辑监测模块，只要发现出现表10-2所示的5个状态码以外的码，必为非法，即可复位。这样的逻辑模块所耗用的逻辑资源不会大。这是一种排除法。

其实无论怎样的编码方式，状态机的非法状态总是有限的，所以利用状态码监测法从非法状态中返回正常工作情况总是可以实现的。

10.6.3 借助 EDA 工具自动生成安全状态机

更便捷的可靠状态机的设计可以利用图4-6的对话框直接选择安全状态机，即先在上栏中选择 Safe State Machine 选项，再选择 On。但需注意，对于此项设计选择不要忘记通过仿真，验证综合出的电路确实增加了安全措施。另外一个办法是用属性，即如表10-3所示用 (* syn_encoding = "safe, one-hot" *)。

10.7 硬件数字技术排除毛刺

在数字系统设计中，无论是进入还是输出 FPGA 的信号，还是数字系统内部（比如以上提到的一些状态机），总是难免会有一些不希望的毛刺或随机干扰信号，它们的排除或避免常常成为数字系统设计工程师必须面对的棘手问题。特别是状态机，更需关注它们的可靠性。以上虽然给出了一些方法，但都必须改变状态机设计方法和本身的结构。以下介绍几种基于不同原理的去干扰和毛刺的方法，可用于状态机或其他容易产生毛刺或电平抖动的电路。只需在信号输入口、状态机或特定系统模块的外部的输入或输出口增加这些电路，即可能有明显的效果。同时，作为启示性示例，读者也可据此提出其他更好的方法。

10.7.1 延时方式去毛刺

为了消除数字系统中的冒险竞争或毛刺现象，常用的措施是使信号有微量的延时。传统数字电路设计技术中较常用的方法是在通道上增加门电路，或利用所谓冗余技术来解决，甚至加滤波电容。其实这些方法在现代数字技术中是完全行不通的，这是因为：

（1）基于 EDA 的自动设计过程中，EDA 软件只负责按照设定的约束条件进行综合与优化，它对于在数据通道上对构建逻辑功能上没有贡献的逻辑器件都将自动删除。

（2）尽管基于 EDA 的专用集成电路设计中基本时序元件，如 D 触发器等，确有具体的元件，或可供调用的标准单元，但对于 PLD 等器件却没有诸如门电路的纯组合电路的元件。在 PLD 中组合逻辑电路功能的实现，可以很好地满足逻辑函数的功能实现，但未必需要具体的门电路实体。门电路逻辑功能的实现常常只是在可编程门阵列中多一个或几个熔丝点（甚至仅仅是几个 RAM 位值的改变）而已。因此，在逻辑电路图中多一个或少一个逻辑门并不一定会影响延时，而且有时会起到相反的作用。

（3）由于每一种目标器件的基本延时特性都是不同的，且延时特性会随着外部因素，如温度、压力的变化而变化，因此如果只是希望通过增加一些门电路产生的延时来克服冒险竞争，其延时量极难控制，显然这本身就是一个不可靠的措施。

（4）现代数字系统属于高速系统，即使有可能接入延时逻辑器件，但仅增加几个门电路达到需要的延时也是不可能的。至于用滤波电容的方法更属于无效的低速技术。

因此现代数字工程中，为了某种目的要实现逻辑通路的延时时，决不会考虑使用组合电路来实现，而是通过使用时序元件，如触发器来实现延时的目的。

延时技术就是使用触发器或寄存器等时序元件或电路对输入或输出或电路通道上的信号进行适当的延时，或延时采样，使处理过的信号在输出后能避开毛刺。这种方法在前面的状态机设计中已经提到过。

图 10-19 的两图是使用一个触发器完成的延时电路，延时量由延时时钟信号 DELAY_CLK 决定。通常 CLK_OR_DATA 的时钟周期宽度应该大于 DELAY_CLK 的周期，必要时，二者应该符合特定的比例关系。图 10-19 和图 10-20 的电路没有本质区别，只是表示可以用不同的方式控制信号的延时量。

对于进入 FPGA 的信号或时钟（工作时钟），建议使用图 10-19 和图 10-20 左侧的电路来排除毛刺，特别是由专用时钟输入口（Dedicated Clock，如 EP4CE55 的 CLK0～CLK7）而非普通 I/O 口进入 FPGA 的时钟。进入锁相环的时钟信号入口虽然也是专用时钟口，但不必加任何额外电路。对于一般情况的非驱动锁相环的时钟信号（由 Dedicated Clock 进入的信号）的毛刺预防，延时控制时钟 DELAY_CLK 的频率应该远高于工作时钟，且 DELAY_CLK 最好来自锁相环。图 10-21 电路（其中的 nDFF 是 8 位寄存器）的用意与图 10-20 相同，但主要针对总线数据通道的延时。

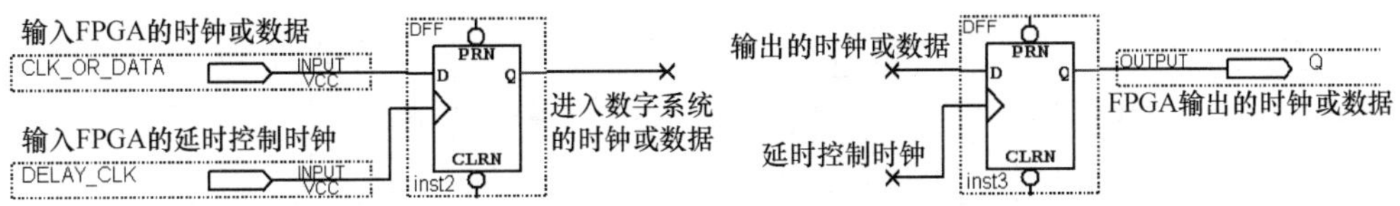

图 10-19　单触发器输入(左图)和输出(右图)延时电路

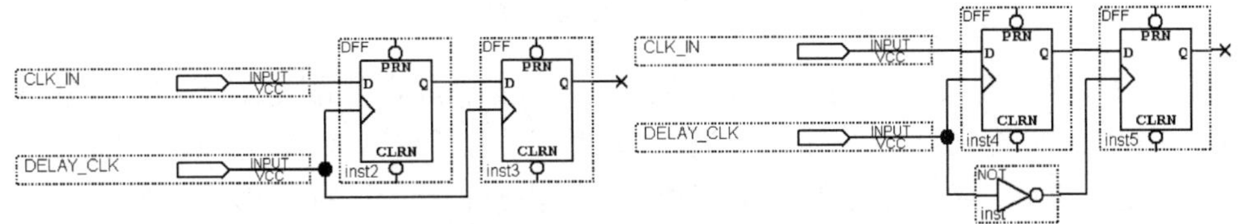

图 10-20　双触发器延时电路

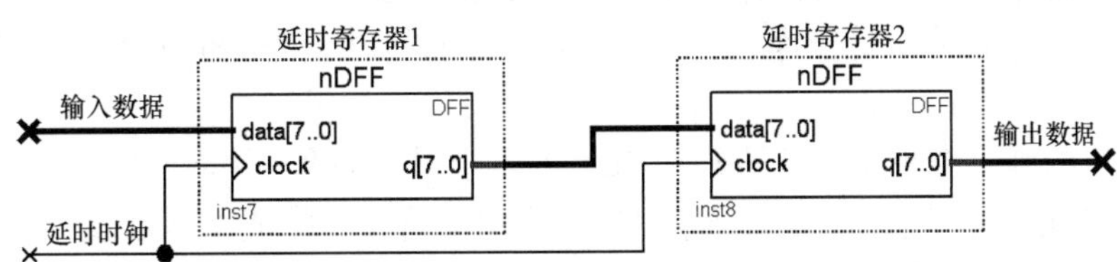

图 10-21　双寄存器数据延时电路

10.7.2　逻辑方式去毛刺

以上介绍的延时电路主要针对数据或时钟单边沿的毛刺，且延时时钟信号的周期应该与主通道的输入数据时序宽度或时钟的周期有较好的配合。对于双边沿都有毛刺或抖动的时钟信号，如按键的抖动，来自电机转速光电测控脉冲信号的抖动（图 10-22）等含大量随机干扰毛刺的时钟信号，图 10-19～图 10-21 的电路就没有多少效果了。

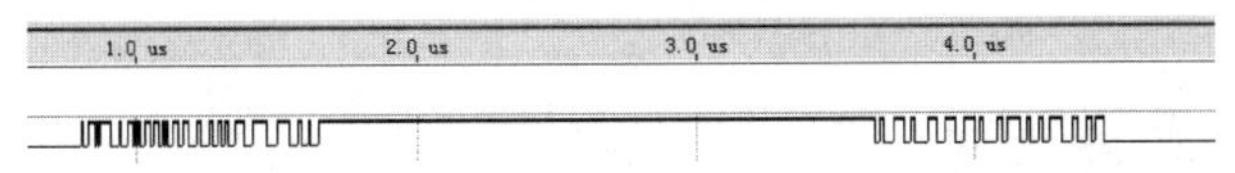

图 10-22　信号上升与下降沿都含随机干扰抖动信号

以下介绍另一种能去除含电平抖动，且能从电路上控制输出信号的脉宽的电路。这种电路功能上就是一个信号滤波器，它可以将信号中的毛刺、随机噪声信号或电子抖动信号都“滤除”掉，只让真正的时钟信号通过。

图 10-22 所示的信号波形，在正常信号的上升沿和下降沿处含有一些随机干扰信号，类似于一些毛刺脉冲群，或随机抖动脉冲。为了去除这些抖动干扰脉冲，可以使用如图 10-23 所示的电路来实现这个目标。图 10-23 所示的电路由四个边沿触发型 D 触发器和一个 4 输入与门构成。设 KEY_IN 是键输入信号，或工作时钟，CLK 是去抖动电路本身的工作时钟。四个 D 触发器连接成同步时序方式，即将它们的时钟输入端都连在一起。工作时与时钟同步工作，输入信号以移位串行方式向前传递。输出口是 KEY_OUT。

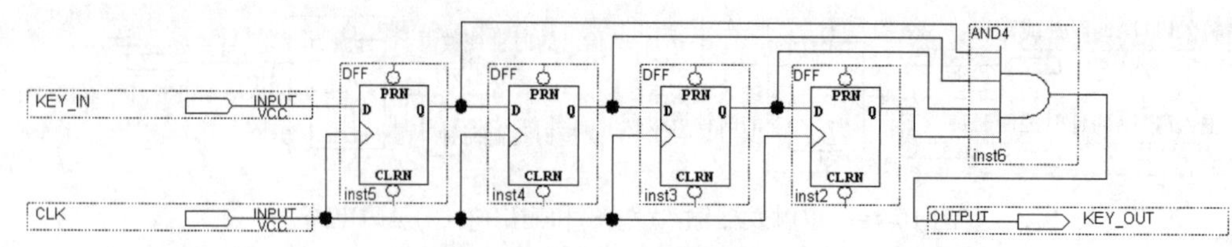

图 10-23　消抖动电路

图 10-24 是对图 10-23 电路的时序仿真波形。在编辑输入的激励信号时要做一些设置。即首先建立如图 10-24 所示的 vwf 仿真波形图。为了编辑 KEY_IN 具有比较符合实际情况的输入波形，必须用鼠标仔细编辑绘制。为此，首先选择工程管理窗的 View 菜单项，关闭 Snap to Grid。于是可以随心所欲地绘制随机分布和任意宽度的脉冲。编辑好输入的激励信号后就可以启动仿真器了。仿真报告输出结果就是图 10-24 的波形。从中可以看出，输出信号十分干净，已滤除了所有干扰脉冲信号。但也不难发现这样一些事实：

（1）输出的脉宽变小了，它只等于 CLK 的一个周期宽度，且输出信号比原来的信号有一个明显的延迟。显然 CLK 的频率可以决定输出信号的脉宽和延迟量。

（2）CLK 的频率要足够高，即至少应该有四个上升沿被包含在正常信号脉宽中，否则所有信号都无法通过此电路。

（3）CLK 的频率也不能太高，即其周期不能太小于干扰信号的脉宽。

（4）如果增加 D 触发器的数量，可以提高滤波性能。

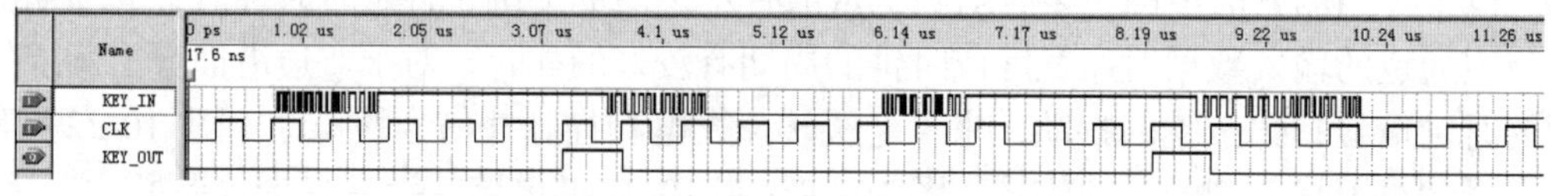

图 10-24　消抖动电路仿真波形

10.7.3　定时方式去毛刺

例 10-14 给出了另一个去除双边抖动或毛刺的电路设计。它的主要原理是分别用两个计数器去对输入信号的高电平和低电平的持续时间（脉宽）进行计数（在时间上是同时但独立计数），这个方案很好地解决了图 10-23 电路的不足之处。只有当高电平的计数时间大于某值，则判为遇到正常信号，输出 1；若低电平的计数时间大于某值，则输出 0。此例的仿真波形如图 10-25 所示。

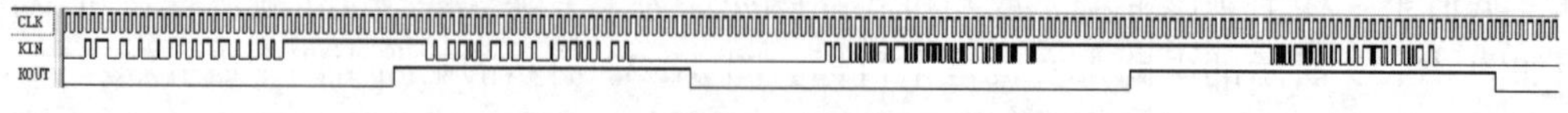

图 10-25　例 10-14 消抖动电路仿真波形

由波形图可见，其输出信号脉宽比逻辑方式输出的信号要宽得多。此例的输出脉宽与正常信号高电平 KH 的位宽和工作时钟频率共同决定，不单纯由时钟决定。所以优于以上的逻辑方式。例 10-14 给出的设计比前面的电路要容易控制，且效果更好，只是耗用资源稍多。此电路同样能用于消除来自不同情况的干扰、毛刺和电平抖动。其中的工作时钟 CLK 的频率大小要视干扰信号和正常信号的宽度而定。对于类似键抖动产生的干扰信号，频率可以低一些，数万赫即可；若为比较高速的时钟信号，则可利用 FPGA 内的锁相环，使 CLK 能到达 200MHz 以上。此外，KH 和 KL 的计数位宽和计数值都可以根据具体情况调节。

【例 10-14】

```
module ERZP  (CLK, KIN,KOUT);
   input   CLK, KIN;                       //工作时钟和输入信号
   output  KOUT;     reg KOUT;
   reg[3:0] KH,KL;                         //定义对高电平和低电平脉宽计数之寄存器
   always @(posedge CLK) if(!KIN) KL<=KL+1;//对键输入的低电平脉宽计数
        else  KL<=4'b0000;                 //若出现高电平，则计数器清 0
   always @(posedge CLK) if(KIN) KH<=KH+1;//同时对键输入的高电平脉宽计数
         else KH<=4'b0000;                 //若出现高电平，则计数器清 0
   always @(posedge CLK)  begin
        if(KH>4'b1100) KOUT<=1'B1;  //对高电平脉宽计数一旦大于 12，则输出 1
    else if(KL>4'b0111) KOUT<=1'B0;  end //对低电平脉宽计数若大于 7，则输出 0
endmodule
```

习　　题

10-1　修改例 10-1，将其主控组合过程分解为两个过程，一个负责状态转换，另一个负责输出控制信号。

10-2　改写例 10-1，用宏定义语句定义状态变量，给出仿真波形（含状态变量），与图 10-3 作比较。注意设置适当的状态机约束条件。

10-3　为例 10-2 的 LOCK 信号增加 keep 属性，再给出此设计的仿真波形（注意删去 LOCK_T）。

10-4　以例 10-6 作为考察示例，按照表 10-3，分别对此例设置不同的编码形式和安全状态机设置。给出不同约束条件下的资源利用情况（如 LC、REG 等），详细讨论比较不同情况下的状态机资源利用、可靠性等方面的问题。

10-5　设计一个异步状态机。此状态机有一个信号输入端 A，两个信号输出端 Y1 和 Y2。输出 Y1 在 A 的上升沿到来时翻转，输出 Y2 则在 A 的下降沿到来时翻转。

10-6　设计一个异步状态机。此状态机有一个信号输入端 A，一个信号输出端 Y。输出 Y 在 A 的第一个脉冲的上升沿到来时转变为高电平，在 A 的第二个脉冲的下降沿到来时转变为低电平。

10-7　设计一个异步状态机。此状态机有一个信号输入端 A，一个信号输出端 Y。输出 Y 在 A 的第三次为高电平时变成高电平，且高电平的时间与 A 的高电平时间相等。

10-8　曼彻斯特码（Manchester code）又称裂相码、双向码，是信道编码常用码型。

查阅相关资料，分别使用异步状态机和同步状态机设计曼彻斯特码编码器和译码器。

实验与设计

10-1 序列检测器设计

实验目的：用状态机实现序列检测器的设计，了解一般状态机的设计与应用。

实验任务：根据 10.2.2 节有关的原理介绍，利用 Quartus 对例 10-4 进行文本编辑输入、仿真测试并给出仿真波形，了解控制信号的时序，最后进行引脚锁定并完成硬件测试实验。如果选择 EP4CE55 系统（见附录），首先设计一个左移移位寄存器。对此序列检测器硬件检测时预置一个 8 位二进制数作为待检测码,随着时钟逐位输入序列检测器，8 个脉冲后检测输出结果。

思考题：如果待检测预置数必须以右移方式进入序列检测器，写出该检测器的 Verilog 代码（两过程有限状态机），并提出测试该序列检测器的实验方案。

10-2 ADC 采样控制电路设计

实验目的：学习设计状态机对 A/D 转换器 0809 采样的控制电路。

实验原理：ADC0809 的采样控制原理已在 10.2.1 节中作了详细说明（实验程序用例 10-2）。ADC0809 是 CMOS 的 8 位 A/D 转换器，片内有 8 路模拟开关，可控制 8 个模拟量中的一个进入转换器中。转换时间约 100μs，含锁存控制的 8 路多路开关，输出由三态缓冲器控制，单 5V 电源供电。

主要控制信号如图 10-4 所示。START 是转换启动信号，高电平有效；ALE 是 3 位通道选择地址（ADDC、ADDB、ADDA）信号的锁存信号。当模拟量送至某一输入端（如 IN0 或 IN1 等）时，由 3 位地址信号选择，而地址信号由 ALE 锁存；EOC 是转换情况状态信号，当启动转换约 100μs 后，EOC 产生一个负脉冲，以示转换结束；在 EOC 的上升沿后，若使输出使能信号 OE 为高电平，则控制打开三态缓冲器，把转换好的 8 位数据结果传输至数据总线。至此，ADC0809 的一次转换结束。

实验任务 1：利用 Quartus II 对例 10-2 进行文本编辑输入和仿真测试，并给出仿真波形。最后进行引脚锁定并进行测试，硬件验证例 10-2 电路对 ADC0809 的控制功能。为此,图 10-26 给出了此项实验的原理图顶层设计。其中的模块 ADC0809 即程序例 10-2。图中的锁相环输入 20MHz，设置两个时钟输出：c0 输出 5MHz，作为状态机工作时钟；c1 频率是 500kHz，作为 0809 的工作时钟。

建议仿真前先除去锁相环。ADC/DAC 板可选扩展模块。实验验证时可以首先用二 10 芯线将 KX_CDS 系统上的二 10 芯口分别接 ADC/DAC 板的对应 0809 的数据口和控制口。待采样的外部电压可以来自 ADC/DAC 板上的电位器，其信号已接入 0809 的 IN0 口。实验操作：建议选择模式 3（附录图 F-17），用数码 2/1 显示 ADC 采样数据，复位信号可接键 1。当旋转电位器时可以看到数码管显示的采样数据的变换。

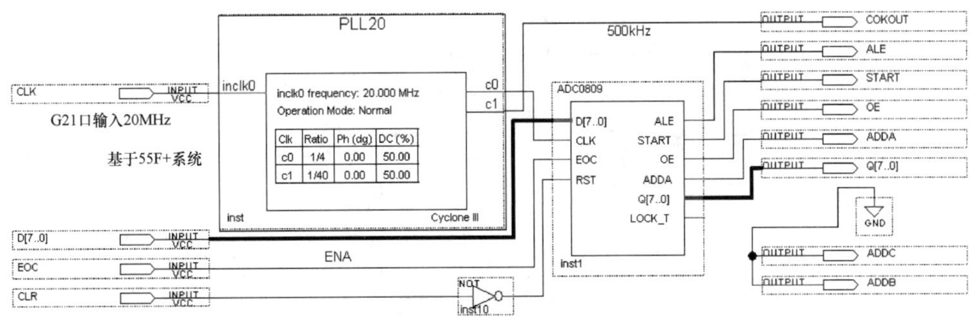

图 10-26　ADC0809 采样控制实验电路

实验任务 2：采用不同的编码形式设计此例。例如在不改变原代码功能的条件下将例 10-2 表达成用状态码直接输出型的状态机（如用例 10-7 或例 10-8 取代图 10-26 的 ADC0809 模块，重复以上实验）；或用其他编码形式设计此状态机，然后进行硬件验证。

实验任务 3：利用多种方法设计安全可靠的状态机，并对这些方法作比较，总结安全状态机设计的经验。

实验任务 4：利用以上的设计完成一简易数字电压表设计。测试电压范围是 0～5V（可直接利用 ADC 扩展模块上的电位器输出电压），精度 1/256；在数码管上用十进制数显示，如 3.1V 等。提示：首先找到 ADC 转换的十六进制数与满度电压的对应关系，如可利用查表式计算技术，获得相关的数据，利用 ROM 存储计算表格。当 ADC 转换好的 8 位二进制数作为 ROM 的地址信号输入 ROM 后，ROM 的数据线将能直接输出对应的电压值显示。最后根据以上实验要求和实验任务写出实验报告。

10-3　数据采集模块设计

实验目的：掌握 LPM RAM 模块的定制、调用和使用方法；熟悉 ADC 和 DAC 与 FPGA 接口电路设计；了解 HDL 文本描述与原理图混合设计方法。学习串行 ADC 的用法。

实验原理：参考实验 10-2 和图 10-26。本设计项目是利用 FPGA 直接控制 0809 对模拟信号进行采样，然后将转换好的二进制数据迅速存储到 RAM 存储器中，在完成对模拟信号一个或数个周期的采样后，通过 DAC 由示波器直接显示出来，或将 RAM 中的数据显示在液晶上。电路系统可以绘成图 10-27 所示的电路原理图。其中元件功能描述如下：

① 元件 ADC0809。程序与模块功能与图 10-26 的同名模块相同。

② 元件 CNT9B。CNT9B 中有一个用于 RAM 的 9 位地址计数器，此计数器的工作时钟（与输出时钟 CLKOUT 同步）由 RAM 的写允许 WE 控制：当 WE=1 时，工作时钟是 LOCK0；LOCK0 来自 0809 采样控制器的 LOCK_T（每一采样周期产生一个锁存脉冲），这时处于采样允许阶段，RAM 的地址锁存时钟 inclock=CLKOUT= LOCK0；每一个 LOCK0 的脉冲通过 0809 采到一个数据，同时将此数据锁入 RAM（RAM8B 模块）中。而当 WE= 0 时，处于采样禁止阶段，此时允许读出 RAM 中的数据，工作时钟等于 CLK，而 CLKOUT=CLK，也即采样状态机的工作时钟（一般取 65536Hz）。

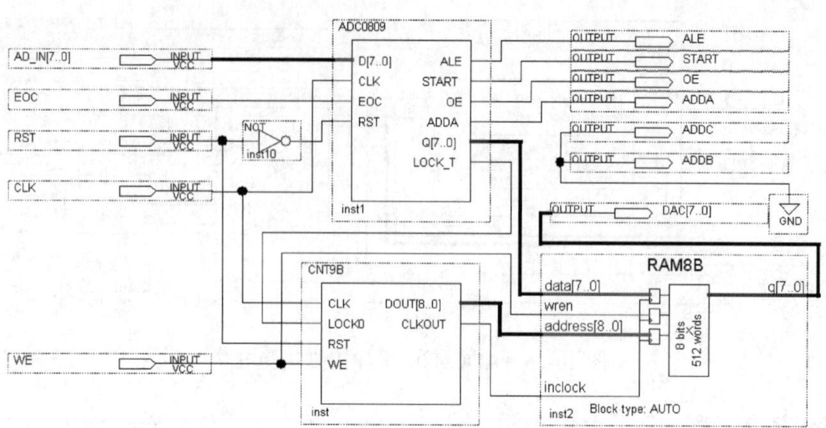

图 10-27　ADC0809 采样电路及简易存储示波器控制系统

由于 CLK 的频率比较高，所以扫描 RAM 地址的速度就高，这时在 RAM 数据输出口 Q[7..0]可以接上 DAC0832 扩展模块，通过它就能从示波器上看到刚才通过 0809 采入的波形数据。

③ 元件 RAM8B。这是 LPM_RAM，8 位数据线，9 位地址线。wren 是写使能，高电平有效。

实验任务 1：由于 ADDA=0；模拟信号进入 0809 的 IN0 口（可用 ADC 扩展模块的电位器产生被测模拟信号）完成此项设计。给出仿真波形及其分析，将设计结果在硬件上实现。用 Quartus II 的在系统 RAM/ROM 数据编辑器(In-System Memory Content Editor)了解锁入 RAM 中的数据。此外，对电路图 10-27 进行仿真，检查此项设计的 START 信号是否有毛刺，如果有，改进设计。

实验任务 2：对电路图 10-27 完成设计和仿真后锁定引脚，进行硬件测试。参考实验 10-2 的引脚锁定。WE 用键 K1 控制。由于使用了 0832 和相关的运放，需要接上±12V 电源。实验中首先使 WE= 1，即键 K1 置高电平，允许采样，通过调协实验板上的电位器（此时的模拟信号是手动产生的），将转换好的数据锁入 RAM 中；然后按键 K1，使 WE=0，工作时钟可选择 1024Hz（或更高频率），即能从示波器中看见被存于 RAM 中的数据，或通过 RAM 内容在系统编辑器观察 RAM 中的数据。

实验任务 3：在程序中设置 ADDA=1，模拟信号将由 IN1 口进入，即输入模拟信号来自外部信号源的模拟连续信号。

实验任务 4：仅按照以上方法会发现示波器显示的波形并不理想，原因是从 RAM 中扫出的数据不是一个完整的波形周期。试设计一状态机，结合被锁入 RAM 中的某些数据，改进元件 CNT9B，使之存入 RAM 中的数据和通过 D/A 在示波器上扫出的数据都是一个前后衔接的完整波形。

实验任务 5：在图 10-27 的电路中增加一个锯齿波发生器，扫描时钟与地址发生器的时钟一致。锯齿波数据通过另一个 D/A 输出，控制示波器的 X 端（不用示波器内的锯齿波信号），而 Y 端由原来的 D/A 给出 RAM 中的采样信息，由此完成一个比较完整的存储示波器的显示控制。

实验任务 6：修改图 10-27 的电路（如将 RAM 改成 12 位等），以便适应将 ADC0809 模块改成对串行高速 ADS7816 进行控制的状态机模块，然后重复完成以上各实验任务的要求。如果要按照图 10-27 的方式，将采样所得的数据通过 DAC 输出至示波器显示，可取高 8 位输出。ADS7816 的相关情况如下：

BB 公司的 ADS7816 是一种 12 位，200kHz 转换速率的 A/D 转换器。它具有自动关闭电源时的低功耗工作方式，具有同步串行接口，模拟信号采用差分输入，以及可编程的参考电压和分辨率。其参考电压的可改变范围是 100mV～5V；可改变的分辨率范围是 24μV～1.22mV。此外，还有低功耗、自动断电、体积小等特点，因此是使用电池供电系统的理想选择，也适用于要求大量信号同时进行采集的应用系统，以及远程和/或隔离的数据采集理想选择。以下是 ADS7816 的相关技术资料。

（1）ADS7816 的技术指标是：①串行接口，200kHz 的采样率；差分输入；②微功耗：200kHz 和 12.5kHz 时分别是 1.9mW 和 150mW；掉电时最大电流 3mA；③8-pin 微型 DIP，SOIC 和 MSOP 封装。

（2）ADS7816 的引脚与结构如图 10-28 所示。ADS7816 的 SPI 工作时序如图 10-29 所示。在此时序图中，串行时钟 D_{CLOCK} 用于同步数据转换，每位转换后的数据在 D_{CLOCK} 的下降沿开始传送。因此，从 D_{OUT} 引脚接收数据时，可在 D_{CLOCK} 的下降沿期间进行，也可在 D_{CLOCK} 的上升沿期间进行。

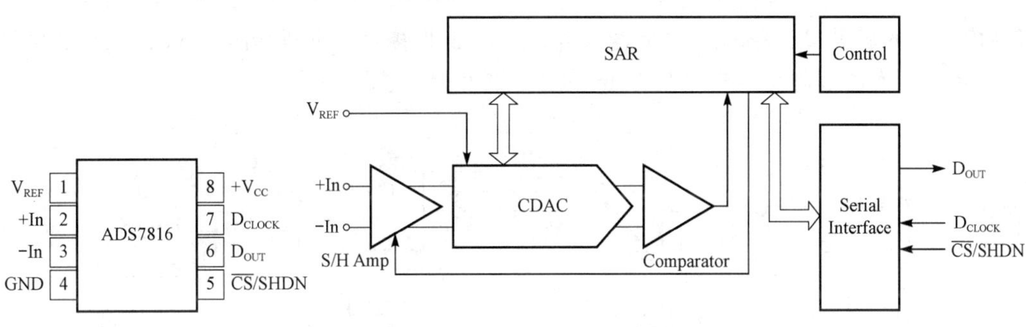

图 10-28　ADS7816 的引脚和结构

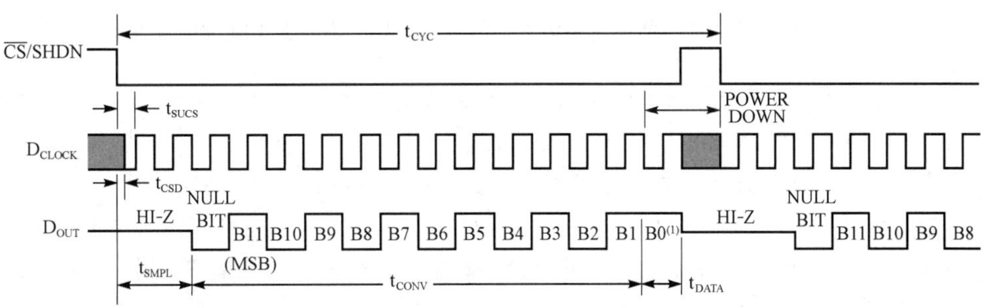

图 10-29　ADS7816 的工作时序图

通常情况下，采用在 D_{CLOCK} 的上升沿接收转换后的各位数据流。$\overline{CS}$ 的下降沿用于启动转换和数据变换，$\overline{CS}$ 有效后的最初 1.5～2 个转换周期内，ADS7816 采样输入信号，此

时输出引脚 D_{OUT} 呈高阻态。D_{CLOCK} 的第 2 个下降沿后 D_{OUT} 使能，并输出一个时钟周期的低电平的无效信号。在随后的 12 个 D_{CLOCK} 周期中，D_{OUT} 输出转换结果，其输出数据的格式是最高有效位（B11 位）在前。当最低有效位（B0 位）输出后，若 $\overline{CS}$ 变为高电位，则一次转换结束；若 $\overline{CS}$ 仍保持为低电平，则在随后的时钟周期中，D_{OUT} 将以最低有效位在前的格式重复输出转换后的数据。其中第 2 次重复输出的最低有效位不再出现（与前一输出周期的最低有效位重叠），当最高有效位（B11 位）重新出现后，以后的时钟序列对 ADS7816 不产生影响，仅当 $\overline{CS}$ 由高变为低后，ADS7816 才启动下一个新的转换。

（3）ADS7816 的状态机控制情况。可以设计状态机来模拟 ADS7816 的 SPI 接口的时序。从 ADS7816 的工作时序可以看出，当 $\overline{CS}$ 有效后，过 1.5～2 个时钟周期，D_{OUT} 使能并输出一个时钟周期的低电平的无效数据位，此后的 12 个时钟周期中，每个 D_{CLOCK} 的下降沿，D_{OUT} 输出对应位的有效数据位。

10-4　五功能智能逻辑笔设计

实验目的： 学习用 Verilog 状态机设计实用电路。

实验原理： 图 10-30 是智能逻辑笔信号采样电路。它有三个端口与 FPGA 相接：Vo1，Vo2 和 TEST。Vo1 和 Vo2 输入进 FPGA；TEST 由 FPGA 输出。此信号从 FPGA 端口通过一个 TTL 两反向器与 TEST 相接，因为 FPGA 输出的 3.3V 电平不够高，驱动力也不够。

设计前首先查阅有关 LM393 的资料，它是一个双比较器。在图 10-30 的 LM393 元件的第 3、6 脚是二比较器的两个输入端。左端 3 脚接参考电压 Vrh=2.6V，作为高电平的分界线；右端 6 脚接参考电压 Vrl=0.9V，作为低电平的分界线。

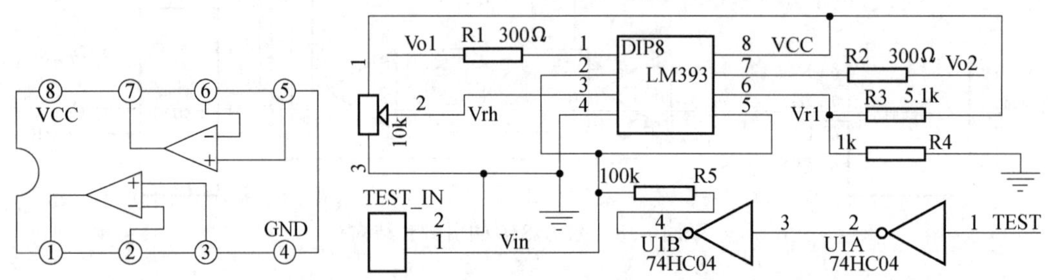

图 10-30　五功能智能逻辑笔电平信号采样电路，左图是 LM393 引脚图

另外，请注意电平测试口 Vin 除与两个比较器的输入端 2 和 5 相连外，还通过一个 100kΩ 的电阻与 FPGA 的输出口相接。这是测试高阻态必需的电阻。还有，接输出电平 Vo1 和 Vo2 口处都应该分别接 5.1kΩ 上拉电阻于 3.3V 电平，因为 FPGA 的 I/O 高电平是 3.3V。

通过 FPGA 的状态机对 TEST 分别输出 1 或 0，以及结合来自 Vo1 和 Vo2 测试到的电平组合，完全可以判断出测试端 Vin 的逻辑信号是高电平、低电平、中电平、高阻态还是连续脉冲信号。可以这样来定义：测到的电平 Vin 大于 Vrh，判定为高电平 1；小于 Vrl，则判定为低电平 0；若所测结论是 Vrl < Vin <Vrh，则判定为中电平（即不稳定电平）；再若 TEST 输出 1 时判定为高电平，TEST 输出 0 时判定为低电平，则最终判定为高阻态。又若高低电平不断变化，则判为连续脉冲。建议状态机的工作时钟频率在 250Hz 左

右。若基于 KX_CDS 系统，可选择对应此实验的扩展模块。

实验任务：利用状态机设计五功能逻辑笔，要求能测高电平（大于 2.5V）、低电平（低于 1V）、中电平（低于 2.5V，大于 1V）、高阻态以及脉冲（即快速变化的电平）。要求用五个发光管分别显示这五种结果。请注意“中电平”反映的是一个不稳定的电平，可以借此判断被测电路可能有问题，如发生线与或部分短路等。也可以用一个点阵液晶显示结果，如显示文字 H、L、M、Z、P。当然也可以使用 In-System Sources and Probes Editor 来模拟比较器的输出，并显示逻辑笔的测试情况。五功能智能逻辑笔参考程序见例 10-15。

思考题：讨论电路中的 R5 电阻的大小对测试结果的影响。

【例 10-15】五功能智能逻辑笔参考程序

```
module  LGC_PEN  (CLK,VO,TEST,LED);
   input  CLK;     //状态机工作时钟
   input[2:1] VO;    //输入来自 LM393 中两个比较器的输出信号
   output[4:0] LED; output  TEST; //外接 5 个指示发光管以及测试高阻态信号 TEST
   parameter   s0=0, s1=1, s2=2, s3=3, s4=4, s5=5, s6=6, s7=7,
               s8=8, s9=9, s10=10, s11=11, s12=12, s13=13;
   reg[4:0] ST,NST; reg TEST;  reg[3:0] LED;
   always @(posedge CLK)    ST<=NST;
   always @(ST or VO)   begin
    case (ST)
      s0: begin  TEST <=1'b1;  NST<=s1;  end
      s1: begin  TEST<=1'b1;  if  (VO==2'b10)  NST<=s2; else NST<=s4; end
      s2: begin  TEST <=1'b0;   NST<=s3;  end
      s3: begin  TEST <=1'b0;
       begin if  (VO==2'b01)  begin LED<=4'b1000; NST<=s0;  end
             else NST<=s4; end end
      s4: if(VO==2'b01)  NST<=s5; else NST<=s7;
      s5: if(VO==2'b01)  NST<=s6; else NST<=s7;
      s6: if(VO==2'b01)  begin LED<=4'b0001; NST<=s0; end  else NST<=s7;
      s7: if(VO==2'b10)  NST<=s8; else NST<=s10;
      s8: if(VO==2'b10)  NST<=s9; else NST<=s10;
      s9: if(VO==2'b10)  begin LED<=4'b0010; NST<=s0; end  else NST<=s10;
     s10: if(VO==2'b11)  NST<=s11; else NST<=s13;
     s11: if(VO==2'b11)  NST<=s12; else NST<=s13;
     s12: if(VO==2'b11)  begin LED<=4'b0100; NST<=s0; end  else NST<=s13;
     s13: begin  LED<=4'b1111; NST<=s0;   end
        default :   NST<=s0;
     endcase      end
endmodule
```

10-5 通用异步收发器 UART 设计

实验目的：学习利用状态机设计通用异步 RS232 硬件通信模块，并通过此通信模块设计信号采集、分析、显示与处理模块。

UART（universal asynchronous receiver transmitter）即通用异步收发器，是一种应用广泛的短距离串行传输接口。往往用于短距离、低速、低成本的微机与下位机的通信中。8250、8251、NS16450 等芯片都是常见的 UART 器件。这类芯片有些已经做得相当复杂，含有许多辅助的模块，比如含 FIFO 等。相关的通信口是 TXD 和 RXD，它们是交错连接的。TXD 是 UART 发送端，为输出；RXD 是 UART 接收端，为输入。在 TXD、RXD 信号线上的电平也不是普通的 TTL 5V 电平，而是 RS232 的接口电平。基本 UART 只需要两条信号线（TXD、RXD）就可以完成数据的相互通信，接收与发送是互不干扰的，也就是全双工的。但要求在 TXD、RXD 制定一定的规则，以使接收、发送之间能协调一致。需要注意的是，在 UART 上是不传送时钟信号的（这就是所谓的“异步”），而两个设备的时钟不可能是同步的，这就要求 UART 必须通过检测进行数据同步。

实验任务 1： 验证检测示例设计（图 10-31）。完成已有设计的验证性实验：将 RS232 通信线的一头接 EDA 系统，另一头接 PC 机的串行 1 口（COM1 口），接上 USB 电源。

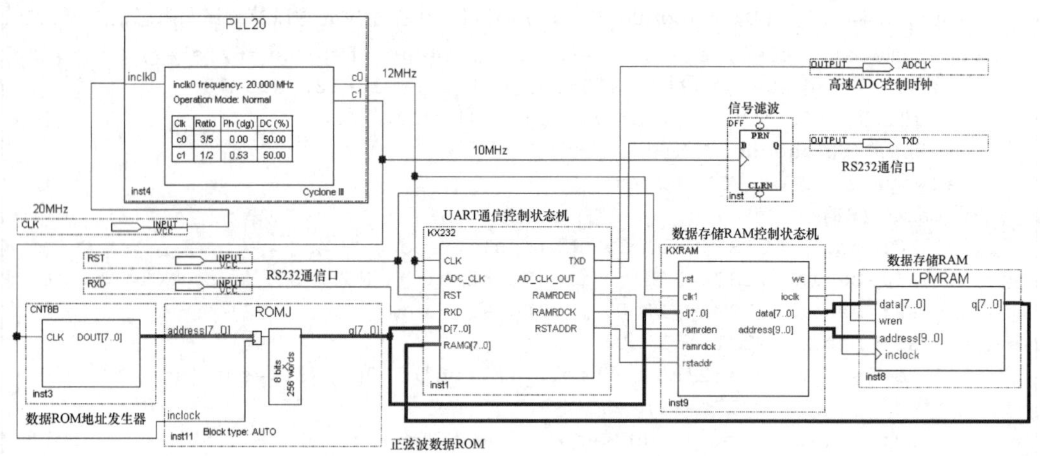

图 10-31　UART 通信设计顶层电路

进入 FOR_PC_FILE 目录，运行（双击）并安装通信软件：FASetup.exe。

图 10-31 是 UART 通信与数据采集电路设计。其中 KX232 模块即本项基于状态机的 UART 综合通信模块；LPMRAM 是数据缓冲存储器，其控制状态机是 KXRAM 模块；ROMJ 是正弦波示例数据 ROM，如果改变其中数据，可以看到图 10-32 显示的波形随之而变。CNT8B 是此 ROM 的地址发生器。如果图 10-31 中增加一个高速的 ADC 采样控制电路，则输出口 ADCLK 是外部 ADC 的工作时钟（目前的示例还用不上）。串行通信口 TXD 前接的 D 触发器有滤波效应。

打开已安装好的 FreqAna，在窗口中选择“连续取数”，则可在窗中看到如图 10-32 所示的来自 EP4CE55 系统的正弦波数据。在图 10-32 上面的窗口可看到此波的频谱。

实验任务 2： 用 Verilog 自主设计：①波特率发生器；②UART 接收器；③UART 发送器；④UART 设计总模块；⑤设计数据采集模块，并与 UART 模块结合，进行数据传送。

实验任务 3： 为电路（图 10-31）增加图 10-27 的 ADC0809 控制模块，使得能通过 ADC0809 将外部模拟信号数据通过串行通信方式送到 PC，在图 10-32 所示窗口显示出来。

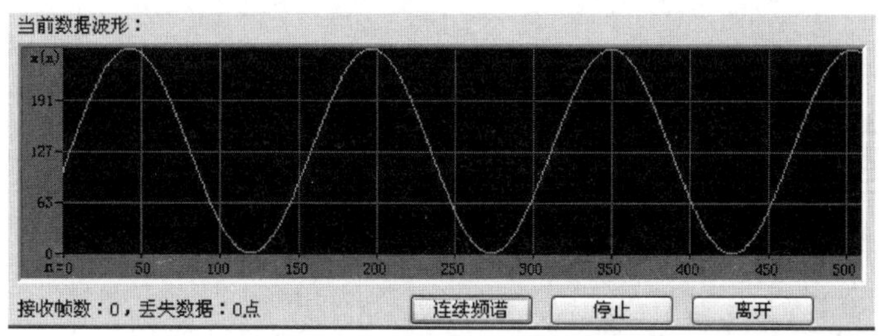

图 10-32　通过 RS232 通信来自 FPGA 的正弦波信号

10-6　硬件消抖动电路设计

实验目的：学习去抖动硬件电路的设计与测试方法。

实验原理：根据 10.7.3 节了解除双边沿抖动或毛刺的电路设计的原理。

实验任务 1：根据以上设计原理的说明，具体设计、仿真此消抖动电路，最后硬件实现此项设计。验证消抖动的方法之一可以通过设计一个计数器来测试信号的抖动情况。此计数器的时钟端口由一有抖动的键输入，此键中间加上一个去抖动电路，按键后观察其计数情况。再比较当去除去抖动电路后的计数情况。注意，若是 EP4CE55 核心板上的键都有抖动，都可用来检验本例（KX_CDS 系统上的 8 个键都无抖动）。

实验任务 2：实用的硬件消抖动电路有多种不同的实现方案。首先讨论去抖动电路的适用范围和性能特点，然后提出两则原理上无相关性的设计方案，并在 FPGA 上验证这些方案的可行性。

第 11 章 16 位 CPU 创新设计

本章将详细介绍一款具有一定实用意义的 16 位复杂指令微处理器系统的工作原理和设计方法，主要包括此系统的结构设计、基本组成部件设计、指令系统设计、优化方案及相关的仿真测试，直至在 FPGA 上的硬件实现和调试运行。这里为此 CPU 命名为 KX9016v1。从结构、性能和实用性方面看，KX9016v1 的特色有以下五点。

（1）系统优化容易，包括指令功能优化、速度优化和整个系统的设计优化。

（2）适应性强。整个体系结构和指令系统能方便地为特定的工作对象量身定做。

（3）由于基本由逻辑单元构建，结构单一，因此设计 ASIC 专用芯片版图简单。

（4）速度高。由于状态机具有并行和顺序同时进行的工作特点，容易构建高速指令。

（5）工作可靠性好。由于其指令系统及译码控制系统完全由状态机担任，而用 Verilog 表述的状态机是可以通过 HDL 综合器的优化，自动生成安全状态机。

本章的内容可以作为课内创新实践项目或课外科技活动设计竞赛题目，也可以作为毕业设计的课题项目，甚至在开发 SOC 实用系统中用作微处理器。

11.1 KX9016 的结构与特色

KX9016v1 的顶层结构如图 11-1 所示，根据此图完成的实际电路设计如图 11-2 所示。这是一个采用单总线系统结构的复杂指令系统结构的 16 位 CPU。此处理器中包含了许多最基本的功能模块，它们有：由寄存器阵列构建的八个 16 位的寄存器 R0～R7、一个运算器 ALU、一个移位器 Shifter、一个输出寄存器 OutReg、一个程序计数器 ProgCnt、一个指令寄存器 InstrReg、一个比较器 Comp、一个地址寄存器 AddrReg 和一个控制器。还有一些对外部设备的输入输出电路模块。所有这些模块共用一组 16 位的三态数据总线，用于传送指令信息和数据信息。系统的控制信息由控制器通过单独的通道分别向各功能模块发出。

控制器模块中包含了此 CPU 的所有指令系统硬件电路，全部由状态机描述。控制器负责通过总线从外部程序存储器读取指令，通过指令寄存器进入控制器，控制器根据指令的要求向外部各功能模块发出对应的控制信号。为节省资源，图 11-1 中的程序计数器可以仅仅是一个普通的寄存器，因为可以通过控制器将加 1 计数的任务让 ALU 来完成。在计数完成后将结果通过移位器和输出寄存器锁入程序寄存器中。当然这个过程中，控制器可选择移位器对数据是直通状态。

由 R0～R7 组成的八个寄存器构建的寄存器阵列的优势是节省资源、使用方便和功能强大。它们共用一个三态开关，由控制器选择与数据总线相连。这些寄存器地位平等。

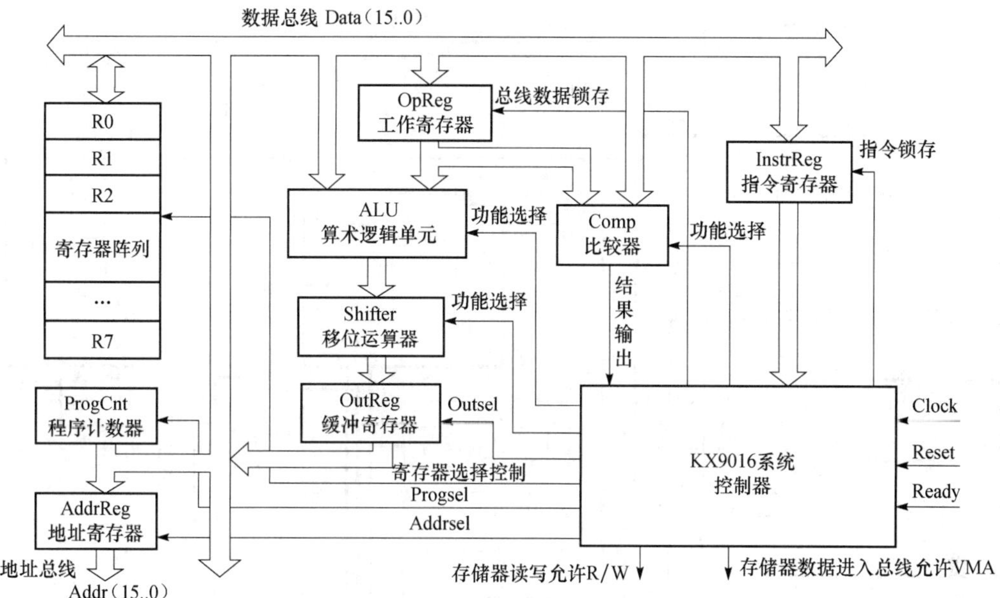

图 11-1　16 位 KX9016v1 CPU 结构框图

此 CPU 的工作寄存器分别为比较器和 ALU 提供一组操作数的缓存单元，而另一操作数则直接来自数据总线，而没有像一般 CPU 那样设置另一个操作数缓冲寄存器。

这种省资源、高效率的特色在其他许多方面都有所表现。如从图 11-1 可见，有一组电路结构是这样的，将 ALU、移位器和缓冲寄存器串接起来，由控制器统一控制来共同完成原本需要更复杂模块完成的任务。例如需要缓存总线上的某个数据，控制器可以选择 ALU 和移位器为直通状态；而若仅需要移位时，可使 ALU 为直通状态。这个缓冲寄存器向总线输出的输出端上含有三态开关，由控制器决定是否向总线释放此寄存器的数据。

又如，这里的移位器采用纯组合电路，速度高且省去一个寄存器，因为输出口的缓冲寄存器可以帮助存储数据。移位器是纯组合电路的另一好处是，如果某项运算同时需要计算和移位，不但不需要传统情况下的两条指令完成，甚至一条指令也用不完，因为只需一个状态，即一个并行微操作就实现了，速度显然很高。此外此电路结构中，比较器也很有特色。比较器的功能由控制器直接控制，而其输出结果直接进入控制器，速度快；而传统 CPU 的比较结果通常需经过总线或特定寄存器才能获得，反应速度要慢几个节拍。

此 CPU 另一高速结构特点是，各功能模块全部由控制器通过单独的通道直接控制，并行工作特色明显，而不像传统 CPU 那样通过数据总线或控制总线来传输控制信息。

此系统只安排了一个地址寄存器，因此程序存储器与数据存储器共用一套地址，程序和数据可以只放在一个存储器中。如果利用 FPGA 中的嵌入式 RAM 模块，即调用 LPM_RAM 来担任这个存储器是很方便的事情。因为尽管是 RAM，但 FPGA 上电后，其程序会自动从配置 Flash ROM 向 FPGA 中的 RAM 加载，而此 RAM 在工作中又可随

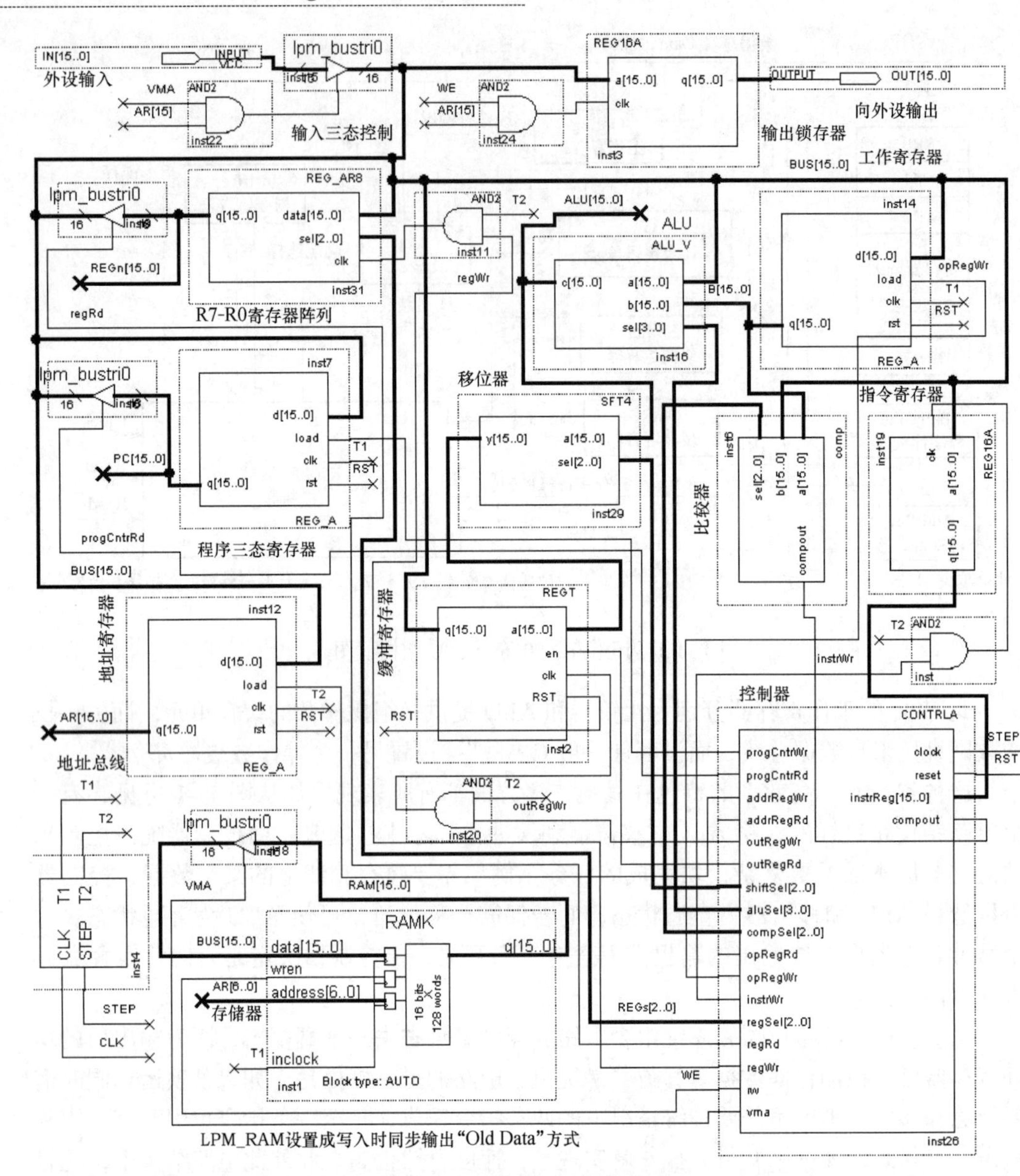

图 11-2　KX9016v1 顶层结构图

机读写，从而使得基于 KX9016v1 的系统可以在 FPGA 中实现单片系统 SOC。

这种单片存储器系统对于传统的外部储存器显然是不可行的，因为还没有一个单片存储器既能保证程序掉电后不丢，又能接受 CPU 的高速数据的随机存取。系统由 CPU 和存储器通过一组双向数据总线连接，系统中的所有存在向总线输出数据的模块，其输出口都使用三态总线控制器隔离。地址总线则是单独单向的，所以不必加三态控制器。

系统运行的过程与普通 CPU 的工作方式基本相同，对于一条指令的执行也分多个步骤进行：首先，地址寄存器 AR 保存当前指令的地址，当一条指令执行完后，程序寄存器 PC 指向下一条指令的地址。如果是执行顺序指令，PC+1 就指向下一条指令地址；如果是分支转移指令，则直接跳到该转移地址。方法是控制单元将转移地址写入程序寄存器 PC 和地址寄存器 AR，这时在地址总线上就会输出新的地址。然后，控制单元将读写存储器的控制信号 R/W 置 0，执行读操作；而将 VMA 置 1，告诉存储器此地址有效，于是存储器就根据此地址将存储单元中的数据传给数据总线。控制单元将存储器输出的数据写入指令寄存器 IR 中，接着对 IR 中的指令进行译码和执行指令，工作进程就这样循环下去。

11.2　KX9016 基本硬件系统设计

本节将根据上节已给出的图 11-1 和图 11-2 详细介绍 KX9016v1 的整体硬件构建、工作原理和各功能模块的 Verilog 描述。注意图 11-2 系统的许多接口引脚端没有在图中显示出来，包括控制时钟的锁相环。图中左下角的 CLK 和 STEP 并非两个时钟源，它们可以由同一锁相环产生，要求 CLK 的频率稍大于 STEP 的 4 倍。CLK 的最高频率可大于 100MHz。

11.2.1　单步节拍发生模块

图 11-2 左下角的节拍发生模块 STEP2 的电路结构如图 11-3 所示。此图右侧的仿真波形显示，如果 STEP 的周期大于 CLK 周期 4 倍，则输入的 STEP 信号及 T1、T2 三者在时间上呈连续落后情况，因此可以让 STEP 作为控制器的状态机运行驱动时钟，使得控制器每一个 STEP 时钟变换一个状态，这样不但可以将 T1、T2 去控制相关功能模块在时序上进行更精准操作，而且，若不涉及同一总线上的数据读写，则可在一个状态中（相当于一个微操作），完成多个顺序控制操作，从而提高了 CPU 的工作效率和工作速度。

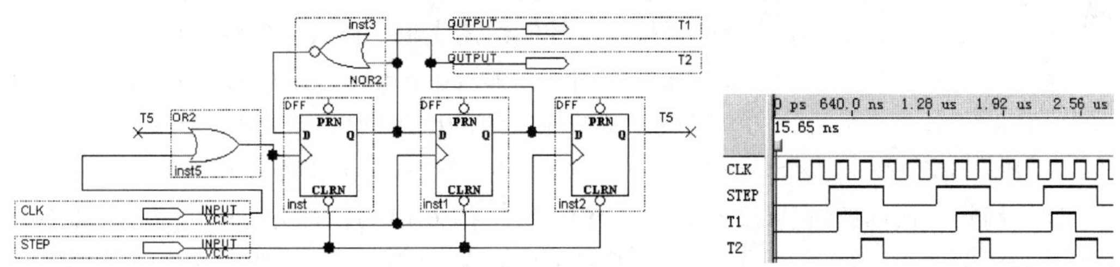

图 11-3　节拍脉冲发生器 STEP2 的电路及其仿真波形图

11.2.2　ALU 模块

算术逻辑单元 ALU 的模块符号如图 11-4 所示。a[15..0]和 b[15..0]是运算器的操作数输入端口，a[15..0]直接与数据总线相接；b[15..0]与工作寄存器的输出相接。c[15..0]为运算器运算结果输出端口，直接与移位器输入口连接。四位控制信号 sel[3..0]来自控制器，用于选择运算器的算法功能。运算器 ALU 的 Verilog 程序如例 11-1 所示。

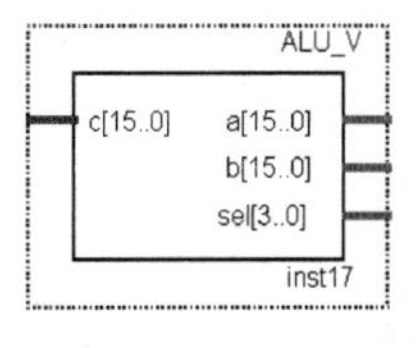

图 11-4　ALU 模块

【例 11-1】
```
module ALUV (input[15:0] a, b, input[3:0] sel, output reg[15:0] c);
  parameter  alupass=0, andOp=1, orOp=2, notOp=3, xorOp=4, plus=5,
  alusub=6,  inc=7, dec=8, zero=9;
  always @(a or b or sel)
    case (sel)
      alupass : c <= a;         //总线数据直通 ALU
        andOp : c <= a & b;     //逻辑与操作
         orOp : c <= a | b;     //逻辑或操作
        xorOp : c <= a ^ b;     //逻辑异或操作
        notOp : c <= ~a;        //取反操作
         plus : c <= a + b;     //算术加操作
       alusub : c <= a - b;     //算术减操作
          inc : c <= a + 1;     //加 1 操作
          dec : c <= a - 1;     //减 1 操作
         zero : c <= 0;          //输出清 0
      default : c <= 0;
    endcase
endmodule
```

11.2.3 比较器模块

比较器的实体名为 CMP_V。CMP_V 模块对两个 16 位输入值进行比较，输出结果是 1 位，即 1 或 0，这取决于比较对象的类型和值。比较器模块符号如图 11-5 所示。

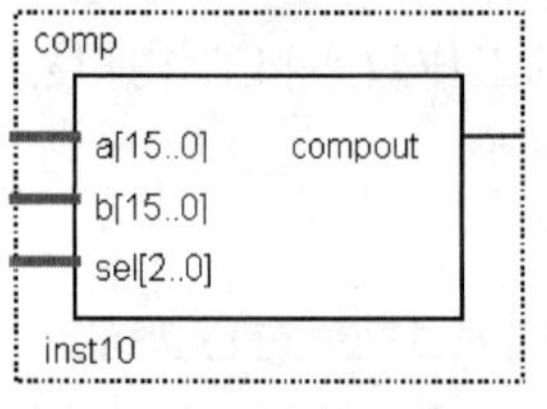

图 11-5　比较器模块符号

对两个数进行比较的类型方式，及输出值含义取决于来自控制器的选择信号 sel[2..0] 的值。例如，欲比较输入端口 a 和 b 的值是否相等，控制器需先将 eq=3'b000 传到端口 sel，这时如果 a 和 b 的值相等，则 compout 的值为 1；如果不相等，则为 0。显然，两个输入值的比较操作将得到一个位的结果，这个位是执行指令时用来控制过程中的操作流程的。

比较器程序代码如例 11-2 所示。程序中含有 case 语句，针对每一个来自控制器的 sel 的 case 选项，还含有一个 if 语句；如果条件为真，输出 1；否则，输出 0。

【例 11-2】
```
module CMP_V (input[15:0] a, b, input[2:0] sel, output reg compout);
parameter eq=0, neq=1, gt=2, gte=3, lt=4, lte =5;
always @(a or b or sel)
 case (sel)
 eq : if (a==b) compout<=1; else compout<=0; //a 等于 b，输出为 1，负责是 0
 neq : if (a!=b) compout<=1; else  compout<=0; //a 不等于 b，输出为 1
  gt : if (a>b)   compout<=1; else  compout<=0;  //a 大于 b，输出为 1
 gte : if (a>=b)  compout<=1; else  compout<=0; //a 大于等于 b，输出为 1
  lt : if (a<b)   compout<=1; else  compout<=0; //a 小于 b，输出为 1
```

```
  lte : if (a<=b)  compout<=1; else  compout<=0; //a 小于等于 b，输出为 1
  default :        compout<=0;
 endcase
 endmodule
```

11.2.4 基本寄存器与寄存器阵列组

在 CPU 中寄存器常被用来暂存各种信息，如数据信息、地址信息、指令信息、控制信息等，以及与外部设备交换信息。图 11-1 中的 CPU 结构中的寄存器有多种用途及多种不同结构，以下将分别给予介绍。

1．基本寄存器

由图 11-2 可见，KX9016 使用了三种不同受控方式的寄存器：

（1）只有锁存控制时钟的寄存器。这是最简单的寄存器（图 11-6），在此 CPU 中担任缓冲寄存器和指令寄存器。程序如例 11-3 所示，它也可以直接调用 LPM_FF 模块取代。

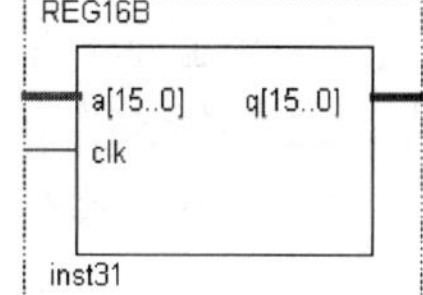

图 11-6　基本寄存器

【例 11-3】

```
module REG16B (input[15:0] a, input clk, output reg[15:0] q);
  always @(posedge clk)    q <= a;   endmodule
```

对于指令寄存器的锁存时钟端，注意图 11-2 中还接了一个与门。它一端接来自控制器的指令写允许 instrWr 信号，另一端接节拍时钟信号 T2。

同样，对于输出寄存器的锁存时钟端，电路中也接了一个与门，一端接 RAM 的写允许控制信号 WE，另一端接地址信号的最高位 AR[15]，设计输出指令时要注意控制。

（2）含三态输出控制的寄存器（图 11-7）。此寄存器没有对应的 LPM 模块，它实际上就是例 11-3 的寄存器在输出端加上一个三态控制门，其程序如例 11-4 所示。在系统中此寄存器担任运算结果寄存器。注意此寄存器的数据输入口接移位器的数据输出口，输出口接数据总线；三态输出允许控制端接来自控制器的读寄存器允许信号 outRegRd；锁存时钟端也同样接有一个与门；与门的一端接寄存器写允许控制信号 outRegWr，另一端接 T2，设计运算或移位指令时要注意这些控制信号。

【例 11-4】

```
module TREG8V (a, en, clk,rst, q);
  input rst,en,clk; input[15:0] a; output[15:0] q; reg[15:0] q,val;
   always @(posedge clk or posedge rst)
     if (rst==1'b1)  val <= {16{1'b0}}; else  val <= a;
   always @(en or val)
     if (en == 1'b1)  q <= val;  else  q <= 16'bZZZZZZZZZZZZZZZZ;
endmodule
```

（3）含清 0 和数据锁存同步使能控制的寄存器（图 11-8）。程序如例 11-5 所示。这个寄存器的功能相当于在图 11-6 的寄存器基础上，再加上一个清 0 的功能，并于其时钟端加一个与门，而与门的一端接允许控制 load，另一端接 clk。

【例 11-5】

```
module REG_B (input rst, clk, load, input[15:0]d, output reg[15:0] q);
     always @(posedge clk or posedge rst)
         if (rst==1'b1)  q <= {16{1'b0}};   else
     begin  if (load==1'b1)    q <= d;  end
endmodule
```

在此 CPU 系统中此寄存器有三个角色，地址寄存器、PC 寄存器和工作寄存器。

对于地址寄存器，其数据输出口接地址总线，数据输入口接数据总线；同步加载允许 load 端接来自控制器的地址寄存器写允许信号 addrRegWr；锁存时钟端 clk 接 T2。

对于 PC 寄存器，其数据输出口接三态门输入口，三态门输出至数据总线；三态门的控制端接来自控制器的 PC 值读允许信号 progCntrRd；数据输入口直接接数据总线；同步加载允许 load 端接来自控制器的 progCntrWr 信号；锁存时钟端 clk 接 T1。为了提高 CPU 的工作效率，其实可以用一个如图 11-9 所示的计数器来替代这个 PC 寄存器。

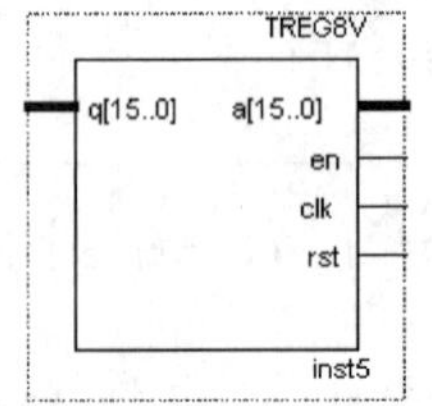

图 11-7　含三态门的寄存器

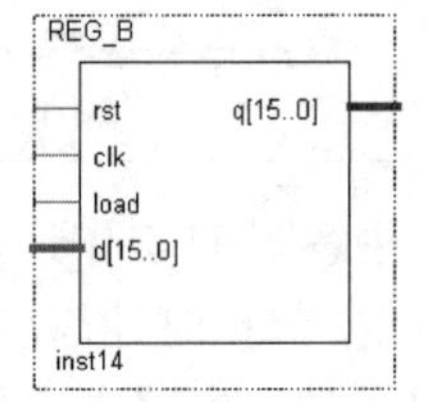

图 11-8　含加载使能的寄存器

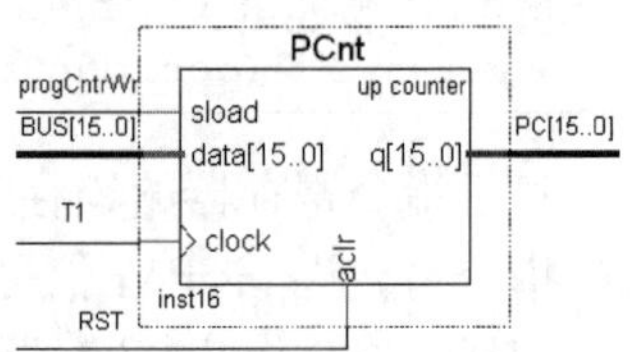

图 11-9　PC 替代电路

对于工作寄存器，其数据输出口接 ALU 和比较器的一个数据输入端；数据输入口接数据总线；同步加载允许 load 端接来自控制器的 opRegWr 信号；锁存时钟端 clk 接 T1。

2．寄存器阵列

寄存器阵列是 KX9016 中最有特色的寄存器。寄存器阵列符号 REG_AR7 如图 11-10 所示。在执行指令时，此寄存器中存储指令所处理的立即数，可对寄存器进行读或写操作。此类寄存器组相当于一个 8×16 位的 RAM。对于其操作也像一个 RAM 存储器，如当向 REG_AR7 的一个单元，即其中一个寄存器写入数据时，首先输入寄存器选择信号 sel 作为单元地址，即此寄存器的地址码；当 clk 上升沿到来时，输入数据就被写入该单元中。

若需从 REG_AR7 的一个单元，即某一寄存器中读出数据时，也必须首先输入对应的 sel 选择数据作为读的单元地址，然后使其输出端接的三态输出允许控制信号为 1，这时此单元的数据就会输出至总线。此寄存器的 Verilog 表述如例 11-6 所示。程序首先用语句 reg[15:0] ramdata [0:7]定义了一个二维寄存器变量 ramdata。在过程语句中，它模拟 RAM 存储数据，在时钟有效时，将输入的数据按指定地址（即 sel）锁入二维寄存器变量 ramdata 中；而在赋值语句中，其动作正好相反，它模拟从 RAM 中按地址 sel 读取数据再输出。

【例 11-6】

```
module REG_AR7 (data, sel, clk, q);
  input[15:0] data;  input[2:0] sel; input clk;  output[15:0] q;
  reg[15:0] ramdata[0:7];
  always @(posedge clk)   ramdata[sel] <= data;
  assign q = ramdata[sel] ;
endmodule
```

此寄存器阵列模块的接口情况是这样的，由图 11-2 可见，此寄存器的数据输入口接数据总线；输出口接三态门输入端，三态门的控制端接来自控制器的 regRd 信号；三态门输出与总线相接；寄存器组选择信号 sel[2..0]来自控制器的 regSel[2..0]。寄存器的时钟 clk 端接有一个与门；与门的一端接寄存器写允许控制信号 regWr，另一端接 T2。

其实很容易用一个数据宽为 16，深度为 8，即 3 位地址线宽的 LPM_RAM 模块来替代这个寄存器阵列，这样可至少节省 128 个逻辑宏单元。图 11-11 就是这个替代方案，此 LPM_RAM 模块与外围电路的接口方式如此图所示。由于这是最小深度的 RAM，所以可将地址线的高二位置 0。

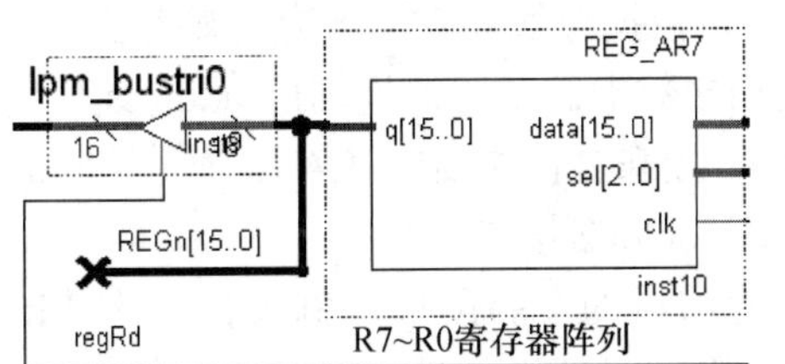

图 11-10　寄存器阵列元件与三态控制门电路

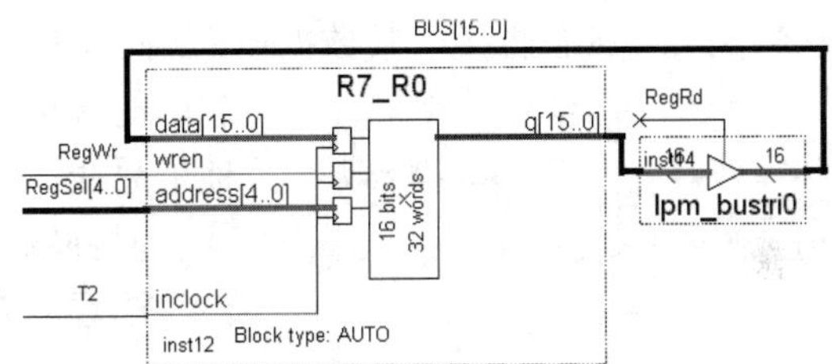

图 11-11　用 LPM_RAM 替代寄存器阵列的电路

11.2.5　移位器模块

移位器模块如图 11-12 所示，它在 CPU 中实现移位和循环操作。移位器输入信号 sel 决定执行哪一种移位方式。移位器对输入的 16 位数据的移位操作类型有四种：左移或右移、循环左移或循环右移。此移位器还有一个功能就是通过控制，可以允许输入数据直接输出，即数据直通，不执行任何移位操作；ALU 也有这样的功能。这个功能在此 CPU 的许多操作中十分方便，不但速度提高而且节省了硬件资源。移位器的代码如例 11-7 所示。在系统中移位器的接口比较清晰，在此就不再叙述了。特别注意这个移位器在 KX9016 这样的结构中作为组合电路的必要性（因此它不可能有使用 LPM 模块的替代方案）。

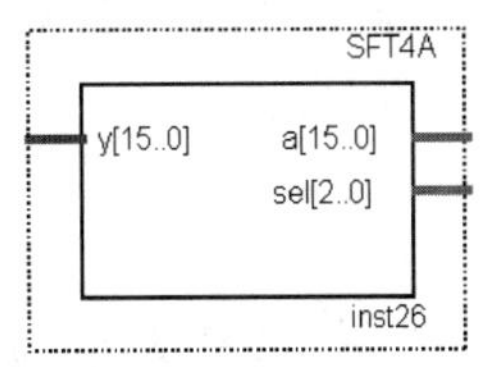

图 11-12　移位器符号

【例 11-7】

```
module SFT4A (input[15:0] a,
              input[2:0] sel,
              output reg[15:0] y );
  parameter shftpass=0, sftl=1, sftr=2, rotl=3, rotr=4;
  always @(a or sel)
    case (sel)
    shftpass : y<=a ;                    //数据直通
       sftl  : y<={a[14:0], 1'b0};   //左移
       sftr  : y<={1'b0, a[15:1]};   //右移
       rotl  : y<={a[14:0], a[15]};  //循环左移
       rotr  : y<={a[0], a[15:1]};   //循环右移
     default : y<=0 ;
   endcase
endmodule
```

11.2.6 程序与数据存储器模块

此 CPU 接口的存储器采用 LPM 模块，容量规格和端口选择如图 11-13 所示，16 位数据宽度，128 位深度。其数据输入端 data[15..0]接数据总线，输出端接三态控制门；三态门的输出端仍接数据总线。地址端口 address[6..0]接地址总线；wren 接来自控制器的 RAM 读写控制信号 rw；时钟输入端 inclock 接 T1。

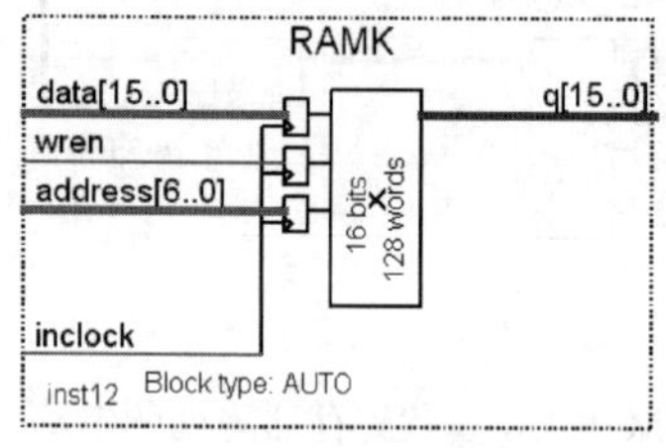

图 11-13　存储器符号

注意，在此项目的实验测试示例中，对此 LPM_RAM 模块在写数据设置上，选择了写允许信号 wren 有效时，同时读出原数据“Old Data”。具体设置可参考第 6 章图 6-17。

RAM 的这项选择将使其每写入一个数据，将同时向输出口输出同一 RAM 单元的写入新数据前的老数据，即“Old Data”。这个性能可以在此后的 CPU 仿真波形中看到。

11.3　KX9016v1 指令系统设计

如果要设计一款专用处理器，必须要确定此处理器的工作（或控制）对象是什么、需要完成哪些任务、需要怎样的 CPU 程序功能，从而确定此处理器的 CPU 应该具有哪些功能，并针对这些功能采用哪些指令，然后再确定指令的具体格式。

本节将重点介绍针对 KX9016 的指令格式、指令设计方案、指令系统要求、软件编程加载方法，以及控制器的原理和设计。最后以实例形式给出指令设计的详细流程。

11.3.1 指令格式

若作为专业处理器，这里假设最多 30 条指令就能包括 KX9016 所有可能的操作。所以可以设定所有的指令都包含 5 位操作码，使控制器用于判别具体指令类别。

设单字节指令在其低 6 位中包含两个 3 位来指示寄存器名，如 R3（011），R4（100）。其中一个 3 位指示源操作数寄存器，另一个 3 位指示目的操作数寄存器。某些指令，如 INC（加 1）指令只用到其中的一部分；但是另外一些单字节指令，如 MOVE（转移）指令，用到从一个寄存器传送到另外一个寄存器的功能，这就要用到两个操作数。

设双字节指令中第一个字节中包含目标寄存器的地址，第二个字节中包含指令地址或者立即操作数。

常用指令格式如下：

（1）单字指令。16 位指令的高 5 位是操作码，低 6 位指示出源操作数寄存器和目的操作数寄存器。指令码格式如下所示：

操作码						源操作数			目的操作数		
Opcode					……	SRC			DST		
15	14	13	12	11	……	5	4	3	2	1	0

当然，也可以利用其他闲置的位为单字节指令设置三个操作数寄存器。例如，可以设计这样一条加法指令：ADD Rd，Rs1，Rs2；具体指令如 ADD R1，R2，R3，即将 R1、R2 寄存器的内容相加后存入寄存器 R3。于是可以用第三个 3 位来指示此寄存器名。此时，若加法指令的操作码是 01101，则对于这条指令的指令码可以是：01101 00 **011** 010 001 = 68D1H。显然，指令设计完全可以不拘一格。

（2）双字指令。第一个 16 位字中包含操作码和目标寄存器的地址，第二个字中包含了指令地址或操作数。指令码格式如下所示：

操作码						目的操作数		
Opcode					……	DST		
15	14	13	12	11	……	2	1	0

16 位操作数															
15	14	13	12	11	10	9	8	7	6	5	4	3	2	1	0

例如，立即装载指令 LDR 可以有这样的表述：LDR R1，#0015H。这条指令表示，将十六进制数 0015H 装载到寄存器 R1 中。设这条指令的高 5 位操作码是 00100；在低 3 位中指示寄存器 R1 的目的操作数代码是 001。于是指令码如下所示，这条指令的十六进制指令码就是：2001H 0015H。

在控制器对此双字节指令进行译码时，第一个字的操作数决定了该指令的长度为两个字，因而在装载第二个字后，才成为完整的指令。

操作码							目的操作数	
0	0	1	0	0	……	0	0	1

0	0	0	0	0	0	0	0	0	0	0	1	0	1	0	1
0H				0H				1H				5H			

11.3.2 指令操作码

本章为此 KX9016 处理器预设的指令、指令名称和相应的操作码已列于表 11-1 中，此表展示的主要指令有：数据存/取、数据搬运、算术运算、逻辑运算、移位运算和控制转移类。如果需要还可以加入其他功能的指令，甚至为此增加操作码位数。

表 11-1　KX9016 预设指令及其功能表

操作码	指令	功能	操作码	指令	功能
00000	NOP	空操作	01111	IN	外设数据输入指令
00001	LD	装载数据到寄存器	10000	JMPLTI	小于时转移到立即数地址
00010	STA	将寄存器的数存入存储器	10001	JMPGT	大于时转移
00011	MOV	在寄存器间传送操作数	10010	OUT	数据输出指令
00100	LDR	将立即数装入寄存器	10011	MTAD	16 位乘法累加
00101	JMPI	转移到由立即数指定的地址	10100	MULT	16 位乘法
00110	JMPGTI	大于转移至立即数地址	10101	JMP	无条件转移
00111	INC	加 1 后放回寄存器	10110	JMPEQ	等于时转移
01000	DEC	减 1 后放回寄存器	10111	JMPEQI	等于时转移到立即地址
01001	AND	两个寄存器间与操作	11000	DIV	32 位除法
01010	OR	两个寄存器间或操作	11001	JMPLTE	小于等于时转移
01011	XOR	两个寄存器间异或操作	11010	SHL	左逻辑移位
01100	NOT	寄存器求反	11011	SHR	右逻辑移位
01101	ADD	两个寄存器加运算	11100	ROTR	循环右移
01110	SUB	两个寄存器减运算	11101	ROTL	循环左移

表 11-2 给出了由几条指令组成的程序示例。在这些指令中有单字指令和双字指令，操作码都是 5 位。对于源操作数寄存器 SRC 和目的操作数寄存器 DST，分别用 3 位二进制数表示，指示出寄存器的编号。双字指令中的第二个字是立即数操作数。表中的“x”表示可以是任意值，可取为 0。

表 11-2 的汇编程序的功能是，将 RAM 地址区域 0025H 至 0036H 段的数据块，搬运到地址区域以 0047H 开头的 RAM 存储区域中。此系统的存储器可分成两个部分，第一部分是指令区，第二部分是数据区。指令部分包含了将被执行的指令，开头地址是 0000H。CPU 指令从 0000 开始到 000DH 结束。

实际程序可以将此汇编程序代码与 0025H 至 0036H 段的数据块一并安排在 RAM 的初始化配置文件 mif 中。

表 11-2 示例程序

<table>
<tr><th>指令</th><th>机器码</th><th>字长</th><th>操作码</th><th>闲置码</th><th>源操作数</th><th>目的操作数</th><th>功能说明</th></tr>
<tr><td rowspan="2">LDR R1，0025H</td><td>2001H</td><td rowspan="2">2</td><td>00100</td><td>xxxxx</td><td>xxx</td><td>001</td><td rowspan="2">立即数 0025H 送 R1</td></tr>
<tr><td>0025H</td><td colspan="4">0000 0000 0010 0101</td></tr>
<tr><td rowspan="2">LDR R2，0047H</td><td>2002H</td><td rowspan="2">2</td><td>00100</td><td>xxxxx</td><td>xxx</td><td>010</td><td rowspan="2">立即数 0047H 送 R2</td></tr>
<tr><td>0047H</td><td colspan="4">0000 0000 0100 0111</td></tr>
<tr><td rowspan="2">LDR R6，0036H</td><td>2006H</td><td rowspan="2">2</td><td>00100</td><td>xxxxx</td><td>xxx</td><td>110</td><td rowspan="2">立即数 0036H 送 R6</td></tr>
<tr><td>0036H</td><td colspan="4">0000 0000 0011 0110</td></tr>
<tr><td>LD R3，[R1]</td><td>080BH</td><td>1</td><td>00001</td><td>xxxxx</td><td>001</td><td>011</td><td>从 R1 指定的 RAM 存储单元取数送 R3</td></tr>
<tr><td>STA [R2]，R3</td><td>101AH</td><td>1</td><td>00010</td><td>xxxxx</td><td>011</td><td>010</td><td>将 R3 的内容存入 R2 指定 RAM 单元</td></tr>
<tr><td rowspan="2">JMPGTI R1, R6, [0000]</td><td>300EH</td><td rowspan="2">2</td><td>00110</td><td>xxxxx</td><td>001</td><td>110</td><td rowspan="2">若 R1>R6，则转向地址[0000H]</td></tr>
<tr><td>0000H</td><td colspan="4">0000 0000 0000 0000</td></tr>
<tr><td>INC R1</td><td>3801H</td><td>1</td><td>00111</td><td>xxxxx</td><td>xxx</td><td>010</td><td>R1+1→R1</td></tr>
<tr><td>INC R2</td><td>3802H</td><td>1</td><td>00111</td><td>xxxxx</td><td>xxx</td><td>010</td><td>R2+1→R2</td></tr>
<tr><td rowspan="2">JMPI [0006]</td><td>2800H</td><td rowspan="2">2</td><td>00101</td><td>xxxxx</td><td>xxx</td><td>xxx</td><td rowspan="2">绝对地址转移指令：转向地址 0006H</td></tr>
<tr><td>0006H</td><td colspan="4">0000 0000 0000 0110</td></tr>
</table>

11.3.3 软件程序设计实例

为了便于说明和实验演示，本章列出的控制器 Verilog 代码（例 11-8）中只包含了七条指令。现将这七条指令组织成的一个简单的汇编程序示例列于表 11-3 中。

表 11-3 七条指令的汇编程序示例

地址	机器码	指令	功能说明
0000H 0001H	2001H 0032H	LDR R1, 0032H	将立即数 0032H 送寄存器 R1
0002H 0003H	2002H 0011H	LDR R2, 0011H	将立即数 0011H 送寄存器 R2
0004H	680AH	ADD R1，R2，R3	将寄存器 R1 和 R2 的内容相加后送 R3
0005H	1819H	MOV R1，R3	将寄存器 R3 的内容送入 R1
0006H	3802H	INC R2	R2 + 1→R2
0007H	101AH	STA [R2]，R3	将 R3 的内容存入 R2 指定地址的 RAM 单元
0008H	080BH	LD R3，[R1]	将 R1 指定地址的 RAM 单元的数据送 R3
0009H	0000H	NOP	空操作

该程序的功能是将置于 R1 和 R2 寄存器的两个数据相加后放到 R3 中，再将 R3 的内容转移到 R1，并将 R2 的内容加 1 后放回到 R2。再将 R3 的内容存入 R2 指定地址的 RAM 单元中，并将 R1 指定地址的 RAM 单元的数据放到 R3 单元中。

表 11-3 中列出了对应的地址。这七条指令的一般形式如下：

• 立即数装载指令的一般形式是：LDR　Rd，Data

其中的 Rd 代表 R7～R0 中任何一个寄存器；Data 是 16 位立即数。

• 根据例 11-8 的控制器代码程序，此加法指令的一般形式是：ADD　Rs1，Rs2，R3

其中的 Rs1 和 Rs2 代表 R7～R0 中任何一对不同的寄存器，而目标寄存器 R3 是固定的。以下 Rs、Rd 等也是相同情况。

• 数据搬运指令的一般形式是：MOV　Rd1，Rs2

• 加 1 指令的一般形式是：INC　Rs

• 存储指令的一般形式是：STA　[Rd]，Rs

• 取数指令的一般形式是：LD　Rd，[Rs]

若希望 KX9016 能正常执行表 11-3 中的程序，必须将表 11-3 中汇编程序对应的机器码按左侧的地址写入图 11-2 的 LPM_RAM 中。最方便的方法就是将这些机器码按序编辑在 mif 格式的文件中，然后按路径设置于原理图中的 LPM_RAM 中。

根据表 11-3 制作的 mif 文件已列于表 11-4 中，此文件可取名为 RAM_16.mif。注意在地址 0012H 和 0043 处安排了两个数据，分别是 1524H 和 A6C7H，以便在仿真中用于印证某些指令功能和 Cyclone IV E 系列 FPGA 中的 RAM 模块的特性。

表 11-4　存储器初始化文件 RAM_16.mif 的内容

WIDTH = 16;	03　: 0011;	0B　: 0000;	13　: 0000;
DEPTH = 256;	04　: 680A;	0C　: 0000;	......
ADDRESS_RADIX = HEX;	05　: 1819;	0D　: 0000;	41　: 0000;
DATA_RADIX = HEX;	06　: 3802;	0E　: 0000;	42　: 0000;
CONTENT BEGIN	07　: 101A;	0F　: 0000;	43　: A6C7;
00　: 2001;	08　: 080B;	10　: 0000;	......
01　: 0032;	09　: 0000;	11　: 0000;	4F　: 0000;
02　: 2002;	0A　: 0000;	12　: 1524	END;

在第 6 章中已经介绍了编辑 mif 文件的多种方式及将它载入 RAM 中的流程。如果仅用于仿真，只需在全程编译中将此文件编译进去即可。

如果是为了硬件调试和测试 CPU，可以下载编译后的 sof 文件于 FPGA，或利用在系统存储器编辑器直接向 RAM 下载此文件，按复位键后即可执行程序。为了能单步运行，可以用开发板上的某模式键（如选择模式 3 或模式 5）产生 CLK 时钟。也可以用 In-System Sources and Probes 来产生手动时钟信号，并收集 CPU 的工作中输出的必要的数据和信号。如果是用于实用系统，最好将 sof 文件通过 JTAG 口编程于 FPGA 的配置 Flash 中。

11.3.4　KX9016v1 控制器设计

KX9016 系统的关键功能模块是控制器，它由一个完整的混合型状态机构成，负责对运行程序中所有指令译码、各种“微操作”命令的生成和对 CPU 中各个功能模块的控制。这七条指令的控制器程序如例 11-8 所示。

【例 11-8】

```
module CONTRLA (clock, reset, instrReg, compout, progCntrWr, progCntrRd,
 addrRegWr, addrRegRd, outRegWr, outRegRd, shiftSel, aluSel, compSel,
 opRegRd, opRegWr, instrWr, regSel, regRd, regWr, rw, vma);
   input clock;   input reset;    //时钟和复位信号
   input[15:0] instrReg; input compout;//指令寄存器操作码输入及比较器结果输入
   output progCntrWr;              //程序寄存器同步加载允许，但需 T1 的上升沿有效
   output progCntrRd;              //程序寄存器数据输出至总线三态开关允许控制
   output addrRegWr;               //地址寄存器允许总线数据锁入，但需 T2 有效
   output addrRegRd;               //地址寄存器读入总线允许
   output outRegWr;                //输出寄存器允许总线数据写入，但需 T2 有效
   output outRegRd;                //输出寄存器数据进入总线允许，即打开三态门
   output[2:0] shiftSel; output[3:0] aluSel; //移位器功能选择和 ALU 功能选择
   output[2:0] compSel;  output opRegRd; //比较器功能选择和工作寄存器读出允许
   output opRegWr;                     //总线数据允许锁入工作寄存器，但需 T1 有效
   output instrWr;                     //总线数据允许锁入指令寄存器，但需 T2 有效
   output[2:0] regSel;                 //寄存器阵列选择
   output regRd;                       //寄存器阵列数据输出至总线三态开关允许控制
   output regWr;                     //总线上数据允许写入寄存器阵列，但需 T2 有效
   output rw;                          //rw=1, RAM 写允许; rw=0, RAM 读允许
   output vma;                         //存储器 RAM 数据输出至总线三态开关允许控制
   reg progCntrWr, progCntrRd, addrRegWr, addrRegRd, outRegWr, outRegRd,
       opRegRd, opRegWr, instrWr, regRd, vma, regWr, rw;
   reg[2:0] shiftSel, regSel;  wire[2:0] compSel;   reg[3:0] aluSel;
   parameter shftpass=0, alupass=0, zero=9, inc=7, plus=5; //参见程序例 11-1
   parameter reset1=0, reset2=1, reset3=2, execute=3, nop=4, load=5,
   store=6,load2=7,load3=8,load4=9,store2=10,store3=11,store4=12,
   incPc=13,incPc2=14,incPc3=15,loadI2=19,loadI3=20,loadI4=21,
   loadI5=22,loadI6=23,inc2=24,inc3=25,inc4=26,
   move1=27,move2=28,add2=29,add3=30,add4=31;
      //在状态机中增加三个作加法微操作的状态变量元素 add2, add3, add4
   reg[4:0] current_state, next_state;   //定义现态和次态状态变量
 always @(current_state or instrReg or compout)   begin : COM //组合过程
 progCntrWr<=0; progCntrRd<=0; addrRegWr<=0; addrRegRd<=0; outRegWr<=0;
    outRegRd<=0; shiftSel<=shftpass; aluSel<=alupass; opRegRd<=0;
    opRegWr<=0;instrWr<=0; regSel<=0; regRd<=0; regWr<=0; rw<=0; vma<=0;
      case (current_state)
      reset1 : begin  aluSel<=zero; shiftSel<=shftpass;
                    outRegWr<=1'b1; next_state<=reset2;    end
      reset2 : begin  outRegRd<=1'b1; progCntrWr<=1'b1;
                    addrRegWr<=1'b1; next_state<=reset3;   end
      reset3 : begin  vma<=1'b1; rw<=1'b0; instrWr<=1'b1;
                    next_state<=execute;                   end
     execute : begin
```

```
      case (instrReg[15:11])                          //不同指令识别分支处理
        5'b00000 : next_state <= incPc;       // 转 nop 指令处理
        5'b00001 : next_state <= load2;       // 转 load 指令处理
        5'b00010 : next_state <= store2;      // 转 store 指令处理
        5'b00100:begin progCntrRd<=1'b1;aluSel<=inc;shiftSel<=shftpass;
                next_state<=loadI2; end    //转 loadI 指令处理
        5'b00111 : next_state <= inc2;         //转 inc 指令处理
        5'b01101 : next_state <= add2;         //增加一个加法 ADD 指令分支
        5'b00011 : next_state <= move1;        // 转 move 指令处理
         default : next_state <= incPc;        //转 PC 加 1
      endcase          end
    load2 :  begin  regSel<=instrReg[5:3]; regRd<=1'b1;
                     addrRegWr<=1'b1; next_state<=load3; end
    load3 :  begin  vma<=1'b1; rw<=1'b0; regSel<=instrReg[2:0];
                    regWr<=1'b1; next_state<=incPc; end
 add2 :  begin  regSel <= instrReg[5:3];      //选择寄存器阵列的 R1
                 regRd <= 1'b1;                //允许 R1 寄存器数据进入总线
         next_state<=add3; opRegWr<=1'b1;end  //将此数据锁入工作寄存器
                                      //以上 4 步在一个 STEP 脉冲完成，以下同样
 add3 :  begin  regSel <= instrReg[2:0]; //选择寄存器阵列的 R2
         regRd<=1'b1; aluSel<=plus;//允许 R2 寄存器数据进入总线，同时
                                      //选择 ALU 作加法
      shiftSel<=shftpass; outRegWr<=1'b1;//使 ALU 输出直通移位器，同时将数据
                                              //锁入输出寄存器
      next_state<=add4; end  //此时相加结果尚未进入总线。此 5 步在一个 STEP
                             //脉冲完成
 add4 :   begin  regSel <= 3'b011;//固定选择寄存器阵列的 R3
      outRegRd<=1'b1; regWr<=1'b1;//允许输出寄存器的数据进入总线，将此数据
                                      //锁入工作寄存器 R3
      next_state <= incPc ; end //加法操作结束，最后转入做 PC 加 1 操作的状态
  move1 : begin  regSel<=instrReg[5:3]; regRd<=1'b1; aluSel<=alupass;
          shiftSel<=shftpass; outRegWr<=1'b1; next_state<=move2; end
  move2 : begin  regSel<=instrReg[2:0]; outRegRd<=1'b1;
                 regWr<=1'b1; next_state<=incPc;  end
  store2 : begin  regSel<=instrReg[2:0]; regRd<=1'b1;
                  addrRegWr<=1'b1;  next_state<=store3; end
  store3 : begin  regSel<=instrReg[5:3]; regRd<=1'b1;
              rw<=1'b1;  next_state<=incPc;  end
  loadI2 : begin  progCntrRd<=1'b1;  aluSel<=inc ; shiftSel<=shftpass;
                outRegWr <= 1'b1;  next_state <= loadI3;   end
 loadI3 : begin  outRegRd<=1'b1;  next_state<=loadI4;       end
 loadI4 : begin  outRegRd <= 1'b1;  progCntrWr <= 1'b1;
                addrRegWr <= 1'b1;  next_state <= loadI5; end
 loadI5 : begin  vma<=1'b1; rw<=1'b0;  next_state<=loadI6;  end
 loadI6 : begin  vma <= 1'b1; rw <= 1'b0 ;  regSel <= instrReg[2:0];
                regWr <= 1'b1;  next_state <= incPc;       end
```

```
    inc2 : begin  regSel <= instrReg[2:0] ; regRd <= 1'b1; aluSel <= inc;
                shiftSel<=shftpass; outRegWr<=1'b1; next_state<=inc3; end
    inc3 : begin  outRegRd <= 1'b1; next_state <= inc4;  end
    inc4 : begin  outRegRd<=1'b1; regSel<=instrReg[2:0];
                regWr<=1'b1; next_state<=incPc; end
    incPc : begin  progCntrRd<=1'b1;  aluSel<=inc;  shiftSel<=shftpass;
                 outRegWr <= 1'b1;  next_state <= incPc2; end
   incPc2 : begin  outRegRd <= 1'b1;  progCntrWr <= 1'b1;
                 addrRegWr <= 1'b1;   next_state <= incPc3;  end
   incPc3 : begin  outRegRd <= 1'b0;  vma <= 1'b1; rw <= 1'b0;
                instrWr <= 1'b1;  next_state <= execute;   end
   default :     next_state <= incPc;
   endcase   end
  always @(posedge clock or posedge reset)       //时序过程
     if (reset==1) current_state<=reset1;
          else current_state<=next_state;
endmodule
```

1．程序结构

例 11-8 程序中端口描述的 port 语句部分是此程序的第一部分，每一输入或输出信号都有了详细注释，这样有助于读者对照图 11-2 的电路迅速理解控制器对 CPU 其他模块的控制关系，有利于看懂程序中各指令在不同状态中对外部模块实现控制的原理，也有利于读者正确利用这些控制信号编制适合于自己的新的指令。例 11-8 程序的第二部分用 parameter 语句定义了五个常数，以便相关的语句易读懂。注意其中定义 shftpass 和 alupass 都等于 0 的两个 0 的二进制矢量位的含义是不同的。程序的第三部分用 parameter 语句为状态机的两个状态变量可能包含的所有状态元素定义了名称。程序的第四部分为状态机的现态 current_state 和次态 next_state 信号定义了 reg 数据类型。

程序的第五部分是核心部分，是一个组合过程“COM”，它包含了所有指令的译码和对外控制的操作行为。在这个过程的一开始，首先对各相关控制信号作初始化设置，主要动作是对相关寄存器清 0、关闭写操作和各三态总线开关，以便总线处于随时可输送数据的状态。如语句 regRd<=0 将关闭寄存器阵列输出口上的三态开关，禁止其中的数据进入总线。注意，由于它们处于组合过程结构内部，根据 Verilog 的语法特点，这部分语句不属于 CPU 初始化操作的核心动作，它们属于常规动作。即各条指令执行的每一状态结束后都必须回过来重复执行一遍它们所有的语句。而实现 CPU 初始化的各 reset 状态语句只在按复位键后执行一遍。

程序的第六部分是状态变换的核心部分，这部分还能分成三个行为模块：

（1）CPU 复位模块。这部分由 reset1 至 reset3 共三个状态构成，每一状态需要一个 STEP 周期，最终完成 CPU 复位。在计算机正常运行过程中也不会再次进入这三个状态。

（2）指令辨认分支模块。当进入执行状态 execute 时，由此状态的 case 语句从来自指令寄存器的高五位指令操作码辨认出指令类型，于是在下一 STEP 周期中跳到对应指令的处理状态序列中。

（3）指令处理状态序列。例如对于 LD 指令，从 load2 到 incPc3 所引导的状态处理语句全部属于对具体指令动作进行译码与控制的语句,每一个状态就是一个指令微操作。

程序的余下部分是一个时序过程，结构与功能比较简单。

2．指令的语句结构

在例 11-8 中，对于一条具体指令的操作行为，除了在执行状态 execute 时的操作码识别外，主要分两个状态部分，即指令控制行为状态和 PC 处理状态；后者是公共状态，它像一段子程序，任何指令在完成了自己的控制操作状态序列后都必须进入 PC 处理状态。

例如加法指令 ADD，它的控制操作状态序列由 add2、add3、add4 引导的三个状态组成。每一个状态时间是一个 STEP，每一个 STEP 有两个节拍，即 T1、T2。完成后将转入 incPc、incPc2、incPc3 共三个状态组成的 PC 处理状态序列。最后将回到“COM”过程入口端。由此可见，一个加法指令要经历七个状态，至少 14 个时钟节拍(假设 STEP 脉冲的占空比接近 100%)。如果此 CPU 的时钟频率是 200MHz，则此 16 位数相加的加法指令的指令周期约 7ns。比普通 51 单片机的速度高许多，因为对于 12MHz 时钟频率的 51 单片机，一条 8 位相加的加法指令需要一个机器周期，即 1000ns 的执行时间。

3．CPU 复位操作

由例 11-8 的时序过程可见，程序从 CPU 复位开始，当 reset 为高电平时，CPU 被复位，程序运行中，reset 须保持低电平。复位过程经过了从 reset1 到 reset3 共三个状态，在此期间控制器对各个部件和控制信号进行初始化。当进行到 reset3 时，本应检测存储器就绪信号 ready 才能进入正常执行状态，但考虑到使用了 LPM 存储器，它的速度与逻辑单元的速度基本一致甚至更高，所以就省去了这个步骤。以下对 CPU 的复位过程加以说明。

复位包括将程序计数器 PC 清 0，指向第 1 条指令。由于这里的 PC 只是一个普通的寄存器，没有清 0 和自动加 1 的功能，因此需要通过 ALU 来完成对 PC 内容的修改。

具体初始化过程如下：

（1）reset1。ALU 清 0 操作：ALU 输出的数据通过移位寄存器 shift 输出；aluSel<=zero：使 ALU 输出 0000H；shiftSel<=shftpass：移位器设为直通状态；outRegWr<=1：将移位器的输出写入到缓冲寄存器 outReg 中。

（2）reset2。outRegRd<=1：使缓冲寄存器的内容送到数据总线上；progCntrWr<=1：使缓冲寄存器的内容写入程序计数器 PC；addrRegWr<=1：将总线的数据写入地址寄存器。

（3）reset3。rw<=0：即读程序存储器有效（从存储器中读出指令）；vma<=1：即存储器数据允许进入总线；instrWr<=1：将总线上的指令操作码锁入指令寄存器中。最后进入程序执行状态。

11.3.5 指令设计实例详解

这里以设计一条加法指令为例，详细说明 KX9016 的指令设计方法与流程。对于加法指令需要加入的所有相关语句已经在例 11-8 程序中用粗体显示，很容易辨别。其他指令的加入可如法炮制。具体流程如下：

（1）确定功能。设指令表述为：ADD Rs1，Rs2，R3。首先确定这条加法指令的具体功能，即希望这条指令的功能是将寄存器 Rs1 和 Rs2 中的数据相加后放到寄存器 R3 中，Rs1 和 Rs2 是任何一对不同的寄存器，R3 寄存器是固定的。

（2）确定指令的操作码。根据表 11-1，这条指令的最高 5 位的操作码取 01101。

（3）设定相关常数。为了在例 11-8 中加入一条与新指令相关的语句，必须在原有程序中多处加入相关语句。如果不是大改动，通常的指令无需改变控制器的端口信号。为了提高程序的可读性，先定义一些要用到的常数，如在例 11-8 的常数定义段中定义常数 plus 等于 0101。这是因为需要向 ALU 模块发出功能选择编码 0101，以便 ALU 作加法运算。

（4）增加状态元素。完成加法指令，肯定要涉及数个状态的转换，所以需要在参数定义语句中加入几个状态元素名称，如 add1、add2、add3、add4 等。究竟是几个，开始还不能定下来，可以先多写几个，待确定了做加法的状态数后再回来删去多余的元素名。

（5）加入指令操作码译码语句。在例 11-8 程序的 execute 状态内的 case 语句下加一条加法指令操作码 01101 的识别分支语句，即 5'b01101:next_state<=add2。此后就可以在以下的状态转换语句的任何位置插入实现加法的状态语句了。第一条语句的状态名称必须是“add2”。此后究竟要加几条语句，这要看完成整个加法操作的需要了。

（6）加入完成实际指令功能的状态转换语句。究竟加入哪些语句，加几条，每一状态语句中加入什么控制语句。这要看对 CPU 电路系统各模块控制的结果，也挑战指令设计者如何处理并行和顺序控制问题的能力。通常，状态与状态之间的语句在时序上有先后顺序控制关系；而同一状态中的所有控制语句都是并行的、同时的。但如果对状态语句的时序操作得好，在一个状态中同样可以实现顺序控制。因为一个 STEP 周期对应一个状态，而在这一状态中，有 T1、T2 两个有先后的节拍脉冲；利用它们的先后关系，同样可以完成一些顺序工作，从而提高指令的效率。因为指令占用的状态越少，指令的执行速度就越快。当然这也有赖于控制器以外的功能模块足够丰富，功能足够强等因素。

这里相关的状态语句已在程序中用了粗体字，并对所有语句的功能作了详细注释，读者可以对照图 11-2 的电路，逐条解析这些语句的用处，这里就不再重复了。

（7）处理 PC。任何指令在完成了自身的所有控制功能后，在最后一个状态要转跳到 PC 处理状态语句上，进行加 1 操作，即要加上语句：next_state<= incPc。

至此，加法指令相关的所有语句都已完成加入。其他类型指令的加入也类似。显然，若选择加法指令表述为：ADD R1,R2,R3，则其指令码为 680AH。注意，如果改变了控制器以外的模块的功能、控制方式和结构，那么对例 11-8 的程序就要作较大变动了。

11.4 KX9016 的时序仿真与硬件测试

本节首先通过时序仿真在整体上测试 KX9016 CPU 在执行指令的过程中，软硬件的工作情况，以便了解整个系统的软硬件运行情况是否满足原设计要求。Quartus II 的仿真工具完全可以依据指定目标器件的硬件时序特性严格给出整个硬件系统的工作时序信息，因此，只要仿真的对象选择正确、观察的信息充分完整、给出的激励信号恰当，那么如果系统的工作情况能经得起时序仿真的考察，也基本能经得起实际硬件的验证。

最后，在时序仿真通过后就可按照附录介绍的 FPGA 实验系统的要求，为 KX9016 电路加上配合实测的模块，如锁相环、复位延时模块等；再将 KX9016 系统的各端口，如时钟、复位、输出显示等端口，锁定于适当的引脚；将编译后的 sof 文件下载于核心板的 FPGA 中进行硬件测试，以便在硬件环境确认 KX9016 系统的软硬件工作性能。

11.4.1 仿真与指令执行波形时序分析

KX9016 的验证程序采用表 11-3 的程序。将程序代码加载于存储器的方法，前面也已有详细介绍。本节的重点是分析获得的仿真波形。注意，仿真中必须卸去锁相环。

由于这段测试程序对应的仿真波形图比较长，我们只截取了其中两段完成几个具体指令的时序波形。图 11-14 给出了加法和数据搬运指令运行的完整波形；而图 11-15 则给出了向存储器存数与取数指令运行的完整波形。可以在同时参阅图 11-2 的电路、表 11-3 的代码以及例 11-8 的 HDL 硬件控制程序的情况下，详细分析仿真波形时序图。

首先来观察图 11-14 的加法指令执行情况。当最左上的 instrWr 出现高电平时，ADD 指令的操作码 680A 出现在总线 BUS 上，这时也被同时锁入指令寄存器中，且与此同时进入控制器进行译码。也就是说此刻 ADD 指令才算正式被执行。此时图形下方的 PC 早已是 4。这是因为在上一条指令的 PC 处理状态运行中，已对 PC 加 1 了。注意这一时刻，RAM 输出口的数据也是 680A，而信号 VMA 为高电平。说明在 VMA 打开三态门后，RAM 中的 680A 经总线被锁入指令寄存器。从总线上出现 680A，到出现下一指令的操作码 1819 为止，这段时间约含 7 个 STEP 周期，是 ADD 指令的完整指令周期。

在图 11-14 中可以看到，当阵列寄存器读总线数据的信号 regRd 出现第一次高电平时，将此时总线上的数据 0032 锁进寄存器 R1 中，因为此时波形信号 REGs 显示“1”；与此同时，此数据被锁入工作寄存器（此时 B 信号出现了 0032）。可以看到波形中 B 出现的 0032 要晚于总线上出现此数据的时间。

下一个 STEP 周期中，REGs 输出了 2，REGn 出现了数据 0011，且 regRd 为高电平。这说明将原来已存于 R2 中的 0011 送入总线。果然此时总线 BUS 上也出现了 0011。

由于总线与工作寄存器是与加法器直接相连的，所以 ALU 的波形信号立即输出了相加后的和：0043。与此同时，outRegWr 也是高电平，于是 ALU 输出的 0043 在这个 STEP 周期中的 T2 的上升沿后被锁入缓冲寄存器。缓冲寄存器的这个数据在下一 STEP 周期被释放于总线 BUS 上，同时在 regWr 为高电平的情况下，被锁入 R3 中。

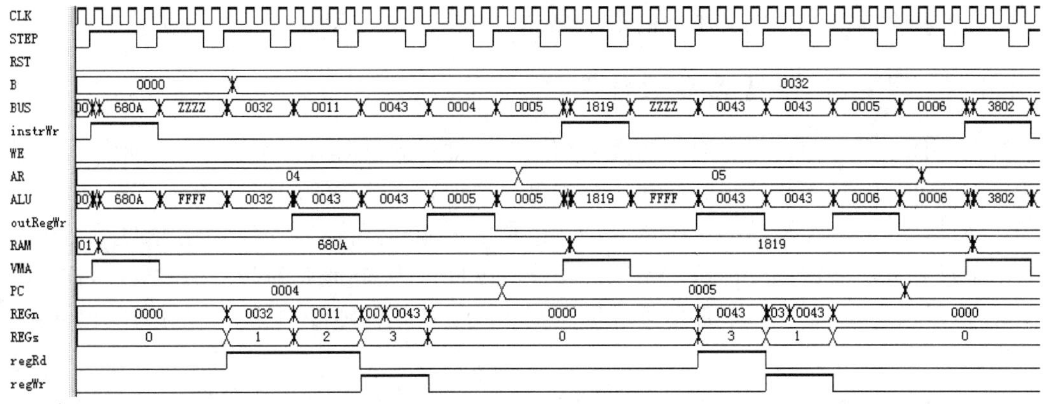

图 11-14　KX9016 的仿真波形，含 ADD 指令和 MOV 指令的时序

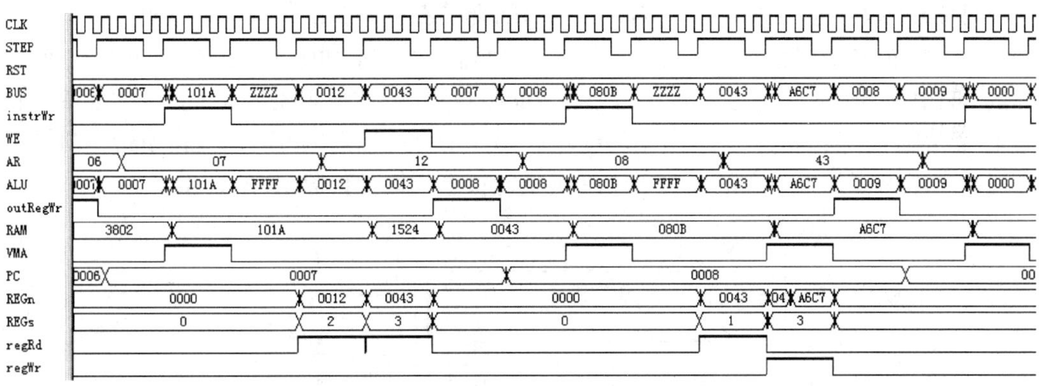

图 11-15　KX9016 的仿真波形，含 STA 指令和 LD 指令的时序

此后进入 PC 处理状态，当前的 PC 值 4 被送到总线，经 ALU 后加 1 等于 5。在下一 STEP 中这个 5 被置于 PC 中，从而进入下一条指令的执行周期。从波形图可以看到，这个 5 先进 PC，后进地址寄存器 AR。其他指令的运行时序的分析也类同。

图 11-15 给出了对 RAM 的存取指令的执行时序。STA 存数指令从 instrWr 出现高电平，总线 BUS 出现此指令的操作码 101A 开始。这条指令的执行有一个值得关注的地方，就是 RAM 写允许信号 WE 高电平时的时序。这时总线 BUS 上出现了希望写入 RAM 的数据 0043，而地址寄存器 AR 显示的地址是 12H。显然，根据 RAM 的时序特点，只要有 T1，此数据就能够被写入 RAM 的 12H 单元中。然而与此同时，RAM 端口上却输出了另一个数据 1524。其实这个 1524 之前一直存在 12H 单元中。这种情况对于传统 RAM 存储器是不可思议的，因为写入 RAM 的数据一定会将原来的数据覆盖掉。但参阅第 6 章图 6-17 对 LPM_RAM 的设置后，就容易理解是因为在设置中选择了“Old Data”的缘故。1524 就是“Old Data”，这种功能只在 Cyclone III 或更高版本系列的 FPGA 中的 RAM 才有。

对于从 RAM 中的取数指令 LD，其操作码是 080B。从波形图可看出，在此操作码被锁入指令寄存器后的第三个 STEP 脉冲，已将 RAM 中地址为 0043 单元的数据 A6C7 读入总线，并在同一 STEP 中稍后一个 CLK 时钟（T2），将此数锁入寄存器 R3 中。

其他指令时序的详细分析就留给读者了。

11.4.2　CPU 工作情况的硬件测试

在 EDA 设计中，尽管时序仿真的结果与硬件行为已对应得足够好，但始终无法替代硬件验证，特别是与外界一些在仿真中难以模拟和无法预测的信号。

硬件功能的测试与验证有许多方法，也常常不能相互代替。因此希望能使用尽可能多的工具和方法测试和验证数字系统的功能与硬件行为，特别是对于类似 CPU 这样的复杂数字系统，更需要在真实环境下谨慎测试。以下从几种硬件测试工具的应用开始分别讨论。

1．SignalTap II 测试与分析

SignalTap II 的用法已在前面作了介绍。但要注意，由于是硬件测试，若用法不得当，或信号安排不对，或采样时钟频率不相称等因素都有可能无法得到正确结果。

为了能正确使用 SignalTap II，在图 11-2 电路中加入了如图 11-16 所示的电路。此电路的 STEP 脉冲可手动输出，这样可以在 SignalTap II 的波形观察界面上，按需要逐个状态地观察波形和数据的变化。图中的锁相环输出 4kHz 的频率，用作 CLK 及键消抖动工作时钟（考虑到如果键有抖动）。STEP 由实验板上的键控信号 KEY 产生。

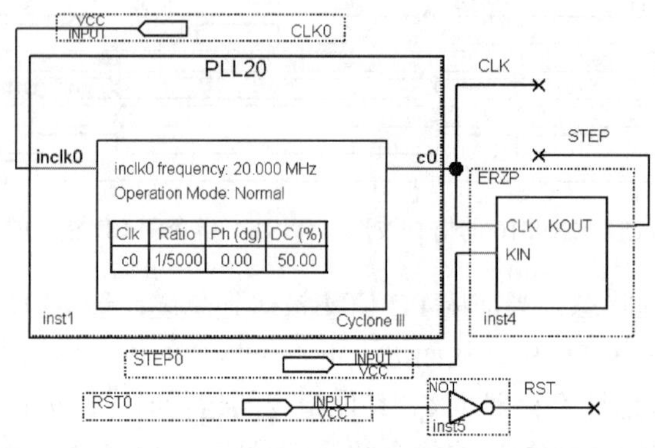

图 11-16　加入锁相环的电路方案

注意，复位键上的反相器和消抖动模块 ERZP 不是必需的，要看实验系统的具体情况，例如若利用附录介绍的 KX_CDS 系统，以及选择模式 3 或模式 5 等实验电路（附录图 F-17 或图 F-14），则 8 个键都没有抖动，于是可以省去图 11-16 中的消抖动模块。总之具体情况具体对待。

来自 SignalTap II 对 KX9016 执行从 RAM 写数据指令的实时测试波形示于图 11-17。在这种时序情况下，逻辑分析仪一次只能显示的 STEP 周期不多。

图 11-17 的实时测试波形显示了存数指令 STA 在对 RAM 发出写允许信号 WE（=1）前后两个 STEP 周期的主要通道上的数据情况。虚线以左是 WE=1 以前的信号，以右是进入写操作的时序。对于图 11-17 中虚线左右的数据变化情况与图 11-15 的第 4 和第 5 个 STEP 脉冲的时序进行比较，可以发现，时序和数据完全相同。

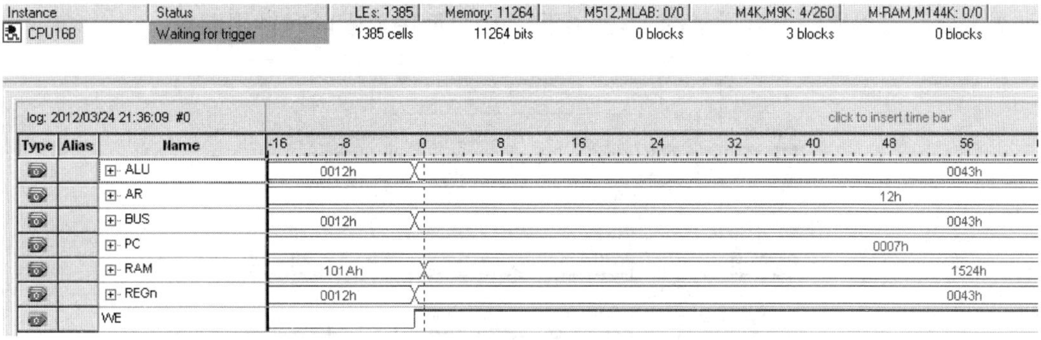

Instance	Status	LEs: 1385	Memory: 11264	M512,MLAB: 0/0	M4K,M9K: 4/260	M-RAM,M144K: 0/0
CPU16B	Waiting for trigger	1385 cells	11264 bits	0 blocks	3 blocks	0 blocks

log: 2012/03/24 21:36:09 #0　　click to insert time bar

Type	Alias	Name	-16 ... 56
		ALU	0012h → 0043h
		AR	12h
		BUS	0012h → 0043h
		PC	0007h
		RAM	101Ah → 1524h
		REGn	0012h → 0043h
		WE	

图 11-17　嵌入式锁相环对 KX9016 执行从 RAM 写数据指令的实时测试波形

2．利用 In-System Memory Content Editor 进行实时测试

利用 In-System Memory Content Editor 可以了解 CPU 在运行过程中，其内部 RAM 中数据的实时变化情况。图 11-18 所示是利用 In-System Memory Content Editor 读取 KX9016 内 LPM_RAM 的数据情况。从图 11-18 可见，在前面部分的数据是程序的指令编码，在 0012 单元的数据是 0043。这就是在执行了存数指令后的结果。另外，在 0043 单元有数据 A6C7，这是在执行了取数指令 LD 后将要取出放到 R3 的数据，这可以从图 11-15 看出。

```
0 RAM8:
000000 20 01 00 32 20 02 00 11 68 0A 18 19 38 02 10 1A 08 0B 00 00 00 00 00 00 00 00 00 00 00 00 00 00
000010 00 00 00 00 00 43 00 00 00 00 00 00 00 00 00 00 00 00 00 00 00 00 B3 B4 B5 B6 B7 B8 D1 D2 D3 D4
000020 D5 D6 D7 D8 D9 DA E1 E2 E3 E4 E5 E6 20 08 20 09 20 0A 20 0B 20 0C 20 0D 20 0E 20 0F 20 10 20 11
000030 D5 D6 D7 D8 D1 23 E1 E2 E3 E4 E5 E6 20 08 20 09 20 0A 20 0B 20 0C 00 00 00 00 00 00 00 00 00 00
000040 00 00 00 00 00 00 A6 C7 00 00 00 00 00 00 00 00 00 00 00 00 00 00 00 00 00 00 00 00 00 00 00 00
```

图 11-18　In-System Memory Content Editor 对 KX9016 内 RAM 数据变化情况的实测情况

此外还可以在图 11-2 中增加一些通信和控制模块，使得 CPU 工作时的时序控制信号和相关数据传送到外部显示器实时显示出来，这些显示器可以是各类液晶显示器；这也是值得作为创新设计的一些项目。

3．利用 In-System Sources & Probes 进行实时测试

实际上，相比于 SignalTap II，In-System Sources and Probes 在测试中除了具有双向对话控制的优势外，还能同时观察到此 CPU 更多 STEP 周期的时序变化情况。

在使用In-System Sources and Probes的测试中，KX9016系统的时钟电路也是图11-16的电路。在图 11-2 的 KX9016 系统中加入的 In-System Sources and Probes 在系统测试模块如图 11-19 所示，其中设置了 78 个探测端口（probe），可以对所有有关的控制信号和数据线进行采样观察；CPU 的复位信号也由图中的 JTAG_SP 模块的 S[0]产生，即用鼠标在 In-System Sources and Probes 的编辑器界面点击产生。为了实际看到由 S/P 模块产生的信号，可以将 S[0]信号通过实验板上的发光管显示出来。

图 11-20 是 S/P 在系统测试模块对此 CPU 在执行 STA 指令时的实时测试情况。对照图 11-15 的仿真波形图，RAM 写允许信号 WE 为高电平的 STEP 周期内，及其之前的 4 个 STEP 周期所对应的波形情况，即共 5 个 STEP 周期的波形。可以发现，图 11-20 展示的数据和时序完全一致。对于 CPU 测试，S/P 在系统测试工具在这方面优势明显。此外，

如果需要，可以通过设置增加图 11-20 中同一个界面中显示的时钟周期数。

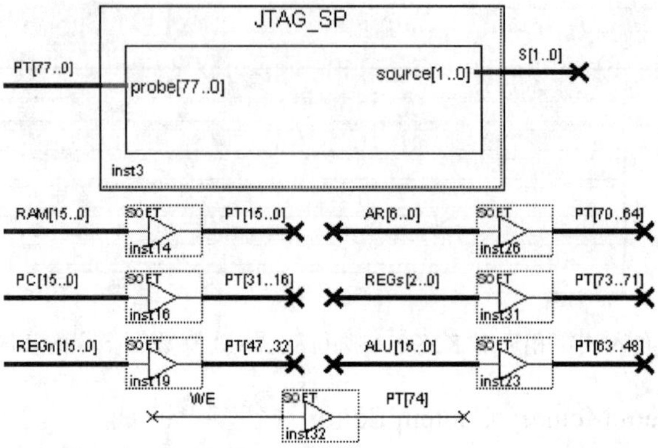

图 11-19　S/P 模块对 KX9016 的端口连接情况

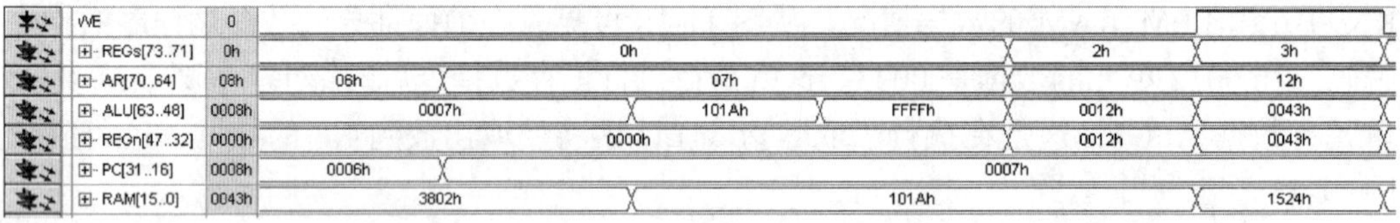

图 11-20　在系统 S/P 模块对 KX9016 执行从 RAM 写数据指令 STA 的实时测试波形

11.5　KX9016 应用程序设计实例和系统优化

当 KX9016 CPU 的硬件结构和指令系统确定以后，就可以在此 CPU 硬件平台和所设计的指令系统的基础上进行应用程序设计。在实际应用中，加、减、乘、除是常用的算术运算，为 KX9016 增加乘法和除法运算指令十分必要。事实上，利用已有加减、移位和分支转移指令，编写一段应用程序完全可以实现乘法和除法运算。以下将介绍通过加法器和移位运算器实现 16 位乘法和 16 位除法的运算。通过对乘法和除法运算算法的改进，可以减少硬件资源的占用，减少循环次数，提高运算速度。因此，在设计应用程序时，对程序算法的优化是非常重要的。当然，也可利用这个流程将软件程序转化为硬件指令。

11.5.1　乘法算法及其硬件实现

在图 11-21 所示的算法中，初始化时先将 16 位被乘数寄存器和 16 位乘数寄存器赋值，并将 32 位乘积寄存器清 0。如果乘数的最低有效位为 1，则将被乘数寄存器中的值累加到乘积寄存器中。如果不为 1，则转而执行下一步，将乘积寄存器右移一位，然后将乘数寄存器右移一位。这样的步骤一共循环 16 次。

为了进一步节省硬件资源，图 11-22 所示的算法对图 11-21 给出的算法进行了改进。将乘积的有效位（低位）和乘数的有效位组合在一起，共用一个寄存器。这种算法在初始化时，将乘数赋给乘积寄存器的低 16 位，而高 16 位则清 0。

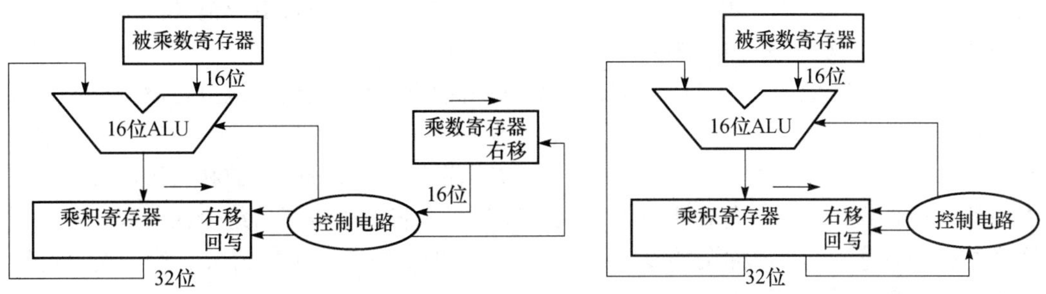

图 11-21　乘法算法 1 的硬件实现　　　　图 11-22　改进后的乘法算法 2 的硬件实现

乘法算法 1 的流程图如图 11-23 所示，乘法算法 2 的流程图如图 11-24 所示。由于将乘积寄存器和乘数寄存器合并在一起，乘法算法的步骤被压缩到了两步。算法 2 在硬件占用上比算法 1 少用一个 16 位乘数寄存器，在运算流程的循环过程中算法 2 比算法 1 减少一个乘数寄存器右移的步骤，因此提高了乘法运算速度。

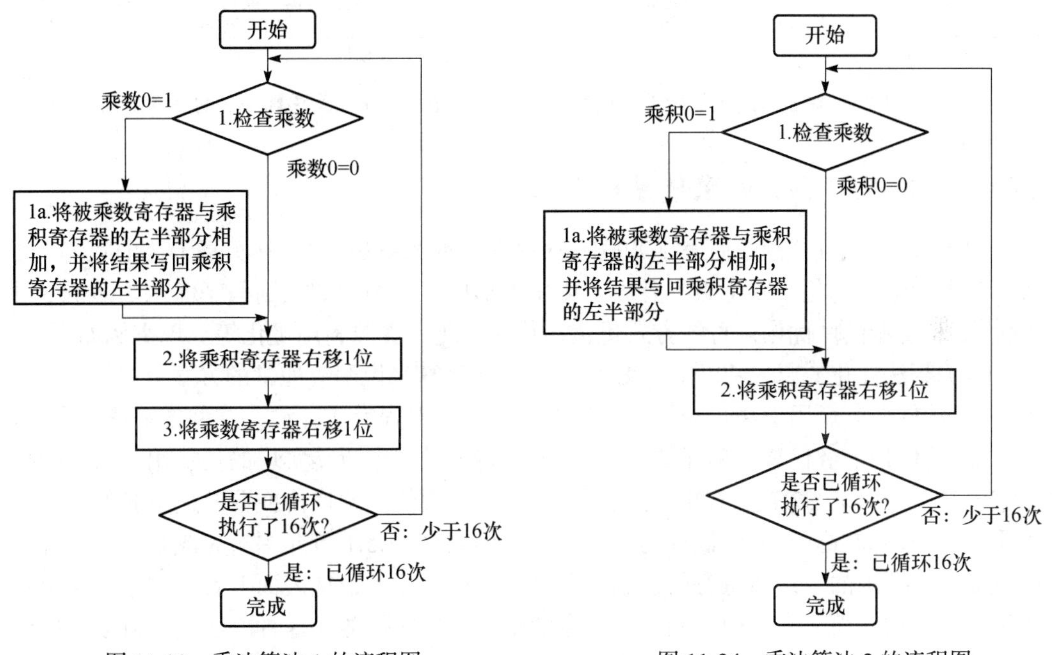

图 11-23　乘法算法 1 的流程图　　　　图 11-24　乘法算法 2 的流程图

11.5.2　除法算法及其硬件实现

为了完成除法运算，在初始化时，将 32 位被除数存入余数寄存器，除数存入 16 位除数寄存器，16 位商寄存器清 0。计算开始时，先将余数寄存器左移一位，然后将余数寄存器的左半部分与除数寄存器相减，并将结果写回余数寄存器的左半部分。检查余数寄存器的内容，若余数大于等于零，则将余数寄存器左移一位，并将新的最低位置 1；

若余数小于零，则将余数寄存器的左半部分与除数寄存器相加，并将结果写回余数寄存器的左半部分，恢复其原值，再将余数寄存器左移一位，并将最低位清 0。以上的运算共循环 16 次。除法算法 1 的硬件结构如图 11-25 所示。

为了提高运算效率，图 11-26 是改进后的除法算法硬件结构，这里将商寄存器和余数寄存器合并在一起，共用一个 32 位的寄存器。算法开始时与前面一样，先要将余数寄存器左移一位。这样做的结果是将保存在余数寄存器左半部分的余数和右半部分的商同时左移一位，这样一来，每次循环只需两步就够了。将两个寄存器组合在一起，并对循环中的操作顺序执行，这种调整以后余数向左移动的次数会比正确的次数多一次。因此，最后还要将寄存器左半部分的余数再向右回移一次。

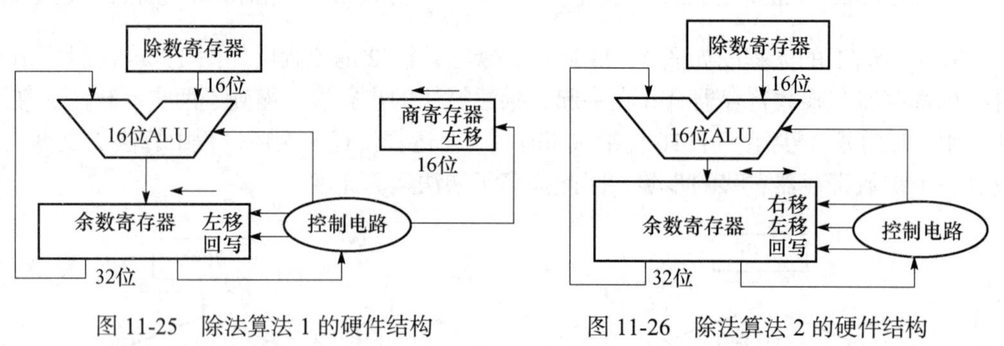

图 11-25　除法算法 1 的硬件结构　　　图 11-26　除法算法 2 的硬件结构

11.5.3　KX9016v1 的硬件系统优化

图 11-1 和图 11-2 的系统是 KX9016 的基本版本 KX9016v1，其实基于这个版本，尚有许多方面值得优化，以待版本升级。优化类别也有多种，如控制程序优化（即指令设计优化）、功能模块优化，总线方式优化、算法优化、资源利用优化等。现举例如下。

（1）算法优化。以 KX9016 CPU 完成一乘法运算来说明，通常的方案有：

① 软件方案。用加法指令及一些辅助指令通过编程完成算法，这种方案速度最慢。

② 硬件指令替代软件程序的 S2H 方案。将软件程序所能实现的功能用一条硬件指令来代替，即所谓 S2H 或 C2H 方案，这是一个以硬件资源代价换取高速运算的方案，也是 EDA 技术和高效 SOC 设计的内容之一。例如将 11.5.1 节介绍的完成乘法的软件程序变成控制器中的一系列状态的控制流程来完成运算任务，从表面上看，这是一条单一的硬件乘法指令而非一系列不同类型指令的组合完成的任务。这种方法完全可以推广到处理任何需要高速运算的算法子程序的情况，例如进行 16 位的复数乘法运算。假设此项计算原本涉及 10 条汇编软件指令，每条指令在控制器中需要经历类似 ADD 指令一样的 7 个状态。根据 11.3.5 节，这 7 个状态中有 4 个状态是公共状态，包括 1 个操作码辨认状态，3 个 PC 加 1 状态，实际工作只有 3 个状态。若将这 10 条汇编指令放在控制器中直接作为状态来运行，则可省去所有公共状态，而只需约 30 个状态即可完成计算。

③ 调用专用乘法器硬件模块。为 KX9016 系统单独设立一个硬件乘法器，这个乘法器直接调用 FPGA 中的嵌入式 DSP 模块，即 LPM 硬件乘法器模块来构建，其运算速度可大幅提高。一个 16 位或 32 位乘法运算最快仅需两三个状态，不到 1ns 的时间即可完

成计算。这个方案甚至可以使结构简单的 KX9016 完成一些 DSP 算法。

利用LPM的DSP模块完成乘法还有一个方便之处就是非常容易实现有符号数乘法。有符号数据的乘法与加法是通信领域中信号处理方面的算法需要经常面对的问题。

（2）可以增加对寄存器选通的地址线宽度，用图 11-11 所示的 LPM_RAM 模块取代寄存器阵列，使寄存器阵列增加到一个内部 RAM 的存储规模，从而像 51 单片机的 128/256 个内部 RAM 单元那样具有规模巨大、使用方便和灵活的寄存器块，且节省资源。

（3）用一个计数器取代 KX9016v1 中的 PC 寄存器，将使所有指令的运行状态数有所减少。对此变化，必要时控制器可以增加对计数器的控制线。在这个基础上，可以不必在每一条指令完全执行完后才进入公共的 PC 加 1 的处理状态程序，而是在执行指令本身操作时，就同步发出 PC 加 1 的控制操作。这样可以进一步提高 CPU 的运行速度。

（4）为了进一步提高 CPU 的速度，可以将程序代码和需要随时交换的数据分别放在两个不同的存储器中，程序放在 LPM_ROM 中，随机存取的数据放在 LPM_RAM 中。再增加一条专用的指令总线（可与地址总线合并），将控制器与 LPM_ROM 连起来。

（5）对于图 11-2 系统的情况，执行一次移位指令只能完成一位移位操作。如果希望执行一次移位指令就能移位指定位数的移位操作，从而优化指令功能，就要改进移位器的功能和控制器的控制方式，当然指令内容和形式也都要变。而这一切都是可以办到的。

（6）优化设计 STEP2 脉冲发生模块。从图 11-3 的时序图可见，只有在 STEP 的高电平区域，才有可能出现指定的时钟脉冲序列。如果像 KX9016 那样，只需要每个 STEP 产生 T1、T2 两个序列脉冲，那么，假设 STEP 的占空比是 50%，则要求 CLK 的频率比 STEP 的频率至少高 4 倍，而且在 STEP=0 的期间，CPU 完全没有运行，处于怠工状态，从而大大降低了 CPU 的工作速度。除非 STEP 的占空比能接近 100%，则 CLK 的频率可稍高于 STEP 的两倍。所以应该为 STEP2 模块设计一个新电路，使得在收到 STEP 的上升沿之后的一个周期内，只会出现两个脉冲的序列。究竟选择 CPU 系统适应一个 STEP 周期中脉冲序列尽可能少还是尽可能多（为使一个状态中可以顺序完成更多的任务），这要综合权衡。

（7）为了完成宽位加减法，需要改进现有的 ALU，使之能处理和记录低位的进位/借位及高位的进位/借位问题。

（8）为进一步拓宽 KX9016v1 的实用领域，为其配置中断功能和子程序调用功能。除了需要在控制器内部和外部都增加一些功能部件外，还要增加几条指令，如中断和子程序转跳指令和返回指令。

（9）可以参考 8088 CPU 的结构特点，将 CPU 重新构建成含有指令流水线执行功能的 CPU，即使 CPU 由两个异步运行独立工作的单元构成。其中一个是总线接口单元，另一个是指令执行单元；这样就要由两个控制模块分别控制。总线接口单元完成有关指令获取和排队、操作数存取及地址重定位（即为程序转跳或中断转跳服务）的功能，这个单元还要提供总线控制等功能。而执行单元是从总线接口单元的已获取的指令队列中接收指令，并向总线接口单元提供实际的操作数地址。存储器操作数通过总线接口单元传送到执行单元处理，而执行单元的处理结果再通过总线接口单元送到存储器存储起来。

其实，关于 KX9016v1 的系统升级改进和优化设计还有许多方面值得探索，以上仅仅是一些提示，作为数字系统硬件设计练习项目，有待读者提出更好的方案。

习　题

11-1　对 CPU 进行修改，为其增加一个状态寄存器 FLAG，FLAG 中可以保存进位标志和零标志。

11-2　修改 CPU，为其加入一条带进位加法指令 ADDC，给出 ADDC 指令的运算流程，对控制器的控制程序作相应的修改。此外再根据控制器的程序，详细说明指令 MOVE R1，R2 的执行过程。

11-3　详细说明在 16 位 CPU 中，PC←PC+1 操作是如何执行的？动用了哪些控制信号和模块？

实验与设计

11-1　16 位 CPU 验证性设计综合实验

实验目的：①理解 16 位 CPU 的结构和功能；②学习各类典型指令的执行流程；③学习掌握部件单元电路的设计技术；④掌握应用程序在用 FPGA 所设计的 CPU 上仿真和软硬件综合调试方法。

实验任务 1：根据图 11-2 所示的电路图，以原理图方式正确无误地编辑建立此 16 位 CPU 的完整电路；根据表 11-3 的汇编程序编辑此程序的机器码及对应的 mif 文件，以待加载到 LPM_RAM 中。

实验任务 2：根据 11.4 节，进行验证性设计和测试。参考仿真波形图（图 11-14 和图 11-15），对 CPU 电路进行仿真。注意在这之前，把含程序机器码和相关数据的 mif 文件编辑好，以待调用。根据仿真情况逐步调整系统设计，排除各种软硬件错误，特别是把 CPU 中各个部件模块的功能调整好，使之最后获得的仿真波形与图 11-14 和图 11-15 一致。

实验任务 3：根据图 11-16，建立硬件测试电路。然后利用 SignalTap II 对下载于 FPGA 中的 CPU 模块进行实测。尽量获得与时序仿真波形基本一致的实时测试波形。

实验任务 4：根据图 11-19 调入 In-System Sources and Probes 测试模块，多设一些 Probes 端口，争取加入尽可能多的数据线和控制信号线，以便更详细地实时了解此 CPU 的工作情况，包括对每一个指令执行详细的控制时序情况、相关模块的数据传输和处理情况、控制器的工作情况等。将获得的波形与时序仿真波形进行对照。记录所有七条指令的执行情况细节，写在实验报告中。在实测中还要使用 In-System Memory Content Editor 工具及时了解 LPM_RAM 中的数据，及相关数据的变化情况。最后完成实验报告。

11-2　新指令设计及程序测试实验

实验目的：学习为实用 CPU 设计各种新的指令。学习调试和测试新指令的运行情况。

实验任务 1： 参考表 11-1、11.3.5 节及例 11-8 程序，设计两条新指令，即转跳指令 JMPGTI 和 JMPI。然后将它们的相关程序嵌入例 11-8 的控制器程序中，通过以上设计实验已建立好的 CPU 电路，对这两个指令进行仿真测试，直至调试正确。

实验任务 2： 根据表 11-2 的程序，编辑程序机器码和 mif 文件，设此文件名是 ram_16.mif。此文件中还要包括指定区域待搬运的数据块。文件数据即对应地址如图 11-27 所示。最后在 CPU 上运行调试这个程序，包括软件仿真和硬件测试。这是一个数据块搬运程序，硬件实测中用 In-System Sources and Probes 和 In-System Memory Content Editor 最方便直观。图 11-28 所示是用 In-System Memory Content Editor 实测到的数据块搬运前的 RAM 中所有数据的情况。试给出执行搬运程序后，In-System Memory Content Editor 实测到的数据。

RAM_16.mif

Addr	+0	+1	+2	+3	+4	+5	+6	+7
00	2001	0021	2002	0058	2006	0040	080B	101A
08	300E	0000	3801	3802	2800	0006	0000	0000
10	0000	0000	0000	0000	0000	0000	0000	0000
18	0000	0000	0000	0000	0000	0000	0000	0000
20	0000	FF00	4321	5432	6543	4433	5544	2DFF
28	1234	2345	3456	2030	3033	3068	2D2D	3466
30	A1A2	B2B3	C3C4	D5D6	E6E7	F8F9	ABCD	EF01
38	1212	2323	3434	5656	7878	8989	ABAB	CDCD
40	EFEF	0000	0000	0000	0000	0000	0000	0000
48	0000	0000	0000	0000	0000	0000	0000	0000
50	0000	0000	0000	0000	0000	0000	0000	0000
58	0000	0000	0000	0000	0000	0000	0000	0000

图 11-27　编辑 ram_16.mif 文件

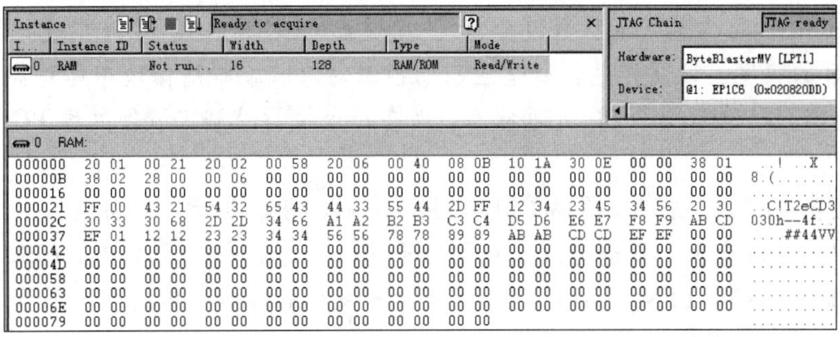

Instance　Ready to acquire　　JTAG Chain　JTAG ready

I...	Instance ID	Status	Width	Depth	Type	Mode
0	RAM	Not run...	16	128	RAM/ROM	Read/Write

Hardware: ByteBlasterMV [LPT1]

Device: @1: EP1C6 (0x020820DD)

0 RAM:

```
000000  20 01  00 21  20 02  00 58  20 06  00 40  08 0B  10 1A  30 0E  00 00  38 01   ..!..X.
00000B  38 02  28 00  00 06  00 00  00 00  00 00  00 00  00 00  00 00  00 00  00 00  8.(.......
000016  00 00  00 00  00 00  00 00  00 00  00 00  00 00  00 00  00 00  00 00  00 00  ..........
000021  FF 00  43 21  54 32  65 43  44 33  55 44  2D FF  12 34  23 45  34 56  20 30  ..C!T2eCD3
00002C  30 33  30 68  2D 2D  34 66  A1 A2  B2 B3  C3 C4  D5 D6  E6 E7  F8 F9  AB CD  030h--4f..
000037  EF 01  12 12  23 23  34 34  56 56  78 78  89 89  AB AB  CD CD  EF EF  00 00  ....##44VV
000042  00 00  00 00  00 00  00 00  00 00  00 00  00 00  00 00  00 00  00 00  00 00  ..........
00004D  00 00  00 00  00 00  00 00  00 00  00 00  00 00  00 00  00 00  00 00  00 00  ..........
000058  00 00  00 00  00 00  00 00  00 00  00 00  00 00  00 00  00 00  00 00  00 00  ..........
000063  00 00  00 00  00 00  00 00  00 00  00 00  00 00  00 00  00 00  00 00  00 00  ..........
00006E  00 00  00 00  00 00  00 00  00 00  00 00  00 00  00 00  00 00  00 00  00 00  ..........
000079  00 00  00 00  00 00  00 00  00 00  00 00  00 00                              ..........
```

图 11-28　用 In-System Memory Content Editor 读取的数据

实验任务 3： 在图 11-2 所示的顶层电路中加入适当控制输出的电路模块，将此 CPU 在 FPGA 中运行时产生的主要数据输出至不同类型的液晶显示器（如彩色数字液晶或黑白点阵液晶等）显示出来。

实验任务 4： 参考表 11-1，分别设计新指令 XOR 和 ROTL。在 CPU 上调试嵌入到例 11-8 程序的这些新指令的程序，直至获得正确仿真波形。最后利用已有指令，编一段应用程序进一步测试这两条指令。

实验任务 5： 根据图 11-25 和图 11-26 的电路结构和流程图,设计除法程序和指令。

11-3 16 位 CPU 的优化设计与创新

实验目的： 深入了解 CPU 设计的优化技术，学习为实现 CPU 高速运算的硬件实现方法以及为节省资源降低成本的巧妙安排，启迪创新意识，培养自主创新能力。

实验任务 1： 学习将软件汇编程序向单一硬件指令转化的设计技术，即所谓 S2H。参考表 11-1，根据图 11-22 和图 11-24 的流程，首先设计一个乘法汇编程序，然后在此 CPU 上运行测试这段程序，给出详细的时序仿真波形。最后根据此程序的功能，将其转化成 Verilog 硬件描述语言，嵌入到例 11-8 的控制器程序中，形成一条单一硬件乘法指令，测试这条指令的功能，将计算结果与汇编软件程序运行的结果进行比较。比较这条单一乘法指令与乘法软件程序的运行速度及系统资源耗用情况。

实验任务 2： 根据实验任务 1 的要求和流程，先设计 16 位数的复数乘法汇编程序，再于此基础上设计一条 16 位复数的硬件乘法指令，实现 S2H，并给出时序仿真、硬件测试和比较结果。

实验任务 3： 为图 11-2 的 CPU 电路单独增加一个硬件乘法器模块及相关功能模块。这个乘法器可利用 LPM 的 DSP 模块来实现。编制一个新的乘法指令，要求能完成 16 位有符号数据的乘法运算，给出时序仿真和硬件测试结果。考察这条乘法指令的运算速度（几个 STEP，耗时多少）。

实验任务 4： 用 LPM_RAM 替换图 11-2 的 CPU 电路中的阵列寄存器。增加对此寄存器（RAM 模块）选通的地址线宽度为 6，设计与此寄存器相适应的数据交换指令，并编一段程序显示此大规模寄存器的优势，顺便了解逻辑宏单元的耗用情况。

实验任务 5： 用一个计数器取代图 11-2 的程序寄存器，构建新的 PC 计数器，这样就可以在 PC 计数器内部获得计数改变，而不必通过 ALU 和总线了（除非遇到转跳指令）。修改例 11-8 的程序，以便控制器能适应新的控制对象。在程序修改中尽可能减少 PC 处理的状态，甚至取消专门的 PC 处理状态，而在指令执行控制中顺便处理 PC，提高 CPU 运行速度。

实验任务 6： 为了进一步提高 CPU 的指令执行速度，设计一个方案，比如可以将程序代码和需要随时交换的数据分别放在两个不同的存储器中，程序放在 LPM_ROM 中，随机存取的数据放在 LPM_RAM 中。再增加一条专用的指令总线（或可与地址总线合并），将控制器与 LPM_ROM 连起来。

实验任务 7： 为了提高 CPU 的运行速度，优化时钟，给出一个 STEP2 脉冲发生模块的优化设计方案。当然也可考虑 STEP2 只生成一个 T 脉冲的方案。然后证明此设计方案是行之有效的。

实验任务 8： 为了实现执行一次移位指令就能移位指定位数的移位操作，修改 CPU 中的必要模块，包括移位器、控制器等，并设计对应的移位指令。

实验任务 9： 为 KX9016 CPU 增加一个定时计数模块，并为此模块配置一个中断控制器，使定时中断后转跳到指定地址。注意堆栈模块的设计以及中断转跳指令即中断返回指令的设计。

实验任务 10： 给出你的创意，提出新的优化方案，例如更好的 CPU 的高速、高可靠、低成本设计方案，并验证之。

11-4 CPU 创新设计竞赛

竞赛内容：在 KX9016v1 基本版的基础上，通过各种优化方案，实现最大程度的硬件系统升级和功能升级。

优胜评选方式：评判优胜的标准可以是此 CPU 高速高效性能，或某一特定功能。测评时可以指定完成三项相同的计算任务：①64 位数的加法运算；②16 位数的复数乘法运算；③数据块搬运，要求对搬运的每一数据作奇偶校验。所有运算操作数和结果可事先放在指定 RAM 单元中。以最后运行耗时为测评依据，可不考虑逻辑资源耗用情况，或仅作参考。当然，作为另一个竞赛题目，就是以完成计算任务为准，不考查速度，以最省逻辑资源、尽可能降低硬件成本为竞赛目标（这时可禁止使用 LPM 的 DSP 模块）；或是要求实现某一功能，如驱动字符型、点阵型或彩色液晶，或对某实用对象的高速测控等。

竞赛规则：为了便于比较和评比，设计的 CPU 结构可限于 KX9016v1 基本版，即 16 位 CPU，单数据总线，系统控制器仍采用状态机指令译码方式。设计的指令系统仅限于完成以上便于检验和比较的指定任务。工作时钟 CLK 可限于某频率，如 150MHz。为了有效发挥专用乘法模块、内嵌 RAM、锁相环、高速逻辑单元及测试工具的优势，器件可统一用 Cyclone 3 或 Cyclone 4E 等系列 FPGA。除此之外，允许使用其他任何形式来优化 CPU。最后给出设计论文，包括设计方案、设计理论和测试报告。论文占总分 20%。

参赛组织：3 人一组。用一周的实践课程时间停课完成，如课程设计等，也可利用课余时间进行。

第12章 Verilog 知识拾遗

在前几章的实用设计示例介绍中已经给出了大部分最为常用的 Verilog 知识，然而难免会有种种遗漏，本章将对 Verilog 常用的语句语法及文字规则作一些补遗和概括。

12.1 Verilog 文字规则

Verilog 除了具有类似于计算机高级语言所具备的一般文字规则外，还包含许多特有的规则和表达方式，在此作进一步的细述和归纳。

在 Verilog 程序中，其值不能被随意改变的量称为常量或常数。常数主要有三种类型，即整数类型（integer）、实数类型（real）和字符串类型（strings）。其中的整数型常量是可以综合的，而实数型和字符串型常量是不可综合的。与整数类型相关的数字有多种表达方式，以下列举它们的类型及其表达规范。

1．整数

整数的表述规则已于第 3 章中给出初步介绍。Verilog 的整数表述方式和格式虽须严格遵循，但在使用上却十分灵活。例如若已定义如下变量：

```
reg[3:0] A; reg[5:0] B; reg[31:0] C;
```

对于其赋值并不严格强求，除诸如 4'b1001 与 6'B111010 等二进制位矢的表述方式外，其他方式也可以进行直接赋值。因为综合器自会根据其原始定义作出数据类型转换或截断，基本规则有：

（1）为了提高可读性，在较长的数间可用下划线分开，如 10'b10_1010_1011。下划线“_”可以随意用在整数或实数中，其本身不代表任何意义，仅仅是用来提高可读性。但数字最高位前不能用此符号，也不可以用在位宽和进制处。

（2）若不注明位宽和进制，或仅用 D 注明进制时，都是十进制数字。十进制数字默认值都为 32 位。如-7'd30 已注明位宽和数制，等于 7'H62；而-5、123 和'D12 分别等于 32'hFFFFFFFB、32'h0000_007B 和 32'h0000000C。

（3）若未注明某整数的位宽，仅标注了数制，则其宽度即为此数制规定的数值中对应的位数，如'o466 = 9'o466。

（4）整数可以在其前面，即左面带正负符号，但不能放在数制内。如 7'd-30 的表述方式是错的。负数的实际值即对应的二进制补码，如-7'd30 = 7'H62。

（5）如果定义的位宽比实际要短，则多余位数从高位被截。如 5'b11011011 实际是

5'b11011；如果定义的位宽比实际要长，则从高位补 0 位；但如果此数最高位的一位为 x 或 z，就相应地用 x 或 z 在高位补位。例如数值 5'b11，实际为 5'b00011；而 5'Bx1xz，实际是 5'Bxx1xz。

相关示例如下：

```
A<=6'B11_0110; //A 实际获得赋值 4'B0110，高 2 位被截去。进制符号 b 或 B 大小写都可
A<='o466;        //'o466='H136，A 实际获得低 4 位：4'B0110。高位被截去
A<=123;       //123=32'h0000_007B，转换为 32 位二进制数，A 实际获得赋值 4'B1011
A<=8'hAC;      //A 实际获得赋值 4'h1100，高 4 位被截去
C<=-5;          //-5=32'hFFFFFFFB，C 即获得赋值 32'hFFFFFFFB
B<=-7'd30;     //-7'd30=7'H62，A 实际获得赋值=6'H22，高 1 位被截去
```

2．实数

实数也都属于十进制的数，通常它们的表述必须带有小数点，但小数点两侧必须有数字，例如数值“17. ”的表述方法是错误的，以下的表述都是正确的：

1.335 ， 88_670_551.453_909(=88670551.453909) ， 1.0 ，

44.99e-2(=0.4499) ， 0.1 ， 3E-4(=0.0003)

Verilog 可以将实数转换为整数，方法是将实数通过四舍五入的方法转换为最接近的整数。例如：13.447 和 13.43 都转换为整数 13；51.6 与 51.689 都转换为整数 52；-23.34 转换为-23，等等。

3．字符串

有两种类型的字符串：文字字符串和数位字符串。字符串是一维的字符数组，需放在双引号中。

（1）文字字符串是用双引号括起的一串文字，字符串不能分成多行书写。如：

"ERROR", "Both S and Q equal to 1", "X", "BB$CC"

字符串的作用主要是用于仿真时显示一些相关的信息，或者指定显示的格式。字符串变量属于 reg 型变量，其宽度为字符串中字符的个数乘以 8。用 8 位 ASCII 值表述的字符等同于无符号整数，因此字符串就是 8 位 ASCII 值的序列。例如为了存储字符串 "ERROR"，所定义的 reg 变量必须预备 8 乘以 5 共 40 个逻辑位：

```
reg[8*5:1]  ALM; initial  begin ALM = "ERROR"; end
```

（2）数位字符串也称位矢量，数位字符串与文字字符串相似，但所代表的是二进制、八进制或十六进制的数组。这在第 3 章中已作了介绍。

4．标识符

标识符是最常用的操作符，标识符可以是常数、变量、信号、端口或参数的名字。标识符也是赋值对象的名称。基本标识符的书写遵守如下规则：

- 有效的字符：包括 26 个大小写英文字母，数字包括 0 ~ 9 以及“$”和下划线“_”等，或它们的组合。标识符最长可以包含 1023 个字符。
- 任何标识符必须以英文字母或下划线开头。

- 必须是单一下划线“_”，且其前后都必须有英文字母或数字。
- 标识符中的英语字母区分大小写（注意，这与 VHDL 不同）。
- 允许包含图形符号（如回车符、换行符等），也允许包含空格符。

以下是几种标识符的示例，合法的标识符如下：

```
Decoder_1,  FFT,  Sig_N,  Not_Ack,  State0,  _Decoder_,  REG
```

非法的标识符如下：

```
2FFT                    // 起始为数字
Sig_#N                  // 符号“#”不能成为标识符的构成
Not-Ack                 // 符号“-”不能成为标识符的构成
data_ _BUS              // 标识符中不能有双下划线
reg                     // 关键词
ADDER*                  // 标识符中不允许包含字符 *
```

还有一类标识符称为转义标识符（escaped identifiers），转义标识符以斜杠“\”开头，以空白符结尾，可以包含任何字符。例如：\8031，\-@Gt。反斜线和结束空白符并不是转义标识符的一部分。因此标识符 \Verilog 和标识符 Verilog 相同。

12.2 数据类型

数据类型是 Verilog 用来表示数字电路硬件中的物理连线、数据存储对象（data objects）和传输单元等。Verilog 中的变量共有两类数据类型：网线类型（net 型）和寄存器类型（register 型）。在这里请注意，Verilog-1995 标准中的 register 数据类型，在 Verilog-2001 标准中被 variable 类型替代，或 variable 型变量即称为 register 型。

12.2.1 net 网线类型

定义为 net 型数据类型的变量常被综合为硬件电路中的物理连接，其特点是输出的值紧跟输入值的变化而变化。因此常被用来表示以 assign 关键词引导的组合电路描述。net 型数据的值取决于驱动的值。net 型变量的另一使用场合是在结构描述中将其连接到一个门元件或模块的输出端。如果 net 型变量没有连接到驱动，其值为高阻态 z。Verilog 程序模块中，输入、输出型变量都默认为 net 类型中的一种子类型，即 wire 类型。

Verilog 的 net 网线数据类型包含多种不同功能类型的子类型，其中可综合的子类型仅有 wire、tri、supply0 和 supply1 四种。在这里，wire 类型最为常用。tri 和 wire 唯一的区别是名称书写上的不同，其功能及使用方法完全一样。对于 Verilog 综合器来说，对 tri 型和 wire 型变量的处理也完全相同。定义为 tri 型的目的仅仅是为了增加程序的可读性，表示该信号综合后的电路具有三态的功能。

supply0 和 supply1 类型分别表示地线（逻辑 0）和电源线（逻辑 1）。其他一些类型还有 tri0（下拉类型）、tri1（上拉类型）、wand（线与类型驱动）、wor（线或类型驱动）、

trior（三态线或类型）等。

12.2.2　register 寄存器类型

register 类型，或 variable 类型变量除可描述组合电路外还具有寄存特性，即具有在接受下一次赋值前，可以保持原值不变的特性。register 类型变量必须放在过程语句中，如 initial、always 引导的语句中，通过过程赋值语句，包括阻塞与非阻塞语句完成赋值操作。换言之，在 always 和 initial 等过程结构内被赋值的变量必须定义成 variable 类型。

Verilog 语言中的 variable 类型包含五种不同的数据类型，但仅 reg 和 integer 类型是可综合的。其余三种类型分别是：

- 时间寄存器类型 time，用以定义 32 位带符号整型寄存器变量。
- 实数寄存器类型 real，用以定义 64 位带符号实数型寄存器变量。
- 实数时间寄存器类型 realtime，用以定义 64 位带符号实数型寄存器变量。

real 和 time 两种寄存器型变量主要用于仿真，不对应任何具体的硬件电路。time 主要用于对模拟时间的存储与处理，real 主要表示实数寄存器。

12.2.3　存储器类型

存储器类型 memory 实际上是 reg 类型的扩展类。第 6 章中已给出说明，存储器可看成由 reg 定义的二维矢量。即由一组寄存器构成的阵列，若干个相同宽度的寄存器矢量（一维位矢）构成的阵列即构成了一个存储器。Verilog 就是通过对 reg 类型的变量建立数组类对寄存器建模的。从而可以借此描述 RAM、ROM 等存储器或寄存器数组。

12.3　操　作　符

Verilog 含丰富的运算操作符，其中包括逻辑操作符、算术操作符、关系操作符、等式操作符、条件操作符、位操作符、缩位操作符、移位操作符和位拼接操作符等九类；若按操作符所带的操作数的个数来区别，可分为以下三类：

- 单目操作符（unary operators）：操作符可带一个操作数，如逻辑取反“~”。
- 双目操作符（binary operators）：操作符可带两个操作数，如与操作“&”。
- 三目操作符（ternary operators）：操作符可带三个操作数，如条件操作符。

在前面的有关章节中已先后介绍了算术、关系、等式、条件、位、移位和位拼接操作符，共七种操作符的含义和使用方法。以下介绍余下的两种操作符。

1．逻辑操作符

逻辑操作符属于双目操作符。它们与位操作符的区别是，逻辑操作符的操作数如果是位矢量，则无论有多少位，操作后输出只有 1 位，即 1 或 0。如果是 1，说明声明的关系为真；如果是 0，则说明声明的关系为假。逻辑操作符的操作特点是，首先分别对两操作数位矢中的所有位进行位或操作，最后对两数进行逻辑操作。

例如设 A=4'b1001，B=4'b0001，则 A && B=(1|0|0|1) & (0|0|0|1)=1&1=1'b1。

以上的运算可以理解为，如果一个矢量操作数为非 0（即不是所有位都为 0），则认

为它是逻辑 1（逻辑真，并且不论这个矢量中是否还含有数值 z 或 x），否则为逻辑 0（即使包含 x 位，也一样）。而矢量 A 中有两个位是 1，而矢量 B 中有一个位是 1，所以它们都为逻辑 1，所以 1&1=1。同理 A||B=1|1=1'b1;!A =~1=0。

此外如果一个矢量中除了 0 外还含有 z，则认为它是逻辑 z。且有如下关系：

1&z = 1'bz;　0&z = 1'b0;　1|z = 1'b1;　0|z = 1'bz;

逻辑操作符有以下三种类型：

- &&　逻辑与
- ||　逻辑或
- !　逻辑非。例如：!A=0

2．缩位操作符

缩位操作符属于单目操作符，其操作的输出结果也是一个位。操作方法与位操作符的逻辑运算法则一样，但是缩位运算符是对单个位矢（如果是的话）操作数进行与、或、非递推运算。表述时操作符放在操作数的前面。缩位运算符将一个位矢缩减为一个标量。

缩位操作符有六种类型，包括&（与）、~&（与非）、|（或）、~|（或非）、^（异或）、^~、~^（同或）。例如：&A=0，因为只有 A 的各位都为 1 时，其与缩减操作值才为 1。

12.4 常用语句补充

在前面的章节中通过各种电路模型已经详细介绍了 Verilog 主要的编程语句与使用方法，乃至一些编程技巧。其中包括过程语句、块语句、赋值语句、条件语句（if 语句和 case 语句）、循环语句。本节拟对前文未曾出现过或有所遗漏的语句作一介绍。

说到 HDL 的 IEEE 标准，其实主要是指仿真的标准化，至于综合的标准化尚有距离。这就是说，可综合的语句只是硬件描述语言语句集合中的一个部分，或子集；而且不同的 HDL 综合器所支持的 HDL 语句子集也不尽相同，甚至对同一可综合语句的解释也不一定完全一致。读者在设计中应该充分了解这种差异性。当然，随着 EDA 技术的不断进步，可综合的 Verilog 正逐渐走向标准化。目前已经推出的 IEEE Std 1364[1].1-2002 标准为 Verilog HDL 的 RTL 级（即可综合级）综合定义了一系列的建模准则。

12.4.1　initial 过程语句使用示例

在第 6 章的 LPM_RAM 初始化文件调用的讨论中就已使用过此语句。例 12-1 是 initial 语句的另一类使用示例，它描述的是一个产生指定激励信号的测试模块，即利用 initial 语句完成对测试变量，或者说是某设计实体中三个输入信号 A、B、C 的赋值。于是例 12-1 程序的功能就是生成一组针对 A、B、C 的激励信号。类似的情况在第 9 章中也有讨论。如果利用 Quartus II 进行时序或功能仿真，可以利用其提供的丰富的激励信号编辑工具以图形方式完成激励信号的编辑，所以通常就不需要再设计对应每一模块设计实体的测试程序了。

【例 12-1】
```
`timescale 1ns/100ps     //声明仿真时间单位是 1ns，仿真精度也是 100ps
module test;             //名为 test 的测试模块
reg A, B, C;
initial                  //定义 initial 过程语句结构
  begin
   A=0;B=1;C=0      //在过程中分别定义 A、B、C 在时刻 0 的初始值
  #50  A=1;B=0;    //经过 50ns 延时后，在仿真时刻 50ns 时 A 和 B 的输入值分别是 1,0
  #50  A=0;C=1;    //又经过 50ns 延时后，在时刻 100ns 时 A 和 C 的输入值分别是 0,1
  #50  B=1;        //再经过 50ns 延时后，在时刻 150ns 时 B 的输入值分别是 1
  #50  B=0;C=0    //再经过 50ns 延时后，在时刻 200ns 时 B 和 C 的输入值都是 0
  #50  $finish    //又经过 50ns 延时后，结束
  end
endmodule
```

曾经提到，这里的`timescale 是仿真时间标度语句。用于说明其后续的程序或 testbench 的仿真模型的仿真时间单位和仿真精度。其一般使用格式如下：

```
`timescale 仿真时间单位/仿真精度
```

此语句的使用应该注意以下两点：

（1）仿真时间单位和时间精度的数值取值范围仅三种，即 1、10、100；单位可以是秒 s、毫秒 ms、微秒 μs、纳秒 ns 和皮秒 ps，且时间精度值不可大于仿真精度值；

（2）设计前了解所使用的综合器是否要求在程序前必须加`timescale 语句。Quartus II 无此要求，但其他综合器未必如此。对于 ModelSim 等仿真器则必须加入此语句。

12.4.2 forever 循环语句

除了在第 3 章中介绍的三种循环语句外，还有可用于仿真的 forever 循环语句。

forever 语句的一般格式如下：

```
    forever   语句;
或  forever begin    语句;   end
```

由例 12-1 可见，如果仅按照此例的方式生成对模块输入端口的激励信号波形，程序将会十分庞大。许多情况下，可以利用 forever 语句来解决问题。forever 循环语句可以连续不断地执行其后的语句或语句块，从而产生周期性的波形，作为仿真激励信号。因此 forever 语句通常用在 initial 过程语句中。此语句应用示例安排在第 9 章中。

12.4.3 编译指示语句

Verilog 和 C 语言一样都提供了编译指示控制语句。Verilog 允许在程序中使用特定的编译指示语句（compiler directives）。在综合前，通常先对编译指示语句进行“预处理”，然后再将预处理的结果和源程序一并交付综合器进行编译。

在程序的表述方式上，编译指示性语句以及被定义后调用的宏名都以符号“`”开头。Verilog 提供了多条编译指示语句，其中包括第 10 章中已介绍的宏定义语句`define；其他还包括`ifdef、`else、`endif、`restall 等语句。其中最常用的此类语句是`define、`include、`ifdef、`else、`endif。以下作简要介绍。

1. 文件包含语句`include

文件包含语句`include 的功能是将一个文件全部包含到另一个文件中，其格式如下：

```
`include "文件名"
```

例 12-2 与第 3 章的例 3-6 功能相同，只是在表述上增加了文件包含语句。对于这个全加器，f_adder 模块使用两条`include 语句调用了一个半加器 h_adder 模块和一个或门模块 or2a（假设 or2a.v 是一个或门 Verilog 程序）。其实这种表述对 Quartus II 来说是多余的，因为其综合器会自动根据例化语句的表述，在工作库中，即当前工程所在的文件夹中调用例化语句指示的模块。当然，对于其他类型综合器未必是多余的。

【例 12-2】

```
`include "h_adder.v"
`include "or2a.v"
   module f_adder(input ain,bin,cin,output cout,sum);
     wire  e,d,f ;
   h_adder  u1(ain, bin, e, d);
   h_adder  u2(.a(e), .so(sum), .b(cin),.co(f));
        or2a  u3(.a(d), .b(f),    .c(cout));
endmodule
```

使用文件包含语句时应注意：

（1）一条`include 语句只能指定一个被包含的文件，语句中要给出全名和后缀。

（2）`include 语句可出现于程序的任何地方。

（3）如果被包含的文件不在当前工程所在的文件夹中，需标明此文件的路径。如：`include "e:/ADDER/h_adder.v"。

（4）`include 语句的文件包含允许多层次包含。例如，文件 1 包含文件 2，文件 2 又包含文件 3 等。

（5）不同编译器和综合器对`include 语句的要求不尽相同，需要区别对待。

2. 条件编译语句`ifdef、`else、`endif

条件编译命令语句`ifdef、`else、`endif 的功能是，命令综合器将此语句指定的部分参与 Verilog 源程序一同编译综合。条件编译命令语句有以下两种使用格式：

条件编译命令语句格式 1	条件编译命令语句格式 2
`ifdef 宏名     语句块   `endif	`ifdef 宏名         语句块 1  `else　语句块 2 `endif

第一种格式的编译命令语句的功能是：如果当用`define 语句定义的宏名在程序中被定义的话，则由语句`ifdef 和`endif 涵盖的 Verilog 语句块可以参与源文件的编译综合；否则该语句块将不参加编译综合。

第二种格式的编译命令语句的功能是：如果当用`define 语句定义的宏名在程序中被定义的话，则语句块 1 将被编译到源文件中参与综合；否则语句块 2 将被编译到源文件中参与综合。例 12-3 和例 12-4 是两个第二种格式的语句应用的比较。

【例 12-3】

```
`define AND
module andd (out,A,B);
   input[1:0] A,B;
   output[1:0] out;
   `ifdef AND
   assign out=A&B;
   `else assign out=A|B;
   `endif
endmodule
```

【例 12-4】

```
`define OR1
module andd (out,A,B);
   input[1:0] A,B;
   output[1:0] out;
   `ifdef AND
   assign out=A&B;
   `else assign out=A|B;
   `endif
endmodule
```

在例 12-3 中用语句`define 定义了宏名 AND，且于命令语句中也规定了宏名 AND，于是在程序中执行赋值语句“assign out = A & B;”，图 12-1 是其对应的 RTL 图。而在例 12-4 中用语句`define 定义了某宏名 OR1，但在命令语句中规定的是另外一个名字或宏名 AND，于是在程序中只执行赋值语句“assign out = A | B;”，图 12-2 是其对应的 RTL 图。

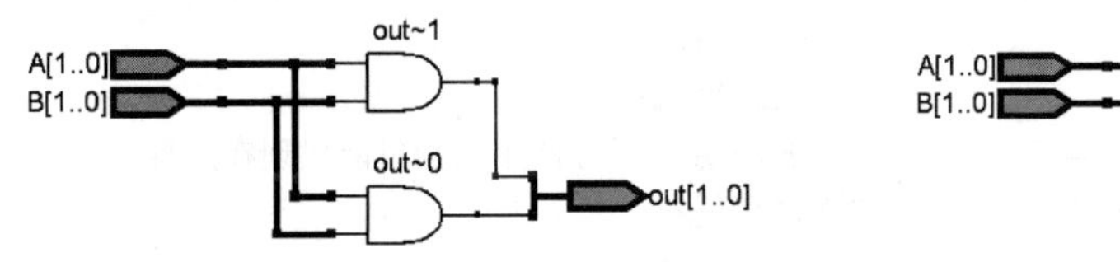

图 12-1　对应例 12-3 的 RTL 图

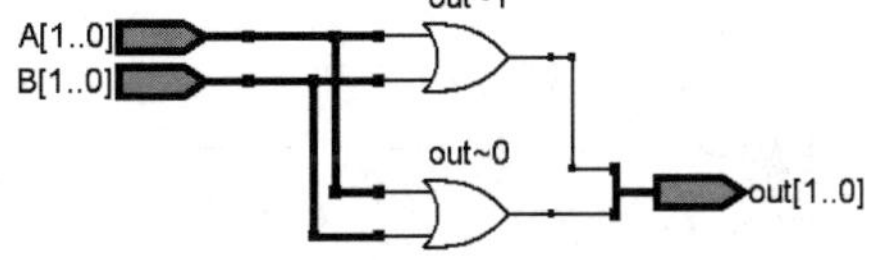

图 12-2　对应例 12-4 的 RTL 图

12.4.4　任务和函数语句

任务和函数具备将程序中的反复被用的语句结构聚合起来的能力，因此其功能类似于 C 语言的子程序。通过任务和函数语句结构来替代重复性大的语句可以有效地简化程序结构。从另一方面看，利用任务和函数可以把一个大的程序模块分解成许多小的任务和函数，以利调试。任务和函数语句的关键字分别是 task 和 function。

1．任务（task）语句

任务（task）定义与调用的一般格式分别如下表述：

任务（task）定义语句格式

```
task <任务名>;
   端口及数据类型声明语句
   begin 过程语句;  end
endtask
```

任务调用格式

```
<任务名>（端口 1，端口 2，…,端口 N）;
```

任务定义中，关键词 task 和 endtask 间的内容即被定义的任务，其任务名是标志当前定义任务的名称标识符。“端口及数据类型声明语句”包括此任务的端口定义语句和变量类型定义语句。任务接受的输入值和返回的输出值都通过此端口，而且端口命名的排序也很重要，一旦确定就不要随意改动了。

“过程语句”是一段用来完成任务操作的过程语句，因此也标志着任务的调用必须在主程序的过程结构中。任务中的过程语句是顺序语句，若有多条，需用块语句括起来。还应注意，任务语句中不能出现由 always 或 initial 引导的过程语句结构。

显然，在任务中无法描述时序电路，可综合的任务语句结构只能描述组合电路。

任务调用语句表述较简单，即任务名旁标注端口表即可。但应注意，任务调用时和定义时的端口变量的位置应该一一对应。

例 12-5 是一个任务定义和任务调用的示例，其对应的 RTL 图如图 12-3 所示。

【例 12-5】

```
module TASKDEMO (S,D,C1,D1,C2,D2);  //主程序模块及端口定义
input S;   input[3:0] C1,D1,C2,D2;
output[3:0] D;                       //端口定义数目不受限制
reg[3:0] out1,out2;
task CMP;                      //任务定义，任务名 CMP，此行不能出现端口定义语句
 input[3:0] A,B;  output[3:0] DOUT;  //注意任务端口名的排序
 begin if (A>B) DOUT=A;       //任务过程语句描述一个比较电路
  else DOUT=B; end            //在任务结构中可以调用其他任务或函数，甚至自身
 endtask                      //任务定义结束
 always @ (*) begin           //主程序过程开始
CMP(C1,D1,out1);              //调用一次任务。任务调用语句只能出现在过程结构中
CMP(C2,D2,out2);   end       //第二次调用任务
assign D=S? out1:out2;
endmodule
```

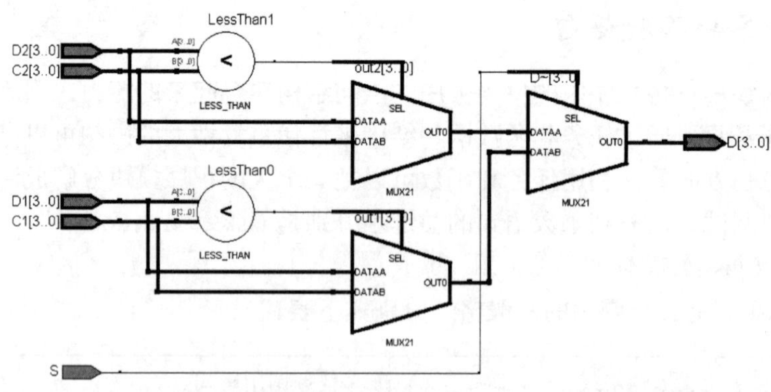

图 12-3　例 12-5 的 RTL 图

2．函数（function）语句

函数通过关键词 function 和 endfunction 完成定义，其定义和调用格式如下：

函数定义语句格式

```
function <位宽范围声明> 函数名;
        输入端口说明，其他类型变量定义;
        begin  过程语句;  end
endfunction
```

函数调用语句格式

```
<函数名>(输入参数 1,输入参数 2,…)
```

<位宽范围声明>是一个参数或位宽说明，它指定函数返回值的类型或位宽。如果没有这一声明，则返回值为 1 位寄存器类型的数据。函数名是定义函数的名称，对函数的调用就是通过此名称完成的。函数调用的返回值就是通过函数名变量传递给函数调用语句的。在函数定义语句的输入端口部分给出端口说明和类型定义，函数允许有多个输入端口，且至少应该含有一个输入端口。函数不允许有常规意义上的输出端口或双向端口，它的目的只是返回一个值，用于主程序表达式的计算。此值的位宽和类型在函数中已定义好了。

函数中的功能描述语句与任务一样都是过程语句，因此函数的调用只能放在主程序的过程结构中；同时，与任务相同，函数中的语句也不能出现由 always 或 initial 引导的过程语句结构，从而函数描述的可综合的逻辑结构也只能是组合电路。endfunction 是函数定义的结束语句。函数的调用是通过将函数作为表达式中的操作数来实现的。以上表述右侧是函数调用的一般格式。例 12-6（仿真波形是图 12-4）是一个函数定义和调用示例，其中定义的函数 GP 根据输入的 4 位位矢数据计算出其中所含的 1 的个数，并返回这个计数值。

【例 12-6】

```
module CN (input[3:0] A, output[2:0] OUT);
function[2:0] GP;    //定义一个函数名为 GP 的函数，GP 同时作为位宽为 3 的输出参数
input[3:0] M;        //M 定义为此函数的输入值，位宽是 4
 reg[2:0] CNT,N;
 begin CNT=0;  for(N=0; N<=3; N=N+1)      //for 循环语句
if(M[N]==1)  CNT=CNT+1;  GP=CNT;  end      //含 1 的位个数累加
endfunction
assign OUT=(~|A) ? 0:GP(A); //主程序输入 A 或非缩位，若为 1 则输出函数计数结果
endmodule
```

函数定义应该注意：

（1）函数定义语句只能放在模块中，不能放在过程结构中。

（2）函数内部可以调用函数，但不可调用任务。

（3）由于被调用的函数相当于一个操作数，所以在过程语句和连续赋值语句中都可以调用函数。

（4）同样，由于被调用的函数是一个操作数，所以不能作为语句单独出现。

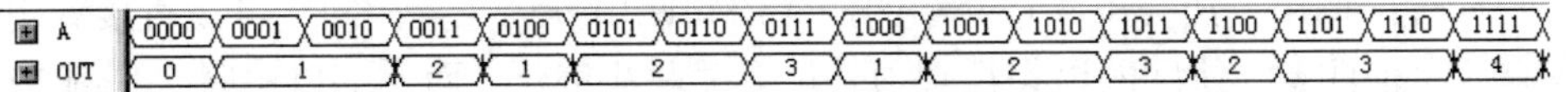

图 12-4　例 12-6 的仿真图

12.5 库元件和 UDP 用法介绍

在程序的模块构建中，无需描述电路的行为或功能，只需通过诸如例化的方法直接调用库中的基本元件或模块，然后将它们连接起来，实现既定的逻辑功能，这就是所谓结构建模方式。如果调用的元件不存在于库中，就必须首先进行元件的创建，然后将其放在工作库中，以便在后来的设计中可以从库中调用。本节主要介绍 Verilog 原语库元件和/或 UDP（user-defined primitives，用户自定义原语），以及利用它们构建逻辑模块的方法。

12.5.1 Verilog 原语库元件与用法

基于结构描述方式的 Verilog 程序可通过以下方式来构建电路并实现其功能：

- 调用 Verilog 内置的基本门元件，这属于门级结构描述。
- 调用开关级元件，这属于晶体管级结构描述。
- 用户自定义元件，也属于门级结构描述。
- 通过例化方式调用以不同方式表述的模块元件，这属于更常用的结构描述。

以下先讨论第一种情况，即基于库基本元件的门级结构描述。

Verilog 中预先定义的基本逻辑单元称为原语（primitive），即现成的门级库元件。它们有多种，其中包括 and、nand、or、nor、xor、xnor、not 等，分别是与门、与非门、或门、或非门、异或门、同或门及非门。这些门的特点是，有一到多个输入端口，但只有一个输出口，且默认输出口的排列位置在最左侧。以与门为例，2 输入与门是 and(out，in1，in2)；3 输入与门是 and(out，in1，in2，in3)；4 输入与门是 and(out，in1，in2，in3，in4)，如此等等。在使用中需要注意的是，库元件信号名的排列方式与电路中需要连接的信号名的排列要完全一致，即输出口对输出口，输入口对输入口。这些内建于库中的门级元件的元件名也都是关键词，所以也必须小写。

详细来看，Verilog 中定义了 26 个基本元件（basic primitive），对应 26 个元件名称关键词，可通过调用实现不同类型的简单门逻辑。这其中有 14 个门级元件（gate-level primitive）和 12 个开关级元件（switch- level primitive）。这里主要介绍门级元件的应用。

门级元件可分为三类，即多输入门、多输出门和三态门。最常用的门有 12 个，它们的功能和关键字或关键词包括：

（1）多输入门类 6 个：与门 and，与非门 nand，或门 or，或非门 nor，异或门 xor，同或门 xnor。

（2）多输出门类 2 个：缓冲门 buf，非门 not。

（3）三态门类 4 个：高电平使能三态门 bufif1，低电平使能三态门 bufif0，低电平使能三态非门 notif0，高电平使能三态非门 notif1。

门元件的调用方法与第 3 章介绍的例化语句使用方法完全相同，可以直接利用这些语句调用，但注意，使用的语句都必须是位置关联法例化，而非端口关联法！例 12-7 是一个典型的调用基本门元件的结构描述方法，其对应的电路如图 12-5 所示。

【例 12-7】

```
module LOGICGATE (input A,B,C,S , output OUT);
wire a1,a2,a3,a4;
   not u1 (a1,B);
   and u2 (a2,A,a1);
   or  u3 (a3,C,B);
   xor u4 (a4,a3,a2);
 notif1 u5 (OUT,a4,S);
endmodule
```

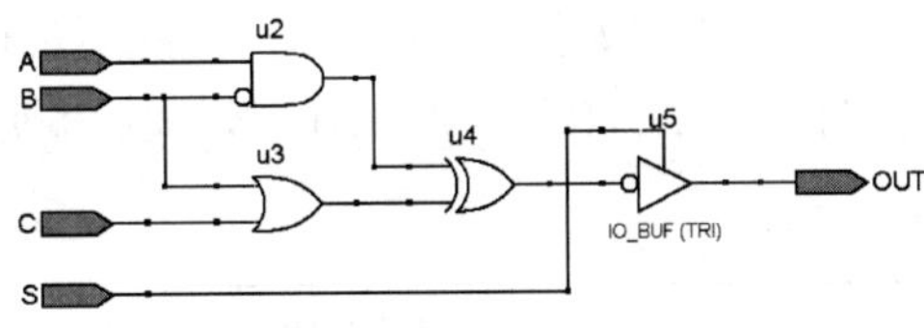

图 12-5　例 12-7 描述的逻辑电路

由例 12-7 可见，门元件的调用结构描述的每一句都是模块例化语句，还能看到调用门元件的一般格式和规律，调用门元件的格式如下：

```
基本门元件名    <门例化名>     (<端口关联列表>)
```

其中，普通门的端口关联列表按以下的顺序列出：

```
(输出, 输入 1, 输入 2, 输入 3,…);
```

例如 3 输入与门和 2 输入与门的例化语句如下：

```
and U1 (out,in1,in2,in3);       //三输入与门，例化名是 U1
and U2 (out,in1,in2);           //二输入与门，例化名是 U2
```

对于三态门，则按以下顺序列出输入/输出端口，例如：

```
bufif1 U1(out,in,enable);      //高电平使能的三态门
bufif2 U2(out,a,ctrl);          //低电平使能的三态门
```

至于 buf 和 not 的调用需注意，它们允许有多个输出，但只能有一个输入，例如：

```
not IC1 (out1,out2,in);          //1 输入 in, 2 输出 out1, out2
buf IC2 (out1,out2, out3,in);   //1 输入 in, 3 输出 out1, out2, out3
```

12.5.2　用户自定义原语 UDP 及用法示例

这属于上节谈到的第三种结构描述方法。用户自定义原语 UDP，即用户自定义基础元件。以下将通过利用 Verilog 原语库元件及相关的 UDP 构建逻辑模块来介绍用户自定

义原语的用法。

UDP 元件定义格式示例如例 12-8 所示（异或门）。UDP 的格式与用 module_endmodule 声明一个模块很相似。UDP 是由关键词 primitive 起始，引导出这个元件的结构和功能描述，并以关键词 endprimitive 结尾。关键词 primitive 旁的标识符是元件名，如 XOR2；元件名右侧的括号是端口表；端口表中的标识符是端口名，且端口表中的端口名是固定的。在调用 UDP 元件时，应严格按照源文件中端口定义的顺序来定义外部信号的连接。

Verilog 规定 UDP 元件只能有一个输出端，且输出端口名要放在端口表括号的最左侧，而在右侧只能列出所有输入端口。关键词 table_endtable 将引导出该 UDP 逻辑功能的真值表。真值表的排列顺序和规则如例 12-8 所示。由此不难理解，例 12-9 中的两条语句：XOR2 U1(SO，A，B)和 and U2(CO，A，B)，实际上都使用了位置关联法的例化语句。

【例 12-8】

```
primitive XOR2(DOUT,X1,X2);
  input X1,X2;  output DOUT;
    table // X1  X2  : DOUT
            0   0   :   0;
         0  1   :  1;
         1  0   :  1;
         1  1   :  0;
    endtable
endprimitive
```

【例 12-9】

```
module H_ADDER (A,B,SO,CO);
    input A,B;
    output SO,CO;
    XOR2 U1(SO,A,B); // 调用元件 XOR2
    and U2(CO,A,B); // 调用元件 and
endmodule
```

例 12-9 描述的是一个半加器，利用位置关联法的例化语句调用了例 12-8 的异或门和库元件中的与门，从而实现了图 3-1 的半加器逻辑电路。更详细的情况说明如下：

（1）2 输入与门库元件 and(out，in1，in2)。这个元件同例 3-6 的 or 同类，例化方法也相同。元件 and 的端口表内最左侧信号默认定义为输出信号，其他信号默认为输入信号。

（2）UDP 异或门元件。名称是 XOR2，XOR2 是用户自己设计的一个逻辑元件（例 12-8）。例 12-8 很直观，其内部包含了一张异或逻辑的真值表。其端口定义顺序如例 12-8 的第一行所示，即 XOR2(DOUT，X1，X2)。即端口定义（端口表）括号最左侧的信号名（DOUT）是输出信号，右侧所列的是两个输入信号。

例 12-9 中的逻辑元件 XOR2 和 and 旁的 U1 和 U2 分别是它们的元件名，也可不写。这两句可直接写成 XOR2(SO，A，B) 和 and(CO，A，B)。

XOR2 元件文件例 12-8 和顶层文件例 12-9 的存盘文件名分别是 XOR2.v 和 H_ADDER.v，它们都需存放在同一文件夹中进行编译处理。

12.5.3 利用 UDP 元件设计多路选择器

例 12-10 和例 12-11 展示了使用用户自定义元件 UDP 设计 4 选 1 多路选择器的方法，其中的语句含义及编程规则在上一节已有详细说明。需要关注的是，问号“？”在这里的含义和用法，以及例 12-11 中调用元件 MUX41_UDP 的端口排列顺序必须与例 12-10 的端口定义的顺序要一致。

【例 12-10】

```
primitive
MUX41_UDP(Y,D3,D2,D1,D0,S1,S0);
 input D3,D2,D1,D0,S1,S0; output Y;
   table //D3 D2 D1 D0 S1 S0 : Y
            ?  ?  ?  1  0  0  : 1;
            ?  ?  ?  0  0  0  : 0;
            ?  ?  1  ?  0  1  : 1;
            ?  ?  0  ?  0  1  : 0;
            ?  1  ?  ?  1  0  : 1;
            ?  0  ?  ?  1  0  : 0;
            1  ?  ?  ?  1  1  : 1;
            0  ?  ?  ?  1  1  : 0;
   endtable
endprimitive
```

【例 12-11】

```
module MUX41UDP (D,S,DOUT);
    input[3:0] D;
    input[1:0] S;
    output DOUT;
   MUX41_UDP (DOUT,D[3],D[2],
     D[1],D[0],S[1],S[0]);
endmodule
```

12.5.4 用 UDP 表述 D 触发器

用 UDP 也能表述时序模块。例 12-12 和例 12-13 就是一个用 UDP 表述的含有异步复位控制的边沿触发型 D 触发器。例 12-12 是 UDP 基本模块表述，其中的 CLK 以下的（01）表示时钟是上升沿触发，反之，（10）就是下降沿触发；Q 以下的数据？表示原状态（现态）任意数据，而 Q+以下的数据表示次态数据，其中的“-”表示保持原状态。

例 12-13 是用位置关联法例化了例 12-12 的 UDP 模块的顶层设计，它综合后的电路就是图 12-6 的触发器。

用 UDP 构建时序电路并不常用，多用于 Verilog 仿真研究。

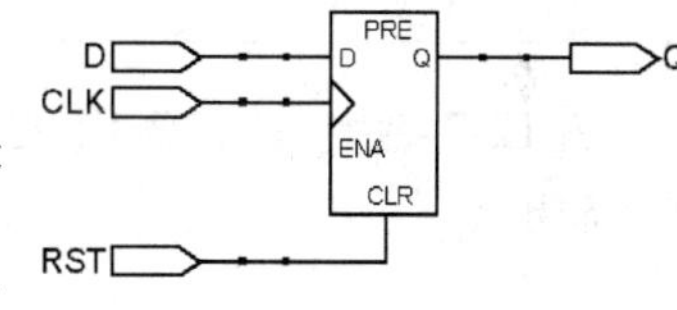

图 12-6　边沿 D 触发器

【例 12-12】

```
primitive EDGE_UDP(Q,D,CLK,RST);
 input D,CLK,RST; output Q; reg Q;
   table//D  CLK  RST  : Q  :  Q+
          0  (01)  0   : ?  :  0;
          1  (01)  0   : ?  :  1;
          ?  (1?)  0   : ?  :  -;
          ?  (?0)  0   : ?  :  -;
          1    0   1   : ?  :  0;
          1    1   1   : ?  :  0;
          0    0   1   : ?  :  0;
          0    1   1   : ?  :  0;
   endtable
endprimitive
```

【例 12-13】

```
module DFF_UDP (Q,D,CLK,RST);
  input D,CLK,RST;
  output Q;
  EDGE_UDP U1(Q,D,CLK,RST);
endmodule
```

12.6 常用模块的 Verilog 简洁描述

用 Verilog HDL 进行数字电路与数字系统中逻辑模块的设计，也不是一成不变的。随着 Verilog 综合器算法的改进，Verilog HDL 的可综合子集在逐年扩大，越来越多的 Verilog HDL 语法不仅仅在仿真验证中可以使用，而且在设计中也可以使用。近些年来，一些常用的模块可用更为简洁的 Verilog HDL 描述方法。

12.6.1 多路选择器/复用器

传统 Verilog HDL 设计中的多路选择器（或称复用器），比如本书前面章节提到的 4 选 1 多路选择器，是用 case 语句来进行描述的，虽然描述也非常清晰严谨，但显然是比较啰嗦繁复的。而且对于更多路的选择器，case 分支会更多，也比较容易出错。

例 12-14 是一个 4 选 1 多路选择器的 Verilog HDL 新设计，给出了一个更为简洁抽象的描述。在早期的可综合 Verilog HDL 设计中，“[]”里面的值只能为常数，所以需要用 case 语句从 a[0]、a[1]、a[2]、a[3]选择一个赋值给 y。而现在“[]”里面写输入信号变量 s，也可以支持综合。

【例 12-14】

```
module mux41s
(  input [1:0] s, input [3:0] a, output y  );
assign y = a[s];   // 注意 s 是一个输入信号，是可变的
endmodule
```

图 12-7 给出了例 12-14 的仿真波形图，当输入信号 s 发生改变时，y 选择相应的 a[s]进行输出。

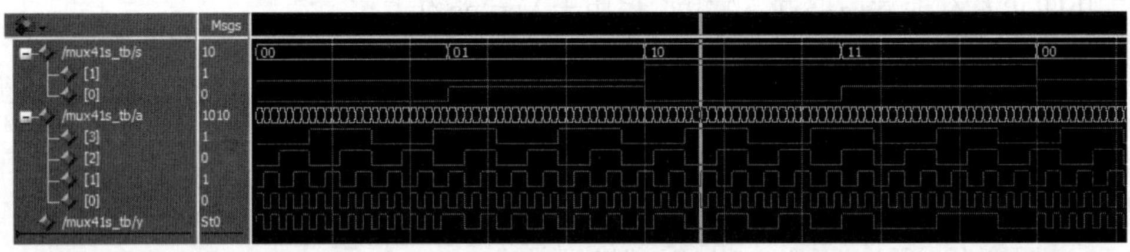

图 12-7　例 12-14 仿真波形

12.6.2 译码器

既然“[]”里面的信号可以是可变量，那么“<<”或“>>”移位运算符号后也可以跟可变量。因而，3-8 译码器的 Verilog HDL 描述，也可以如例 12-15 进行简化描述。

【例 12-15】
```
module dec38a
(   input [2:0] a,  input p,           // Polarity
   output [7:0] y);
wire [7:0] temp_y;
assign temp_y = 1'b1 << a;
assign y = (p) ? temp_y : ~temp_y;
endmodule
```

其中，输入信号 p 为极性信号。当 p 为 1 时，译码器输出为正极性，即 8 位输出只有 1 位为 1'b1；当 p 为 0 时，译码器输出为负极性，即 8 位输出只有 1 位为 1'b0。图 12-8 给出了例 12-15 的仿真波形图。

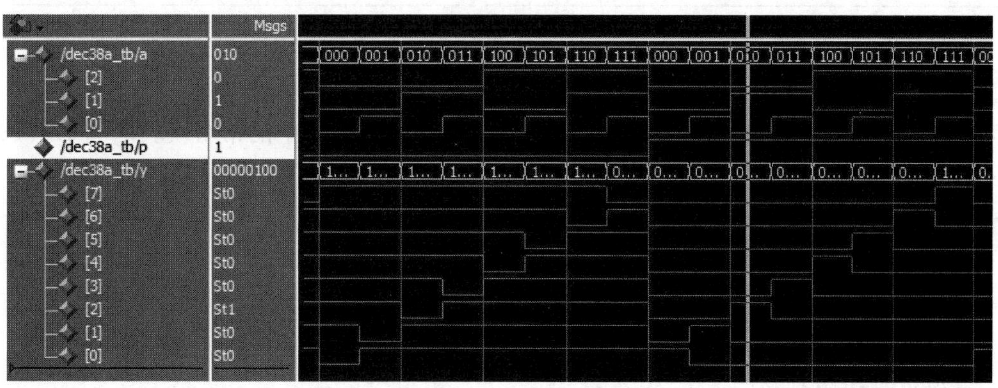

图 12-8　例 12-15 仿真波形

当然，使用“[]”也可以实现译码器描述：

```
reg [7:0] temp_y;
always @(a) begin temp_y = 0; temp_y[a] = 1'b1; end
```

相比采用 case 语句的描述方式，上述两种描述方式显然简洁多了，而且更容易扩展为更多输入的译码器（比如 4-16 译码器、4-10 译码器）。

12.6.3　数据分配器/解复用器

译码器增加片选信号（使能信号）后的数字逻辑元件即为数据分配器（或称解复用器），也可以采用“<<”后加可变量的方式进行 Verilog 描述，使用示例如例 12-16 所示。

【例 12-16】
```
module demux8a
(   input [2:0] s, input a, output [7:0] y   );
 assign y = a << s;
 endmodule
```

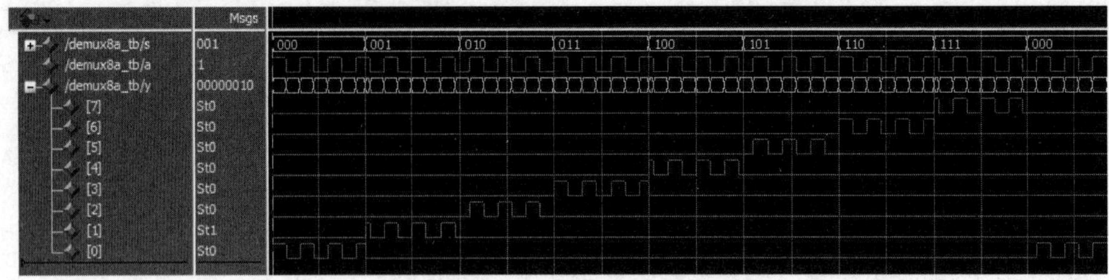

图 12-9　例 12-16 仿真波形

图 12-9 给出了例 12-16 的仿真波形图。当然也可以使用“[]”描述方式：

```
reg y;
always @* begin y = 0; y[s] = a; end
```

12.6.4　PWM 发生器

PWM（pulse width modulation）波形发生器是各类应用中的常用模块，例 12-17 展示了 PWM 模块的一种 Verilog 描述：

【例 12-17】

```
module cnt
#( parameter NUM = 9_9999_9999)
(   input clk, en,load, reset_n, input [31:0] d, output reg[31:0] q);
reg [31:0] qmax;
always @(posedge clk,negedge reset_n)
   if(! reset_n) qmax <= 0; else if(load) qmax <= (d>NUM) ? NUM : d;
always @(posedge clk,negedge reset_n)
   if(! reset_n) q <= 0; else if(en) if(q < qmax ) q <= q + 1;
   else q <= 0;
endmodule
```

习　　题

12-1　分别用任务和函数描述一个 4 选 1 多路选择器，以及第 3 章中介绍的全加器。

12-2　用任务和循环语句设计一个 8 位移位相加的乘法器。

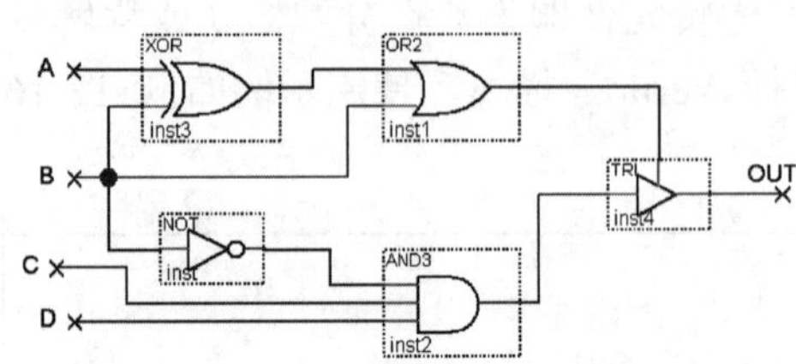

图 12-10　习题 12-3 逻辑电路图

12-3　用基于基本库元件的结构描述方法给出图 12-10 的 Verilog 描述。

12-4　讨论 always 和 initial 的异同点。

12-5　设计 Verilog 程序，产生 0～100 间的随机数，其中小于 50 的数的比例是 70%。

12-6　分别使用 UDP 和连续赋值语句 assign，设计一个 8 位奇偶校验电路。此电路的功能是，当输入的 8 位二进制数中含有偶数个 1 时，输出 1；否则输出 0。

实验与设计

12-1　SPWM 脉宽调制控制系统设计

实验原理：SPWM（sinusoidal PWM）脉宽调制技术是非常重要的电力电子控制技术，在高性能电机驱动、步进电机细分控制、变频电源、电力电子逆变控制等方面有重要的应用。特别是随着 FPGA 技术进入这一行业，使 SPWM 技术的应用更有了长足的进步，使其得到了更高效、更深入和更广泛的应用。相对于空间矢量 PWM、随机采样 PWM、电流滞环 PWM、自然采样 PWM 等面积采样 PWM 或规则采样等方式的 PWM，正弦采样的 PWM 在逆变控制等技术应用中，产生的谐波含量最小，因此应用也最广泛。数字方式产生 SPWM 波的原理如图 12-11 所示，其中等腰三角波是载波，正弦波是调制波，当这两路信号经过一个数字比较器后输出图 12-11 下方的脉冲波形，即 SPWM 波。当正弦波大于三角波时，比较器输出 1，反之输出 0。

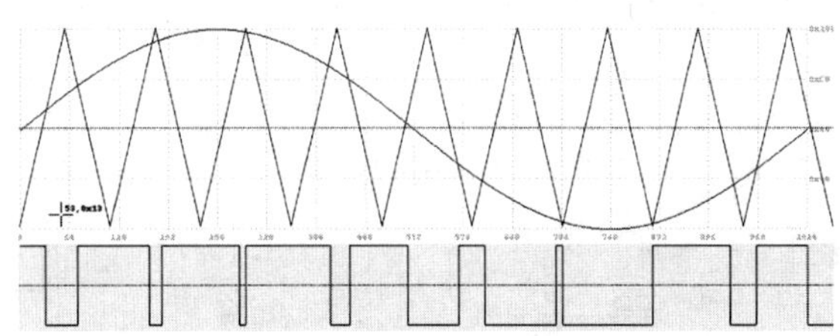

图 12-11　SPWM 波生成原理图

三角波与正弦波的频率比称为载波比；它们的频率如果等比例增减则为同步调制方式，否则就是异步调制方式。载波频率通常为数万赫，载波比为数百。

图 12-12 是基于 EP4CE55 系统的 SPWM 波发生器的基本电路图。其中 PLL20 输出两路时钟，一路 c0，输出 3.6MHz，为三角波信号发生器提供载波时钟；另一路 c1，输出 200kHz，为正弦波调制信号提供时钟。CNT10B 是 10 位计数器，其一为三角波发生模块 TRANG（例 12-18）提供递增数据。另一 CNT10B 是正弦波数据 ROM 的地址发生器。ROM10 模块的数据可用附录中的 mif 生成器产生，深度是 1024，数据宽度是 10 位，相位相隔 120°。当下载图 12-12 的设计于 FPGA 后，图 12-13 是利用 SignalTap II 实测的波形，显然与图 12-11 的波形有很好的对应关系。

【例 12-18】

```
module TRANG (input[9:0] ADR,  output[9:0] OUTD);
   reg[9:0] OT1;    reg[10:0] CC;
   always @(ADR or CC)  begin
      if (ADR<10'H200)  begin  OT1[9:1]<=ADR[8:0]; OT1[0]<=1'b0;end
       else   begin   CC<=11'b10000000000 + (~ADR);
        OT1[9:1] <= CC[8:0];  OT1[0] <= 1'b0;      end    end
      assign OUTD = OT1;
endmodule
```

实验任务 1：设计面积采样 PWM 信号发生电路，并在 FPGA 上实现，用逻辑分析仪和示波器显示波形。然后根据图 12-12，在 FPGA 上实现 SPWM 信号发生器，试用逻辑分析仪生成图 12-13 的波形。查阅资料，讨论 SPWM 的应用领域、基于 FPGA 的数字 SPWM 的优势，并研究异步或同步调制的优缺点，以及载波比对不同控制对象的影响。

实验任务 2：查阅资料，利用基于 SPWM 的逆变技术，给出 30Hz 变频电源的设计方案。

实验任务 3：根据图 12-14，设计更实用的三相 SPWM 控制器。其中 CLK 可以来自锁相环；由 DDS 模块生成四路信号，一路是三角波发生模块时钟 SC_CLK。相对于其余三路正弦波的基频，通过改变 SC_CLK 的频率性质，可以实现同步调制方式、异步调制方式以及改变载波比。DDS 的三路正弦波可数控调频，各相差 120°。DDS 中的波形 ROM 可以直接使用三个 10 位地址线和 10 位输出数据线的 LPM ROM（因为 EP4CE55 的内嵌 RAM 足够大），三个不同相位的正弦波数据 mif 文件可用附录中的工具生成。幅度调制模块可用 EP4CE55 中专用数字乘法器嵌入式模块实现。

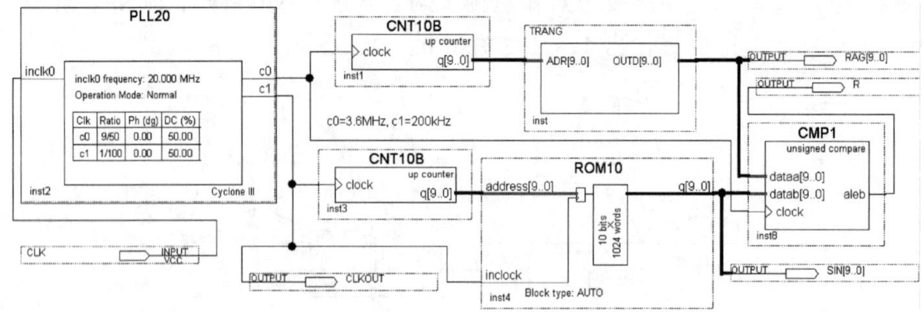

图 12-12　SPWM 波发生器基本电路图

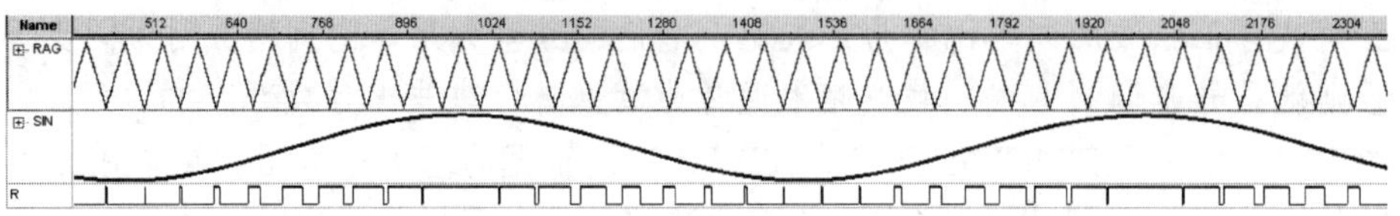

图 12-13　图 12-12 电路的 SignalTap II 实测波形

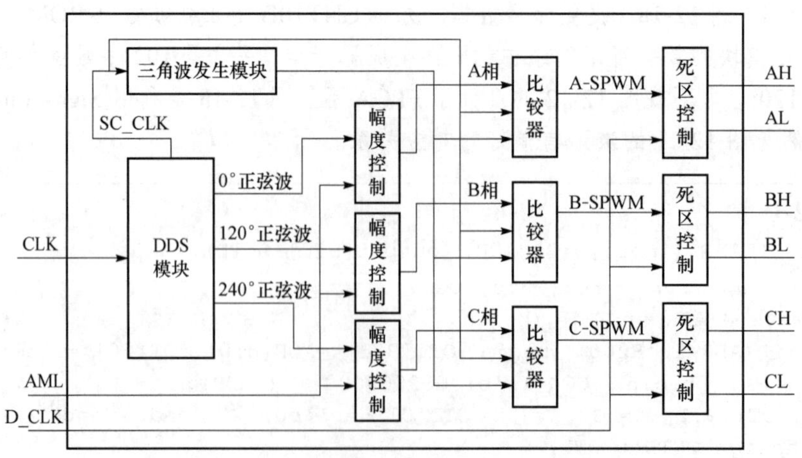

图 12-14　三相 SPWM 控制器电路模块图

为了保护 IGBT，防止上下桥臂同时导通而烧毁此器件，必须设计死区控制模块。可以根据实际需要设置死区时间，通常为数百纳秒。死区发生器可由死区计数器和相关组合电路构成，使同相的上下桥臂驱动信号能错开一个死区时间段，以免功率器件短路。

12-2 数字彩色液晶显示控制电路设计

实验任务 1：设计点阵彩色液晶显示控制电路。查阅文件夹 LCD_FILE 中的 AT070TN83V.1 等文件。用状态机设计数字 TFT 800×480 彩色点阵型液晶显示控制电路，注意此类液晶控制原理与 VGA 相同。

TFT 800×480 彩色液晶接口板上的跳线 U/D 是控制上下扫描方式的；跳线 L/R 是控制左右扫描方式的；跳线 MODE 是选择 DE 或 HV 时序控制方式的。DE 方式是普通 LCD 时序控制方式，而 HV 方式是类似 VGA 的控制方式，其行场控制信号分别是 HS 和 VS；若选择 DE 方式，则另两个跳线分别选择 DCLK 和 DE；若选择 HV 方式，则另两个跳线分别选择 HS 和 VS。

实验任务 2：分别用 DE 和 HV 两种时序控制方式显示彩条和彩色方块图像。

实验任务 3：将逻辑分析仪采样的 8 路数字波形信号用彩色 LCD 显示。

实验任务 4：将简易存储示波器采样的模拟波形信号用彩色 LCD 显示。

实验任务 5：将 DDS 函数信号发生器的波形用彩色 LCD 显示。主要波形有正弦波、方波、三角波、锯齿波、移相双路正弦波、李萨如图、AM、FM、FSK 和扫频等。

实验任务 6：利用彩色 LCD 显示动画游戏，并用普通键、PS2 键盘/PS2 鼠标控制游戏。

12-3 串行 ADC/DAC 控制电路设计

通过网络查阅一些常用串行 ADC、DAC 的使用方法，包括它们的工作性能、用法、时序特点，设计出对应的电路，然后用状态机对其控制，最后就控制电路的速度、可靠性等几方面讨论比较用状态机和 CPU 进行控制的优缺点。特别是一些串行 ADC/DAC 器件是 DSP 系统中的常用器件，因此学习这些控制电路的设计很有实用意义。串行 ADC/DAC 资料查阅文件夹：PDF 实验设计文件。

实验任务 1：10 位 ADC/DAC 的状态机控制。ADC TLV1572 QSPI/SPI/DSP 串行接口和 DAC TLV5637 双通道 QSPI/SPI/DSP 串行接口高速。首先设计状态机模块控制 TLV1572 进行数据采样和 TLV5637 的双通道信号输出，然后完成三项任务：①完成数据采集模块的设计；②完成基于 DDS 的移相信号发生器设计（此例需要双通道 DAC）；③设计李萨如图信号发生器，要求两路正弦信号频率可用键独立设置。

实验任务 2：16 位 ADC 的状态机控制。用状态机控制 ADC ADS110，设计一个精度较高的电压表。

实验任务 3：高速 12 位串行 ADC 的状态机控制。实验器件选择 ADS7816 和 TLV2541。

12-4 AM 幅度调制信号发生器设计

实验原理：AM 幅度调制信号发生器是 2005 年大学生电子设计竞赛题中一个设计项目。AM 幅度调制函数信号表达式可用式 $F = F_{\mathrm{dr}} \cdot (1 + F_{\mathrm{am}} \cdot m)$ 表述。其中 F_{dr}、F_{am}、F 分

别是载波信号、调制波信号及调制后的 AM 输出信号，它们都是有符号函数；*m* 是调制度：0<*m*<1。图 12-15 是模拟输出波形：最上面是载波，中间是调制波，下面是 AM 被调制后的信号输出。

实验任务 1：参照 AM 幅度调制函数信号表达式，给出对应的 Verilog 设计，最后在 EP4CE55 系统和扩展模块上进行硬件验证。设计要求、载波频率、调制波频率和调制度 *m* 都可设置。编程中还要注意小数和有符号数的表述和运算。

实验任务 2：根据同样思路设计频率调制 FM 信号发生器，实现 2ASK、2PSK 调制器。

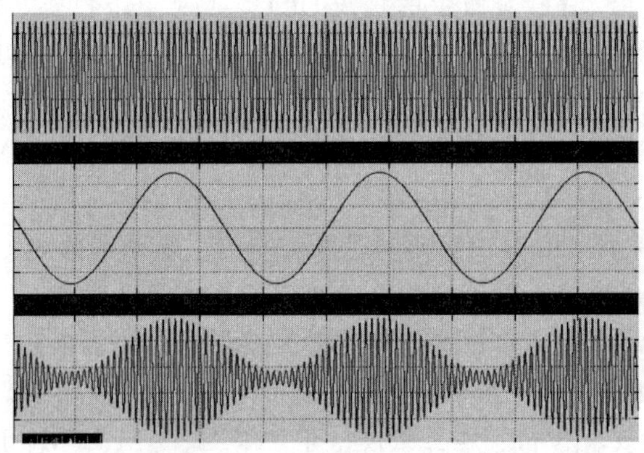

图 12-15　AM 模型仿真波形

12-5　VGA 简单图像显示控制模块设计

实验原理：参考实验 5-9。图 12-16 是 VGA 图像显示控制模块顶层设计。其中锁相环输出 25MHz 时钟，imgROM1 是图像数据 ROM，注意其数据线宽为 3，恰好放置 R、G、B 三像素信号数据，因此此图像的每一像素仅能显示 8 种颜色。vgaV 是显示扫描模块，程序是例 12-19。

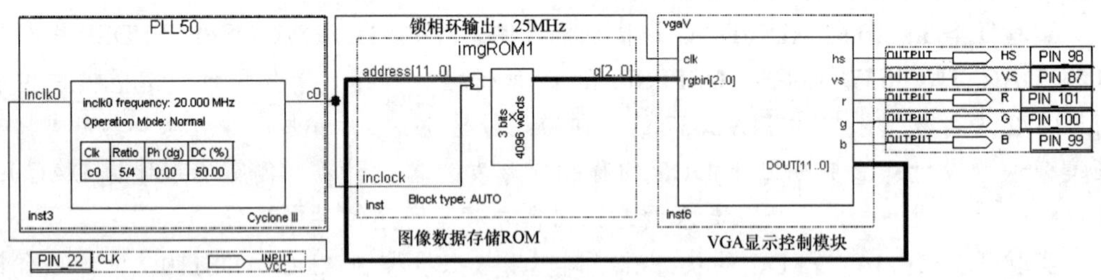

图 12-16　VGA 图像显示控制模块原理图

【例 12-19】

```
module vgaV (clk, hs, vs, r, g, b, rgbin, DOUT);
   input clk;            //工作时钟 25MHz
   output hs,vs;         //场同步、行同步信号
```

```
    output r,g,b;        // 红、绿、蓝信号
    input[2:0] rgbin;   //像素数据
    output[11:0] DOUT; //图像数据 ROM 的地址信号
    reg[9:0] hcnt, vcnt;      reg r,g,b;      reg hs,vs;
    assign DOUT = {vcnt[5:0], hcnt[5:0]};
    always @(posedge clk)  begin  //水平扫描计数器
      if (hcnt<800)   hcnt<=hcnt+1;
      else            hcnt<={10{1'b0}};
      end
    always @(posedge clk)   begin  //垂直扫描计数器
      if (hcnt==640+8)    begin
        if (vcnt<525)  vcnt<=vcnt+1;
        else    vcnt<={10{1'b0}};  end   end
    always @(posedge clk)   begin //场同步信号发生
      if ((hcnt>=640+8+8) & (hcnt<640+8+8+96))
       hs<=1'b0; else  hs<=1'b1;    end
    always @(vcnt)   begin         //行同步信号发生
      if ((vcnt>=480+8+2) & (vcnt<480+8+2+2))
        vs<=1'b0;  else  vs<=1'b1;  end
    always @(posedge clk)   begin
      if (hcnt<640 & vcnt<480)   //扫描终止
      begin  r<=rgbin[2];  g<=rgbin[1];  b<=rgbin[0];   end
      else begin  r<=1'b0; g<=1'b0;  b<=1'b0;  end
    end
  endmodule
```

实验任务 1：设计与生成图像数据；根据 imgROM1 的接口，定制放置图像数据的 ROM。

实验任务 2：硬件验证例 12-19 和图 12-16，电路图脚锁定方式同实验 5-9。

实验任务 3：为了显示更大的图像，将 imgROM1 规模加大，修改程序例 12-19。并设计纯逻辑硬件控制的动画游戏。

附 录 EDA开发系统及相关软硬件

本书中给出的所有 VHDL 示例和绝大多数实验设计项目的测试和验证的 EDA 软件平台是 Quartus II 13.1（Quartus II 16.1 的用法相同）；而实验涉及的硬件平台是康芯公司的 KX_CDS EDA 系统，其 FPGA 核心板主要来自友晶公司 DE 系列及康芯公司 KX 系列。为了使读者熟悉 Intel PSC（Altera）不同系列 FPGA 的性能与用法，以及考虑到教学与实验系统的延续性，在涉及 FPGA 硬件实验方面的示例中，本书主要选择了 Cyclone 4E 型和 Cyclone 3 型 FPGA，对应图 F-2 到图 F-6 所示的不同核心板。

由于本书给出的大量的实验和设计项目涉及许多不同类型的扩展模块，主系统 KX_CDS 平台上（图 F-1 的中心模块）有许多标准接口。对于不同的实验设计项目，可接插上对应的接口模块，如 GPS 模块、彩色液晶模块、USB 模块、电机模块、各类 ADC/DAC 模块、SD 卡、PS2 键盘和鼠标等。这些模块可以是现成的，也可以根据主系统平台的标准接口和创新要求由读者、教师或学生自行开发。

图 F-1　康芯公司 KX-CDS 主系列平台，图中显示的核心板是友晶公司 DE1-SOC（左上侧）

若读者手头已有 EDA 实验系统，也同样能完成本书的实验。但需注意，由于本书的示例和实验项目都是以 Cyclone 3 型和 4E 型 FPGA 作为目标器件的，如果是较低版本的 FPGA，如 Cyclone 或 Cyclone II 等系列或更早期系列的器件，如 FLEX10、ACEX1、APEX20 等系列，除引脚和封装外，还需改变 LPM 存储器和锁相环等模块的设置；首先是 Cyclone 3/4E FPGA 具有超大的内嵌 RAM 容量；其次是全新的锁相环特性，主要表现在高频率（可大于 1000MHz）和分频的低频段都远超普通器件的同类模块。前两系列 FPGA 的锁相环都无法提供输出小于 10MHz 的频率，而 Cyclone 3/4E FPGA 可低至 2kHz。

由于本书实验主选的 FPGA 是 Cyclone 4E FPGA，它具备足够的 I/O 引脚。由于针对基于 Quartus II 平台的时序仿真或 SignalTap II 的硬件测试都必须对所测引脚加入 I/O 端口才能被引入仿真或测试界面，然而对于不得不测试较多信号的大设计项目，如第 11 章的 CPU 设计，较少 I/O 端口的 FPGA 就不适合作为目标器件，除非选用 In-System Sources and Probes 来进行硬件测试（唯有 Cyclone 3/4/5 系列 FPGA 可以使用这一测试功能）。

为能更好地完成书中的实验设计项目，以下简述系统和相关模块的基本情况，以备读者查用或仿制，或调整自己原有的 EDA 实验设备。

F.1 KX_CDS 系列 EDA/SOPC 系统

KX_CDS 系列 EDA/SOPC 系统是由三个既独立又相关的部分组成的，它们是：含有 FPGA 和不同接口电路的核心插板，适用于自主创新实验与开发的模块化自由插件电路系统，以及适合于初学者快速高效入门学习的多功能重配置型实验控制系统。这三部分可以综合应用，方便而高效地完成不同类型、不同层次和不同学科分支领域（如 FPGA 实用电子设计、计算机组成原理实验、DSP 设计与实验、计算机接口、SOC 片上系统、工业自动化控制等）的 EDA 实验与开发。这三部分集中体现了 KX_CDS 系统显著特征，即：①模块化自主创新实验设计；②多功能重配置型高效实验控制；③适用于接插含不同规模 FPGA 的核心板的灵活结构。以下分别给予简述。

1．模块化自主创新实验设计结构

通常，诸如 EDA、单片机、DSP、SOPC 等传统实验平台多数是整体结构型的，虽然可完成多种类型实验，但由于整体结构不可变动，实验项目和类型是预先设定和固定的，很难有自主发挥和技术领域拓展的余地，学生的创新思想与创新设计如果与实验系统的结构不吻合，便无法在此平台上获得验证；同样教师若有新的创新型实验项目，也无法即刻融入固定结构的实验系统供学生实验和发挥。因此，此类平台不具备可持续拓展的潜力，也没有自我更新和随需要升级的能力。

因此，考虑到本书给出的设计类示例和实验数量大、种类广，且涉及的技术门类较多，如包括一般数字系统设计、EDA 技术、SOPC、计算机接口、计算机组成与设计、各类 IP 的应用、基于 MCU 核与 8088/8086 系统核的 SOC 片上系统设计、数字通信模块的设计、机电控制等，故选择 KX_CDS 系列模块自由组合型创新设计综合实验开发系统作为本书实验设计硬件实现平台（如图 F-1 所示系统的右侧，上面可根据需要换插其他模块），能较好地适应实验类型多和技术领域跨度宽的实际要求。

这种模块化实验开发系统的主要优势可归纳如下：

- 由于系统的各实验功能模块可自由组合、增减，不仅可实现的实验项目多，类型广，更重要的是很容易实现形式多样的创新设计。
- 由于各类实验模块功能集中，结构经典，接口灵活，对于任何一项具体实验设计都能给学生独立系统设计的体验，甚至可以脱离系统平台。

• 面对不同的专业特点，不同的实践要求和不同的教学对象，教师甚至学生自己可以动手为此平台开发增加新的实验和创新设计模块。

• 由于系统上的各接口，以及插件模块的接口都是统一标准的，可提供所有接口电路，因此此系统可以通过增加相应的模块而随时升级。

2. 多功能重配置型高效实验控制系统

以上的模块化自主创新实验设计结构主要是面向 EDA 技术学习已有较好实践基础的学生，更有利于深入学习和创新实践。而对于一般情况，如果仅仅需要验证或学习一些并不复杂的设计项目，则希望实验控制尽可能简洁，尽可能少的动用系统资源，甚至尽可能少的动用各种陌生的开关插件，也就是说，尽快高效简洁的见到实验结果。此外，传统的手工插线方式虽然灵活，由于插线长、多、乱，会严重影响系统速度、系统可靠性和电磁兼容性能，不适合以高速见长的 FPGA/SOPC 等电子系统的实验与设计。

为此，KX-CDS 系列主系统板上配置了 Multi-task Reconfiguration（多功能重配置结构）控制电路（位于图 F-1 的左下方）。该电路结构能仅通过一个键的控制，实现纯电子方式切换，选择十余种面向不同实验需要的针对 FPGA 目标芯片的硬件电路连接结构（附录 A.5 列出了部分可随意变换的实验电路图），并且毫不影响系统工作速度，大大提高了实验系统的连线灵活性，免除了传统情况下由于大量实验连接线导致的低效率，电路低可靠性以及实验目标系统的低速性。利用这个系统，实验者能很快上手，无需接插任何连线，就能在此实验系统上简洁而快速地完成大量不同类型的硬件实验，迅速熟悉 FPGA 的硬件开发技术，为利用以上介绍的模块化自主创新实验结构，完成更高层次的创新实验奠定基础。

其实所采用的 Multi-task Reconfiguration 技术已被广泛应用，如虚拟仪器、通用编程器等。使系统的灵活性和高速特性两方面都得到了充分的满足。

3. 不同功能类型的 FPGA 核心板

不同的实验实践者或学习者，以及不同的实验需要与开发目的，将对核心板有不同的要求，这包括不同系列、不同封装、不同逻辑规模的 FPGA，以及不同的接口功能模块（例如不同的 ADC、DAC、网络接口、显示方式、各类通信模块、RAM/ROM、时钟源，不同频率的有源晶体振荡器，等等）。为了方便这些需求，KX_CDS 系统安排了这样一个通用电路结构（位于图 F-1 的左上方），在上面可以插来自不同公司不同类型的核心板。这些核心板根据需要可以有多种选择，主要包括友晶的 DE0 型板（图 F-2）、DE0-CV 型板（图 F-3）和 DE1-SOC 型板（图 F-4）；还有康芯公司的各类核心板，如 KX-4CE10 型板（图 F-5）、KX-4CE55 型板（图 F-6），以及配置了 Cyclone 3 型的 EP3C10E144、EP3C40Q244 等。

以下仅以友晶公司 DE1-SOC 核心板的硬件配置来简要介绍该核心板的基本功能。

（1）Cyclone 5 型 FPGA 5CSEMA5F31C6N。85000 个可编程逻辑宏单元，4450000 个 SRAM 存储单元，6 个锁相环，2 个硬件存储控制器；含 800MHz 双 ARM Cortex-A9 硬核处理器系统（HPS）。

（2）支持 Quad Serial Configuration Device-128M FPGA 专用配置存储器 EPCS128。

图 F-2　KX_CDS 系统核心板：友晶公司 DE0 板，配有 Cyclone 3 型 FPGA：EP3C16F484

图 F-3　KX_CDS 系统核心板：友晶公司 DE0-CV 板，配有 Cyclone 5 型 FPGA：5CEBA4F23C7N

图 F-4　KX_CDS 系统核心板：友晶公司 DE1-SOC 板，配有 Cyclone 5 型 FPGA：5CSEMA5F31C6N

图 F-5　KX_CDS 系统核心板：康芯公司 KX-4CE55 板，配有 Cyclone 4E 型 FPGA：EP4CE55F484

图 F-6　KX_CDS 系统核心板：康芯公司 KX-4CE10 板，配有 Cyclone 4 型 FPGA：EP4CE10T144

（3）USB-Blaster II 在线 JTAG 和 AS 编程器；RS-232 转换接口与电路。

（4）64 MB SDRAM，支持 8 位和 16 位总线（用于 FPGA）。

（5）1 GB 高速 DDR3 SDRAM，支持 8 位和 16 位总线（用于 FPGA 内的 ARM）。

（6）小 SD 卡接口（用于 HPS），4 个按压式开关，10 个拨动式开关，10 个 LED 发光管。

（7）4 个 50MHz 有源晶体振荡器，用于驱动 FPGA 中的 4 个锁相环。

（8）VGA 接口及其适配电路，包括 24 位 DAC 驱动电路，6 个七段数码管。

（9）PS/2 鼠标/键盘接口，两组 40 芯扩展接口。

（10）双 USB2.0 接口。包括相关器件与电路，一个 ULPI Interface with USB（type A connector）接口，一个 USB to UART （micro USB type B connector）接口。

（11）Ethernet 网接口与电路 Ethernet PHY；射频发射器与射频接收器。
（12）一个 ADC 及其接口。速率 1MSPS，8 通道，分辨率 12 位。
（13）一个用于 ARM HPS 的三轴加速度传感器；4 个用户自定义按钮（FPGA x4）。
（14）一个 LTC 接口与电路，包括 SPI、I2C 和 GPIO 接口与电路。
（15）24 位 CODEC 音频信号编译码处理电路与接口，支持 10/100/1000 以太网接口。
（16）一个电视译码（NTSC/PAL/SECAM）转换电路及 TV 输入接口。
（17）一个用户自定义开关和用户自定义 LEDs。
（18）硬核处理器带三轴加速度传感器。
KX-CDS 系统所能实现的自主设计和实验项目类型大致包括以下内容。
（1）面向 FPGA 的开发和 EDA 实验、硬件描述语言实验及电子设计创新实践。
（2）32 位 Nios II 嵌入式处理器的 SOPC 设计与创新实验。
（3）基于 8051 单片机 IP 核的 SOC 片上系统设计系列设计实验。
（4）基于 8088/8086 片上系统的计算机系统接口实验及相关操作系统的设计实验。
（5）基于 DSP Builder 和 MATLAB 的 EDA 系统设计实验和硬件 DSP 实验。
（6）基于 EDA 技术的不同类型 CPU 设计和测试实验。
（7）基于现代数字电子技术理念的数字电路实验。

F.2 部分实验扩展模块

KX-CDS 系统中的标准扩展模块较多，这里简要介绍所涉及的部分模块。
（1）摄像头控制模块，WiFi+超声波模块，以太网接口模块。
（2）32 位二进制数据数码显示模块及 32 位二进制数据数控输入模块。
（3）双通道 DAC/ADC 模块，是基于 0832 和 0809 的模块。
（4）电机模块。步进电机和直流电机扩展模块（包括光电测速）。
（5）动态扫描数码显示模块和串/并转换静态数码显示模块。
（6）SD 卡接口、PS2 键盘/PS2 鼠标接口、4 位 VGA 接口、RS232 接口。液晶显示屏（20 字 4 行字符型）和 FPGA 接口（包括时钟控制接口），以及 DS18B20 数字温度模块。
（7）USB-Blaster 编程下载器。包含对 FPGA 编程下载、SOPC 调试和 EPCS 编程的 USB-Blaster 功能，以及 USB-RS232 串行通信接口模块。
（8）全数字 DDS 函数信号发生器模块。此模块含 FPGA、单片机、超高速 DAC、高速运放等，既可用作全数字型 DDS 函数信号发生器，也可作为 EDA/DSP 系统及专业级 DDS 函数信号发生器设计开发平台。作为 DDS 函数发生器的功能主要包括等精度频率计、全程扫频信号源（扫速、步进频宽、扫描方式等可数控）、移相信号发生、李萨如图信号发生、方波/三角波/锯齿波和任意波形发生器，以及 AM、PM、FM、FSK、ASK、FPK 等各类调制信号发生器。所以此板本身也是一块全数字 DDS 函数发生器开发平台。
（9）双串行存储器/逻辑笔设计模块。含 93C46 和 24C01 串行存储器，以及智能逻辑笔实验模块。继电器/CAN/RS485 总线模块。
（10）看门狗定时器/时钟日历模块。看门狗定时器芯片是 X5040（含上电复位控制、看门狗定时器、降压管理和块保护功能串行 EEPROM 四模块）；时钟日历芯片是 DS1302

（含实时年月周日时分秒计时功能、串口数据通信、掉电保护模块等）。

（11）高分辨率 ADC 模块。含 ADS110 16 位高分辨率 ADC，低功耗、自动校正功能，I2C 串行接口，以及 ADC0832 二通道 8 位 ADC、SDE 标准串行接口。

（12）基于 ProGin SR87，最高 9600 波特率的 GPS 模块的串行接口 GPS 开发模块。

（13）双通道高速 DAC/ADC 模块。180MHz 转换时钟率双路高速 10 位 DAC（DAC900 或 5651）、50MHz 超高速 8 位 ADC（5540）、300MHz 高速单运放 2 个。

（14）高速 SPI 串行双 ADC。TLV2541 12 位高速串行 ADC，200kSPS，SPI/DSP 接口；ADS7816 12 位高速串行 ADC，200kSPS，同步串行接口。

（15）无线编码收发+数字温度计传感器模块；数字 TFT 彩色液晶屏，含触摸屏。

F.3 mif 文件生成器使用方法

本书中给出的一些有关 LPM_RAM 或 ROM 的设计项目都将用到 mif 格式初始化文件，这里介绍康芯公司为本书读者提供的免费 mif 文件生成软件 Mif Maker 的使用方法。

双击打开 Mif_Maker2010（图 F-7）。首先对所需的 mif 文件对应的波形参数进行设置（图 F-8），选择“设定波形”，并于此下拉菜单中选择“全局参数”命令。如选择波形参数：数据长度 256（存储器的深度），输出数据位宽 8，数据表示格式十六进制，初始相位 120 度。还有符号类型（有符号数或无符号数）的选择。如实验中的 AM 信号发生器的设计需要有符号正弦波数据。单击“确定”按钮后，将出现一波形编辑窗。然后再选择波形类型。选择“设定波形”下拉菜单，再选择“正弦波”命令，如图 F-9 所示。

图 F-7 打开 Mif_Maker2010

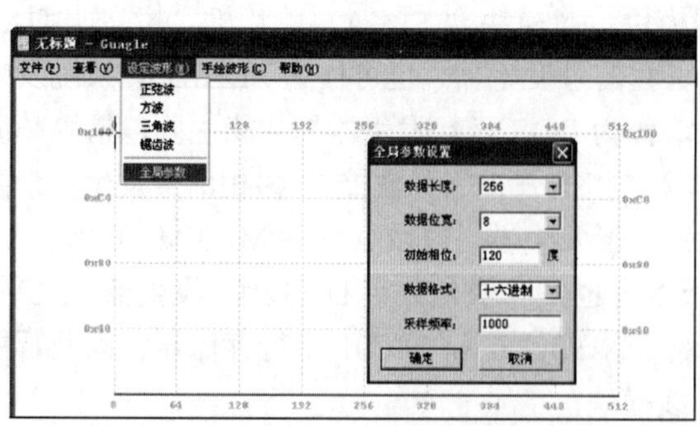

图 F-8 设定波形参数

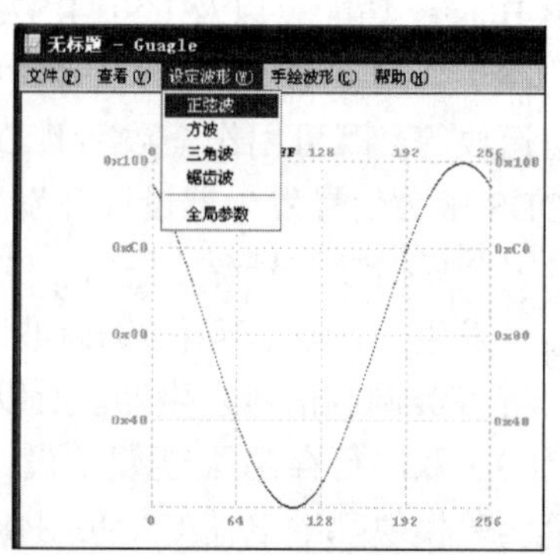

图 F-9 选择波形类型

这时，图 F-9 将出现正弦波型。如果要编辑任意波形，可以选择“手绘波形”下拉菜单，在下拉菜单中选择“线条”命令（图 F-10），表示可以手工绘制线条。然后即可以在图形编辑窗中在原来的正弦波形上绘制任意波形（图 F-10）。最后选择“文件”下拉菜单中的“保存”命令，将此编辑好的波形文件以 mif 格式保存（图 F-11）。如取名为 WAVE1.mif。如果要了解编辑波形的频谱情况可以选择“查看”下拉菜单的“频谱”命令。如图 F-12 所示的锯齿波的归一化频谱显示于图 F-13 上。

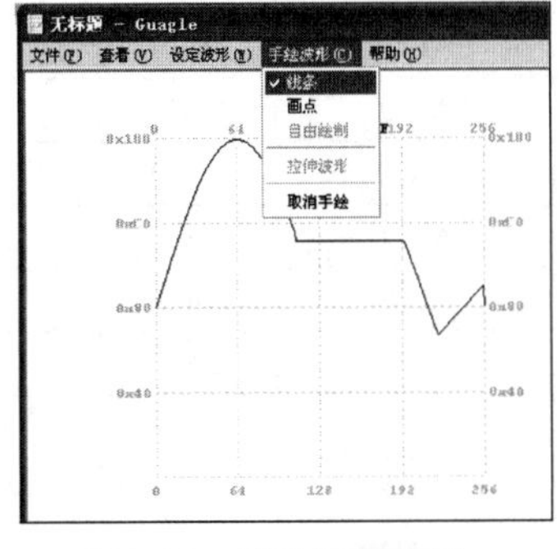

图 F-10　手动编辑波形

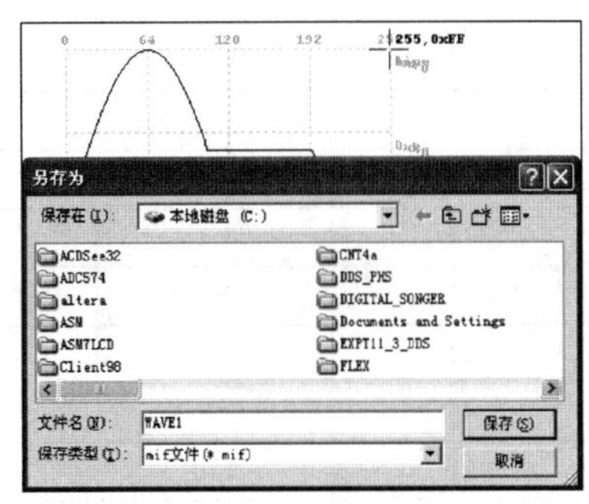

图 F-11　存储波形文件

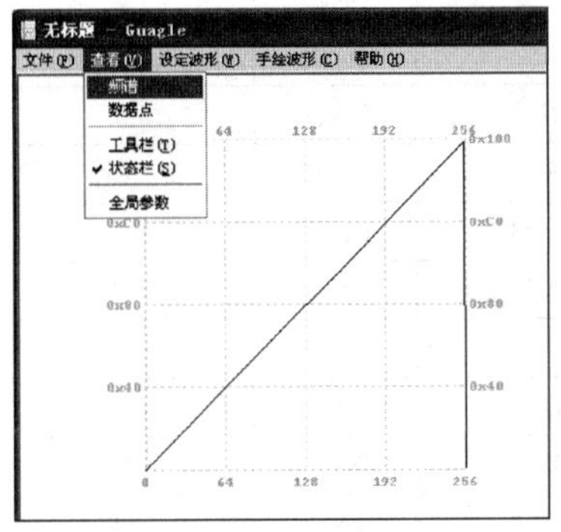

图 F-12　选择频谱观察功能

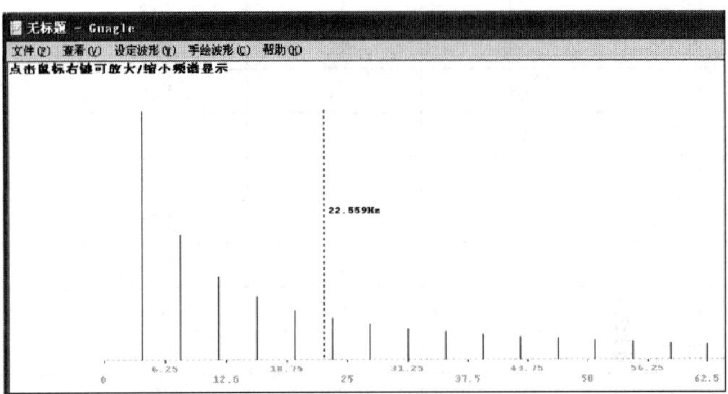

图 F-13　锯齿波频谱

F.4　核心板 FPGA 扩展至 KX_CDS 系统对照表

实验电路图信号名	KX-4CE10 板 KX_3C10E 板	友晶核心板 DE0	友晶核心板 DE0-CV	友晶核心板 DE1-SOC	KX_CDS 系统 端口名	康芯核心板 KX_4CE55
	FPGA 引脚号	FPGA 引脚号	FPGA 引脚号	FPGA 引脚号		FPGA 引脚号
PIO0	52	U7	T15	AJ21	DB31	N1
PIO1	55	W6	T18	AG20	DB29	R1
PIO2	64	V8	T20	AG21	DB27	V1
PIO3	66	W10	R17	AF21	DB25	Y1
PIO4	67	V11	P18	AE19	DB23	AB3
PIO5	75	V12	K17	AD20	DB21	AA6
PIO6	34 / 79*	W13	L17	AK21	DB19	Y7
PIO7	84	U14	M18	AJ20	DB17	AB6
PIO8	60	T8	R16	AF19	DB26	U2
PIO9	65	Y10	R15	AF20	DB24	W2

续表

实验电路图信号名	KX-4CE10 板 KX_3C10E 板 FPGA 引脚号	友晶核心板 DE0 FPGA 引脚号	友晶核心板 DE0-CV FPGA 引脚号	友晶核心板 DE1-SOC FPGA 引脚号	KX_CDS 系统 端口名	康芯核心板 KX_4CE55 FPGA 引脚号
PIO10	70	R10	K19	AE18	DB22	AA3
PIO11	74	U13	L19	AD19	DB20	AB5
PIO12	77	Y13	L18	AH20	DB18	W6
PIO13	83	V14	P16	AH19	DB16	W8
PIO14	42	V7	K16	AC22	DA31	P1
PIO15	39	V6	J17	AA20	DA30	N2
PIO16	44	U8	G12	AD21	DA29	U1
PIO17	43	Y7	G13	AE22	DA28	R2
PIO18	49	T9	G15	AF23	DA27	W1
PIO19	46	U9	G16	AF24	DA26	V2
PIO20	51	T10	F12	AG22	DA25	AA1/Y14**
PIO21	50	U10	F13	AH22	DA24	Y2
PIO22	59	R12	F15	AJ22	DA23	AA5
PIO23	54	R11	F14	AK22	DA22	AA4
PIO24	69	T12	E16	AH23	DA21	Y6
PIO25	68	U12	E15	AK23	DA20	V6
PIO26	72	R14	E14	AG23	DA19	Y8
PIO27	71	T14	C15	AK24	DA18	W7
PIO28	76	AB7	B15	AJ24	DA17	AB7
PIO29	73	AA7	A14	AJ25	DA16	AA7
PIO30	85	AA9	L8	AH25	DA15	AB9
PIO31	80	T16	J13	AK26	DAT1	AA9
PIO32	101	AB9	A15	AJ26	DA14	V11
PIO33	100	R16	H14	AK27	DAT0	Y10
PIO34	113	V15	J11	AK28	DA13	AB14
PIO35	105	W15	H10	AK29	DA12	AA13
PIO36	120	T15	G11	AJ27	DA11	T16
PIO37	114	U15	J19	AH27	DA10	AA15
PIO38	128	W17	J18	AH24	DA9	W17
PIO39	125	Y17	H18	AG26	DA8	Y17
PIO40	135	AB17	G17	AG25	DA7	AB16
PIO41	136	AA17	G18	AF26	DA6	AA16
PIO42	137	AA18	D13	AF25	DA5	U20
PIO43	138	AB18	C13	AE24	DA4	AB18
PIO44	141	AB19	B13	AE23	DA3	AA19
PIO45	142	AA19	A13	AD24	DA2	AB19
PIO46	143	AB20	B12	AC23	DA1	U21

续表

实验电路图信号名	KX-4CE10 板 KX_3C10E 板	友晶核心板 DE0	友晶核心板 DE0-CV	友晶核心板 DE1-SOC	KX_CDS 系统端口名	康芯核心板 KX_4CE55
	FPGA 引脚号	FPGA 引脚号	FPGA 引脚号	FPGA 引脚号		FPGA 引脚号
PIO47	144	AA20	A12	AA21	DA0	U22
PIO48	58	W7	T19	AF18	DB28	P2
PIO49	53	V5	T17	AG18	DB30	M2
CLKB0	90	AB12	N16	AC18	CLKB0	W22
CLKB1	91	AA12	M16	AD17	CLKB1	W21
MT	88	AB11	H16	AB17	CLKA0	V22
NO	89	AA11	H15	AB21	CLKA1	V21
PE0	127	AA15	D17	AK16	DB2	AA21
PE2	124	AA14	K21	AK19	DB4	W20
	133	AB16	B16	Y17	DB0	Y22
	129	AA16	C16	Y18	DB1	Y21
	126	AB15	K20	AK18	DB3	AA20
	121	AB14	K22	AJ19	DB5	AB20
	119	AB13	M20	AJ17	DB6	AA17/AA18**
	115	AA13	M21	AJ16	DB7	AB17/AB4**
	111	AB10	N21	AH18	DB8	V16
	112	AA10	R22	AH17	DB9	U16
	106	AB8	R21	AG16	DB10	AA14
	110	AA8	T22	AE16	DB11	AB15
	103	AB5	N20	AF16	DB12	Y13
	104	AA5	N19	AG17	DB13	AB13
	98	AB3	M22	AA18	DBT0	AA10
	99	AB4	P19	AA19	DB14	AB10
	86	AA3	L22	AE17	DBT1	AA8
	87	AA4	P17	AC20	DB15	AB8

* 第二列中的 KX-4CE10 板和 KX_3C10E 板属于康芯公司核心板，它们各自包含的 FPGA 分别是 Cyclone 4 系列的 EP4CE10C22C8 和 Cyclone 3 系列的 EP3C10T144（其他板对应的 FPGA 型号可查阅 F.1）。在它们的 FPGA 与 KX_CDS 系统连接引脚上唯一不同之处是 PIO6 对应的引脚名，它们分别对应 Pin 34 和 Pin 79。读者也可以通过这张表制作自己的核心板，对应其他类型的 FPGA。

** 最后一列中有三个引脚数据是二选一的（如 AA17/AA18），由核心板上的 FPGA 芯片决定，若是 EP4CE55F484，选择左侧引脚（如 AA17）；若是 10CL055YF484C8，选择右侧引脚（如 AA18）。

F.5 多功能重配置结构可切换的部分实验电路图

这是 KX-CDS 系列上配置的 Multi-task Reconfiguration（多功能重配置结构）控制电路对应的不同形式的实验电路，这里只列出了部分常用的可单键电子切换的实验电路图。

图 F-14（模式 5）中的每一个“译码器”符号代表一个十六进制数（4 位二进制数）至数码管的 7 段译码器；图中键 1～键 8 的 8 个键各自控制一个高低电平发生器，即每按一次键（没有毛刺或抖动），输出电平翻转一次，输出的电平高低由对应的发光管显示出来。例如键 8（显示此键输出电平状况的是发光管 D16）输出至 FPGA 的 PIO7（若用的是

DE0 核心板），查 F.4 列表可知它对应的具体引脚是 U4。另有 8 个发光管 D1～D8 可以作为 FPGA 输出信号的指示，例如发光管 D1 对应引脚 PIO8→T8（假设仍是 DE0 板）。

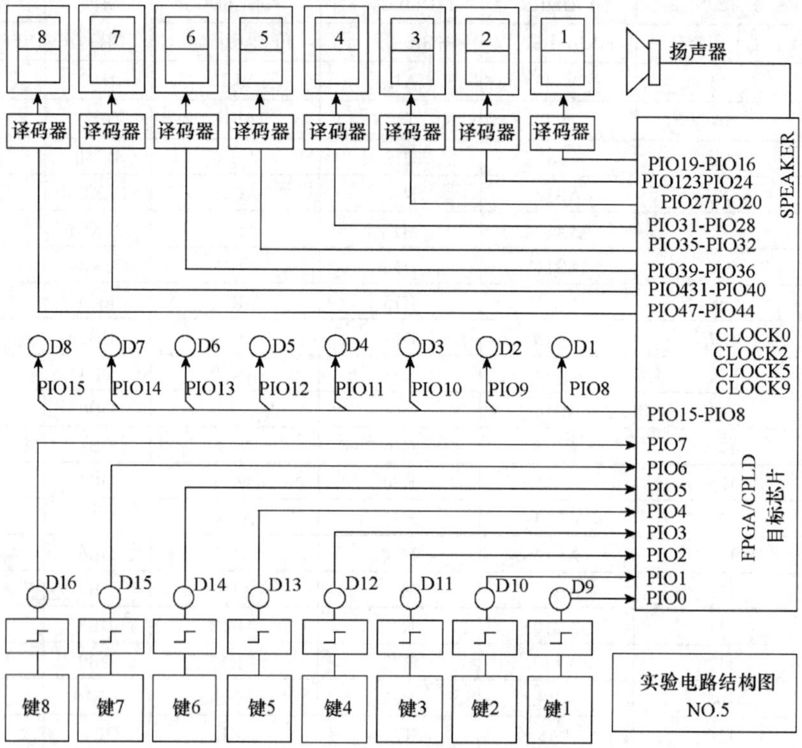

图 F-14　模式 5 实验电路图

图 F-15（模式 0）中的每一个 HEX 模块代表一个 4 位二进制计数器（1 位十六进制计数器），它的时钟由对应的键控制，输出的 4 位二进制数进入 FPGA 的 4 个端口。例如，每按一次键 1，模块 HEX 就加 1（数据在对应的数码管 1 上显示出来），则这 4 位二进制数输入 FPGA 的 PIO3～PIO0，对应的 FPGA 的具体引脚分别是（这里设核心板是 KX_4CE55）：Y1、V1、R1、N1。图中的键 7 和键 8 的功能与图 F-14 各键功能相同。

图 F-16（模式 2）的电路特点是数码管 5～8 各自的 7 个段直接与 FPGA 的 7 个端口相连，这有利于学习设计 7 段译码器。图中的键 1/2 的功能与图 F-14 各键功能相同。

图 F-17（模式 3）有 8 个键分别控制 8 个单脉冲发生器，即每按一次键产生一个单脉冲，脉冲的宽度与按下键的时间一致，没有毛刺或抖动。其他电路情况与图 F-14 相同。

图 F-18（模式 1），电路中的键 7、键 8 的功能是电平控制键，键 4～键 1 的功能与模式 0 的键 1 和键 2 相同，其余与模式 3 相同。

图 F-19（模式 6），各模块功能与模式 2 和模式 1 对应的模块功能相同。

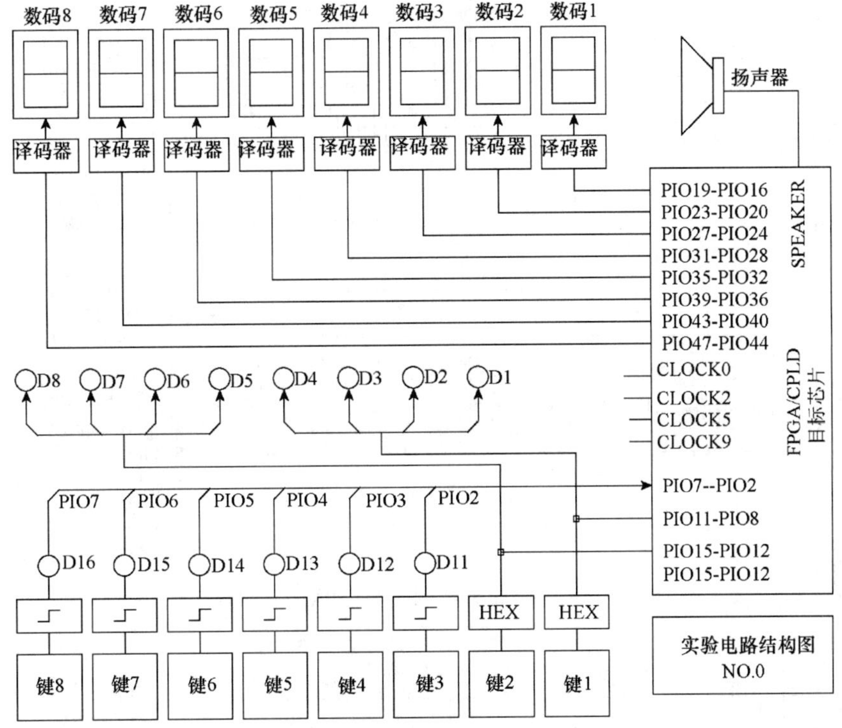

图 F-15　模式 0 实验电路图

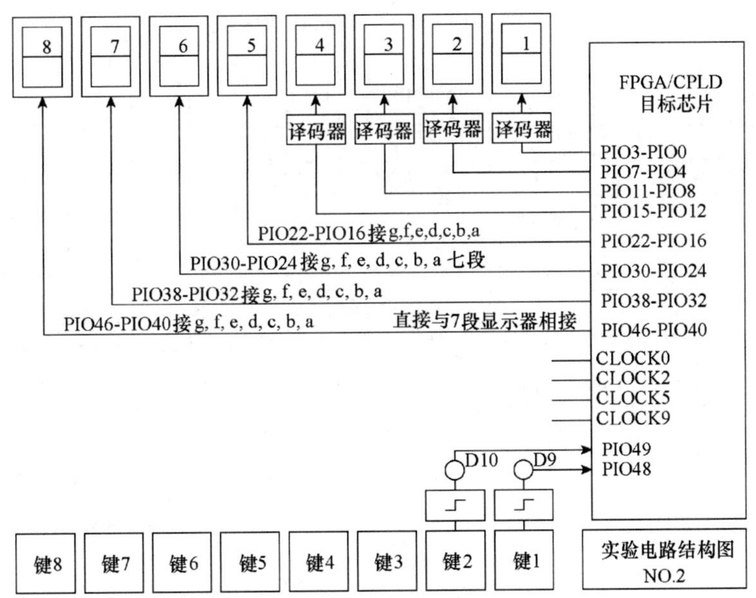

图 F-16　模式 2 实验电路图

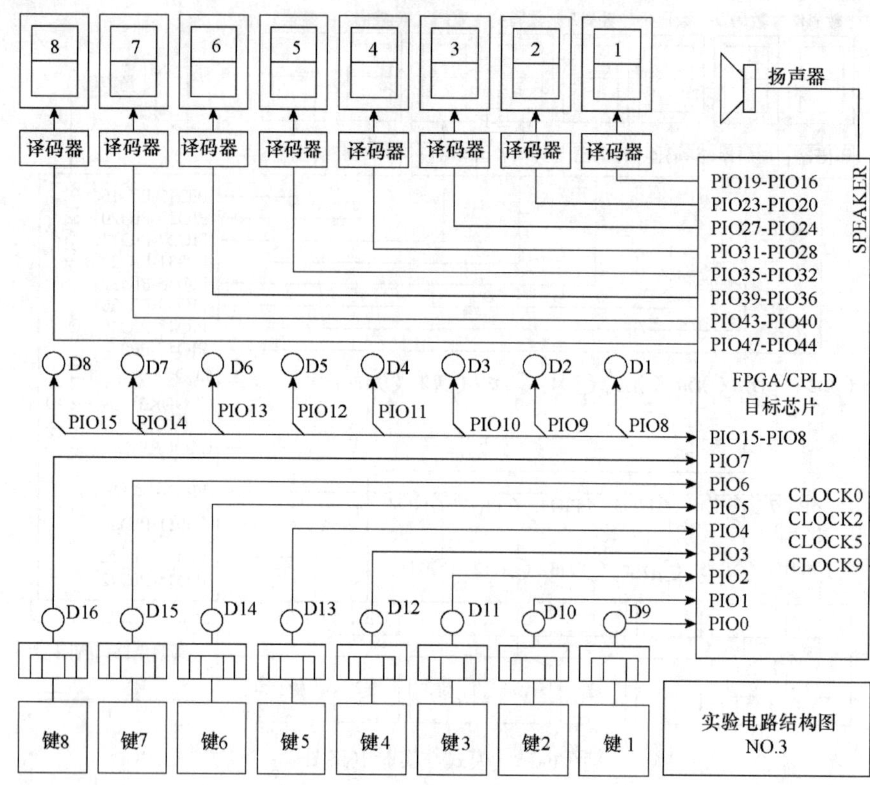

图 F-17　模式 3 实验电路图

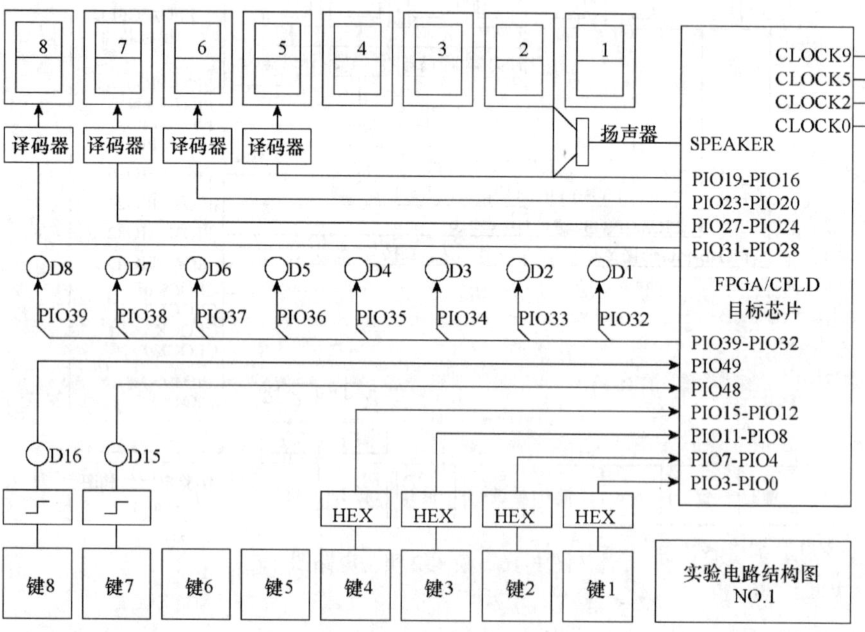

图 F-18　模式 1 的对 FPGA 的实验电路

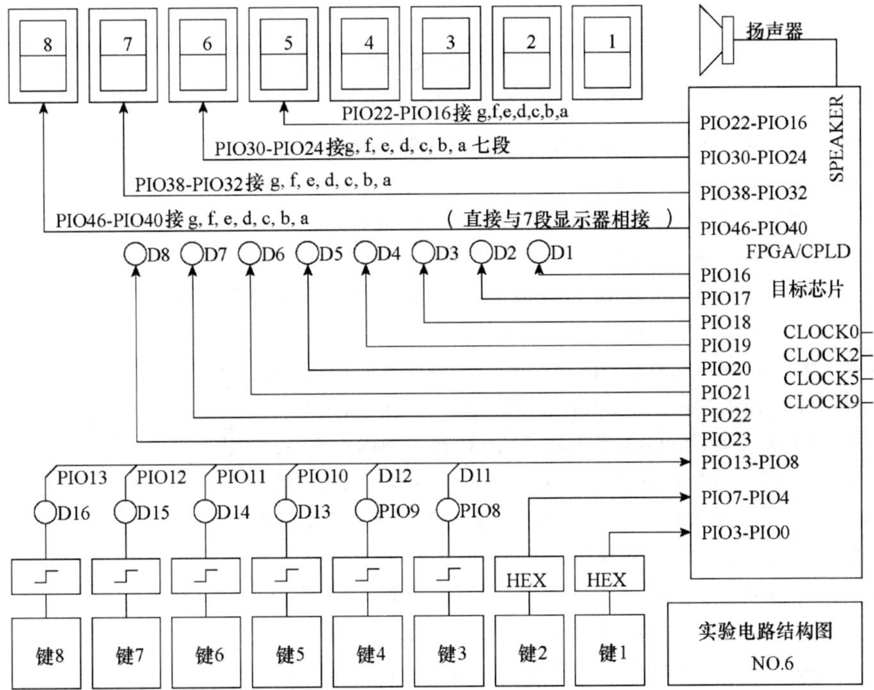

图 F-19　模式 6 的对 FPGA 的实验电路

参 考 文 献

黄正谨，徐坚，等，2002．CPLD 系统设计技术入门与应用［M］．北京：电子工业出版社．

蒋璇，臧春华，2001．数字系统设计与 PLD 应用技术［M］．北京：电子工业出版社．

孟宪元，1998．可编程 ASIC 集成数字系统［M］．北京：电子工业出版社．

潘明，潘松，2008．数字电子技术基础［M］．北京：科学出版社．

潘松，黄继业，2010．EDA 技术实用教程——Verilog HDL 版［M］．4 版．北京：科学出版社．

潘松，潘明，黄继业，2013．现代计算机组成原理［M］．2 版．北京：科学出版社．

潘松，王国栋，2001．VHDL 实用教程（修订版）［M］．成都：成都电子科技大学出版社．

乔庐峰，2009．Verilog HDL 数字系统设计与验证［M］．北京：电子工业出版社．

宋万杰，罗丰，吴顺君，2000．CPLD 技术及其应用［M］．西安：西安电子科技大学出版社．

王金明，2009．数字系统设计与 Verilog HDL［M］．3 版．北京：电子工业出版社．

王锁萍，2000．电子设计自动化（EDA）教程［M］．成都：成都电子科技大学出版社．

徐志军，徐光辉，2002．CPLD/FPGA 的开发与应用［M］．北京：电子工业出版社．

云创工作室，2009．Verilog HDL 程序设计与实践［M］．北京：人民邮电出版社．

曾繁泰，侯亚宁，崔元明，2001．可编程器件应用导论［M］．北京：清华大学出版社．

詹仙宁，田耘，2009．VHDL 开放精解与实例剖析［M］．北京：电子工业出版社．

朱明程，2001．XILINX 数字系统现场集成技术［M］．南京：东南大学出版社．

ALTERA, 2002. Corporation Altera Digital Library［G］. Altera.

DOUGLAS L PERRY, 2002. VHDL Programming by Example［M］. Fourth Edition. New York:McGraw-Hill Companies.

J R ARMSTRONG, F G GRAY, 2002. VHDL 设计表示和综合［M］．李宗伯，王蓉晖，译．北京：机械工业出版社．

S SJOHOLM, L LINDH，2000．用 VHDL 设计电子线路［M］．边计年，薛宏熙，译．北京：清华大学出版社．

XILINX INC, 2001. Data Book 2001［G］．Xilinx.